자동차 소음·진동

NVHs in Automobiles

공학박사 **김 재 휘** 著

머리말

하이브리드 자동차와 전기자동차의 양산, 연료전지 자동차의 등장, 자율주행 기술 및 커넥티드 기술과 인공지능의 결합 등 자동차 환경이 급격하게 변하고 있으며, 이제 자동차는 단순한 이동수단에 머물지 않고 삶을 풍요롭게 하기 위한 필수품으로 자리매김하고 있습니다. 각종 정보의 양방향 통신, 이동전화, 고품질의 음악 청취, 그리고 대화를 위해 진동과 소음 수준이 낮은, 달리는 응접실을 요구하고 있으며, 환경소음 규제도 강화되고 있습니다. 따라서 자동차의 소음·진동 수준이 자동차 감성품질 평가의 주요 척도가 되었습니다.

자동차 소음·진동 설계기술자는 물론이고, 소비자와 직접 접촉하는 자동차 정비사들이 이와 같은 기술적 변화와 소비자의 요구를 이해하고 이로부터 파생되는 다양한 문제들을 해결할 수 있는 기본능력을 갖추어야 할 필요성이 증대되고 있습니다. 이 책은 자동차 구조 및 작동원리에 관한 기본지식을 충분히 갖추고 있으면서, 소음·진동 분야에 관심이 있는 독자들이, 자동차 소음·진동 기술을 쉽게 이해하고, 이를 현장에 적용할 수 있는 능력을 배양하는 것을 목표로 집필하였습니다. 제1장부터 제5장까지의 기초이론을 여러 번 숙독한 다음에, 나머지 부분을 읽을 것을 권장합니다.

이 **책의 특징**은 다음과 같습니다.

1. 외래어는 모두 외래어 표기법에 따랐으며, 단위체계는 주로 SI 단위를 사용하였습니다.

2. 글 전개 과정에서 전문용어가 등장할 때마다 지면을 할애, 설명하였으며, 가능한 한 수식을 사용하지 않고 일상적인 용어로 설명하여 특히 현장기술자의 이해를 돕고자 하였습니다.

2. 제1장에서는 자동차 **NVH의 기본개념**, 제2장에서는 **소리**, 제3장에서는 **진동**에 관한 기초이론을 쉽게 그리고 상세하게 설명하였습니다.

3. 제4장 **인간의 청각기관**과 **심리음향**에서는 청각기관의 구조와 기능, 가청영역, 그리고 복합적인 심리음향 음질 요소에 관해 상술하였습니다.

4. 제5장 **소음 · 진동 측정 및 분석**에서는 소음계와 주파수 스펙트럼 분석, 소음레벨의 측정, 그리고 진동계와 진동의 정량화에 관해 설명하였습니다.

5. 제6장에서는 **자동차 소음 · 진동 일반**, 제7장에서는 기관을 포함한 **동력전달계**, 제8장에서는 **가스교환 장치**, 제9장에서는 **타이어/도로 소음**, 제10장에서는 **메커트로닉스 장치와 조작장치**, 제11장에서는 **차체의 진동과 소음**에 대해 상세하게 설명하였습니다.

6. 제12장에서는 11장까지의 이론을 바탕으로 NVH에 대한 **고장 진단 및 수리**에 관해 설명하였습니다. 다만, 이론 부분에서 상세하게 설명한 부분은 간략하게 요약하였고, 이론 부분에서 다루지 않은 내용은 비교적 상세하게 설명하였습니다. 그러나 자동차 모델별 특정 사항은 그 내용이 방대하여 한정된 지면에 담을 수 없음은 여러분이 잘 알고 계실 것으로 믿습니다.

이 책이 자동차공업의 발전에 다소나마 기여할 수 있기를 기대하면서, 뜻하지 않은 오류가 있다면 독자 여러분의 기탄없는 질책과 조언을 수용하여, 수정해 나갈 것을 약속드립니다.

끝으로 이 책에 인용한 많은 참고문헌 및 논문의 저자들에게 감사드리며, 기꺼이 출판을 맡아주신 도서출판 골든벨 김길현 사장님, 아울러 심혈을 기울여 읽기 좋은 책을 만들어 주신 편집부 직원 여러분 특히, 조경미 님께 진심으로 감사를 드립니다. 또 세심하게 교정을 보아주시고, 집필 중 제반 편의를 제공해 주신 O.Y. KIM께 감사의 말씀을 드립니다.

아울러 마음이 맑은 정헌이와 우아하고 음전한 연희의 격려와 성원, 그리고 배려와 웃음은 집필하는 힘의 원천이었습니다. 두 사람의 밝은 미래와 행복을 기원합니다.

2019. 9. 5

저자 김 재 휘

차 례

자동차 소음·진동의 개요

Introduction to NVH in Automobiles

자동차 소음·진동의 속성
1-1
Characteristics of vehicle noises and vibrations

1. 자동차 NVH의 발생

자동차에서 소음과 진동은 기본적으로 동력원(예: 내연기관 또는 전기모터)을 작동시켜, 도로를 주행함으로써 발생한다. 즉, 자동차 소음·진동은 동력원 및 동력전달장치의 작동, 도로와 타이어의 상호작용, 그리고 주행 중 자동차 외부 표면 및 돌출물(예: 후사경)과 공기의 물리적 접촉 마찰 때문에 발생한다. 물론 정차 중, 동력원의 공회전이나 라디오와 같은 부속장치의 작동에 의해서도 발생한다. 그러나 소음과 진동은 운전자, 탑승자 또는 외부 환경이 허용할 수 있는 수준을 초과하여, 당사자들이 불쾌하게 느꼈을 때 문제가 된다. 이러한 상태를 논할 때 사용하는 용어가 "NVH" 소위 소음·진동 및 하쉬니스(NVH: Noise, Vibration and Harshness)이다. NVH는 자동차에서 발생하는 소음·진동의 모든 현상을 포괄하는 용어이다.

※ ADAS; Advanced Driver Assistance System; 첨단 운전자지원시스템

┃그림1-1┃ 전형적인 자동차 속성들(예) - AVL

자동차 소음·진동 문제를 처음으로 거론하던 초창기에는 아주 단순하게 고주파수의 가청음을 '소음(騷音; noise)', 그리고 같은 맥락에서 저주파수의 구조적 진동 즉, 단지 감각으로만 느낄 수 있는 떨림을 '진동(振動; vibration or oscillation)'이라고 정의하였다.

그러나 몸으로 느끼고 귀로 들을 수 있는 두 현상 즉, 진동과 소음 사이에는 넓은 주파수 대역이 존재한다. 이 범주에서 아주 흔한 경우 예를 들면, 자동차가 과속방지턱을 빠른 속도로 통과할 때 자동차에서는 날카로우면서도 충격적인 소음 그리고 감각으로 느낄 수 있는 거친 진동이 동시에 발생한다. 이를 하쉬니스(harshness)라고 한다. 이유는 운전자 또는 탑승자가 충격적인 소리를 듣고, 거친(harsh) 진동을 몸으로 느끼기 때문이다.

인간은 소음과 진동을 각기 다른 감각기관을 통해 인지하기 때문에, 서로 다른 것으로 분리해서 생각하는 경향이 있다. 그러나 소음과 진동은 기본적으로 똑같은 물리적 현상이다. 소리는 인간의 청각기관(귀)이 감지한 공기의 진동(압력 맥동; pressure fluctuation)일 뿐이다.

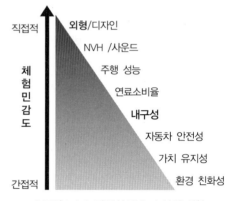

■ 그림1-2 ■ 자동차 주요 속성에 대한 소비자의 민감도

승용자동차의 고유 속성 중에서 외형/디자인(form & design)과 NVH 특성은 소비자가 실질적으로 가장 먼저 체험, 확인하는 속성들로서 자동차 선택에 결정적인 영향을 미친다. 오늘날 자동차 제작사들은 환경 친화성, 안전성, 안락감, 출력성능은 물론이고, 고도의 감성적/탐미적(emotional/aesthetic) 품질을 목표로, 설계단계에서부터 심혈을 기울이고 있다. 예를 들면, 자동차 외형을 보고 단번에 제작사를 확인할 수 있게 외형 디자인에 정체성을 부여하고, 경쟁제품보다 NVH 수준을 낮게 유지하기 위해 다양한 대책들을 마련하고 있다. 그 결과, 양산 자동차의 소음 수준은 계속 낮아지는 경향성을 나타내고 있다.

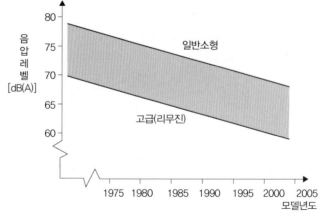

■ 그림1-3 ■ 100km/h 정속주행 시 양산 승용자동차의 실내소음 수준

2. 자동차 NVH에 대한 기대와 과제

주행 중에도 휴대전화 통화나 고품질의 음악 청취가 일반화되었으며, 동시에 청각 능력이 약한 고령 운전자들 또한 증가하고 있다. 더불어 이제 자동차는 단순한 이동수단에 머물지 않고, 생활을 즐기기 위한 여가수단으로 자리매김하고 있다. 따라서 모든 승차자는 진동과 소음 수준이 낮은, 달리는 응접실을 기대하고 있다. 그리고 주택가, 학교, 병원 근처에서는 물론이고 주요 도로에서의 교통소음도 환경 소음으로 규제가 강화되고 있다. 따라서 자동차 실내/실외 소음 수준이 더 낮아져야 한다는 요구와 기대는 점증하고 있다.

에너지 절약 및 환경문제와 관련, 휘발유 자동차와 경유 자동차보다 하이브리드 자동차나 전기자동차에 대한 기대가 높아지고 있다. 그러나 전기자동차나 하이브리드 자동차의 소음수준도 에어컨을 가동하면, 내연기관 자동차의 소음 수준과 그다지 큰 차이가 없다. 따라서 차실 내벽의 개별 부분마다 필요로 하는 흡음(吸音), 차음(遮音), 감음(減音)의 특성이 다르다는 점을 고려하고, 실내공간의 형상과 체적의 최적 설계를 지향하고 있다.

에너지 절약 측면에서는 경량화도 과제 중의 하나이다. 단순한 질량 법칙에 따르면, 차음재의 질량이 반감되면, 소리차단 수준은 6dB 더 악화된다. 따라서 차음성능이 우수하면서도 경량인 흡/차음재와 저소음/저진동 강판의 개발이 선행되어야 한다. 그리고 차량의 중량이 경감되면 일반적으로 접지력 및 구동력 전달성능의 약화, 진동의 증가 등이 유발될 수 있다. 따라서 승차감과 주행 안정성 그리고 경량화를 동시에 고려하여야 한다.

NVH는 전체 자동차의 승차감(ride comfort)과 안락성의 핵심 요소이다. 안락성의 목표는 시장조사를 통해 정의되며, 자동차는 이들 목표에 따라 설계된다. 자동차 회사에 따라 다르지만, 대략 차량 가격의 약 2∼5% 정도가 NVH 비용으로 알려져 있다. NVH 대책에 필요한 요소들은 전체 자동차 수준에서 시작하여 기관 또는 동력전달장치와 같은 상위 시스템에 대해 정의되고, 이어서 하위 시스템 및 단위 부품에 이르기까지 단계적으로 정밀하게 검증된다. 최종적으로는 자동차의 다른 속성들 예를 들면, 주행성능과 연료소비율과 같은 속성들과의 타협점을 모색하여 NVH 요소들을 설계, 제작, 검증한다. [53]

이처럼 자동차 NVH - 거동은 다수의 경계조건, 예를 들면 순수한 기술적 문제(연료소비율, 무해한 배기가스, CO_2 배출량의 저감, 경량화, 패키징(packaging) 및 내구성 등)와 최종 사용자 관련 자동차 속성(성능, 승차감, 주행 편의성과 안전성 등)을 고려하면서 만족시켜야 하는 어려운 과제로서 소음·진동의 발생 과정과 진동·음향적(Vibro-acoustic) 전달특성의 상호작용에 의한 복합적인 산물이다.

자동차 NVH의 기본 용어
Basic Terminology of NVH in Vehicles

1-2

1. 소음(騷音; noise, Geräusch)

『소음·진동 규제법』 제 2조에는 "소음이란 기계, 기구, 시설, 기타 물체의 사용으로 인히여 발생하는 강한 소리"라고 정의되어 있다. '원하지 않는 소리, 또는 강한 소리'의 의미는 지극히 주관적인 판단에 따라 달라지기 때문에 물리적인 평가를 명확히 하기는 어렵다.

자동차 NVH를 논할 때는 먼저 소리(sound)와 소음(noise)의 차이를 구별해야 할 필요가 있다. 소리는 모든 음향(音響; acoustics; 그리스어 '듣다'가 어원)을 포괄하는, 범위가 넓은 개념이다. 좋아하는 음악 또는 새들이 지저귀는 소리, 계곡을 흐르는 물소리 그리고 일상적인 대화에서부터 성난 군중의 함성에 이르기까지 그 범위가 아주 광범위하다. 반면에 소음은 원하지 않은 불쾌한(또는 시끄러운) 소리로 한정된다.

예를 들면, 영화관에서 조용히 영화를 관람하고 있을 때, 옆 좌석에서 아주 작은 소리로 대화를 나누는 사람들을 연상하면 쉽게 이해할 수 있을 것이다. 그들에게는 즐거운 대화일지 모르지만, 그 작은 소리도 내게는 소음임에 틀림이 없다. 즉, 소리와 소음은 개인의 기호와 정황에 따라서 서로 중첩되는 지극히 주관적인 개념이다.

우리는 스포츠 쿠페의 웅장한 배기음(exhaust sound)은 품질과 성능의 상징으로 너그럽게 받아들이는 경향이 있다. 그러나 같은 자동차에서도 동력전달계(drive-train)의 작동소음에 대해서는 그 크기가 아주 작아도 민감하게 반응한다. 일반적으로 승용차에서는 안락한 승차감과 정숙성을 추구하며, 가속할 때에도 아주 낮은 수준의 배기음을 목표로 한다.

자동차 소음·진동은 운전자와 승객의 불안감을 증폭시키고 피로도를 높인다. 그러므로 자동차의 NVH 특성은 제작사의 종합적인 기술 수준을 평가하는 척도로, 그리고 동시에 자동차 선택의 결정적인 기준으로 활용되고 있다. 정차상태에서 공회전 중일 때의 소음·진동도 주행 중의 소음·진동에 못지않게 중요한 평가요소이다.

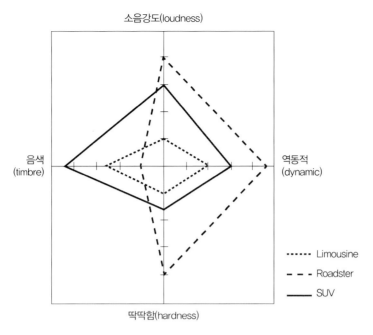

소음강도(loudness)

음색
(timbre)

역동적
(dynamic)

딱딱함(hardness)

······· Limousine
------ Roadster
—— SUV

▍그림1-4 ▍ 지각 차원의 직교 평면에 나타낸 소음특성 프로파일

이 책에서는 소음을 "자동차에서 발생한, 또는 자동차에 전달된, 원하지 않는, 시끄러운 소리"라고 정의한다. 자동차 소음은 주로 노면과 타이어의 접촉마찰, 기관 및 동력전달장치의 작동 그리고 주행하는 자동차 주위 공기의 운동으로 발생한다. 발생한 소음은 전달경로에 따라서, 차체의 틈새를 통과하는 공기를 통해 직접 전달되는 '공기전달소음' 그리고 차체 구조물의 진동을 통해서 자동차 실내로 전달되는 '구조전달소음'으로 구분한다.

공기전달 소음을 **공기기인소음**(air-borne noises) 또는 **공기음**, 그리고 구조전달소음을 **구조기인소음**(structure-borne noises) 또는 **구조음**이라고도 한다. 이 책에서는 이들을 각각 같은 의미로 혼용한다. 또 자동차 소음은 승차자에게 영향을 미치는 실내소음과 다중의 대중에게 영향을 미치는 실외(환경)소음으로도 구분한다. 특히 실외소음 수준은 법규로 규제하며, 주로 데시벨(dB)단위로 나타낸다.

2. 진동(振動; vibration or oscillation) ›))

일반적으로 진동은 물체(예: 차체)가 임의의 기준점을 중심으로 반복적으로 동시에 상/하, 전/후 또는 좌/우로 흔들리는, 일종의 진자운동(振子運動; oscillation)을 말한다. 『소음·진동 규제법』 제 2조에는 "**진동**이란 기계, 기구, 시설, 기타 물체의 사용으로 인하여 발생하는 강한 흔들림"이라고 정의되어 있다.

이 책에서는 진동을 "임의의 기준점에 관한 차체와 그 부속장치들의 반복적이면서도 기계적인 흔들림 또는 떨림"이라고 정의하기로 한다. 진동은 운동에너지와 위치에너지의 반복적인 변환의 결과로 발생한다.

진동이 꼭 해로운 것만은 아니다. 피곤할 때 휴식을 취하는 흔들의자(rocking chair), 뭉친 근육을 풀어줄 때 이용하는 전기 안마의자, 그리고 소음을 줄이기 위한 휴대전화의 진동모드처럼 진동을 효과적으로 활용하는 예도 많다.

이 책에서 다루고자 하는 진동은 자동차에서 발생하는 강제진동(forced vibration)으로, 자동차의 수명, 효율 및 안전성을 저해하고, 동시에 인간의 생리적 장애 및 심리적 불쾌감을 유발하는 진동이다.

주행 중인 자동차는 계속 가해지는 외력에 의해 강제 진동한다. 또 타이어와 노면의 접촉 상태는 노면의 요철(凹凸)에 따라 순간마다 변하기 때문에, 자동차에서 발생하는 진동은 그 크기(=진폭)와 빈도(=주파수)를 정확하게 예측할 수 없다. 즉, 자동차는 제멋대로(random) 그리고 강제적으로 진동한다. 그러나 자동차에 사용된 현가장치/충격흡수기 형태의 스프링 시스템은 이들 진동을 효과적으로 흡수, 또는 비선형적(non-linear)으로 감쇠시킨다. – 비선형 감쇠진동(non-linear damped vibration)

앞에서 언급한 바와 같이 소음과 진동은 기본적으로 '파동(波動; waves)'이라는 동일한 물리적 현상임을 항상 유념하기 바란다. 파동의 진행과정에서 대기 중의 파동은 소리, 고체 내의 파동은 진동이라고 하지만 이는 관념상의 차이일 뿐, "소리와 진동은 모두 매질의 탄성에 의한 압력파"라는 점에서 실제로는 똑같은 물리적 현상이다.

---

3. 하쉬니스(harshness)

인간은 일반적으로 약 20Hz까지의 아주 낮은 주파수 영역에서는 촉각을 통해서 진동만을, 20~200Hz의 과도영역에서는 촉각을 통한 진동과 청각을 통한 소리를 동시에, 그리고 200Hz ~20,000Hz 영역에서는 청각을 통해서 소리만을 감지할 수 있는 것으로 알려져 있다 [50].

> **TIP**
> 인간 또는 동물의 촉각민감도 진단용 폰 프레이 헤어 키트(Von Frey hair kit)를 사용하여 사람의 신체 중에서 촉감에 가장 민감한 손에서 측정 가능한 인간의 촉감한계는 각각 주파수 200Hz, 접촉력 $F = 10^{-5}$N, 진폭 $1\mu m$ 인 것으로 알려져 있다. (* Max von Frey, 1852-1932, 독일 생리학자)

자동차 소음·진동 분야에서는 주파수 20~100Hz의 영역에서 거칠고 충격적인 1회성 충격력에 대응하는 현가장치(타이어 포함)의 탄력성 부족 또는 과도한 반응으로 인해 발생하는 진동과 소음이 복합된 상태를 '하쉬니스(harshness)'라고 한다. 예를 들면, 자동차가 노면의 요철(凹凸) 또는 과속방지턱을 빠른 속도로 통과하는 순간에 노면으로부터 타이어에 가해지는 충격력이 현가장치를 통해 차체에 전달될 때, 동시에 발생하는 거친(harsh) 진동과 충격적인 소음이 바로 '하쉬니스(harshness)'이다 [51].

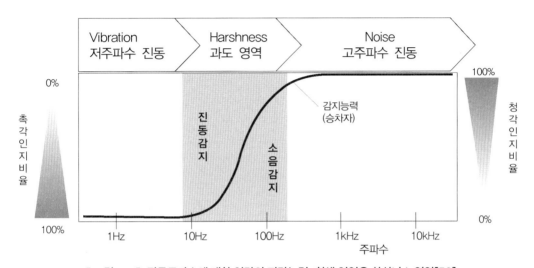

┃그림1-5┃ 진동주파수에 대한 인간의 지각능력, 회색 영역은 하쉬니스 영역[52]

인간은 시각이나 촉각으로 진동을, 그리고 청각으로 소음을 감지한다. 인간은 똑같은 크기의 소음이나 진동도 저마다 다른 크기로 인식할 수 있다. 똑같은 크기의 소리를 어떤 사람은 시끄러운 소리로, 다른 사람은 약간 듣기 거북한 소리로, 또 다른 제3의 사람은 지적할 때까지 알아차리지 못할 수도 있다.

chapter

02

소리의 기초 이론

Basics of Sounds

2-1 소리와 음파
Sounds and Sonic-Waves

1. 소리(sound)

소리 또는 음향(音響)은 인간의 청각기관을 자극하여 뇌에서 해석되는, 탄성 매질(媒質; 고체, 액체, 기체)에서의 압력파(壓力波)이다. 바꿔 말하면, 소리란 탄성 매질에서의 기계적 진동과 파동으로 인간이 청각기관을 통해 인지할 수 있는 주파수 대역(약 20~20,000Hz)을 말한다. [Mechanical vibrations and waves in an elastic medium in the audible frequency band(20 to 20,000Hz) are called sound]. 여기서 탄성(elasticity)이란 물체 일부분이 외력에 의해 변형되거나 위치변화가 발생했을 때, 원래의 상태나 위치로 되돌아가려는 성질을 말한다.

인간의 귀에 끊임없이 들려오는 소리는 공기를 통해서 뿐만 아니라 액체나 고체를 통해서도 전달되는 파동(波動)이다. 예를 들면, 매질이 공기인 경우, 입으로부터 나오는 음성 펄스(pulse) 압력이 대기압력에 가해져 우리 귀에는 말소리로 들린다. 물속에서 선박의 프로펠러 소리를 전파하는 매질은 바닷물(액체)이고, 철로에서 기차가 달리는 소리가 들릴 때는 매질은 철로(고체)이다. 물을 따라 전파된 진동이나 철로를 통해 전달된 진동이 귓속(외이도)의 공기를 진동시켜 소리로 들을 수 있게 하는 것이다. 물론 물속에서나 철로에 귀를 접촉한 경우에는 진동이 고막을 통하지 않고, 귀부분의 근육과 뼈를 통해서(소위 골전도를 통해서) 직접 달팽이관에 전달되어 소리를 느낄 수도 있다. 아무튼, 소리는 매질의 진동으로 전달되는 에너지이므로, 매질이 없는 진공(眞空) 중에서는 전파되지 않는다.

2. 음파(音波 : sound waves)의 종류

음파란 매질을 통해 소리 에너지가 전파될 때 발생하는 파동(波動 : waves)이다. 이 파동은 소리 에너지에 의해 매질의 입자가 어떻게 운동하느냐에 따라 여러 가지 형태로 나타난다. 입자는 주기적으로 운동하거나, 시간에 대하여 임의의 고정된 형태로 기본위치에서 일정하게 운동하거나, 복잡하고 불규칙한 형태로 운동하기도 한다. 물론 입자의 운동이 단순한 진동일 수도 있다.

(1) 종파 (從波 : longitudinal wave) - P파 (primary wave or pressure wave)

매질 입자의 진동이 음파의 진행방향과 동일한 방향으로 파동을 일으키는 경우를 **종파** 또는 P파라고 한다. 종파에서 매질(공기) 입자의 변위는 음파의 전파방향과 나란하다.

음원(音源)으로부터 인접한 매질입자에 순간 또는 연속적으로 진동(충격)이 가해지면, 충격을 받은 입자가 이웃 매질입자와 탄성(彈性) 충돌하여 에너지를 전달한다. 매질입자는 평형위치를 기준으로 왕복운동할 뿐, 입자 자체가 음파를 따라 진행하지는 않는다. 예를 들면, 잔잔한 호수의 수면에 돌을 던졌을 때, 물결이 일어 파동이 전달되어도 수면 위의 부유물은 상/하 진동할 뿐, 물결을 따라 이동하지 않는다. 또 하늘에서 천둥소리가 들려올 때, 천둥소리와 함께 하늘의 공기가 지상으로 내려오는 것은 아니다.

종파를 그림으로 표현하는 것은 매우 어렵다. 그러나 슬링키(slinky; 용수철 장난감)에서의 파동은 시각적으로 좋은 예이다. 슬링키의 한쪽 끝을 잡아당기면, 리플(ripple)이 다른 방향으로 이동하는 동작은 종파의 특성을 설명하는데 안성맞춤이다. 공기 중에서 전파되는 음파는 종파이다. 그러나 우리는 통상적으로 대부분의 음파를 횡파로 표현한다. 종파를 **압축성 파동**(compressional waves) 또는 **압축파**(compression waves)라고도 한다.

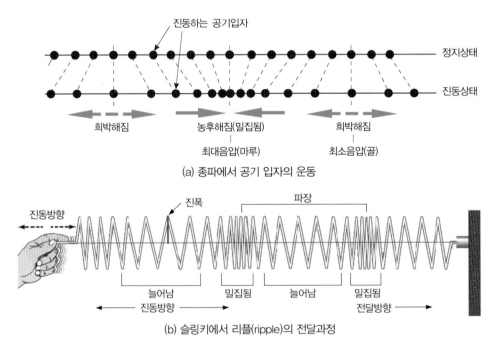

(a) 종파에서 공기 입자의 운동

(b) 슬링키에서 리플(ripple)의 전달과정

▌그림2-1▌ 종파(longitudinal wave)의 동작 원리

(2) 횡파(橫波 : transverse wave) 또는 전단파(剪斷波 : shear wave)

그림 2-2와 같이 줄을 상/하로 흔들 경우, 줄의 진동방향은 파동의 진행방향에 대해서 수직이 된다. 이처럼 매질입자의 진동이 음파의 진행방향과 직각을 이루는 파동을 **횡파**(橫波) 또는 **S파** (secondary wave or shear wave)라고 한다. 횡파의 전파는 몸통은 가늘고 길이가 긴 파충류가 몸통을 좌우로 구부리기를 반복하면서 전진하는 동작과도 비슷하다. 횡파는 전단탄성(剪斷彈性; 층 밀리기 특성)을 가지고 있는 고체에서만 전파되며, 수직방향의 탄성을 무시할 수 있는 액체와 기체에서는 전파되지 않는다. 횡파는 균질 무한(均質 無限)인 고체 또는 두께가 일정한 평판(平板)에서 발생한다.

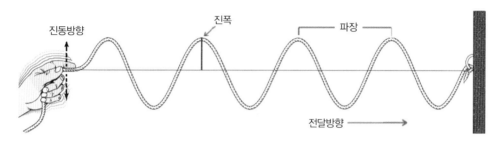

┃그림2-2┃ 횡파(transverse wave)의 동작 원리

(3) 굴곡파(屈曲波; flexural waves) 또는 휨파(bending waves)

판(板) 또는 봉(棒)의 곡률 변화에 대응하는 탄성에 의해, 판면(板面) 또는 축(軸)에 대한 수직 방향으로 변위를 발생시키는 파를 '굴곡파 또는 휨파'라고 한다. 굴곡파는 인접한 매질과 상호 간섭을 일으키며, 에너지의 진행방향에 수직으로 구조물 요소를 변형시키면서 전파된다. 따라서 굴곡파는 에너지를 전달하는 주요 기구(mechanism)일 뿐만 아니라 구조물 표면과 접촉하고 있는 공기층과도 에너지를 상호교환하기 때문에 소음 발생의 주요 원인이 된다. (pp.63 고체음 참조)

이 외에도 지표면의 가까이에서만 발생하는 표면파(예 : Rayleigh 파와 Love 파)가 있다.

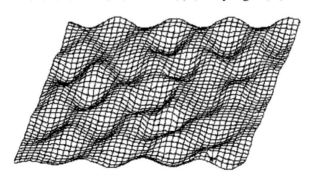

┃그림2-3┃ 레이저 간섭계(laser interferometer)로 NXT 패널에서 측정한 굴곡파(예)

3. 음파의 물리적 특성값

음파의 사이클, 주기, 주파수와 진폭에 의해 음파의 물리적 특성이 결정된다.

(1) 사이클(cycle)

사이클이란 음파가 반복적으로 진행할 때, 기준 위치(예 : 잔잔한 수면)에서 출발하여 양(+)의 최댓값(=마루)과 음(-)의 최댓값(=골)을 거쳐 다시 기준 위치(예 : 잔잔한 수면)로 복귀하기까지의 경로를 말한다.

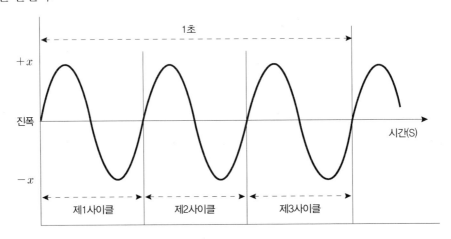

▌그림2-4 ▌ 사이클과 주파수

(2) 주파수(周波數; frequency)와 주기(週期; period)

① 주파수(周波數; frequency; f)

주파수란 1초 동안에 완성된 사이클 수이다. 같은 맥락에서 음파의 주파수는 1초 동안에 발생한 음압 변동의 사이클 수를 말한다. 음파와 진동파의 주파수는 헤르츠(Hz; hertz) 또는 1초당 사이클 수(s^{-1} ; cycle per second; cps)로 표시한다. 그림 (2-4)에서 음파는 1초 동안에 3회의 사이클을 반복하므로 주파수는 3Hz, 3/s, 또는 $3s^{-1}$라고 표현할 수 있다.

참고로 물리적 양인 주파수에 대응되는 개념으로 인간이 인식하는 심리적인 음의 높낮이를 피치(pitch)라고 한다. 바꾸어 말하면, 피치란 음파의 주파수와 관련된 소리의 음향품질이다. 일반적으로 '피치가 주파수'라고 말하지만 엄밀하게는 사람이 피치를 인식하는 과정에서는 여러 가지 심리적인 그리고 음향적인 요소도 작용하므로 "주파수가 피치다."라고 단정할 수는 없다. 그러나 400~1,000Hz의 주파수 대역에서는 주파수와 피치는 대체로 정비례한다.

그림 2-5는 인간은 주파수 20Hz 이하에서는 오직 진동만을 느끼고, 20Hz~200Hz 사이에서는 소리와 진동을 동시에, 그리고 200Hz~20kHz 사이에서는 소리만을 들을 수 있음을 나타내고 있다. 20Hz 이하의 초저주파(超 低周波; infrasound) 영역은 주파수가 낮아서 귀를 통해 들을 수는 없고 몸으로 느낄 수 있는 영역으로 취급한다. 그러나 최근에는 출력이 충분히 크게 되면 귀에도 들릴 수 있어, 귀에 잘 들리지 않는 주파수 개념으로 바뀌고 있다.

초음파(超音波; ultrasound)는 가청주파수 대역(20~20,000Hz) 이상의 고주파수(20kHz < f < 1GHz) 음파를, 극초음파(極超音波 : hypersound)는 1GHz~10THz의 음파를 말한다. 인간의 가청주파수 대역을 벗어나는 초음파나 초저주파 불가청음은 음향장비를 이용하여 측정할 수 있다.

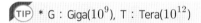
TIP * G : Giga(10^9), T : Tera(10^{12})

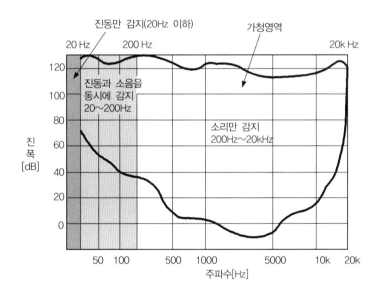

∥그림2-5∥ 인간이 감지할 수 있는 진동과 소리의 주파수 대역

② 주기(週期; period)

주기란 주파수의 역수(1/f)로서 1회 진동에 소요되는 시간이다. 표시기호로는 T를 사용한다. 그림 2-4에서 주파수(f)는 f = 3이므로 주기(T)는 "$T = \frac{1}{3}$ [s]"가 된다.

그림 2-6에서 주기(T)와 파장(λ)은 똑같은 모양의 파동에서 똑같은 위치에 똑같은 길이로 표시되어 있다. 그러나 주기(T)는 파동이 1 사이클을 완성하는데 소요된 시간[s]을, 파장(λ)은

파동이 1 사이클을 완성하는 동안에 음파가 진행한 직선거리[m]를 의미한다.

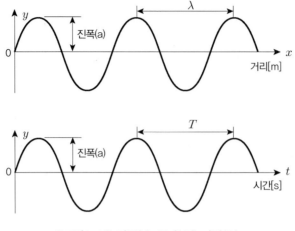

▌그림2-6 ▌ 진폭(a), 주기(T), 파장(λ)

(3) 주파수와 파장

그림 2-7에서 (a)의 경우, 파장은 길고, 파동의 수가 적다는 것은 주파수가 적다는 것을 의미한다. 주파수가 적으면 저음(低音; 예; 바리톤(Baritone))으로 들린다. (b)의 경우와 같이 파장은 짧고 파동의 수가 많다는 것은 주파수가 많다는 것을 의미한다. 주파수가 많으면, 고음(高音, 예; 소프라노(Soprano))으로 들린다.

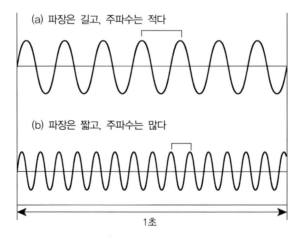

▌그림2-7 ▌ 주파수와 파장

(4) 음파의 진폭(振幅; amplitude)과 소리의 세기

진폭이란 진동체에 의해 생성된 에너지의 합 또는 양을 말한다. 그림 2-8에서 파동의 기준위치(0)를 중심으로 (+) 최댓값인 마루에서부터 (-) 최댓값인 골까지의 수직거리 A를 양(兩)-진폭 또는 전(全)-진폭, 기준위치로부터 마루 또는 골까지의 수직거리 a를 편(片)-진폭 또는 진폭이라고 한다. 진동에서는 주로 전-진폭(A) 개념을, 음향에서는 주로 편-진폭(a) 개념을 사용한다.

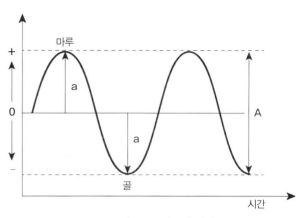
▌그림2-8 ▌ 진폭의 정의

그림 2-9는 주파수는 같으나 진폭이 다른 3개의 음파를 나타내고 있다. 상단의 음파는 하단의 음파보다 진폭이 크다. 진폭이 크면 소리는 크게 들린다. 반면에 진폭이 작으면 소리는 작게 들린다. 즉, 진폭은 소리 세기(sound intensity; loudness)와 직접적인 관련이 있다. 진폭이 크면 클수록, 소리는 더 크게 들린다.

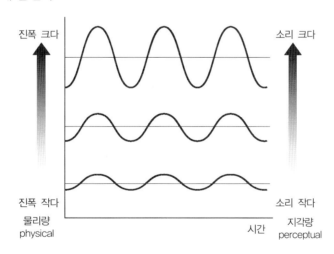
▌그림2-9 ▌ 음파의 진폭과 소리 세기의 상관관계

(5) 음의 종류

크게 순음, 복합음 그리고 소음으로 분류한다.

① 순음(純音; pure tone)

1개의 주파수 성분만을 가진, 진폭이 일정한 음을 말한다. 자연계에는 순수하게 1개의 주파수 성분만을 가진, 진폭이 일정한 순음(pure tone)은 없다.

② **복합음(複合音; complex tone)**

주파수와 진폭이 서로 다른 다수의 순음이 합성된 음을 말한다. 예를 들면, 주파수가 f, $2f$, $3f \cdots$ 이고, 진폭이 A_1, A_2, $A_3 \cdots$ 인 순음들이 합성된 복합음은 일정한 주기를 갖는다. 복합음을 구성하는 순음들을 배음(倍音; over tone or harmonics)이라고 하며, 배음 중에서 주파수가 가장 낮은 음을 기본음(fundamental)이라고 한다.

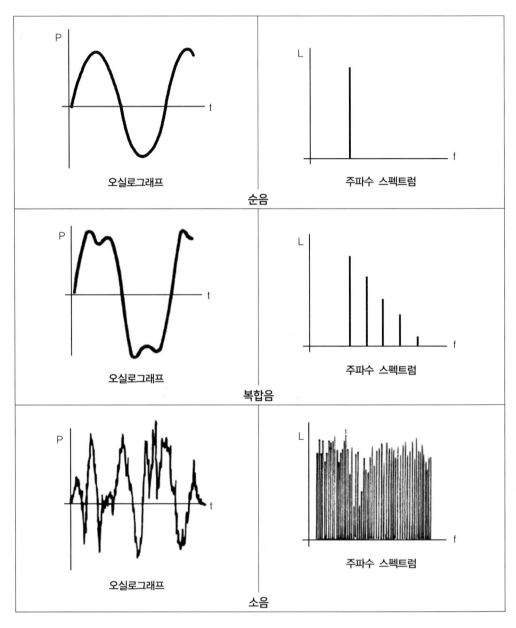

┃**그림2-10** ┃ 순음, 복합음, 소음의 오실로그래프와 주파수 스펙트럼 (P; 음압 L; 음압레벨)

③ 소음(騷音; noises)

규칙성이 없는, 비주기적인(aperiodic), 다수의 주파수 성분이 합성되어 아주 복잡한 파형을 나타내는 음을 소음이라고 한다.

(6) 음색(音色; timbre 또는 tone color)

피아노 소리와 바이올린 소리, 또는 사람의 목소리 구별이 가능한 것은 소리를 구성하는 음파의 형상이 다르기 때문이다. 인간의 대화나 악기 소리 등은 각기 음압이 다른 배음(倍音) 즉, 주파수가 기본음의 정수배인 음들로 구성된 단음(單音)이거나, 주파수와 진폭이 다른 다수의 순음이 혼합된 복합음(複合音)이다.

음파의 형상 즉, 복합음의 파형(波形)이 전체적인 음색을 결정한다. 예를 들어 현악기의 경우엔 정수배의, 관악기의 경우엔 홀수 배의 배음(倍音)의 스펙트럼(spectrum)이 등차적(等差的)으로 생성된다. 마찬가지로 사람의 목소리를 구분할 수 있는 것도 사람마다 고유의 음파 스펙트럼을 가지고 있기 때문이다. 서로 모양이 다른 음파의 모임은 각기 다른 음색을 나타낸다.

소리의 고저(주파수), 소리세기(진폭) 그리고 소리맵씨(파형)를 소리의 3요소라고 한다.

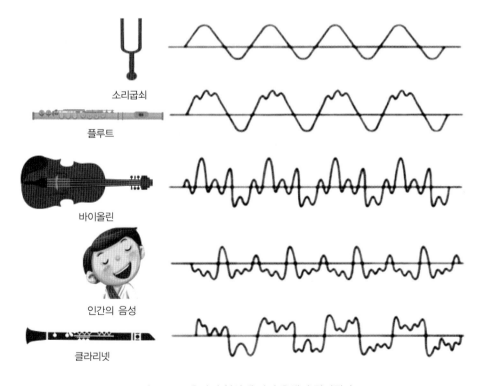

소리굽쇠

플루트

바이올린

인간의 음성

클라리넷

▌그림2-11▌ 음파의 형상에 따라 음색이 결정된다.

4. 음파의 전파

잔잔한 수면에 돌을 던졌을 때 생긴 물결은 사방으로 원을 그리며 퍼져나가다가 시간이 지남에 따라 에너지가 소진되면, 물결은 사라지고 수면은 다시 잔잔해진다. 수면파(水面波)는 물의 표면에서 퍼지는 2차원 파동이지만, 음파는 음원으로부터 주위의 공기 전체에 퍼지는 3차원 파동이다.

공기온도가 일정할 경우, 음파의 파면(波面 : wave front)은 공간의 음원(音源)을 중심으로 구면파(球面波) 형태로 퍼져나간다. 구면파의 반지름이 아주 크거나, 거의 무한대일 경우, 파면은 평면에 가까워지며, 평면파(平面波) 형태로 퍼져나간다. 평면파 파면의 모든 점은 동일한 방향, 동일한 속도로 진행한다. 그리고 음파는 항상 직선적으로 전파된다. 이 성질을 음파의 직진성이라고 한다.

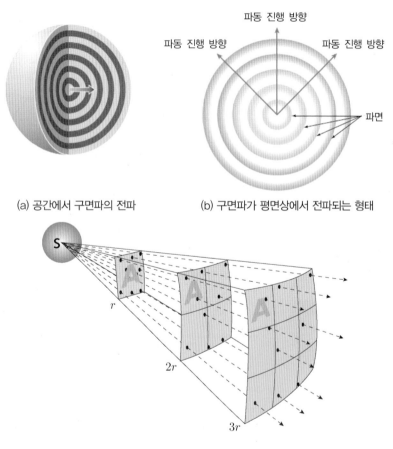

(a) 공간에서 구면파의 전파   (b) 구면파가 평면상에서 전파되는 형태

(c) 음원의 반경이 아주 클 경우, 파면은 평면파 형태로 전파

▐그림2-12▐ 음파의 전파

5. 음파의 속도 (The velocity of sound waves)

음속은 매질에서 음파가 전달되는 속도를 말한다. 음속은 기압과는 거의 관계가 없으나 공기온도의 영향을 크게 받는다. 음속이 공기온도에 따라 변하는 것은 공기밀도가 온도에 따라 변하기 때문이다. 공기밀도가 낮을수록, 즉 공기온도가 높을수록 공기(매질)는 쉽게 이동하기 때문에 음속은 빨라진다. 공기에 수증기 등이 포함되어 있으면 음속도 달라지지만, 그 영향은 기온의 영향보다 더 작으므로 일반적으로 공기의 습도는 무시한다.

공기 이외의 매질(액체, 고체도 포함)에서의 음속도 온도에 따라 변한다. 음속은 보통 기체에서보다 액체에서, 액체에서보다 고체에서 더 빠르다.

(1) 음속

임의의 매질에서 음속(c [m/s]) 또는 소리 속도는 다음 식으로 구한다.

$$c = k \sqrt{\frac{E}{\rho}} \quad\text{.. (2-1)}$$

여기서　k : 비례상수 (0.843)
E : 매질의 탄성계수 [Pa] 또는 [N/m^2]
ρ : 매질의 밀도 [kg/m^3]

정상적인 대기압력 1[bar], 습도 0%에서 소리가 공기 속을 통과하는 속도(c)는 다음 식으로 구한다.

$$c = 20.05 \sqrt{273.15 + T} \ [\text{m/s}]$$
$$c \approx 331.3 + 0.606\,T \ [\text{m/s}] \quad\text{... (2-2)}$$

여기서 T : 온도[℃]

예 압력 1기압, 온도 20℃일 때 공기에서의 음속은 $c = 20.05 \sqrt{273.15 + 20}$ [m/s]로 $c = 20.05 \sqrt{293.15} \approx 343$ [m/s]가 된다. 소음 문제를 다룰 때의 음속은, 보통 1기압 (1013hPa), 상온(15℃)에서 소리의 전파속도 340[m/s]를 준용한다.

┃표 2-1┃ 다양한 매질에서 소리의 전파속도(음속)

기체(gases)		액체(liquids)		고체(solids)	
물질(온도)	속도(m/s)	물질(25℃)	속도(m/s)	물질(25℃)	속도(m/s)
수소(0℃)	1,268	바닷물	1,533	철(봉)	5,130
공기(0℃)	331	담수	1,493	알루미늄(봉)	5,100
헬륨(0℃)	972	메탄올	1,143	구리(봉)	3,560
공기(20℃)	343	수은	1,450	유리	3,950~5,000

(2) 음속(c)과 주파수(f) 그리고 파장(λ)의 상관관계

앞에서 파장(λ)은 파동이 1 사이클을 완성하는 동안에 음파가 진행한 직선거리라고 설명하였다. 따라서 파장(λ[m])과 주파수(f[1/s])를 곱하면, 음파가 1초 동안에 진행한 직선거리 즉, 음파의 속도[m/s]가 된다. 따라서 음속(c)은 식(2-3)으로도 표시할 수 있다.

$$c\,[\mathrm{m/s}] = f\left[\frac{1}{\mathrm{s}}\right] \cdot \lambda[\mathrm{m}] \quad \cdots\cdots\cdots\cdots\cdots\cdots\cdots\cdots\cdots\cdots\cdots\cdots\cdots \quad (2\text{-}3)$$

┃표 2-2┃ 주파수, 주기, 파장 관련 수식

	기 호	단위	공식
주파수	$f = 1/T$	[Hz], [1/s]	$f = c/\lambda$
파 장	λ	[m]	$\lambda = c/f$
주 기	$T = 1/f$	[s]	$T = \lambda/c$
음 속	c	[m/s]	$c = f \cdot \lambda$
각속도	ω	[rad/s]	$\omega = 2\pi f$

(3) 입자의 운동이 공기 중을 전파할 때의 입자 변위(x), 입자속도(u), 동적 압력(p)의 상관관계

$$x = \frac{u}{2\pi f} = \frac{p}{2\pi f \rho c} \quad \cdots\cdots\cdots\cdots\cdots\cdots\cdots\cdots\cdots\cdots \quad (2\text{-}4)$$

$$u = 2\pi f x = \frac{p}{\rho c} \quad \cdots\cdots\cdots\cdots\cdots\cdots\cdots\cdots\cdots\cdots\cdots\cdots \quad (2\text{-}4\mathrm{a})$$

$$p = \rho \cdot c \cdot u \quad \cdots\cdots\cdots\cdots\cdots\cdots\cdots\cdots\cdots\cdots\cdots\cdots\cdots\cdots\cdots\cdots \quad (2\text{-}4\mathrm{b})$$

(4) 입자 가속도 (a_c)

입자 가속도(a_c)는 입자속도(u)의 1계 도함수이고, 변위(x)에 대해서는 2계 도함수가 된다.

$$a_c = (2\pi f)^2 x = (\omega)^2 x = \frac{2\pi f p}{\rho c} \dots\dots\dots\dots\dots\dots \text{(2-5)}$$

(5) 고유 음향 임피던스(specific acoustic impedance) : z

자유음장(free sound field; pp.54 참조)에서 소리가 임의의 탄성 매질(예 : 공기)을 통과하여 멀리 전파되면, 그 매질의 저항 때문에 소리는 작아지게 된다. 이 저항은 전기에서의 저항과 비슷하게 매질의 입자속도(u)에 반비례하며, 그 매질에서의 동적 음압(dynamic pressure) (p)에 비례한다.

$$z = \frac{p}{u} = \rho c \left[\frac{\text{N·s}}{\text{m}^3} \right] \dots\dots\dots\dots\dots\dots \text{(2-6)}$$

자유공간에서 공기를 통하여 전파되는 음파의 고유 음향 임피던스 z는 매질의 밀도 $\rho[\text{kg/m}^3]$와 음속 $c[\text{m/s}]$의 곱으로 표시된다. 이를 매질의 특성임피던스(characteristic impedance)라고도 한다. 소리의 반사나 굴절 같은 특성을 해석하는데 아주 중요한 인자이다. 단위로는 $[\text{kg/(m}^2 \cdot \text{s})] = [\text{rayl}]$(레일)을 사용한다. (식 2-6 참조)

$$1[\text{rayl}] = \frac{1[\text{Pa}]}{1[\text{m/s}]} = \frac{1[\text{N} \cdot \text{s}]}{[\text{m}^3]} = \frac{1[\text{kg}]}{[\text{m}^2 \cdot \text{s}]}$$

정상조건(1bar, 20℃)에서, 음속(c)은 343.21m/s, 공기밀도(ρ)는 1.2041kg/m³이므로, 표준 대기조건 (1bar, 20℃)에서 공기의 고유 음향 임피던스 z는

$$z = \frac{p}{u} = \rho c = 343.21 \times 1.2041 \approx 413.3 \left[\frac{\text{N·s}}{\text{m}^3} \right]$$

이 된다. 그러나 실제로는 $z = 400[\text{N} \cdot \text{s/m}^3]$을 주로 사용한다.

15℃기준

$$z = \rho c = 340 \times 1.225 \approx 416.5 \left[\frac{\text{N·s}}{\text{m}^3} \right]$$

음향 출력, 소리 세기, 음압, 데시벨
Acoustic Power, Loudness, Sound Pressure and Decibel

2-2

소리는 음원으로부터 전달경로를 거쳐 귀에서 감지된다. 따라서 음원에서의 음향출력[W], 소리전달경로에서의 소리세기[W/m²], 그리고 듣는 사람의 청각기관이 감지하는 음압[Pa]을 계산 또는 측정하고, 이를 각각의 기준값과 비교하여 모두 데시벨(dB) 단위로 표시할 수 있다.

각각의 기준값은 KS I ISO 1683에 규정되어 있다. 표 2–3에 제시되지 않은 기준값으로는 음향에너지(1pJ)와 음향노출($(20\mu\mathrm{Pa})^2\mathrm{s}$) 등이 있다.

알기 쉽게 요약한, 아래 표 (2–3)의 내용을 먼저 개략적으로 이해한 다음에 관련 수식을 공부하는 것이 더 효과적일 것이다.

┃표 2–3┃ 소리 측정 매개변수(parameter) 요약

소리의 생성 및 전달과정 ⇒	음원(source) ⇒	경로(path) ⇒	수신자(receiver)
측정값과 단위	출력[W]	소리세기[W/m²]	음압[Pa]
표시기호	W	I	p
기준값	$W_0 = 10^{-12}[\mathrm{W}]$	$I_0 = 10^{-12}\left[\dfrac{\mathrm{W}}{\mathrm{m}^2}\right]$	$p_0 = 2 \times 10^{-5}\left[\dfrac{\mathrm{N}}{\mathrm{m}^2}\right]$
기준값의 근거	가청소리의 최소출력	가청 소리세기의 최솟값	가청 최저 음압 (1000Hz에서)
데시벨 환산식	음향출력레벨 L_W[dB] $$L_W = 10\log_{10}\frac{W}{W_0}[\mathrm{dB}]$$	소리세기레벨 L_i[dB] $$L_i = 10\log_{10}\frac{I}{I_0}[\mathrm{dB}]$$	음압레벨 L_p[dB] $$L_p = 20\log_{10}\frac{p}{p_0}[\mathrm{dB}]$$

1. 데시벨(dB; decibel) 단위의 정의

인간의 귀로 소리를 듣는 과정은 소리를 만들어내는 음원으로 인해 발생하는 공기압력의 변화 즉, 음압의 변화를 감지하는 과정이다. 음압은 대기압을 기준으로 높고 낮음을 표시한다.

인간의 청력을 대수(logarithm) 함수의 '데시벨[dB]' 단위를 사용하여 나타내는 이유는, 인간이 느끼는 음량의 크기가 물리량이 아니라 물리량의 대수(logarithm) 값에 유사한 곡선을 그리기 때문이다. – 베버 페히너(Weber Fechner)의 법칙

데시벨(dB)은 절대적인 기준값이 아닌 상대적인 값으로 무차원이다. 최소 가청음압 레벨인 0dB을 기준으로 10dB 증가할 때마다 그 소리의 세기, 즉 음압은 10의 거듭제곱 꼴로 커진다. 예를 들면 10dB은 0dB보다 10^1배만큼 즉, 10배 크고, 20dB은 0dB보다 10^2배, 즉 100배만큼 크다.

어떤 유형의 특성값이든 기준값에 대한 임의의 측정값의 대수(log) 함수비는 모두 데시벨(dB) 단위를 사용하여 나타낼 수 있다. – 소리, 진동, 압력, 광도 …… 등등.

참고로 단위 벨(B; bel)은 전화통신 개척자의 한 사람인 알렉산더 그레이엄 벨(Alexander Graham Bell, 1847년~1922년, 스코틀랜드 태생, 미국 과학자)의 이름에서 유래한 단위이다. 단위 벨(B)이 상용하기엔 너무 크기 때문에 그 1/10 크기인 데시벨(dB)을 주로 사용한다.

데시벨(dB) 단위의 정의를 이해하였으면, 이제 음원의 음향출력 W [W], 소리전달경로에서의 소리세기 I [W/m^2], 그리고 듣는 사람의 청각기관이 감지하는 음압 p [Pa]와 이들 각각에 대한 대수 함수비인 레벨(level) 즉, 음향출력 레벨 L_W[dB], 소리세기 레벨 L_i [dB], 그리고 음압레벨 L_p[dB]에 대해서 더 자세하게 살펴보자.

* KS 규격에서는 레벨(level)을 '수준'으로 표기하고 있다.

> **TIP**
>
> $\log(x \cdot y) = \log x + \log y$
>
> $\log(x/y) = \log x - \log y$
>
> $\log x^a = a \cdot \log x$
>
> 정의 : $y = \log x \rightarrow x = 10^y$, $\log_{10} 10 = 1$, $\log 10 = 1$

2. 음향 출력(sound power ; W [W]) ·))

음향출력은 음원으로부터 단위시간 당 방출되는 총 에너지로서, 직접 측정할 수 없다. 따라서 음향출력은 음원을 둘러싼 표면적과 그 표면에서의 소리 세기의 곱으로 나타낸다. 참고로 출력 기호로는 'P'를 사용하는 것이 타당하지만, 음압기호 'P'와의 혼동을 피하고자 'W'를 사용하기로 한다.

$$W = I \times S \,[\text{W}] \quad\text{(2-7)}$$
$$\text{여기서} \quad S \;:\; \text{음원의 방사 표면적}(s = 4\pi r^2 [\text{cm}^2])$$
$$I \;:\; \text{표면에서 소리의 세기}[\text{W}/\text{cm}^2]$$

기준 음향출력 W_0는 표준 구(球)의 표면적 $S_0 = 10^4 [\text{cm}^2]$과 기준 소리의 세기 $I_0 = 10^{-16}[\text{W}/\text{cm}^2]$를 곱하여 구한다.

$$W_0 = I_0 S_0 = 10^{-16} \times 10^4 = 10^{-12}\,[\text{W}] \quad\text{(2-8)}$$

예
① Boeing 747(엔진 4개) 5×10^5 [W]
② 우주선 이륙 시 로켓에서 발생하는 소리 5×10^7 [W]
③ 인간의 가청소리 최소출력 1×10^{-12}[W]
④ 보통의 일상적인 대화의 출력 1×10^{-6} [W]

소리 에너지의 크기 변화는 다른 에너지의 크기 변화와 비교하면 그 차이가 아주 크다. 예를 들면, 인간의 가청소리의 최소출력(1×10^{-12} [W])과 보통의 일상적인 대화(對話) 출력(1×10^{-6} [W]) 간의 차이는 "1×10^{-6} [W]"로 100만 배이다. 이처럼 소리의 크기를 음향출력으로 나타내면 불편한 점이 많으므로 dB(decibel) 단위를 사용한다.

3. 소리 세기 (sound intensity ; I [W/m²]) ·))

음파는 음원으로부터 평면(circular; 2차원) 또는 구면(spherical; 3차원)의 표면으로 전파된다. 따라서 음파의 출력은 음원으로부터의 거리가 멀어짐에 따라 넓은 면적에 분산되므로, 단위면적당 음파의 출력 즉, 소리세기(I)는 음원으로부터의 거리의 제곱에 반비례한다.

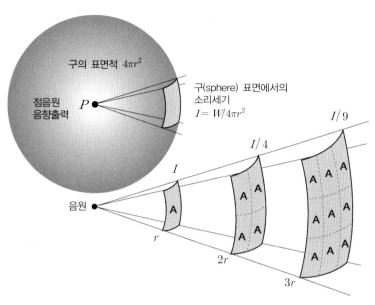

■그림2-13 ■ 구(球)의 표면에서의 소리세기

소리 세기(I)란 음장(音場; sound field)에서 음원(音源)으로부터 방사되는 방향에 수직인(반지름에 직교하는) 위치의 단위면적($1\,\mathrm{m}^2$)을 1초 동안에 통과하는 소리의 에너지율[J/s=W]을 말한다.

$$I = \rho c u^2 = \frac{p^2}{\rho c} = p \cdot u \left[\frac{\mathrm{J}}{\mathrm{m}^2\mathrm{s}}\right] = p \cdot u \left[\frac{\mathrm{W}}{\mathrm{m}^2}\right] \quad \cdots\cdots\cdots\cdots\cdots\cdots\cdots \text{(2-9)}$$

여기서　u : 공기입자속도(실횻값),　　　p : 동적 음압(실횻값)
　　　　c : 음속,　　　　　　　　　ρ : 공기밀도

기준이 되는 소리 세기 즉, 소리 세기의 기준값 I_0는

기준 음압 $p_0 = 0.0002[\mu\mathrm{bar}] = 20[\mu\mathrm{Pa}] = 20 \times 10^{-6}\left[\dfrac{\mathrm{N}}{\mathrm{m}^2}\right]$,

20℃에서의 $\rho c = 413 \approx 400\left[\dfrac{\mathrm{N\cdot s}}{\mathrm{m}^3}\right]$을 식(2-9)에 대입하여 구한다.

$$I_0 = \frac{(20 \times 10^{-6})^2}{400} = 10^{-12}\left[\frac{\mathrm{W}}{\mathrm{m}^2}\right] = 10^{-16}\left[\frac{\mathrm{W}}{\mathrm{cm}^2}\right] \quad \cdots\cdots\cdots\cdots\cdots\cdots \text{(2-10)}$$

4. 음압레벨(L_p : sound pressure level; SPL)

음압은 방사 표면적, 표면 진동속도, 그리고 음원으로부터의 거리에 의해 결정된다. 듣는 사람 측에서 측정한 파스칼[Pa] 단위의 음압(p)을 데시벨[dB] 단위의 음압레벨(L_p)로 환산하는 수식의 근본은 식(2-11)과 같다.

참고로 인간의 귀로 지각할 수 있는 최저 음압($20\mu Pa$)과 최대 음압(약 200Pa) 간의 비는 약 1:10,000,000이 된다. 이를 **청력**(聽力; hearing dynamics)이라고 한다.

$$L_p = 10\log_{10}\frac{\dfrac{p^2}{\rho c}}{\dfrac{p_0^2}{\rho c}} = 10\log_{10}\frac{p^2}{p_0^2} = 2\times10\log_{10}\frac{p}{p_0} = 20\log_{10}\frac{p}{p_0}\,[\text{dB}] \quad\cdots\cdots\cdots\cdots\cdots \text{(2-11)}$$

$$\text{여기서, 기준 음압 } p_0 = 2\times10^{-5}\left[\frac{\text{N}}{\text{m}^2}\right] \leftarrow 1{,}000\text{Hz에서의 최소가청 음압} = 0[\text{dB}]$$

식(2-11)을 이용하여 음압(p) 1[Pa]과 31.7[Pa]에서의 음압레벨(L_p)을 계산하면, 각각 아래와 같다. 단, $p_0 = 2\times10^{-5}\,[\text{N/m}^2] = 20\times10^{-6}\,[\text{N/m}^2]$이다.

(예 1) $p = 1[\text{Pa}]$	**(예 2)** $p = 31.7[\text{Pa}]$
$L_i = 20\log_{10}\dfrac{1}{20\times10^{-6}}$ $= 20\log_{10}50000 = 94\,[\text{dB}]$	$L_i = 20\log_{10}\dfrac{31.7}{20\times10^{-6}}$ $= 20\log_{10}1.58\times10^6 = 124\,[\text{dB}]$

오늘날 소음계 대부분은 음압 1[Pa]의 음압레벨 94[dB]을 교정값(calibration value)으로 사용하지만, 과거에는 음압 31.7[Pa]의 음압레벨 124[dB]을 합리적인 최대 음압으로 생각하고, 이를 기준으로 소음계를 교정하였다.

▌표 2-4 ▌ 음압[Pa]의 변화에 따른 음압레벨[dB]의 변화

음압[Pa]의 변화	음압레벨[dB]의 변화
2배 증가	6dB 증가
3배 증가	10dB 증가
4배 증가	12dB 증가
10배 증가	20dB 증가
100배 증가	40dB 증가
1,000배 증가	60dB 증가
10,000배 증가	80dB 증가
100,000배 증가	100dB 증가
1,000,000배 증가	120dB 증가

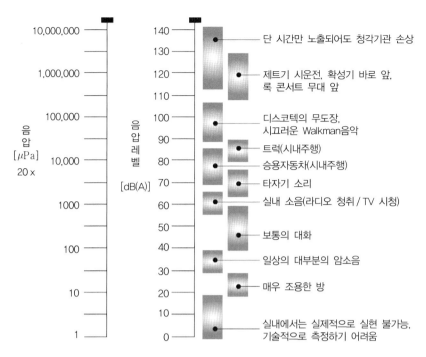

∥그림2-14∥ 음압[Pa]과 음압레벨[dB]의 상대 비교

∥표 2-5∥ 음압레벨[dB]의 변화에 따른 청감의 변화 정도

음압레벨 (dB)의 변화량	청감의 변화 정도
3	소리 크기 변화를 인식할 수 있음
5	뚜렷한 차이를 인식함
10	2배(또는 1/2)의 차이를 인식함
15	매우 큰 차이를 인식함
20	4배(또는 1/4)의 차이를 인식함

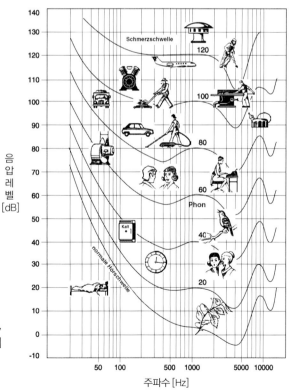

∥그림2-15∥ 음압레벨의 상대 비교(예)

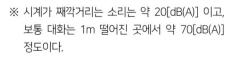

※ 시계가 째깍거리는 소리는 약 20[dB(A)] 이고,
보통 대화는 1m 떨어진 곳에서 약 70[dB(A)]
정도이다.

5. 소리 세기 레벨(L_i: Intensity Level)

소리 세기(I)를 소리세기 레벨(L_i)로 환산하는 수식도 음압레벨을 환산하는 수식과 마찬가지로 기준값에 대한 측정값의 상용 대수비이다.

$$L_i = 10\log_{10}\frac{I}{I_0}\,[\text{dB}] \quad\text{..} \quad (2\text{-}12)$$

여기서　　I　: 소음원에 의한 소리의 세기
I_0　: 소리 세기의 기준값(가청소리의 최솟값)
$$I_0 = 10^{-12}\left[\frac{\text{W}}{\text{m}^2}\right] = 0[\text{dB}]$$

$$L_i = 10\log_{10}\frac{I}{I_0} = 10\log_{10}\left(\frac{I}{1\times10^{-12}}\right) = 10\log_{10}(I\cdot1\times10^{12})$$

$$= 10\log_{10}I + 10\log_{10}10^{12} = 10\log_{10}I + 12\times10\log_{10}10$$

$$= 10\log_{10}I + 120[\text{dB}] \quad\text{..} \quad (2\text{-}12a)$$

※ 여기서　$I_0 = 1\times10^{-12}[\text{W}/\text{m}^2] = 0[\text{dB}]$

6. 음향출력 레벨(L_W : Power Level)

음향출력(W)을 음향출력 레벨(L_W)로 환산하는 수식도 음압레벨을 환산하는 수식과 마찬가지로 기준값에 대한 측정값의 상용 대수비이다. 소리세기의 기준값(I_0)과 음향출력의 기준값(W_0)이 각각 1×10^{-12}으로서 크기는 같지만, 단위가 서로 다르다. 소리 세기의 단위는 $[\text{W}/\text{m}^2]$이고, 음향출력의 단위는 $[\text{W}]$(watt)이다.

$$L_W = 10\log_{10}\frac{W}{W_0}\,[\text{dB}] \quad\text{...} \quad (2\text{-}13)$$

$$L_W = 10\log_{10}\frac{W}{W_0} = 10\log_{10}\left(\frac{W}{1\times10^{-12}}\right) \quad\text{.........................} \quad (2\text{-}13a)$$

$$= 10\log_{10}(W\cdot1\times10^{12}) = 10\log_{10}W + 10\log_{10}10^{12}$$

$$= 10\log_{10}W + 12\times10\log_{10}10$$

$$= 10\log_{10}W + 120[\text{dB}]$$

여기서　$W_0 = 1\times10^{-12}[\text{W}] = 0[\text{dB}]$

예 말소리의 음향출력 레벨

$$10\log 10 \frac{1 \times 10^{-6}}{1 \times 10^{-12}} = 10\log\left(1 \times 10^6\right) = 60[\mathrm{dB}]$$

위의 예와 같이 보통 대화하는 목소리의 음향출력($1 \times 10^{-6}[\mathrm{W}]$)을 음향출력 레벨[dB]로 환산하면, 60dB이 된다. 그리고 보통 대화하는 목소리의 음압레벨 60dB에서의 음압은 $2 \times 10^{-2}[\mathrm{N/m^2}]$이므로 기준음압($2 \times 10^{-5}[\mathrm{N/m^2}]$)과의 비는 1000 : 1이며, 우리 귀에는 보통 크기의 소리로 들린다.

같은 진폭의 소리라면 약 4,000Hz 부근의 소리가 가장 잘 들리며, 가청주파수의 상한/하한에 가까운 소리는 진폭이 크더라도 잘 들리지 않는다.

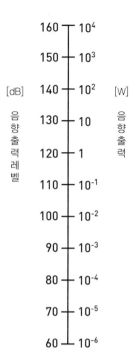

▌그림2-16 ▌음향출력과 음향출력레벨

TIP 데시벨(dB) 척도(scale)를 다른 유형의 에너지에 적용하는 경우의 예

소리뿐만 아니라 모든 유형의 에너지에 대한 강도 비율을 나타내기 위해 데시벨(dB) 단위를 사용할 수 있다. 예를 들면, 밝은 햇빛의 휘도(luminance)는 100,000 $[\mathrm{cd/m^2}]$(칸델라/제곱미터)이며, 아주 희미하게 보이는 별빛의 휘도는 0.0001 $[\mathrm{cd/m^2}]$ 정도이다. 우리는 태양의 밝은 빛이 거의 보이지 않는 별빛에 비교해 얼마나 더 밝은지 질문할 수 있으며, 이를 데시벨(dB) 척도를 이용하여 나타내면 다음과 같다.

$$
\begin{aligned}
L_{i[\mathrm{dB}]} &= 10\log_{10} \frac{I_{sunlight}}{I_{starlight}} \\
&= 10\log_{10} \frac{100000}{0.0001} \\
&= 10\log_{10} \frac{10^5}{10^{-4}} \\
&= 10\log_{10} 10^9 \ \text{(지수의 나눗셈은 분자의 지수에서 분모의 지수를 뺀다. : 5 - (-4) = 9)} \\
&= 10\log_{10} 10^{(9)} = 9 \times 10\log_{10} 10 \\
&= 9 \times 10 \times 1 = 90[\mathrm{dB}]
\end{aligned}
$$

※ 태양의 밝은 빛은 거의 보이지 않는 별빛에 비해 약 90dB 즉, 90억 배 더 밝다.

7. 음향출력 레벨(L_W)과 소리세기 레벨(L_i)의 상관관계

음향출력 레벨(L_W)은 직접 측정되지 않으므로 소리세기 레벨(L_i)을 측정하여 아래 식들을 이용하여 계산으로 구한다. ∴ 소리세기 레벨(L_i)로 계산하나 음압레벨(L_p)로 계산하나 값은 같다.

(1) 자유 공간 무지향성 점음원의 경우(r : 음원으로부터 떨어진 거리)(표면적; $S = 4\pi r^2$)

음원으로부터 방사되는 음장만 존재하고 공간에 벽이나 다른 물체가 없어, 반사 음장이 존재하지 않는 음장 또는 음역의 경우이다. 자유음장은 무향실에서 구현할 수 있으며 음원으로부터 먼 곳에서는 음향에너지의 밀도가 음원으로부터의 거리의 제곱에 반비례하여 약해진다.

점음원(정치식 기계 등과 같이 지정된 위치에 고정된 음원)의 경우, 소리는 음원으로부터 구면(球面)을 형성하여 퍼져나가므로 음원으로부터 r[m] 떨어진 지점의 소리세기는 "$I = W/4\pi r^2$"이 된다.

참고로 음원의 크기의 5배가 되는 거리에서부터 점음원의 특성이 나타나기 시작한다. 예를 들어 음원의 크기가 0.3m라면, 점음원의 특징이 발현되는 지점은 음원으로부터의 거리 1.5m부터이다.

$$
\begin{aligned}
L_i &= 10\log\frac{I}{10^{-12}} = 10\log\frac{W}{10^{-12}\times 4\pi r^2} \\
&= 10\log\left(\frac{W}{10^{-12}}\times\frac{1}{4\pi r^2}\right) = 10\log\left(\frac{W}{10^{-12}}\times\frac{1}{4\pi}\times\frac{1}{r^2}\right) \\
&= L_W - (10\log r^2 + 10\log 4\pi) \\
&\approx L_W - 20\log r - 11[\text{dB}] \quad\text{-- (2-14a)} \\
\therefore L_W &\approx L_i + 20\log r + 11[\text{dB}] \quad\text{-- (2-14b)}
\end{aligned}
$$

점음원으로부터 거리가 2배로 되면, 소리세기 레벨은 6dB씩 감소한다. 여기서 자유공간이란 음원이 공중에 떠 있는 경우, 반자유공간이란 음원이 바닥 또는 벽에 인접한 경우를 말한다.

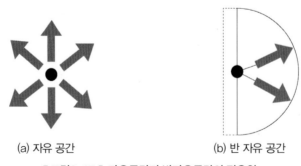

(a) 자유 공간   (b) 반 자유 공간

▌그림2-17▌ 자유공간과 반자유공간의 점음원

(2) 반자유공간 무지향성 점음원의 경우 ($S = 2\pi r^2$)

음원이 지표면에 있고, 반구면(半球面) 상으로 소리가 퍼져 나갈 때는 선음원으로 간주할 수 있다. 자동차가 나란히 밀집하여 주행하는 경우, 이를 무지향성 점음원이 나란히 밀집된 선음원(자동차와 같이 직선으로 이동하는 음원)으로 간주할 수 있으며, 음원으로부터 r[m] 떨어진 지점의 소리세기는 "$I = W/2\pi r^2$"이 된다. 수음점(受音点)에서의 소리세기 레벨(L_i)은 다음과 같다.

$$L_i = L_W - 20\log r - 10\log 2\pi \approx L_W - 20\log r - 8[\text{dB}] \quad \text{(2-15a)}$$

$$\therefore L_W \approx L_i + 20\log r + 8[\text{dB}] \quad \text{(2-15b)}$$

(3) 자유공간 무지향성 선음원의 경우 ($S = 2\pi r$)

$$L_i = L_W - 10\log r - 10\log 2\pi \approx L_W - 10\log r - 8[\text{dB}] \quad \text{(2-16a)}$$

$$\therefore L_W \approx L_i + 10\log r + 8[\text{dB}] \quad \text{(2-16b)}$$

(4) 반자유공간 무지향성 선음원의 경우 ($S = \pi r$)

$$L_i = L_W - 10\log r - 10\log \pi \approx L_W - 10\log r - 5[\text{dB}] \quad \text{(2-17a)}$$

$$\therefore L_W \approx L_i + 10\log r + 5[\text{dB}] \quad \text{(2-17b)}$$

TIP 단순음원(Simple Source)

단극자(Monopole) 음원은 음파의 파장에 비해 충분히 작은 신축 운동을 하는 물체에 의해 방사되는 음장의 음원(점음원)이다. 모든 방향으로 균일한 음을 방사하는 무지향성 음원으로서 임의의 음원을 구성하는 가장 기본적인 단위이다. 대표적인 단극자 음원으로는 엔진의 배기구에서 맥동적인 유체의 방출과 함께 방사되는 저주파음이나 폭발음 및 기포의 맥동에 의한 음이 있다.

쌍극자(dipole) 음원은 크기가 같고 위상이 반대인 2개의 단극의 간격이 극한적으로 가까운 점쌍극(point dipole)으로서, 거리제곱의 역수로 음압이 낮아지는 근접음장을 형성하며, 동일방사출력의 단극보다 방사효율이 떨어진다.

4극자(Quadrupole)음원은 2개의 쌍극자가 서로 반대 방향으로 근접하여 4개의 극을 이루는 음원으로, 쌍극의 결합 방법에 따라 종(longitudinal) 4극과 횡(lateral) 4극이 있다(그림은 횡4극).

$$I_m = \frac{\rho}{c} v^4 = \rho \cdot M_a \cdot v^3 \qquad I_m = \frac{\rho}{c^3} v^6 = \rho \cdot M_a^3 \cdot v^3 \qquad I_m = \frac{\rho}{c^5} v^8 = \rho \cdot M_a^5 \cdot v^3$$

I : 소리세기
v : 유동속도
ρ : 공기밀도
c : 음속

단극(monopole)은 질량흐름(mass flow)에 의해, 쌍극은 힘(force)에 의해, 4극은 변동하는 레이놀즈 응력(stress)에 의해 음파를 방사한다. 일반적으로 유체에 의한 소음은 4극자 음원으로 본다.

2-3 소리의 기타 물리적 특성
Other Physical Properties of Sounds

소리를 주파수의 높낮이에 근거하여 2가지로만 분류한다면 공명(resonance), 회절 (diffraction), 확산(diffusion) 등의 현상으로 설명이 가능한 저음(wave), 그리고 빛의 반사 (reflection)특성과 같은 반사 현상만으로 설명이 가능한 고음(ray)으로 분류할 수 있다.

1. 위상(位相; phase) ·))

진폭과 주파수가 같더라도 위상이 서로 다르면 서로 다른 소리이다(그림 2-18a). 진폭, 주파수 그리고 위상이 같은 소리를 더하면 진폭은 두 배가 된다. (그림 2-18b). 진폭과 주파수는 같지만, 위상이 서로 반대(위상차 180°)인 정현파를 더하면 서로 상쇄, 소멸한다. (그림 2-18c). 그러나 특정 주파수의 위상 차이는 청각으로 인지할 수 있는 차이를 유발하지는 않는다.

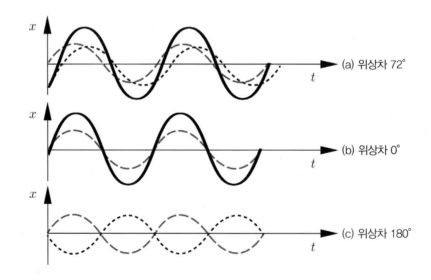

┃그림2-18┃ 위상차 72°, 동위상, 역위상

2. 음파의 공명(共鳴; resonance)

어떤 진동수의 음 그리고 진동수가 그 음의 배수인 음의 관계를 배음(倍音)이라고 한다. 물체
는 각각 고유진동수를 가지고 있는데, 전달된 소리가 물체의 고유진동수와 배수(倍數)의 관계에
있으면 진폭이 증가하게 된다. 이 현상을 공명이라고 한다.

3. 음파의 회절(回折; diffraction) - 그림 (2-19, 2-20) 참조

회절이란 진행하고 있는 음파가 도중에 장애물(또는 틈새)과 마주치면, 그 뒤를 돌아서 파동
에너지를 전달하는 현상을 말한다. 장애물의 치수보다 파장이 긴 음은 장애물을 쉽게 뛰어넘는
다(a). 반대로 장애물이 크거나 음파의 파장이 짧으면, 음의 감쇠가 크다(b). 직진성이 강한 파동
은 장애물 뒷면에 파동이 도달되지 않는 영역(=그늘)을 만든다.

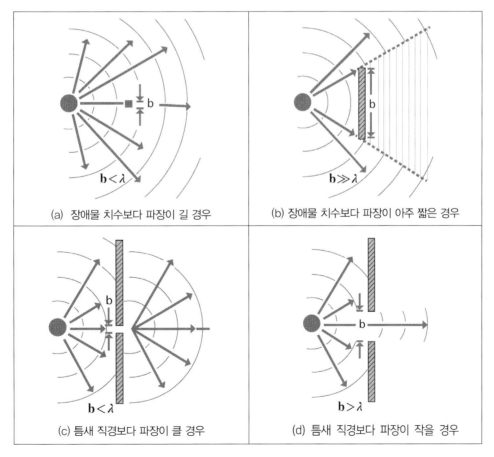

그림2-19 음파의 회절(diffraction) (www. bksv.com)

틈새보다 파장이 클 경우는 파장이 틈새를 통과하여 전파된다. 담장 너머로 말소리가 들리고, 옆방에서 나는 소리가 창문이 열려 있으면 잘 들리는 것도 이 때문이다. 음파는 얇은 벽을 통과하기도 하고 반사하여 진로를 바꾸기도 한다. 담장 너머로 들리는 소리도 담장에 접근할수록 잘 들릴 때는 이는 담장을 통과했기 때문일 것이다. 회절로 인해 들리는 소리는 담장에서 적당한 거리로 떨어졌을 때 잘 들린다.

4. 음파의 반사(反射; reflection)

음파는 음원으로부터 구면파(球面波) 모양으로 전파된다고 생각할 수 있다. 예를 들면, 연못 중앙에 돌을 던졌을 때 물결이 원을 그리면서 파동이 사방으로 퍼져가는 것과 같다. 구면파의 반지름이 아주 클 때 또는 거의 무한대로 가정하면 파면(波面)은 평면파(平面波)로 생각할 수 있다. 수면파(水面波)와 마찬가지로 음파에도 규칙적인 반사 현상이 있다. 산에 올라가서 큰소리를 지르면 여러 방향에서 같은 소리가 연달아 되돌아온다. 멀리 있는 산, 가까이에 있는 골짜기 등에서 반사된 음파가 다시 되돌아오기 때문인데 이것을 메아리(echo)라고 한다.

음파가 딱딱한 고체로부터 반사될 때는 빛의 반사원리(입사각=반사각)를 적용하면 쉽게 해석할 수 있다. 만약 소리가 딱딱한 고체면(固體面)에 입사된 후 소리에너지의 일부가 반사될 경우, 입사각과 반사각은 똑같다. 소리가 부딪치는 표면이 곡면(타원형, 오목형, 볼록형 또는 복합형)인 경우, 음파의 진행 및 반사원리는 평면인 경우(거울에 반사되는 경우)와 같다.

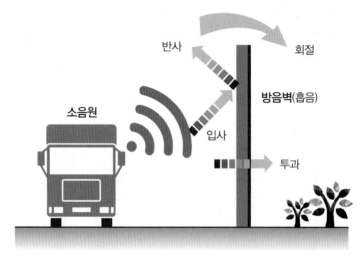

■그림2-20 ┃ 소음의 입사, 반사, 투과, 회절, 흡음

소리는 딱딱한 표면에서만 반사되는 것이 아니라, 각 매질의 고유 임피던스가 다를 때, 그 차이만큼 반사된다. 소리는 두 매질 사이에서 완전히 반사되지 않으며, 일부는 다른 매질을 투과한다.

실내에서는 소리가 잘 들리지만, 야외에서는 같은 소리라도 작아져서 잘 들리지 않는 것을 자주 경험한다. 실내에서는 직접 귀에 도달하는 음파 외에 주위의 벽에 반사된 소리도 더해져서 들리지만, 야외에서는 직접 귀에 들리는 음파뿐이므로 실내에서보다도 소리가 더 작아진다. 이와 같은 소리의 반사현상은 회절(回折)현상과는 다르다.

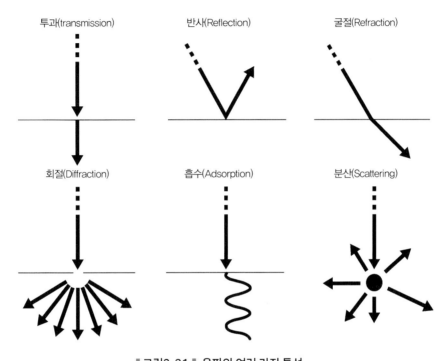

‖그림2-21‖ 음파의 여러 가지 특성

5. 음파의 굴절(屈折; refraction) - 그림 2-21, 2-22 참조

음파(=소리)의 굴절이란 소리가 전파될 때, 매질의 (밀도) 변화 때문에 음파의 진행방향이 변하는 것을 말한다. 한 매질에서 다른 매질로 음파가 진행할 때 그 방향이 변하는 것은 마치 빛이 공기로부터 물로 진행하든가 또는 공기로부터 유리를 통과할 때 발생하는 굴절현상과 비슷하다.

이처럼 서로 다른 매질의 경계면 또는 동일한 매질이지만 밀도가 서로 다를 경우에 음파의 진행방향이 변하게 된다. 만약 온도가 연속적으로 변하고 있는 공기에서라면, 음파의 진행선은 연속적으로 방향이 바뀌어서 곡선이 될 것이다.

맑은 한낮에는 태양의 직사광선에 의해 지면이 가열되어 지면에 가까운 공기층은 고온이고 상공일수록 온도가 낮으므로 지상의 음원에서 나가는 음파는 지면에서 멀어지듯이 굽어서 진행한다(a). 반대로 밤은 지면 쪽이 빨리 냉각되어 하층의 공기가 저온이 되므로 같은 음원에서의 음파는 지면에 접근하는 모양으로 굽어서 진행한다(b). 이 때문에 음파는 지면을 끼고 모이므로 밤에는 먼 곳까지 소리가 들리게 된다. 굴절 현상은 회절(回折; diffraction) 현상과는 다르다.

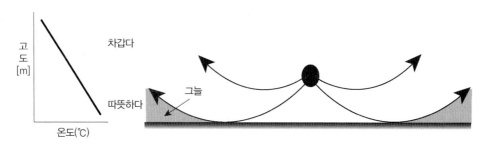

(a) 지표면 온도가 대기온도보다 높은 경우(낮)

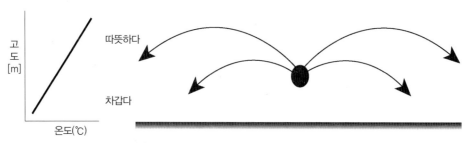

(b) 지표면 온도가 대기온도보다 낮은 경우(밤)

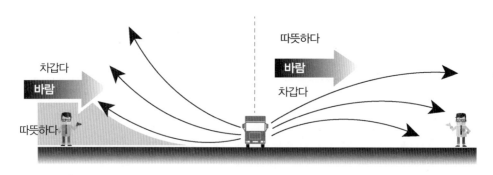

(c) 바람의 영향

▌그림2-22 ▌ 공기 중에서 소리의 굴절

6. 음파의 간섭(干涉; interference)과 음파의 독립성

(1) 음파의 간섭(干涉; interference)

어떤 음파가 진행 도중에서 다른 음파와 마주치게 되면 매질의 변위가 바뀐다. 그러므로 소리가 들리지 않거나 크게 들리거나 하는 변화가 나타난다. 이를 음파의 간섭 현상이라고 한다. 하나의 파원에서 발생한 파동의 마루와 다른 파원에서 발생한 파동의 마루가 중첩될 경우 이들은 보강간섭(C : constructive interference) 때문에 진폭이 2배가 된다. 같은 원리로 골과 골이 만날 경우에도 중첩된 파동의 진폭은 원래 파동의 2배가 된다. 두 파장의 위상이 서로 180° 다르면 상쇄간섭(D : deconstructive interference) 때문에 합성파의 진폭은 작아지거나 0이 된다.

 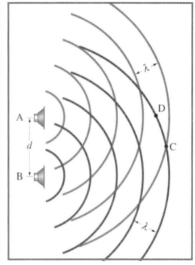

┃그림2-23 ┃ 두 음파의 상호 간섭(예)

(2) 음파의 독립성

서로 반대 방향으로 진행하는 두 파동이 만나는 경우, 서로 겹칠(간섭할) 때는 파형이 변한다. 그러나 두 파형이 서로 지나치면, 만나기 전의 파형을 그대로 유지하면서 각자 독립적으로 진행하는 성질을 가지고 있다. 이를 음파의 독립성이라고 한다. (그림 2 - 24 참조)

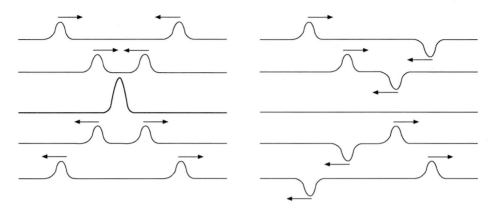

▌그림2-24 ▌ 음파(파동)의 독립성

7. 음파의 도플러 효과(the Doppler effect of sound waves) ·))

(1) 도플러 효과(the Doppler effect of sound waves) – 그림(2-25) 참조

음원(또는 파동원)과 관측자의 한쪽 또는 쌍방이 매질(媒質)에 대하여 각각 운동하고 있을 때, 관측자에 의해 측정되는 파동의 주파수가 정지한 상태에서와 다른 현상을 말한다. 즉, 음원(또는 파동원)과 관측자가 서로 가까워질수록 주파수가 높아지고, 서로 멀어질수록 주파수가 낮아지는 현상을 도플러 효과라고 한다. ■크리스티안 요한 도플러(Christian Johann Doppler, 1803~1853년, 오스트리아 물리학자)

기차가 정차해 있을 때(a) 기적을 울리면 기적소리는 앞/뒤 관측자에게 동일한 피치(pitch)로 들린다. 기차가 우측으로 주행하면서(b) 기적을 울리면, 앞쪽의 관측자에게는 피치(pitch)가 높은 소리로, 뒤의 관측자에게는 피치(pitch)가 작은 소리로 들린다.

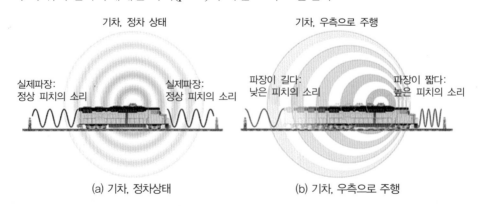

▌그림2-25 ▌ 도플러(Doppler) 효과

이 경우는 음원의 속도(v_s)가 음속(c_s)에 비해 더 낮을 때이다. 음원의 속도(v_s)가 음속(c_s)과 같거나, 음속(c_s)보다 더 빠를 때는 다른 현상이 나타난다. − 음속 폭음(sonic boom)

(2) 음속 폭음(sonic boom)

그림 2-26에서 음원은 왼쪽에서 오른쪽으로 진행하고 있다. 음원의 속도가 음속에 근접함에 따라, 음원이 파면(wave-fronts)보다 튀어나오기 시작함을 나타내고 있다. 음원(예 : 비행기)은 자신보다 앞서 진행하고 있던 음파(소리)와 만나게 된다. 이때 매질(공기)의 밀도가 급격하게 압축되면 이와 같은 불안정한 상태에서 안정된 상태로 전환하는 과정에서 큰 충격파가 발생하게 된다. 음원의 속도가 음속과 같아질 경우($v_s = c_s$, Mach 1), 파면의 압력은 최소에서 최대로 급격하게 상승하고 충격파에 의해 엄청나게 큰소리가 발생하며 수증기의 띠가 발생하게 된다. 이를 음속 폭음(sonic boom)이라고 한다.

■ Mach; 음속 단위, 오스트리아 과학자 Ernst Mach에서 유래, "마흐"라고 읽어야 원칙.

음원(예 : 비행기)의 속도가 음속을 초과하여 초음속이 되면(예 : Mach 1 이상) 충격파는 원뿔 모양으로 퍼져나가며, 이 파동이 관측자에게 닿았을 때 폭음은 계속 들리게 된다. 음속 폭음(sonic boom)은 초음속으로 비행 중인 물체(예: 비행기) 뒤에 연속적으로 발생한다. 음속 폭음은 음속장벽을 돌파하는 순간에만 발생하는 것이 아니다.

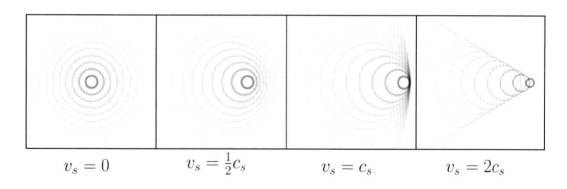

$$v_s = 0 \qquad v_s = \frac{1}{2}c_s \qquad v_s = c_s \qquad v_s = 2c_s$$

┃그림2-26 ┃ 음원이 다양한 속도로 우측으로 진행 중, 오래된 펄스는 희미하게 묘사됨.
시간이 경과에 따라 파면은 확장된다.

실내 음장(音場)
Sound Field in Closed Rooms

2-4

건물의 실내 또는 자동차 실내와 같은 밀폐된 공간에서 수음자(受音者)는 음원으로부터 방사되는 직접음(direct sound)과 반사음(reflected sound)이 합성된 소리를 감지하게 된다. 음원으로부터 방사되는 소리의 일부는 사방의 벽면, 바닥, 천장에서 흡수(absorbed) 또는 투과(transmission)되고, 일부는 반사(reflection)된다. 천정이나 벽으로부터 반사되는 소리는 확산(diffusion)되기도 하며, 일부 위치에서는 간섭현상도 나타난다. 또 반사음의 전달경로는 직접음의 전달경로보다 더 길어서, 음원으로부터의 직접음은 소멸하여도 반사음은 계속해서 들리는, 잔향현상도 나타난다.

잔향음장(殘響音場)에서는 정재파(standing wave)의 생성으로, 실내의 위치에 따라 음의 크기가 변하는 특성이 나타난다. (pp.55 그림 2-29 참조)

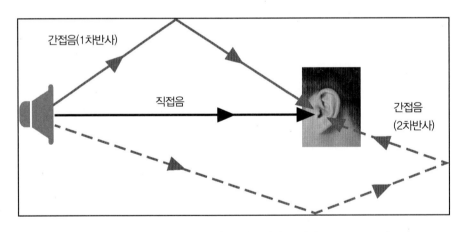

┃그림2-27┃ 닫힌 공간에서의 음 반사

실내 또는 닫힌 공간에서의 음향특성은 주파수 영역에 따라서도 다르게 나타난다. 저주파수 영역 소위, 모드 영역(modal region)에서는 공간의 공명현상이 지배적이며, 고주파수 영역에서는 주파수가 높아짐에 따라 소리가 회절/확산 영역을 거쳐 빛처럼 정반사되는 주파수 영역에 도달하게 된다.

저주파수 영역(모드 영역)과 고주파수 영역 사이에 과도영역(transition zone)이 존재하지만, 이들 영역을 명확하게 구분할 수 있는 정의는 없다.

1. 음장(音場; sound field)의 종류

(1) 근접음장(近接音場; near field) 또는 근음장(近音場)

음원에 바로 인접한 공간을 말한다. 입자속도는 음의 전파방향과 개연성이 없으며, 위치에 따라 음압변동이 심하여 역제곱의 법칙이 성립하지 않는다. 음원의 크기, 주파수, 방사면 위상의 영향을 크게 받는다. 거리(r)가 배로 될 때, 약 6dB 감소한다.

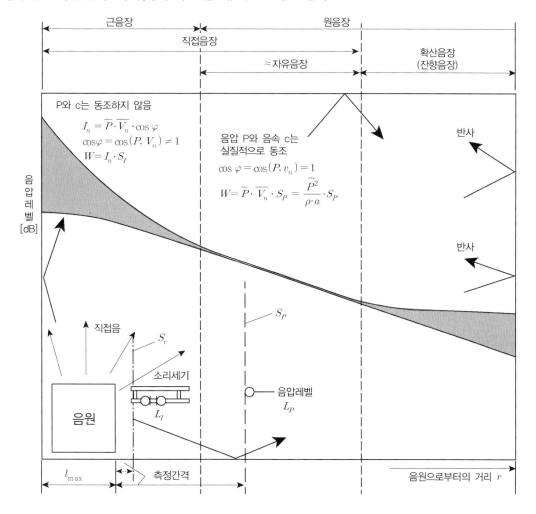

■ 그림2-28 ■ 음원으로부터의 거리(음장)에 따른 음압레벨의 변화 (www. bksv.com)

(2) 원음장(遠音場; far field) 또는 원거리 음장

근접음장 밖의 공간으로, 자유음장과 잔향음장으로 구성된다.

① 자유음장(free field)

주위의 반사체에 의한 반사음이, 음원으로부터의 직접음에 비해 무시될 수 있는 음장으로 역제곱의 법칙이 성립한다. (적어도 음원으로부터 한 파장 이상 떨어져 있는 음장)

② 잔향음장(reverberant field)

음원에서 아주 멀리 떨어져 있는 곳으로 반사음의 영향을 받는 공간으로써, 직접음과 반사음이 중첩되는 음장이다. 확산음장(擴散音場)이라고도 한다.

---

2. 음장에서의 주파수 ·))

(1) 6면체 공간에서의 고유주파수(eigen frequency; f_{lmn})

흡수계수(α) $\alpha = 0$인 완전 반사 벽면으로 구성된 6면체 공간의 가로×세로×높이를 각각, L_x, L_y, L_z, 체적을 $V = L_x \cdot L_y \cdot L_z$ 라고 하면, 6면체 공간의 고유주파수(최저 공진 주파수; f_{lmn})는 다음 식으로 표시할 수 있다.

$$f_{lmn} = \frac{c}{2} \sqrt{\left(\frac{l}{L_x}\right)^2 + \left(\frac{m}{L_y}\right)^2 + \left(\frac{n}{L_z}\right)^2} = \frac{c}{2\pi} k_{lmn} \quad \cdots\cdots (2\text{-}18)$$

여기서 f_{lmn} : 최저 공진주파수(고유주파수)[Hz]
c : 공기 중의 음속(343 m/s at 20℃)
l, m, n : 가로, 세로, 높이 방향의 고유진동수(1, 2, 3….)
k_{lmn} : 고유특성값

(2) 룸모드(room mode)에서의 정재파(定在波; standing wave)-(그림 2-29 참조)

두 벽이 서로 평행한 상태일 때, 두 벽 사이의 거리(L)가 파장(λ)의 정수배이면, 입사파에 대한 반사파는 정확하게 위상이 180° 반전되어 반사된다. - 정재파(定在波)의 생성

같은 주파수의 두 음파 즉, 직접파나 반사파가 좌우로 같은 속력으로 이동해 갈 때, 간섭 때문에 어떤 장소에서는 동일한 위상을 가진 진동이 나타나서 음압(또는 입자속도)의 진폭이 극대로

되는 점(배; antinode, loop), 그리고 다른 위치에서는 역위상이 되어 진폭이 극소로 되는 점(마디; node)이 공간적으로 서로 존재하고, 각 점에서 각각 일정한 진폭으로 조화운동을 반복함으로써, 파의 진폭이 시간에 따라 변할 뿐, 정지해있는 파처럼 들리게 된다. 이와 같은 파를 '정재파(定在波)'라고 한다.

실제로 정재파가 발생하는 음선(音線)을 따라가면 위치에 따라 소리의 크기가 달라지는 현상을 감지할 수 있다.

정재파 주파수(f_n)는 다음 식으로 구한다.

$$f_n = n\frac{c}{2L} \quad\text{..} \quad (2\text{-}19)$$

여기서　n : 룸모드(room mode)의 차수(1, 2, 3, 4……)
c : 공기 중의 음속[m/s]　L : 평행한 두 벽면 사이의 거리[m]

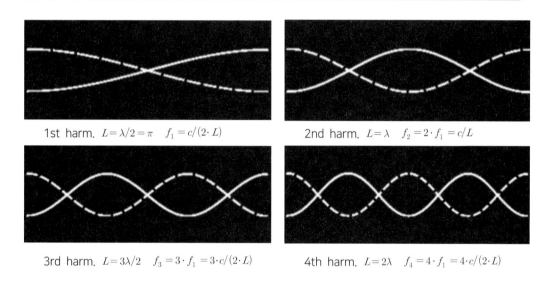

1st harm. $L = \lambda/2 = \pi$　$f_1 = c/(2 \cdot L)$　　2nd harm. $L = \lambda$　$f_2 = 2 \cdot f_1 = c/L$

3rd harm. $L = 3\lambda/2$　$f_3 = 3 \cdot f_1 = 3 \cdot c/(2 \cdot L)$　　4th harm. $L = 2\lambda$　$f_4 = 4 \cdot f_1 = 4 \cdot c/(2 \cdot L)$

┃그림2-29┃ 두 벽 사이의 룸모드(room mode)- n차 정재파의 생성

두 벽 사이의 1차 정재파 주파수를 실내공간의 고유주파수(최저 공진 주파수)로 활용할 수 있다. 따라서 자동차 실내 치수(가로×세로×높이)를 알면, 식 2－19를 이용하여 자동차 실내, '가로×세로×높이' 각 방향의 고유주파수를 근사적으로 구할 수 있다.

실내에서 벽이 서로 평행하지 않으면 파장이 다른, 즉 주파수가 다른 여러 소리가 제한된 공간에 퍼지기 때문에 음향효과가 좋아진다. 부득이 벽을 평행하게 해야 할 때는 흡음재나 음향적으로 성질이 다른 재료를 사용하여 정재파 현상이 최소화되도록 설계해야 한다.

(3) 슈뢰더 주파수(Schröder frequency; f_s)

두 영역 (한쪽의 모드(modal) 구조와 다른 쪽의 통계적 중첩) 사이의 주파수는 평균 감쇠에 의해 좌우된다. 두 영역을 구분하는 주파수로는 고유주파수와 슈뢰더 주파수(f_s)를 사용한다.

참고로 중형 승용자동차 실내의 슈뢰더 주파수는 대략 800Hz 정도에까지 이른다.

슈뢰더 주파수는 잔향시간(T_{60} 또는 RT_{60})과 실내공간 체적의 함수로 표시할 수 있다.

$$f_s \approx 1893\sqrt{\frac{T_{60}}{V}} \approx 2000\sqrt{\frac{T_{60}}{V}} \quad\cdots\cdots\cdots\cdots\cdots (2\text{-}20)$$

여기서　　T_{60} : 잔향시간[s]　　　V : 실내공간(방)의 크기[m³]

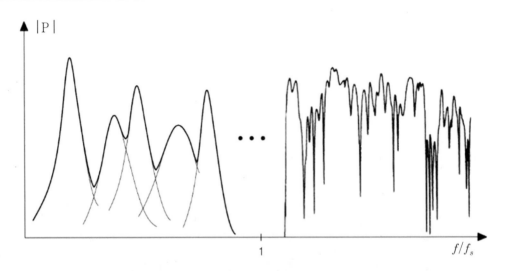

┃그림2-30┃ 모드 구조(좌측 부분)와 통계적 중첩(우측 부분) 실내공간 전달함수,
정규화 주파수에 대한 음압레벨의 변화

3. 잔향시간(殘響時間; reverberation time)

잔향이 크면 말의 구나 음절이 서로 중첩되어 무슨 말인지 알아듣기 어렵게 된다. 즉, 명료도 (articulation)가 낮아진다. 잔향음의 에너지가 음원 에너지의 백만분의 일(1/1,000,000)로 작아질 때까지의 소요시간 즉, 소리 에너지가 60[dB] 작아질 때까지의 소요시간[s]을 잔향시간 (reverberation time; T_{60} 또는 RT_{60})이라고 한다. 시간이 지남에 따라 약해지는 잔향음의 에너지는 주파수 대역에 따라 각기 다르므로 통상 1kHz를 기준으로 한다. 실내에서의 잔향시간은 실내

의 공간체적과 실내의 흡음력의 함수이다. 실제로는 T_{20} 또는 T_{30}을 측정하여 "$T_{20} \times 3$" 또는 "$T_{30} \times 2$"의 방식으로 T_{60}을 구한다.

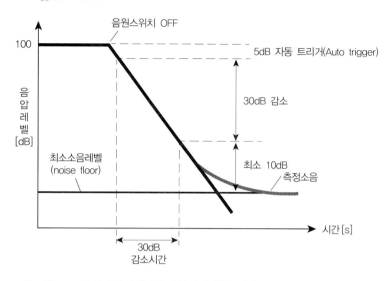

■그림2-31 ■ 실내공간에서의 잔향시간(T_{60})의 측정방법(예)

잔향시간(T_{60}[s])을 구하는 공식으로는 세이빈(Sabine)의 근사식을 주로 이용한다.

$$T_{60} \approx \frac{24 \ln 10^1}{c_{20}} \cdot \frac{V}{S\alpha} \approx 0.1611 \frac{V}{S\alpha} \approx 0.16 \frac{V}{A} \text{ [s]} \quad\cdots\cdots\cdots\cdots\cdots\cdots\cdots\cdots\cdots\cdots \text{ (2-21)}$$

여기서 c_{20} : 20℃에서 공기 중의 음속[m/s] S : 공간 표면적[m²]
       V : 실내공간(방)의 체적[m³] α : 흡음계수
       A : 전체 흡음력[Sabins]

전형적인 승용차 실내(예; $V = 2.5\text{m}^3$, $T_{60} = 0.1$[s])처럼 좁은 공간에서는 슈뢰더 주파수가 비교적 높기 때문에, 모드 효과(modal effect)의 범위는 최대 약 700Hz까지에 이른다. 그리고 길이가 약 3m인 자동차 실내에서의 최저공진주파수는 약 50Hz 정도이다. 이 범위에서 공간의 경계를 결정하는 제한요소들(시트, 패널, 도어와 천장 라이닝, 소재(직물) 등)에서의 손실에 의해 모드의 감쇠가 발생하기 때문에, 잔향시간은 모드 감쇠(damping of mode)의 영향을 크게 받는다. 자동차 실내공간에서의 잔향시간은 반사 계수($|\underline{R}|$)와 실내공간의 길이(L)의 함수로도 나타낼 수 있다.

$$T_{60} \approx \frac{1}{50} \cdot \frac{L}{-\ln(|\underline{R}|)} \quad\cdots\cdots\cdots\cdots\cdots\cdots\cdots\cdots\cdots\cdots\cdots\cdots\cdots\cdots \text{ (2-22)}$$

4. 실내 공간(enclosed spaces)에서 오디오 주파수 대역의 특성

실내공간에서의 음향은 편의상 4개의 주파수 영역으로 구분한다. 여기서 가장 중요한 교차(crossover) 주파수는 방의 크기에 따른 고유주파수(최저 공진 주파수)와 슈뢰더 주파수이다. 그러나 잔향시간(T_{60})에 따라서 슈뢰더 주파수가 달라지므로 전체 공간의 적정한 흡음 능력도 중요하다. 각 방의 크기에 적합한 잔향시간에 비해 실제 잔향시간이 더 길면 명료도는 점점 더 낮아지고, 더 짧으면 답답한 소리가 되는 것으로 알려져 있다.

자동차 실내에서와는 달리, 일반적인 실내 음향문제에서는 실제로 300Hz 이하의 저주파수 음압만을 룸모드(room mode)로 고려한다. 더 높은 모드 주파수는 그리 중요하지 않다. 이유는 높은 주파수의 방해현상은 낮은 주파수의 음폐(masking)효과(pp.151 참조)에 의해 상쇄되기 때문이다. 그리고 벽면에서 항상 음압 최댓값(또는 입자속도 최솟값)이 생성된다.

실내공간 체적이 약 3.7m³ (2.2(L)×1.2(B)×1.4(H))인 소형승용차의 경우를 예로 들어 설명한다. (이하 그림 2-32 참조)

(1) 공진 이하 영역(no resonance) ; 실내공간의 고유주파수 이하의 주파수 영역(A영역)

소리의 주파수가 공간의 고유주파수(최저 공진 주파수)보다도 낮으므로 음향에 아무런 영향을 미치지 않는 주파수 영역이다.

예를 든 소형승용차의 경우, 최장길이가 2.2m이므로, 승용차 실내의 최저 공진주파수(고유 주파수)는 식(2-19)으로부터 약 77Hz (170/2.2 = 77Hz)가 된다. 따라서 공진 이하 주파수 영역은 20Hz~77Hz가 된다. 실내공간의 크기가 커질수록 고유주파수는 더 낮아진다. 최장길이가 3m일 경우는 약 57Hz가 된다.

$$f_n = n\frac{c}{2L} \approx \frac{c}{2L} \approx \frac{170}{L} = \frac{170}{2.2} = 77\text{Hz}$$

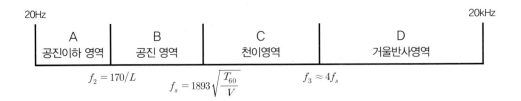

┃그림2-32┃ 실내공간에서의 오디오 주파수 대역의 구분(예)

(2) 공진영역(resonance) : 음향에 영향을 가장 많이 미치는 주파수 영역(B 영역)

공간의 고유주파수 이상 ~ 슈뢰더 주파수까지의 주파수 영역으로 룸모드(room mode)에 의한 공진음이 영향을 미치는 영역이다. 예에서는 공간체적이 약 3.7m^3이므로, 잔향시간을 0.1초로 가정하면 슈뢰더 주파수는 약 311Hz로 계산된다.

$$f_s \approx 1893 \sqrt{\frac{T_{60}}{V}} = 1893 \sqrt{\frac{0.1}{3.7}} \approx 311$$

그러므로 공진 주파수 영역은 77Hz ~ 311Hz까지이다. 실내공간의 크기가 커질수록 슈뢰더 주파수는 더 낮아지고, 공진 주파수 영역은 더 좁아진다.

(3) 천이영역; 회절/확산 영역(diffraction and diffusion dominate) (C 영역)

룸 모드(room mode)의 공진음의 영향도 없고, 소리가 빛처럼 정반사가 되지도 않는 주파수 영역으로서, 주로 회절과 확산이 이루어지는 주파수 영역이다. 슈뢰더 주파수부터 슈뢰더 주파수의 4배가 되는 주파수까지가 이 영역에 속한다. 여기서 $f_s \sim 4f_s$는 311Hz ~ 1244Hz까지의 영역이다.

(4) 거울반사와 광선 음향 영역(specular reflections and ray acoustics prevail) (D 영역)

음의 반사가 마치 빛처럼 이루어지는 주파수 영역으로 여기서는 $4f_s$(예: 1244Hz) ~ 고음 한계 가청주파수까지이다. 디퓨져(diffuser)가 가장 효과적으로 기능하는 주파수 영역이라고 말할 수 있다.

5. 승용자동차의 실내음향 특성

승용자동차의 실내공간은 앞/뒤 창유리, 도어 및 천정의 라이닝(lining), 앞의 대쉬보드와 뒤의 선반, 바닥매트(floor mat), 시트 등으로 구성된 복잡한 형상의 닫힌(closed) 공간으로서, 건물 실내공간의 형상과는 매우 다르다. 또 차량 실내의 공기유동과 온도분포도 건물 실내의 그것과는 크게 다르다.

그리고 칸막이 방을 형성하는 차체 강판이나 유리, 내부 패널(panel) 등의 진동으로 인해 발생하는 구조전달음과 공기를 통해 차내로 유입되는 공기전달음 그리고 차내에서 발생하는 음(예 : 모터 소음, 자동차 오디오 시스템의 소리 또는 대화음성 등)이 동시 복합적으로 차실 내부 공간의 고유음향 모드(eigen acoustic mode)와 상호 작용하게 된다.

앞에서 일반 승용자동차 실내의 최저 고유주파수는 대략 50~80Hz, 슈뢰더 주파수는 약 700~800Hz 정도, 그리고 잔향시간(T_{60})은 약 0.1초 정도임을 설명한 바 있다. 슈뢰더 주파수를 벗어나는 중첩 모드의 통계적인 경우, 전달함수의 미세 구조는 준 확률적이다. 특히, 위상은 온도 또는 공기 유동의 작은 변화에도 아주 민감하다. 따라서 통계적 모드의 정확한 물리적 해(解; solution)는 불안정하고 실제로 부적합하다. 또한, 이러한 효과는 작은 방에서 들을 때는 감지할 수 없으며, 전달함수 값에 대한 평균 주파수 형태(profile)가 적합하다. 그리고 감지 문제의 경우, 전달함수 외에도 신호원과 신호의 스펙트럼의 영향을 받는다. 고유진동의 해(solution)에 사용되는 순수한 고조파 신호는 거의 실용적이지 않다. 모터 소음이나 바람 소리, 자동차 오디오 시스템의 소리 또는 휴대전화 시스템의 음성은 광대역이다. 이들 역시 정밀한 구조가 아니라 주파수 대역의 문제이다.

그림 2-33은 공간체적과 특성 영역(field) 유형 간의 관계를 각기 다른 공간 체적에서 일반적인 잔향시간의 함수로 나타내고 있다. 이로부터 크기가 큰 실내공간의 경우 일반적으로 잔향시간도 길다는 것을 알 수 있다. 이것은 세이빈(Sabine)의 근사식(2-21)에 따른 공간의 흡수와 직접적으로 관련이 있다. 흡수가 강할수록 모드의 감쇠가 더 강해짐을 의미하며, 따라서 이는 덜 두드러진 모드 영역(modal field)을 의미한다. 가장 뚜렷한 확산음장을 달성하고, 처음부터 교란성 실내 공진의 형성을 방지하기 위한 공간으로는 예를 들어, 빗각의 벽을 가진 콘서트홀과 반사형 측정실(잔향실)이 있다.

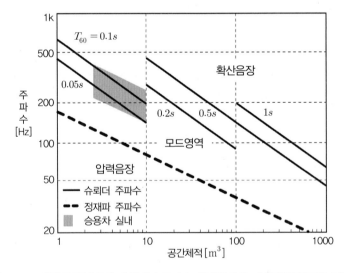

■ 그림2-33 ■ 평행 육면체 공간의 체적과 주파수 대역에 따른 지배적인 필드(field) 유형

6. 실내공간에서의 정적 에너지 밀도(stationary energy density in the room) ·))

정상(定常) 음원의 출력($W\,[\mathrm{W/(m^3 s)}]$)이 일정한 경우, 이 값은 2차로 모든 벽에 흡수된 에너지와 같아야 한다. 모든 벽의 방사 강도는 거의 일정하므로, 확산음장으로 가정할 수 있는 경우, 공간의 에너지 밀도(w_{diff})는 다음 식으로 표시할 수 있다.

$$w_{diff} = \frac{4\,W}{cA} \quad\quad\quad\quad\quad\quad\quad\quad\quad\quad\quad\quad\quad\quad\quad\quad\quad (2\text{-}23)$$

여기서 A : 등가 흡음면적[m^2], c : 음속[m/s]

그러나 이 경우에도, 이 방정식은 직접음 성분의 에너지 밀도(w_{dir})가 무시할 수 있을 만큼 작아지는 거리까지 멀리 떨어져 있어야 한다 (r ; 음원으로부터의 거리). 닫힌 공간에서 음원으로부터 두 성분 즉, 직접음장에 의한 음압레벨과 잔향음장에 의한 음압레벨이 같아지는 지점까지의 거리를 "실 반경(hall radius; r_H)"이라고 한다.

$$w_{dir} = \frac{W}{4\pi r^2 c} \quad\quad\quad\quad\quad\quad\quad\quad\quad\quad\quad\quad\quad\quad\quad\quad (2\text{-}24)$$

$$r_H = \sqrt{\frac{V}{100\pi\,T_{60}}} \approx 0.057 \cdot \sqrt{\frac{V}{T_{60}}} \approx \sqrt{\frac{A}{50}} \quad\quad\quad\quad\quad\quad (2\text{-}25)$$

여기서 V : 방의 공간체적[m^3] T_{60} : 공간의 잔향시간[s]
A : 등가 흡음면적[m^2]

음원으로부터 거리 $r \approx r_H/2$ 까지는 직접음장이 우세하지만, 음원으로부터 거리 $r \approx 2 \cdot r_H$ 부터는 순수한 확산음장에 진입하게 된다. 결과적으로 이로 인한 오류는 1dB 미만이다.

음원으로부터의 거리 $r \approx r_H/2$ 와 $r \approx 2 \cdot r_H$ 사이는 과도영역이다. 음원으로부터의 거리 r_H 에서의 음압레벨은 순수한 확산음장($r > 2 \cdot r_H$)에 비해 약 3dB 더 높다. 일반 승용자동차 실내의 경우, 실 반경(r_H)은 약 30cm 정도이다 (그림 2 - 34 참조).

더 나아가, 확산 음장의 에너지 밀도만 평가할 수 있다고 생각하지만, 실효-음향강도는 그렇지 않다. 이것은 비간섭성 파동이 모든 방향에서 동시에 중첩되므로 이론적으로는 0이다. 즉, 벡터적으로 상쇄된다.

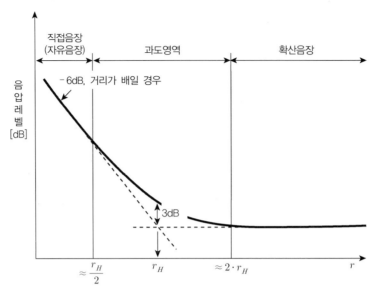

직접음장
(자유음장)　　과도영역　　확산음장

음압레벨 [dB]

－6dB, 거리가 배일 경우

3dB

$\approx \dfrac{r_H}{2}$　　r_H　　$\approx 2 \cdot r_H$　　r

▌그림2-34 ▌ 실내음장에서의 실반경(r_H)과 음장의 관계

TIP **무향실, 반무향실, 잔향실**

　무향실(無響室; Anechoic chamber)은 음원으로부터 발생하는 음향이 반사나 회절 등이 발생하지 않는 자유음장을 형성하고, 실내공간의 6면(사방의 벽, 천장과 바닥) 모두, 측정 대상이 되는 주파수 범위 안의 음파를 99.9% 이상 흡수하는 경계면으로 구성된 시험실을 말한다. 주로 음원의 주파수 분석, 소음 레벨 분포, 방사 지향성, 음향출력 레벨 측정, 소음 발생의 원인분석, 소음측정방법의 표준화, 부품 혹은 완제품의 음향특성 시험 등에 사용한다.

　반무향실(半無響室; Semi-anechoic chamber)은 바닥 등 경계면의 한 면 또는 그 일부가 음향학적으로 충분한 반사성이고, 그 외에는 측정 대상이 되는 주파수 범위 내의 음파를 충분히 흡수하는 경계면으로 구성된 시험실을 말한다. 보통 바닥 면이 반사율 99%인 반사체로 이루어져 있는 경우가 많으며, 특히 자동차와 같이 제품의 실제 설치 조건상 반사면을 두어야 할 때는 반무향실에서 음향특성을 측정한다.

　잔향실(殘響室; Reverberation chamber)은 무향실과 상반되는 개념으로, 4면의 벽과 천장/바닥 모두가 흡음률이 0%에 근접하는 즉, 모든 소리가 거의 100% 반사되는 실내공간을 말한다.

(a) 무향실

(b) 반무향실

2-5 고체음(固體音)

Solid-borne sound; Körperschall

음원에서 직접 공기 중으로 방사된 음이 매질인 공기를 거쳐 귀에 전달된 음을 공기전달음(공기음, 기류음 또는 공기기인음)이라고 한다. 반면에 진동원에서의 진동이 지반이나 구조물과 같은 고체의 진동을 수반하거나(1차), 구조물에 직접 충격이 가해져 구조물 자체가 진동할 때(2차) 하위 각 요소로 전파되는 진동 때문에 공기 중으로 직접 방사되어 공기전달음처럼 인식되는 되는 음을 고체(전달)음(solid-borne sound), 구조전달음 또는 구조기인음이라고 한다.

인간이 진동시스템과 직접 접촉했을 때 약 50Hz까지의 저주파수는 진동으로 지각하는 반면에, 그 이상부터 약 1kHz까지의 보다 높은 주파수의 진동은 고체음을 방사하는 것으로 알려져 있다.

고체는 체적변화(밀도변화)에 저항하는 성질(체적탄성)뿐만 아니라 유체(기체와 액체)와는 다르게 형상변화에 저항하는 성질(전단탄성)도 가지고 있다. 따라서 유체에서보다 고체에서 발생하는 파동의 종류가 더 많으며, 소리현상도 더 복잡하다. 이 사실은 고체는 유체보다 힘의 효과 또는 토크 효과에 대한 자유도의 수가 아주 많다는 점에서도 명백하다. 우선, 물리적 특성이 방향과 무관한 등방성 고체 그리고 진동원이 없는 경우로 한정하여 설명한다.

1. 균질무한고체(均質無限固體)에서의 종파와 횡파

고체는 수직응력 외에도 전단응력을 수용할 수 있다. 따라서 고체는 두 가지 종류의 음파 즉, 종파(longitudinal wave)와 횡파(transverse wave)를 생성 또는 전파할 수 있다. 이들 파동은 각기 독립적으로 전파되며, 전파속도는 밀도, 경도, 전단 모듈(횡파) 및 탄성 모듈(종파)의 영향을 받는다. 고체음파의 성질은 고체의 경계조건 즉, 고체의 단면형상에 따라서도 달라진다.

(1) 종파(longitudinal wave) 또는 소밀파(疏密波)

고체에서도 기체나 액체에서와 마찬가지로 체적탄성에 의해 종파가 발생한다. 종파는 고체입자의 진동방향과 파동의 전달방향이 같은 소밀파이다. 균질무한고체(均質無限固體)에서 종파의 속도(c_L)는 다음 식으로 나타낼 수 있다. 종파속도는 횡파속도보다 더 빠르다.

$$c_L = \sqrt{\frac{2\mu + \lambda}{\rho_0}} \quad\cdots\cdots\cdots\cdots\cdots \text{(2-26)}$$

여기서 μ ; 라메(Lame)의 제2 계수 또는 전단탄성계수(G)

$\mu = \dfrac{E}{2(1+\nu)}$; E : 인장탄성계수[N/m^2],

ν : 푸아송(poisson) 비($0 < \nu < 0.5$)

λ : 라메(Lame)의 제1 계수, $\lambda = \dfrac{\nu E}{(1+\nu)(1-2\nu)}$ ρ_0 : 고체 밀도[kg/m^3]

(2) 횡파(transverse wave) 또는 전단파(剪斷波)

전단탄성(shear elasticity)이 없는 액체나 기체에서는 횡파가 전달되지 않는다. 그러나 균질무한(均質無限)인 고체나 두께가 일정한 평판(平板)에서는 전단탄성에 의해서 입자의 변위방향이 파동의 전달방향에 수직인 횡파가 발생한다. 균질무한 고체에서 횡파의 속도(c_T)는 식 (2-27)로 표시할 수 있다. 종파보다는 느리지만, 표면파(예: Rayleigh파나 Love파) 보다는 더 빠르다.

$$c_T = \sqrt{\frac{\mu}{\rho_0}} = \sqrt{\frac{1}{2\rho_0} \cdot \frac{E}{1+\nu}} \quad\cdots\cdots\cdots\cdots\cdots \text{(2-27)}$$

┃표 2-6┃ 고체 재료의 물리적 특성 데이터(예)

재 료	$\rho[10^3\text{kg/m}^3]$	ν	$E[10^9\text{N/m}^2]$	$c_L[\text{m/s}]$	$c_T[\text{m/s}]$
알루미늄	2.7	0.355	70	6,420	3,040
니 켈	8.9	0.336	220	6,040	3,000
강 철	7.9	0.300	200	5,790	3,100
구 리	8.9	0.370	125	5,010	2,270
황 동	8.6	0.374	105	4,700	2,110
유 리	3.9	0.224	54	3,980	2,380
플렉시-글라스	1.2	0.400	4	2,680	1,100

2. 고체음의 발생

고체음원의 특성을 분석할 때는, 진동발생의 능동적인 과정을 고려해야 한다. 또한 음원 및 연결된 구조의 동적 거동을 알고 있어야 한다. 점 형태(point-like)의 힘이 작용하는, 기하학적으로 단순한 경우에, 음원의 특성은 실제 및 이상적인 응력원(stress sources)과 유사한 것으로 볼 수 있는, 몇 가지 기본적인 매개변수를 이용하여 파악할 수 있다. 따라서 실제 음원으로부터 방사된 출력 및 합성속도는 결합된 임피던스(impedance)(pp.33 참조)에 대한 음원의 내부저항 비율에 의존한다.

구조가 복잡한 예를 들면, 내연기관이나 전동기의 경우, 점(pont) 임피던스를 정의할 수 없으며, 동작 자체가 1차원이 아닐 뿐만 아니라 서로 간에 에너지가 결합된 자유도의 수가 아주 많으므로 음원의 특성 분석 및 전달경로 분석이 매우 어렵다.

일반적으로 힘의 작용과 구조 사이의 관계는 6개의 복합된 힘(예: 3차원 공간 좌표, x, y, z 축 각각에 나란한 힘과 각 축을 중심으로 하는 회전토크)과 6개의 임피던스를 통해 결정되어야 한다. 이때 구성 요소들은 항상 직교하고 있으며, 서로 영향을 주지 않는다고 가정한다. 이 설명은 행렬식을 사용하여 명확하고 분명하게 나타낼 수 있다. 그러나 가능한 모든 결합을 고려할 필요가 있는 경우, 그 해를 구하기는 어렵다. 또한, 중요한 경로의 식별에 의존한다.

그리고 진동원 자체에서 또는 충격 때문에 발생하는 소리는 크지 않지만, 구조체에 의해 증폭되므로 크게 들린다.

(1) 판(板; plate)과 봉(棒; bar)에서의 음파

판(板; plate) 또는 봉(棒; bar)과 같이 경계가 정해져 있는 고체에서는 경계면의 영향으로 새로운 형태의 고체음파가 생성된다. 파동의 유형은 동위상 또는 역위상의 중첩에 의해 표면으로부터 생성되는 것으로 생각할 수 있다. 특히 굽힘파(굴곡파)는 일반적으로 훨씬 더 많은 소리 에너지를 전달하며 구조전달음의 주요 방출원이기도 하다.

판과 봉에서 탄성파가 전파될 때의 탄성복원력은 균질무한고체에서 탄성파가 전파될 때의 복원력에 비교해 더 작다. 이유는 표면에서 횡수축에 의해 탄성복원력이 부분적으로 억제되기 때문이다. 따라서 파의 전파속도는 일반적으로 균질무한고체에서의 종파나 횡파의 속도보다 현저하게 낮으며, 주파수 의존적이다. – (분산; dispersion)

① 인장파 또는 의사종파

　횡단면 치수(판 두께 h)가 파장보다 더 작거나 아주 얇으면, 그림 2-35(a)와 같이 고체입자가 밀집되어있는 부분에서는 부풀어 오르고, 반대로 입자가 성긴 부분에서는 줄어든다. 이와 같은 파를 인장파, 의사 종파(擬似 縱波) 또는 대칭파(symmetric wave)라고 한다.

봉(棒; bar)에서 인장파(의사 종파)의 속도($c_{D.bar}$)는 다음 식으로 표시할 수 있다.

$$c_{D.bar} = \sqrt{\frac{E}{\rho}} \quad\text{...} (2\text{-}28)$$

여기서 　E : 탄성계수 　　　ρ : 봉의 재료 밀도

　판(plate)의 경우, 봉(bar)보다 횡수축 가능성이 더 낮다. 따라서 판(plate)에서의 인장파 속도($c_{D.plate}$)는 봉(bar)에서 보다 더 빠르다.

$$c_{D.plate} = \sqrt{\frac{E}{\rho(1-\nu^2)}} \quad\text{..} (2\text{-}29)$$

여기서 　E : 탄성계수, 　　ρ : 판의 재료 밀도, 　　ν : 푸아송 비

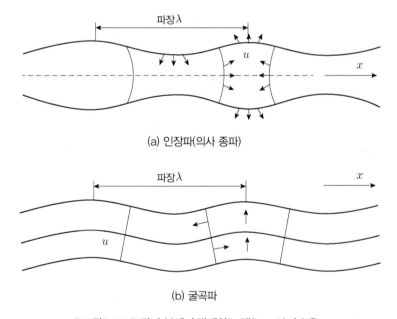

(a) 인장파(의사 종파)

(b) 굴곡파

┃그림2-35┃ 판과 봉에서 발생하는 램(Lamb)파 (예)

② 굴곡파(屈曲波; bending wave or flexural wave) – 비대칭파(asymmetric wave)

판(板; plate)이나 봉(棒; bar)의 곡률변화에 대응한 탄성에 의해 발생하는 파동을, 굽힘파 또는 굴곡파라고 한다. 판면(板面) 또는 봉(bar)에 대해 수직방향으로 변위가 발생한다. 고체에서 굽힘파의 전파속도(c_B)는 식(2-31)로 표현할 수 있으며, 매질 고체의 치수와 각주파수(ω)에 의존한다.

굴곡파의 방사와 관련하여, 단순화된 4차 미분 방정식을 도출할 수 있는데, 그 탄성 성분은 소위 "굽힘 강성" B로 주어진다. (표 2-7 참조)

‖ 표 2-7 ‖ 판과 봉의 굽힘 강성(bending stiffness) 또는 굴곡강성(flexural rigidity)

판의 두께 h	원형 봉의 반경 r	사각봉 bh ($h =$ 굽힘방향의 치수)
$B = \dfrac{h^2}{12} \cdot \dfrac{E}{(1-\nu^2)}$	$B = \dfrac{r^2}{4} \cdot E$	$B = \dfrac{h^2}{12} \cdot E$

※ 기계역학(mechanics)에서는 일반적으로 실질적인 굽힘강성(B')을 사용한다.
   실질적인 굽힘강성은 판에서는 $B' = B \cdot h$, 원형 봉에서는 $B' = B \cdot S$이다. (* S는 봉의 단면적)

그리고 양(+)의 x 방향으로 방사 가능한 굴곡파를 고려하면, 파동방정식을 만족하는 굴곡파의 파수(波數, wave number ; k_B)는 식(2-30)으로 표시할 수 있다.

$$k_B = \sqrt{\omega} \cdot \sqrt[4]{\frac{\rho}{B}} \quad \cdots\cdots\cdots\cdots\cdots\cdots\cdots\cdots\cdots\cdots\cdots\cdots\cdots\cdots\cdots\cdots \quad (2\text{-}30)$$

여기서 ω : 각 주파수, ρ : 판 또는 봉의 재료 밀도
         B : 판 또는 봉의 굽힘강성(표 2-7 참조)

굴곡파의 파수(k_B)와 각주파수(ω)는 서로 간에 정비례 관계가 성립하지 않는다. 파동이론에서 흔히 볼 수 있는 이러한 현상을 분산(分散; dispersion)이라고 한다. 분산은 굴곡파에서만 발생하는 현상이 아니라 일반적인 물리현상이다. 예를 들면, 잘 알려진 광분산(optic dispersion)의 경우, 삼각 프리즘(prism)에 가시광선(可視光線; visible rays)을 입사시키면 양 빗변의 표면(공기와 유리, 두 매질의 경계면)에서 빛은 각각의 파장에 따라 서로 다른 각도로 굴절, 분산된다. 분산된 가시광선은 파장에 따라 파장이 긴 빨간색 빛부터 파장이 짧은 보라색 빛까지로 선명하게 분리된다.

분산의 경우, 함수 $\omega = \omega(k_x)$를 만족한다.

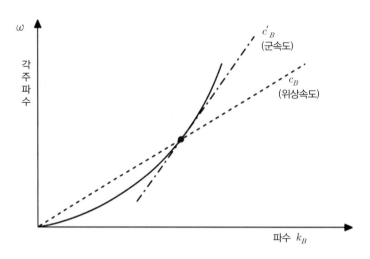

▮그림2-36 ▮ 굴곡파의 분산곡선

각주파수(ω)와 파수(k_B)의 비(ω/k_B)는 파의 위상속도((phase velocity; c_B)가 된다. 따라서 굴곡파의 위상속도(c_B)는 식(2-31)로 표시된다.

$$c_B = \frac{\omega}{k_B} = \sqrt{\omega} \cdot \sqrt[4]{\frac{B}{\rho}} \quad \cdots\cdots\cdots\cdots\cdots\cdots\cdots\cdots\cdots\cdots\cdots\cdots\cdots\cdots\cdots\cdots \quad (2\text{-}31)$$

여기서 ω : 각주파수[rad/s], ρ : 판 또는 봉의 밀도
             B : 판 또는 봉의 굽힘강성(표 2-7 참조)

다수의 파동이 합성된 합성파의 경우, 진동수만 다르고 위상이 같을 때는 위상속도를 가진다. 위상속도란 일정한 위상에 대응하는 파면(波面; wave front)의 진행속도 또는 파면의 법선속도를 말한다. 그리고 굽힘파는 속도가 주파수의 제곱근에 비례하므로, 파장이 작은 파가 파장이 긴 파보다 빨리 전파되는 분산파(dispersive wave)이다.

위상속도가 다른 다수의 파동이 서로 중첩해서 한 무리의 파동으로 전파될 때는 군속도(group velocity; c'_B)로 전파된다. 굴곡파에서는 분산(dispersion)이 발생하며, 이때 굴곡파의 군속도(c'_B)는 위상속도의 2배와 같다.

$$c'_B = 2\sqrt{\omega} \cdot \sqrt[4]{\frac{B}{\rho}} \quad \cdots\cdots\cdots\cdots\cdots\cdots\cdots\cdots\cdots\cdots\cdots\cdots\cdots\cdots\cdots\cdots \quad (2\text{-}32)$$

TIP **군속도**(群速度; group velocity)

몇 개의 평면파(平面波)가 합성파를 이루어 이동할 때, 합성파 전체가 이동하는 속도 즉, 파군 또는 포락선이 움직이는 평균적인 속도를 말한다. 분산 매질에서는 위상속도가 각주파수(ω)의 성분마다 달라지고, 단일 위상속도는 존재하지 않는다. 신호가 갖는 주파수 범위가 상대적으로 좁은 경우에는 군속도를 정의하여 사용한다.

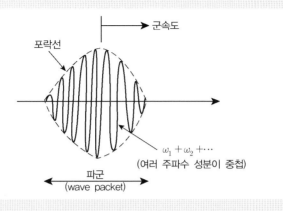

TIP **표면파**(表面波; surface wave)

고체의 표면을 따라 전파하는 표면파에는 크게 램(Lamb)파, 레일리(Rayleigh)파, 그리고 러브(Love)파 등이 있다. 램(Lamb)파는 본문에서 설명한 바와 같이 주로 얇은 평판을 따라 전파되는 파동으로 대칭적인 의사종파(인장파)와 비대칭적인 굴곡파(굽힘파)의 2가지 형태가 있다. (그림2-35 참조)

레일리(Rayleigh)파와 러브(Love)파는 표면 지진파이다.

1. 레일리파(Rayleigh wave)

바다표면의 파도의 형태와 비슷한 표면파로서, 고체의 한쪽 표면에서만 전파되는 파동이다. 표면에서 입자는 파의 진행방향에 대해 반대방향으로 타원 운동(elliptic motion)한다. (역행 타원운동). 깊이에 비례해서 진동이 감쇄된다.

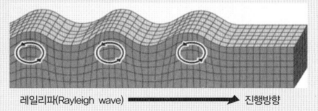

레일리파(Rayleigh wave) ➡ 진행방향

2. 러브파(Love wave)

파동은 지표면을 따라 이동하며, 입자는 파의 진행 방향에 대해 지면 안쪽 및 바깥쪽으로 수평운동을 한다. 즉, 횡파처럼 거동한다.

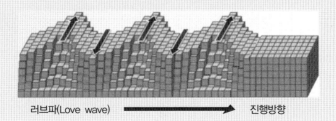

러브파(Love wave) ➡ 진행방향

(2) 판(板)으로부터 음의 방사

① 음향 단락(音響 短絡; acoustic shunt)

공기 중의 음파의 파장(λ)이 굴곡파의 파장(λ_B)보다 긴 경우($\lambda > \lambda_B$), 판의 수평(또는 수직) 상태를 기준으로 양(+)의 방향으로 운동하는 표면 부분은 판면(板面)으로부터 공기가 떨어져 나가도록 밀어내고, 인접한 역위상의 표면부분은 반대로 이 공기를 흡인한다. 그러므로 강한 공기운동을 수반하는 근음장(near field)이 형성되지만, 압축이 없으므로 음을 방사하지 않는다. 따라서 판의 진동은 전체적으로 소멸성의 작은 방사특성만을 갖는다고 말할 수 있다. 또한, 이러한 두께 진동의 진폭은 아주 작다. 그리고 인장파(의사종파)로부터의 음의 방사도 "음향 단락" 때문에 아주 적다.

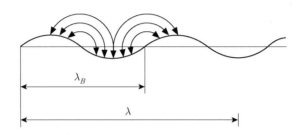

▌그림2-37▌ 음향 단락(acoustic shunt), "$\lambda > \lambda_B$"의 경우

② 굴곡파에 의한 음의 방사 – 그림(2-38 참조)

그러나 때에 따라서는 굴곡파가 전파되는 (무한대의) 큰 판으로부터 주변의 공기로 음이 방사될 수 있다. 판의 굴곡진동에 의해 음이 평면파 형태로 방사되는 경우에는 굴곡파의 속도(c_B)와 공기 중의 음속(c)의 관계는 식(2-33)을 만족해야 한다.

$$\sin\theta = \frac{\lambda}{\lambda_B} = \frac{c}{c_B} \quad\text{..}\quad (2\text{-}33)$$

식(2-33)은 음파의 파장(λ)보다 굴곡파의 파장(λ_B)이 더 길 경우($\lambda_B \geq \lambda$)에만 충족된다. 따라서 $c_B \geq c$의 경우에는 음이 방사되지만, $c_B < c$가 성립하는 낮은 주파수에서는 판의 진동 때문에 발생한 공기압력의 변화는 표면에 충돌하여 소멸하므로 음으로 되지 않는다. (음향 단락). 즉, 판의 굴곡진동에 의해 방사되는 음(音)에너지는 굴곡진동의 파장(λ_B) 외에도 굴곡파 속도(c_B) 및 음속(c)과 관련이 있다. 판의 굴곡진동의 파장(λ_B)과 음의 파장(λ)이 일치할 때 음의 방사는 최대가 된다. 그리고 굴곡파의 전파속도는 평방근에 비례하기 때문에 주파수

에 따라 방사특성이 변한다.

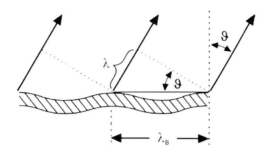

∎그림2-38∎ 굴곡파로부터 공기음의 방사 ($\lambda_B \geq \lambda$의 경우)

③ 임계주파수(critical frequency) 또는 일치한계주파수(coincidence frequency; f_c)

여기서 $c = c_B$, 또는 $\lambda = \lambda_B$로 되는 주파수를 임계주파수 또는 일치한계주파수라고 하며, 이 이상의 주파수에서 음의 방사가 발생한다. 임계 주파수 미만에서는 인장파(의사종파)에서 와 마찬가지로 판 근처에서만 보상 유동이 형성될 뿐, 공기가 압축되지 않으므로 공기음이 생 성되지 않는다. 일치한계주파수(f_c)는 식(2-34)로 표시된다.

$$f_c = \frac{c^2}{2\pi} \sqrt{\frac{\rho}{B}} \quad \text{---} \quad (2\text{-}34)$$

여기서 c : 공기 중의 음속, ρ : 판 재료의 밀도
B : 판 또는 봉의 굽힘강성(표 2-7 참조)

판 표면에서는 공기입자 속도의 수직성분($v \cos\theta$)과 판의 입자속도($j\omega\zeta$)가 일치해야 한다. 이로부터 방사된 파의 강도를 유도할 수 있다. 굴곡파로부터 방사된 파의 강도(I)는 식(2-35) 로 표시된다.

$$I = \frac{1}{2}\rho_0 c |v|^2 = 2\pi^2 \rho_0 c |\zeta|^2 \frac{f^3}{f - f_k} \quad \text{-------------------------------------} \quad (2\text{-}35)$$

④ 방사효율(radiation efficiency; σ)

음(音)방사의 실질적인 문제에서 중요한 요소는 소위 "방사효율(radiation efficiency; σ)" 즉, 진동 표면이 에너지를 방사(radiation)할 때의 효율이다. 음향학에서는 임의 음원의 방사로 부터 발생된 음의 출력(W)을, 그 표면과 같은 속도로 움직이는 피스톤에서 방사할 수 있는

(최대)음향출력($= \rho_0 c v_e^2 S$)으로 나눈 값을 말한다. 무한히 큰 판에 굴곡파가 전달될 때의 방사효율(σ)의 수학적 표현은 식(2-36)과 같다.

$$\sigma = \frac{W}{\rho_0 c S v_e^2} \quad \cdots\cdots\cdots\cdots\cdots\cdots\cdots\cdots\cdots\cdots\cdots\cdots\cdots\cdots\cdots\cdots\cdots\cdots\cdots\cdots \quad (2\text{-}36)$$

여기서　W : 임의 음원의 방사에 의한 음향 출력
ρ : 매질의 밀도, 　　c : 매질 중의 음속, 　　S : 진동표면의 면적
v_e : 진동표면 속도의 시간, 공간 평균값, 실횻값(RMS)

무한히 큰 판이 굴곡진동하는 경우, 방사효율(σ)은 식(2-37)과 같이 표시할 수 있다.

$$c < c_B \ (f > f_c) \text{일 경우,} \quad \sigma = \frac{1}{\sqrt{1-(c/c_B)^2}} = \frac{1}{\sqrt{1-(f_c/f)^2}} \quad \cdots\cdots\cdots \quad (2\text{-}37)$$

$$c > c_B \ (f < f_c) \text{일 경우,} \quad \sigma = 0$$

식(2-37)에서 $c = c_B$ (즉, $f = f_c$)인 경우에는 방사효율(σ)이 무한대가 되지만 실제의 경우에는 판의 진동에 감쇠가 일어나기 때문에 유한한 값이 된다.

판과 봉에는 인장파와 굴곡파 외에도, 무한고체에서와 마찬가지로 순수한 전단파가 작용할 수 있다.

판의 경우, 정지 위치로부터의 변위는 판 평면에 평행하고 전달방향에 수직이다. 둥근 막대의 경우 막대 단면이 서로에 대항해 비틀리기 때문에 이 파를 비틀림파(torsional wave)라고 한다.

무한히 큰 판의 경우, 판의 가장자리는 교란을 유발하여 임계 주파수 이하에서도 (상대적으로) 약한 음향방사를 일으킬 수 있다.

chapter

03

진동 기초 이론

Basics of Vibration or Oscillation

진동 개요
Introduction to Vibration

3-1

진동(振動)은 소리(音響)와 동일한 물리적 현상이지만, 전달형태는 소리와 비교하여 아주 복잡하다. 압축 방향의 변형을 통해 진동이 전달될 때는 소리와 마찬가지로 종파(從波)를, 성냥갑의 상하면을 서로 반대 방향으로 밀어 변형시키는 것과 같은 전단변형(shear strain)의 경우에는 횡파(橫波)를, 그리고 비틀림이나 굴곡의 경우에는 비틀림파와 굴곡파를 고려해야만 한다.

소리는 스칼라(scala)양이다. 반면에 진동은 물체의 운동을 수반하는 벡터(vector)양이므로 역학적 속성 예를 들면, 변위, 속도, 가속도, 가속도변화율(加速度 變化率[m/s³]) 즉, 가가속도(加加速度; jerk)와 방향 성분까지도 함께 고려해야 한다.

또 소리(音響)는 귀를 통해서 인지되지만, 진동을 감지하는 기관은 귀처럼 명확하지 않다. 인간은 몸 전체 또는 신체 일부의 지각(知覺)신경을 통해서 진동을 감지한다.

1. 가장 간단한 진동계 모델

같은 시간 간격을 두고 같은 운동이 반복되는 것을 주기(週期; periodic) 운동 또는 조화(調和; harmonic)운동이라고 한다. 주기 운동(periodic motion)에서 입자(또는 물체)가 동일경로를 앞/뒤로 또는 상/하로 반복 운동하는 것을 진동(vibration)이라고 한다. 주기 운동의 대표적인 예로는 시계추, 용수철에 매달린 물체, 음파가 지나갈 때의 공기분자 등 아주 다양하다.

주기 운동의 가장 간단한 형태는 용수철 하단에 매달린 물체(추)의 상/하 왕복운동이다. 고유의 길이를 가지고 있으며, 질량을 무시할 수 있는, 용수철에 매달린 질량 m의 물체에 아무런 힘을 가하지 않은 상태를 평형상태라고 한다. 그림 3-1에서 외력(外力)을 가하여 매달린 물체를 한번 잡아당기든지, 용수철을 압축시키면 추는 상/하 왕복 운동(또는 진동)한다.

여기서 상/하 왕복운동(또는 진동)을 결정하는 요소는 다음과 같다;

① 용수철(스프링)의 길이 및 강성(stiffness) - 스프링 상수(k)
② 물체(추)의 질량(m)의 크기

③ 물체(추)의 운동을 시작하기 위해 잡아당기는 힘(F; 가진력(加振力))의 크기

이처럼 매달린 물체와 용수철로 구성된 시스템은 가장 간단한 진동계로서, 물체가 수평 방향으로 움직이지 않는다면, 물체의 위치를 1개의 수직 방향 좌표 y만으로 완벽하게 표시할 수 있다. 이와 같은 진동계를 1자유도 진동계(vibrating system with one degree of freedom)라고 한다.
- 1자 유도계의 용수철 – 질량 모델 (그림 3 – 1)

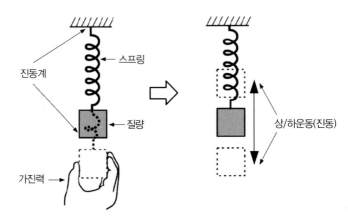

▌그림3-1 ▌ 용수철과 추로 구성된, 가장 간단한 진동계 모델(1자유도계)

용수철과 추로 구성된 1자유도 진동계에서는 추를 잡아당겨서 추의 운동이 시작되게 할 수 있다. 이 힘을 가진력(加振力; vibrating force), 기진력(起振力) 또는 진동 강제력이라고 한다. 가진력은 진동계가 작동을 시작하도록 하는 외력 또는 에너지이다. 기타 줄을 튕기거나, 종을 치는 것 역시 이들 진동계가 진동하고, 소리를 만들어내도록 외부로부터 가진력을 가하는 행위이다.

예를 들면, 자동차에서 진동계는 자동차질량과 현가장치(타이어 포함)이다.(그림3 – 2)
① 자동차 스프링은 진동모델에서의 용수철(스프링)에 해당한다.
② 자동차 질량(또는 무게)은 진동모델에서 추의 질량(또는 무게)에 해당한다.
③ 자동차 타이어가 노면의 요철(凹凸)을 통과할 때의 충격력은 진동을 시작하게 하는 가진력
  (진동 강제력) 또는 외력이다.

자동차 현가장치에서 충격흡수기를 제거하면, 자동차는 추와 스프링으로 구성된 진동계 모델과 비슷한 형태로 진동하게 될 것이다. 자동차의 사방 어느 한쪽 구석에 큰 힘을 가하여 차체가 진동하도록 하여 충격흡수기의 기능을 점검할 수 있다. 충격흡수기의 기능이 정상이라면, 차체 진동은 빠른 속도로 감소할 것이다.

진자운동(oscillation)은 진동을 설명하는 또 다른 용어이다. 어떤 물체가 기준점을 중심으로

좌/우 또는 전/후로 운동하는 것을 진자운동이라고 한다. – (예 : 시계추의 진자운동)

스프링

질량

가진력

▌그림3-2▐ 충격흡수기가 없을 경우의 차체 진동

2. 기본 용어(Basic terminology)

(1) 사이클(cycle) – 그림 3-3 참조

임의의 진동계에서 발생하는 일정한 진동 또는 운동을 시간에 대응, 추적하면, 그 궤적은 일정한 형태로 나타난다. 이 궤적의 형태는 진동체의 반복적인 운동으로 나타난다.

기준위치(평형상태)로부터 시작하여 최고점(마루)과 최하점(골)을 지나, 다시 원위치(평형상태)로 복귀할 때까지의 궤적을 추적하면 한 사이클이 완성된다.

사이클(cycle)이라는 단어의 어원은 원(circle)이다. 물체가 평형 위치(기준위치)에서 시작하여 상/하로 운동한 다음에, 다시 평형 위치로 복귀할 때까지의 운동궤적은 반원형이다. 그림 (3-3)에서 기준위치로부터 물체가 상/하로 운동하는 거리는 가진력(진동 강제력)이 일정하게 유지되는 한, 똑같을 것이다. ($y = |-y|$)

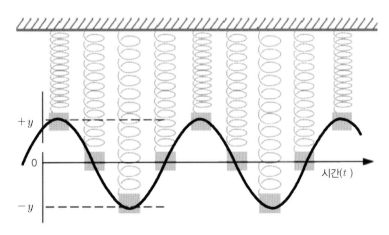

$+y$

0

$-y$

시간(t)

▌그림3-3▐ 용수철과 질량으로 구성된 1자유도 진동계에서의 사이클

(2) 주파수(周波數; frequency)

주파수란 1초당 사이클 수를 말한다. 주파수는 진동하는 추의 무게와 스프링의 특성에 의해서 결정된다. 따라서 진동계 일부를 변화시켜 1초 당 사이클 수 (주파수)를 변화시킬 수 있다. 주파수(f)의 단위로는 헤르츠 [Hz](hertz) 또는 1초 당 사이클 수 [1/s]를 사용한다.

주파수의 다른 표현으로 sin 함수의 반복주기를 결정하는 각 주파수 또는 각 진동수(angular frequency; ω)를 사용한다. 단위는 [rad/s](초당 라디안) 이다.

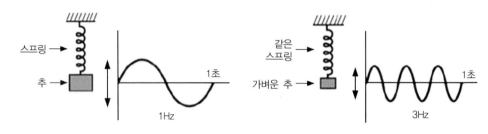

┃그림3-4 ┃ 주파수의 정의

진동계에서는 다른 부분은 그대로 두고, 오직 스프링의 강성(k) 또는 추의 질량(m)을 변화시켜, 주파수(f) 또는 각 주파수(ω)를 변화시킬 수 있다. 그 방법은 다음과 같다. (그림 3-4, 3-5 참조)

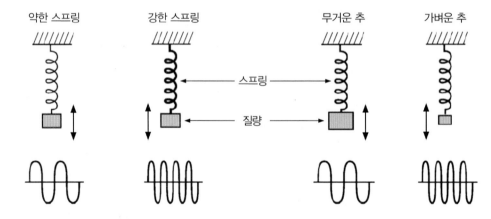

┃그림3-5 ┃ 진동요소의 변경에 따른 주파수(각 주파수)의 변화

① 더 강한 스프링을 사용하면, 주파수는 증가한다.

더 강력해진 장력이 추를 빠르게 움직이게 한다.

② 더 약한 스프링을 사용하면, 주파수는 감소한다.

장력이 감소하면, 추의 진동속도는 느려진다.

③ 추의 질량이 더 무거워지면, 주파수는 감소한다.

　추의 질량이 증가하면 스프링의 저항이 증가하여, 진동속도는 느려진다.

④ 추의 질량이 감소하면, 주파수는 증가한다.

　추의 질량이 감소하면 스프링의 저항이 감소하여, 진동속도는 빨라진다.

> 추의 무게가 무겁고 스프링이 약하면, 주파수는 감소하고 진폭은 커진다.
> 추의 무게가 가볍고 스프링이 강하면, 주파수는 증가하고 진폭은 작아진다.

(3) 진폭(振幅 ; amplitude of vibration)

　진동계 모델(그림 3-6)에서 스프링과 추의 수직 운동의 양을 진동의 진폭(amplitude of vibration)이라고 한다. 진폭은 진동계에 가해진 외력(가진력; 진동 강제력) 또는 에너지에 의해 결정된다.

　진폭이 크면 클수록, 진동 상태를 확인하기가 더 쉽다.

　진폭은 파동의 크기이며, 2가지 방법으로 측정할 수 있다.

① 마루(peak)에서부터 골(trough)까지; 전(全) 진폭 또는 양(兩) 진폭(A와 D),
　주로 변위에 사용

② 기준위치로부터 마루(peak) 또는 골(trough)까지; 편(片) 진폭 또는 진폭(B와 C),
　주로 속도, 가속도에 사용

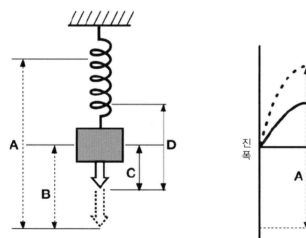
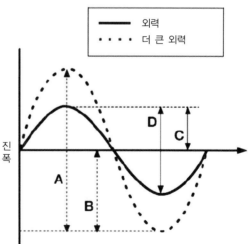

┃그림3-6┃ 진폭의 정의

3. 자유도(degree of freedom)와 모드해석(modal analysis)

(1) 자유도

진동계의 운동을 완벽하게 표현하는 데 필요한, 최소한의 독립좌표의 수를 그 진동계의 자유도라고 한다. 예를 들어, 천정에 수직으로 매달린, 가벼운 용수철의 하단에 질량 m인 물체가 매달려 있는 스프링–질량계에서, 질량 m이 수평 방향으로 움직이지 않는다면, 질량 m의 위치는 수직 좌표만으로 완벽하게 나타낼 수 있으므로 계의 자유도는 1이다. 이러한 진동계를 1자유도 계라고 한다. 자유도가 1개뿐이기 때문에 고유모드와 고유진동수도 각각 하나씩만 존재한다.

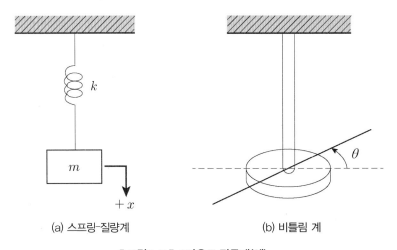

(a) 스프링–질량계   (b) 비틀림 계

┃**그림3-7**┃ **1자유도 진동계(예)**

진동계의 운동상태를 나타내는데 n개의 독립좌표가 필요하면, 그 계는 n개의 자유도를 갖는다. 예를 들면, 공간에 자유롭게 위치한 질점(質點)은 서로 직각인 3축 방향으로 운동할 수 있으므로 자유도는 3이다. 그러나 그 운동이 1개의 평면에 구속되어 있으면 자유도는 2이고, 일직선 상에 속박되어 있으면 자유도는 1이 된다. 또한, 공간에 자유롭게 위치한 강체(剛體)는 x, y, z 3개의 좌표축 방향의 직선운동과 각 축을 회전중심으로 하는 회전운동을 할 수 있으므로 자유도는 6이 된다.

그러나 막대나 판과 같은 탄성체는 한없이 많은 수의 미소(微小) 질량들이 탄성적으로 결합하여 이루어진 것으로 생각하면, 무한개의 자유도를 갖는다고 말할 수 있다. 이유는 막대나 판이 변형될 수 있는 형상은 수없이 많기 때문이다. 그러나 막대나 판을 요소 망(mesh)으로 분할, 유한요소해석(finite element analysis)을 수행하게 되면, 고유모드와 고유진동수는 유한개로 줄어든다. 이유는 요소 망으로 분할된 막대의 변형 모양은 요소 망이 가지는 자유도로 한정되기 때문이다.

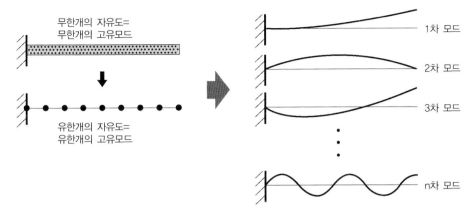

무한개의 자유도=
무한개의 고유모드

유한개의 자유도=
유한개의 고유모드

1차 모드

2차 모드

3차 모드

n차 모드

▌그림3-8 ▌ 무한개의 자유도와 유한개의 자유도

고유진동수와 고유모드는 진동수가 작은 값으로부터 큰 값으로 차례로 구분한다. 진동수가 작은 값일수록 대응되는 고유모드의 형상은 단순하다. 고유진동수가 작을수록 물체가 변형되기 쉬운 고유모드 형상을 의미하고, 고유진동수가 많아질수록 고유모드는 변형되기 어려운 형상이 된다. 참고로 고유진동수와 고유모드의 수는 계의 자유도와 일치한다. 계의 자유도가 n개이면, 계의 고유모드와 고유진동수도 각각 n개씩이다.

(2) 모드 해석(modal analysis)

물체는 형상, 재질 및 외부 구속상태에 따라 고유의 진동특성을 나타낸다. 여기서 고유특성이란 외부로부터 어떠한 동적(動的) 자극을 받지 않은 상태에서 그 물체가 가지는 본질적인 특성을 말한다. 물체의 고유 진동 특성이란 고유주파수(natural frequency or eigen frequency)와 이에 대응하는 고유모드(natural mode or eigen mode)를 의미한다. 이러한 맥락에서 모드해석을 고윳값 해석(eigenvalue analysis)이라고도 한다.

4. 수학적 모델링(mathematical modeling) 방법

시간의 경과에 따라 입력과 출력이 변하는 역동적인 진동계에서 진동을 분석하기 위해서는 첫 번째 단계로 복잡한 물리적 시스템을 간단한 수학적 모델로 변형시킨다. 이어서 수학적 모델을 근거로 지배방정식을 유도하여 해답을 구하고, 그 결과(변위, 속도, 가속도, 힘, 모멘트 등)를 분석하여 진동계 전체의 거동을 파악하는 방법을 주로 사용한다.

그림 3-9는 모터사이클과 운전자(rider)를 포함한 물리적 진동계를, 단순한 수학적 모델로 변환시키는 과정을 나타내고 있다.

가장 단순한 모델로부터 시작해서 점진적으로 수정해 나간다. 시스템의 질량(m), 강성(k) 및 감쇠(c)와 등가(等價)인 요소들을 사용하면, 그림 3-9(b)와 같이 운전자가 탑승한 모터사이클의 1 자유도 모델을 얻는다.

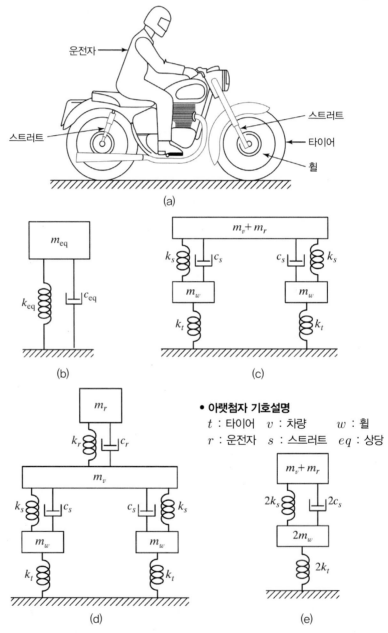

■ 그림3-9 ■ 물리적 시스템과 수학적 모델링(예: 운전자가 탑승한 모터사이클)

이 모델에서 등가 강성은 타이어, 댐퍼-스트럿(damper-strut) 및 운전자의 강성을, 등가 감쇠 상수는 댐퍼-스트럿과 운전자의 감쇠를, 그리고 등가질량(m_{eq})은 차륜, 차체와 운전자의 질량을 각각 포함한다. 이 모델에서 차륜의 질량, 타이어의 탄성, 댐퍼-스트럿의 탄성과 감쇠를 분리하여 개별적으로 나타내면, 그림 3-9(c)와 같은 세련된 모델을 구성할 수 있다. 이 모델에서는 차체질량(m_v)과 운전자 질량(m_r)을 단일 질량으로 표시하였으나, 여기서 운전자의 질량, 탄성(스프링 상수로서) 및 감쇠(감쇠상수로서)를 고려하면, 그림 3-9(d)와 같은 모델이 된다. 그림 3-9(b)～(d)의 모델은 특별한 것이 아니다. 예를 들어 두 타이어의 스프링 상수, 두 차륜의 질량, 두 댐퍼-스트럿의 스프링 상수와 감쇠상수를 결합하면, 그림 3-9(d) 대신에 그림 3-9(e)와 같은 2자유도 모델을 구성할 수 있다. 복잡한 물리적 시스템을 이와 같은 단순한 수학적 모델로 변형시키면, 복잡한 진동을 쉽게 분석할 수 있다.

5. 강성(剛性; stiffness; k) - 스프링 상수 또는 등가 스프링 상수))

스프링의 강성은 재질 및 기하학적 형상과 직접적인 관계가 있다. 스프링의 특성(강, 약)은 스프링 상수(spring constant or spring rate)로 정확하게 표시할 수 있다. 스프링 상수(k) 또는 등가 스프링 상수는 스프링에 작용하는 힘(F)을 스프링의 변형량(δ)으로 나누어 구한다.

스프링 상수(k)
$$= \frac{\text{스프링에 작용하는 힘}(F)}{\text{스프링의 변형량}(\delta)} \quad \cdots\cdots\cdots \quad (3\text{-}1)$$

변형량이 증가해도 스프링 상수가 일정한 스프링 예를 들면, 탄성 영역 내에서 훅(Hook)의 법칙을 만족하는 보통의 스프링에서는 힘(F)과 변형량(δ)의 관계가 직선적(linear)이다. 변형량이 증가함에 따라 스프링 상수가 증가하는 스프링 예를 들면, 겹판 스프링의 특성은 비선형(nonlinear or progressive) 2차 곡선으로 나타난다.

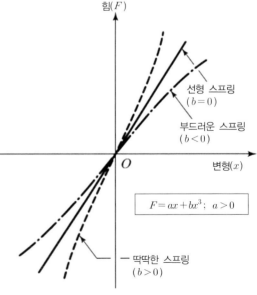

‖그림3-10‖ 선형 스프링과 비선형 스프링의 특성

(1) 막대의 축 방향 강성

길이 ℓ, 탄성계수 E, 단면적 A인, 균일한 막대의 축 방향으로 인장력(또는 수축력) F가 작용할 경우, 이 막대의 등가 강성 즉, 스프링 상수 k는 다음 식으로 표시된다.

$$k = \frac{F}{\delta} = \frac{EA}{\ell} \quad\text{...}\quad (3\text{-}2)$$

(a)

$$k = \frac{AF}{l}$$

(b)

▌그림3-11 ▌ 막대(rod)의 스프링 상수

(2) 코일 스프링(coil spring)의 스프링 상수

코일 스프링의 변형은 코일의 축 방향으로 발생하며, 강성은 스프링 소재 권선의 비틀림(torsion)에 의존한다. 따라서 강성(stiffness)은 코일 권선의 직경(d), 전단계수(G), 코일의 반경(R), 그리고 코일의 권수(n)의 함수이다. 코일 스프링의 강성(k)은 다음 식으로 표시된다.

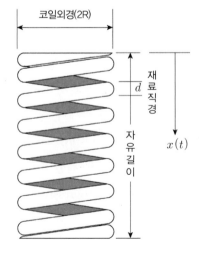

$$k = \frac{Gd^4}{64nR^3} \quad\text{...}\quad (3\text{-}3)$$

특히 자동차에는 현가 스프링, 밸브 스프링 등 다수의 코일 스프링을 사용한다. 스프링 상수와 자동차 중량은 승차감과 스프링작용에 큰 영향을 미친다. 자동차 중량과 스프링 시스템의 스프링 상수에 의해 차체 진동수가 결정된다.

▌그림3-12 ▌ 코일 스프링의 강성

(3) 외팔보의 굽힘 강성

그림 3-13과 같은 판 스프링(또는 보(beam))의 선단에 발생하는 진동 현상은 자동차 후륜 현가장치에서도 많이 나타난다. 외팔보의 굽힘 강성은 보의 길이(ℓ), 탄성계수(E), 중립축에 대한 단면 관성모멘트(I)의 함수이다. 보의 질량을 무시할 수 있는 경우, 외팔보의 굽힘 강성(k)은 다음 식으로 표시된다.

$$k = \frac{W}{\delta} = \frac{3EI}{\ell^3} \quad\text{(3-4)}$$

외팔보의 선단에 부하 된 질량 m의 고유진동수(ω_n)는 다음 식으로 표시할 수 있다.

$$\omega_n = \sqrt{\frac{k}{m}} = \sqrt{\frac{3EI}{m\ell^3}} \quad\text{(3-5)}$$

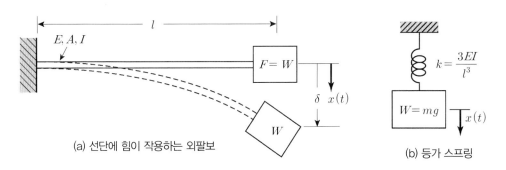

(a) 선단에 힘이 작용하는 외팔보

(b) 등가 스프링

▌그림3-13▌ 외팔보의 강성(스프링 상수)

(4) 축의 비틀림 강성

직경 d인 축이 초기위치로부터 각 $\theta(t)$만큼 비틀린 경우, 이 축의 비틀림 강성은 전단계수 G와 면적 극관성모멘트 J_p의 함수이다. 그리고 직경 d인 축의 면적 극관성모멘트는 $J_p = \pi d^4/32$이다.

이 축의 비틀림 강성(k)은 다음 식으로 나타낼 수 있다.

$$k = \frac{GJ_p}{\ell} = \frac{\pi d^4 G}{32\ell} \quad\text{(3-6)}$$

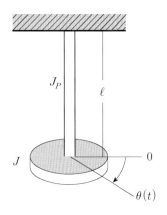

▌그림3-14▌ 축의 비틀림 강성

3-2 진동의 분류
Classification of Vibration

1. 자유진동(free vibration)과 강제진동(forced vibration) ·))

(1) 자유진동(自由振動; free vibration)

자유진동이란 훅(Hook)의 법칙에 의한 힘 이외의 다른 힘은 작용하지 않는 진동을 말한다. 즉, 외력이 작용하지 않고, 중력($F_g = ma$) 또는 탄성 복원력($F_e = kx$)에 의해서만 발생하는 진동을 말한다. 수학적으로는 식(3-7)과 같이 표현한다.

$$ma + kx = 0 \quad\text{··}\quad (3\text{-}7)$$

단순조화진동(單純調和振動; simple harmonic vibration) 또는 단진동(單振動)이라고 한다. 보통 일직선 상에서 주기적이며, 정현파(sine wave) 형태의 운동을 한다. (그림 3-3, 3-15(a) 참조)

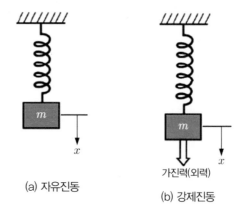

(a) 자유진동

(b) 강제진동

┃그림3-15┃ 자유진동과 강제진동

(2) 강제진동(強制振動; forced vibration)

강제진동이란 단순 조화 진동에서 주기적 또는 간헐적으로 외력($f(t)$)이 가해지는 경우의 진동을 말한다. 수학적으로는 식(3-8)과 같이 표현한다.

$$ma + kx = f(t) \quad\text{⋯⋯⋯⋯⋯⋯⋯⋯⋯⋯⋯⋯⋯⋯⋯⋯⋯⋯⋯⋯⋯⋯⋯⋯⋯⋯}\quad (3\text{-}8)$$

자유진동의 식(3-7)에서는 우변이 0인데 반하여 강제진동의 식(3-8)에서는 우변에 외력 ($f(t)$)이 존재한다. 강제 조화진동(forced harmonic vibration)이라고도 한다. 자동차에서 발생하는 진동은 물론이고, 예를 들면 북을 칠 때는 북의 가죽이, 피아노를 연주할 때는 피아노의 울림판이 강제 진동한다.

2. 탄성진동(elastic vibration)과 강체진동(rigid vibration)))

(1) 탄성진동(彈性振動; elastic vibration)

탄성체 예를 들면, 현악기의 줄의 떨림, 타이어의 진동, 배기관이나 차체의 휨 또는 비틀림 등의 진동을 말한다. 즉, 진동체 자체가 스프링처럼 진동하다가 다시 원상으로 복귀하는 경우를 말한다.

(2) 강체진동(剛體振動; rigid vibration)

추와 스프링으로 구성된 진동계에서 추의 진동처럼, 스프링 시스템에 의해 물체가 진동하는 경우를 말한다. 이때 스프링은 진동하지만 추는 자신의 원래의 형태를 그대로 유지한다. 예를 들면, 현가장치에 지지된 차체가 어떠한 변형도 없이 현가장치의 진동수로만 진동하는 경우, 또는 엔진이 엔진 마운트만의 진동수로 진동하고 엔진 자체의 상태에는 변화가 없는 경우가 이에 해당한다.

그러나 하나의 강체라도 진동주파수에 따라서는 강체진동에서 탄성진동으로 변하거나 두 가지 진동을 모두 발생시킬 수 있다. 예를 들면, 차체가 현가장치에 의해 낮은 주파수로 진동할 때는 차체 자체는 강체로서 강체진동 상태이다. 그렇지만 진동주파수가 증가하여 차체에 휨이나 비틀림이 발생하면, 차체는 탄성진동 상태가 된다. 그러므로 자동차 진동을 다룰 때는 먼저 구성요소 또는 차체의 진동이 강체진동인지 탄성진동인지를 확인할 필요가 있다.

3. 휨 진동(bending vibration)과 비틀림 진동(torsional vibration)

(1) 휨 진동(bending vibration)

양단이 지지된 축 예를 들면, 적재상태의 차축, 폭발력이 가해지는 크랭크축, 그리고 배기 파이프 등에서 흔히 발생한다. 진동의 크기는 가진력의 크기, 지지방법, 구성요소의 견고성 등에 의해 결정된다.

(2) 비틀림 진동(torsional vibration)

비틀림 토크가 작용하는 모든 기계요소에서 발생한다. 주행 중 엔진의 크랭크축, 변속기 하우징, 추진축, 구동축 그리고 현가장치의 토션바(torsion bar) 등에는 큰 비틀림 토크가 작용하므로 비틀림 진동이 발생한다.

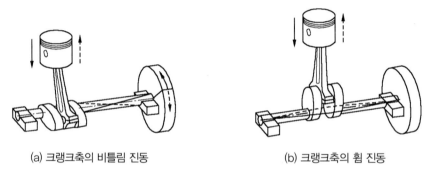

(a) 크랭크축의 비틀림 진동   (b) 크랭크축의 휨 진동

┃그림3-16┃ 크랭크축의 비틀림 진동과 휨 진동

4. 감쇠 진동(damped vibration)과 비감쇠 진동(undamped vibration)

(1) 비감쇠 진동(非減衰振動; undamped vibration)

진동하는 동안에 마찰 또는 저항 때문에 에너지가 손실되지도, 흩어지지도 않는 진동을 말한다.

(2) 감쇠 진동(減衰振動; damped vibration)

마찰 또는 저항 때문에 에너지가 손실되어, 시간의 경과에 따라 점진적으로 진폭이 작아지는 진동을 말한다. 진폭의 포락선(envelope)은 지수적으로 소멸한다. 감쇠는 진동계의 공진 분석에 아주 중요하다. 감쇠의 원인은 운동에 저항하는 저항력 때문인데, 그 저항력의 성격에 따라 점성감쇠, 건성감쇠, 그리고 고체감쇠 등으로 분류한다.

① 점성 감쇠(粘性減衰; viscous damping)

자동차의 충격흡수기(shock-absorber)에서처럼 점성유체가 좁은 통로를 통과할 때 발생하는 저항력은 운동의 상대속도에 비례하는 것으로 간주한다. 물론 상대속도의 크기가 아주 크면, 그 속도의 제곱에 비례할 수도 있다. 이와 같은 저항력을 점성감쇠라고 한다.

② 건성 감쇠(乾性減衰; dry friction damping)

메마른 마찰면 사이의 상대운동에서 발생하는 마찰에 기인하는 감쇠를 건성감쇠 또는 쿨롱감쇠라고 한다. 두 마찰면 사이의 건성마찰력(F)은 외력의 수직 성분(N)과 동마찰계수(μ_k)의 곱으로 표시된다. 동마찰계수(μ_k)의 크기는 마찰면의 거칠기와 재료의 함수이다.

③ 고체 감쇠(固體減衰; solid damping, hysteric damping or structural damping)

재료 자체나 구조물 내부에서 발생하는 내부마찰에 기인한다. 고체감쇠는 진동수와 무관하며, 한 사이클 동안에 생성되는 최대 응력에 비례한다. 응력과 변형률은 탄성한계 내에서는 비례하므로, 이 경우 고체 감쇠력은 변형에 비례하는 것으로 볼 수 있다. 고체감쇠는 일반적으로 해석적인 값으로 표현할 수 없고, 오직 실험적으로 확인할 수 있다. 그리고 비선형성을 많이 포함하고 있어 복잡하다.

5. 선형진동(linear vibration)과 비선형진동(nonlinear vibration)

(1) 선형진동(線形振動; linear vibration)

감쇠력이 속도에 정비례하거나, 탄성 복원력이 훅(Hook)의 법칙에 따라 변위에 정비례하거나, 또는 관성력이 가속도에 정비례할 경우, 이러한 진동을 선형진동이라고 한다. 선형진동의 경우, 지배방정식은 수학적으로 선형미분방정식이 되며, 중첩원리가 적용된다. 수학적 분석기법이 잘 개발되어 있다.

중첩원리(重疊原理; superposition principle)란 선형미분방정식의 해(解)의 선형결합이 선형미분방정식의 또 다른 해(解)가 된다는 원리이다. 즉, 선형미분방정식에서는 주어진 문제의 해를 이미 알고 있는 다수의 기본적인 해의 중첩으로 나타낼 수 있다. 이를 중첩원리라고 한다.

(2) 비선형진동(非線形振動; nonlinear vibration)

진동계의 구성요소인 스프링, 댐퍼 또는 질량 중 어느 하나라도 비선형으로 동작하면, 비선형진동이 된다. 비선형진동계의 동작을 지배하는 방정식은 비선형 미분방정식이 된다. 비선형진동의 경우에는 중첩원리는 유효하지 않으며, 분석기법도 그다지 많지 않다. 모든 진동계는 진폭이 증가함에 따라 비선형적으로 작동하는 경향성이 있으므로, 실제 진동계를 취급할 때는 비선형진동에 대한 지식이 필요하다.

6. 규칙진동(deterministic vibration)과 불규칙진동(random vibration) ·))

(1) 규칙진동(規則振動; deterministic vibration)

진동주기가 시간상으로 등(等) 간격이거나 어떤 함수관계를 가지고 변하면서 반복되는 진동을 말한다. 주기가 일정한 주기 운동과 주기가 시간 함수로 변하는 변주기운동(과도진동에 속한다)이 있다.

주기운동의 가장 단순한 형태는 원함수(circular function), sine 함수 또는 cosine 함수로 나타낼 수 있는 조화운동이다. 조화운동은 모두 주기운동이지만, 주기운동이 모두 조화운동은 아니다. 그러나 모든 주기운동은 sine 함수 또는 cosine 함수로 표현할 수 있는 급수(Fourier 급수)로 분해 또는 합성할 수 있다.

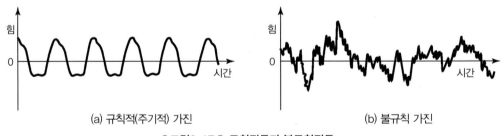

(a) 규칙적(주기적) 가진   (b) 불규칙 가진

▌그림3-17▌ 규칙진동과 불규칙진동

(2) 불규칙진동(不規則振動; random vibration)

규칙진동과는 대조적으로 진폭이나 주기에 규칙성이 없는 진동이다. 불규칙진동에는 일반적인 조화운동 해석방법을 적용할 수 없다. 그러나 진동의 내용에 대한 많은 자료를 수집하여 통계적 규칙성을 찾아내고, 조화진동 해석방법과 유사한 해법을 적용하여, 그 결과를 예측할 수 있다. 노면의 거칠기나 기울기가 불규칙한 도로를 주행하는 자동차의 진동은 대표적인 불규칙진

동이다. 전자계산기 그리고 FFT(Fast Fourier Transform)와 같은 진동전용 데이터 처리기의 발달로, 이제는 아무리 복잡한 불규칙진동이라도 평균진폭, 진동주파수 등의 통계적 해석을 실험적으로 쉽게 구할 수 있다.

7. 정상진동(steady state vibration)과 과도진동(transient vibration)

(1) 정상진동(定常振動; steady state vibration)

진동의 주파수와 진폭이 임의의 시간 t와 주기 T의 n배의 합$(t+nT)$에서 항상 동일한 값을 가지는 진동을 정상진동이라고 한다. 감쇠가 없는 자유진동이나 일정한 주기적 외력이 작용하는 기계의 강제진동은 정상진동의 한 예이다. 일정 속도로 회전하는 기계의 진동특성을 규명하는데 적용한다.

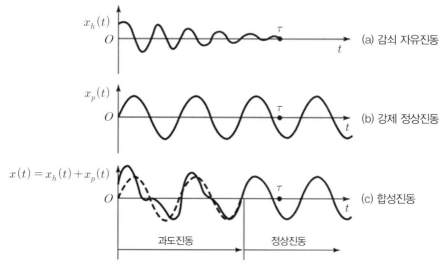

‖그림3-18‖ 정상진동과 과도진동

(2) 과도진동(過度振動; transient vibration)

진동의 주파수와 진폭이 임의의 시간 t와 주기 T의 n배의 합$(t+nT)$에서 서로 변하는 진동을 과도진동이라고 한다. 주파수나 진폭 중 어느 하나라도 변하면, 과도진동이 된다. 그림 3-18(a)에서 감쇠 자유진동은 주파수는 일정하나 진폭이 변하므로 과도진동이 되고, 그림(b)는 정상적인 강제진동이다. 이 둘을 합성한 (a)+(b)는 (c)와 같은 진동이 되므로, 자유진동 부분이 감쇠, 소멸되는 시점까지는 과도진동이고, 그 이후에는 강제진동만 남아있는 정상진동이 된다.

8. 자려진동(self-excited vibration)과 계수려진동(parameter-excited vibration) ·))

(1) 자려진동(自勵振動 ; self-excited vibration)

진동을 지속시키기 위한 주기적 가진력을 진동계 자체에서 생성하기도 하고, 제어할 수 있는 특수한 진동을 말한다. 자려진동계에서는 계의 운동이 멈추면, 가진력도 없어진다. 식(3-9)와 마찬가지로 음(-)의 감쇠를 가지는 자유진동이라고 말할 수 있다. 즉,

$$m\ddot{x} - c\dot{x} + kx = 0 \hspace{3cm} (3\text{-}9)$$

의 형태의 진동으로 선형계에 속하지만, '$-c$' 값 때문에 시간의 경과에 따라 진폭이 차츰 커져, 불안정한 상태가 된다. 강제진동에서는 주기적 외력이 운동과 관계없이 유입되기 때문에 진동이 중지되어도 외력은 계속 작용할 수 있다. 자려진동의 진동수는 일반 감쇠진동의 진동수와는 큰 차이가 없으나, 음(-)의 감쇠력이 관성력이나 스프링의 복원력과 비교하여 아주 클 때는 상당히 다르게 된다. 이러한 경우를 특히 이완진동(relaxation vibration)이라고 한다. 계는 에너지 이득이 발생하여, 결국 발산하게 된다. (그림 3-19(b) 참조)

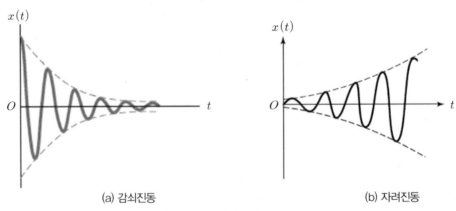

(a) 감쇠진동　　　　　　　　　　　(b) 자려진동

▌그림3-19▐ 감쇠진동과 자려진동

(2) 계수려진동(係數勵振動; parameter-excited vibration)

자려진동과 마찬가지로 외부로부터 에너지가 공급되지 않아도 진동계 내의 질량(m), 감쇠(c), 그리고 스프링 상수(k)가 시간에 따라 변하기 때문에, 자유진동이다. 그러나 운동방정식이 식(3-10)과 같이 시간의 함수로 표시되는 진동이다. 계수 여진진동(係數 勵振振動)이라고도 한다.

$$m(t)\ddot{x} - c(t)\dot{x} + k(t)x = 0 \quad\text{(3-10)}$$

운동방정식이 선형적이기 때문에 모든 해석에 중첩원리 등을 적용할 수 있으나, 정수계수 방정식과 다르게 해(解) 자체가 어렵게 되고, 동시에 실제 진동 현상도 아주 복잡하게 된다. 이러한 진동계에서는 운동의 안정영역과 불안정영역의 해석은 어려운 부분이기는 하지만 동시에 아주 중요하다. 계수려진동의 대표적인 예는 왕복 피스톤기관의 크랭크축에서 발생하는 진동, 그리고 그네타기 운동 등이다.

기본 진동계

Elementary Vibratory Systems

1. 용수철-질량계의 단순조화진동(spring-mass system with simple harmonic vibration)

그림 3-20과 같이 천정에 고정된 용수철 하단에 질량 m의 추를 매단 경우를 가정한다. 용수철의 질량은 추의 질량과 비교하여 아주 작으므로 무시할 수 있고, 추는 상/하 방향으로만 운동할 수 있다. 이와 같은 가장 간단한 진동계 모델(1자유도계)에서의 진동파를 정현파(sinusoidal wave), 이와 같은 정현파로 나타나는 진동을 정현(正弦; sinusoidal) 진동, 조화(調和; harmonic)진동, 또는 단진동(simple harmonic)이라고 한다.

그림 3-20은 자유길이(x_0)상태의 스프링에 질량(m)의 추를 매달면, 그 길이는 δ_{st}만큼 인장되어 스프링의 길이는 '$x_0 + \delta_{st}$'가 되고, 이어서 추를 인위적으로 수직 방향으로 잡아당겨 스프링의 길이를 x만큼 인장 시키는 과정을 나타내고 있다.

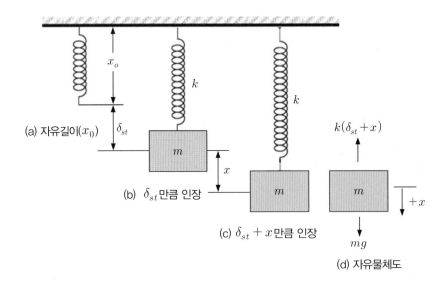

▌그림3-20▌ 용수철-질량 진동계(비감쇠 자유진동, 단순 조화진동)

그림 3-20(d)의 자유물체도에 뉴턴(Newton)의 제 2법칙을 적용하면 다음 식을 얻는다.

$$m\ddot{x} = -k(\delta_{st} + x) + mg \quad\text{(3-11)}$$

식(3-11)에서 $k \cdot \delta_{st} = mg$이므로 단순 조화진동계 운동방정식은 식(3-12)와 같이 된다.

$$m\ddot{x} + kx = 0 \quad\text{(3-12)}$$

여기서　m : 질량[kg], 　　　　　k : 스프링 상수[N/m 또는 kg/s^2]

　　　　　x : 변위[m], 　　　　　$\ddot{x}$: 가속도[m/s^2]

2. 조화운동의 벡터적 표현(vectorial expression of harmonic motion) ·))

조화운동은 반경이 1인 단위원(單位圓)에서 벡터 $\overrightarrow{OP}$의 크기를 이용하여, 편리하게 나타낼 수 있다.

그림 3-21에서 일정한 각속도 ω로 회전하는 벡터 $\vec{x} = \overrightarrow{OP}$의 선단이 수평축 상에 그리는 곡선은 식(3-13 a)가 되고

$$y = A\sin\omega t \quad\text{(3-13a)}$$

수직축 상에 그리는 곡선은 식(3-13b)가 된다.

$$x = A\cos\omega t \quad\text{(3-13b)}$$

따라서 조화운동에서의 변위는 $y = A\sin\omega t$, 또는 $x = A\cos\omega t$로 나타낼 수 있다.

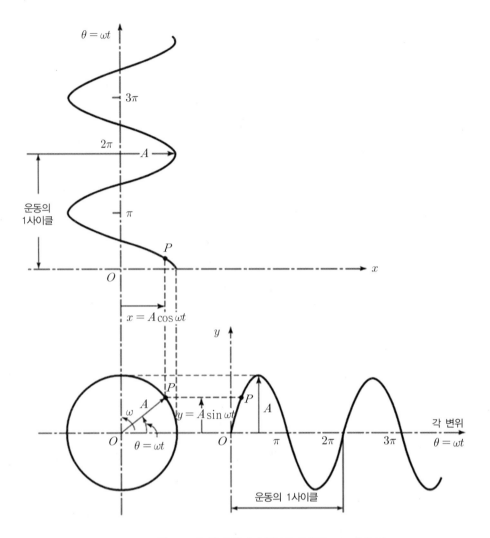

∥그림3-21∥ 회전 벡터의 선단을 투영한 고조파 운동

(1) 변위(x ; displacement) – (그림3-21, 3-22 참조)

진동을 변위(A)와 시간(t)의 함수로 나타낸 것으로서, 단순 조화운동을 하는 물체의 변위 즉, 위치 함수는 조화함수로 나타낼 수 있다.

$$x = A\cos\omega t \cdots\cdots (3\text{-}13b)$$

여기서 A는 진폭으로서 기준점으로부터의 최대변위이고, ω는 회전각속도(rad/s)이다.

(2) 진동속도(v ; velocity) - (그림 3-22 참조)

단위시간 당 변위의 변화량으로서, 속도는 변위의 식을 미분하여 구할 수 있다. 즉,

$$v = \frac{dx}{dt} = -\omega A \sin\omega t \quad \cdots\cdots\cdots\cdots\cdots\cdots\cdots\cdots\cdots\cdots\cdots\cdots\cdots\cdots\cdots \text{(1-34)}$$

위치 함수와 속도함수의 위상차는 $90°$가 됨을 알 수 있고, 속도의 진폭은 ωA가 된다.

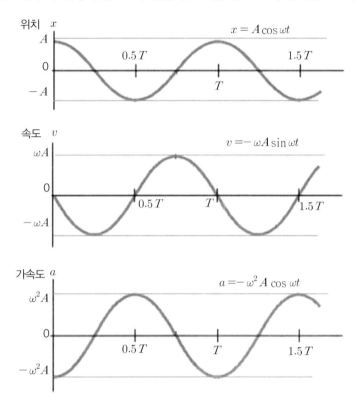

┃그림3-22┃ 시간 함수로 나타낸 변위(x), 속도(v), 가속도(a)의 그래프

(3) 진동가속도(a ; acceleration) → 단위시간 당 속도의 변화량(그림 3-22 참조)

진동속도의 식을 한 번 더 미분하면 진동가속도가 된다. 단위로는 $[\text{m}/\text{s}^2]$, 또는 $[\text{cm}/\text{s}^2]$(gal)을 사용한다. (* $1[\text{gal}] = 1[\text{cm}/\text{s}^2]$, $1\text{g} = 9.8065\text{m}/\text{s}^2 \approx 1,000[\text{gal}]$)

단순 조화 진동에서 가속도의 방향은 기준점으로부터의 변위 방향과 항상 정반대이다.

$$a = \frac{dv}{dt} = -\omega^2 A \cos\omega t \quad \cdots\cdots\cdots\cdots\cdots\cdots\cdots\cdots\cdots\cdots\cdots\cdots\cdots \text{(3-15)}$$

(4) 최대속도($v_{\max}$)와 최대가속도($a_{\max}$)

진동의 측정값은 실횻값(또는 최댓값)을 계측하므로, 어느 것이나 sin, cos의 시간적 변화를 배제한, 변위의 실횻값을 말한다. 따라서 그림 3-22에서 최대변위는 A이며, 최대속도($v_{\max}$)와 최대가속도($a_{\max}$)는 각각 다음과 같다.

$$v_{\max} = A\omega \quad \text{..} \quad (3\text{-}16)$$

$$a_{\max} = \omega^2 A \quad \text{..} \quad (3\text{-}17)$$

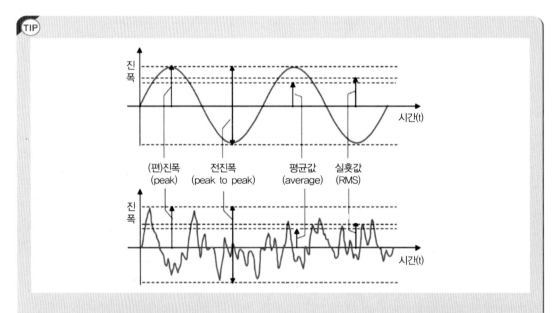

- 순싯값: 시간에 따라 방향과 크기가 변하는 주기 신호에서 임의 순간의 신호 크기(흑색실선)
- 최댓값: 주기 신호의 순싯값 중에서 가장 큰 값(peak 값, (편) 진폭)
- 평균값(average value 또는 rectified value); 1주기 또는 반(1/2)주기 동안의 평균값

$$\text{평균값} = \frac{1}{T}\int_0^T |x|\,dt$$

정현파에서의 평균값 $= \dfrac{(2\times\text{최댓값})}{\pi} \approx 0.637 \times \text{최댓값}((\text{편})\text{진폭})$

- 실횻값(RMS, root mean square); 주기 신호 제곱의 전체측정시간 평균의 제곱근

$$S = \sqrt{\frac{1}{T}\int_0^T x^2(T)\,dt}$$

정현파에서의 실횻값=최댓값 $/\sqrt{2} \approx 0.707 \times$ 최댓값(진폭)
- 파형률(波形率, form factor) → 맥동률(ripple factor)
  정현파에서의 파형률 = (실횻값) / (평균값) ≈ 1.111
- 파고율(波高率) = 크리스트 팩터(crest factor) = 피크 팩터(peak factor)
  최댓값이 어느 정도의 영향을 미치는지에 대한 비율
  정현파에서의 파고율 = (피크 값) / (실횻값) = $\sqrt{2} \approx 1.414$

(5) 진동수(f)와 주기(T)

단순조화운동의 정현파 진동에서 질량(m)과 스프링 상수(k) 그리고 각(角) 주파수(ω)와의 상호 관계로부터 진동수(f)와 주기(T)는 다음과 같이 나타낼 수 있다.

$$\omega^2 = \frac{k}{m} \quad\text{---} \quad (3\text{-}18)$$

$$T = \frac{2\pi}{\omega} = 2\pi\sqrt{\frac{m}{k}} \quad\text{--} \quad (3\text{-}19)$$

$$f = \frac{1}{T} = \frac{1}{2\pi}\sqrt{\frac{k}{m}} \quad\text{--} \quad (3\text{-}20)$$

따라서 식 (3-16), (3-17)은 다음과 같이 변형할 수 있다.

$$v_{\max} = A\omega = A\sqrt{\frac{k}{m}} \quad\text{--} \quad (3\text{-}16a)$$

$$a_{\max} = \omega^2 A = \frac{k}{m}\cdot A \quad\text{---} \quad (3\text{-}17a)$$

예제1 주파수(진동수) $f = 100\,\mathrm{Hz}$에서 가속도 $a = 0.1\,\mathrm{m/s^2}$일 때, 진동속도(v)는?

$$v = A\omega = a/\omega = a/2\pi f$$

$$= 0.1\frac{\mathrm{m}}{\mathrm{s^2}} \div \left(2\pi \times 100\,\frac{1}{\mathrm{s}}\right) = 0.000159\,[\mathrm{m/s}]$$

예제2 주파수(진동수) $f = 100\,\mathrm{Hz}$에서 가속도 $a = 0.1\,\mathrm{m/s^2}$일 때, 변위(x)는?

$$x = \frac{v}{\omega} = \frac{1}{\omega}\cdot\frac{a}{\omega} = a/\omega^2 = a/(2\pi f)^2$$

$$= 0.1\frac{\mathrm{m}}{\mathrm{s^2}} \div \left(2\pi \times 100\,\frac{1}{\mathrm{s}}\right)^2 = 0.000000253\,[\mathrm{m/s}] = 0.253\,[\mu\mathrm{m}]$$

‖ 표 3-1 ‖ 진동 관련 특성량 환산식(예)

구분		내용	단위
가속도(a) → 속도(v)		$v = a/(2\pi f) = a/\omega$	$\mathrm{m/s}$
가속도(a) → 변위(x)		$x = a/(2\pi f)^2 = a/\omega^2 = v/\omega$	m
진동 레벨(VAL) → 가속도(a)		$a = (10^{(VAL/20)}) \times 10^{-6}$ (KSI ISO) $a = (10^{(VAL/20)}) \times 10^{-5}$ (구조음)	$\mathrm{m/s^2}$
기준 가속도 (a_0)	KS I ISO1683	$a_0 = 10^{-6}$	$\mathrm{m/s^2}$
	구조음 관련	$a_0 = 10^{-5}$	$\mathrm{m/s^2}$

(6) 고유주파수(natural frequency; f_n)

모든 진동계는 시스템 설계에 따라 외력이 작용하지 않는 상태에서 각기 자신의 고유 진동 주파수(specific vibration frequency)로 진동하려는 특성이 있다. 이 고유 진동주파수를 '고유주파수(natural frequency)'라고 한다.

진동계의 물성이나 형상 중 어느 하나를 변경하면, 예를 들어 스프링의 강성(k)이나 추의 질량(m)을 변경하면 고유주파수(f_n)도 변한다. 그러나 진동계에 작용하는 외력(F)만을 변경하였을 경우는, 진폭은 변하지만 고유주파수(f_n)는 변하지 않는다.

가장 간단한 진동계(1자유도 진동계) 모델에서 스프링 상수 k의 스프링에, 질량 m의 추가 매달려 있다고 가정할 경우, 시스템의 고유주파수(f_n)와 고유 각(角) 진동수(ω_n)는 다음과 같이 정의된다.

$$f_n = \frac{1}{2\pi}\sqrt{\frac{k}{m}} \ [\text{Hz}] \ \cdots\cdots\cdots\cdots\cdots\cdots\cdots\cdots\cdots\cdots\cdots\cdots\cdots \ (3\text{-}21)$$

$$\omega_n = 2\pi f_n = \sqrt{\frac{k}{m}} \ [\text{rad/s}] \ \cdots\cdots\cdots\cdots\cdots\cdots\cdots\cdots\cdots \ (3\text{-}21a)$$

여기서 고유 각(角) 진동수(ω_n)는 '$\sqrt{(\text{탄성}/\text{관성})}$'으로서 강성($k$)과 질량($m$)의 함수이다.

식(3-21)에서 질량(m)이 커지면 고유주파수는 작아지고, 질량(m)이 작아지면 고유주파수는 커짐을 알 수 있다. 참고로 엔진 블록의 고유주파수는 대략 2~4Hz, 현가장치는 10~15Hz, 드라이브라인은 20~60Hz, 차동장치 부품은 120~300Hz, 타이어와 휠 어셈블리는 (1~15Hz) ~주행속도에 비례한다.

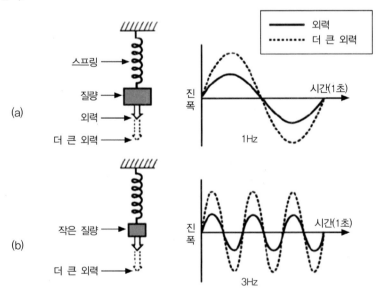

┃그림3-23 ┃ 추의 질량을 변경시키면 고유주파수도 변한다.

그림 3-23에서 (a)는 외력을 크게 하면 진폭만 커지는 것을 나타내고 있다. (b)는 추의 질량을 작게 하고 동시에 외력을 크게 했을 경우로서, 주파수와 진폭 모두가 증가함을 나타내고 있다.

자동차에서 부품의 상태가 변하면, 예를 들어 현가 댐퍼 – 스트럿(damper strut)의 씰(seal)이 파손되면, 소음 또는 진동이 발생하고, 현가장치의 고유주파수도 변한다. 이유는 댐퍼 – 스트럿의 감쇠력이 손실되었기 때문이다. 이제 똑같은 도로조건에서도 현가장치는 예전과는 다르게, 현저하게 진동할 것이다.

이 경우에 기술자는 댐퍼 – 스트럿 자체 또는 댐퍼 – 스트럿 – 씰(seal)을 교환하여 현가장치의 고장상태와 변경된 고유주파수(고유진동수)를 원상복구 시킬 수 있다.

3. 용수철 – 질량계의 강제진동 – 비감쇠 강제진동 ·))

그림 3-20과 동일한 용수철 – 질량계(단순조화진동계)에 시간의 함수인 외력 $F(t)$를 질량 m에 작용시키면, 진동계는 자유진동에서 강제진동으로 전환된다. 시스템 구성과 자유물체도는 그림 3-24와 같다. 이와 같은 형태의 진동을 감쇠가 없는 즉, 비감쇠 강제진동이라고 한다.

운동방정식은 용수철 – 질량계의 단순조화진동 식(3-12)에서 우변이 '0'이 아닌 $F(t)$가 된다.

$$m\ddot{x} + kx = F(t) \quad\cdots\cdots\cdots\cdots\cdots\cdots\cdots\cdots\cdots\cdots\cdots\cdots\cdots\cdots\cdots\cdots\cdots\cdots\cdots\cdots\cdots\cdots\cdots (3\text{-}22)$$

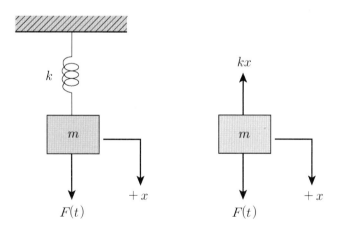

▌그림3-24▌ 용수철-질량계의 비감쇠 강제진동

외력 $F(t)$는 일반적으로

$$F(t) = F\sin\omega t \cdots\cdots\cdots\cdots\cdots\cdots\cdots\cdots\cdots\cdots\cdots\cdots\cdots \text{(3-23)}$$

으로 나타내지므로 식 (3-22)는 "$m\ddot{x} + kx = F\sin\omega t$"가 되고, 이를 풀면 식 (3-24)가 된다.

$$x = \frac{F}{k} \cdot \frac{1}{1-(\omega/\omega_0)^2}\sin\omega t \cdots\cdots\cdots\cdots\cdots\cdots\cdots \text{(3-24)}$$

$$x = \frac{F}{m} \cdot \frac{1}{1-(\omega_0^2-\omega^2)}\sin\omega t \cdots\cdots\cdots\cdots\cdots\cdots \text{(3-24a)}$$

식 (3-24)에서 $\omega = \omega_0$일 때, 진폭 x가 무한대 즉, 공진 상태로 된다.

식(3-24)에서 $F/k = x_{st}$로 치환하면, x_{st}는 외력 F가 정적(靜的)으로 작용할 때의 변형량을 나타낸다. x의 진폭을 x_0라고 하면, x_0/x_{st}는 정적진폭과 동적 진폭의 비를 나타내며, 다음 식으로 주어진다.

$$\frac{x_0}{x_{st}} = \frac{1}{\left|1-(\omega/\omega_0)^2\right|} \cdots\cdots\cdots\cdots\cdots\cdots\cdots\cdots \text{(3-25)}$$

이 값을 진폭배율(振幅倍率; magnification factor)이라고 하며, 그림 (3-30)에서 감쇠비 $\zeta = 0$의 곡선으로 표시된다. (점성감쇠계의 강제진동에서 점성(c)이 '0'일 때와 같다.)

※ ζ(그리스어 zeta)

3-4 점성감쇠계
Viscous Damped Vibratory Systems

1. 점성감쇠계의 자유진동 – 감쇠진동(damped oscillation)

진동계에 작용하는 마찰력과 같은 저항력 때문에 진동계의 역학적 에너지(운동에너지나 위치에너지)는 시간이 지남에 따라 감소한다. 이 경우 진동은 점진적으로 감쇠, 소멸한다. 이처럼 물체의 운동을 저지하려는 성질을 감쇠(damping)라고 하며, 이러한 성질을 가진 재료를 감쇠재(damping material) 그리고 그 장치를 감쇠기(damper)라고 한다.

추와 스프링으로만 구성된 단조화 자유 진동계에서는 스프링 저항력의 감쇠 효과에 의한 고유진동수의 변화가 작다. 그러나 제2의 감쇠 기구 예를 들어, 충격흡수기(shock-absorber)와 같은 점성감쇠기(viscous damper)를 추가하면 진동계의 감쇠 효과와 고유진동수는 크게 변한다.

이때 충격흡수기의 저항력은 속력($\dot{x}$)에 비례하며, 운동 방향과는 반대 방향으로 작용한다. 자동차 현가장치에 사용되는 충격흡수기는 자동차가 요철(凹凸) 노면을 주행할 때 발생하는 진동을 흡수, 감쇠시켜 승차감을 향상시킨다. 예를 들면, 승용 자동차의 현가장치를 1자유도 점성감쇠 단조화 진동계로 생각할 수 있다.

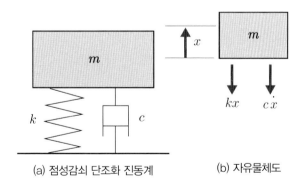

(a) 점성감쇠 단조화 진동계   (b) 자유물체도

┃그림3-25┃ 점성감쇠계의 자유진동

그림 (3-20, pp.94)과 같이 추와 스프링으로만 구성된 단조화 진동계에 유압댐퍼(점성감쇠기)를 추가할 경우, 시스템 구성은 그림 3-25와 같은 점성감쇠계가 된다. 운동방정식은 단순 조화진동계의 운동방정식(3-12)의 좌변에 점성감쇠항($c\dot{x}$)이 추가되어 식(3-26)이 된다.

$$m\ddot{x} + c\dot{x} + kx = 0 \cdots\cdots\cdots\cdots\cdots\cdots\cdots\cdots\cdots\cdots\cdots\cdots\cdots\cdots\cdots\cdots\cdots\cdots\cdots\cdots\cdots\cdots\cdots\cdots\cdots \text{(3-26)}$$

여기서 m : 질량[kg]

k : 스프링 상수[N/m 또는 kg/s^2]

x : 변위[m]

$\ddot{x}$: 가속도[m/s^2]

c : 점성감쇠계수 [N·s/m 또는 kg/s]

$\dot{x}$: 속력($\approx$속도) [m/s]

이 점성 감쇠 진동계의 고유 각(角) 진동수(ω_d)는 식(3-27)로 표시된다.

$$\omega_d = \sqrt{\omega_n - \left(\frac{c}{2m}\right)^2} \cdots\cdots\cdots\cdots\cdots\cdots\cdots\cdots\cdots\cdots\cdots\cdots\cdots\cdots\cdots\cdots\cdots\cdots \text{(3-27)}$$

여기서 ω_n ; $c = 0$일 때의 감쇠진동계의 고유 각 진동수, $\omega_n = \sqrt{(k/m)}$

그리고 임계 감쇠계수(c_{cr})로 점성감쇠계수(c)를 나눈 값을 감쇠비(damping ratio; ζ)라고 하며, 식(3-28)과 같다. (* 감쇠비 기호로 그리스문자 ζ(zeta) 대신에 영어 D를 사용하기도 한다.)

$$\zeta = \frac{c}{c_{cr}} \cdots\cdots\cdots\cdots\cdots\cdots\cdots\cdots\cdots\cdots\cdots\cdots\cdots\cdots\cdots\cdots\cdots\cdots\cdots\cdots\cdots\cdots\cdots\cdots\cdots \text{(3-28)}$$

복원력에 비례하여 저항력이 작을 때는 운동의 진동특성은 보존되지만, 진폭은 시간의 경과에 따라 작아지며, 결국은 정적인 평형상태로 복귀하게 된다. 이런 방식의 진동을 감쇠진동이라고 한다. 진동의 진폭은 시간에 따라 지수-함수적으로 감소한다.

(1) 부족감쇠(under‑damped) 진동; $\frac{c}{2m} < \omega_n$, 또는 $0 < \zeta < 1$일 때, (그림 3-26 참조)

저 감쇠, 경 감쇠, 주기적 감쇠 또는 점성감쇠 진동이라고도 한다. 보통 공기 속에서의 진동과 같이 마찰이 비교적 적을 때 이러한 형태의 진동이 나타난다. 이 경우, 같은 조건의 단순 조화운동과 비교하여 각(角)진동수가 낮고, 진폭은 시간이 지남에 따라 점진적으로 작아진다. 자동차용 충격흡수기와 같은 점성감쇠기를 사용하는 스프링 시스템은 대부분 이 범주에 속한다.

부족감쇠 진동에서의 감쇠 고유진동수(ω_d; damped natural frequency)는 식(3-27a)로 표시할 수 있다. 단위는 [rad/s]이다.

$$\omega_d = \omega_n \sqrt{1 - \zeta^2} \quad \cdots\cdots\cdots (3\text{-}27a)$$

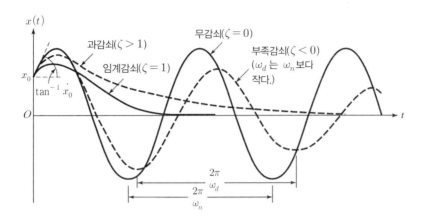

■ 그림3-26 ■ 감쇠특성(감쇠비)에 따른 진동 변위의 형태(예)

(2) 임계감쇠(critically damped) 진동; $\dfrac{c}{2m} = \omega_n$ 또는 $\zeta = 1$일 때, (그림 3-26 참조)

이 진동은 부족 감쇠진동과 과도감쇠진동의 경계상태로서 질량(m)의 운동이 진동성을 상실하는 한계이기 때문에 임계 감쇠라고 한다. 이 진동은 주어진 조건에서 진동이 가장 빨리 멈추는 형태의 진동이다. 이때의 점성감쇠계수(c)를 임계 감쇠계수(c_{cr})라고 한다.

조건 $c/(2m) = \omega_n$으로부터 $c = 2m\omega_n = 2m\sqrt{(k/m)} = 2\sqrt{mk}$ 가 유도된다.

따라서 $c_{cr} = 2\sqrt{mk}$ 이므로, 이때의 감쇠비(ζ)는 다음 식으로 표시된다.

$$\zeta = \frac{c}{c_{cr}} = \frac{c}{2\sqrt{mk}} \quad \cdots\cdots\cdots (3\text{-}28a)$$

(3) 과도감쇠(supercritical damping) 진동; $\dfrac{c}{2m} > \omega_n$ 또는 $\zeta > 1$일 때, (그림 3-26 참조)

과감쇠 진동, 지수적 감쇠진동 또는 무주기 운동(aperiodic motion)이라고도 한다. 주기성이 없고, 진동 현상을 나타내지도 않는다. 물속에서처럼 강한 저항이 존재하는 곳에서의 진동형태로서, 최단시간에 감쇠되어 정적인 평형상태로 복귀한다. 눈금이 흔들려서는 안 되는 저울, 또는 열린 다음에 곧바로 닫혀야 하는 문(door) 등에는 과도감쇠특성 또는 임계감쇠 특성을 가진 감쇠기를 사용한다. - overdamped

예제3 자동차의 질량은 1361kg, 스프링 시스템의 감쇠비는 0.3($\zeta = 0.3$), 자체 중량에 의한 현가장치의 변형은 0.05m($\delta_x = 0.05$)이다. 이 자동차의 현가장치를 1자유도 점성감쇠 단조화 진동계로 가정하여
a) 현가장치의 등가감쇠(c)와 강성계수(k), 그리고
b) 승차자와 화물의 무게로 총 290kg의 질량이 추가될 경우의 감쇠비(ζ)를 구하시오. 단, 질량이 추가되어도 등가감쇠(c)와 강성계수(k)는 그대로 유지되는 것으로 가정한다.

풀이

※ 고유 각진동수 식으로부터

$$\omega_n = \sqrt{\frac{k}{m}} = \sqrt{\frac{k}{1361}} \rightarrow k = 1361\,\omega_n^2$$

※ 스프링의 정적변형(static deflection)에 의한 힘의 평형은 $mg = k\delta_x$이므로 $k = mg/\delta_x$이고 이를 고유 각진동수(ω_n)의 식에 대입하면,

$$\omega_n = \sqrt{\frac{k}{m}} = \sqrt{\frac{g}{\delta_x}} = \sqrt{\frac{9.8}{0.05}} = 14\,\text{rad/s}$$

이다. 그러므로 현가장치의 강성(k)은

$$k = 1361 \times (14)^2 = 2.668 \times 10^5\,\text{N/m}$$

가 된다. 감쇠비의 식은 $\zeta = c/c_r = c/(2m\omega_n)$이고, $\zeta = 0.3$이므로 등가 감쇠는

$$c = 2m\omega_n\zeta = 2 \times 1361 \times 14 \times 0.3 = 1.143 \times 10^4\,\text{kg/s}$$

추가질량 290kg을 고려하면 총질량은 1651kg(=1361+290)으로 증가하지만, 강성(k)과 등가 감쇠(c)는 그대로 유지된다. 그러므로 새로운 정적변형은

$$\delta_x = mg/k = (1651 \times 9.8)/(2.668 \times 10^5) \approx 0.06\text{m}$$

로 변한다. 그러므로 새로운 각진동수와 감쇠비는 각각

$$\omega_n = \sqrt{\frac{g}{\delta_x}} = \sqrt{\frac{9.8}{0.06}} \approx 12.78\,\text{rad/s}$$

$$\zeta = \frac{c}{c_{cr}} = \frac{1.143 \times 10^4}{2m\omega_n} = \frac{1.143 \times 10^4}{2 \times 1651 \times 12.78} = 0.27$$

이 된다. 따라서 질량이 추가된 경우는 그렇지 않은 경우와 비교하여 고유 각진동수와 감쇠비는 약간 더 작아지며, 수직 방향으로 더 큰 진폭으로 진동하게 되며, 따라서 진동이 소멸하기까지의 시간은 약간 더 길어진다.

2. 점성감쇠계의 강제진동 – 조화 가진 응답(response to harmonic excitation)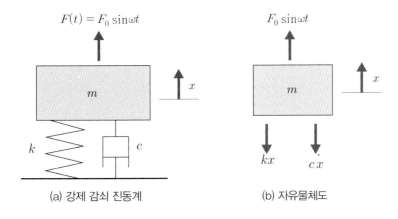

그림 (3-27a)는 자유 감쇠 진동계(그림 3-25)에 마찰력 외에 시간에 관계된 외력($F(t)$)이 주기적으로 작용하는 경우이며, 그림 (3-27b)는 이에 대한 자유물체도이다. 이와 같은 진동계를 강제 감쇠 진동계라고 한다.

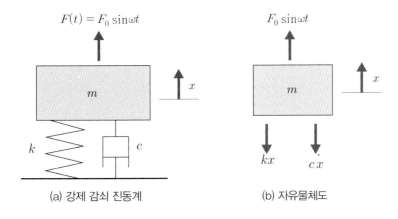

(a) 강제 감쇠 진동계　　(b) 자유물체도

┃그림3-27┃ 조화 가진력이 작용하는 진동계

뉴턴의 제2법칙을 적용하여 운동방정식을 구하면, 다음과 같다.

$$m\ddot{x} + c\dot{x} + kx = F_0 \sin\omega t \quad \cdots\cdots (3\text{-}29)$$

식(3-29)의 일반해(解; solution)는 우변이 0인 때의 자유진동의 해, 그리고 강제 외력 $F(t)$에 대한 특수 해의 합으로 구할 수 있다.

$$x(t) = x_h(t) \text{(자유진동의 항)} + x_p(t) \text{ (강제진동의 항)} \quad \cdots\cdots (3\text{-}30)$$

자유진동($x_h(t)$)은 약간의 시간이 지나면 감소, 사라지고, 강제진동($x_p(t)$)만 남는다. 자유진동과 강제진동이 공존하는 상태를 과도상태(transient state), 강제진동만이 남는 상태를 정상상태(steady state)라고 한다. 과도운동의 소멸과정은 시스템 변수(k, c, m)에 의해 좌우된다. 자유진동이 부족감쇠(under damping)인 경우, 일반해는 그림 (3-28)과 같다.

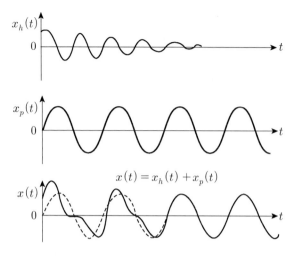

┃그림3-28┃ 마찰이 있을 때 1자유도계의 강제 가진

또 외부에서 가해지는 강제 가진력의 주파수비($r = f/f_n = \omega/\omega_n$)가 낮으면($r \ll 1$), 과도해
는 곧 사라지고 전체 진동은 강제가진력과 같아진다. 강제 가진력의 주파수비가 높으면($r \gg 1$),
전체 진동은 과도해와 비슷하게 되지만 과도해가 사라지면 강제가진과 같아진다.

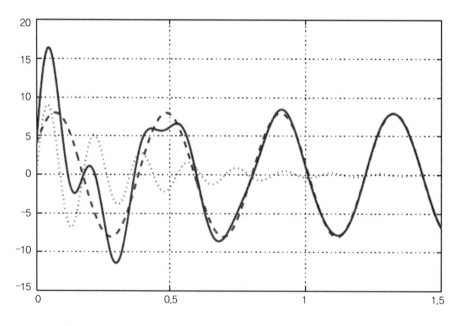

┃그림3-29(a)┃ 마찰이 있을 때 1자유도계의 강제 가진- ($r \ll 1$의 경우),

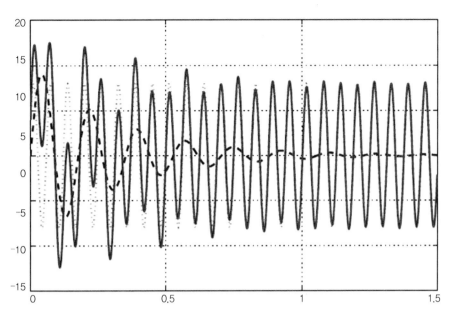

■ 그림3-29(b) ■ 마찰이 있을 때 1자유도계의 강제 가진- ($r \gg 1$의 경우)

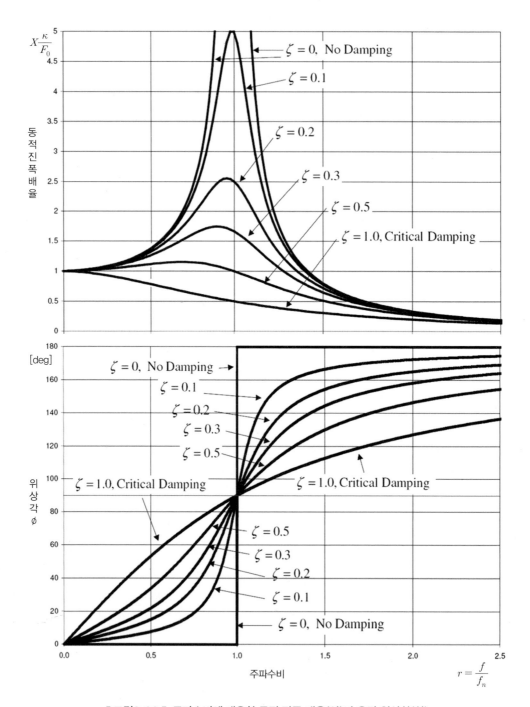

‖그림3-30‖ 주파수비에 대응한 동적 진폭 배율(상)과 응답 위상차(하)

가진 주파수비(r)에 대한 동적 진폭배율(M)과 위상 (ϕ)은 그림 (3-30)과 같다. 그림 3-30(상)에서 강제력의 각진동수(ω)가 계의 고유 각진동수(ω_n)에 비해 작을 때 진폭비는 대략 1이므로 강제진동의 진폭은 정적 변위와 거의 같다. 그러나 강제력의 각진동수(ω)가 계의 고유 각진동수

(ω_n)에 비해 클 때는 진폭비는 작아지게 되고, 따라서 강제진동의 진폭도 작아진다.

강제력의 각진동수(ω)가 진동계의 고유 각진동수(ω_n)에 접근할 때 진폭비는 급격히 증대되고, 그 값은 감쇠비에 따라 변화한다. 감쇠비 $\zeta = 0$인 무감쇠의 경우, 진동수비(r)가 1인 공진점에서 진폭비는 무한대가 됨을 알 수 있다.

그림 3-30(하)는 응답 위상차로서 위상차도 감쇠비와 진동수비의 값에 따라 변화함을 나타내고 있다. 감쇠가 작은 경우에는 공진점 부근에서 위상각의 변화가 현저하게 크다. 무감쇠($\zeta = 0$)의 경우에는 위상차가 0°에서 180°로 급변한다. 이 경우 주파수비(r)가 1보다 작은 영역에서는 힘과 운동은 같은 방향이고, 주파수비(r)가 1보다 큰 영역에서는 힘과 운동의 방향은 서로 반대가 됨을 나타내고 있다.

3. 공진(共振; resonance)

(1) 공진(그림 3-31)

물체(예: 차체)가 강제진동의 율동(rhythm)과 충돌하면 진동은 증폭된다. 이때 가진력의 주파수(f)가 진동계의 고유주파수(f_n)와 일치하면 진폭(=진동의 크기)은 커진다. 이를 공진이라고 한다.

아래 그림은 가진력의 주파수 파형(A)과 진동계의 고유주파수 파형(B)이 서로 위상이 같음을 나타내고 있다. 이 두 파형의 합성파(C)는 주파수는 같으나 진폭은 2배가 된다. 이 경우, 물체는 크게 진동하고 소음 수준도 높아지게 된다.

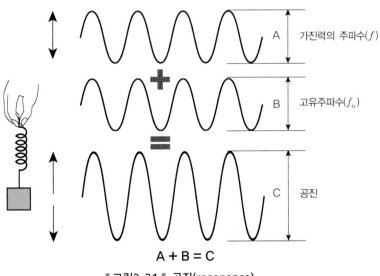

A + B = C

▌그림3-31▌ 공진(resonance)

공진이 발생하는 주파수[Hz]를 공진점(resonance point) 또는 공진 주파수라고 한다. 공진점 영역에 근접하면, 응답이 동적으로 증폭되어 진동의 진폭이 급격하게 커지는 위험 상태가 되므로, 이를 회피하는 방법을 강구해야만 한다.

(2) 공진 제어(고유진동수의 변경) - (그림 3-32 참조)

그림 3-32는 가진원의 주파수를 공진점 이하 또는 이상으로 유지하면, 진폭을 낮출 수 있음을 설명하고 있다. 가진원의 주파수를 변경시킬 수 없는 경우에는 진동계의 고유주파수를 변경시키는 방법으로도, 진폭을 줄일 수 있다.

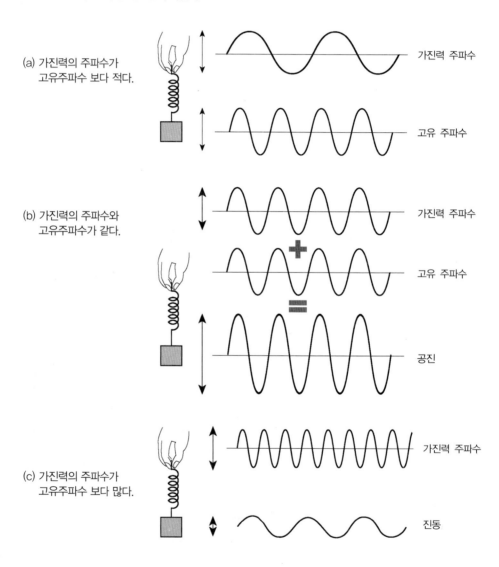

▌그림3-32 ▌ 주파수를 변경하여 공진점 확인하기

스프링의 한쪽 끝에 추를 매달고 반대쪽 끝을 손으로 잡은 상태에서, 스프링을 잡은 손을 상/하 방향으로 천천히 움직여주면, 추의 진폭이 점점 커지거나 점점 작아지는 현상이 발생하게 된다.

그림 3-32에서 (a)는 가진력의 주파수(f)가 스프링과 추의 질량에 의해 결정되는 진동계의 고유주파수(f_n)보다 적을 때이다($f < f_n$). 이때 추는 진동계의 고유주파수(f_n)로 진동한다.

그림 (b)는 가진력의 주파수(f)와 진동계의 고유주파수(f_n)가 근접하여 서로 같아지는 경우로서 ($f = f_n$), 진폭이 무한대로 커지는 상태가 된다. – 공진 상태

그림 (c)는 스프링을 잡은 손을 공진현상이 발생하는 경우보다 더 빠르게 상/하 방향으로 움직이면(가진력의 주파수가 진동계의 고유주파수보다 훨씬 더 많아지면($f > f_n$)), 진동계의 주파수는 적어지고 동시에 진폭도 작아지게 된다. 이와 같은 현상은 가진력의 주파수(f)와 진동계의 고유주파수(f_n)의 차이가 크기 때문에 발생한다. 즉 가진원의 주파수가 공진 영역(진동계의 고유주파수 대역)을 크게 넘어섰기 때문에, 진동계는 가진력의 주파수의 영향을 거의 받지 않는 구간에 진입하였다. 이처럼 가진력의 주파수(f)와 진동계의 고유주파수(f_n)를 서로 멀어지게 하는 개념은 진동과 소음을 낮추기 위해 자동차는 물론이고 많은 기계장치에서 이용하는 기술이다.

통상적인 작동속도 영역 내에서 공진 피크(peak)가 발생하지 않도록 진동계의 구성을 수정하기 위해서는, 고유 각진동수(ω_n)의 식 '$\omega_n = \sqrt{k/m}$ [rad/s]'에서 질량(m) 또는 스프링 강성(k)을 변경시키면 된다는 것을 알 수 있다. 자동차 설계 단계에서부터 흡진기(mass damper) 또는 동흡진기(dynamic damper)를 추가하여 진동계를 수정한다.

① 공진점을 정상적인 운전영역 밖으로 이동시키는 방법 – 흡진기(mass damper) 추가

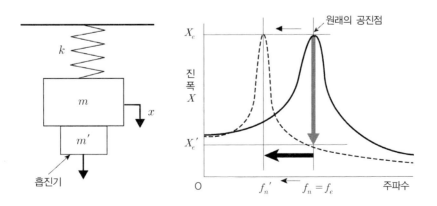

▌그림3-33 ▌ 고유주파수의 변경 – 흡진기(mass damper)를 추가하여 공진점 이동

스프링 상수 k인 스프링에 질량 m의 추가 매달려 있는, 가장 간단한 1자유도 진동계 모델에 그림 3-33과 같이 질량 m'를 추가할 경우, 질량은 $m + m'$로 증가하고 시스템의 고유주파수 (f_n)는 f_n'로 이동한다. 만약 가진 주파수(f_e)가 시스템 고유주파수(f_n)와 같아지는 공진의 경우, 대응되는 응답 X_e는 최댓값을 갖게 된다. 계의 수정으로, 수정하기 전의 시스템 고유주파수 (f_n)에서의 응답은 X_e'로 낮아진다. 즉, 주 작동영역에서의 진폭은 크게 낮아지게 된다.

- 질량 m'를 추가하지 않았을 때의 고유주파수 (f_n)

$$f_n = \frac{1}{2\pi} \sqrt{\frac{k}{m}}$$

- 질량 m'를 추가한 경우의 고유주파수 (f_n')

$$f_n' = \frac{1}{2\pi} \sqrt{\frac{k}{m + m'}}$$

- 고유주파수의 변화량 즉, 고유진동수의 변화량($f_n' - f_n$) 은

$$f_n' - f_n = \frac{1}{2\pi} \left(\sqrt{\frac{k}{m + m'}} - \sqrt{\frac{k}{m}} \right)$$ 만큼 고유주파수가 낮아져, 주 작동영역에서는 문제가 되는 공진점을 피할 수 있게 된다. (그림 3-33 참조)

② 공진점에서의 진폭을 낮추는 방법 – 점성감쇠기(viscous damper)의 추가

주 작동영역에서의 진동을 감소시키기 위해 시스템에다 점성감쇠기(c')를 추가할 경우, 공진 주파수는 수정 전과 거의 같지만 최대진폭 X_e는 X_e'로 낮아진다. 이 경우 공진 주파수로부터 멀리 떨어진 주파수 영역에서의 진폭은 수정 전과 비교하여 오히려 약간 더 커지지만, 일반적으로 진동해석에서 중요한 요소는 아니다.

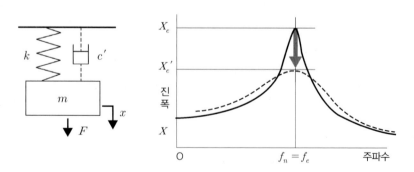

┃그림3-34┃ 공진 응답 저감 방법 – 점성 감쇠기를 추가하여 공진점에서의 진폭을 낮춘다.

③ 공진 제어 – 동 흡진기(dynamic absorber) 부착 (pp.485 동흡진기 이론 참조)

진동계에 흡진기(mass damper)나 점성감쇠기(viscous damper)를 추가해도 진동이 크다면, 이는 진폭 X_e'가 너무 크다는 것을 의미한다. 이 경우, 주 진동계(k, m)에 스프링과 질량으로 구성된 하위 진동계(k', m') 즉, 동 흡진기(dynamic damper)를 추가하여 진동에너지를 주(main) – 질량에서 하위(sub) – 질량으로 이동시켜 진동에너지를 분산시킬 수 있다.

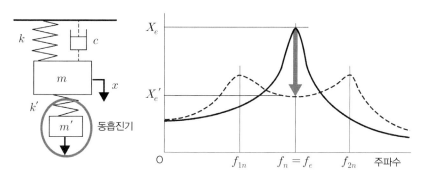

▐ 그림3-35 ▐ 공진 제어–동 흡진기를 추가하여 공진점 분산하기

주 진동계에 동 흡진기를 부가하면 고유진동수(f_n)는 2개의 새로운 고유진동수(f_{1n}과 f_{2n})로 분리된다. 새로운 고유진동수(f_{1n}과 f_{2n})는 동 흡진기의 질량(m')과 강성(k')에 의해 결정된다. 이들 새로운 고유진동수((f_{1n}과 f_{2n})에서의 진동의 크기를 제한하기 위해서 점성감쇠(c')를 추가할 수도 있다. 동 흡진기를 부가한 시스템은 폭넓은 운전영역에서 진동의 크기를 감소시킬 수 있다. 예를 들면, 기관의 크랭크축 선단에 설치되는 크랭크축 비틀림 진동 댐퍼(torsional vibration damper)는 대표적인 동 흡진기(dynamic damper)이다.

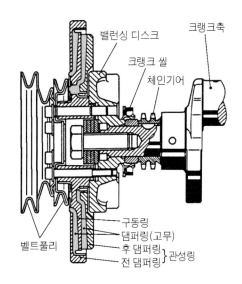

▐ 그림3-36 ▐ 동 흡진기(dynamic damper)
– 크랭크축 비틀림 진동 댐퍼

공진 주파수 $f_g = f_0 \sqrt{1 - 2\zeta^2} \; < f_0$

공진 첨예도 $Q = 1 / (2\zeta \sqrt{1 - \zeta^2}\;)$

공진 주파수 $f_g \approx f_0$ ($\zeta \leq 0.1$일 경우)

공진 첨예도 $Q \approx 1 / (2\zeta)$ ($\zeta \leq 0.1$일 경우)

반치전폭(半値全幅; FWHM; full width at half maximum) $\Delta f = 2\zeta f_0 = f_0 / Q$

(1) 가진력(vibrating force ; $F(t)$)의 전달 - (그림 3-37 참조)

기계(예: 엔진)에서 발생하는 가진력 $F(t)$가 스프링 및 감쇠기(예: 엔진 마운트)를 통하여 기초부(예; 차대(frame))로 전달되는 힘($F_T(t)$)은 다음 식으로 표시할 수 있다.

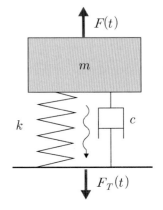

┃그림3-37┃ 가진력의 전달-힘의 전달률
(force transmissibility)

> 가진력; $F(t) = m\ddot{x} + c\dot{x} + kx$
>
> 전달력; $F_T(t) = c\dot{x} + kx$
>
> 기계에 작용하는 힘; $F = (-m\omega^2 + ic\omega + k)X$
>
> 기초부로 전달되는 힘; $F_T = (ic\omega + k)X$
>
> 힘의 전달률(= 기초부로 전달되는 힘/기계에 작용하는 힘)
>
> $$TR = \left| \frac{F_T}{F} \right| = \frac{\sqrt{1 + [2\zeta(f/f_n)]^2}}{\sqrt{[1 - (f/f_n)^2]^2 + [2\zeta(f/f_n)]^2}}$$

(2) 진동 변위(displacement of vibration)의 전달 (그림 3-38 참조)

기초부의 진동 변위로 기계가 일으키는 진동 변위. 예를 들면, 노면으로부터의 충격으로 차체가 진동하는 경우는 그림 3-38과 같이 모델링할 수 있다.

> $$m\ddot{x} + c(\dot{x} - \dot{x}_b) + k(x - x_b) = 0$$
>
> $$m\ddot{x} + c\dot{x} + kx = c\dot{x}_b + kx_b$$
>
> $$x = X \cdot e^{iwt}$$
>
> $x_b = X_b \cdot e^{iwt}$; 기초부의 진동 변위(미리 주어짐)
>
> $$(-m\omega^2 + ic\omega + k)X = (ic\omega + k)X_b$$
>
> 진동 변위 전달률(= 기계의 진동 진폭(X)/기초부의 진동 진폭(X_b))
>
> $$TR = \left| \frac{X}{X_b} \right| = \frac{\sqrt{1 + [2\zeta(f/f_n)]^2}}{\sqrt{[1 - (f/f_n)^2]^2 + [2\zeta(f/f_n)]^2}}$$

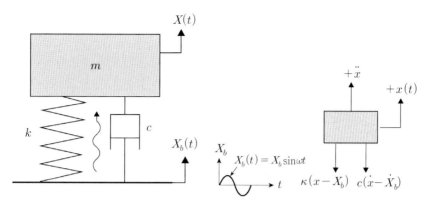

▌그림3-38 ▌ 진동 변위의 전달(바닥 가진)

예제 4　노면이 불균일한 도로를 주행하는 자동차에서 진동 변위의 전달

그림 3-39는 노면이 불균일한 도로를 주행하는, 수직 방향으로 진동하는 자동차에 대한 수학적 모델이다. 이 자동차의 질량은 $m = 1{,}200\mathrm{kg}$, 현가계의 스프링 상수는 $k = 400\mathrm{kN/m}$, 감쇠비는 $\zeta = 0.5$이다.

주행속도가 $v = 20\mathrm{km/h}$일 때, 이 자동차의 상/하 방향의 진폭 변위를 구하시오. 단, 노면의 진폭은 $Y = 0.05\mathrm{m}$, 파장은 $\lambda = 6\mathrm{m}$이다. (미리 주어지는 값, 노면의 요철)

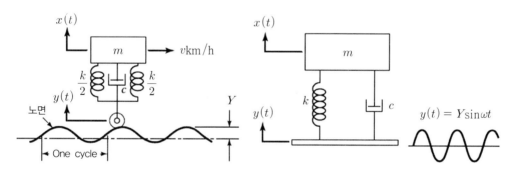

▌그림3-39 ▌ 노면이 불균일한 도로를 주행하는 자동차에 대한 수학적 모델

풀이

가진력의 기본주파수 ω는 자동차 주행속도 $v = 20\mathrm{km/h}$를 굴곡파장 $\lambda = 6\mathrm{m}$로 나누어 구한다.

$$\omega = 2\pi f = 2\pi\left(\frac{v \times 1000}{3600}\right) \times \frac{1}{6} = 0.290889v \,[\mathrm{rad/s}]$$

$v = 20\mathrm{km/h}$에서 $\omega = 0.290889 \times 20 = 5.81778\,[\mathrm{rad/s}]$

고유주파수 ω_n은

$$\omega_n = \sqrt{\frac{k}{m}} = \sqrt{\frac{400 \times 10^3}{1200}} = 18.2574\,[\mathrm{rad/s}]$$

그러므로 주파수비 r은

$$r = \frac{\omega}{\omega_n} = \frac{5.81778}{18.2574} = 0.318653$$

진폭비 X/Y는

$$\frac{X}{Y} = \left\{ \frac{1+(2\zeta)^2}{(1-r^2)^2+(2\zeta r)^2} \right\}^{1/2} = \left\{ \frac{1+(2\times0.5\times0.31865)^2}{(1-0.318653^2)^2+(2\times0.5\times0.318653)^2} \right\}^{1/2}$$

$$= 1.100964$$

그러므로 이 자동차의 진폭 변위 X는 다음과 같다.

$$X = 1.100964\,Y = 1.100964\times0.05 = 0.055048\text{m}$$

이는 파장 $\lambda = 6$m인 도로의 요철 5.0cm가 차체에 진폭 5.5cm의 변위로 전달되며, 승객에 따라서는 차체의 증폭된 진폭 변위를 느끼게 된다는 것을 암시한다.

(3) 진동 전달률(transmissibility of vibration ; TR)

가진력 전달률과 변위 전달률은 같다.

$$TR = \left| \frac{F_T}{F} \right| = \left| \frac{X}{X_b} \right| = \frac{\sqrt{1+[2\zeta(f/f_n)]^2}}{\sqrt{[1-(f/f_n)^2]^2+[2\zeta(f/f_n)]^2}}$$

$$= \frac{\sqrt{1+(2\zeta r)^2}}{\sqrt{(1-r^2)^2+(2\zeta r)^2}} \quad\cdots\cdots\cdots\cdots\cdots\cdots\cdots (3\text{-}31)$$

공진점 근처에서는 감쇠비(ζ)가 작을수록 진동전달률이 증가한다. 그러나 주파수비($r = f/f_n$)가 $\sqrt{2}$일 때는 감쇠비와 관계없이 진동전달률은 1이 된다. 그리고 주파수비($r = f/f_n$)가 $\sqrt{2}$보다 커지면 진동전달률은 1보다 작아지며, 이 영역에서는 감쇠비가 작을수록, 진동전달률이 더 낮아진다.

① 주파수비(r)와 전달률(TR)의 상관관계(그림 3-40 참조)

* $r = 1$의 경우 ; $TR = \infty$ (공진 상태)
* $r < \sqrt{2}$의 경우 ; $TR > 1$ (전달력 > 가진력)
* $r = \sqrt{2}$의 경우 ; $TR = 1$ (전달력 = 가진력)
* $r > \sqrt{2}$의 경우 ; $TR < 1$ (전달력 < 가진력) - 방진 유효영역

② 감쇠비(ζ)에 따른 진동 전달률의 변화(그림 3-40 참조)

* $r < \sqrt{2}$ 의 범위에서는 감쇠비가 커질수록 진동 전달률이 낮아지므로, 감쇠비가 클수록 좋다.
* $r > \sqrt{2}$ 의 범위에서는 감쇠비가 작아질수록 진동 전달률이 낮아지므로, 감쇠비가 작을수록 좋다

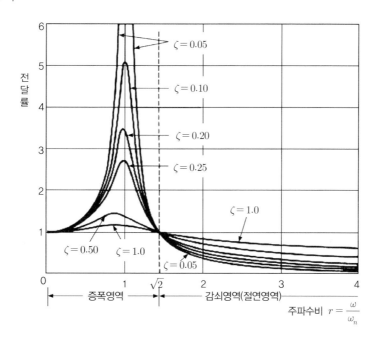

▌그림3-40▐ 진동 전달률(예)

(4) 진동 절연(vibration isolation) – 감쇠 영역의 활용

주파수비($r = f/f_n$)가 $\sqrt{2}$ 보다 커지면 진동전달률(TR)이 1보다 작아지는 현상을 이용하여 진동을 차단하는 방법으로 주로 탄성 지지 설계(resilient mounting design) 기술을 적용한다.

① 진동 절연 기술을 적용하여 마운트(mount)를 설계한다.

② 운전조건을 공진 주파수 영역보다 높게 설정한다.

③ 하부 지지 강성을 유연하게 하여 고주파수 성분의 진동을 차단한다.

④ 감쇠력이 작을수록 진동 차단에는 좋지만, 장비의 가진주파수가 0에부터 증가하는 경우에는 중간에 공진점을 통과하게 되므로 공진 영역을 통과할 때 진동이 지나치게 커지는 것을 방지하기 위해 최소한의 감쇠비(예: $\zeta \approx 0.2$)를 가진 감쇠장치를 필요로 한다.

⑤ 주파수비($r = f/f_n$)가 $\sqrt{2}$ 보다 작은 경우에는, 주파수비가 0.4 이하가 되도록 설계한다.

– 가능한 한 주파수비가 3 이상, 진동전달률 0.1 이하가 되도록 설계한다.

3-5 진동 차수
Vibration Order

차수(次數; order)란 구성요소 또는 부품의 1회전당 발생하는 외란(disturbance)의 횟수를 말한다. 회전부품에서 불평형점이 한 곳일 경우, 1회전당 한 번의 외란이 발생하게 된다. 이를 1계 진동(first- order vibration)이라고 한다. 이 부품이 1초당 10회전을 하게 되면, 10Hz의 진동이 발생하게 된다. 이를 10Hz의 1계 진동이 발생했다고 표현한다.

1. 타이어에서의 진동 차수(vibration order of tire)

하나의 가진력이 하나 이상의 진동을 일으킬 수 있다. 예를 들면, 불평형(imbalance) 상태인 타이어는 회전하면서 변형되기 때문에 여러 가지 형태의 진동을 일으킨다. 이 현상은 레이디얼(radial) 타이어의 특징이다. 타이어가 회전하면서 일그러지면(변형되면), 타이어는 더는 진원(circle) 상태를 유지할 수 없으며, 추가 진동에 의한 충격을 받게 된다.

타이어의 회전에 의한 원심력이 타이어의 변형(distortion; 일그러짐)을 일으키는 원인이다. 원심력은 요요(yoyo)를 둥근 원을 그리면서 회전시키는 것과 비슷하다. 빨리 돌리면 돌릴수록 더 힘차게 튀어나가려고 할 것이다. 이 튀어 나가려는 힘 즉, 원심력이 타이어 형상을 변화시킨다.

타이어가 회전하면서 노면과 접촉할 때, 타이어의 무거운 부분(불평형점)은 상/하 수직 진동의 원인이 된다. 타이어의 상/하 수직 운동이 진동을 유도한다. 그리고 이렇게 유도된 진동은 현가장치 및 조향장치에 전달되어 최종적으로 운전자가 느끼게 된다. 회전하는 불평형점의 원심력 또한 타이어의 상/하 수직 진동에 기여한다.

타이어의 불평형에 의한 진동은 1계(frist order) 진동이다. 1계 진동은 불평형에 의한 진동 중에 진폭이 가장 큰 진동일 수 있다.

원심력과 무거운 부분(불평형 부분) 때문에 타이어의 형상이 변화하는데, 추가로 제2의 튀어나오는 지점이 타이어의 접지면에 발생한다. 이 지점들이 도로와 접촉하면서 이들 또한 상/하 수직 진동을 유발하며, 이 진동도 현가장치 및 조향장치에 전달된다. 이 제2의 진동은 타이어 형상의 변화로 유도된 제2의 충격 때문에 발생한다. 제2의 진동은 1계 진동보다 일반적으로 그 진폭이 더 작다. 이 제 2의 진동을 2계(2nd order) 진동 또는 2차 요소 진동이라고 한다.

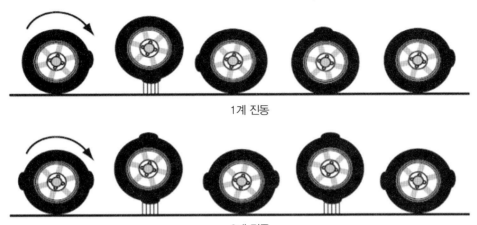

■ 그림3-41 ■ 타이어의 진동 차수

2계 진동(second- order vibration)을 고려하면, 타이어는 1회전 하는 동안에 2회 진동하므로, 2계 진동의 주파수는 1계 진동주파수의 약 2배가 되며, 주파수 분석기에 지시되는 정점(spike)은 2계 진동주파수에 일치할 것이다.

제3의 진동은 타이어 형상의 변화에 의한 제3의 충격 때문에 발생할 수 있다. 특별한 경우와 속도에서는 1계 진동보다 진폭이 클 수도 있지만, 대부분은 2계 진동의 진폭보다 작다. 이 진동을 3계(third order) 진동 또는 제3차 요소 진동이라고 한다. 타이어의 1회전에 3회의 진동이 나타나므로 주파수 분석기에는 3회의 정점(spike)이 나타나게 된다.

2. 동력 전달계에서의 진동 차수

동력 전달계(Driveline)에서의 진동은 대부분 불평형(imbalance), 런 - 아웃(run - out) 그리고 U-조인트(U - joint)의 상태에 그 원인이 있다. 동력전달계의 불평형이나 런-아웃에 의한 힘은 통상적으로 1계 진동을 유발한다. 이 힘은 축이 1회전 할 때 한 번 발생하기 때문이다.

U-조인트와 관련된 동력 전달계의 진동 문제는 위상, 조인트 상태(예: 풀림/과도한 조임), 작동 각도/기울기 등에 그 원인이 있다. U-조인트가 회전할 때, U-조인트는 1회전당 가속과 감속

을 2회 반복한다. 그러므로 U-조인트는 2계 진동을 일으킨다.

독립현가식 자동차의 구동축으로는 주로 트리포드 조인트 또는 더블-오프셋 조인트를 사용한다. 이들 조인트에 사용된 볼의 수(3~6개) 만큼의 다단계 진동이 구동축에 발생할 수 있다.

3. 왕복 피스톤기관(reciprocating piston-engine)에서의 진동 차수))))

왕복 피스톤기관에서도 역시 다단계 진동이 발생한다. 기관에서의 1계 진동은 회전력 또는 토크와 관련이 있다. 기관에서의 진동은 플라이휠, 토크컨버터 또는 고조파 발란서(harmonic balancer)와 같은 구성부품의 불평형 또는 런-아웃 상태, 그리고 실린더 간의 질량차(cylinder-to-cylinder mass difference)와 관련이 있다.

기관의 점화 또는 연소는 실린더 수에 따라 그에 상응하는 진동을 일으킨다. 4 행정기관에서의 점화에 의한 진동 차수(order)는 실린더 수의 1/2이다. 4 행정기관에서는 1 사이클을 완성하는데 즉, 모든 실린더에서 한 번씩 점화하기 위해서는 크랭크축이 2회전을 해야 하기 때문이다.

예를 들면, 4기통 기관에서는 첫 번째 회전에서 실린더 1과 3에서, 두 번째 회전에서 실린더 2와 4에서 점화가 이루어진다. 1회전당 2번의 펄스는 2계 진동을 일으킨다. (크랭크축 회전주파수의 2배)

또 왕복 피스톤기관에서는 피스톤의 상/하 왕복운동에 의한 고유 진동도 2계 진동이다.

6기통 기관에서는 첫 번째 회전에서 3기통이 점화하고, 두 번째 회전에서 나머지 3개의 기통이 점화되므로 크랭크축 1회전당 3번의 펄스 또는 3계 진동을 일으킨다.

기관의 기통수에 따른 점화 진동주파수를 구하는 수식은 다음과 같다. 여기서 행정 수는 4 행정기관에서는 4, 2 행정기관에서는 2이다.

$$\text{기관진동수 [Hz]} = \text{기관회전속도}\left(\frac{1}{\min}\right) \times \frac{1\min}{60\,s} \times \frac{2}{\text{행 정 수}} \times \text{기통수} \quad\cdots\cdots\cdots\cdots \quad (3\text{-}32)$$

네 번째, 다섯 번째 그리고 더 높은 차수(order)의 진동이 있을 수 있지만, 1-, 2-, 3계 진동이 가장 많고, 확인 가능하며, 진단에 유용하다. 만약 1-, 2-, 3계 진동 중 어느 하나를 확인하고 수리하였다면, 나머지 진동도 감소하게 될 것이다.

참고로 4 행정기관에서 캠축은 크랭크축 회전속도의 $\frac{1}{2}$ 속도로 회전한다. 이 경우, 캠축이 불평형

상태이거나 런-아웃이 크다면 진동을 일으키게 된다. 이를 $\frac{1}{2}$ 계(half-order) 진동이라고 한다.

┃ 표 3-2 ┃ 4행정기관의 기통수에 따른 점화 진동 주파수[Hz]

RPM \ 기통수(차수)	2기통(1계)	3기통(1.5계)	4기통(2계)	5기통(2.5계)	6기통(3계)	8기통(4계)
500	8.3	12.45	16.6	20.8	24.9	33.2
750	12.5	18.75	25	31.25	37.5	50
1000	16.6	25	33.3	41.6	49.8	66.4
1500	25	37.5	50	62.5	75	100
2000	33.3	50	66.6	83.3	99.9	133.2
2500	41.6	62.5	83.2	104.1	124.8	166.4
3000	50	75	100	125	150	200
3500	58.3	87.5	110.6	145.8	174.9	233.2
4000	66.6	100	132.4	166.6	199.8	266.4

진동 및 진동레벨이 인체에 미치는 영향
Influences of the Vibration & Vibration Level on the Human Body

3-6

진동의 크기도 소음의 크기처럼 데시벨(dB) 단위를 사용하여 나타낼 수 있다. KS I ISO 1683에 제시된 진동가속도, 진동속도, 진동 변위 그리고 가진력에 대한 기준 실횻값은 각각 다음과 같다.

- 가속도 : $a_0 = 10^{-6} \mathrm{m/s^2} = 1\mu\mathrm{m/s^2}$
- 속 도 : $v_0 = 10^{-9} \mathrm{m/s} = 1\mathrm{nm/s}$
- 변 위 : $s_0 = 10^{-12} \mathrm{m} = 1\mathrm{pm}$
- 가진력 : $F_0 = 10^{-6} [\mathrm{N}] = 1[\mu\mathrm{N}]$

그러나 진동가속도 기준 실횻값으로는 $10^{-6}[\mathrm{m/s^2}]$ 외에도 구조전달음과 관련해서는 $10^{-5}[\mathrm{m/s^2}]$도 사용하고 있다. 따라서 절대 진동가속도 레벨을 인용하기 위해서는 반드시 기준값을 제시해야 한다.

예를 들어, 인간이 겨우 느낄 수 있는 진동가속도는 약 $0.0056\,[\mathrm{m/s^2}]\,(\approx 10^{-2.25}\,[\mathrm{m/s^2}])$이라고 한다. 이 값은 진동가속도 기준 실횻값 $a_0 = 10^{-6}[\mathrm{m/s^2}]$에서는 75[dB], $a_0 = 10^{-5}[\mathrm{m/s^2}]$에서는 55[dB]이 된다. 참고로 각각의 기준값은 레벨로 환산했을 경우, 모두 0[dB]이 된다.

1. 진동 레벨

(1) 진동가속도 레벨(vibratory acceleration level; L_a)

진동의 물리량을 인간이 느끼는 자극의 정도와 상응하게 데시벨(dB) 값으로 환산한 값이다.

$$L_a = 10 \log \left(\frac{a}{a_0} \right)^2 = 20 \log \left(\frac{a}{a_0} \right) [\mathrm{dB}] \quad \text{....................} \quad (3\text{-}33)$$

여기서 a : 측정 대상 진동의 가속도 실횻값 $[\mathrm{m/s^2}]$

$a = a_{rms} = a_{\max}/\sqrt{2}$ (정현 진동에서)

a_0: 기준 진동의 가속도 실횻값 ($a_0 = 10^{-6}[\mathrm{m/s^2}]$,(KS I ISO 1683),

또는 구조전달음과 관련해서는 $a_0 = 10^{-5}[\mathrm{m/s^2}]$도 사용한다.

식 (3-34)는 L_a로부터 측정 대상 진동의 가속도 실횻값(a)을 구하는 수식이다.

$$a = \left(10^{(L_a/20)} \right) \times a_0 \quad \text{....................} \quad (3\text{-}34)$$

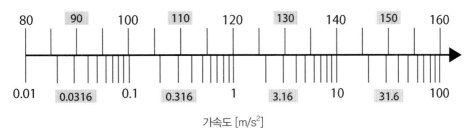

진동 가속도 레벨[dB], (기준값 10^{-6} m/s^2)

그림3-42 ▌ 진동가속도와 진동가속도 레벨(KS I ISO 1683 기준)

(2) 진동속도 레벨(vibratory velocity level; L_v)

$$L_v = 20 \log \left(\frac{v}{v_0} \right) [\mathrm{dB}] \quad \text{....................} \quad (3\text{-}35)$$

여기서 v : 측정 대상 진동의 속도 실횻값 $[\mathrm{m/s}]$

$v = v_{rms} = v_{\max}/\sqrt{2}$

v_0: 기준 진동의 속도 실횻값 ($v_0 = 10^{-9}[\mathrm{m/s}] = 1[\mathrm{nm/s}]$)

구조전달음과 관련해서는 $50[\mathrm{nm/s}]$도 사용된다.

(3) 진동변위 레벨(vibratory displacement level; L_d)

$$L_d = 20 \log \left(\frac{s}{s_0} \right) [\mathrm{dB}] \quad \text{....................} \quad (3\text{-}36)$$

여기서 s : 측정 대상 진동의 변위 실횻값 $[\mathrm{m}]$

s_0: 기준 진동의 변위 실횻값 ($s_0 = 10^{-12}[\mathrm{m}] = 1[\mathrm{pm}]$)

(4) 가진력 레벨(vibratory force level; L_F)

$$L_F = 20 \log \left(\frac{F}{F_0} \right) [\text{dB}] \quad \text{(3-37)}$$

여기서 F : 측정 대상 진동의 가진력 실횻값 [N]
F_0 : 기준 진동의 가진력 실횻값 $(F_0 = 10^{-6}[\text{N}] = 1[\mu\text{N}])$

(5) 시간 평균 가중 가속도 레벨(time -averaged weighted acceleration level; L_w)

소음에 대한 귀의 청감각이 주파수에 따라 다르듯이, 진동에 대한 인체의 반응 역시 진동주파수에 따라 다르다. 소음레벨이 청감을 고려하여 주파수 보정을 하듯이, 진동가속도 레벨도 진동에 대한 인체의 반응 감각에 근거하여 보정을 한다.

예전에는 1~90Hz 범위의 주파수 대역별 진동가속도 레벨(L_a)에 주파수 대역별 인체의 진동 감각특성(수평 또는 수직 감각) 보정 값(W_n [dB])을 합산한 데시벨 값 "(진동레벨 $= L_a + W_n$ [dB])"을 진동에 대한 인체의 반응척도로 사용하였으나, 현재는 시간 평균 가중 가속도 레벨(L_w)을 사용한다.

시간 평균 가중 가속도 레벨 즉, 주파수 가중 실횻값 진동가속도 레벨(L_w)은 식(3-38)로 정의한다.

$$L_w = 20 \log \frac{a_w}{a_0} [\text{dB}] \quad \text{(3-38)}$$

여기서 a_w : 시간 평균 가중 가속도 값 – KS B ISO 8041의 3.1.5.1에 정의되어 있음
a_0 : 기준 가속도($10^{-6}[\text{m/s}^2]$, KS I ISO 1683)

KS B ISO 8041의 3.1.5.1에 정의된 시간 평균 가중 가속도 값 즉, 주파수 가중 실효 진동가속도 (a_w)에 대해서는 제5장 3절 진동측정기와 진동의 정량화(pp.206~225)에서 상세하게 설명할 것이다.

2. 진동이 인체에 미치는 영향

인간의 신체에 영향을 미치는 진동요소로는 진동의 진폭[m], 주파수[Hz], 방향(수직, 수평, 회전), 파형(연속, 비연속), 그리고 진동에 노출된 시간[s, min, 또는 h] 등이다. 이 외에도 인체의 자

세(서 있는 자세, 착석, 드러누운 자세, 경사각 등)와 진동 작용점의 상태(쿠션 유무) 등이 문제가 된다.

진동에 노출된 부위에 따라 전신진동과 국소진동으로 분류한다. 인간이 진동으로 감지 가능한 주파수 영역은 0.1~500Hz 범위로 알려져 있다. 그러나 전신진동 상태인 자동차에서는 통상적으로 1~200Hz 범위를 진동으로 감지 가능한 한계주파수 영역으로 고려하고 있다.

인체는 수직 진동[dB(V)]은 4~8Hz 범위에서, 수평 진동[dB(H)]은 1~2Hz 범위에서 가장 민감하다. 그리고 수직 진동과 수평 진동이 동시에 가해지면, 2배의 자각 현상이 나타나는 것으로 알려져 있다. 일반적으로 수직 보정된 레벨을 많이 사용한다.

(1) 전신진동(whole body vibration)과 국소진동(hand-arm system vibration)

① 전신진동(whole body vibration)

자동차 운전자처럼 온몸이 진동에 노출된 사람들이 받는 진동을 말한다. 전신진동의 주파수 범위는 1~100Hz이며, 특히 주파수 5~8Hz에서는 내장이, 13~16Hz에서는 성대가, 25~30Hz에서는 안구가 공진 된다. 따라서 전신진동에서는 1~40Hz 영역이 주로 문제가 된다.

자동차에서는 착석 상태에서의 수직(상/하) 진동(4~8Hz)과 수평(전/후, 좌/우) 진동(1~2Hz)이 문제가 된다. 인체는 이 주파수대역에서 민감하게 반응하며, 심한 불쾌감을 느끼는 것으로 알려져 있기 때문이다. 특히, 초저주파(0.01~1Hz) 영역은 소형 선박, 버스, 대형 승용차 등에서 현기증 또는 구토증(motion sickness)을 일으키기 쉬운 주파수대역이다.

② 국소진동(hand-arm system vibration)

전동공구, 착암기, 공기해머 등을 사용하는 근로자들처럼 국소적으로 특히 팔뚝계통에 진동이 인가되는 경우를 국소진동(局所振動)이라고 한다. 국소인가진동은 약 8~1,000Hz로 알려져 있으나, 주로 200~400Hz가 중요시된다. 예를 들면 전동 체인-톱의 주(主) 주파수 성분은 120~160Hz 범위이다. 특히 고출력 공기해머 등을 사용하는 근로자들은 심한 진동으로 손가락의 말초혈관에서 혈액순환 장애가 발생하여 손가락이 하얗게 되는 현상(백색증)이 빈발하는 것으로 알려져 있다.

자동차에서는 조향 핸들로부터 손으로, 또는 가속페달이나 브레이크 페달로부터 발로 전달되는 진동을 국소진동으로 분류할 수 있다. 자동차에서의 국소진동 주파수는 최대 200Hz 정도까지를 고려한다. 예를 들면 손(목)의 공진 주파수 범위는 약 50~200Hz이다.

(2) 주파수가 인체에 미치는 영향

개인차가 있으나 인체는 3~6Hz 부근에서 심한 공진현상을 보여, 가해진 진동보다 크게 느끼게 된다. 그리고 2차적으로 20~30Hz 부근에서 공진현상이 나타나지만, 진동수가 증가함에 따라 감쇠가 급격하게 진행된다. 공진현상은 앉아 있을 때보다 서 있을 때가 더 심하게 나타난다.

① 감각적 영향

- 6Hz : 허리, 가슴 및 등에 가장 심한 통증을 느낌
- 13Hz : 머리에 가장 큰 진동을 느끼고, 볼과 눈꺼풀의 진동을 느낌
- 4~14Hz : 복통을 느낌
- 9~20Hz : 대소변을 보고 싶고, 무릎에 탄력감 또는 땀이 나거나 열이 나는 느낌

② 생리적 영향

- 후두계 : 12~16Hz에서 메스꺼움을 느끼고, 발성에 영향을 줌
- 호흡계 : 1~3Hz에서 산소 소비가 증가하고, 호흡이 곤란해진다.
- 순환기 : 맥박수가 증가한다.

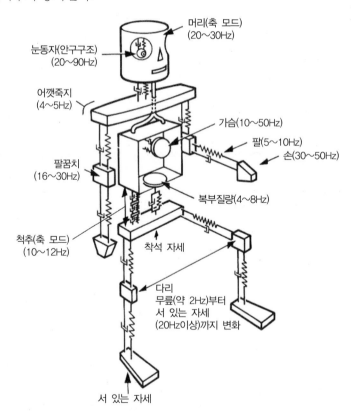

‖그림3-43‖ 신체 주요부의 공진 주파수 범위를 나타내는 인체의 기계적 모델(Brueel & Kaejer)

3. 승차감과 차체 진동수

(1) 승차감(ride comfort)

좁은 의미의 승차감은 주로 진동 승차감을 말한다. 고품질의 승차감을 보장하기 위해서는 비정상적인 진동을 방지해야 한다. 휴식상태에서 인간의 맥박수는 1분 당 약 50~90(≒0.83~1.5Hz) 범위이다. 앞에서 언급한 바와 같이 인간은 전신 수직(머리 ⇌ 발) 진동 4~8Hz, 수평(전/후 또는 좌/우) 진동 약 1~2Hz에 가장 민감하며, 일반적으로 여성은 남성보다 수직 진동에 더 민감한 것으로 평가하고 있다.

승차감과 관련된 진동은 개인차가 있으나, 차체의 진동주파수, 롤링(rolling), 피칭(pitching), 요잉(yawing) 그리고 바운싱(bouncing) 등의 영향을 크게 받는다.

(2) 차체 진동수

일반적으로 승용 자동차 현가장치의 고유주파수는 10~15Hz 범위로 설계된다. 그러나 운전자나 승차자가 느끼는 진동주파수는 대략 1.5Hz 이하로 제한된다. 따라서 현가 스프링 외에도 타이어와 시트 스프링이 서로 조화를 이루어야 한다. 시트 스프링은 운전자와 승차자가 느끼는 진동수를 크게 낮추어 준다.

운전자가 느끼는 차체의 수직 진동주파수가 1Hz(=1분당 진동수 60) 이하이면, 아주 유연한 섀시스프링 시스템이라고 말할 수 있다. 그러나 이 주파수에서는 대부분의 사람은 구토증을 느끼게 된다. 강한 감쇠 작용으로 스프링의 완전진동을 방지하는 이유는 구토증을 방지하기 위해서이다.

좌석에 착석한 상태에서의 진동주파수가 1.5Hz (1분 당 진동수 90) 이상이면, 척추에 부담이 되는 것으로 알려져 있다.

TIP **중력가속도에 의한 의식 상실**(G-LOC, G-force induced loss of consciousness)

보통 사람은 지표상의 중력가속도 ($1g \approx 9.8 \text{m/s}^2$)에는 익숙하지만, 그 이상의 중력가속도는 경험할 기회가 거의 없다. 중력 슈트(g-suit, 중력가속도 방호복)를 착용하고 비행하는 제트 전투기 조종사가 경험하는 중력가속도 최댓값은 약 $9g(1g \approx 9.8 \text{m/s}^2)$에 이른다고 한다.

비행 중 급격한 가속에 의한 원심가속도로 인해 피가 다리 쪽으로 몰리게 되고, 이로 인해 뇌에 산소 공급이 원활하지 않아서 조종사가 실신하는 현상을 중력에 의한 의식 상실(G-LOC)이라고 한다. 그리고 시력은 상실했으나 의식이 있는 상태를 "블랙아웃(blackout)"이라고 하는데 이 단계가 G-LOC의 전 단계이다. 그러나 0.1g/s 단계로 가속할 때는 블랙아웃 단계를 거치지만, 1g/s로 가속하면 블랙아웃 단계를 거치치 않고 곧바로 G-LOC 상태에 진입한다고 한다. 이를 극복하기 위해 전투기 조종사들은 지속해서 머리에 혈액공급을 유지할 수 있도록 하는 L-1 호흡법과 혹독한 육체훈련을 거친다고 한다.

F1-머신 드라이버(machine driver)는 통상적으로 제동 시에는 약 5g까지, 가속 시에는 약 2g 그리고 선회(cornering)할 때는 약 4~6g의 중력가속도를 경험한다고 한다. 참고로 일반 승용 자동차를 급제동하여 승차자가 앞으로 급격하게 쓰러질 정도의 최대 급제동 감속도는 약 1g에 해당한다.($\approx 10 \text{m/s}^2$, 100% 제동.)

진동가속도가 $1g(9.81 \text{m/s}^2 (\approx 10 \text{m/s}^2))$인 경우, 진동가속도 레벨은 기준 가속도 10^{-6}m/s^2에서는 약 140dB, 기준 가속도 10^{-5}m/s^2에서는 약 120dB이 된다.

chapter

04

인간의 청각기관과 심리음향
The Human Ears and Psychoacoustics

4-1 청각기관의 구조 및 기능
The Structure and Functions of the Human Ears

1. 인간의 귀의 구조 (The structure of human ears)

인간의 귀는 크게 바깥귀(外耳), 가운데귀(中耳) 그리고 속귀(內耳)로 구분하며, 구조는 그림 4-1 과 같다. 귀 자체 외에도 머리(두개골), 몸통, 목 등도 소리의 공명 및 전달에 관여한다. 참고로 두개 골과 같은 뼈의 진동을 통해 전달되는 소리를 골 전도음(bone conduction sound)이라고 한다.

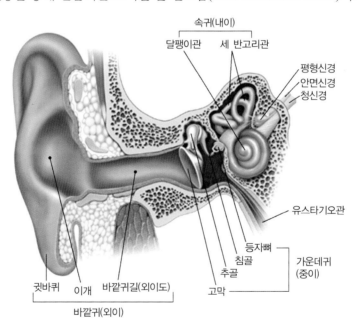

┃그림4-1┃ 인간의 귀의 구조 (출처; virtual medical center.com)

2. 인간의 귀의 기능(The functions of the human ears)

인간의 귀는 기계적 신호인 공기의 진동(=소리)을 뇌가 인식할 수 있는 전기신호로 변환시킨 다. 인간의 가청 주파수 대역은 20Hz∼20kHz, 민감한 주파수 대역은 대략 1,000Hz∼6,000Hz

범위이다.

(1) 바깥귀(外耳)

① **귓바퀴** : 외부에 노출된 연골 부분, 소리를 모으고 공명시켜 바깥귀길로 보낸다.

또 귓바퀴는 음상정위(音像定位; sound image localization)에 대한 정보를 제공한다. 음상정위란 인간이 느끼는 특정 음원의 위치를 가상의 위치에 정위시키는 기술을 말하는데, 인간은 양쪽 귀에 도달하는 두 소리의 시차와 소리 세기 레벨 차이 그리고 주파수 스펙트럼(spectrum)의 차이를 판별하여 귀로 전달된 소리의 공간위치를 감지한다.

② **외이도** : 귓바퀴에서 고막에 이르는 소리 통로로서, 개인별 차이는 있지만, 고막까지의 평균거리는 약 2.2~2.5cm, 직경은 약 8mm이다. 귓바퀴에 모인 소리는 외이도를 거치면서 공명하여 2kHz~5kHz 대역에서 음압레벨이 약 15~20dB 상승하여 고막을 진동시킨다.

그림 4-2는 귀에서 공명에 관여하는 부분은 머리(1), 몸통과 목(2), 귓바퀴 안쪽의 이개(耳介; concha) 부분(3), 귓바퀴 가장자리(pinna flange)(4), 외이도와 고막(5) 등이며, 공명 기여도가 가장 큰 부분은 귓바퀴 안쪽의 이개(耳介: concha) 부분, 그리고 외이도와 고막임을 잘 나타내고 있다. 음원이 얼굴 정면에서 약 45°에 있을 때, 각 부분에서의 공명 이득(resonance gain)의 합계는 가장 위에 흑색 선으로 표시되어 있으며, 최댓값은 2,700Hz 부근에서 약 20dB로 나타나 있다. 물론 소리의 입사 방향(각도)이 달라지면 공명 이득도 달라진다.

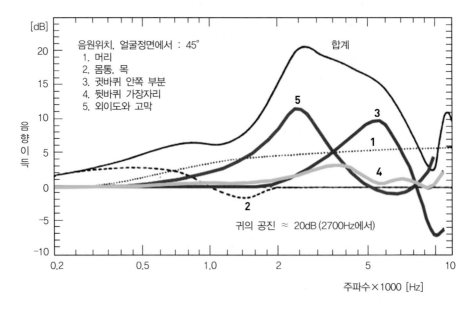

┃그림4-2┃ 바깥귀와 머리/몸통에 의한 평균적인 소리 공명 효과 (출처 : HHTM)

참고로 귓바퀴부터 고막까지의 외이도를 한쪽 끝이 막혀있는 오르간-파이프 또는 1/4 파장 ($\lambda/4$)의 기주(氣柱) 공명관으로 가정하고, 외이도의 평균 길이(약 2.5cm)와 상온에서 공기 중의 음속(약 340m/s)을 적용하면, 바깥귀의 고유진동수는 대략 3,400Hz로 계산된다.

이를 근거로 사람이 약 3,000~4,000Hz의 주파수 대역에서 소리를 가장 잘 들을 수 있는 이유는, 외이도의 고유진동수(=공명주파수)와 관련이 있으며, 바깥귀가 한쪽 끝이 막혀있는 1/4 파장의 기주(氣柱) 공명관과 비슷한 기능을 수행한다고 설명하는 사람들도 있으나, 이는 다소 과장된 표현임을 알 수 있다. 귓바퀴부터 고막까지의 공명현상에는 그림 4-2와 같이 신체의 여러 부분이 동시에 관여하는 것으로 알려져 있다.

(2) 가운데귀(中耳)

임피던스(impedance)를 공기로부터 액체에 정합(整合)시키는 기능을 수행한다. 공기 진동(소리)이 액체에 직접 접촉할 경우, 99.9%의 에너지 손실이 발생할 수 있다.

① **고막** : 바깥귀와 가운데귀의 경계에 있는 얇은 막으로서, 음파에 의해 진동한다. 고막의 단면적은 약 $0.3{\sim}0.4\text{cm}^2$ 정도이다.

② **귓속뼈** : 고실에 들어있는 3개의 작은 뼈(망치뼈, 모루뼈, 등자뼈)로서, 고막에서 전달되는 소리의 진폭을 작게 하는 대신에 힘을 약 10~20배 증가시켜 전정기관을 통해 달팽이관에 전달한다.

③ **유스타키오관(인두관)** : 가운데귀와 목을 연결하는 관으로서, 고막 양쪽의 압력을 같게 조절하여 고막의 진동을 쉽게 한다.

(3) 속귀(內耳) - (그림 4-3 참조)

① **달팽이관** : 달팽이 모양의 관으로, 직선으로 펼친 길이는 약 35mm 정도이고, 내부에는 림프액이 차 있으며, 기저막이 있다. 등자뼈의 기계적 진동은 달팽이관에 접하는 난원창(oval window)을 통해 달팽이관 내부의 림프액에서 유체에너지로 변환되어 기저막에 전달된다. 기저막의 신경세포가 소리 감각을 전기신호로 바꾸어 대뇌에 전달한다. 소리의 크기는 기저막의 진동 진폭에 비례하며, 소리의 고저는 기저막의 자극 위치에 따라 식별된다.

② **세 반고리관** : 3개의 반원형 관으로, 몸의 회전을 감지한다.

③ **전정기관** : 몸의 움직임과 기울어짐을 감지한다.

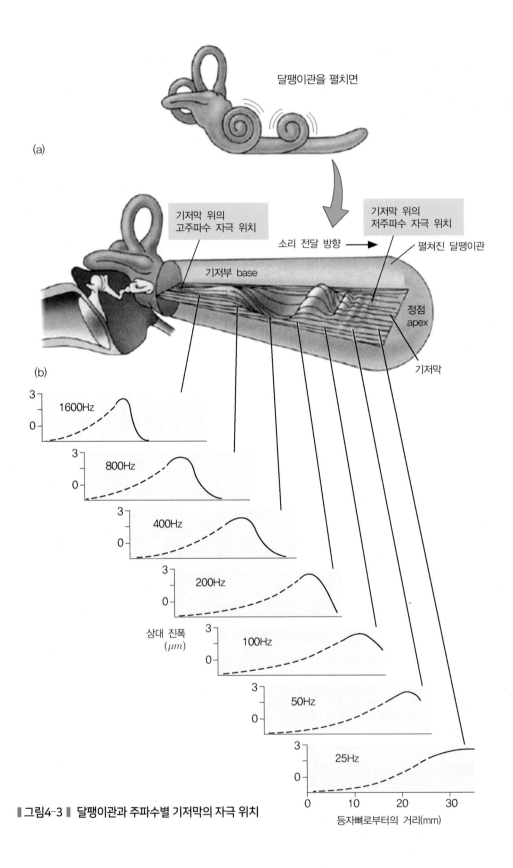

달팽이관을 펼치면

(a)

기저막 위의
고주파수 자극 위치

기저막 위의
저주파수 자극 위치

소리 전달 방향 →

펼쳐진 달팽이관

기저부 base

정점
apex

(b)

기저막

1600Hz

800Hz

400Hz

200Hz

상대 진폭
(μm)

100Hz

50Hz

25Hz

0 10 20 30

등자뼈로부터의 거리(mm)

┃**그림4-3**┃ **달팽이관과 주파수별 기저막의 자극 위치**

3. 임계대역과 바크 스케일(Bark scale)

(1) 임계대역(critical band)과 임계대역폭(critical bandwidth)

① 임계대역(critical band)

인간의 속귀의 기저막에서 임의의 신호에 대한 주파수 분석은 기저막의 역학적인 특성의 영향을 받는다. 따라서 입력된 소리의 각 주파수 성분들은 각기 개별적으로 기저막의 특정 위치에서 자극에 대한 반응을 보이게 된다. 두 음의 주파수가 가까우면, 기저막 위의 같은 유모세포(hair cell)를 자극하기 때문에 서로 다른 소리로 구별하기 어려워진다.

일반적으로 임의의 2개의 순음 성분의 주파수 f_1과 f_2의 차이($\Delta f = f_2 - f_1$)가 10Hz 미만이면 비트(beat) 음을 인지할 수 있으며, 10Hz 이상이 되면 비트(beat) 음은 들을 수 없으나 음의 거칠기(roughness of sound)를 인지할 수 있다. 주파수 차이가 더욱더 증가하여 거칠기(roughness)를 인지할 수 없는 주파수에 도달하게 되면, 기저막 위의 자극 위치는 서로 겹치지 않게 된다. 이러한 차이를 청취자가 지각하게 되는 순간의 주파수 차이를 임계대역(critical band)이라고 한다.

② 임계대역폭(critical bandwidth) - 표(4-1) 참조

임계대역 내에서는 주파수 성분이 2개가 존재하더라도 속귀는 하나의 동일한 주파수를 갖는 신호의 에너지로 인지하게 된다. 그리고 각 임계대역 간의 중심주파수 간격을 임계대역폭이라고 한다.

임계대역폭은 청각적으로 동일한 간격에 해당하는 주파수 스케일로서, 주파수 500Hz 미만에서는 100Hz로 선형적이다. 그리고 주파수 500Hz 이상부터는 대수 주파수 축(logarithmic frequency axis)에 거의 일치하며, 신호 주파수의 약 20%에 대응한다. 이는 상대 대역폭(relative bandwidth)이 23%인 1/3 옥타브 - 대역 필터와 아주 유사하다.

임계대역폭(Δf_{crit})은 식(4-1)을 이용하여 더욱더 정확하게 구할 수 있다.

$$\Delta f_{crit}[\mathrm{Hz}] \approx 25 + 75\left(1 + 1.4\left(f_s[\mathrm{kHz}]\right)^2\right)^{0.69} \quad\cdots\cdots\cdots\cdots\cdots\cdots \quad (4\text{-}1)$$
$$\text{여기서 } f_s \text{ : 신호주파수[kHz]}$$

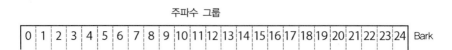

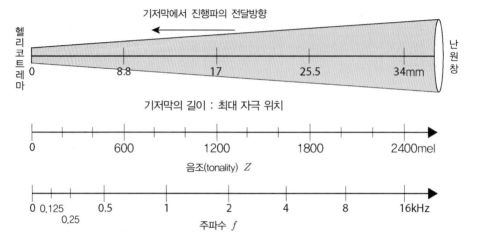

┃그림4-4┃ 속귀의 기저막 자극 위치와 음조(mel), 주파수 그룹 간의 상관관계(Georg von Békésy)

(2) 바크 스케일(Bark scale)

바크 스케일은 인식한 피치(pitch)에 대한 심리음향 척도로서, 인간의 가청 주파수 대역을 24개의 주파수 그룹으로 나눈 것이다. 바크 스케일은 수음자(受音者)가 서로 간격이 같다고 판단한 피치의 지각척도(知覺尺度)인 멜 스케일(mel scale)과 관련이 있다.

단위로는 소리 세기(loudness)의 주관적 측정을 제안한 하인리히 바크하우젠(Heinrich Barkhausen)의 이름에서 유래한 바크(Bark)를 사용한다.

인간의 가청 임계대역률(critical band ratio)은 바크률(Bark ratio) 또는 바크 스케일(Bark scale)로 나타낸다. 대략 다음과 같은 관계가 성립한다.

$$1임계대역 = 1Bark \approx 100mel \approx 35pitch\ steps$$

$$\equiv 1coupling\ width \approx 1.3mm \equiv 1,000\ hair\ cells$$

바크률(Bark ratio)과 임계대역의 대역폭은 임의의 주파수(f)에 대해 다음 식으로 구할 수 있다.

● 주파수(f)를 Bark로 변환할 때

$$z[Bark] = 13arctan(0.00076f) + 3.5arctan((f/7500)^2) \quad \cdots\cdots\cdots\cdots (4-2)$$

여기서 f : 주파수[Hz]

- $z[\mathrm{Bark}]$를 임계대역폭(f)으로 바꿀 때

$$임계대역폭 \, [\mathrm{Hz}] = 52548/\left(z^2 - 52.56z + 690.39\right) \quad\cdots\cdots\cdots\cdots\cdots\cdots\cdots\cdots\cdots \quad (4\text{-}2a)$$

$$여기서 \; z \, : \, 바크 \; 밴드[\mathrm{Bark}]$$

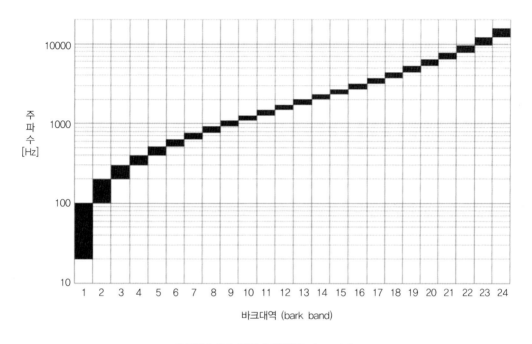

┃ 그림4-5 ┃ 바크 스케일(Bark scale)

　인간의 청각은 일반적으로 하나의 임계대역(또는 주파수 그룹) 내에서 음압레벨이 1dB (즉, 12% 진폭 변화)을 초과하면 진폭 변화를 감지할 수 있다. 주파수의 경우는, 500Hz 미만에서는 주파수 차이가 약 3.5Hz 이상일 때, 500Hz 이상의 주파수에서는 주파수 차이가 약 0.7% ($\varDelta f = 0.007f$) 이상이면 주파수 변화를 감지할 수 있다. 따라서 이들은 주파수 그룹의 폭에 따라 좌우되며, 그 값은 약 1Bark이다. 결론적으로 인간의 청각은 진폭 변화보다는 주파수 변화에 더 민감하게 반응함을 알 수 있다.

　지각된 소리의 음색은 진폭 스펙트럼의 구성성분에 크게 좌우된다. 그러나 인간의 청각은 자유 음장의 주파수 스펙트럼에서 위상 관계의 변화에는 크게 민감하지 않기 때문에 위상 응답은 거의 영향을 미치지 않는다. 오직 밀폐된 공간에서만 간섭현상(干涉現象)으로 위상 관계를 판별할 수 있다.

■표 4-1 ■ 바크 스케일의 중심주파수, 차단 주파수, 임계대역폭

바크[Bark]	중심 주파수[Hz]	차단 주파수[Hz]	대역폭[Hz]
0		20	
1	60	100	80
2	150	200	100
3	250	300	100
4	350	400	100
5	450	510	110
6	570	630	120
7	700	770	140
8	840	920	150
9	1000	1080	160
10	1170	1270	190
11	1370	1480	210
12	1600	1720	240
13	1850	2000	280
14	2150	2320	320
15	2500	2700	380
16	2900	3150	450
17	3400	3700	550
18	4000	4400	700
19	4800	5300	900
20	5800	6400	1100
21	7000	7700	1300
22	8500	9500	1800
23	10500	12000	2500
24	13500	15500	3500

4. 두 귀 효과(binaural effect)

인간이 서로 약 20cm 정도 떨어져 있는 좌 / 우 2개의 귀로 소리를 듣는 과정에서 머리와 귓바퀴 등이 음의 반사, 회절, 차폐, 공명 등에 관여하여 일으키는 효과에는 다음과 같은 것들이 있다.

① 방향 지각(direction perception)   ② 거리 지각(distance perception)

③ 공간 지각(spacial perception)   ④ 두 귀 합성(binaural summation)

⑤ 선행음 효과(precedence effect or Hass effect) ⑥ 칵테일 파티 효과(cocktail party effect)

(1) 방향 지각(方向知覺; direction perception)

음원이 콧대를 중심으로 좌/우 어느 한쪽에 치우쳐 있으면, 소리는 음원과 가까운 쪽 귀에 먼

저 도달하고, 음압도 더 크게 들린다. 두 귀에 전달되는 음압 차와 전달 시차로 좌/우 방향을 지각한다. 상/하 방향으로부터 소리전달에 소요되는 시간과 전달 음압은 양쪽 귀에서 거의 같다. 따라서 머리전달함수(HRTF : Head Related Transfer Function)로 방향을 지각한다. 머리전달함수란 양쪽 귀에 들어오는 소리의 세기 차이, 위상 차이, 그리고 주파수 스펙트럼의 차이 등과 같은 정보들을 종합적으로 포괄하고 있는 함수이다. 좌/우 방향의 지각능력에 비교해 상/하 방향의 지각능력은 상대적으로 약하다.

(2) 거리 지각(距離 知覺 ; distance perception)

소리의 크기와 질적 변화, 직접 음과 잔향 음의 비, 두 귀에서의 시차와 음압레벨 차이 등이 종합적으로 반영되어 음원으로부터의 거리를 지각하게 된다. 무향실에서는 음원과의 거리 판단이 어렵다.

(3) 공간 지각(空間知覺 ; spatial perception)

거리지각능력과 방향지각능력의 결합으로 공간을 지각할 수 있다.

(4) 두 귀 합성(兩耳 合成 ; binaural summation)

두 귀로 소리를 들으면, 한 귀로 듣는 것보다 소리가 더 크게 느껴진다.

(5) 선행음 효과(先行音 效果 ; precedence effect 또는 Hass effect) - 제1 파면의 효과

먼저 도달한 음원 쪽에 음상(音像)이 형성되는 현상으로, 2개의 똑같은 소리가 서로 다른 방향에서 5~35ms 이내의 시차로 귀에 도달하는 경우에 두 소리를 하나의 소리로 인식하며, 먼저 도달한 소리의 방향에 음원이 있는 것으로 지각한다. 선착효과(先着效果)라고도 한다.

이때 늦게 도착한 소리의 크기를 8~10dB 더 크게 하면, 시간 지연 효과가 상쇄되어 음상은 두 소리의 중간에 형성된다. 시간 차이가 35ms 이상이거나 음압레벨 차이가 10dB 이상이면, 선행효과는 없어지고 별도의 소리로 인식된다.

(6) 칵테일 파티 효과(cocktail party effect)

하나의 음장 공간(예 : 예식장)에 다수의 음원이 산재하고 있을 때, 그중에서 특정 음원, 예를 들면 특정인의 음성에 주목하게 되면, 그 소리만 선택적으로 들을 수 있는 데, 이와 같은 청감 능력을 칵테일 파티 효과라고 한다. 청각의 방향지각능력과 뇌의 선별능력이 결합하여 나타나는 심리 현상이다.

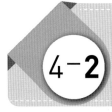

4-2 인간의 가청영역
The Audible Range of Human

1. 인간의 가청 주파수 대역(The audible frequency range of human) ·))

인간의 가청 주파수 대역은 일반적으로 20~20,000Hz라고 한다. 이 값은 정상적인 청력을 가진, 18~25세의 건강한 남녀 120명에게 이와 같은 소리를 들려주고 구한 통곗값이다. (출처; Robinson-Dadson의 等 loudness 곡선 ISO/R226).

실제로 보통 사람들이 가청 주파수 대역의 하한주파수 또는 상한 주파수까지 듣는 것은 어렵다고 한다. 인간은 2,000~5,000[Hz] 사이의 주파수에 가장 민감하게 반응하며, 통상적인 대화의 주파수 범위는 대략 250~3,000Hz 정도에 지나지 않는다. 참고로 인간이 낼 수 있는 목소리의 주파수 대역은 약 100Hz~6,000Hz 범위이다.

개인차가 있으나, 나이가 많아짐에 따라 인간의 최대 가청주파수 폭은 크게 좁아진다. 일반적으로 50세가 지나면, 가청 주파수 상한은 약 11kHz까지, 그리고 60대 이상의 노인이 되면 3~6kHz까지도 낮아진다고 한다.

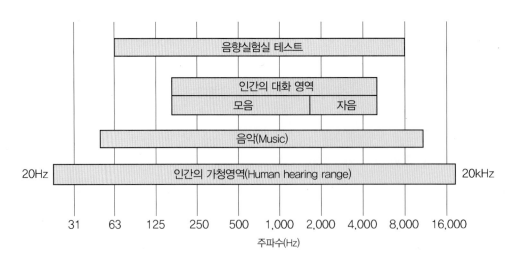

∎그림4-6∎ 가청, 음악(건축), 대화, 음향실험실 주파수 대역

2. 인간의 가청 음압레벨(the audible loudness level of human)

(1) 가청 음압(레벨)의 하한

건강한, 정상적인 청력 소유자의 경우, 주파수 약 4,000Hz에서 음압 $10^{-5}\text{N}/\text{m}^2$ 또는 음압레벨 −3dB까지 들을 수 있는 것으로 알려져 있다. 주파수가 4,000Hz를 기준으로 더 높아지거나 더 낮아지면, 가청 하한 음압레벨은 상승한다. 즉, 민감도가 감소한다.

(2) 가청 음압(레벨)의 상한.

가청음압의 상한은 청각기관이 감당할 수 있는 통증의 한계에 의해 결정된다. 일반적으로 주파수 1,000Hz에서 음압 $100\text{N}/\text{m}^2$을 상한으로 간주한다. 음압 $100\text{N}/\text{m}^2$은 음압레벨 134dB에 해당한다.

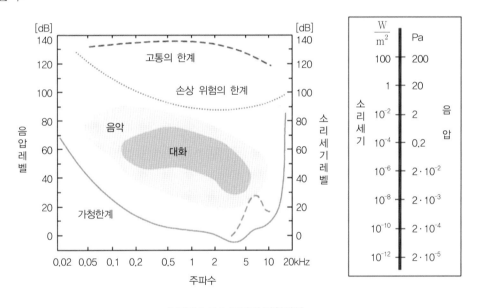

■그림4-7 ■ 인간의 가청영역

그림 4-7의 좌측 그림은 가로축은 대수 눈금(log scale)의 주파수[Hz]를, 세로축은 기준 주파수 1000Hz를 기준으로 최소가청음압과 최대 가청음압 사이를 같은 간격으로 분할한 음압레벨[dB]을 나타낸 그래프이다. 주파수로는 20~20,000[Hz] 범위, 음압레벨[dB]로는 대략 0~130[dB] 범위가 인간의 귀로 들을 수 있는 한계영역임을 나타내고 있다. 140[dB] 이상의 소리에 노출되면 청각기관이 손상되는 것으로 알려져 있다.

▌표 4-2 ▌ 수음 주체별 가청 주파수 대역

수음 주체	가청 주파수(Hz)
인간	20 ~ 20,000
개	15 ~ 50,000
고양이	60 ~ 65,000
귀뚜라미	100 ~ 15,000
울새(robin)	250 ~ 21,000
돌고래(porpoise)	150 ~ 150,000
박쥐	1,000 ~ 120,000

3. 등청감도 곡선(equal loudness contours)

(1) 인간 귀의 주파수 응답곡선

소리의 물리적인 강약은 음압에 의해 결정되지만, 어떤 소리를 들었을 때 감각적으로 느끼는 소리의 강약은 주파수에 따라 다르다. 바꾸어 말하면, 인간의 귀는 동일한 음압레벨도 주파수에 따라서 다른 크기로 인지한다. 그림 4-8은 소리가 모든 주파수에서 같은 크기로 발생하였을 때, 인간의 청각기관이 감지하는 소리크기에 대한 감각 응답을 나타내고 있다. 그림에서 저주파수 영역(200Hz 이하)과 고주파수 영역에서는 중간 주파수 영역에서보다 둔감하고, 4kHz 근방에서 가장 민감하게 반응함을 나타내고 있다.

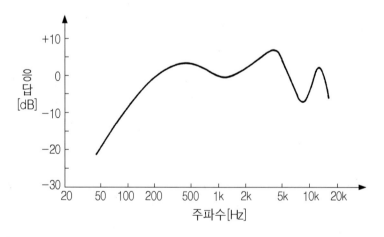

▌그림4-8 ▌ 인간 귀의 주파수 응답곡선

(2) 소리 세기 레벨(loudness level : phon)

앞에서 설명한 바와 같이, 인간의 귀는 동일한 음압레벨도 주파수에 따라서 다른 크기로 인지하기 때문에, 기계로 측정한 물리적인 음압레벨(단위; dB)을 사람이 느끼는 주관적인 음의 크기(단위 phon 또는 sone)로 변환시켜야 할 필요가 있다.

① 소리세기 레벨(loudness level) - 단위, 폰[phon]

1,000[Hz]의 순음을 기준으로 그 청감도와 같은 크기로 들리는 다른 주파수의 순음의 감각량을 소리세기 레벨(loudness level)이라 하고 단위로는 폰(phon)을 사용한다. 1[phon]의 크기는 1,000[Hz] 순음의 음압레벨 1[dB]과 같다. 즉, 1kHz 순음의 음압레벨이 50[dB]이면 50[phon], 80[dB]이면 80[phon]이 된다. [phon] 단위는 임의의 소리의 크기를 듣고, 그 소리를 [phon] 단위로 2배 증가시켜도 인간의 귀에는 2배로 크게 들리지 않는다. 그래서 소리의 실감 척도로는 손[sone]을 정의하여 사용한다.

② 소리세기의 실감 척도 - 단위, 손[sone] - 어원은 라틴어 '소리(sonus)'

인간이 느끼는 소리세기(loudness)의 비율을 나타내는 단위로써, 1000[Hz], 40[phon]의 소리를 기준으로 하는 소리세기의 척도이다. 1,000[Hz]에서 음압레벨 40[dB]은 40[phon]이고, 40[phon]을 1[sone]이라고 한다. 1[sone]의 소리를 먼저 듣고 그 소리의 2배로 실감하는 소리의 세기(50dB)를 2[sone]이라고 한다. 즉, 수음자가 1[sone]의 n배의 세기로 느끼는 소리를 n[sone]이라고 한다.

③ 폰(phon; L_N) 단위와 손(sone; N)단위의 상호관계

$$L_N \geq 40\text{dB 일 경우,} \quad N = 2^{\left(\frac{L_N - 40}{10}\right)}[\text{sone}] \quad \text{............................ (4-3)}$$

$$\log N = 0.03^{(L_N - 40)} \quad \text{............................ (4-3a)}$$

$$L_N < 40\text{dB 일 경우,} \quad N = \left(\frac{40}{L_N}\right)^{2.86} - 0.0005[\text{sone}] \quad \text{............................ (4-3b)}$$

$$N \geq 1[\text{sone}]\text{일 경우,} \quad L_N[\text{phon}] = 40 + 33.22\log N\,[\text{sone}] \quad \text{........................ (4-4)}$$

$$N < 1[\text{sone}]\text{일 경우,} \quad L_N[\text{phon}] = 40 \cdot (N[\text{sone}] + 0.0005)^{0.35} \quad \text{................ (4-4a)}$$

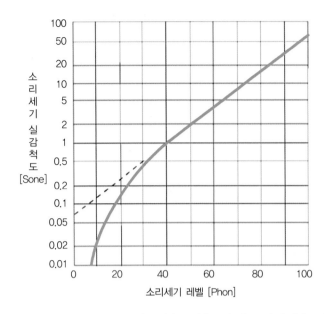

소리세기 / Sone	레벨 / Phon
64	100
32	90
16	80
8	70
4	60
2	50
1	40
1/2	32
1/4	25
1/8	19
1/16	14
1/32	11
1/64	9

▌그림4-9(a) ▌ 라우드니스(sone)와 라우드니스 레벨(phon)의 상관관계

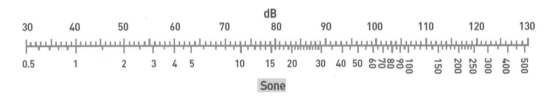

▌그림4-9(b) ▌ 음압레벨(dB)과 라우드니스(sone)의 상관관계

(3) 등청감도 곡선(equal loudness contours)

ISO- 등청감도 곡선은 가로축은 대수(log) 눈금으로 주파수를, 세로축은 같은 간격으로 음압 레벨[dB]을 나타내는 반(半) 대수 그래프이다. 이 그래프에는 1,000[Hz] 순음에서의 소리세기를 기준으로 주파수별로 동등한 크기의 소리효과를 내도록 음압을 변화시켜 얻은 값들을 연결한 다수의 곡선 즉, 주파수는 다르지만, 청감도가 동일한 다수의 곡선이 그려져 있다. 이들 곡선을 등청감도 곡선 또는 등-라우드니스 곡선이라 하고 단위로는 폰(phon)을 사용한다.

그림 4-10은 2003년에 개정된 ISO-등청감도 곡선(적색)이다. 상호비교를 위해 Robinson- Dadson의 등청감도 곡선(청색)과 Flechter-Munson의 등청감도 곡선(녹색)이 함께 표시되어 있다.

ISO-등청감도 곡선(적색)에서 우선 소리세기 레벨 40[phon]의 곡선을 살펴보자. 주파수 1,000[Hz]와 소리세기 레벨 40[phon]의 곡선의 교점을 좌측 음압레벨[dB] 축으로 수평으로 연장 하면 음압레벨 눈금 40[dB]을 가리킨다. 이어서 소리세기 레벨 40[phone]의 곡선과 주파수

200Hz의 교점을 좌측 음압레벨[dB] 축으로 수평으로 연장하면 눈금 50[dB]을 가리킨다. 이는 인간의 귀에는 1,000[Hz], 40[dB]의 소리와 200[Hz], 50[dB]의 소리가 모두 동일한 소리세기 레벨 40[phon]으로 들린다는 것을 의미한다.

하나의 등청감도 곡선상에서 음압레벨(dB)은 주파수에 따라 다르지만, 소리세기 레벨(단위; phon)은 주파수와 관계없이 어느 주파수서나 모두 똑같다.

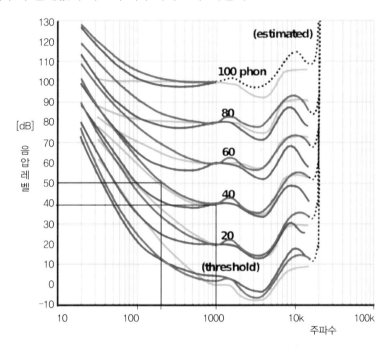

∎그림4-10∎ 양쪽 귀의 등청감도 곡선(ISO 226 : 2003년) (적색)
Robinson-Dadson(청색), Flechter-Munson (녹색)

4. 청감보정 곡선(acoustic weighing curves)

등청감도 곡선에 가까운 (청감) 보정회로를 사용한 소음계로 측정하면, 근사적으로 소리의 감각적인 크기를 알 수 있다.

(1) 소음계의 보정특성

소음계의 보정특성에는 A 특성, C 특성, D 특성, G 특성 및 Z 특성 등이 있다.

실제 소음계는 A 특성(40phon 기준, 음압레벨 55dB 이하),

B 특성(70phon 기준, 음압 55dB∼85dB),

C 특성(100 phon 기준, 음압레벨 85dB 이상),

D 특성은 1,000Hz ~10,000Hz 범위의 등청감 곡선에

유사한 감도를 나타내도록 주파수를 보정하였다.

A 특성은 인간의 귀의 감각량과 비슷한 특성으로서, 소음규제법에서는 주로 A 특성을 사용한다. 단위 [dB(A)]를 사용한다. - 소음레벨[dB(A)]

C 특성은 거의 평탄한 주파수 특성을 가지고 있으며, 주파수 분석에 주로 사용한다. (Z 특성으로 대체되었다). 단위는 [dB(C)]를 사용한다.

D 특성은 감각 소음레벨(PNL; perceived noise level)과 관련이 있으며, 충격음 측정 또는 공항 주변 항공기 소음 측정 등에 사용한다. 단위는 dB(D)를 사용한다.

G 특성은 1~20Hz의 초저주파 음의 인체 감각을 평가하기 위한 주파수 보정특성이다. (ISO - 7196)

Z 특성 또는 Zero-주파수 보정은 평탄("flat 또는 linear" 주파수 보정) 특성을 대체한다. (IEC 61672 - 2003년)

자동차에서 배기소음과 가속소음은 [dB(A)]로, 경적소음은 [dB(C)]로 측정한다.

A 특성으로 측정한 값과 C 특성으로 측정한 값의 차이를 분석하여 소음의 주파수 구성성분을 판별할 수 있다. C 특성으로 측정한 값이 A 특성으로 측정한 값보다 훨씬 크면 저주파수가 주성분이고, C 특성으로 측정한 값이 A 특성으로 측정한 값과 비슷하면 고주파수가 주성분이다. B 특성은 많이 사용하지 않는다.

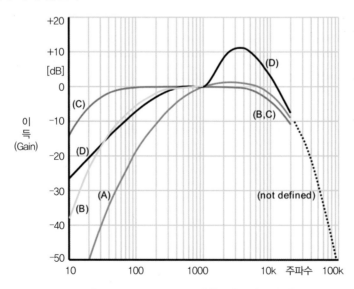

▌그림4-11▌ A, B, C, D 보정회로의 주파수 특성(ISO 226)

(2) 소음 레벨(SL : sound level)

인간의 귀로 느끼는 소음의 감각량을 소음계의 청감보정회로 A, B, C를 통해 측정한 값을 말한다. 현장에서 가장 많이 사용하는 값은 A 보정(A-weighting)의 dB(A)이다.

$$SL = L_p + L_R \ [\text{dB}(\text{A})] \quad \cdots\cdots\cdots (4\text{-}5)$$

$$\text{여기서} \quad L_p \ : \ \text{음압레벨[dB]}$$
$$L_R \ : \ \text{청감보정회로에 의한 주파수 대역별 보정 값(A 보정 값)}$$

▌표 4-3 ▌ 주파수별 청감보정 특성값

주파수 [Hz]	A보정 [dB]	B보정 [dB]	C보정 [dB]
10	−70.4	−38.2	−14.3
12.5	−63.4	−33.2	−11.2
16	−56.7	−28.5	−8.5
20	−50.5	−24.2	−6.2
25	−44.7	−20.4	−4.4
31.5	−39.4	−17.1	−3.0
40	−34.6	−14.2	−2.0
50	−30.2	−11.6	−1.3
63	−26.2	−9.3	−0.8
80	−22.5	−7.4	−0.5
100	−19.1	−5.6	−0.3
125	−16.1	−4.2	−0.2
160	−13.4	−3.0	−0.1
200	−10.9	−2.0	0
250	−8.6	−1.3	0
315	−6.6	−0.8	0
400	−4.8	−0.5	0
500	−3.2	−0.3	0
630	−1.9	−0.1	0
800	−0.8	0	0
1,000	0	0	0
1,250	+0.6	0	0
1,600	+1.0	0	−0.1
2,000	+1.2	−0.1	−0.2
2,500	+1.3	−0.2	−0.3
3,150	+1.2	−0.4	−0.5
4,000	+1.0	−0.7	−0.8
5,000	+0.5	−1.2	−1.3
6,300	−0.1	−1.9	−2.0
8,000	−1.1	−2.9	−3.0
10,000	−2.5	−4.3	−4.4
12,500	−4.3	−6.1	−6.2
16,000	−6.6	−8.4	−8.5
20,000	−9.3	−11.1	−11.2

(3) 소음의 영향

소음이 우리 인간들에게 미치는 영향은 소음의 물리적인 성질에 따라 달라지며, 그 소음을 듣고 있는 사람이 어떠한 상태에 있느냐에 따라 달라질 수도 있다.

① 소음의 물리적 특성에 의한 영향

소음의 소리세기 레벨이 높을수록, 소음의 주파수 성분 중에 저주파수보다는 고주파수 성분이 많을수록, 그리고 소음의 지속시간이 길수록 더 많은 영향을 받는다. 그러나 지속적인 소음보다는 연속적으로 반복되는 소음과 충격음에 의한 영향을 더 크게 받는 것으로 알려져 있다.

② 감수성에 대한 소음의 영향

일반적으로 건강한 사람보다 병약한 사람이, 남성보다 여성이, 그리고 노인보다는 젊은이들이 소음에 더 민감하며, 체질과 기질에 따라 받는 영향이 달라진다. 또 심신의 상태 즉, 노동하고 있는 상태보다 휴식 중이거나 수면 중일 때가 소음에 더 민감하다.

소음에 많이 노출된 상태 즉, 작업장 소음에 익숙한 사람은 어지간한 세기의 소음에는 큰 영향을 받지 않는다. 그러나 이들에게도 심신에 부담을 주며, 청력감퇴 현상이 나타나기도 한다.

③ 정신적, 심리적인 부문에 대한 소음의 영향

소음은 단순 노동을 하는 사람에게 보다는 정신적인 노동을 하거나 공부를 하는 사람에게 더 영향을 크게 미친다. 일반적으로 사무실은 50[dB(A)] 이하가, 회의실이나 응접실인 경우는 40[dB(A)] 이하가 되어야 업무에 방해를 받지 않는 것으로 알려져 있다.

④ 신체에 대한 소음의 영향

아주 큰 소리를 들은 직후에는 청력이 일시적으로 약해진다. 이를 일시성 청력손실 또는 난청(TTS; Temporary Threshold Shift)이라고 한다. 장기간 소음에 노출되어 청력이 상실되는 것을 영구성 청력손실 또는 영구성 난청(PTS; Permanent Threshold Shift) 또는 소음성 난청이라고 한다. 소음성 난청의 특징은 4,000[Hz] 이상의 고주파수 음부터 청력손실이 발생한다.

특히, 심한 소음에 노출되면, 일반적으로 순환기 계통에서는 혈압과 맥박이 상승하고, 말초 혈관이 수축하며, 혈당 수준이 상승하고, 피 속의 아드레날린(adrenaline)과 백혈구의 수가 증가한다. 호흡기 계통에서는 호흡 횟수가 증가하고, 호흡의 깊이가 감소한다. 소화기 계통에서는 타액 분비량이 감소하고, 위액의 산도가 낮아지고, 위의 수축운동이 감퇴한다.

일반적으로 암소음(background noise)과의 차이가 3[dB(A)]이면 소리(소음) 변화의 인식이 가능하고, 5[dB(A)] 이상이면 시끄럽게 느끼고, 10[dB(A)] 이상이면 아주 시끄럽게 느낀다고 한다.

5. 음폐 효과(音閉效果; masking effect)

큰 소리와 작은 소리를 동시에 들을 때, 큰 소리만 들리고 작은 소리는 들리지 않는 현상 즉, 어떤 소리가 또 다른 제2의 소리를 들을 수 있는 능력을 감소시키는 현상을 음폐효과 또는 마스킹 효과(masking effect)라고도 한다. 음파의 상호 간섭 때문에 발생한다.

이때 방해의 원인을 제공하는 큰 소리를 방해음 또는 마스커(masker), 큰 소리 때문에 들리지 않는 작은 소리를 목적음 또는 마스키(maskee)라고 한다.

소음 때문에 듣고자 하는 소리를 들을 수 없다는 것은 불편한 일이다. 그러나 반대로 음폐효과를 이용하여 소음을 들리지 않게 할 수 있다. 또한, 소음을 이용하는 때도 있다.

내연기관 자동차에서도 음폐효과를 이용한다. 비교적 주파수가 낮은 엔진소음을 이용하여 원하지 않는, 다양한 고주파수 소음을 음폐시킬 수 있다. 고주파수 소음이 들리지 않는 상태를 유지하기 위해서, 고주파수 소음 자체를 반드시 절대 임곗값 이하로 억제하는 것보다는 주행소음을 이용하여 음폐 수준 이하로 유지하는 것이 더 중요하다. 전기자동차의 경우는 내연기관 소음이 없으므로 기존의 내연기관 자동차보다 고주파수의 도로 소음과 바람소음이 현저하게 나타난다.

(1) 음폐(音閉; masking)의 종류

① 동시 음폐(同時音閉; simultaneous masking)

주파수가 다른 다수의 소리가 동시에 생성되어 서로 간섭, 발생하는 음폐효과이다. 그림 4-12에서 주파수 500Hz의 방해음(S_0)이 존재할 때, 그 음폐효과 영역 범위(실선) 안에 존재하는 목적음들(S_1, S_2)은 음압레벨이 낮아서 완전히 차폐되어 들을 수 없다. 그러나 목적음 S_3의 경우는, 음압레벨이 낮아서 방해음의 음폐 범위에 속하는 부분은 음폐되지만, 음폐 범위보다 음압레벨이 높은 부분은 들을 수 있다. 더욱이 각각의 주파수에서 방해음의 음폐효과 범위는 전적으로 그 주파수에서의 임계대역폭(critical bandwidth)에 의해 결정된다.

② 비동시 음폐(非同時 音閉; non-simultaneous masking)

두 소음이 약간의 시차를 두고 생성, 서로 간섭했을 때의 음폐효과를 말한다. 순시 음폐(temporal masking)라고도 한다.

나중에 발생한 큰 소리 때문에 앞서 발생한 작은 소리가 파묻히는 경우를 역방향 음폐(backward masking) 또는 사전 음폐(pre‐masking), 그리고 앞서 발생한 큰 소리 때문에 뒤에 발생한 작은 소리가 파묻히는 현상을 전방향 음폐(forward masking) 또는 사후 음폐(post-masking)라고 한다.

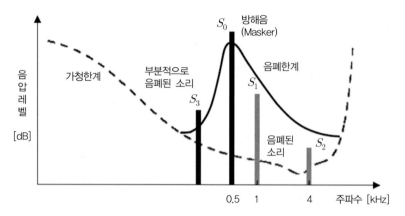

┃그림4-12 ┃ 동시 음폐(simultaneous masking)

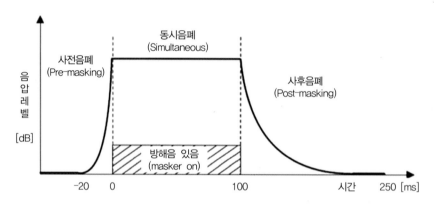

┃그림4-13 ┃ 동시 음폐와 비-동시 음폐(예)

- **역방향 음폐(backward masking, or pre‒masking)**

  방해음(masker)인 큰 소리가 발생하기 전부터 목적음(maskee)인 작은 소리가 존재하는 경우를 말한다. 사전 음폐라고도 한다. 그림 4-13에서 보는 바와 같이 역방향 음폐 지속시간은 아주 짧으며(약 20ms), 방해음이 발생하기 전 1~2ms 이내에 목적음이 발생하였을 경우가 가장 효과적인 것으로 알려져 있다. 역방향 음폐의 음폐능력은 전방향 음폐나 동시 음폐에 비교해서 낮다. 그런데도 역방향 음폐는 사전-소음(pre‒noise) 또는 사전-에코의 일그러짐(pre‒echo distortion)에 중요한 역할을 한다.

- **전방향 음폐 또는 사후 음폐(forward masking, or post‒masking)**

  먼저 발생한 큰 소리(masker) 때문에 나중에 발생한 작은 소리(maskee)가 파묻히는 현상을 말한다. 사후 음폐의 수준은 그림 4-13에 나타낸 바와 같이 방해음(masker)이 종료된 후에 점진적으로 낮아져 비교적 긴 시간(약 150ms)이 지난 다음에 0(zero)이 된다. 따라서 사후 음폐는 음폐능력이 크기 때문에 많이 이용한다. 사후 음폐의 효과는 방해음의 지속기간, 세기 그리고 방해음과 목적음의 주파수 차이에 의해 결정된다.

(2) 음폐 효과(masking effect)의 범위

방해음(masker)의 주파수를 체계적으로 변화시키면, 저주파수 측에서 비교적 가파른 기울기를, 고주파수 측에서는 비교적 평탄한 기울기를 갖는 마스킹 패턴을 얻을 수 있다. (그림 4-14, 4-15 참조)

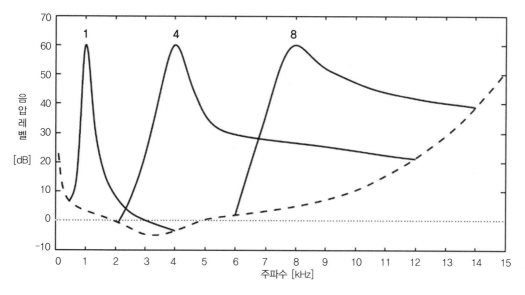

‖그림4-14‖ 주파수 1kHz, 4kHz, 8kHz에서의 음폐 범위(예)

그림 4-14는 방해음(masker)의 기준 주파수(f) 1kHz, 4kHz, 8kHz에서 음압레벨이 각각 60dB일 경우의 음폐효과 범위를 나타내고 있다. 이때 개별 기준 주파수에서의 대역폭은 약 0.2f이다. 기준 주파수가 높아짐에 따라 그에 비례해서 음폐효과의 범위가 넓어진다.

그리고 또 그림에서 음폐효과는 방해음의 기준 주파수보다 더 고주파수 영역에서 주로 이루어짐을 나타내고 있다. 저주파수의 소음은 고주파수의 소음을 차폐할 수 있으며, 차폐된 고주파수 소음은 더는 들리지 않게 된다. 음폐효과는 감지한 소음의 크기를 결정하는 데 중요한 역할을 한다.

그림 4-15는 기준 주파수 1kHz, 대역폭 160Hz인 방해음(masker)의 음폐효과 한계 범위를 나타내고 있다. 예를 들어 방해음이 1kHz, 80dB일 때, 2kHz, 40dB의 목적음은 완전히 음폐되어 들

을 수 없음을 나타내고 있다. 그리고 음폐효과곡선의 기울기는 기준 주파수보다 낮은 주파수 영역에서는 가파르고(주파수 대역폭이 좁음), 기준 주파수보다 높은 주파수 영역에서는 완만함(주파수 대역폭이 넓음)을 나타내고 있다. 즉, 저음은 고음을 음폐시키기 쉽다는 것을 알 수 있다.

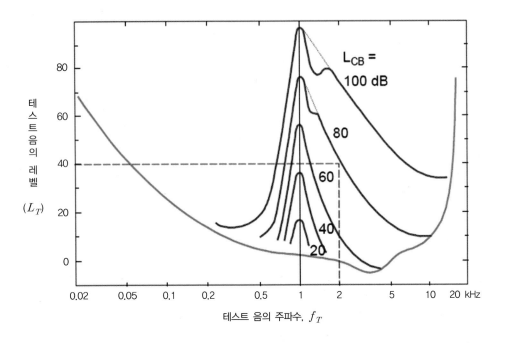

▐그림4-15▐ 1kHz 순음(대역폭 160Hz)의 마스킹 범위

(3) 순음에 대한 음폐현상의 일반적 경향성

① 저음은 고음을 음폐시키기 쉽지만, 고음은 저음을 음폐시키기 어렵다.
② 근접한 주파수의 순음일수록 음폐시키기 쉽다. 그러나 아주 가까운 주파수와는 맥놀이 (beat) 현상을 일으켜 음폐효과는 감소한다.
③ 방해음(masker)의 음압 수준을 상승시키면, 음폐효과 범위는 넓어진다.

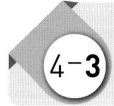
4-3 복합적인 심리음향 음질요소
Complex Psychoacoustic Sensitivity Variables

자주 사용하는 복합적인 심리음향 요소에는 라우드니스(loudness), 샤프니스(sharpness), 러프니스(roughness), 변동강도(fluctuation strength)와 순음도(tonality) 등이 있다.

1. 라우드니스(loudness ; N) − 단위[sone ; 어원은 라틴어 '소리(sonus)'] ·))

음의 크기에 대한 주관적인 지각량의 척도 즉, 인간이 인지하는 소리 에너지의 세기를 말한다. 단위로는 손(sone)을 사용한다. (pp.145 "소리의 실감 척도" 참조)

$$N\,[\text{sone}] = \int_{0}^{24Bark} N' dz \quad\text{..}\quad (4\text{-}6)$$

여기서 N' : 비 라우드니스(specific loudness), N : 라우드니스(loudness)
　　　　z : 임계 대역률(critical band rate)

┃표 4-4┃ 라우드니스(Loudness) 지각에 영향을 미치는 요소들

영향 변수	효과(effect)	유효 영역
음압레벨	음압레벨과 라우드니스는 중복변수(quantity)가 아니다; 변경된 신호특성에 따라, 라우드니스의 감소는 음압레벨의 상승을 동반할 수도 있고, 그 반대일 수도 있다.	신호가 지속되고 스펙트럼이 일정하게 유지되는 한, 이 신호의 음압은 물론이고 라우드니스도 증가한다. 다른 신호특성이 변하면, 추가적인 효과도 고려해야 한다.
기간	자극 지속시간의 증가	약 200ms까지 라우드니스가 증가한다; 그 이후에는 라우드니스는 일정하게 유지된다.
음폐	사전 음폐	약 20ms까지 확인 가능
	사후 음폐	약 200ms까지 확인 가능
	동시 음폐	주로 주파수 그룹 내의 신호 레벨에서 관찰 가능; 높은 자극(excitation) 상태에서도 인접한 주파수 그룹에 영향을 미친다.
스펙트럼 대역폭	스펙트럼 대역폭의 증가	대역폭이 주파수 그룹의 대역을 넘어서면, 곧바로 라우드니스가 많이 증가한다.

영향 변수	효과(effect)	유효 영역
주파수	주파수 의존성 라우드니스 지각 (perception)	주파수가 3~4kHz인 소리는 상대적으로 높은 라우드니스를 기록한다; 주파수가 현저하게 낮거나 높은 소리는, 비교 가능한 라우드니스의 감각을 유발하기 위해서는 상당히 높은 음압레벨이 필요하다.

2. 샤프니스(sharpness ; S) – 단위는 아쿰[acum; 어원은 라틴어 '날카로움(acumine)']))))

음의 날카로움에 대한 주관적인 지각량의 척도이다. 라우드니스(phon) 값이 똑같은 소음일지라도 고주파수 대역 성분이 많이 포함된 소음은 그렇지 않은 소음에 비교해 더욱더 날카롭고 (sharp) 성가신 느낌을 준다. 1[acum]은 중심주파수 1kHz(임계대역폭 160Hz 미만), 음압레벨 60dB인 순음의 청각 지각량을 의미한다. 식(4-7)은 Bismarck가 제안한 것을 1984년 Aures가 수정한, 샤프니스(S)를 구하는 수식이다.

$$S\,[\text{acum}] = 0.11 \frac{\int_0^{24\bar{k}} N^{'}(z) \cdot g(z) \cdot z \cdot dz}{\ln\left(\frac{\frac{N}{sone}+20}{20}\right)/sone} \quad \cdots\cdots\cdots\cdots\cdots\cdots\cdots\cdots \text{(4-7)}$$

여기서 S : 샤프니스(sharpness)

        $N^{'}$: specific loudness (하나의 임계대역에 해당하는 소리세기 값)

        z : 임계대역률(critical band rate)[Bark]

        $g(z)$: additional factor(임계대역률에 따른 가중함수), $g(z) = e^{\frac{0.171z}{Bark}}$

        $N^{'}(z)$: z번째 Bark에서의 비 라우드니스(specific loudness)

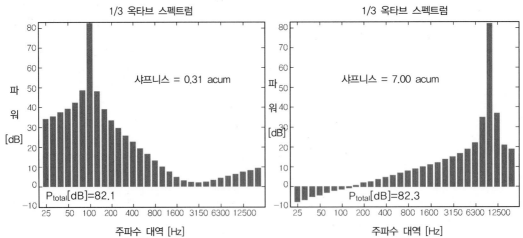

그림4-16 100Hz 음과 10,000Hz 음의 주파수 스펙트럼과 샤프니스 (예)

3. 변동 강도(fluctuation strength; F) – 단위[vacil; 어원은 라틴어 '흔들거리다 (vacillate)']))

음의 변화를 느끼는 속성에 대한 주관적인 지각량을 말한다. 20Hz 미만으로 진폭 변조 또는 주파수 변조되는 소음에 노출될 때는 정상상태(steady state)의 소음에 노출되는 경우보다 더 짜증을 느끼게 된다. 이와 같은 청감을 변동강도(變動强度)라고 한다.

1[vacil]은 1kHz, 60dB의 순음이 4Hz의 변조 주파수로 100% 진폭 변조될 때의 변동강도를 말한다.

인간의 귀는 4Hz의 변조 주파수로 변조된 음에서 변동 강도를 가장 크게 느끼며, 4Hz 이상의 변조 주파수에서는 변동강도가 서서히 감소하고, 20Hz 부근에서는 다른 청감인 러프니스(roughness)로 변환된다. 즉, 변동 강도는 러프니스(roughness)와 비슷하지만, 변조 주파수가 훨씬 낮다. 경찰의 비상–사이렌은 변동강도(F)가 큰 소리의 좋은 예이다.

$$F \sim \frac{\Delta L}{(f_{\mathrm{mod}}/4\mathrm{Hz} + 4\mathrm{Hz}/f_{\mathrm{mod}})} \quad \cdots\cdots\cdots\cdots\cdots\cdots\cdots\cdots\cdots\cdots (4\text{-}8)$$

여기서　　F : 변동강도[vacil],　　　　f_{mod}: 변조 주파수
　　　　　ΔL : 순시 음폐의 깊이(temporal masking depth)

변동 강도는 변조 주파수와 음압레벨에 의존적이며, 인간의 청각은 주파수 변조보다 진폭 변조에 더 민감하게 반응한다. 진폭 변조된 광대역 소음과 순음은 변조도(modulation depth)의 영향을 크게 받는다. 중심주파수가 진폭 변조되는 순음의 변동강도에 미치는 영향은 거의 없으나, 주파수 변조되는 순음의 변동 강도에 미치는 영향은 크다.

특히 변동 강도 모델은 순시음폐 형

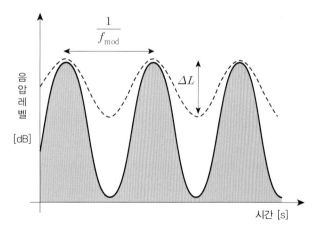

■그림4-17 ■ 변동강도 모델; 빠르게 진폭 변조된 소음에 대한
주관적 지속시간의 영향

태(temporal masking pattern)를 기반으로 한다. 그림 4-17은 정현파 함수로 진폭 변조되고 순시음폐된 형태를 나타내고 있다. 실선으로 표시된 부분은 정현파 함수로 진폭 변조된 방해음(masker)의 변조 깊이를, 점선은 지각된 음폐의 깊이를 나타내는 포락선(envelop)이다. 포락선의

연속적인 두 최댓값 사이의 간격은 변조 주파수의 역수와 같다. 그리고 ΔL은 순시음폐 형태의 시간적 변화량으로서, 이를 순시음폐 깊이(temporal masking depth)라고 하며, 이는 방해음의 포락선의 최댓값과 최솟값의 차이이다.

4. 러프니스(roughness; R) - 단위[asper; 어원은 라틴어 '거칠기(asperitas)'] ·))

러프니스(roughness)는 소리(音)의 거친 정도에 대한 주관적인 지각량의 척도이다. 위에서 1kHz, 60dB의 순음을 100% 주파수 변조시킬 때 변조 주파수를 아주 낮은 값부터 높은 값으로 차츰 증가시켜 가면 변동강도를 느끼게 되며, 변동강도는 변조 주파수가 4Hz일 때 최댓값에 도달하고, 변조 주파수가 더 높아지면 다시 감소한다고 한다.

이때 변조 주파수가 20Hz 근처에 도달하면 변동강도는 거의 느끼지 못하고, 전체적으로 거친 느낌을 지각하게 되는데 이를 러프니스 즉, 음의 거칠기(roughness)라고 한다. 단위로는 아스퍼 (asper)를 사용한다. 음의 거칠기는 변조 주파수 20Hz에서 시작하며, 70Hz에서 최댓값에 도달하고, 이후 300Hz까지 점차 감소한다.

1 [asper]는 1kHz, 60dB의 순음이 변조 주파수 70Hz로 빠르게 100% 진폭 변조될 때 생성되는 음의 거칠기를 말한다. 러프니스는 자동차엔진소음과 같은 음질을 부분적으로 정량화하는 데 사용된다.

‖ 표 4-5 ‖ 러프니스(roughness)의 지각에 영향을 미치는 요소들

러프니스의 변수	러프니스 지각에 대한 영향
변조도	변조도(m)가 증가함에 따라 러프니스도 증가한다. ($m = 1.2$에서 최대; Sottek, 1993)
기준 주파수	기준 주파수 $f_0 = 1\,\text{kHz}$, 변조 주파수 $f_{mod} = 70\,\text{Hz}$에서 러프니스는 최대가 된다. 높은 f_0에서 f_{mod}가 일정하면, 러프니스는 감소한다. f_0가 1kHz보다 낮고, f_{mod}가 일정해도 러프니스는 감소한다.
변조 주파수	$f_{mod} = 70\,\text{Hz}$에서 러프니스는 최대가 된다. f_{mod}가 70Hz 이상으로 높아져도 러프니스는 감소한다. f_0가 1kHz 이하로 낮아지면, 최댓값은 낮아진 f_{mod}로 전위된다.
음압(SPL)	음압레벨이 높아짐에 따라 러프니스는 약간 상승한다. 음압레벨이 약 40dB 높아지면, 러프니스는 약 3배로 상승한다.

러프니스(R)는 순시 음폐(temporal masking) 형태의 변동속도에 비례하는 것으로 알려져 있다. Fastl & Zwicker가 수정, 제안한 러프니스(roughness) 등식은 식(4-9)와 같다.

$$R[\text{asper}] = 0.3 \cdot \frac{f_{\text{mod}}}{\text{kHz}} \cdot \int_{0}^{24\text{Bark}} \frac{\Delta L_E \, dz}{\text{dB}/\text{Bark}} \quad \text{.......................................} \quad (4\text{-}9)$$

여기서 R : 러프니스(roughness)[asper]
$\quad\quad\quad f_{\text{mod}}$: 변조 주파수[kHz]
$\quad\quad\quad \Delta L_E$: 지각된 음폐의 깊이(perceived masking depth)[dB]
$\quad\quad\quad dz$: 바크 변화율[Bark]

그러나 변수가 변하면, 식에 따라 러프니스의 값이 다르게 나타난다. 따라서 아직 통일되고 인증된 등식은 없다.

▎표 4-6 ▎ 서로 다른 수식으로 계산한 러프니스 값의 비교

과정/신호	러프니스 확정 (Fastl & Zwicker, 2007)	러프니스 계산과정 1 (Aures, 1984)	러프니스 계산과정 2 (Sottek, 1993)
$f_0 = 1\,\text{kHz}$, $f_{\text{mod}} = 70\,\text{Hz}$, $m = 1$, $SPL = 60\text{dB}$	1 asper	1 asper	1 asper
$f_0 = 1\,\text{kHz}$, $f_{\text{mod}} = 70\,\text{Hz}$, $m = 0.5$, $SPL = 60\text{dB}$	약 0.35 asper	0.6 asper	0.35 asper
$f_0 = 1\,\text{kHz}$, $f_{\text{mod}} = 30\,\text{Hz}$, $m = 1$, $SPL = 60\text{dB}$	약 0.45 asper	0.48 asper	0.50 asper

5. 음높이(音高; tone hight; Z) - 단위 멜[mel; 어원은 '멜로디(melody)'] ·))

음높이는 소리의 피치 강도(pitch strength)를 파악하기 위해 사용하는 음질요소로서, 단위는 멜(mel)이다. 멜(mel) 스케일은 순음(pure tone)에 대해 인간이 느끼는 음높이와 주파수와의 관계를 나타내며, 피치(pitch) 차이가 2배로 되었을 때, 심리량적으로 청각기관에서 2배의 음높이로 느껴지도록 정의한 단위이다. 기준인 1,000[mel]은 1,000Hz, 40 phon의 순음이 인간의 귀에서 인식되는 음높이이다. 기준인 1,000[mel]의 음높이보다 2배 높다고 느껴지는 음에 2,000[mel], 1,000[mel]의 음높이보다 반쯤 낮다고 느껴지는 음에 500[mel]의 값을 부여하는 방식이다.

100[mel]의 폭은 대략 1 [Bark]에 상응한다.

주파수(f[Hz])를 멜(mel)로 변환하는 수식으로 사용빈도가 높은 수식은 식(4-10)이다.

$$Z = 2595 \log_{10}\left(1 + \frac{f}{700}\right) \text{ [mel]} \quad\cdots\cdots\cdots\cdots\cdots\cdots\cdots\cdots\cdots\cdots\cdots\cdots\cdots\cdots\quad (4\text{-}10)$$

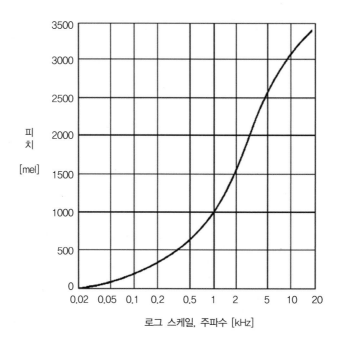

▮그림4-18▮ 주파수(Hz)와 음높이(mel)의 상관관계(Zwicker's data)

6. 순음도(純音度; tonality; K) - 단위 (tu; tonality unit)

순음도(tonality)를 음악 분야에서는 선율(旋律)이나 화성(和聲)이 하나의 음(으뜸음; 主音) 또는 하나의 화음(으뜸화음; 主和音)을 중심으로 하여 일정한 음악 관계를 맺고 있는 경우를 말하며, 이를 조성(調性)이라고 한다. 그러나 소음공학에서는 순음의 성분 및 상대적인 피크 (peak) 크기를 광대역 암소음 레벨(background noise level)과 비교하여, 소리의 피치 강도(pitch strength)를 측정하기 위한 음질요소를 말한다. 즉, 소음의 크기에 대한 순음(tone)의 주파수별 조화 정도를 나타낸다.

기준값 1[tu]은 음압레벨 60dB의 1kHz 정현파(순음)이다. 순음도(tonality)는 음(tone)이 증가할수록 높아지고, 하나의 임계대역폭보다 작은 협대역 응답(response)이 증가할수록 높아진다. 추정된 피치 강도는 음(tone)의 주파수, 음압레벨과 대역폭, 이웃하는 스펙트럼 성분의 음폐(masking) 및 소리세기(loudness)에 대한 음(tone)의 기여도와 같은 신호의 물리적 매개변수에 의존한다.

식(4-11)은 Aures가 제안한, 순음도(tonality; Klanghaftigkeit) K를 구하는 식이다.

$$K = c \cdot W_T^{0.29} \cdot \left(1 - \frac{N_{GR}}{N}\right)^{0.79} \quad \text{(4-11)}$$

여기서　c : 상수,　　　　N : 전체 라우드니스
N_{GR} : 전체 라우드니스에 대한 협대역 소음의 라우드니스 비율
$W_T = f(\Delta z_i, f_i, \Delta L_i)$(음 성분의 레벨 초과분, tonal weighting)

7. 충격도(衝擊度; impulsiveness; I_N)　))

폭발음, 총소리, 망치 타격 소리와 같이, 충격적인 음압 변화를 동반하는 고주파수 성분의 소리는 충격음으로 들린다. 귀로 느끼는 소음의 크기는 약 200ms 동안의 음(音)에너지를 적분한 값으로 느끼며, 충격음의 크기는 200ms 이내에서는 지속시간에 비례하여 높아진다. 일반적으로 큰 소음에 대해 귀가 충분한 보호 작용을 하기 위해서는 150ms 이상의 시간이 있어야 하는데, 폭음과 같이 음압 상승이 아주 빠른 충격음에 노출될 경우는 보호 작용을 할 수 없으므로 청력이 손상될 수 있다. 청력손상을 유발할 정도의 크기가 아니라도 충격음은 심리적으로 나쁜, 또는 불쾌한 청감을 주게 된다.

충격도의 정량적인 판단에는 시간축 상에서 얻어진 첨도(尖度, kurtosis, 커토시스) 값을 이용한다. 커토시스 값 K가 3 이상이면, 정규분포를 벗어나 불쾌감을 느낀다고 한다.

$$K = E\left[\left(\frac{X - \mu}{\sigma}\right)^4\right] \quad \text{(4-12)}$$

여기서　E : 기대연산자(Expectation operator)
X : 충격 신호의 자료
μ : 충격 신호의 평균
σ : 충격 신호의 표준편차

4-4 음성 이해도 및 회화 방해 레벨
Intelligibility and Speech Interference Level

1. 음성 이해도(intelligibility) ·))

음성 이해도를 명료도 지수(AI: Articulation Index)라고도 한다. 이 음질요소는 ANSI S3.5.에 표준화되어 있다. 음성 이해도의 측정 방법은 숙련된 화자(話者; talker)가 분명하고 명료하게 선택된 단어나 문장을 숙련된 청자(聽者; listener)에게 들려주어 정확하게 인식하는 비율로 구한다. 음성 이해도가 100%이면 완전히 이해가 가능한 것이고, 0%이면 전혀 이해하지 못함을 의미한다. 일반적으로 단어보다는 문장이 인식하기가 더 쉬우며 단어도 음절 수가 많을수록 음성 이해도가 높아진다. 그러나 암소음(background noise) 수준이 높아질수록 음성 이해도는 낮아진다.

2. 회화 방해 레벨(SIL; speech interference level) 또는 대화 간섭 레벨 ·))

대화를 나누는 데 있어서 주변 소음의 영향을 고려할 필요가 있으며, SIL은 이러한 평가를 위한 것으로 보통 '우선 대화 간섭 레벨(preferred speech interference level; PSIL)'로 판단한다.

우선 대화 간섭 레벨(PSIL)은 주로 식(4-13)으로 구한다.

$$PSIL = \frac{LP_{500} + LP_{1000} + LP_{2000}}{3} \text{ [dB]} \quad \text{(4-13)}$$

여기서 LP_{500}, LP_{1000}, LP_{2000}은 각각 중심주파수가 500Hz, 1,000Hz, 2,000Hz인 옥타브 대역에서의 음압레벨을 의미한다.

해당 주파수 대역의 암소음(background noise)이 클수록 PSIL 값이 커진다. 즉, 암소음이 크면, 대화에 많은 간섭을 받게 된다.

소음 · 진동의 측정 및 분석

Measuring and analyzing of NVH

소음계와 주파수 스펙트럼 분석
Sound Level Meter and Analyzing of Frequency Spectrum

5-1

---

1. 소음계(Sound level meter)–(KS C IEC 61672-1 참조)

소음계는 화면표시장치(display) 형태에 따라 지침(analog)형과 숫자(digital)형으로 구분할 수 있다. 그러나 숫자 방식이면서도 지침 방식의 출력기능을 갖춘 소음계도 많다.

많이 사용하는 디지털 소음계는 대부분, 다음과 같은 기능들을 갖추고 있다.

① 넓은 동적(dynamic) 측정 범위 (예; 120dB)

② 다양한 종류의 음압레벨을 동시에 측정할 수 있는 함수 지원 (예; 순간 음압레벨(SPL), 등가 소음레벨(L_{eq}), 피크 소음레벨(L_{peak}), 시간 가중 최대 소음레벨($L_{\max}$), 시간 가중 최소 소음레벨($L_{\min}$), 소음폭로 레벨(L_E) 등등)

③ 시간 가중 함수 지원 (예; 빠름(Fast), 느림(Slow), 충격 펄스(Impulse))

④ 청감 보정 함수 지원 (예; A, C, Z 또는 G 특성)

⑤ 지침(analog) 방식의 출력 기능

⑥ 주파수 분석 (1/1, 1/3 옥타브 실시간 분석 필터(filter) (예; 0.4Hz~20kHz)

> **Tip** 이 책에서는 필터(filter)와 여파기(濾波器)를 같은 뜻으로 혼용한다.

디지털 소음계는 소음레벨을 숫자 형태로 나타내는 소음계이지만, 일반적으로 변동소음의 통계처리 등의 연산부를 통해서 소음레벨을 장시간에 걸쳐서 연속적으로 측정할 수 있다. 예를 들면, 적분 평균 사운드레벨 미터는 등가 소음레벨(L_{eq})의 자동 연산에, 충격 소음계는 충격 특성을 가진 소음을 방사하는 음원에 대하여 측정할 수 있다.

일반적으로 인간의 가청음 범위의 음압레벨(SPL; Sound Pressure Level) 측정은 물론이고 주파수 분석기능까지 갖춘 소음계(흔히 소음 분석기), 그리고 초저주파 음을 측정할 수 있는 저주파 소음계(G 특성) 등이 시판되고 있다.

표 5-1 ▌ 소음계의 종류 (KS C IEC 61672-1)

구분	측정값	비고
시간 가중 사운드레벨 미터	지수 시간 가중, 주파수 가중된 음 레벨을 측정	성능에 따라 등급 1, 등급 2로 구분
적분 평균 사운드레벨 미터	지수 시간 가중, 주파수 가중된 음 레벨을 측정	
적분 사운드레벨 미터	주파수 가중 음 노출 레벨을 측정	

(1) 소음계의 기본 구성 및 주요 기능 (KS C IEC 61672-1)

소음계는 성능에 따라 등급(class) 1, 등급(class) 2로 구분하며, 등급 간의 가장 큰 차이점은 편차 범위(KSC IEC 61672-1의 표2 참조)와 사용주파수 범위(등급 2: 31.5~8,000Hz, 등급 1: 20~12,500Hz) 및 작동온도 범위 등이다.

소음계는 그림 5-1과 같은 기본 기능을 갖추고 있어야 한다.

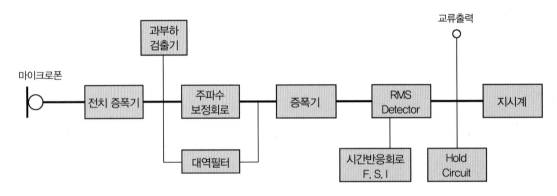

▌ 그림5-1 ▌ 소음계의 기본 구성(예)

① 감지부

● 마이크로폰(microphone); 음파의 물리적 신호(음향에너지)를 전기적 신호로 변환시키는 감지기로서 소음측정기의 본체로부터 분리할 수 있어야 한다. 일반적으로 콘덴서(condenser)형 또는 일렉트렛(electret)형 마이크로폰을 주로 사용한다.

● 전치 증폭기(pre-amplifier); 마이크로폰을 통해 발생된, 약한 전기적 신호를 1차로 증폭시키는 기능을 수행한다.

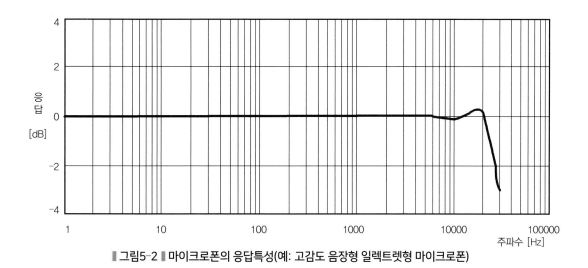

‖그림5-2‖ 마이크로폰의 응답특성(예: 고감도 음장형 일렉트렛형 마이크로폰)

② 신호 처리부(그림 5-4 참조)

● 주파수 보정회로(weighting networks) 또는 청감 보정회로(예: A/C 버튼)

인간의 청감각에 대응하는 등청감곡선에 대응하여 주파수별 감지도를 보정한다. 대부분 A 특성(1,000Hz, 40폰(phon)의 곡선에 대응)을 사용한다.

(pp.147~ 148, 4-2-4 "청감보정곡선" 참조)

● 대역필터(filter); 주파수 분석이 필요한 경우, 증폭기 출력신호를 주파수 분석회로에 연결하여 분석한다. 주로 실시간 1/1옥타브 대역필터, 1/3 옥타브 대역필터 또는 협대역 필터를 사용한다.

● 증폭기(amplifier); 신호를 증폭한다.

● RMS 검출기(detector); 입력신호를 실횻값(Root Mean Square)으로 변환한다.

● 시간 가중 회로 (fast-slow switch) - 동특성 조절기(예 : F/S 버튼)

소음원의 특성(규칙적 변화 또는 불규칙적 변화)에 따라서 지시계의 반응속도를 적절하게 제어하도록, 표준화된 시간 가중 회로로서 소음계에 내장되어 있다.

빠름(FAST)은 인간의 청감각에 비교적 가깝게, 느림(SLOW)은 변동소음의 평균값을 읽기 쉽도록 표준화되어 있다.

‖표 5-2‖ 시간 가중 회로의 특성

시간 가중 회로	오름 시간	내림 시간	선택 기준
Slow 느림)	1ms	1ms	충격 성분을 포함하지 않은 규칙적인 소음
Fast (빠름)	0.125ms	0.125ms	규칙적이거나 변동폭이 4dB 이상인 소음
Impulse (충격)	0.035ms	1ms	충격 성분을 포함한 소음(소리 신호)

사인파 신호와 같이 일정한 신호에 대해서는 3가지 시간 가중 회로가 모두 똑같은 값(=소음레벨)을 지시한다.

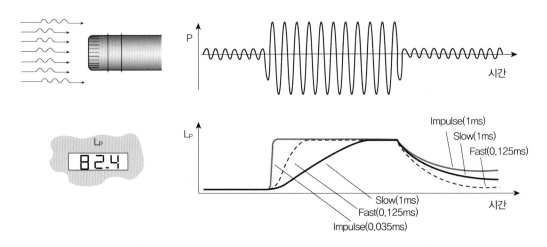

‖그림5-3‖ 소음계의 시간 반응특성 – 동특성 조절기능

동특성(動特性)은 지속적인 음–파열 신호(tone burst signal)에 대한 지싯값의 응답특성을 규정한 것으로서, F(빠름) 특성에서는 0.2초의 단일 음–파열(tone burst) 신호를 가할 때의 최대 지싯값이 같은 진폭의 계속 신호의 지싯값보다 –1dB 낮아야 한다. 또 S(느림) 특성에서는 0.5초의 단일 음파열(tone burst) 신호를 가할 때의 최대 지싯값이 같은 진폭의 계속 신호의 지싯값보다 –4dB 더 낮아야 한다.

음–파열(tone–burst)이란 파형을 교차하며 0에서 시작하여 0으로 끝나는 정현파(전기) 신호로 구성된 하나 또는 다수의 완전한 주기(cycle)를 말한다.

● 레벨 레인지(level range) 변환기(예; Range 버튼)

측정하고자 하는 소음레벨을 지시화면의 범위 안에 유지하기 위한 감쇠기로서, 유효눈금 범위가 30㏈ 이하인 구조의 것은 변환기에 의한 레벨 간격이 10㏈ 간격으로 표시되어야 한다. 레벨을 변환하지 않고도 측정이 가능한 경우에는 레벨 레인지 변환기가 없어도 무방하다. 일반적으로 자동(Auto) 레인지는 "30~130dB", 수동(Manual) 레인지는 특정 범위(예: 30~80dB, 50~100dB, 또는 80~130dB 등)로 변환이 가능한 것들이 많다.

● 출력단자(monitor out)

소음 신호를 기록기 등에 전송할 수 있는 교류 단자를 말한다.

③ 화면 지시부(display) -(예 : LCD 화면)

측정 결과를 나타내는 지시부는 아날로그(analog) 또는 디지털(digital) 형식이어야 한다. 아날로그 형에서는 유효지시범위가 15dB 이상이어야 하고, 각각의 눈금은 1dB 이하를 판독할 수 있어야 하며, 1dB 눈금 간격이 1mm 이상으로 표시되어야 한다. 그리고 디지털형에서는 숫자가 소수점 한자리까지 표시되어야 한다. (예: 40.0)

소음계의 실횻값의 정밀도는 복합음 특성(예: 2개의 같은 레벨의 음을 동시에 가할 때는 3dB을 추가하여 지시한다.)으로, 응답특성은 동특성(F/S)으로 규정되어 있다.

그림 5-4에서 지시 부(LCD 화면)에 표시된 "A Fast"는 측정 음압에 A 특성의 청감보정을 실시하고, 동특성은 빠름(Fast)을 이용하였음을 의미한다. 그리고 숫자 40.0은 실제로 측정한 음압에 각각의 보정을 실행한 다음에 계산한 실횻값(RMS)이 40.0dB(A)임을 의미한다.

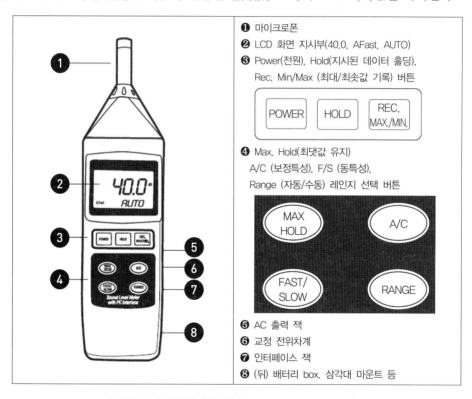

┃그림5-4 ┃ 디지털 소음계(예: EXTECH Instrument)

(2) 부속 장치 및 추가장치

① 방풍망(anti-wind screen)

소음을 측정할 때 바람으로 인한 영향을 방지하기 위한 것으로서 소음계의 마이크로폰에 부착하여 사용하는 것을 말한다.

② 삼각대 (tripod)

마이크로폰을 소음계와 분리해 소음을 측정할 때 마이크로폰의 지지장치로 사용하거나 소음계를 고정할 때 사용한다.

③ 표준음 발생기(piston phone, calibrator)

소음계의 측정 감도를 교정하는 기기로서 발생음의 주파수와 음압레벨이 표시되어 있어야 하며, 발생음의 오차는 ±1dB 이내이어야 한다.

④ 교정장치(calibration network calibrator)

소음측정기의 감도를 점검 및 교정하는 장치로서 소음계 자체에 내장되어 있거나 분리되어 있어야 하며, 80dB(A) 이상이 되는 환경에서도 교정할 수 있어야 한다.

⑤ 레벨 레코더(Level recorder)

자동 혹은 수동으로 연속하여 시간별 소음레벨, 주파수 대역별 소음레벨 및 기타 측정 결과를 그래프, 점 또는 숫자 등으로 기록하는 기기이다. 레벨 레코더의 동특성에도 소음계의 동특성과 같이 F(빠름) 특성과 S(느림) 특성이 있다. 따라서 소음계와 레벨 레코더 각각의 동특성을 서로 일치시켜야 한다.

레벨 레코더의 기록으로부터 값을 추출(sampling)하여 등가 소음레벨을 구할 때는 시간 평균 효과가 큰 S(느림) 특성을 이용하는 것이 좋다. 그리고 레벨 레코더를 이용하여 소음을 측정할 때는 측정 전에 소음계의 교정신호가 소정의 레벨이 되도록 레벨 레코더의 입력 레벨을 조정해야 한다.

⑥ 데이터 녹음기

소음계 등의 아날로그 또는 디지털 출력신호를 녹음, 재생시키는 장비이다. 녹음할 때는 소음계의 주파수 보정회로의 Z(Zero) – 특성 또는 C 특성을 이용하는 것이 원칙이며, 최대입력에 의한 포화를 방지하기 위해서는 녹음레벨 설정에 주의해야 한다. 또 재생할 때 정확한 레벨을 확인할 수 있도록, 교정신호를 녹음해 두는 것이 좋다.

(3) 마이크로폰 (Microphone)

소음계에 사용되는 마이크로폰은 출력이 음압에 비례해야 하고(압력형), 모든 방향의 감도가 같아야 하며(무지향성), 거의 모든 가청주파수 대역에 대해 평탄한 주파수 특성을 가져야 하고, 안정성이 있어야 한다.

이러한 조건을 충족시키는 마이크로폰으로는 콘덴서(condenser)형, 세라믹(ceramic)형, 다이내믹(dynamic) 형 등이 있다. 다른 형식과 비교해 기계적 구조가 비교적 간단하고, 음향성능이 탁월하며, 안정성과 정밀도가 높은 콘덴서형을 주로 사용한다.

① 콘덴서형 마이크로폰의 구조 및 동작 원리

진동막(diaphragm)과 백－플레이트(back plate; 背極)가 콘덴서 역할을 수행한다. 진동막의 앞쪽에 작용하는 음압에 의해 진동막이 앞/뒤로 진동하면, 그에 대응하여 진동막과 백－플레이트 사이의 거리가 변하면서 정전용량이 변화한다. 정전용량의 변화로 작용 음압에 비례하는 전압이 발생한다. 즉, 발생 전압은 진동막의 변위에 비례한다.

콘덴서 마이크로폰의 핵심부품은 진동막이다. 진동막은 무게가 가벼워 고음특성이 좋고 음색도 섬세하다. 반면에 전극 사이가 가까워 온도와 습도 등에 취약하고 충격에도 약하며 가격이 비싸고 두 전극 사이에 형성된 전하로부터 출력을 얻기 위해서는 외부의 직류전원을 필요로 한다.

같은 원리로 작동하지만 일렉트릿(electret) 형 마이크로폰은 외부전원이 필요 없다. 일렉트릿이란 외부의 전장(電場; electric field)이 소멸해도 영구적 또는 반영구적으로 분극을 계속하는, 영구자석과 비슷한 성질의 절연체(유전체)이다.

발생하는 전기에너지가 아주 작으므로 신호처리를 위해 전치－증폭기(Pre-Amplifier)를 통해 신호를 증폭한다.

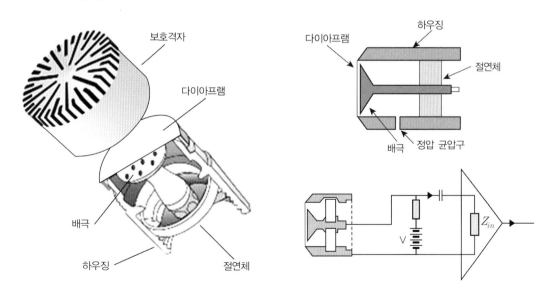

‖그림5-5‖ 콘덴서형(용량형) 마이크로폰의 구조와 작동원리

② 음장 및 응답특성에 따른 마이크로폰의 종류

● 자유음장(free-field)형 마이크로폰(그림 5-6(a) 참조)

음장 안에 마이크로폰이 설치되면, 마이크로폰 몸체로부터 반사되는 음파에 의해 음장이 변화하게 된다. 이처럼 마이크로폰의 존재 여부에 의한 음장의 왜곡을 감안하여, 기존의 음압과 동형의 주파수 응답을 갖도록, 설계한 마이크로폰이다. IEC에서는 소음계에 자유음장형 마이크로폰을 사용하도록 권장하고 있다. 소리가 한쪽 방향에서 오는 경우에 사용하며 음원 방향으로 설치한다.

● 압력(pressure)형 마이크로폰(그림 5-6(b) 참조)

마이크로폰에 의한 음장의 왜곡특성을 고려하지 않고 실제 음압과 동일한 주파수 응답을 갖도록 설계한 마이크로폰이다. 소리의 진행 방향에 90°로 설치한다. 주로 밀폐된 좁은 공간에서의 측정에 사용한다. KS C IEC 61672-1에서는 소음계로 압력형 마이크로폰을 사용하도록 권장하고 있다.

● 무작위 입사형(random incidence) 마이크로폰(그림 5-6(c) 참조)

모든 각도로부터 동시에 도착하는 신호에 대하여 동일하게 응답할 수 있도록 설계되어 있다. 잔향실과 같이 벽이나 천장과 실내의 물체에 의해 음의 반사가 많은 옥내에서의 측정에 주로 사용한다. ANSI S 1.4에서는 소음계에 무작위 입사형 마이크로폰을 사용하도록 권장하고 있다.

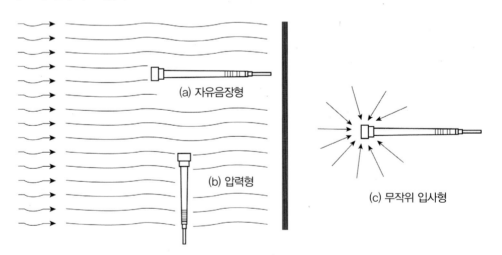

(a) 자유음장형

(b) 압력형

(c) 무작위 입사형

┃그림5-6┃ 마이크로폰의 종류에 따른 소음계 설치 방향

2. 주파수 스펙트럼의 분석(Analyzing of frequency spectra)

소음계로 측정한 "dB(A) 또는 dB(C)" 값이 소음의 특성을 표현하는 값으로서 - 특히 소음방지대책의 관점에서 보면- 완벽하면서도 충분하다고 할 수 없다. "dB(A) 또는 dB(C)" 값은 법규에 따라 소음 한곗값 준수 여부를 평가하는 데 이용되지만, 소음의 스펙트럼 정보를 제공하지는 않는다. 따라서 어느 주파수 성분에 대응하여 소음방지대책을 세워야 효과적인지는 알 수 없다.

음압의 시간함수, 예를 들면 오실로스코프를 이용하여 시각적으로 표현할 수 있는, 음압의 시간함수도 마찬가지로 소음의 특성을 규명하는 데는 적합하지 않다. 과정으로부터 아주 제한된 결론만을 도출할 수 있기 때문이다.

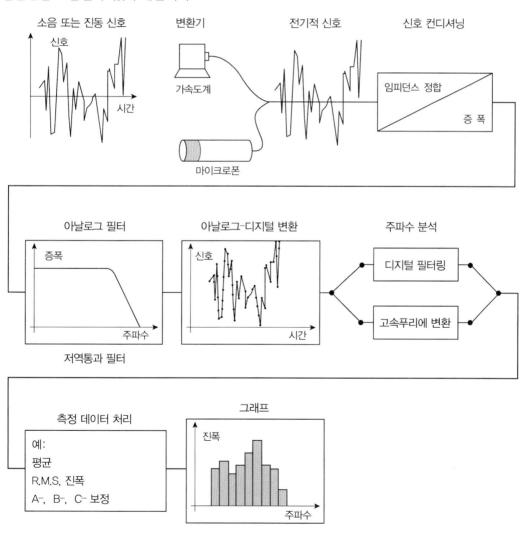

┃그림5-7┃ 디지털 1-채널 측정시스템(NVH-주파수 분석 시스템)의 흐름선도 (예)

이에 반해서 소음의 주파수를 분석하면, 소음에서 특히 레벨(level)이 높은 주파수 성분에 대한 정보를 얻을 수 있다. 따라서 소음에서 레벨이 높은 주파수 성분을 고려하여 효과적인 소음방지대책을 설계 또는 마련할 수 있다. 자동차에서는 NVH 특성을 정량적으로 파악하기 위해서, 소음과 진동 각각의 주파수 스펙트럼(spectra)을 분석하는 방법을 주로 사용한다.

(1) 대역통과 필터(Band-pass filter)

주파수 분석기에는 측정 신호를 검출하기 위해 소음 또는 진동의 주파수 중에서 원하는 대역만을 취사, 선택하여 통과시키는 대역통과 필터(band-pass filter) 회로가 내장되어 있다. 이 여파기(filter) 회로의 대역폭을 분해능(resolution) 대역폭이라고 한다. 분해능 대역폭에 따라 측정결과가 서로 다르게 나타날 수 있다. 그리고 측정된 결과를 화면상에 평활하게(smoothly) 나타내기 위해서는 고주파수 잡음을 걸러내는 저역통과 필터들을 추가로 사용한다.

아날로그 대역통과 필터의 대표적인 예는 RLC 회로이다. 대역통과 필터는 저역통과 필터(low-pass filter)와 고역통과 필터(high-pass filter)의 조합으로도 만들 수 있다.

① 여파기(filter)의 종류

저역통과 필터는 설정된 주파수(f_{max}) 이하의 신호만 통과시키고 그 이상의 주파수 신호는 차단한다. 고역 통과 필터는 반대로 설정된 주파수(f_{min}) 이상의 주파수 신호만 통과시키고 그 이하의 주파수 신호는 차단한다.

대역통과 필터(band-pass filter)는 특정 주파수대역 신호만 통과시키며, 대역저지 필터(band-stop filter)는 특정 주파수대역 신호만 차단한다.

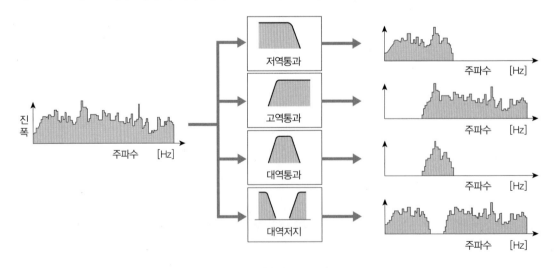

‖그림5-8‖ 여파기(filter)의 종류

대역통과 필터가 통과시키는 주파수 범위를 통과대역(passband)이라고 한다. 이상적인 대역통과 필터는 특정 주파수 대역의 신호만 통과시키고, 대역 밖의 주파수 신호는 완벽하게 차단해야 한다. 하지만, 이런 이상적인 대역통과 필터는 없다. 대부분의 대역통과 필터는 통과대역을 벗어난 신호를 완전히 차단하지 못하고, 그 일부를 통과시킨다. 그러나 통과대역을 벗어난 신호들을 감쇠시킨다.

② 여파기(filter) 대역폭의 정의

차단주파수(cutoff frequency)는 신호가 통과하는 주파수 대역과 통과하지 못하는 주파수 대역의 경계점 주파수이다. 대역통과 필터에서는 두 차단주파수 사이의 대역이 신호가 통과하는 대역이다. 일반적으로 전기회로의 차단주파수는, 평탄한 응답 혹은 최대 응답보다 3dB 낮은 주파수를 말한다. 이상적인 여파기(filter)의 경우에는 차단 주파수를 정의하기 쉽지만, 실제 여파기(filter)에서는 그 기준이 모호하다. 따라서 실제 여파기(filter)에서는 −3dB 대역폭 또는 유효잡음 대역폭(예: 전달함수의 크기가 $1/\sqrt{2} \approx 0.707$이 되는 지점)으로 정의한다.

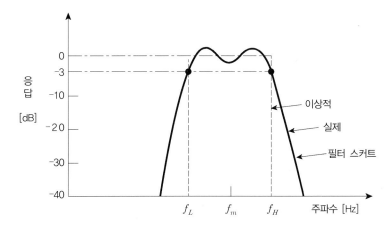

■ 그림5-9 ■ 여파기(filter) 대역폭의 정의

대역필터에서 주파수가 높은 차단주파수를 고역 차단주파수(higher cutoff frequency ; f_H), 낮은 차단주파수를 저역 차단주파수(lower cutoff frequency ; f_L)라고 한다. 대역폭(bandwidth; B)은 두 차단주파수 사이의 폭($B = f_H - f_L$)이다. *f_m : 중심 주파수

③ 여파기(filter)의 형태와 주파수축 스케일(scale)

여파기에는 어떤 주파수 대역(band)에서도 고역 차단주파수/저역 차단주파수(f_H/f_L)의 비율이 일정한 정비율형(定比率形), 그리고 각 대역에서의 주파수 폭(band width; $B_w = f_H - f_L$)이

일정한 정폭형(定幅形)으로 구분할 수 있다.

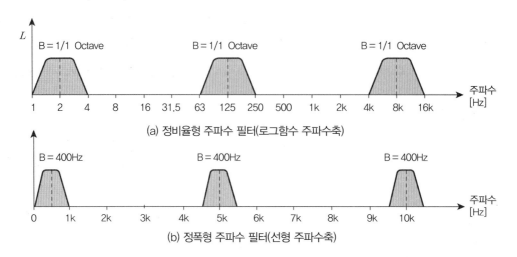

▌그림5-10▐ 여파기(filter)의 형태와 주파수축 스케일

● 정비율형(定比率形) 또는 일정 백분율 대역폭 필터(constant percentage bandwidth filter)

이 여파기(filter)는 중심주파수가 높아질수록 대역폭이 커진다. 즉, 대역폭이 중심주파수와 일정한 비율 관계를 가진다. 따라서 주파수축의 눈금은 로그함수로 표시된다. 음향(소음)신호와 같은 광대역 신호의 주파수 분석에 적합하다. 1/1 옥타브 대역필터, 1/3 옥타브 대역필터, 그리고 협대역 필터 등이 있다.

정비율형 여파기의 감도(filter ability) 즉, 품질인자(Quality-factor)는 3dB 감쇠된 점의 대역폭으로 중심주파수를 나눈 값이다.

● 정폭형(定幅形) 또는 일정 대역폭 필터(constant bandwidth filter)

중심주파수와 관계없이 주파수 축의 어디에서나 대역폭이 일정한 여파기(filter)이다. 따라서 주파수축의 눈금 간격이 일정한, 선형(linear)이다. 회전기계나 구조물의 진동해석 등에 적합하다. 소음원 및 진동원에 대한 대책을 세우는 데 주로 사용하며, 종류로는 FFT (Fast Fourier Transform; 고속 푸리에 변환) 방식과 헤테로다인(heterodyne) 방식의 여파기(filter) 등이 있다.

일정 대역폭 여파기의 형상인자(shape factor) 즉, 감도(感度; filter ability)는 통상적으로, 여파기 특성의 6dB 감쇠된 점의 대역폭(예: 3kHz)으로, 60dB 감쇠된 점의 대역폭(예: 6kHz)을 나누어 구한다. (예: shape factor; 6/3=2). 참고로 40dB 형상인자는 3dB 감쇠된 점의 대역폭으로 40dB 감쇠된 점의 대역폭을 나누어 구한다.

④ 1/1 옥타브 대역 및 1/3 옥타브 대역필터(octave band filter) - 정비율형(定比率形) 필터

옥타브(octave)란 음악에서 음계의 어떤 음으로부터 8음정이 되는 음 또는 그 양자의 간격을 말한다. 1Hz부터 시작해서 그 배수가 되는 주파수를 중심주파수로 하는 주파수 대역을 1/1 옥타브 대역이라고 한다. 즉, 1/1 옥타브 대역의 중심주파수는 1, 2, 4, 8, 16, 31.5, 63, 125 ··· 1000, 2000, 4000, 8000, 16000Hz가 된다. (그림 5-11, 표 5-3 참조). 참고로 인간의 가청주파수 대역은 10개의 옥타브 대역으로 구성되어 있다.

주파수를 더욱더 정밀하게 분석하기 위해서 1/1옥타브 대역을 2개, 3개 또는 n개의 구간으로 나누어 중심주파수를 갖도록 하는 경우, 이를 1/2, 1/3 또는 1/n 옥타브 대역이라고 한다. 실제 소음 측정에서는 주로 옥타브 대역 스펙트럼이 계산에 사용되는데, 이를 위해서 1/3 옥타브 대역에서 소음을 측정한 다음에 1/1 옥타브 대역 수준으로 변환한다.

임의의 옥타브 대역에서 가장 낮은 주파수를 f_L, 가장 높은 주파수를 f_H라고 하면, 이들의 비는 식(5-1)과 같은 일반식으로 나타낼 수 있다.

$$\frac{f_H}{f_L} = 2^k \quad\text{...} \quad (5-1)$$

여기서 k는 1/1 옥타브 대역에서는 1, 1/3 옥타브 대역에서는 1/3이 된다.

따라서 고역 차단주파수(f_H)와 저역 차단 주파수(f_L)의 상관관계는 다음과 같다.

$$1/1 \text{ 옥타브 대역에서} \quad \frac{f_H}{f_L} = 2^k = 2^1 = 2, \quad f_H = 2f_L \quad\text{.....................} \quad (5\text{-}1a)$$

$$1/3 \text{ 옥타브 대역에서} \quad \frac{f_H}{f_L} = 2^k = 2^{(1/3)}, \quad f_H \approx 1.26f_L \quad\text{.......................} \quad (5\text{-}1b)$$

따라서 임의의 옥타브 대역에서 중심주파수(f_m)에 대한 일반식은 식(5-2)와 같다.

$$f_m = \sqrt{f_H \cdot f_L} \quad\text{...} \quad (5\text{-}2)$$

그러므로 1/1 옥타브 대역 및 1/3 옥타브 대역 각각의 중심주파수는 다음 식으로 구한다.

$$1/1 \text{ 옥타브 대역;} \quad f_{m.1/1} = \sqrt{f_H \cdot f_L} = \sqrt{f_L \cdot 2f_L} = \sqrt{2}\,f_L = 1.414f_L \text{ ··} (5\text{-}2a)$$

$$1/3 \text{ 옥타브 대역;} \quad f_{m.1/3} = \sqrt{f_H \cdot f_L} = \sqrt{f_L \cdot 1.26f_L} = \sqrt{1.26}\,f_L = 1.12f_L (5\text{-}2b)$$

대역폭(B_w; band width)은 각각 다음 식으로 구한다.

$$1/1\text{옥타브 대역폭}; \quad B_{w.1/1} = f_{m.1/1}\left(2^{\frac{k}{2}} - 2^{-\frac{k}{2}}\right) = f_{m.1/1}\left(2^{\frac{1}{2}} - 2^{-\frac{1}{2}}\right) = 0.707 f_{m.1/1} \tag{5-3a}$$

$$1/3\text{ 옥타브 대역폭}; \quad B_{w.1/3} = f_{m.1/3}\left(2^{\frac{k}{2}} - 2^{-\frac{k}{2}}\right) = f_{m.1/3}\left(2^{\frac{1}{6}} - 2^{-\frac{1}{6}}\right) = 0.232 f_{m.1/3} \tag{5-3b}$$

예를 들면, 1/1 옥타브 대역과 1/3 옥타브 대역에서 각각의 중심주파수가 1,000Hz일 경우, 주파수 대역폭은 다음과 같다.

- 1/1 옥타브 대역에서는 710 ← $\underline{1,000}$ → 1,420Hz,
- 1/3 옥타브 대역에서는 890 ← $\underline{1,000}$ → 1,120Hz

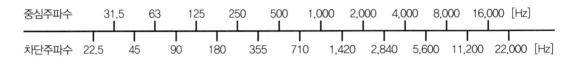

| 중심주파수 | 31.5 | 63 | 125 | 250 | 500 | 1,000 | 2,000 | 4,000 | 8,000 | 16,000 | [Hz] |

| 차단주파수 | 22.5 | 45 | 90 | 180 | 355 | 710 | 1,420 | 2,840 | 5,600 | 11,200 | 22,000 | [Hz] |

┃그림5-11┃ 1/1 옥타브 대역필터(filter)의 중심주파수와 차단주파수

⑤ 협대역 필터(narrow‑band filter)

협대역 필터는 1/3 옥타브 대역필터와 비교하면 주파수 대역폭이 더욱더 좁은 여파기(filter)이다. 대역폭이 좁으면 좁을수록 더 상세한 정보를 얻을 수 있지만, 계산은 더욱더 복잡해진다.

정비율형 협대역 필터는 대역폭과 중심주파수의 비율이 일정하므로 높은 주파수 영역에서는 대역폭이 넓어져, 상세한 주파수 분석에는 부적당한 측면이 있다. 반면에 일정 대역폭 협대역 필터는 어떠한 중심주파수에서도 대역폭이 항상 일정하므로 높은 주파수 대역에서도 주파수를 상세하게 분석할 수 있다는 이점이 있다.

대표적인 것이 고속 푸리에 변환(FFT : Fast Fourier Transform) 방식의 일정 대역폭 협대역 필터를 사용한 실시간 분석기이다. 이 방식의 실시간 분석기는 일정 대역폭 주파수 성분을 정밀하게 분석할 수 있으며, 옥타브 대역 분석과 비교하면 더욱더 섬세한 주파수-해상도를 얻을 수 있다. 따라서 소음·진동의 주파수 성분과 기계장치(예: 자동차)의 구조 및 동작과 관련지어 소음·진동의 발생원인을 규명하는데 안성맞춤이다.

협대역 분석은 엄밀하게 말해서 개략적인 선 그래프(line graphs)로 표시되지만 다른 분석과 비교할 수 있다. 협대역 분석은 "폭포 차트(waterfall chart)" 또는 오늘날 색상 스펙트럼에서 많이 사용하는 3차원 좌표계(예 : x 축은 회전속도, y 축은 주파수, z 축은 색상 코딩)로 나타낼 수도 있다.

▌표 5-3 ▌ 1/1 옥타브 대역필터와 1/3 옥타브 대역필터의 중심주파수와 차단주파수

Octave band			third octave band		
f_L	f_m	f_H	f_L	f_m	f_H
			11.1	12.5	14.0
11.3	16	22.6	14.3	16	18.0
			17.8	20	22.4
			22.3	25	28.1
22.3	31.5	44.5	28.1	31.5	35.5
			35.7	40	44.9
			44.6	50	56.1
44.5	63	89.1	56.1	63	70.7
			71.3	80	89.8
			89.0	100	112
88.4	125	177	111	125	140
			143	160	180
			178	200	224
177	250	354	223	250	281
			281	315	353
			357	400	449
354	500	707	446	500	561
			561	630	707
			713	800	898
707	1000	1410	890	1000	1120
			1110	1250	1400
			1430	1600	1800
1410	2000	2830	1780	2000	2240
			2230	2500	2810
			2810	3150	3530
2830	4000	5660	3570	4000	4490
			4460	5000	5610
			5610	6300	7070
5660	8000	11300	7130	8000	8980
			8900	10000	11200
			11100	12500	14000
11300	16000	22600	14300	16000	18000
			17800	20000	22400

(2) 주파수 스펙트럼의 분석(Analyzing of frequency spectrum)

일반적으로 소음 및 진동은 다수의 주파수 성분이 합성되어 있으며, 아주 복잡한 파형을 가지고 있다. 프리즘이 햇빛을 파장별로 분해하여 무지개 색깔의 스펙트럼으로 나타내듯이, 주파수 분석기(예: FFT 방식)는 소음과 진동의 주파수를 분해하여 각각의 성분음으로 나타낼 수 있다. 1/1 옥타브 대역필터에서부터 협대역 필터에 이르기까지 목적에 맞는 필터를 사용하여, 주파수별 소음 및 진동의 크기(진폭)의 분포도를 구하면, 소음(진동)의 레벨에 가장 큰 영향을 미치는 주파수 대역을 쉽게 확인할 수 있다.

① 푸리에 변환(FT : Fourier Transform)

푸리에 변환(FT)이란 그림 5-12에서와 같이 '시간 영역(time domain) 또는 시간 기준의 함수(혹은 신호)'를 '주파수 영역(frequency domain) 또는 주파수 기준'의 함수(혹은 신호)로 변환시키는 것 또는 그 변환된 결과를 말한다. 푸리에 변환(FT)은 어떠한 형태의 복합음이라도 다수의 순음 성분의 조합으로 나타낼 수 있다는 가설에 근거한다.

- Jean-Baptiste Joseph Fourier; 1768~1830, 프랑스, 수학자이자 물리학자.

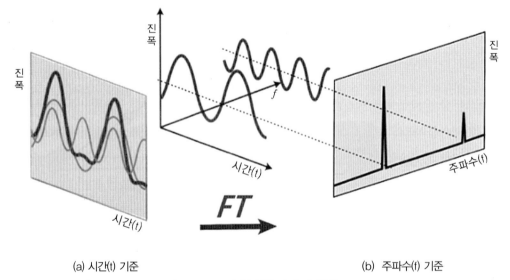

(a) 시간(t) 기준   (b) 주파수(f) 기준

┃그림5-12┃ 푸리에 변환(FT)의 과정(예)

② 고속 푸리에 변환(FFT : Fast Fourier Transform)

고속 푸리에 변환(FFT)이란 푸리에 변환(FT)을 이산화(離散化)하여 계산을 수행하는 이산 푸리에 변환(discrete Fourier transform)의 계산에서, 변환행렬의 규칙성을 이용하여 연산횟수를 크게 줄일 수 있도록 고안된 알고리즘이다. FFT 변환은 음성신호 또는 진동신호에 어떤 주파수 성분이 포함되어 있는지를 조사하는 스펙트럼 분석에 아주 유용하다.

③ 정현파의 스펙트럼(spectrum)

그림 5-13은 정현파의 시간기준 순간 음압 그래프를 주파수 기준 그래프로 변환한 것이다. 주파수 기준 그래프는 진폭 스펙트럼과 위상 스펙트럼의 두 그래프로 구성되어 있다. 진폭 스펙트럼은 어떤 주파수가 어떤 진폭으로 존재하는지를 나타내는 그래프이고, 위상 스펙트럼은 각 주파수 성분의 위상을 나타내는 그래프이다. 각각의 성분음의 위상은 청각적으로 느끼지 못하기 때문에 이를 생략하고, 성분음의 주파수와 진폭의 크기만을 나타낸 것을 스펙트럼(spectrum)이라고 한다.

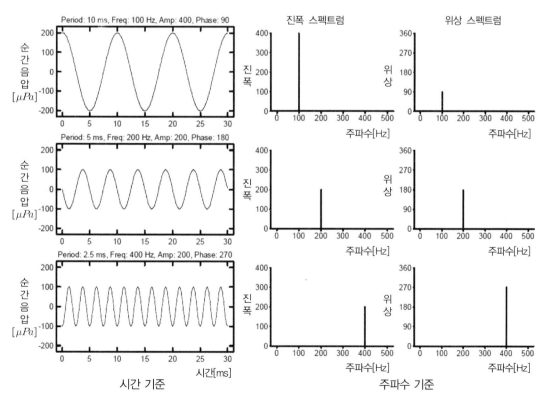

▋그림5-13 ▋ 3개의 정현파의 시간 기준 및 주파수 기준 표현

④ 복합음의 스펙트럼(spectrum)

복합 주기신호(complex periodic signals)는 기본주파수 (f_0), 그리고 기본주파수의 정수배 ($2f_0$, $3f_0$, $4f_0$ 등)의 에너지를 갖는 고조파 스펙트럼을 가지고 있다. 여기서 기본주파수(f_0) 란 주파수 기준 그래프에서 가장 낮은 주파수 성분을 말한다.

예를 들어, 그림 5-14에서 기본주파수가 200Hz인 상단의 신호는 우측 그래프에 200Hz, 400Hz, 600Hz, …, 1,200Hz, 1,400Hz, 1,600Hz 등에서의 에너지를 200Hz 간격으로 나타내고 있으며, 진폭이 가장 큰 주파수는 1,000Hz임을 알 수 있다. 우측의 스펙트럼에서 진폭은 임의 의 단위로 측정된다. 이 그림에서의 핵심은 복합 주기신호에 대한 기본주파수(f_0)의 정수배의 고조파 주파수의 분포이다.

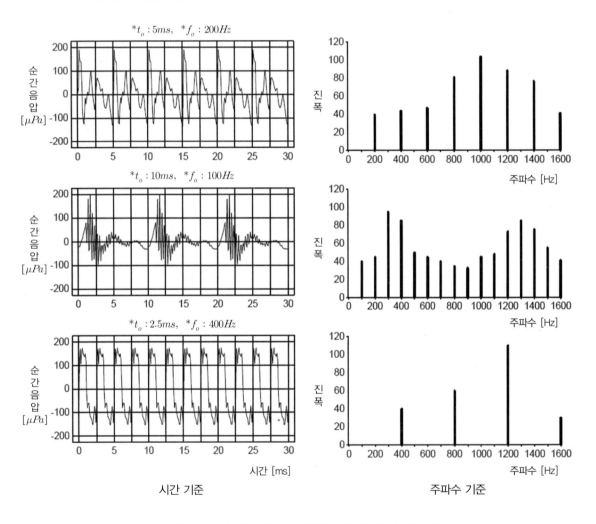

┃그림5-14┃ 3개의 복합 주기 신호의 시간 및 주파수 기준 표현

⑤ 대역폭 필터의 종류에 따른 스펙트럼 비교

그림 5-15는 동일한 신호를 서로 다른 형태로 나타낼 수 있음을 보여주고 있다. 그림 5-15에서 상단의 그림은 1초 동안 발생한 소음신호를 시간함수로 나타낸 것이고, 아래 그림은 대역별 스펙트럼 분석으로 나타낸 것이다. 스펙트럼 분석에서 인접한 3개의 1/3 옥타브 대역을 합하면 1/1 옥타브 대역의 크기가 됨을 나타내고 있다. 동시에 FFT-협대역 스펙트럼에서는 소음 레벨에 결정적인 영향을 미치는 즉, 레벨이 가장 높은 소음의 주파수가 50Hz임을, 쉽게 그리고 정확하게 확인할 수 있다.

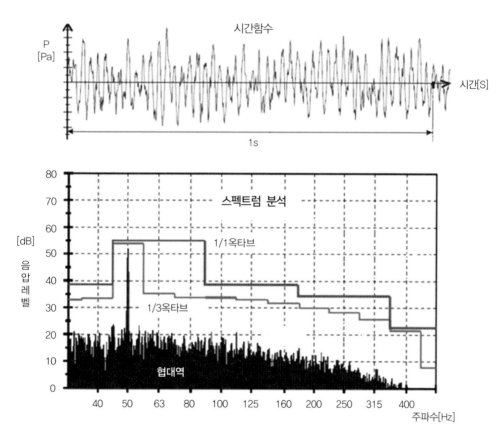

▌그림5-15 ▌ 음압의 시간함수와 해당 신호의 스펙트럼 분석(예)

소음레벨의 측정
Measuring of Sound Level

5-2

소음레벨의 측정방법은 KS 규격 및 소음·진동 관리법 시행규칙, 대기환경보전법 시행규칙 등에 명시되어 있다. 이 책에서는 제작 자동차의 가속주행소음(passby noise), 운행 자동차의 배기소음과 경적소음 그리고 자동차 내부 소음의 측정 등에 관해서만 설명한다.

1. 용어 설명

(1) dB(A) 보정 소음레벨(A weighted sound pressure level; L_A)

KS C IEC 61672-1에 규정된 소음계의 청감보정회로 (A)를 이용하여 측정한, 순간음압레벨(SPL; instantaneous Sound Pressure Level)을 말한다.

dB(A) 보정 소음레벨 L_A는 pp.38, 식 (2-11)과 같이 정의된다.

$$L_A = 10\log_{10}\frac{p^2}{p_0^2}[\mathrm{dB(A)}] \quad\text{..} \quad (2\text{-}11)$$

여기서 p는 음압의 실횻값이고, p_0는 기준음압 $20[\mu\mathrm{Pa}]$이다.

(2) 등가 소음레벨(Equivalent sound level; $L_{eq.t}$)

소음레벨이 시간과 함께 변화하는 경우, 측정시간 동안에 발생한 변동소음의 총에너지를 같은 시간 동안에 발생한 연속적인 정상(定常)소음의 에너지로 등가하여 계산한 소음레벨(평균 또는 실횻값)을 말한다. 적분 평균 소음계로 측정하며, 다음과 같이 정의된다.

$$L_{eq.t} = 10\log_{10}\left[\frac{1}{t_2-t_1}\int_{t_1}^{t_2}\frac{p_A^2(t)}{p_0^2}dt\right] \quad\text{...........................}\quad (5\text{-}4)$$

여기서 t는 실측시간 ($= t_2 - t_1$), $p_A(t)$는 A 특성 음압, p_0는 기준음압이다.

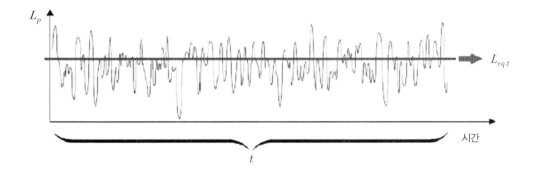

║그림5-16║ 등가 소음레벨의 정의

적분 평균 소음계(integrating sound level meter)는 등가 소음레벨(L_{eq}; Integrated averaged SPL)을 측정할 수 있는 소음계로, 일반 소음계와 구조가 같으나 집적회로가 내장되어 있다. 내장된 집적회로는 소음의 표본을 얻고자 할 때 유용하게 사용된다.

지역 환경소음 평가척도로서 유사한 용어로는 주야 등가 소음레벨(L_{dn}; day-night average sound level), $x\%$의 시간율 소음레벨(L_x; x percentile sound level; L_5, L_{10}, L_{50}, L_{90}, L_{95} 등) 등이 사용되고 있다. 예를 들면 시간율 소음레벨 L_{10}은 전체 표본조사 시간의 10%를 초과하는 소음레벨을 말한다.

(3) 단발소음폭로(單發騷音暴露) 레벨 ; (Sound Exposure Level; L_{AE})

단발적으로 발생하는 소음에서 1회 발생한 것을 A 특성으로 가중한 에너지와 같은 양의 에너지를 가진, 계속 시간 1초 동안의 정상음 소음레벨을 말한다. 다음 식으로 나타낸다.

$$L_{AE} = 10\log_{10}\left[\frac{1}{T_0}\int_{t_1}^{t_2}\frac{p_A^2(t)}{p_0^2}dt\right] \cdots\cdots\cdots\cdots\cdots (5\text{-}5)$$

여기서 T_0 : 표준시간(1초)

(4) 대상 소음

측정장소에서 배경 소음(또는 암소음) 외에 측정하고자 하는 특정 소음을 말한다.

(5) 암소음(暗騷音 ; background noise)

한 장소에서 특정 소음을 대상으로 소음을 측정할 경우, 대상 소음이 없을 때 그 장소의 소음을 대상 소음에 대한 암소음 또는 배경 소음이라고 한다. 예를 들면 자동차 경적소음 측정장소에 경적소음이 없을 때 그 장소의 소음을 경적소음에 대한 배경 소음 또는 암소음이라고 할 수 있다.

(6) 정상 소음(定常騷音; steady noise)

시간상으로 변동이 없거나 변동폭이 아주 작은 소음 즉, 소음레벨이 거의 일정한 것으로 간주할 수 있는 소음을 말한다.

(7) 변동 소음(fluctuation noise)

레벨이 불규칙하고 연속적으로 상당한 범위에 걸쳐서 변화하는 소음을 말한다. 예를 들면 자동차 교통량이 많은 도로의 근처에서 측정한 소음은 대부분은, 변동소음에 해당한다.

(8) 간헐 소음(intermittent noise)

간헐적으로 발생하고 연속시간이 수 초 이상 계속되는 소음을 말한다. 하나의 사상에서 다음 사상까지의 시간 간격이 거의 일정하거나, 열차 또는 항공기의 통과와 같이 불규칙할 때도 있다.

(9) 충격 소음(impulsive noise); L_I

폭발음, 타격음과 같이 아주 짧은 시간 동안(1초 이하) 지속하는, 음압 레벨이 높은 소음.

---

2. 데시벨[dB] 단위의 계산

음원에서의 음향출력[W], 소리전달경로에서의 소리세기[W/m^2], 그리고 소리를 듣는 사람의 청각기관이 감지하는 음압[Pa]을 각각의 기준값에 대한 로그함수로 치환하여 데시벨(dB) 단위로 표시하는 기본과정은 제2장 3절에서 상세하게 설명하였다.

여기서는 데시벨(dB) 단위의 수식 계산에 대해 상세하게 검토하기로 한다. 참고로 데시벨(dB) 계산에서는 소수점 이하를 반올림하지 않는다.

(1) 데시벨[dB] 단위의 합산

데시벨 단위의 합산에서의 문제점은 "1+1은 2가 되지 않는다 (1+1≠2)"는 점이다.

예를 들면, "94[dB] + 94[dB]"은 198[dB]이 아니라 97[dB]이 된다.

$$L_{iT} = 10 \log_{10} \frac{I}{I_0}$$

$$= 10 \log_{10} \left(\frac{I_1 + I_2 + I_3 + \cdots + I_n}{I_0} \right)$$

$$= 10 \log_{10} (10^{L_{i1}/10} + 10^{L_{i2}/10} + \cdots + 10^{L_{in}/10}) \cdots\cdots\cdots\cdots\cdots (5\text{-}6)$$

예제1 동일한 크기의 두 소리세기 레벨(예 : 94[dB])의 합은?

$$L_{iT} = 10 \log_{10} (10^{L_{i1}/10} + 10^{L_{i2}/10})$$

$$= 10 \log_{10} (10^{94/10} + 10^{94/10})$$

$$= 10 \log_{10} (10^{9.4} + 10^{9.4})$$

$$= 10 \log_{10} (2 \times 10^{9.4})$$

$$\simeq 97[\text{dB}]$$

* 동일한 크기의 소리세기 레벨을 가진 두 음원의 데시벨 합은 항상 하나의 음원 레벨에
   3[dB]을 더하면 된다.

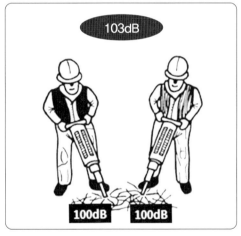

┃그림5-17┃ 동일한 크기의 음압 레벨을 가진 두 음원의 데시벨(dB) 합산(예)

예제2 4개의 음원으로부터 동시에 방출되는 소리세기 레벨이 각각 100[dB], 91[dB],
   90[dB], 89[dB]이다. 합성 소리세기 레벨은 몇 [dB] 인가?

$$L_{iT} = 10 \log_{10} (10^{100/10} + 10^{91/10} + 10^{90/10} + 10^{89/10})$$

$$= 10 \log_{10} (10^{10} + 10^{9.1} + 10^{9.0} + 10^{8.9}) \approx 101.2 \, [\text{dB}]$$

이때 간단히 합산하는 방법으로는 예를 들면, $L_{i1} > L_{i2}$일 경우, L_{i1}, L_{i2}의 합산은 표 5-4에서 $L_{i1} - L_{i2}$의 차이에 해당하는 보정 값을 찾아, 이를 큰 값인 L_{i1}에 더하여 구하면 된다. 3개 이상의 합은 큰 값부터 차례로 2개씩 더하여 구한다. 위의 계산문제를 예를 들어 합성 소리세기 레벨을 구해 보자.

▌표 5-4 ▌ L_{i1}[dB]과 L_{i2}[dB]의 합산 보정 값 ($L_{i1} > L_{i2}$일 경우)

$L_{i1} - L_{i2}$	0	1	2	3	4	5	6	7	8	9	10	11-12	13-14	15-19	20 이상
보정 값	3.0	2.5	2.1	1.8	1.5	1.2	1.0	0.8	0.6	0.5	0.4	0.3	0.2	0.1	0

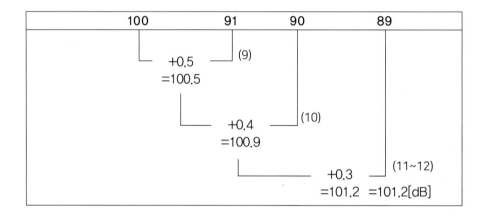

(2) 데시벨[dB] 단위의 평균값

임의의 점에서 소리세기의 평균값($\overline{I}$)은 식 (5-7)로 구한다.

$$\overline{I} = \frac{(I_1 + I_2 + \cdots + I_n)}{n} \quad \text{(5-7)}$$

소리세기 평균값 $\overline{I}$ 의 소리세기 레벨[dB]의 평균값을 $\overline{L_i}$라고 하면

$$\overline{L_i} = 10 \log_{10}\left(\frac{\overline{I}}{I_0}\right)$$

$$= 10 \log_{10}\frac{(I_1 + I_2 + \cdots + I_n)}{n I_0}$$

$$= L_i - 10 \log_{10} n \quad \text{(5-8)}$$

예제 3 동시에 가동하는 8대의 기계장치의 합성 소음레벨과 평균값은 각각 몇 [dB]인가?
(단, 8대의 소음레벨은 각각 83.5, 83.7, 84.2, 85.1, 86.0, 87.4, 88.4, 89.5이다.)

풀이 * 합산; $L_{iT} = 10\log_{10}(10^{L_{i1}/10} + 10^{L_{i2}/10} + \cdots + 10^{L_{in}/10})$

$L_{iT} = 10\log_{10}(10^{83.5/10} + 10^{83.7/10} + 10^{84.2/10} + 10^{85.1/10} + 10^{86/10} + 10^{87.4/10} + 10^{88.4/10} + 10^{89.5/10})$

$\quad = 10\log_{10}35.756 \times 10^8 \approx 95.53[\mathrm{dB}]$

$\quad$ * 평균값 ; $\overline{L_i} = L_i - 10\log_{10}n$

$\qquad \overline{L_i} = 95.53 - 10\log_{10}8$

$\qquad\quad = 86.5[\mathrm{dB}]$

(3) 데시벨[dB] 단위의 뺄셈

소리세기 "$I = I_1 - I_2[[\mathrm{W/m^2}]$"를 소리세기 레벨 $L_i[\mathrm{dB}]$로 표시하면 (단, $I_1 > I_2$),

$\dfrac{I_1}{I_o} = 10^{L_{i1}/10}$, $\dfrac{I_2}{I_o} = 10^{L_{i2}/10}$ 이므로

$$L_i = 10\log_{10}\left(\frac{I}{I_0}\right)$$
$$= 10\log_{10}\left(\frac{I_1 - I_2}{I_0}\right)$$
$$= 10\log_{10}\left(10^{\frac{L_{i1}}{10}} - 10^{\frac{L_{i2}}{10}}\right) \quad\cdots\cdots (5\text{-}9)$$

뺄셈 방법은 예를 들면, $L_{i1} > L_{i2}$ 일 경우, 표 5-5에서 $L_{i1} - L_{i2}$의 차이에 해당하는 보정 값을 찾아서, 큰 값인 L_{i1}에서 보정 값을 빼서 L_{i2}를 구할 수도 있다.

┃표 5-5┃ $L_{i1}[\mathrm{dB}]$과 $L_{i2}[\mathrm{dB}]$의 뺄셈 보정 값 ($L_{i1} > L_{i2}$일 경우)

$L_{i1} - L_{i2}$	0	1	2	3	4	5	6	7	8	9	10	11	12	13-14	15
보정값	최소 10	6.9	4.3	3.0	2.2	1.7	1.3	1.0	0.7	0.6	0.5	0.4	0.3	0.2	0.1

예를 들면, 새로운 기계장치를 설치할 때, 암소음(暗騷音; background noise)을 제외하고 기계장치의 소음레벨을 측정하고자 한다. 해결방법은 기계장치를 작동시키지 않고 먼저 암소음 레

벨을 측정하고, 이어서 기계장치를 작동시키고 소음레벨을 측정한다. 총 소음레벨에서 암소음 레벨을 차감하여 기계장치만의 소음레벨을 구할 수 있다.

총 소음레벨은 85[dB]이고, 암소음 레벨은 78[dB]로 측정되었다고 가정하자. 이때 총 소음레벨과 암소음 레벨의 차이는 7[dB]이다. 표 5-5에서 차이가 7 [dB]인 경우, 보정 값은 1[dB]이므로, 기계장치 자체만의 소음레벨은 85 - 1=84[dB]이 된다.

(4) 주파수와 위상이 같은 순음의 음압 변화에 따른 음압레벨의 변화량(ΔL_p)

$$\Delta L_p = L_{p2} - L_{p1} \ \ (\text{단, } L_{p2} > L_{p1})$$

$$= 20 \log_{10} \frac{p_2}{P_1} [\text{dB}] \ \cdots\cdots\cdots\cdots\cdots\cdots\cdots\cdots\cdots\cdots\cdots\cdots (5\text{-}10)$$

예제4 주파수와 위상이 같은 순음의 음압이 다음과 같이 변할 때, 음압레벨의 변화량은?
(a) 2배로 증가, (b) 1/2배로 감소, (c) 10배 증가, (d) 1/10로 감소

풀이 (a) 2배로 증가 ($p_2/p_1 = 2$)

$$\Delta L_p = 20 \log_{10} \frac{p_2}{P_1} = 20 \log_{10} 2 = 6[\text{dB}]$$

(b) 1/2배로 감소 ($p_2/p_1 = 1/2$)

$$\Delta L_p = 20 \log_{10} \frac{p_2}{P_1} = 20 \log_{10} (1/2) = - 6[\text{dB}]$$

(c) 10배 증가 ($p_2/p_1 = 10$)

$$\Delta L_p = 20 \log_{10} \frac{p_2}{P_1} = 20 \log_{10} 10 = 20[\text{dB}]$$

(d) 1/10로 감소 ($p_2/p_1 = 1/10$)

$$\Delta L_p = 20 \log_{10} \frac{p_2}{P_1} = 20 \log_{10} (1/10) = - 20[\text{dB}]$$

(a)는 주파수와 위상이 같은 순음의 음압이 2배로 높아지면 음압레벨은 6[dB]이 상승하게 됨을 의미한다. 동일한 주파수, 동일한 음압의 순음이라도 위상에 따라 합성음의 음압레벨은 변한다. 동위상이면 레벨은 상승하지만, 역위상이면 레벨은 감소한다.

3. 가속 차량의 방사소음 측정- 공학적 방법 (KS I ISO 362)

소음·진동 관리법에는 제작차에 대해서는 가속주행소음, 배기소음 및 경적소음의 허용기준을, 운행차에 대해서는 배기소음과 경적소음의 허용기준을 제시하고 있다. 그리고 가속주행소음의 측정은 ISO 기준을 따르도록 명시하고 있다.

제작차의 가속주행소음(pass-by noise)을 측정할 때는, 자동차의 진입속도와 탈출속도를 정확하게 측정할 수 있는 "차속 측정장치"를 반드시 사용해야 한다. 그러나 진입선 진입 시점부터 탈출선에 도착하기까지 가속페달을 끝까지 밟아 스로틀밸브를 완전히 연 상태(wide open throttle)임을 시험자동차의 외부에서 확인할 수 있는 "가속확인장치"는 필요한 경우에만 사용한다.

(1) 주행 시 가속소음 측정장소 개략도(예)

그림 5-18에서 A−A´는 진입선, B−B´는 탈출선이다. 그리고 음영 영역(테스트 영역)은 KS I ISO 362 규정에 적합한 포장재로 포장되어 있어야 하는 최소 영역이다. 그림에서 숫자의 단위는 m이며, 마이크로폰의 설치높이는 지상으로부터 1.2m이다. 그리고 반지름 50m 이내에는 대형 반사물체가 없어야 한다.

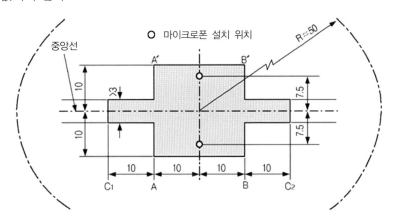

┃그림5-18┃ 가속주행소음 시험장 표면의 최소 요구 조건 (KS I ISO 362)

(2) 소음측정기의 요건

① 소음측정기는 KS C IEC 61672-1에서 정한 등급(class) 1 또는 이와 동등한 성능 이상을 가진 것을 사용하여야 하고, 지시계의 동 특성은 "빠름(Fast)"을, 청감보정특성은 "A"를 사용한다.

② 자동기록장치의 성능등급은 소음측정기에 연결된 상태에서 소음측정기의 성능등급과 같

거나 그 이상이어야 하며, 동 특성을 선택할 수 있는 경우에는 "빠름(Fast)"에 준하는 상태에서 사용하여야 한다.

③ 소음측정기는 제작자 사용설명서에 따라 조작하고, 측정 전에 충분한 예열 및 교정을 해야 한다.

(3) 측정 차량의 요건

① 차량은 제작자가 정한 바에 따른 연료, 점화장치 등을 사용하고, 측정을 시작하기 전에 정상 운전조건으로 조정(tuning)되어 있어야 한다.

② 시험용 타이어는 제작자가 선택하고, 제작자가 설계한 치수여야 한다. M1(승객운송용; 운전석 외에 8개 이하의 좌석) ~ N3(화물운송용; 최대허용하중 12톤 이상) 차량의 경우, 트레드 깊이가 1.6mm 미만인 타이어는 사용하지 않아야 하며, 공기압은 제작자 규정압력으로 충전되어 있어야 한다.

(4) 주행 시 가속소음의 측정

자동차가 주행 중 가속할 때 발생하는 소음으로써, 자동차의 지정 변속단에서의 최대출력 시의 이론속도의 3/4, 또는 50km/h 중 낮은 속도로 소음측정구간 진입선(A – A′) 직전까지 정속으로 주행하다가 진입선(A – A′)에 진입한 직후, 곧바로 가능한 한 급격하게 가속페달을 끝까지 밟아 자동차가 전부하(full load) 상태에 도달하게 한다. 이 상태를 자동차의 뒤 범퍼의 선단이 탈출선(B – B′)을 벗어날 때까지 유지한다. 자동차가 진입선에 진입하여 탈출선을 통과하는 동안에 발생하는 소음의 최댓값을 양쪽에서 최소한 4회 측정한다. (규정값은 표 5 – 6 참조)

그리고 차량 총중량 2톤 이상의 환경부장관이 고시하는 오프로드(off – road)형 승용자동차와 화물자동차 중, 원동기 출력 195마력 미만인 자동차에 대하여는 표 5 – 6의 가속주행소음 기준에 1dB(A)을 가산하여 적용하며, 원동기출력 195마력 이상인 자동차에 대하여는 표 5 – 6의 가속주행소음 기준에 2dB(A)을 가산하여 적용한다.

∎ 표 5-6 ∎ 제작 자동차(2006년 1월 1일 이후 제작차)의 소음 허용기준 (2018.1)

자동차 종류	소음 항목		가속주행소음(dB(A))		배기소음 (dB(A))	경적소음 (dB(C))
			직접분사디젤 외	직접분사디젤		
경 자동차	사람 운송 전용		74 이하	75 이하	100 이하	110 이하
	상기 목적 외		76 이하	77 이하		
승용 자동차	소형		74 이하	75 이하	100 이하	110 이하
	중형		76 이하	77 이하		
	중대형		77 이하	78 이하	100 이하	112 이하
	대형	출력 195마력 이하	78 이하	78 이하	103 이하	
		출력 195마력 초과	80 이하	80 이하	105 이하	
화물 자동차	소형		76 이하	77 이하	100 이하	110 이하
	중형		77 이하	78 이하		
	대형	출력 97.5마력 이하	77 이하	77 이하	103 이하	112 이하
		출력 97.5 마력 초과 195마력 이하	78 이하	78 이하		
		출력 195마력 초과	80 이하	80 이하	105 이하	112 이하
이륜 자동차	총배기량 175cc 초과		80 이하	80 이하	105 이하	110 이하
	총배기량 80cc 초과, 175cc 이하		77 이하	77 이하		
	총배기량 80cc 이하		75 이하	75 이하	102 이하	

4. 운행자동차의 배기소음 측정

정지 차량의 방출 소음 측정 – 간이 측정 방법(KS I ISO 5130), 그리고 소음·진동 관리법 제44조 1항 관련, "운행차 정기검사의 방법·기준 및 대상 항목"에 명시된 배기소음 측정방법을 함께 설명한다.

(1) 측정장소의 요건

① 가능한 한 주위로부터 음의 반사와 흡수, 그리고 암소음에 의한 영향을 받지 않는 개방된 장소로서, 시험차량의 사방 최외측으로부터 3m 이내에는 소음측정기의 레벨 판독에 영향을 미칠 것 같은 형태나 물건이 없어야 하고, 차량 외측으로부터 사방 1m 이내의 바닥은 아

스팔트, 콘크리트 또는 단단한 물질로 평탄하게 포장되어 있어야 한다.

② 마이크로폰 설치 위치의 높이에서 측정한 풍속이 5m/s를 넘을 때는 측정하지 않을 것을 권유한다.

③ 관찰자와 운전자를 제외하고는 계기 판독에 영향을 미치는 사람은 측정하는 동안 측정장소에 남아있어서는 안 된다.

④ 암소음(바람 포함) 레벨은 측정된 자동차 소음의 레벨보다 10㏈이 더 낮아야 한다.

(2) 소음측정기의 요건

① 소음측정기는 KSC IEC 61672-1에서 정한 등급(class) 1 기기의 요구사항을 만족하는 것을 사용하여야 하고, 지시계의 동 특성은 "빠름(Fast)"을, 청감보정특성은 "A"를 이용한다.

② 자동기록장치의 성능등급은 소음측정기에 연결된 상태에서 소음측정기의 성능등급과 같거나 그 이상이어야 하며, 동 특성을 선택할 수 있는 경우에는 "빠름(Fast)"에 준하는 상태에서 사용하여야 한다.

③ 소음측정기 등 각종 계기는 제작자 사용설명서에 따라 조작하고, 측정 전에 충분한 예열 및 교정을 해야 한다.

(3) 엔진회전속도 측정 및 엔진작동 조건

① 엔진회전속도 측정

측정할 엔진회전속도에서 최소 ±2% 또는 그 이상의 표준한계를 충족하는 기기를 사용하여 측정한다.

② 엔진작동조건 ; n은 엔진생산회사가 제시한 최대출력에서의 회전속도

- SI 엔진(모터사이클 제외) ; 3n / 4
- 디젤 엔진(모터사이클 제외) ; 3n/4, 또는 공인된 무부하 속도
- 모터사이클 ; n / 2 (n > 5000 rev/min), 3n / 4(n ≤ 5000 rev/min)

(4) 운행 자동차의 배기소음 근접 측정

자동차를 들어 올려 배기관 및 소음기의 상태를 확인하여 배출가스가 최종 배출구에 도달하기 전에 유출되는지의 여부를 확인한다. 배출가스가 최종 배출구에 도달하기 전에 유출되어서는 안 된다.

① 마이크로폰의 위치

측정대상 자동차의 배기관 끝으로부터 배기관 중심선에 45° ± 5°의 각(차체 외부 면으로 먼 쪽 방향)을 이루는 연장선 방향으로 0.5m 떨어진 지점이어야 하며, 동시에 지상으로부터의 높이는 배기관 중심높이에서 ±0.05m인 위치에 마이크로폰을 설치한다. (지상으로부터의 최소 높이는 0.2m 이상이어야 한다)

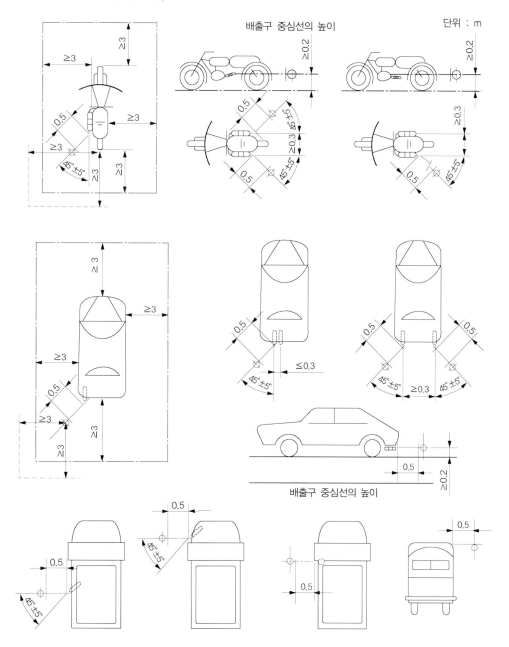

┃그림5-19┃ 운행 자동차 배기소음 측정 시 마이크로폰 설치 위치(KS I ISO 5130),

또한, 자동차의 배기관이 차체 상부에 수직으로 설치된 경우의 마이크로폰 설치 위치는 배기관 끝으로부터 배기관 중심선의 연직선의 방향으로 0.5m 떨어진 지점을 지나는 동시에 지상높이가 배기관 중심높이 ±0.05m인 위치로 하며, 그 방향은 지면의 상향으로 배기관 중심선에 평행하는 방향이어야 한다. 다만, 자동차의 배기관이 2개 이상일 경우에는 인도 측과 가까운 쪽 배기관에 대하여 마이크로폰을 설치하여야 한다. 기타 여기에서 설명되지 아니한 배기관의 경우, 마이크로폰 설치 위치는 배기소음 측정값을 가장 크게 나타내는 위치이어야 한다.

② 배기소음의 근접 측정

- 자동차의 변속기어를 중립위치로 하고 정지가동(idling)상태에서 자동차를 원동기 최고 출력 시의 75% 회전속도에서 4초 동안 운전하여 그동안에 자동차로부터 배출되는 소음 레벨의 최댓값을 측정한다.

- 다만, 원동기 회전속도 계수기를 사용하지 아니하고 배기소음을 측정할 때에는 정지가동 상태에서 원동기 최고회전속도로 배기소음을 측정하고, 이 경우 측정값의 보정은 중량자동차는 5dB, 중량자동차 이외의 자동차는 7dB을 측정값에서 빼서 최종 측정값으로 한다. 또한, 승용자동차 중 원동기가 차체 중간 또는 후면에 장착된 자동차는 배기소음 측정값에서 8dB을 빼서 최종 측정값으로 한다.

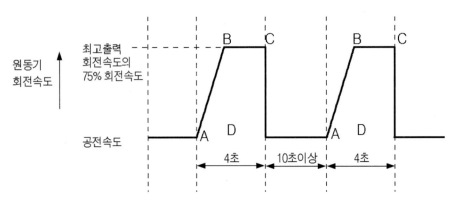

A   : 급가속 시작점
B↔C : 최고 출력 시 회전속도의 75% 회전속도 유지시간
C   : 급가속 종료점

▌그림5-20▌ 배기소음 측정순서 도표

표 5-7 ▮ 운행자동차(2006년 1월 1일 이후 제작 자동차)의 소음 허용기준

자동차 종류	소음 항목	배기소음(dB(A))	경적소음(dB(C))
경자동차		100 이하	110 이하
승용 자동차	소형	100 이하	110 이하
	중형	100 이하	110 이하
	중대형	100 이하	112 이하
	대형	105 이하	112 이하
화물 자동차	소형	100 이하	110 이하
	중형	100 이하	110 이하
	대형	105 이하	112 이하
이륜자동차		105 이하	110 이하

③ 측정값의 산출

- 측정항목별 자동차 소음의 크기는 소음측정기 지싯값(자동기록장치를 사용한 때는 자동기록장치의 기록값)의 최댓값을 측정값으로 하며, 암소음은 지싯값의 평균값으로 한다.
- 자동차 소음의 측정은 자동기록장치를 사용하여 기록하는 것을 원칙으로 하고, 측정항목별로 3회 이상 실시하여야 하며, 각 측정값의 차이가 1dB을 초과할 때에는 각각의 측정값을 무효로 한다. (대기환경 보전법에서는 배기소음은 2회 이상 측정하며, 측정값의 차이가 2dB을 초과하면 측정을 무효로 한다)
- 암소음의 측정은 각각의 항목별 측정을 하기 직전 또는 직후에 연속하여 10초 동안 실시하며, 순간적인 충격음 등은 암소음으로 취급하지 않는다.
- 자동차 소음과 암소음의 차이가 3dB 이상 10dB 미만이면 자동차 소음 측정값으로부터 표 5-8의 보정 값을 뺀 값을 최종 측정값으로 하고, 자동차 소음과 암소음의 차이가 3dB 미만일 경우에는 측정값을 무효로 한다.

표 5-8 ▮ 암소음에 대한 보정 값 (단위 : dB(A), dB(C))

자동차 소음과 암소음 측정값의 차이	3	4~5	6~9
보정 값	3	2	1

- 자동차 소음을 3회 이상(대기환경 보전법에서는 2회 이상) 측정한 값(보정한 것을 포함한다) 중에서 큰 값을 측정의 성적으로 한다.

5. 자동차 경적소음의 측정

경음기가 추가로 부착되어 있어서는 안 된다. 경음기를 육안으로 확인하거나, 3초 이상 작동시켜 추가 장착 여부를 귀로 확인한다. 지시계의 동 특성은 "빠름(Fast)"을, 청감보정특성은 C-특성을 사용한다. - dB(C)

(1) 마이크로폰의 설치 위치

마이크로폰의 설치 위치는 경음기가 설치된 위치에서 소음도가 가장 크다고 판단되는 자동차의 면에서 전방으로 2m 떨어진 지점을 지나는 연직선으로부터의 수평거리가 0.05m 이하인 동시에 지상 높이가 1.2±0.05m(이륜자동차, 측차부 이륜자동차 및 원동기부 자전거는 1±0.05m)인 위치로 하고 그 방향은 당해 자동차를 향하여 차량중심선에 평행하여야 한다.

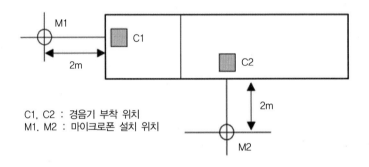

▌그림5-21 ▌ 경적소음 측정 시 마이크로폰 설치 위치

(2) 경적소음의 측정

자동차의 원동기를 가동하지 않은 정차상태에서 자동차의 경음기를 5초 동안 작동시켜 그동안에 경음기로부터 배출되는 소음의 최댓값을 측정하며, 2개 이상의 경음기가 연동하여 음을 발생시키는 경우에는 연동하는 상태에서 측정해야 한다. 축전지는 측정을 시작하기 전에 정상적으로 충전된 상태이어야 한다. 다만, 교류식 경음기를 장치한 경우에는 원동기 회전속도가 $3,000±100min^{-1}$인 상태에서 측정한다.

(3) 측정값의 산출

운행 자동차의 배기소음 측정값 산출방법을 경적소음의 측정값 산출에도 적용한다.

농업용 트랙터 및 들판에서 사용하는 차량을 제외한, 모든 종류의 도로용 자동차의 내부에서 소음 레벨 및 소음 스펙트럼의 측정에 적용한다.

(1) 측정량

① 소음계의 모든 측정은 시간 가중 "빠름(F)"을 적용한다.

② 형식시험 및 감시 시험에서 모든 마이크로폰 위치에서 측정한 양은 데시벨(dB) 단위의 A 가중 음압 레벨 L_{PA}이어야 한다.

③ 추가적인 특별 시험에서 선정된 마이크로폰 위치에서 스펙트럼 분석을 위하여 측정할 값은 최소한 45~11,200Hz 범위의 데시벨 단위의 옥타브 대역 또는 1/3 옥타브 대역 음압레벨이어야 하며, 1/3 옥타브 대역 음압레벨로 측정하는 것이 더 바람직하다. 참고로 강한 저주파수 성분을 고려할 경우, 스펙트럼 분석을 약 45Hz 아래로 확장하는 것이 좋다.

(2) 측정기기

① 소음계는 KS C IEC 61672 − 1(등급 1)에 따른 정밀도 등급이어야 하며, 마이크로폰은 전지향성(무작위 입사형)을, 바람막이는 소음계 생산자가 추천한 것을 사용한다.

② 테이프 레코더 및/또는 레벨 레코더를 포함한 추가 측정기기를 사용하면 그 총괄 전기 음향성능은 등급 1 계측기에 관한 KS C IEC 61672 − 1의 관련 절에 부합해야 한다.

③ 소음 스펙트럼 측정용 필터는 IEC 60225의 요건을 만족해야 한다.

④ 특별히 가속시험에서는 소음과 차량속도를 동시에 기록하기 위하여 쌍 트랙(twin-track) 테이프 레코더를 사용하거나 차량에서 직접 속도 대 소음을 기록할 XY - 기록계를 사용할 것을 권장한다.

⑥ 측정기기는 최소 45Hz~11,200Hz의 주파수를 측정할 수 있어야 한다.

⑦ 차량 주행속도와 엔진 회전속도는 최소한 3%의 정확도로 측정해야 한다.

(3) 음향 환경, 기상 조건, 암소음

① 측정장소는 차량에서 밖으로 방사된 소음이 벽 또는 유사한 대형 물체로 반사되지 않고 노면에서 반사되어 내부 소음에 영향을 미치도록 해야 한다. 측정 중 차량에서 주위 대형 물

체까지의 거리는 20m 이상이 되어야 한다.

② 차량 운전 중 주위 기온은 −5℃ ~ +35℃ 범위이어야 한다. 약 1.2m 높이에서 측정된 시험 트랙을 따른 풍속이 5m/s를 초과해서는 안 된다.

③ A 가중 음압 레벨의 모든 측정에서 배경 소음 및 측정기기 고유의 소음 레벨에 의하여 설정되는 동적 범위의 하한은 차량 소음의 A 가중 음압 레벨보다 최소한 10dB은 더 낮아야 한다.

주파수 분석 보정의 경우 K는 다음 식으로 계산하여 적용해야 한다.

$$K = 10 \log(1 - 10^{-0.1\Delta L})\,\mathrm{dB}, \; (\Delta L < 10\,\mathrm{dB} \text{ 인 경우})$$

여기에서 데시벨 단위의 ΔL은 차량 내부의 소음과 측정기기 고유의 소음 및 암소음을 더한, 주파수 대역 소음 레벨의 차이다. $\Delta L < 3\mathrm{dB}$에 해당하는 $K < (-3)$ dB로는 어떤 결과도 보고해서는 안 된다.

(4) 시험 도로 조건

차량의 내부 음압레벨은 일반적으로 일관된 내부 소음을 생성하는 매끈한 노면과 함께 도로의 노면 거칠기의 거시 조직(macro texture)에 크게 영향을 받는다. 따라서 시험 노면은 단단하고 가능하면 차량의 내부 음압레벨에 영향을 미칠 수 있는 틈새, 주름(ripple) 또는 이와 유사한 거시조직이 없이 매끈하고 수평이 맞아야 한다. 표면은 건조하고 눈, 오물, 돌, 나뭇잎 등이 없어야 한다.

(5) 차량 조건

① 엔진과 타이어 조건

시험 중 엔진의 모든 상태 및 운전조건은 제작자가 제시한 명세서와 부합해야 한다. 예를 들면 차량을 중속으로 적당한 거리를 운전해서, 시험 시작 직전에 정상 작동온도로 안정화해야 한다.

타이어는 통상 사용 조건에 적합한, 제작자가 정한 형식의 것으로서 제작자가 추천한 압력으로 충전되어 있어야 하며, 거의 신품으로서 최소 300km를 주행한 것이어야 한다. 도로를 벗어난 용도의 타이어가 선택사항이면 도로용 타이어로 교체, 장착해야 한다. 휠 밸런스(balance)가 맞지 않아서, 차량 내부 소음에 영향을 미칠 우려가 있을 때는, 차량의 휠을 정적 및 동적으로 밸런싱(balancing)해야 한다.

엔진 방열기가 플랩(flap) 같은 것을 장비하고 있으면 두 가지 가능한 조건(개방 및 밀폐)에서 측정을 수행해야 한다. 엔진 냉각 팬은 정상적으로 가동해야 한다.

② 차량의 부하

차량의 부하에 대한 초기 조건은 KS R ISO 1176과 부합해야 한다. 차량은 무부하 상태이어야 한다.

다만 표준 차량 장비, 측정 기기 및 필요 요원만 차량 내부에 탑재 또는 승차해야 한다. 승용차 내부 및 트럭, 트랙터 및 기타 상용 차량의 운전실 내부에는 두 사람(운전자와 관측자)을 초과한 사람이 있어서는 안 되고, 8인승 이상의 차량의 내부에는 세 사람을 초과해서는 안 된다.

③ 개구부, 창, 부속 장비, 조정 가능 좌석

스카이 – 라이트(skylight) 같은 개구부, 모든 창과 환기 입구 및/또는 출구는 차량 내부의 음향 레벨에 미치는 이들의 영향을 조사하는 것이 아니라면 닫혀 있어야 한다.

앞 유리 와이퍼와 같은 부속 장치와 히터 및/또는 에어컨을 시험 중에 가동해서는 안 된다. 환기장치나 임의의 부속 장치가 내부 총 소음에 미치는 영향을 조사하는 것이라면 장치를 가동하고 시험을 반복해야 한다. 부속 장치가 자동으로 작동되면 그 작동 상태를 보고서에 기술해야 한다.

조정이 가능한 좌석은 조정의 수평 및 수직 범위의 중간 위치에 고정해야 한다. 좌석의 등받침이 조정 가능하다면, 가능하면 수직에 가깝게 고정해야 한다.
조정 가능한 머리 받침은 중앙 위치에 고정해야 한다.

④ 차량 운전조건

차량의 운전조건은 다음의 어느 조건이 측정대상 차량에 적합하든지 간에 차량 내부 소음을 대표할 수 있도록 해야 한다.

a) 정상속도

b) 스로틀 전개 가속

c) 정지 시험; 디젤 엔진 장착 상용 차량과 버스에 대한 추가적인 감시 시험으로서 차량은 정지하고 엔진은 공회전하는 상태에서의 시험

a) 정상속도

60km/h 또는 최대 속도의 40% 중 낮은 속도에서 120km/h 또는 최대 속도의 80% 중 낮은 속도의 범위에서 그 범위를 등 간격으로 나눈 최소 다섯 속도에서 A 가중 음압레벨을 측정

한다.

측정은 다음 방법 중에서 하나의 방법으로 수행한다.

- 대등한 정상속도에서의 A 가중 음압레벨과 동일한 값을 제공할 정도로 충분히 낮은 가속도(예를 들면 $0.1\text{m}/\text{s}^2$)로 위에서 정한 속도 범위에서 서서히 가속하면서 선정된 속도에서 계측한 값

- 선정된 속도에서 등속으로 차량을 운전하여 대응한 값을 계측한다. 각 일정 속도 조건에 대하여 최소한 5초의 측정시간이 사용되어야 한다.

  변속기의 설정은 변속비를 바꾸지 않고 전 속도범위를 다룰 수 있는 최고 총괄 변속비에 고정해야 한다.

b) 스로틀 전개 가속

가속시험의 절차는 다음과 같다.

- 차량과 엔진의 속도는 규정된 초기 조건에서 안정되어야 한다.

- 안정 조건에 도달되었을 때 가능한 한 빨리 스로틀을 전개하고 차량 제작자가 규정한 최대 출력에서의 엔진회전속도(이하 "최대 출력 속도"로 칭함.)의 90%와 120km/h 중 낮은 속도에 도달할 때까지 소음을 측정한다. 바퀴 미끄럼은 A 가중 음압레벨의 최댓값에 영향을 미치므로 피해야 한다.

초기 운전조건은 다음과 같이 규정되어야 한다.

- 변속기 설정은 120km/h를 초과하지 않고 시험을 가능하게 하는 최고의 위치에 고정해야 한다.

- 그 설정을 시험 중에 변경해서는 안 된다.

- 최대출력 속도의 90%의 엔진회전속도에서 최고단 기어로 120km/h를 초과하면 낮은 단의 기어를 선택해야 하나 4단이나 5단 기어 박스에서는 3단 이상, 3단 기어 박스에서는 2단 이상을 선택해야 한다. 이 저단 기어에서도 120km/h를 초과하면 그 기어에서 60 ~120km/h 속도 범위에 대하여 차량시험을 수행한다.

- 가능하면 킥다운(kick-down) 기구는 작동되지 않도록 해야 한다.

- 초기 엔진회전속도는 시험 중 연속적으로 증가시킬 수 있는 최저 속도이어야 한다. 그러나 허용된 최 저단 기어로 최대출력 속도의 90%에서 120km/h(이 경우 초기 엔진회전속도가 차량속도 60km/h에 해당)를 초과하지 않으면, 최대출력 속도의 45%보다 낮지 않아야 한다.

- 자동변속기 차량에서 초기 엔진회전속도는 최대출력 속도의 45%에 가까워야 한다. 차량 속도는 약 60km/h보다 높지 않아야 한다.

  자동변속기 차량에서 최대출력 속도의 90%인 120km/h의 최종 속도에 이르기 전에 설정을 바꾸면, 초기속도는 설정이 바뀔 때 속도의 50%가 되어야 한다.

  참고로 토크 컨버터(torque converter)가 장착된 차량에서는 속도 제어가 어려울 수 있으므로 시험 조건은 현실적으로 가능한 범위에서 준수해야 한다.

c) 정지 시험

중립 기어에서 수행해야 할 정지 시험을 위한 절차는 다음과 같다.

- 엔진은 낮은 공회전 속도에서 운전해야 한다.
- 엔진이 높은 공회전 속도로 가속되도록 스로틀을 가능한 한 빨리 전개하고 최소한 5초 동안 완전히 열린 상태를 유지해야 한다.

(6) 마이크로폰 위치

- 차량 내부의 소음은 위치에 따라서 크게 변할 수 있다. 그러므로 마이크로폰 위치는 충분한 수로 운전자와 승객의 귀 위치에 대하여 차량 내부 소음의 분포를 적절히 대표할 수 있는 방법으로 선정해야 한다.
- 운전자의 위치에 하나의 측정점을 두어야 한다.
- 승용차에서는 차량의 뒤쪽에 하나의 추가 측정점을 갖는 것으로 충분하다.

  버스에서는 추가 측정점이 차량의 장축 근처, 차량의 중앙 및 후미에 필요할 수 있다. 앉거나 선 위치에 해당이 되는 곳을 포함해야 한다. 측정 중에는 운전석을 제외하고 어떤 사람도 선정된 위치를 점유해서는 안 된다.
- 마이크로폰은 벽이나 내장재(upholstery)에서 0.15m보다 더 가까이 있어서는 안 된다.
- 마이크로폰은 수평으로 향하고 마이크로폰의 제조자가 규정한 최대 감도의 방향이 좌석에 앉거나 서 있는 사람의 시선 방향이나 그런 방향이 정의되지 않으면 운전 방향으로 향하게 해야 한다.
- 시험에 사용된 마이크로폰은 차량진동의 영향을 받지 않도록 설치해야 한다. 그 설치 방법은 차량에 대하여 상대적으로 과대한 진폭(약 20mm 이상)의 진동 발생을 막아야 한다.
- 소음계의 제조자가 달리 기술하지 않았다면 최대 감도의 방향은 기준 방향과 일치해야 한다.

① 좌석에 대한 마이크로폰 위치

마이크로폰의 수직 좌표는 빈 좌석면과 좌석의 뒷면의 교선 위로 (0.7±0.05)m 높이에 있어야 한다.

수평 좌표는 빈 좌석의 중앙면(또는 대칭면)에 있어야 한다. 운전자가 탑승한 운전석에서 그 수평 좌표는 좌석의 중앙면에서 우측으로(우측 운전 차량의 경우는 좌측으로) (0.2±0.02)m 거리에 있어야 한다. 조정 가능한 좌석은 (5) - ③에 따라서 고정해야 한다.

② 선 위치에 대한 마이크로폰 위치

수직 좌표는 바닥으로부터 위로 (1.6±0.1)m에 있어야 한다. 수평 좌표는 선택된 점에 서 있는 사람위치에 상응해야 한다.

③ 침대차에서 마이크로폰 위치

침대차(sleeping-berth)나 구급차의 들것(stretcher)에서 마이크로폰은 비어 있는 베개 중앙 위로 (0.15±0.02)m에 있어야 한다.

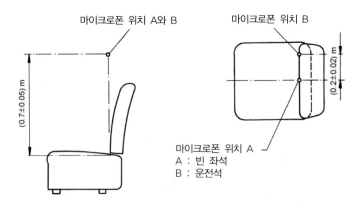

∥ 그림5-23 ∥ 좌석에 대한 마이크로폰의 위치(KS I ISO 5128)

(7) 시험 절차

① 정상속도에서 A 가중 음압레벨 값을 최소한 (5) - ④ - a) 의 정상속도에 규정된 다섯 속도에서 측정한다.

② 스로틀 전개 가속에 규정된 가속도 범위에서 측정한 A 가중 음압레벨의 최댓값을 취한다.

③ 정지 시험의 낮은 공회전에서 A 가중 음압 레벨 값과 스로틀을 전개한 상태에서 발생하는 최댓값을 취한다. 안정된 고속 공회전 속도에서 추가로 계측할 수 있다.

④ 검증시험을 위해서 각 마이크로폰 위치와 각 측정 조건에서 최소한 두 번의 측정을 해야 한

다. 어떤 측정 하에서라도 측정한 A 가중 음압레벨의 편차가 3dB을 초과하면 두 연속 측정 값이 3dB 범위 안에 있을 때까지 측정을 계속해야 한다. 이 두 측정값의 평균을 시험결과로서 기록해야 한다. 정상속도에 따른 시험을 위해서 이 평균값은 회귀(regression)선을 구하는 데 사용해야 한다. (⑥항 정상속도 시험의 평가 절차 참조).

- 시험 보고서에 기재할 값은 가장 가까운 정수의 데시벨 값으로 반올림을 해야 한다.
- 감시 목적으로는 각 규정된 측정 조건에서 선정된 마이크로폰 위치에서 하나의 측정으로 충분하다.
- 계측되는 일반적인 음압레벨과 특성이 다른 어떠한 피크(peak)도 무시해야 한다.

⑤ 소음계 지싯값의 변화가 클 때마다 지싯값의 평균을 구해야 한다. 가끔 발생하는 극단적인 피크 값은 무시해야 한다.

⑥ 정상속도 시험의 평가 절차는 다음과 같다.

차량 속도의 함수로 A 가중 음압레벨을 제시할 선형 회귀선을 (5)－④, (7)－① 및 (7)－④ 에 기술한 방법으로 구한 L_{PA} 및 속도에 대하여 선형 눈금으로 그려야 한다. 회귀선을 구하는 데는 가능하면 최소 자승법을 사용해야 한다.

회귀선으로부터 120km/h나 최대 주행속도의 80% 중 낮은 속도에 대하여 L_{PA} 값을 판독해야 한다. 이 속도 이하에서 음압레벨이 이 L_{PA} 값을 3dB 이상 초과하는 경우, 그중 가장 큰 값을 추가로 기재해야 한다.

1/1 옥타브 또는 1/3 옥타브 대역 스펙트럼은 그 스펙트럼의 A 가중값이 위에서 규정된 회귀선의 2dB 내에 있도록 앞 절에서 선택된 속도에 가능한 한 가까운 속도에 대하여 산출해야 한다. 그 스펙트럼에 상응하는 차량 속도는 시험 보고서에 기재해야 한다.

이 절차의 의도는 규정된 속도에서 공진에 의한 소음의 과대평가를 피하기 위한 것이다. 그리고 차량에서 접하는 소음의 더 포괄적인 기술을 제공하기 위하여 60km/h 또는 최대 속도의 40% 중 낮은 속도에서 A 가중 음압레벨 값을 회귀선에서 판독하여 추가로 기술할 수 있다.

TIP **선형 회귀(linear regression) 분석**

주어진 다수의 데이터를 대표하는 하나의 직선(회귀선)을 찾는 분석 방법. 단순 선형 회귀분석은 y=ax+b와 같이 입력변수 x가 1개인 함수(회귀식)를 기반으로 한다. 선형 회귀분석에서는 잔차(관측값의 y와 예측값의 y간의 차이)의 제곱의 합이 최소가 되도록 하는 최소제곱법으로 회귀선(직선)을 찾는다.

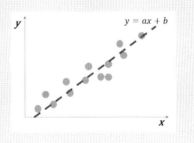

5-3 진동측정기와 진동의 정량화
Vibration Analyzer and Quantification of Vibration

진동은 지표면, 건물, 기계장치, 항공기/선박/자동차와 같은 운송수단, 그리고 전동공구에 이르기까지 여러 분야에서 발생하는 물리적 현상으로서, 지속시간, 형태, 강도 및 주파수 대역이 아주 다양하다. 따라서 진동측정의 목적도 개별 진동에 대한 현황 파악, 원인 규명, 영향 평가, 고장진단 및 대응책 강구에 이르기까지 아주 광범위하다.

외력에 의해 물체가 기준점을 중심으로 진동할 때 진폭의 크기 즉, 변위(displacement)로 진동의 크기를 나타낼 수 있다. 물론 속도와 가속도로도 진동의 크기를 나타낼 수 있다. 진동의 크기를 가속도, 속도 그리고 변위 중에서 어느 변수로 나타내든 진동의 파형과 주기는 같으며, 단지 위상만 다르게 나타난다.

진동계(vibration meter)를 사용하여, 기계장치의 회전부 또는 비회전부의 기계적 진동의 크기를 측정할 수 있다. 진동계는 가속도, 속도 또는 변위 중 어느 하나를 직접 측정할 수 있는 **진동 감지기**(vibration pick-up)를 갖추고 있다. 진동감지기로는 **가속도계**(accelerometer)를 많이 사용한다.

최근에 주목을 받고 있는 **비접촉식 레이저 스캐닝 진동측정기**(LSV; laser scanning vibrometer)는 물체가 진동할 때 발생하는 진동속도를, 빛의 간섭을 이용하여, 도플러 주파수로 측정하는 방식이다. LSV는 미세한 속도를 높은 분해능으로 빠르게 측정할 수 있어 기계장치, 전자기기, 자동차, 가전, 토목, 건축물, 비접촉으로 측정할 수밖에 없는 회전기기, 접근하기 어려운 위험환경에서의 측정에 많이 사용되고 있다. 속도를 미분하여 가속도로, 속도를 적분하여 변위로 변환시킬 수 있다 (그림 5-35 참조).

진동계는 대부분 기본적으로 주파수 분석 기능을 갖추고 있다. 이유는 진동의 평가 및 방지대책과 관련된 측정에서는 주파수 분석이 필요하기 때문이다. 주파수는 시스템 디자인의 함수이고, 진폭은 시스템에 작용하는 에너지의 결과물이다.

일반 진동계(vibration meter)의 필터 단자에 진동감각 보정회로(주파수 가중회로)를 추가하면, 진동에 대한 인체의 반응을 측정할 수 있는 **진동레벨계**(vibration level meter)가 된다. 진동레벨계의 진동감각 보정회로(주파수 가중회로)는 소음계의 청감보정회로와 비슷한 기능을 수행한다.

"KS B ISO 8041: 진동에 대한 인체의 반응 – 측정기기, 부속서 B. 주파수 가중" 참조

그러나 자동차산업 현장에서 사용하는 자동차 NVH – 분석기는 일반적으로 본체는 공통으로 사용하고, 소음 감지에는 마이크로폰을, 진동 감지에는 주로 가속도계를 사용하며, 청감보정회로(소음레벨측정)와 진동감각 보정회로(진동레벨 측정)를 필터회로에 추가하고, NVH – 고장진단 전용 프로그램 카드를 사용하여 소음/진동의 주파수와 가속도(속도) 그리고 레벨 등을 측정, 분석한다. 이 외에도 데이터 링크를 통해 비접촉식 온도계와 회전속도계로부터 얻은 정보 또는 주행속도와 엔진회전속도 정보를 활용한다. (그림 5 – 7, 그림 5 – 24 참조)

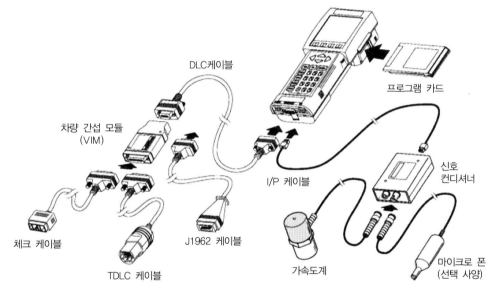

DCL: Diagnostic Connector Link,
DLC: Diagnostic link Connector,
TDLC: Toyota Diagnostic Connector Link

DTC: Diagnostic Trouble Codes,
J1962 Cable: OBDII cable (SAE J1962)

▌그림5-24 ▌ NVH 분석기의 구성(예: Toyota NVH-분석기)

이 책에서는 여러분의 이해를 돕기 위해서 NVH-분석기를 편의상 소음만을 측정하는 소음계(sound level meter), 기계장치의 회전부/비회전부의 진동을 측정하는 진동계(vibration meter), 그리고 진동에 대한 인체의 반응을 측정하는 진동레벨계(vibration level meter)로 구분하여 설명한다. 자동차 정비산업 현장에서는 주로 EVA(Electronic Vibration Analyzer), Engine Ear, Chassis Ear 및 Sirometer 등을 활용하여 소음/진동 관련 고장진단을 수행한다. (12-1-1 NVH 고장진단용 측정기 참조)

진동계 또는 진동레벨계를 이용하여 측정한 정보로부터 다음 사항을 결정할 수 있다.

- 진동 주파수[Hz] - 진동원(vibration source; 고장 개소)을 확인할 수 있다.
- 진동 에너지의 양/진폭 - 인간이 느끼는 진동의 크기를 확인할 수 있다.

진동은 주파수의 하한이 낮다는 점을 제외하면, 대부분 소음의 경우와 동일하게 취급해도 되므로 주파수 분석에 대해서는 "제5장 1절, 2. 스펙트럼 분석"을 참고하기 바란다. 진동측정기는 종류, 형태, 기능 및 성능이 아주 다양하다. 따라서 이 책에서는 자동차 진동의 측정, 분석에 사용되는, 단순한 형태의 진동계, 그리고 진동에 대한 인체의 반응을 측정할 수 있는 진동레벨계에 대해서 간략하게 설명할 것이다.

수리 전/후에 소음과 진동의 주파수 또는 진폭을 측정, 비교하여 수리의 성공 여부를 확인할 수 있다. 측정기로 측정한 결과는 촉감과 청각에 의한 결과보다 훨씬 더 객관적이기 때문이다.

1. 진동레벨계(vibration level meter) - (KS B ISO 8041 참조)))

진동에 대한 인체의 반응은 진동의 작용방향, 작용부위 그리고 주파수에 따라 다르다. 그러므로 진동레벨계는 좌우/전후의 수평(x, y) 방향 그리고 수직(z) 방향의 진동에 대한 인체의 반응특성을 고려하여 주파수를 보정하는 진동감각 보정회로(주파수 가중회로)를 갖추고 있다.

소음레벨의 단위로는 [dB(A)] 또는 [dB(C)]를 사용하는 데 반하여, 진동레벨의 단위로는 [dB], [dB(V)], [dB(H)] 또는 [dBg]를 사용한다. [dB(V)]는 수직진동에 대한 반응 특성을, [dB(H)]는 수평진동에 대한 반응특성을, 그리고 [dBg]는 진동력을 중력(또는 관성력)과 결합시켰음을 나타내고자 할 때 사용한다. 여기서 g는 중력가속도(* $1g \approx 9.8\mathrm{m/s^2}$)를 의미한다.

대상 진동원의 진동만을 측정할 경우, 대상 진동이 있을 때와 없을 때의 진동레벨계의 지싯값 차이가 10dB 이상일 때는 암진동이 대상 진동에 영향을 미치지 않는다. 그러나 지싯값의 차이가 10dB 이하일 때는 아래 보정표에 따라 진동레벨계 지싯값을 최종적으로 보정해야 한다.

┃표 5-9┃ 암진동의 보정 값

대상 진동이 있을 때와 없을 때의 차이	3 이하	4~5	6~9	10 이상
보정 값	-3	-2	-1	0

(1) 진동레벨계의 기본 구성

진동에 대한 인체의 반응특성을 측정하는 휴대용 진동레벨계는 휴대용 소음계와 비교할 경우, 외관은 비슷하지만, 마이크로폰 대신에 진동감지기를, 청감보정회로 대신에 진동감각 보정회로를 갖추고 있다.

진동감지기(vibration pick-up)로는 1축식 가속도계를 3개 사용하거나, 3축(x, y 및 z축) 방향의 진동을 동시에 연속적으로 측정할 수 있는 3축식 가속도계를 사용한다.

가속도계로부터의 미약한 신호는 전치 증폭기를 통과한다. 전치 증폭기에서 증폭된 신호는 진동감각 보정회로(주파수 가중회로)를 통과하면서 진동에 대한 인체의 반응에 적합하게 보정된다.

x, y 및 z 방향으로 측정된, 전신(whole-body) 진동 및 손-팔 진동은 다수의 필터에 의해 보정된다. 또한, 건물을 통해 전달되는 충격과 전신진동을 보정하기 위해서는 특별한 필터를 사용할 수도 있다. 보정은 관련 ISO 표준에 일치하여 이루어진다.

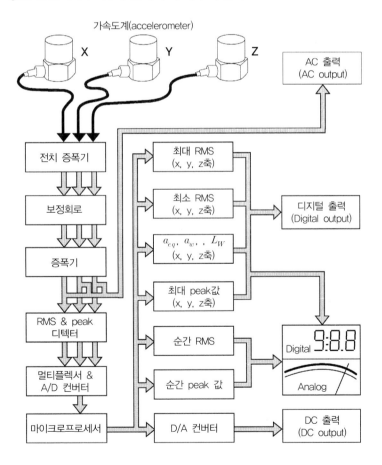

┃그림5-25┃ 진동레벨계의 기본 구성 블록선도(예; Brueel & Kjaer 인간진동 측정시스템)

신호 보정이 완료되면, 디지털 신호로 변환되기 전에, 다시 증폭되어 RMS 검출기에서 정류된다. 이어서 변환된 디지털 신호는 마이크로프로세서로 전달되어 측정 중에도 순간 RMS 및 등가 RMS 값, 순간 피크(peak) 값 및 최대 피크(peak) 값 그리고 최대 RMS 및 최소 RMS 값을 나타낼 수 있다.

그리고 측정이 종료되었을 때, 총 측정시간 T에 대한 총 등가 가속도(a_{eq}), 등가 가중가속도 레벨(L_w), 최대 피크 값, 최대 RMS, 최소 RMS 등을 판독할 수 있다. 이 모든 값을 디지털 디스플레이 및 유사 - 아날로그 지시계에 나타낼 수 있다.

진동신호(AC 출력)를 레코더(recorder)에 녹음하여, 차후에 필요한 데이터만 선별하여 정밀 분석에 사용할 수 있다. 그리고 디지털 출력은 측정 결과를 플로팅(plotting) 및/또는 인쇄출력(printing)할 수 있다.

소음계의 기본구성과 다른 부분 즉, 진동감지기(vibration pick-up)로서의 가속도계, 그리고 청감보정회로에 대응되는 진동감각 보정회로(frequency weighting filters)에 대해서만 설명한다.

(2) 진동 감지기(vibration pick-up)

진동에너지를 전기에너지로 변환하는 장치를 진동 감지기(vibration pick-up), 진동 변환기(vibration transducer), 또는 진동센서(vibration sensor)라고 한다. 진동체와의 접촉 여부에 따라 접촉식과 비접촉식으로 구분한다. 접촉식 진동감지기는 작은 추(mass)와 스프링으로 구성된 센서를 진동체에 밀착 또는 부착시켜 추의 상대 변위를 측정하는 구조로서 세이스믹 센서(seismic sensor)라고도 한다. 구조 및 동작 원리에 따라서는 압전형, 동전형, 용량형 등으로, 입력변수에 따라서는 가속도 감지센서, 속도 감지센서, 변위 감지센서 등으로, 그리고 동시에 감지 가능한 축방향의 수에 따라 1축식(single-axial)과 3축식(triaxial)으로 구분할 수 있다.

진동감지기는 대부분 감지기의 축방향 진동을 감지하도록 설계되어 있어서 설치방향을 측정하고자 하는 방향과 잘 일치시켜, 피측정 물체에 견고하게 부착 또는 밀착시켜야 한다.

접촉식 진동감지기는 나사, 밀랍, 순간접착제, 양면 테이프 및 자석 등을 이용하여 피측정체에 부착하거나, 탐침(hand prove)을 피측정체에 손으로 밀착시켜 측정하기도 한다. 감지기의 부착 방법에 따른 측정 주파수의 한계는 나사 결합은 10kHz까지, 밀랍이나 순간접착제는 8kHz까지, 자석은 2kHz까지, 양면 테이프는 500Hz까지, 탐침을 손으로 밀착시키는 경우는 약 400Hz 정도로 알려져 있다.

① 압전형 가속도계(piezoelectric accelerometer)

진동감지기로는 접촉식, 압전형 가속도계를 주로 사용한다. 압전형 가속도계는 다른 어떤 진동감지기보다 광범위한 주파수 영역에서 선형성이 좋으며, 비교적 튼튼하고 신뢰성이 높아서 장기간 사용해도 특성이 변하지 않는다. 이 외에도 자가발전을 하기 때문에 전원이 필요하지 않으며, 마모되는 가동부품이 없다는 장점이 있다.

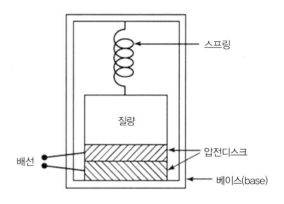

▮그림5-26▮ 압전형 가속도계의 기본 원리

압전소자의 극성방향으로 힘이 가해지면, 양쪽에 가해진 힘에 비례하는 전위차가 발생하게 된다. 이 전위차가 입력 가속도에 비례하는 출력으로 변환된다. 가속도계의 출력을 1회 적분하여 속도신호로, 2회 적분하여 변위신호로 활용할 수도 있다. 압전소자에 가해지는 힘의 종류에 따라 압축형, 전단형, 델타 전단형 등으로 구분한다.

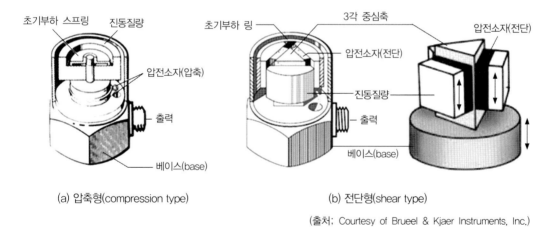

(a) 압축형(compression type)   (b) 전단형(shear type)

(출처; Courtesy of Brueel & Kjaer Instruments, Inc.)

▮그림5-27▮ 압전형 가속도계

압전형 가속도계는 소형, 경량으로 제작할 수 있으며, 중고주파 대역(10kHz 이하)의 가속도 측정에 적합하고 출력 임피던스가 크다. 그러나 압전소자 자체가 충격, 온도 등의 영향에 민감하다는 약점을 가지고 있다. 특히 사용온도 범위가 −10℃~50℃(~120℃) 이하로 낮고, 특수한 형식에서도 최대 약 250℃ 이하로 제한된다. 그리고 케이블의 용량에 의해 감도가 변화한다. 또 가속도계 내부에 전치 증폭기가 내장된 형식에서는 전치 증폭기에 정전류를 공급해야 센서가 동작한다.

(a) 크기와 모양이 다양한 가속도센서들(DEWE solutions)

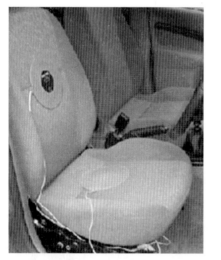

(b) 패드형 진동감지센서(시트용)

주사위형 어댑터

손잡이 어댑터

(c) 손–팔 진동감지센서 설치용 어댑터

▌그림5–28 ▌ 다양한 형태의 진동감지센서와 설치 위치 및 설치용 어댑터 (예)

> **TIP** 압전형 가속도계(piezoelectric accelerometer)의 주요 특성
>
> **1. 감도(sensitivity)**
> 가속도계에 가해지는 가속도의 크기가 일정하다면, 가속도계는 가속도의 주파수가 변해도 가속도계의 공진주파수보다 약간 낮은 주파수까지의 넓은 범위에 걸쳐서 일정한 크기의 출력(output)을 발생시킨다. 출력(output)이 높으면 좋지만, 감도를 높이고자 하면 압전소자의 크기가 커지므로, 결과적으로 크고 무거운 가속도계가 되고 주파수 상한도 낮아진다. 따라서 적절한 타협이 요구된다. 통상적으로 가속도계에 전치 증폭기(pre-amplifier)를 집적시켜 약한 신호를 증폭시키는 방법을 사용한다.
> 자동차 진동측정에는 다양한 감도(5mV/g~100mV/g~1000mV/g)의 가속도계를 사용한다.
>
> **2. 질량(mass)**
> 가속도계의 질량은 측정점에서의 진동의 크기와 주파수에 영향을 미치는, 중요한 변수이다. 가능한 한 가벼워야 한다. 일반적으로 가속도계의 질량이 설치하고자 하는 진동부분의 동적 질량(dynamic mass)의 1/10을 초과해서는 안 된다.
> 자동차 진동측정용 가속도계의 질량은 대략 0.2gram~10gram의 범위이다.
>
> **3. 동적 범위(dynamic range)**
> 가속도계의 측정 하한은 가속도계 자체보다는 연결 케이블과 증폭회로로부터의 전기적 잡음에 의해서 결정된다. 측정 하한은 통상 $0.01\mathrm{m/s}^2$ 정도이다.
> 측정 상한은 가속도계의 구조적 강도에 의해서 결정된다. 자동차 진동측정용 가속도계의 동적 범위의 상한은 사양에 따라 ±5g pk~±1,000g pk로 다양하다.
>
> **4. 주파수 영역**
> 기계적 시스템의 진동은 대부분 1,000Hz 이하의 낮은 주파수 대역에 존재하지만, 측정 주파수 상한은 사양에 따라 아주 높다.
> 저주파수 영역에서 정확한 출력을 감지하는 데 영향을 미치는 요소는 증폭기의 저주파 차단과 주위 온도의 변화이다. 현재는 1Hz 이하도 측정할 수 있다.
> 상한은 가속도계 자체의 질량-스프링계의 공진주파수에 의해 결정된다. 경험적으로 상한을 가속도계 공진주파수의 1/3로 하면, 주파수 상한에서 측정된 진동성분은 +12%의 오차를 나타내게 된다. 실제로는 여파기(filter)를 사용하여 공진에 의한 오차를 크게 낮추고 있다. 실제 오차는 대부분 ±5%~+10% 범위이며, 주파수 범위는 사양에 따라 0.5Hz~4000Hz, 2Hz~10kHz 등으로 다양하다.

(3) 진동감각 보정회로(frequency weighting filters)

인체 전체에 작용하는 전신진동, 그리고 손 또는 발과 같은 신체 일부에 작용하는 국부 진동을 고려한다. 전신에 진동이 가해졌을 때의 진동감각은 가진 주파수에 관계되므로 주파수를 가중해서 평가하고, 또 진동이 충격성인 경우는 그 지속시간에 관계되므로 시간을 가중해서 평가한다. 참고로 동특성은 "F(빠름)"를 사용한다.

진동이 인체에 미치는 영향은 진동의 진폭과 주파수에 의존하고, 또 진동의 작용방향(수직 또는 수평)에 따른 감도도 서로 다르므로, 인체의 자세, 수진부 및 진동 주파수에 따라 각기 다른 주파수 가중 특성을 적용한다. 인체 진동계측기(진동레벨계)의 일반성능(기준 진동값과 주파수)은 이를 고려하고 있다. (KS B ISO 8041)

▌표 5-10 ▌ 인체진동 계측기의 일반성능(기준 진동값과 주파수, KS B ISO 8041)

명세	주파수 가중	공칭 주파수 범위 [Hz]	기준 주파수	기준 실효 가속도 [m/s²]	기준 주파수에서의 가중계수	기준 주파수에서 실효 가속도와 가중가속도 [m/s²]
손으로 전달된 진동	W_h	8~1000	500rad/s (79.58Hz)	10	0.2020	2.020
전신	W_b	0.5~80	100rad/s (15.915Hz)	1	0.8126	0.8126
	W_c				0.5145	0.5145
	W_d				0.1261	0.1261
	W_e				0.06287	0.06287
	W_j				1.019	1.019
	W_k				0.7718	0.7718
	W_m	1~80			0.3362	0.3362
저주파수 전신	W_f	0.1~0.5	2.5rad/s (0.3979Hz)	0.1	0.3888	0.03888

W_h : KS B ISO 5349-1에 기초한, 모든 방향의 손-팔 진동에 대한 주파수 가중

W_b : KSB ISO 2631-4에 기초한, 앉거나 서거나 드러누운 사람의 z축 수직 전신진동에 대한 주파수 가중

W_c : KSB ISO 2631-1에 기초한, 등받이 의자에 앉아 있는 사람의 x축 수평 전신진동에 대한 주파수 가중

W_d : KSB ISO 2631-1에 기초한, 앉거나 서거나 드러누운 사람의 x축 또는 y축 수평 전신진동에 대한 주파수 가중

W_e : KSB ISO 2631-1에 기초한, 앉아 있는 사람의 모든 방향 회전 전신진동에 대한 주파수 가중

W_j : KSB ISO 2631-1에 기초한, 드러누운 사람의 x축, 수직 머리 진동에 대한 주파수 가중

W_k : KSB ISO 2631-1에 기초한, 앉거나 서거나 드러누운 사람의 z축 수직 전신진동에 대한 주파수 가중

W_m : KSB ISO 2631-2에 기초한, 건축물 내에서 모든 방향의 전신진동에 대한 주파수 가중

W_f : KSB ISO 2631-1에 기초한, 앉거나 서 있는 사람의 z축 멀미현상의 수직 전신진동에 대한 주파수 가중

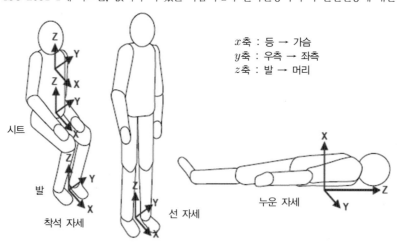

x축 : 등 → 가슴
y축 : 우측 → 좌측
z축 : 발 → 머리

시트
발
착석 자세
선 자세
누운 자세

▌그림5-29 ▌ 진동에 노출된 인간의 평가를 위한 전신 좌표계(KS B ISO 2631-1)

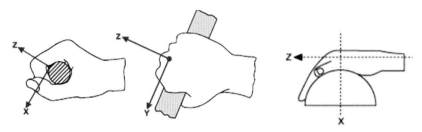

┃그림5-30 ┃ 손의 좌표계 (ISO 5349-1)

(4) 인체 진동의 정량화(Quantification of human-body vibration)

진동레벨계로부터 9종류의 주파수 가중(W_h, W_b, W_c, W_d, W_e, W_j, W_k, W_m, W_f) 함수를 비롯하여 실횻값(RMS), 피크(peak)값, 최대 과도 진동값(MTVV), 멀미 피폭값 (MSDV), 진동 피폭값(VDV), 총 진동값(VTV), 그리고 시간가중 가속도 레벨(L_w) 등에 대한 정보를 얻을 수 있다.

① 시간 평균 가중가속도 레벨(time - averaged weighted acceleration level; L_w)

진동에 대한 인체의 반응척도로는 **시간 평균 가중가속도 레벨**(L_w)을 주로 사용한다. 제3장 6절에서 이미 설명하였으나, 편의를 위해 다시 반복한다.

시간 평균 가중가속도 레벨 (L_w)은 식(3-38)로 구한다.

$$L_w = 20 \log \frac{a_w}{a_0} \ [\text{dB}] \ \text{...} \ (3\text{-}38)$$

여기서 a_w : 시간평균 가중가속도 값 - KS B ISO 8041의 3.1.5.1 참조
a_0 : 기준 가속도($10^{-6}[\text{m/s}^2]$, KS I ISO 1683)

② 시간 평균 가중가속도 값(time-averaged weighted acceleration value) - RMS값

즉, 주파수 가중 실효 진동가속도 값은 식(3-38(a))로 정의한다. (KS B ISO 8041의 3.1.5.1). 실횻값(RMS)이라고도 한다.

$$a_w = \left(\frac{1}{T} \int_0^T a_w^2 (\xi) d\xi \right)^{1/2} \ \text{..} \ (3\text{-}38\text{(a)})$$

여기서 $a_{w(\xi)}$: 순간 시간 ξ(xi)에 대한 함수로서, 특정한 축에서 병진 또는 회전 운동된, 가중 진동가속도, 단위는 $[\text{m/s}^2]$ 또는 $[\text{rad/s}^2]$을 사용한다.
T : 측정 시간[s]

평균값이나 피크(peak) 값만으로는 서로 다른 신호(파형) 간의 적절한 비교가 불가능하다. 따라서 서로 다른 파형 간에 적절한 비교 척도의 수단으로써 시간평균 가중가속도(RMS)값을 사용한다.

실제로는 식(3-38(b))를 이용하여 쉽게 주파수 가중 실효 가속도(a_w)를 구할 수 있다.

$$a_w = \left[\Sigma (w_i a_i)^2 \right]^{1/2} \quad \text{...} \quad (3\text{-}38(b))$$

여기서 a_w : 주파수 가중 진동가속도[m/s^2]

w_i : i번째 1/3 옥타브 대역에 대한 가중 요소, 주파수 가중 함수 및 주파수에 따라 다르며 KS B ISO 8041, "부속서 B"에 값들이 제시되어 있다.

a_i : i번째 1/3 옥타브 대역에 대한 RMS 진동가속도

주파수 가중회로가 내장된 진동레벨계는 i번째 1/3 옥타브 대역에 대한 가중 요소(w_i)와 실효 가속도(a_i)로부터 주파수 가중 진동가속도(a_w)를 구한 다음에, 이를 식(3-38)에 대입하여, "시간 평균 가중가속도 레벨(time-averaged weighted acceleration level; L_w)"을 연산한다.

③ 연속 실효 가속도 값(running RMS acceleration value)

1초 정도의 짧은 시간 간격으로 계산한 RMS값을 순간 또는 연속 실효 RMS값이라 한다. 순간 RMS값을 계산할 때 측정된 순간 가속도는 지수적으로 시간-가중 즉, 최근 측정된 가속도에 이전에 계산된 가속도보다 더 큰 가중값을 부여하게 된다.

$$a_{w.\theta}(t) = \left(\frac{1}{\theta} \int_{t-\theta}^{t} a_w^2(\xi) d\xi \right)^{1/2} \quad \text{...} \quad (5\text{-}11)$$

여기서 $a_w(\xi)$: 시간 ξ(xi)에서 순간 주파수 가중 진동 가속도[m/s^2]

θ : 측정의 적분 시간

t : 순간 시간

④ 진동 피크 값(peak vibration value)

주파수 가중가속도의 순간(음과 양) 최댓값이다. 즉, 측정시간 동안 측정된 순간 최대 가속도이다. 짧은 시간 충격의 크기를 나타내기에 좋은 척도이다.

⑤ 피크-피크 값(peak-peak value)

피크-피크 값은 진동파의 최대 변화를 나타내는 데 적합한 값이다.

⑥ **최대 과도 진동 값**(MTVV: Maximum Transient Vibration Value)

적분 시간이 1초일 때, 연속실효 진동가속도의 최댓값

⑦ **멀미 피폭 값**(MSDV: Motion Sickness Dose Value)

$[m/s^{1.5}]$로 주어지는 순간 가중 진동가속도 $a_w(t)$의 제곱에 대한 적분 값으로 다음과 같이 정의한다. MSDV는 주파수 가중 실효 진동가속도(a_w)에 $\phi^{1/2}$을 곱하여 구한다.

$$MSDV = \left(\int_0^{\phi} a_w^2(\xi) d\xi \right)^{1/2} \quad\text{..} \quad (5\text{-}12)$$

여기서 ϕ: 운동이 일어나는 총 시간, 다른 지시가 없는 경우, 노출시간 ϕ는 측정시간 T와 같은 것으로 가정한다.

⑧ **진동 피폭 값**(VDV: Vibration Dose Value)

$[m/s^{1.75}]$로 주어지는 순간 가중 진동가속도 $a_w(t)$의 4제곱에 대한 적분 값으로 다음과 같이 정의한다. 진동 피폭 값은 실횟값보다 피크 값에 더 민감하다.

$$VDV = \left(\int_0^{\phi} a_w^4(\xi) d\xi \right)^{1/4} [m/s^{1.75}]\text{-} \quad\text{...} \quad (5\text{-}13)$$

여기서 ϕ: 노출이 일어나는 총 시간(규칙적), 다른 지시가 없는 경우, 노출시간 ϕ는 측정시간 T와 같은 것으로 가정한다.

진동 피폭 값(VDV)은 RMS 값보다 순간 충격을 잘 반영한다. 그러나 그 값이 측정기간 동안 계속 누적되기 때문에 낮은 진동 혹은 진동이 없는 때에도 감소되지 않는다.

진동 피폭 값(VDV)은 전신진동에만 적용되며 안락도 혹은 승차감 지수, 인간의 기본 활동성 한계 및 보건 한계의 설정 등에 적용된다.

⑨ **파고율**(crest factor)

동일한 주파수 가중을 실행한 값에서 진동 피크 값을 실효 가속도로 나눈 값을 말한다. 진동이 충동적(impulsive)이거나 무작위적일수록 파고율 값은 커진다. 충동적(impulsive) 진동은 비충동적 진동에 비해 건강에 해로운 것으로 알려져 있다. 파고율은 진동이 건강에 해로운 정도를 나타내는 척도로 사용할 수 있다.

$$Crest\ factor = \frac{time\ domain\ peak\ value}{RMS\ value} \quad\text{...} \quad (5\text{-}14)$$

어떤 진동 신호에 하나의 순간 충격(shock)이 가해지면, 파고율은 증가하지만 RMS 값은 크게 영향을 받지 않는다. 이와 같은 이유에서 파고율은 전신진동에서 RMS 값이나 다른 분석 기법의 적정성 판단 척도로 사용된다. 파고율 9 이하에서는, 주파수 스펙트럼 분석, RMS 주파수 가중가속도 계산 등 기본적인 분석을 수행하여 대상 진동의 특성을 분석할 수 있다. 그러나 파고율이 9를 초과하면 이와 같은 큰 진동이 건강에 미치는 영향이 증대되고, 주파수 가중 RMS 가속도만으로는 큰 진동의 존재를 반영하기 어렵다고 한다. 이와 같은 이유에서 세 평면 모두에서의 파고율을 계산하여, 평가한다. 참고로 손-팔 진동의 모든 표준적 분석방법에서는 RMS 값을 사용하기 때문에 파고율을 많이 사용하지 않는다.

⑩ 총 진동값(Vibration Total Value)
세 축 상의 직선 진동이 조합된 진동으로, 주로 안락도 평가에 사용한다.

$$a_{w0} = \sqrt{k_x a_{wx}^2 + k_y a_{wy}^2 + k_z a_{wz}^2} \quad \text{......................................} \quad (5\text{-}15)$$

여기서 a_{wx}, a_{wy}, a_{wz} : 세 직교축 x, y, z의 진동 값
k_x, k_y, k_z : 곱셈상수로서 측정방법에 따른 값

2. 진동계(vibration meter)))))

기계장치의 회전/비회전부의 진동측정에 사용하는 진동계는 진동에 대한 인체의 반응을 측정하는 진동레벨계와 비교할 때, 진동감각 보정회로가 생략되고, 대신에 비접촉식 온도계와 회전속도계로부터 얻은 추가정보를 활용할 수 있는 데이터 링크(data link)를 갖추고 있다. 또 진동레벨계에서는 입력신호 감지기로 주로 가속도변환기를 사용하지만, 기계장치의 회전부/비회전부의 진동을 측정하는 진동계에서는 입력신호감지기로 가속도변환기 외에 속도변환기를 사용하기도 한다.

참조 : KS B ISO 2954 (회전 및 왕복동 기계의 진동 – 진동심각도 측정기에 관한 요구사항)

KS B ISO 10816(모든 부), 기계진동 – 비회전부의 측정에 의한 기계진동의 평가

그러나 현장에서 사용하는 진동계는 대부분 진동레벨계의 기능을 포함하고 있으며, 입력신호 감지기로는 가속도변환기를 주로 사용한다. 그림 5-31에서 가속도계에 내장된 전치증폭기

(IEPE)에는 일정한 전류(예: 2mA)가 공급된다. 입력신호는 처리하기 적당하게 증폭되어 A/D 컨버터에서 처리된다. 계속되는 신호처리 예를 들면, 여파(filtering)(고역/저역 필터), 적분(가속도를 1회 적분하여 속도, 2회 적분하여 변위로 변환), RMS값 및 피크-피크 값 등의 연산은 마이크로프로세서에서 알고리즘에 의해 실행된다.

이 외에도 진동계에 따라서는 실시간 1/1, 1/3 옥타브 분석 및 FFT-실시간 분석, 회전체의 밸런싱(balancing) 측정 및 고주파 진동의 포락선(enveloping) 분석, 회전속도(rpm)와 온도 측정 기능 등을 갖추고 있다.

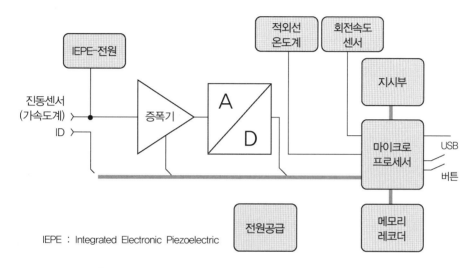

∥그림5-31∥ 실용 진동계의 회로구성 블록선도(EXTECH instrument)

(1) 진동계의 기본회로 구성

① 가속도변환기를 사용하는 진동계의 기본회로 구성

입력신호 감지기로는 진동레벨계와 마찬가지로 가속도변환기를 사용하지만, 가속도변환기에는 진동레벨계에 존재하는 진동감각 보정회로가 없다.

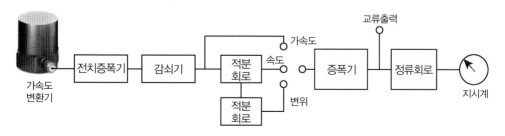

∥그림5-32(a)∥ 입력신호 감지기로 가속도변환기를 사용하는 진동계의 기본 구성

② 속도변환기(velocimeter)를 사용하는 진동계의 기본회로 구성

입력신호 감지기로 속도변환기를 사용하는 진동계는 전치증폭기를 필요로 하지 않으며, 가속도변환기를 사용하는 진동계와 비교할 때 일반적으로 전기회로 구성이 더 단순하다.

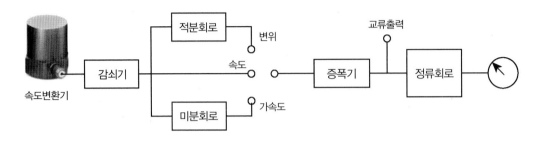

▐그림5-32(b)▐ 입력신호 감지기로 속도변환기를 사용하는 진동계의 기본 구성

속도변환기의 출력을 그대로 증폭시키면 속도에 비례하는 출력이 된다. 이를 미분하면 가속도에, 적분하면 변위에 비례하는 신호를 얻을 수 있다. 속도변환기는 기계진동의 변위 측정에 많이 사용된다. 이유는 가속도변환기의 출력을 2회 적분하여 변위를 구할 때는 적분회로의 과도현상에 의한 동요가 있을 수 있으나, 속도변환기의 경우는 동요가 적고 안정된 신호를 얻기가 쉽기 때문이다.

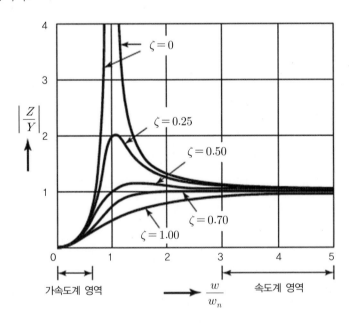

▐그림5-33▐ 진동측정기의 반응 영역

● 진동계에 사용하는 동전형 속도변환기(moving coil type velocity transducer)

비자성체(antimagnetic)의 케이스 안에 가동코일이 감겨있는 원통형의 추(mass)가 스프링에 매달려 있고, 추(mass) 안에는 영구자석이 고정, 설치된 구조이다. 반대로 코일을 고정하고 영구자석을 움직이도록 설계할 수도 있다.

진동으로 가동코일이 영구자석의 자계 내를 상하로 움직이면, 코일에는 추(mass)의 운동속도에 비례하는 기전력이 유기된다.

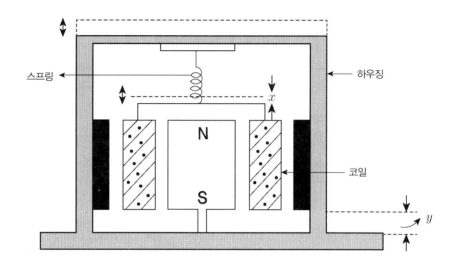

┃그림5-34┃ 동전형 속도 변환기(moving type velocity transducer)

중저주파수 대역(1kHz 이하)의 진동측정에 적합하고, 감도가 좋으며, 코일의 임피던스가 낮다. 임피던스가 낮으므로 케이블 길이의 영향을 받지 않고 측정할 수 있다. 그러나 압전형에 비해 크기가 크고 무거우며, 변압기 등이 있는 자장이 강한 장소에서는 사용할 수 없는 등의 약점을 가지고 있다.

③ 진동속도를 측정하는, 레이저 도플러 진동측정기(LDV; laser Doppler vibrometer)

물체의 진동속도를, 간섭계(interferometer) 원리를 응용하여, 도플러 주파수로 측정하는 방식이다. LDV는 미세한 속도 또는 변위를 높은 분해능으로 빠르게 측정할 수 있어 기계장치, 전자기기, 자동차, 가전, 토목, 건축물, 비접촉으로 측정할 수밖에 없는 회전기기, 접근하기 어려운 위험환경에서의 측정 등에 많이 사용되고 있다. 예를 들면, 내연기관 밸브기구에서의 진동을 비접촉식으로 측정하는데 사용할 수 있다. 내장된 미적분 연산회로를 이용하여 속도를 가속도로, 또는 변위로 변환시킬 수도 있다.

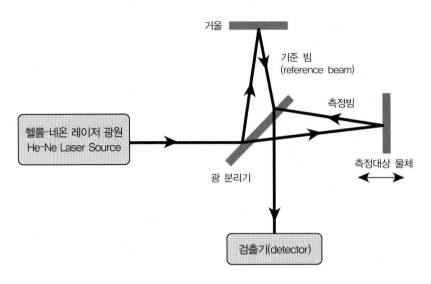

거울

기준 빔
(reference beam)

측정빔

헬륨-네온 레이저 광원
He-Ne Laser Source

측정대상 물체

광 분리기

검출기(detector)

┃그림5-35┃ 미켈슨(Michelson) 간섭계의 원리

광원으로는 파장 λ =632nm인 간섭성의, 눈에 보이는 헬륨－네온(He－Ne) 레이저 광선을 주로 사용한다. 광원에서 방사된 레이저는 광분리기에 들어가서 일부는 반사되고, 일부는 그대로 통과한다. 반사된 빛은 일정한 위치에 고정되어있는, 거울에서 반사되어 되돌아온다. 이 빛은 기준광(reference beam)으로 사용된다. 광분리기를 통과한 빛은 측정대상의 표면에서 반사되어 다시 광분리기로 돌아와 반사되면서 앞서 거울에서 반사된 기준광과 합쳐지게 된다. 이렇게 합쳐진 기준광은 광 검출기(photo detector)에서 검출된다. 기준광과 반사광은 지나온 경로의 길이가 서로 다르기 때문에 측정대상의 위치에 따라서 보강간섭을 일으키기도 하고 상쇄간섭을 일으키기도 한다. 이처럼 빛의 간섭효과를 이용해서 속도 또는 변위를 측정하는 장치를 레이저 간섭계라고 한다.

측정 대상물체에서 반사된 빛의 주파수(f_0)는 기준광의 주파수(f_R)에 대응하여 도플러효과에 의해 최종적으로 Δf 만큼의 주파수 변화를 또 일으킨다. 레이저의 속도를 c, 측정대상물체의 운동속도를 v라고 하면, 다음 식이 성립한다.

$$f_0 = f_R \sqrt{\frac{c+v}{c-v}} = f_R \frac{1+v}{c} \quad\text{..}\quad (5\text{-}14)$$

$$\Delta f = \frac{2v}{\lambda} \quad\text{..}\quad (5\text{-}14a)$$

(2) 왕복동 기계에서의 진동 감지센서 설치 위치

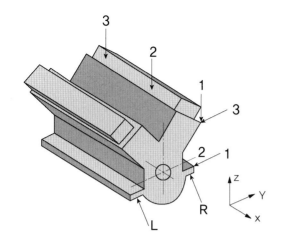

● 측정측 관련
  L: 커플링 플랜지 측에서 좌측,
  R: 커플링 플랜지 측에서 우측

● 측정 높이 관련
  1: 기계 설치 끝
  2: 크랭크축 높이
  3: 본체의 상단부

● 기계 길이방향 관련
  1: 커플링 끝
  2: 기계 중앙
  3: 기계 자유 끝

▌그림5-36▐ 진동감지기의 설치 위치 표기법(KS B ISO 10186-6)

(3) 기계 진동의 정량화(Quantification of mechanical vibration)

진동계를 이용하여 일반적으로 진동의 변위, 속도, 그리고 가속도에 대한 실횻값(RMS)과 피크(peak) 값을 측정하고, 주파수를 분석하고, 회전속도와 온도에 대한 정보를 추가하여 진동을 정량적으로 분석할 수 있다.

일반적으로 비회전부의 진동은 주파수 분석, 회전부의 진동은 주파수 분석 외에도 차수(order)를 분석하여 정량화할 수 있다. 따라서 자동차에서 발생하는 대부분의 진동은 주파수 분석과 차수 분석으로 설명할 수 있다.

이 외에도 베어링과 회전축의 진동은 파고율과 진동 가혹도 등으로 정량화할 수 있다.

① 주파수 분석 및 차수 분석

대부분의 진동은 주파수 분석 및 차수 분석을 통해 규명할 수 있다.

3-5 진동 차수, 5-1 소음계와 주파수 스펙트럼 분석을 참조할 것. 자동차 진동에 대한 주파수 분석은 제6장에서 부터 상세하게 설명할 것이다.

② 파고율(crest factor; C_F 또는 CF)

파고율이란 진동레벨계에서 이미 설명한 바와 같이, 식(5-14)로 정의한다. 베어링의 고장을 확인할 목적으로 일정 주파수 범위(예: 4,000~20,000Hz)에서의 파고율을 이용할 경우, 문제점은 파고율이 베어링 성능 저하에 비례하여 증가하지 않는다는 점이다. 파고율은 신품 베어링이 처음에 열화되기 시작할 때는 피크값에 비례해서 증가한다. 그러나 베어링의 손상이 진행됨에 따라 실횻값(RMS)이 증가하면 파고율은 감소하게 된다. 따라서 파고율이 낮으면, 상태가 아주 좋은 베어링이거나 또는 심각하게 열화된 베어링일 수 있다. 이 둘의 차이를 구별하는 것이 어렵다. 이와 같은 문제점을 극복하기 위해서 진동계는 대부분 파고율 해석을 위한 전용 알고리즘을 활용하고 있다. 아래 표 5-11은 파고율과 진동가혹도의 관계의 예를 나타내고 있다.

▌표 5-11 ▌ 파고율과 진동 가혹도의 관계(예)

파고율(CF)	진동 가혹도
1~5	양호(good)
6~10	만족(satisfactory)
11~15	불만족(unsatisfactory)
15 이상	허용되지 않음(unacceptable)

③ 진동 가혹도(vibration severity)

진동 가혹도 또는 진동 심각도는 최곳값, 평균값 또는 실횻값과 같이 진동을 기술하는 값, 값의 집합 또는 다른 매개변수들(예: 순간값)을 총칭하는 말이다. 가혹도 등급은 기계본체에서 측정한 변위, 속도 및 가속도 각각의 최대 합성 실횻값 중에서 가장 큰 값으로 결정된다.

▌표 5-12 ▌ 진동 가혹도의 결정(예)

위치	진동 측정값(RMS)		
	변위 [μm]	속도 [mm/s]	가속도[m/s^2]
R 3.1 x	100 (등급 7.1)	15 (등급 18)	9 (등급 7.1)
R 3.1 y	150 (등급 1.1)	16 (등급 18)	8 (등급 7.1)
R 3.1 z	250 (등급 18)	22 (등급 28)	10 (등급 7.1)

그림 5-36 진동감지기 설치 위치 표기법에서 우측(R) 상단부(3)의 앞쪽(1)에서 x, y, z 방향의 진동을 측정한 값이다. 이 위치에서의 진동 가혹도는 28등급(속도 22mm/s)이 된다. 기계진동의 가혹도 최곳값을 구하기 위해서는 다른 모든 측정위치에서도 위와 같은 작업을 수행해야 한다.

왕복동기계의 주 가진 주파수는 대부분 2~300Hz 범위이지만, 보조기기를 포함하여 기계 전체를 고려한 진동상태를 나타내기 위해서는 최소한 2~1,000Hz의 범위가 요구된다. 전체 진동신호는 일반적으로 많은 주파수 성분을 포함하고 있으므로, 실횻값(RMS), 피크(peak) 또는 피크-피크, 합성(overall) 진동 측정값 사이의 관계를 단순한 수학적 관계식으로 표시할 수 없다. 따라서 10~1,000Hz 범위에서 ±10%, 2~10Hz 범위에서 +10%~-20%의 정확도로 변위, 속도 및 가속도의 합성 실횻값을 제공할 수 있는 진동계(진동측정시스템)를 주로 사용한다.

아래 표 5-13은 출력 100kW 초과 왕복동 기계에서의 진동분류(KS B ISO 10816-6)로서 자동차기관에는 적용되지 않으나 경향성을 알 수 있는 자료이다. 이 표에 제시된 진동가혹도 등급 (2~1,000Hz 범위)의 한계값들은 각각 2~10Hz 범위에서의 일정한 변위, 10~250Hz 범위에서의 일정한 속도, 250~1,000Hz 범위에서의 일정한 가속도로부터 유도된 것들이다.

┃ 표 5-13 ┃ 왕복동기계에서의 진동분류 번호와 지침값(KS B ISO 10816-6, 부속서 A)

진동가혹도 등급	기계본체에서 측정된 합성진동의 최댓값 (RMS)			기계적 진동 분류 번호						
	변위 μm	속도 mm/s	가속도 $\mathrm{mm/s^2}$	1	2	3	4	5	6	7
				평가 영역						
1.1										
	17.8	1.12	1.76							
1.8				A/B						
	28.3	1.78	2.79		A/B					
2.8						A/B				
	44.8	2.82	4.42				A/B			
4.5								A/B		
	71.0	4.46	7.01						A/B	
7.1				C						A/B
	113	7.07	11.1		C					
11						C				
	178	11.2	17.6				C			
18								C		
	283	17.8	27.9						C	
28										C
	448	28.2	44.2	D						
45					D					
	710	44.6	70.1			D				
71							D			
	1125	70.7	111					D		
112									D	C
	1784	112	176							D
180										

영역에 대한 설명
A: 신규로 설치된 기계의 진동은, 통상 이 영역에 속한다.
B: 이 영역에 속하는 진동을 보이는 기계는, 통상 제한 없이 장기간 운전이 허용된다.
C: 이 영역에 속하는 진동을 보이는 기계는, 통상 장기간의 연속 운전은 적절하지 않다.
　보수 조치를 취할 적당한 기회가 생길 때까지 이런 상태에서 제한된 기간 동안 운전할 수 있다.
D: 이 영역에 속하는 진동값은, 통상 기계에 손상을 입힐 정도로 매우 가혹한 것으로 간주된다.

자동차 소음·진동 일반

Generals of Automotive NVH

자동차 소음·진동의 발생 및 전달경로

6-1

Generation of Vehicle Noise & Vibration and their Transmission Paths

인간은 파동이라는 물리적 현상을 촉각을 통해서 감지하면 진동, 청각을 통해서 감지하면 소음으로 인지한다. 자동차 소음·진동의 대부분은 동력원을 작동시켜, 도로를 주행함으로써 발생한다. 물론 정차상태에서 기관이 공회전할 때에도 소음과 진동은 발생하지만, 정상상태라면 이를 무시해도 좋다.

소음과 진동의 주요 근원은 기관과 타이어이다. 기관(engine)은 기관 본체와 흡/배기계를, 동력전달장치는 클러치, 변속기, 추진축, 종감속/차동장치 및 구동축을 포함한다. 타이어/휠 어셈블리와 도로의 상호작용과 현가계/조향계 등의 소음·진동 특성을 포함해서 공기역학(aerodynamics), 그리고 기타 장치들(예; 브레이크, 에어컨 등)의 조작 및 작동으로 발생하는 소음과 진동도 고려한다.

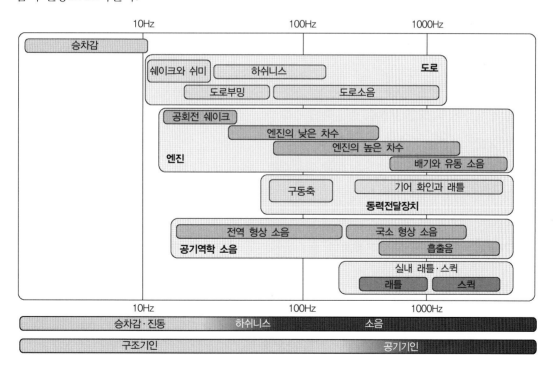

▌그림6-1▐ 자동차 소음/진동의 종류 및 발생 주파수 대역 개요(예)

1. 가진원(加振源: the source of vibration) 또는 진동 강제력(compelling force) ·))

가진원 또는 진동 강제력은 제3장에서 설명한 바와 같이 진동계가 진동을 시작하도록 진동계에 가해진 외력 또는 에너지를 말한다.

자동차에서 주요 가진원(the source of vibration)은 다음과 같다.
① 동력원(예: 내연기관) - 연소압력, 부조화에 의한 진동, 토크 맥동에 의한 비틀림/휨 진동
② 토크컨버터(클러치)
③ 동력전달계(driveline) - 회전 부품의 런아웃(run-out)과 불평형(imbalance), 기어 소음
④ 휠과 타이어 - 거친 노면과 타이어의 접촉, 타이어의 불평형(imbalance),
　　　　　　휠의 런아웃(run-out)
⑤ 마찰표면의 맥동(fluctuation) - (예 : 브레이크 디스크)

2. 진동계(vibrating systems) ·))

진동계는 공진계, 진동전달계 그리고 응답계(진동체와 발음체)를 포함하는 개념이다.

(1) 공진계(resonance system)

공진계란 가진력을 받았을 때 공진하는 부품을 말한다. 가진원의 주파수가 공진계의 고유주파수와 일치할 경우, 모든 부품은 공진하게 된다.
가장 일반적인 예는 다음과 같다.
① 타이어는 도로에 의해 진동하며, 특정 주행속도에서 공진한다.
② 불평형 상태의 타이어가 장착되었을 경우, 현가장치나 조향장치는 특정 속도영역에서 공진한다.
③ 기관에 의해 배기장치가 진동하면, 배기장치는 공진할 수 있다.

(2) 진동 전달계(transferring system)

진동 전달계 또는 진동경로는 공진시스템으로부터 응답계(진동체와 발음체)까지 진동을 전달하는 경로이다.

자동차에서는 • 배기장치

• 기관과 변속기 각각의 마운트(mount)

• 현가장치 등이 공진계로부터의 진동을 진동체에 전달한다.

운전자가 느끼는 진동의 수준을 최소화하기 위해 전달경로를 수정하는 방법은 예를 들면,

- 배기다기관과 소음기 사이의 가요성 감결합(decoupling), 배기관 걸고리용 고무 O-링
- 유압제어식 /전자제어식 엔진 마운트
- 현가장치의 스프링과 댐퍼 그리고 고무 부싱
- 시트 스프링(seat spring) 등이 있다.

(3) 응답계(진동체(vibrating body)와 발음체(sound emitting body))

응답계란 진동체와 발음체를 포함하는 개념으로서, 운전자가 느끼는 진동 또는 소음을 발생시키는 부품들 예를 들면, 차체 강판(body panel), 조향 핸들, 시트, 변속 레버와 실내 백미러 등을 말한다. 즉, 불평형 상태인 타이어/휠 어셈블리 때문에 특정 주행속도에서 조향핸들이 심하게 떨리는 경우라면, 타이어/휠 어셈블리는 가진원, 현가장치는 전달경로, 조향핸들은 응답계가 된다.

차체 강판 외부의 방음도료층 및 실내의 방음 매트(mat)는 차량 실내로 전달되는 진동 또는 소음을 감소시키기 위해 진동체(발음체)를 수정한 하나의 예이다.

가진력(진동 강제력)이 진동계에 작용하고, 이어서 발생한 진동과 소음이 전달경로(차체 구조 또는 공기)를 통해서 인체의 촉각 또는 청각기관에 전달된다.

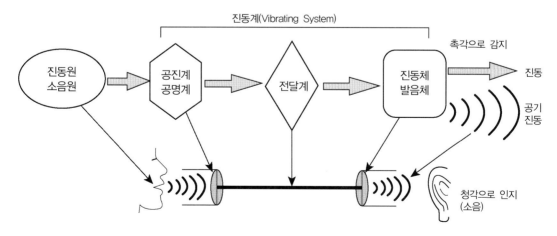

∥그림6-2∥ 소음과 진동의 전달경로

또 다른 예를 보자.

차체와 직접 접촉상태인 배기관에 의해 진동이 발생했다면;

- 가진원은 내연기관이고,
- 공진계는 배기장치이며,
- 진동전달계(진동전달경로)는 배기관과 차체의 접촉부이고,
- 응답계는 진동요소(vibrating element)인 차체 강판(body panel)이 된다.

이 경우, 차체 강판의 진동이 시트레일과 시트를 거쳐서 승차자의 엉덩이로, 또는 차체 바닥으로부터 직접 승차자의 발바닥으로 전달되면 진동, 그리고 차체의 울림으로 변환되어 승차자의 귀에 전달되면 구조기인소음(structure-born noise)이 된다.

자동차에서의 소음 현상
Phenomena of Noises in Automobiles

자동차에서 발생하는 소음에는 여러 가지가 있다. 한 가지 소음만 발생할 수도 있고, 때로는 여러 종류의 소음이 중복되어 나타나기도 한다. 물론 진동을 동반하기도 한다. 그러나 소음의 종류를 분별할 수 있으면, NVH 관련 문제를 쉽게 진단하고 해결할 수 있다.

자동차에서 발생하는 소음은 크게 운전자와 탑승자가 차량 실내(cabin)에서 직접 듣는 실내소음(interior noise), 그리고 법규에 따른 규제를 받는 실외소음(exterior noise)으로 구분한다.

법규에 따른 규제를 받는, 대표적인 실외소음으로는 배기소음, 가속소음(pass-by noise), 경적소음 등이 있다. 이들에 대해서는 "5-2 소음 레벨의 측정"에서 자세하게 설명하였으므로, 여기서는 더는 언급하지 않기로 한다.

주행 중 자동차 실내소음의 구성요소를 나타내는 그림 6-3을 살펴보자. 안락한 승차감을 추구하는 중형 승용차의 경우, 일반적으로 저속 및 중속에서 기관의 부하가 낮을 때에는 전동소음(轉動騷音) 즉, 타이어와 노면 사이의 구름마찰(rolling resistance) 소음이 지배적이다. 이 소음은 차체 바닥의 틈새와 문틀(door frame)의 틈새를 통해서 "공기기인소음"으로, 그리고 현가장치를 거쳐 "구조기인소음"으로 자동차 실내로 유입된다. 여기서 구조기인소음(構造起因騷音; structure-born noise)을 구조전달소음, 구조음 및 고체음, 그리고 공기기인소음(空氣起因騷音; air-born noise)을 공기음 및 공기전달음이라고도 한다. 이 책에서는 이들을 각각 같은 의미로 혼용한다.

기관의 부하가 증가함에 따라 기관소음이 점점 더 많아진다. 약 100Hz까지의 저주파수 대역에서는 이들 소음은 주로 기관의 진동차수(vibration order)로부터 유도된, 배기가스 배출소음에 기인하는 공기전달 소음이다. 반면에 400Hz까지의 주파수 대역에서는, 주로 연소압력과 기관의 관성력에 의해서 발생하여, 엔진마운트를 통해서 전달되는 구조전달소음이 많다. 400Hz 이상의 높은 기관회전속도에서는, 기관실과 실내 사이의 방화벽(fire wall)을 통해 공기전달소음으로 유입되는, 기관의 기계적 소음이 많아진다. 주행속도가 80～100km/h에 도달하면, 처음에는 전동소음이, 나중에는 기관소음이, 증가하는 공력소음에 의해 음폐(masking)됨을 나타내고 있다. (그림 6-3 참조)

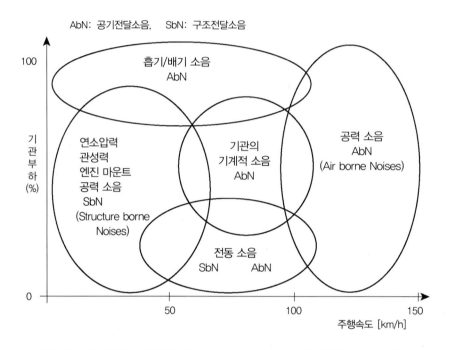

AbN: 공기전달소음,   SbN: 구조전달소음

▌그림6-3▐ 주행 중 자동차 실내의 소음의 주요 구성 요소(예: 중형 승용자동차)

이처럼 자동차 실내소음은 특정 주행속도 또는 특정 부하 조건에 따라서 그 구성성분이 변화한다. 구동축, 기어, 팬(fan) 등은 정상상태에서도 일정 수준의 소음을 발생시킨다. 따라서 현장에서 소음문제에 대응할 때에는 정상작동상태의 소음 수준이 어느 정도인지를 파악하고, 적절한 용어와 원리를 적용하여 고객이 쉽게 이해할 수 있도록 설명하는 능력이 아주 중요하다.

1. 자동차 실내 소음(interior noise)의 분류 ·))

자동차 실내소음은 전달경로에 따라 구조기인소음(structure-borne noises)과 공기기인소음(air-borne noises)으로 구분한다.

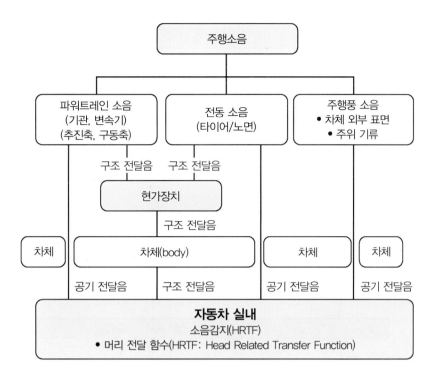

┃그림6-4┃ 주행소음의 전달경로

(1) 구조기인소음(構造起因 騷音; structure-born noise) - **구조전달소음**

자동차 구성부품이나 구조물을 통해서 차체에 전달된 진동 때문에 자동차 실내에서 발생한 소음을 말한다. 예를 들면, 연소과정에서 발생한 진동 에너지가 동력전달계(변속기 및 구동축)와 엔진마운트 및 변속기 마운트를 거쳐 차체(프레임, 보디 및 패널)에 전달되거나, 타이어와 노면 간의 접촉 진동이 현가계를 거쳐 직접 차체에 전달되면, 이들 진동의 일부는 패널(panel)의 진동특성 및 차량 실내의 음향 방사특성에 따라 소음으로 변환된다. (제2장 5절 고체음 참조) - **2차 소음**(secondary noises)

물론 이때 차체 진동의 대부분은 진동 그 자체로 승차자에게 전달, 감쇠, 소멸된다.

대표적인 구조기인소음은 배기계, 구동계 및 차체의 부밍(booming) 소음, 기관/보조기기 및 타이어/구동축의 합성진동에 의한 비트-소음(beat noise), 타이어와 노면 간의 도로소음(road noise) 그리고 하쉬니스(harshness) 등이다. 그림 6-5는 일반적으로 진동주파수 20Hz~500Hz 범위의 소음은 대부분이 구조기인소음이며, 500~1,000Hz의 대역은 구조기인음과 공기기인음이 동시에 발생하는 대역임을 나타내고 있다.

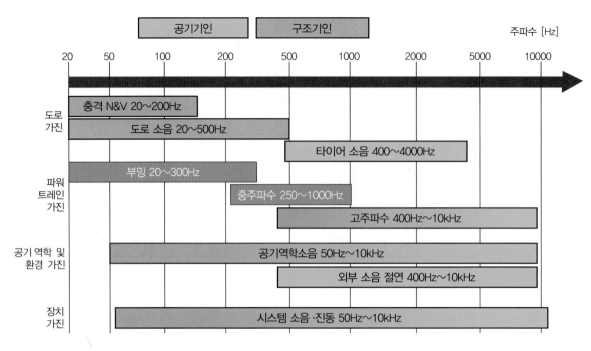

┃그림6-5┃ 자동차 소음의 주파수 속성 개요(예)

(2) 공기기인소음(空氣起因騷音; air-born noise) 또는 공기전달소음

공기기인소음이란 실린더블록, 헤드커버, 배기관 등의 표면으로부터 방사된 소음, 흡/배기음에 의한 부밍(booming) 소음, 타이어와 노면의 접촉으로 발생한 소음, 공력(aerodynamic)소음 그리고 브레이크 소음(squeal) 등이 차체 바닥이나 문틀(door frame), 대쉬패널(dashpanel)에 존재하는 틈새나 구멍을 통해 차실 내부로 직접 유입되는 소음을 말한다. – 1차 소음(primary noises)

공기기인소음은 구조기인소음에 비교해 전달 에너지가 비교적 작다. 그림 6-5에서 보면, 주파수 1,000Hz 이상의 소음은 대부분이 공기기인소음이며, 예외적으로 타이어의 공기기인소음의 일부가 400Hz 대역에서부터 발생하고 있음을 알 수 있다.

일반적으로 주파수 약 20Hz까지는 주로 진동으로만, 약 20 ~ 200Hz까지는 진동과 소음으로 동시에, 그리고 약 200Hz 이상에서는 오직 소음으로만 감지할 수 있음은 이미 여러 번 설명한 바 있다.

자동차에서 발생빈도가 높은, 문제의 소음은 주로 부밍(booming), 비팅(beating), 도로소음(road noises), 공력 소음(aerodynamic noises), 기관소음, 기어소음 및 브레이크 소음 등이다. 기관소음과 기어소음은 제7장에서, 그리고 브레이크 소음에 대해서는 제10장 4절에서 상세하게 설명할 것이다.

2. 부밍(booming)

고속으로 터널에 진입할 때, 또는 고도가 높은 도로를 등반 주행할 때 귀가 멍해지는 상태를 경험한 적이 있을 것이다. 갑자기 변한 대기압력이 고막의 바깥쪽 또는 안쪽에 작용할 때 고막이 안쪽 또는 바깥쪽으로 휘어지는 상태가 되면, 이와 같은 현상이 발생한다.

차량실내 공기압력이 갑자기 크게 맥동(fluctuation; 3dB(A) 이상)할 때에도 부밍을 경험하게 된다. 운전자는 부밍을 흥얼거리는 소리(humming), 위～윙(buzz), 부～웅하는 소리(booming), 또는 갑자기 소리가 들리지 않고 귀가 막힌 느낌이라고 표현할 수도 있다. 때로는 차체, 좌석과 바닥의 진동을 동반한다. 특정 주행속도 또는 기관 회전속도에서 발생하며, 대역폭이 좁다.

(1) 부밍(booming)의 발생 원인

200Hz 이하의 순음에 가까운 소음이지만, 중/저속에서는 약 20～100Hz 대역, 고속에서는 100～200Hz의 소음이 대부분이며, 100Hz 대역에서 확실하게 감지할 수 있다. 일반적으로 부밍은 하나 이상의 부품에 의해 발생한다. 부밍을 제거하기 위해서는 대부분은 모든 원인을 제거해야 한다. 예를 들면, 기관과 동력전달계의 진동이 차체 강판(body panel)에 전달되어 공진함으로써 부밍을 일으킬 수도 있다.

① 차체 부밍

차체의 정적/동적 강성(static/dynamic stiffness)의 특성에 따라 특정 속도에서 진동과 함께 차체 부밍을 일으킬 수 있다.

② 동력전달계(drive line)의 부밍

기관과 동력전달계의 입력에 의한 30～80Hz의 부밍이 대부분이다. 기관의 진동, 클러치 어셈블리의 불평형, 추진축 또는 구동축의 휨이나 비틀림 진동이 공진을 일으킬 수 있다. 이 공진이 진동전달경로를 통해 차체에 전달되면 부밍을 일으킬 수 있다.

휨 공진은 직선형 관(tube & pipe), 배기관 그리고 구동축에서 자주 발생한다.

③ 공회전 부밍

기관의 공회전 연소 맥동에 의한 진동이 엔진 마운트를 통해 차체에 전달되어 차체가 공진, 부밍을 일으킬 수 있다.

④ 러깅(Lugging) 부밍

기관이 낮은 회전속도에서 큰 토크로 작동할 때 연소압력의 맥동에 의한 부밍 소음.

⑤ 배기음 및 흡기음의 투과에 의한 부밍

흡기소음 및 배기소음이 자동차 실내로 투과되어 부밍을 일으킬 수 있다. 예를 들어 가파른 언덕길을 저속기어(1단 또는 2단)로 등반 또는 하강 주행할 때, 기관 회전속도가 상승함에 따라 평소와 다른 수준의 흡기소음 및 배기소음의 투과에 의한 부밍음을 실내에서 경험할 수 있다.

배기 소음기는 실린더로부터 고압의 연소 가스가 배기밸브를 통해 배기관으로 배출될 때의 높은 압력레벨을 약 70dB(A) 수준으로 낮추어 대기 중으로 방출한다. 그러나 낮은 음은 음향 출력이 크기 때문에 완전히 제거되지 않고 차체 바닥(floor)을 통해 실내에 유입되어 저속 부밍을 일으킬 수 있다. 유념해야 할 점은 배기소음은 공기기인소음이기 때문에 배기장치 지지(support) 부품과는 상관이 없다는 점이다.

⑥ 배기 시스템 공진에 의한 부밍

배기파이프 자체의 휨 진동과 기관 진동이 공진하거나, 배기파이프 휨 진동이 소음기 걸고리(hanger) 및 지지(support)를 통해 차체 강판에 전달되어도 부밍을 일으킬 수 있다.

⑦ 충격(Impact) 부밍

노면 충격 및 차체 패널과 공동(空洞; cavity)에 의해 공명된 소음이 부밍을 일으킬 수 있다.

⑧ 부속장치 부품의 공진에 의한 부밍

발전기(alternator), 동력조향장치용 유압펌프, 에어컨 압축기의 설치 브래킷(bracket) 등의 강성이 낮아 기관 진동과 공진할 경우, 이 진동이 엔진마운트와 현가장치를 거쳐 차체에 전달되면, 운전자는 실내에서 부밍음을 들을 수 있다. 특히 고속에서 에어컨 압축기의 공진이 빈발한다.

⑨ 현가장치 링크의 공진에 의한 부밍

타이어의 불균일(non-uniformity), 또는 불평형에 의해 고차(2계 및 3계) 진동이 발생할 경우, 현가 링크 또는 스프링과 공진하여 부밍을 일으킬 수 있다.

(2) 부밍의 가진력

① 기관의 공회전 연소, 자동변속기 차량에서 더 심하다.

② 기관의 러깅(lugging), 통상적으로 0~50Hz 범위

③ 배기가스 압력, 통상적으로 20~100Hz

④ 추진축/구동축의 불평형,

  통상적으로 30~80Hz, 구동축(drive shaft) 회전속도가 상승하면 더 악화된다.

⑤ 노면의 요철, 통상적으로 20~100Hz 범위

쉐이크와 마찬가지로 부밍은 기관 모드와 현가 모드, 그리고 공진의 영향을 받는다.

즉, 기관의 강체모드(공회전, 러깅 등), 현가모드(홉(hop)와 트램핑(tramping)), 자동차 전역 (global) 모드(전역 1차 휨), 바닥(floor) 1차 휨, 지붕 및 기타 주요 패널 1차 굽힘 모드도 자동차 공동(cavity) 모드와 함께 자동차 부밍 성능에 영향을 미친다.

따라서 부밍이 최소화된 자동차를 제작하기 위해서는 위에서 언급한 모드들 간의 타협점을 찾아야 하며, 구조적 특성을 최적화시켜야 한다.

(3) 부밍(booming)의 분류

그림 6-6은 부밍(booming; Wummern), 버즈(buzz; Brummen) 그리고 드로닝(droning; Droehnen)을 표본 추출률(sampling rate) 4,096에서 윈도 사이즈(window size) 512로 표본 추출한 스펙트럼으로 정확하게 구분하고 있다. 그러나 실제 현장에서는 이들을 구분하지 않고 모두 부밍(booming) 또는 드로닝으로 표현하는 예가 많으며, 구분하는 때에도 표현이 뒤바뀌는 예도 있다.

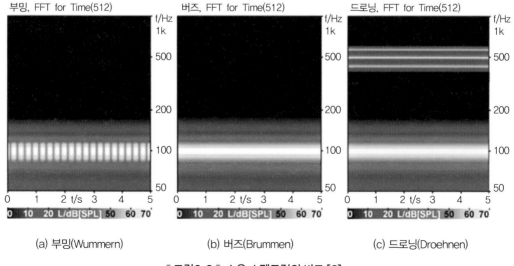

(a) 부밍(Wummern)   (b) 버즈(Brummen)   (c) 드로닝(Droehnen)

▌그림6-6▌ 소음 스펙트럼의 비교 [6]

실제 현장에서는 주로 자동차 주행속도에 따라 저속, 중속 그리고 고속 부밍으로 분류한다. [55]

① 저속/중속 주행 시의 부밍

저속/중속 주행 시의 부밍은 방향을 알 수 없는, 장시간 지속되는, 피치수(주파수)가 적은 소음이다. 귀에 소리로는 잘 들리지 않으나 압박감을 느낄 수 있으며, 사람에 따라서는 "부~웅" 하는 낮은 소리가 들릴 수도 있다.

저속(50km/h까지)에서의 부밍 주파수 범위는 약 30~60Hz이고, 중속(50~80km/h)에서의 부밍 주파수 범위는 약 60~100Hz이다.

② 고속 주행 시의 부밍 – 드로닝(droning; (사전적 의미) 윙윙거리다)이라고도 한다.

80km/h 또는 그 이상의 주행속도에서는 일반적으로 100~200Hz 정도의 비교적 확실한 "부~웅 또는 위~윙" 소리를 들을 수 있다. 심할 때는 하차한 후에도 귀에 압박감이 남는다. 고속 부밍음은 저속 부밍음에 비해 피치(pitch) 수가 더 많으므로 더 고음으로 들린다.

(4) 부밍이 발생하는 회전속도 및 주행속도

부밍은 가속, 감속 또는 일정한 속도로 주행할 때에도 발생하지만, 특히 가장 흔히 발생하는 경우는 가속할 때이다. 부밍은 특정 기관회전속도 또는 주행속도에서 확실하게 나타난다. 예를 들면, 그림 6 –7에서와 같이 실내소음 수준은 주행속도에 비례해서 상승한다. 자동차 주행속도가 특정 범위 (그림에서 수직 기둥으로 표시)에 도달하였을 때, 소음 수준이 급격하게 상승하는 경우에 부밍을 확인할 수 있다.

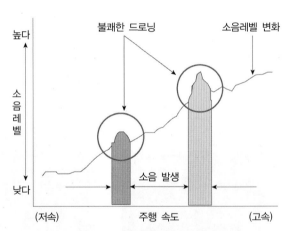

■**그림6-7**■ **부밍 발생 시의 소음수준과 자동차 주행속도의 상관관계[55]**

부밍은 주행속도와 관계없이 기관회전속도(rpm)가 일정 수준에 도달하면 발생하는 경우, 그리고 기관회전속도에 관계없이 주행속도(km/h)가 일정 수준에 도달하면 발생하는 경우가 있다. 부밍이 발생하는 기관회전속도의 폭 또는 자동차 주행속도의 폭은 대체로 아주 좁다.

예를 들어 특정 주행속도(예: 30km/h)에서 부밍이 발생할 때는 발생속도의 폭은 약 5km/h(예 : 30~35km/h)로 아주 좁다. 그리고 기관회전속도와 관련이 있는 경우는 부밍이 발생하는 회전속도 영역을 빠르게 벗어나기 때문에, 기관회전속도를 천천히 변화시키지 않으면 부밍을 확인하기 어렵다.

3. 비팅(beating), 그로울링(growling), 동조화(phasing)

(1) 비팅(beating)의 정의 및 발생 조건

비팅(beating)은 주파수가 비슷한 2개의 음 또는 진동이 같은 음장(音場)에 존재할 경우, 두 음의 주파수 위상이 일치할 때는 소리가 커지고, 위상이 일치하지 않을 때는 소리가 작아지는 현상을 반복한다. 즉, 주파수가 비슷한 2개의 소리가 겹칠 때, 소리의 크기가 주기적으로 변화하여 들리는 음을 비트음(beat noise) 또는 맥놀이(울림)라고 한다.

음의 크기가 변화되는 "우웅~우웅~거리는 소리"가 특색이며, 두 주파수의 주파수 차이는 대략 2~6Hz 범위이다. 부밍이 비팅을 일으키기도 하고, 또 진동이 비팅을 일으키기도 한다.

비팅(beating)의 경우에는 일정기간 동안, 두 파동의 위상은 약간의 주파수 차이(예 : 2~6Hz)로 인해 다음과 같이 변화한다. 때때로 :

● 2 개의 봉우리가 중첩되어 더 높은 봉우리를 만든다. - 소음의 크기 또는 진폭이 더 커진다.

● 2개의 골이 겹쳐 더 낮은 골을 만든다. - 소음의 크기 또는 진폭이 더 커진다.

● 봉우리와 골이 중첩되어 소음 또는 진폭이 소멸된다.

이러한 강도 또는 진폭의 변화는 시간의 경과에 따라, 파동의 위상이 변함에 따라 일정한 주행속도에서 반복적으로 발생하게 된다. 그 결과물인 합성 파동이 비트(beat)음을 생성한다. 두 음의 주파수 차이가 7Hz 이상이 되면 비트음은 발생하지 않는 것으로 알려져 있다

그림 6-8, 6-9는 두 파형의 주파수 차이(예 : 2Hz와 4Hz)에 의해 생성되는, 새로운 합성주파수(비트 주파수)는, 두 파형의 위상이 같으면 증폭되고, 정반대이

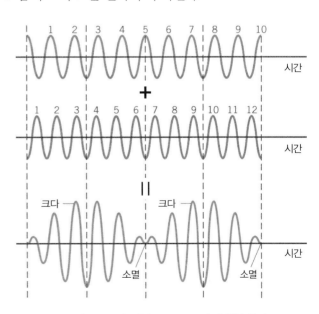

▌그림6-8▐ 비트음(beat sound)의 생성 원리
(예 : 주파수 차이 2Hz)

면 소멸됨을 나타내고 있다.

비팅(beating)을 그로울링(growling) 또는 동조화(phasing)라고도 한다. 그로울링(growling)이란 짐승들의 으르렁거리는 소리, 또는 낮은 음색(tone)으로 짐승의 으르렁거리는 소리를 내는 창법을 뜻하며, 동조화(phasing)는 위상의 일치를 의미한다.

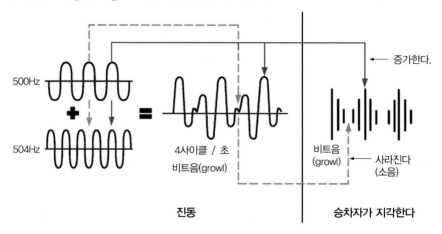

┃그림6-9┃ 비트음(beat sound)의 생성(예 : 주파수 차이 4Hz)

(2) 비트음(beat noise)의 생성원

자동차에서는 다음과 같은 결합 또는 경우에 비트음이 생성될 수 있다.

① 유압식 토크컨버터에서의 터빈/펌프 간의 슬립에 의한 비트음

유압식 토크컨버터가 동력을 전달할 때는 터빈과 펌프 사이에 슬립에 의한 회전속도 차이가 발생한다. 터빈은 기관회전속도와 같은 속도로 회전하고, 펌프는 슬립 양만큼 회전속도가 더 낮다. 따라서 터빈/펌프 간의 슬립에 의한 속도차(주파수 차이)가 비트음을 발생시키는 원인이 될 수 있다.

② 기관 진동과 다른 보조기기 진동의 합성에 의한 비트음

기관의 진동(기관 불평형(1계), 토크 맥동(4기통 2계, 6기통 3계))과 에어컨 압축기, 동력조향장치 유압펌프 등에서 발생하는 진동이나 음의 합성으로 비트음이 발생할 수 있다.

③ 타이어의 불균일성(non-uniformity) 및 불평형(imbalance)에 의한 비트음

타이어의 균일성 불량에 의한 진동주파수 그리고 변속비와 종감속비에 의해 감속되어 구동축에 전달된 기관의 진동주파수가 서로 근접, 합성되면 비트음이 생성될 수 있다.

이 경우에는 휠 허브 베어링의 마멸 또는 헐거움, 휠의 변형, 타이어의 이상 마모, 휠/타이어 조합의 발란싱(balancing) 상태를 점검, 수정하여 비트음과 진동을 제거하면, 자동차는 원래의 정상상태로 복귀할 것이다.

④ 기관 진동과 구동축 회전진동의 합성에 의한 비트음

추진축의 불평형(1계), 플랜지 런아웃(2계), CV-조인트의 굴절각과 2계 진동 등이 주요 진동원이다. 독립현가장치를 사용하는 자동차의 구동축으로는 주로 트리포드 조인트 또는 더블-오프셋 조인트를 사용한다. 이들 조인트에 사용된 볼의 수(3~6개)에 따라 구동축 1회전당 진동수가 결정된다. 기관의 특정 차수 진동의 주파수와 구동축 조인트의 진동주파수가 서로 근접하면, 비트음이 생성될 수 있다.

4. 도로 소음(road noise)-(pp.398, 9-4 노면이 타이어 소음에 미치는 영향 참조)))))

도로소음이란 노면이 거친 도로 또는 콘크리트 포장도로를 주행할 때 발생하는 소음 즉, 주행 중 타이어와 노면의 접촉으로 발생하는 소음으로서, 지속적이며, 일정한 특성이 있다. 도로소음은 모든 주행속도에서 그리고 타행 중에도 발생한다. 노면의 거칠기에 비례하여 소음의 크기가 커진다.

특히 타이어의 종류(예: 래이디얼/다이아고날, 트래드 패턴 등)에 따라 도로소음의 레벨은 크게 변한다. 도로표면으로부터 타이어에 전달되는 충격력이 타이어를 탄성진동 시킨다. 이 탄성진동이 현가장치와 차체에 전달되어, 국부적으로 차체와 공진한다. 차량실내의 공명특성이 이 진동을 증폭시켜 도로소음을 생성한다. 주파수 범위는 대략 20~1,000Hz이다. 400Hz 이하에서는 구조전달소음이 지배적이며, 400Hz 이상의 도로소음은 공기전달 소음이 지배적이다. 일반적으로 도로소음 레벨은 주행속도가 2배로 되면 약 6dB 상승하는 것으로 알려져 있다.

도로소음 중 드러밍(drumming), 부밍(booming), 럼블(rumble), 타이어/웅덩이(open hole) 소음 등은 특히, 주행속도 50~60km/h에서 문제가 된다. 주행속도가 상승하면, 소음의 피크(peak) 값은 상승하지만, 주파수 특성은 주행속도와 거의 관계가 없다. 참고로 타이어의 공기전달 소음의 주파수 범위는 약 400~4,000Hz 정도이다.

동일한 자동차로 아스팔트 도로를 주행할 때와 콘크리트 도로를 주행할 때에는 소음의 형태와 레벨이 다르며, 4계절 타이어를 스노-타이어(snow tire)를 바꾸어 장착하고 동일한 도로를 주행해도 소음의 형태와 레벨이 다르다는 사실을 우리는 경험을 통해 잘 알고 있다.

자동차가 고속으로 주행할 때, 차체 외부의 표면, 표면의 돌출부(예: 후사경) 및 오목부에 대기가 유동하면서 충돌, 또는 흩날려 발생하는 모든 소음을 말한다. 바람 소음에는 풍절음(air rush noise), 흡출음(aspiration noise), 공동(空洞; cavity)소음, 휘파람(whistle)소음 및 몰딩(molding) 소음 등이 있다. 통상적으로 바람 소음의 전체 소음레벨은 70km/h에서 100km/h로 주행속도가 바뀌는 동안에 약 5~8dB 증가한다. 바람 소음의 주파수는 대략 50Hz~10,000Hz 범위이다.

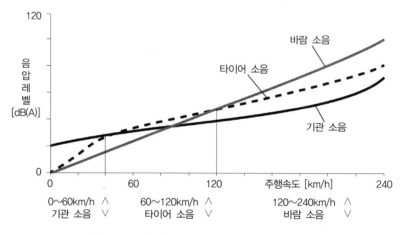

┃ 그림6-10 ┃ 승용자동차의 주행속도에 따른 지배적 소음

(1) 풍절음(air rush noise, aerodynamic noises)

자동차가 고속(예: 100 km/h)으로 주행할 때, 자동차 주위의 기류(air flow)가 외부 표면의 형상(예; 차체 상부 표피, 차체 하부(under body), A-필라, 후사경, 와이퍼 등)에 충돌, 박리, 교란되면서 발생하는 와류(vortex)와 후류(wake) 등과 같은 난류유동에 의한 소음을 말한다. 500~5,000Hz 범위의 주파수에 해당하는 소음이다. 이 소음이 창유리, 도어의 웨더-스트립 그리고 차체의 패널 등을 투과하여 차량실내 승차자의 귀에 감지된다. 이 난류의 유동과 패턴은 측면 유리창 및 후방 유리창에 충돌하는 빗방울의 유동을 보고 쉽게 시각적으로 확인할 수 있다. 이 범주에서, 특히 자동차 A-필라(pillar)에서의 풍절음은 아주 중요하다. 이유는 운전자의 귀의 위치와 아주 가까우며, 유리는 상대적으로 투과능력(transmissibility)이 높기 때문이다.

풍절음은 대부분 도어의 웨더 - 스트립(weather-strip)을 투과하는 소음이 지배적이다. 따라서 웨더 - 스트립의 차음성능을 개선하여 상당 수준(예: 50%) 낮출 수 있다.

(2) 흡출음(aspiration noise, leak noises)

흡출음은 2~5kHz의 고주파수 소음으로, 풍절음보다는 소음레벨이 더 높다. 통상적으로 차량 씰(seal) 시스템에서의 국부적 누설 때문에 발생한다. 누설소음(leak noises)이라고도 하며, 정적(static) 흡출음과 동적(dynamic) 흡출음으로 구분한다.

정적 흡출음이란 정적(靜的)상태에서 설계 및 제작 품질 불량으로 발생한 틈새를 통해 생성되는 소음이다. 여기서 틈새란 가시적인 틈새뿐만 아니라 선(線) 접촉 혹은 점(点) 접촉 등과 같이 틈새가 아니더라도 밀봉(sealing)기능이 저하된 부위를 포함한다. 문짝(door) 주변의 틈새에 의한 소음, 외부 손잡이(door catch) 틈새에 의한 소음 등이 있다.

동적(動的) 흡출음이란 고속으로 주행할 때, 자동차 외부와 내부의 압력차에 의해 문짝의 유리창 틀이 바깥쪽으로 벌어지는 현상이 발생하는 데, 이때 웨더 스트립(weather-strip)의 밀착상태가 느슨해져 생긴 틈새 또는 밀봉(sealing)이 약화된 부분을 통해서, 차량 실내/실외 간에 기류가 흡인/압출되어 생성되는 소음이다.

특히 주행속도가 높아질수록 실내에는 대기압보다 높은 정체압이, 자동차 외부 표면의 아주 얇은 층에는 대기압보다 훨씬 낮은 압력이 작용하게 된다. 주행속도가 상승할수록 이 압력차가 커지면서, 문짝유리 틀을 외부로 밀어내는 힘은 주행속도의 4제곱에 비례하여 증가한다. 따라서 문짝유리 틀과 A-, B-, C-필라(pillar) 사이의 틈새는 커지게 되고, 더불어 소음수준도 높아지게 된다. 이때 문짝유리 틀의 변형량과 웨더-스트립의 탄성력이 소음의 주요 변수가 된다.

(3) 공동(空洞; cavity) 소음

헬름홀츠(Helmholtz) 공명소음, 버피팅(buffeting) 소음 또는 바람의 맥동(wind throb)이라고도 한다. 공동(空洞)을 스치는 전단유동(剪斷流動)에 의해 발생한다. 전단류의 교란이 공동(空洞)의 공명주파수와 일치됨으로써 헬름홀츠 공명현상에 의해 순음(純音) 성분으로 나타나는 경우, 그리고 전단류(剪斷流)가 차체 표면에 충돌하여 발생하는 복합음(複合音) 성분으로 나타나는 경우가 있다. 이 소음은 15~20Hz의 저주파수의 공기진동이다. 특히 서로 다른 씰 사이의 틈새(channel)에서의 기류유동으로 인한 소음이다. 앞문과 뒷문의 손잡이 주변, 1차 씰과 2차 씰 사이의 틈새, 선루프(sunroof)의 틈새에서 주로 발생한다.

예를 들면, 유리창을 조금 열고 고속주행할 경우, 특정 속도에서 실내압력이 변화하여, 소음보다는 진동에 가까운, 귀를 압박하는 음압(예; 100dB(A) 이상)이 발생할 수 있다.

(4) 휘파람(whistle) 소음

이 소음은 보통 구멍, 틈새, 또는 막대 안테나나 판과 같은 일정한 기하학적 형태와 관련이 있는 순음 소음이다. 막대 안테나의 경우, 지배적인 주파수는 "$f = 0.202\,v/d$" 이므로 직경(d)이 3mm이면 주행속도 $v = $ 90km/h에서 약 1.8kHz의 순음 소음을 생성한다.

(5) 몰딩 진동 소음(molding vibration noise)

난타(亂打) 소음이라고도 한다. 고속 유동에 노출된 점탄성, 탄성체의 떨림에 의해 발생하는 소음으로 윈드쉴드 유리 몰딩(windshield glass molding) 및 루프몰딩(roof molding) 등에서 발생할 수 있다.

6. 하쉬니스(harshness)

하쉬니스는 부품의 노화, 원래 장치의 수정 또는 손상 등이 원인일 수 있으며 특히, 타이어, 현가장치 그리고 차체(body)의 탄성공진의 영향을 크게 받는다.

고속 주행할 때는 충격적인 소음의 피치(pitch)가 더 높아지며, 소음과 진동은 타이어, 현가장치를 거쳐 차체에 전달된다. 하쉬니스의 주파수 범위는 전체적으로 20~200Hz이지만, 발생빈도가 높은 주파수 범위는 주로 30~60Hz 범위이다.

승차자가 느끼는 충격의 수준은 특히 자동차 현가장치의 유형에 따라 크게 달라진다. 스포츠카의 현가장치는 조종성(handling)이 우수하고, 승차자가 "타이어와 노면 간의 접촉감"을 잘 느낄 수 있도록 설계된다. 반면에 고급 승용차의 현가장치는 불쾌한 진동 또는 소음으로부터 가능한 한 승차자를 분리하여, 승차자가 안락한 승차감을 느낄 수 있도록 설계된다.

하쉬니스(harshness)는 위에서 언급한 바와 같이 자동차의 유형과 관련이 있다. 따라서 하쉬니스 문제는 동일한 제작사의 동일한 모델의 다른 자동차와 비교하는 것이 좋다.

하쉬니스 고장을 진단할 때는, 차량 실내 소음수준에 주목해야 한다. 정상주행상태에서는 움직이지 않아야 할 부품들이 움직이거나, 이들 부품의 진동을 감쇠시키는 부싱 또는 진동을 차단하는 그로밋(grommets) 등이 손상되었기 때문이다. 하쉬니스 진단과정에서 가장 세심하게 관찰해야 할 부분은 엔진 마운트, 서브프레임(subframe) 마운트, 부싱 및 현가부품 등이다.

자동차를 개조한 경우 예를 들면, 오버 – 사이즈(over – size) 타이어를 사용하거나, 스프링 및 충격흡수기를 다른 사양의 제품들로 대체한 경우에는 자동차의 소음·진동 특성이 바뀌기 때문에, 이를 고려해야 한다. 진동 분석기는 하쉬니스 고장진단에 사용하는 기본 진단기가 아니다. 이유는 하쉬니스 현상이 순간적이고 범위를 특정하기 어렵기 때문이다. 추가로 외란(disturbance)을 일으키는 근원은 이미 알고 있으나, 통제할 수 없다는 점도 문제이다. 일반적으로 관심 부분은 변형되었거나 노후화된 진동전달경로 즉, 현가장치이다.

6-3 자동차에서의 진동 현상
Phenomena of Vibrations in Automobiles

　자동차는 스프링 시스템에 의해 진동이 가능한 강체(剛體)가 된다. 진동이 가능한 강체인 자동차는 자신의 무게와 스프링 시스템에 의해 결정되는 고유진동수를 갖는다. 물론 정차상태에서도 기관의 공회전 진동으로 차체가 진동할 수도 있다. 그러나 주행 중에는 노면으로부터의 충격 외에도 다른 힘들(구동력, 제동력, 풍력, 원심력 등)이 자동차에 동시에 복합적으로 작용하기 때문에, 주행 중 차체의 운동은 3차원적으로 나타난다. 진동이 격렬할 경우, 자동차는 강체가 아닌 탄성체(彈性體)가 되어 소음과 함께 비틀림이나 또 다른 형태의 변형을 일으킬 수도 있다.

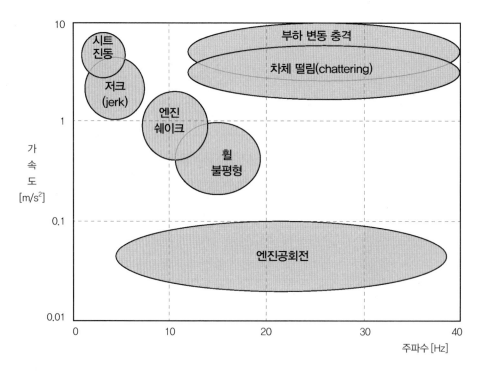

┃그림6-11┃ 주파수와 진폭에 따른 진동현상의 분류

1. 자동차의 3차원 기준 좌표계와 자동차 각 부분의 운동/진동에 대한 정의 ·))

(1) 3차원 기준 좌표계 - KS R ISO 4130, 도로 차량 — 3차원 기준 좌표계 및 기준점

자동차의 3차원 기준 좌표계는 자동차의 무게중심을 원점으로 하고, 원점에서 세운 수직축을 z축, 자동차 길이(세로) 방향으로 그은 직선을 x축, 좌우(가로) 방향으로 그은 직선을 y축으로 한다. 3차원 좌표계를 이용하면, 간단, 명료하게 자동차의 운동 또는 진동을 정확하게 설명할 수 있다. 참고로 이 책에서는 전체 자동차 및 모든 구성품에 대한 설명에 3차원 기준좌표계의 원칙을 적용할 것이다.

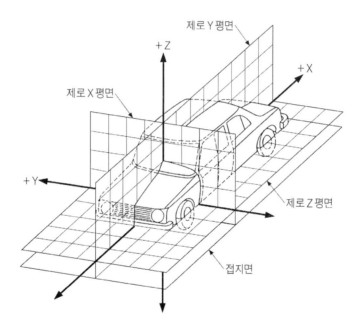

▌그림6-12 ▌ 자동차의 3차원 기준 좌표계(KS R ISO 4130)

(2) 스프링 위 질량과 스프링 아래 질량

자동차 질량은 스프링 위 질량과 스프링 아래 질량으로 나눌 수 있다.

① 스프링 위 질량(sprung masses)

스프링의 위쪽에 있는 부분 즉, 차체와 현가장치 일부 그리고 차체에 적재된 부하의 질량을 말한다.

② 스프링 아래 질량(unsprung masses)

스프링 아래에 있는 휠과 타이어, 브레이크 드럼(디스크), 현가장치 일부의 질량을 말한다.

이들 두 질량 그룹은 스프링에 의해 서로 연결되며, 각각 독립적으로 서로 다른 주파수 영역에서 진동하면서도, 결과적으로는 서로에게 반작용을 미친다. 두 질량 그룹 사이에 충격흡수기를 설치하면, 진폭은 작아지고, 진동은 급속히 감쇠, 소멸한다.

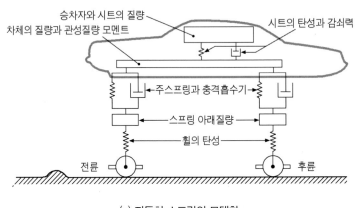

(a) 자동차 스프링의 모델화

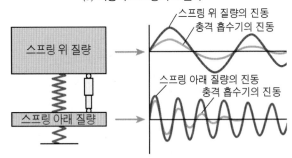

(b) 자동차가 요철 노면을 주행할 때의 과정

▌그림6-13▌ 스프링 위 질량과 스프링 아래 질량

자동차가 파상(波狀)의 노면을 고속으로 주행할 때, 차체는 자신의 큰 질량(관성) 때문에 처음에는 초기높이(=위치)를 그대로 유지한다. 그러나 차륜은 차체와 비교하면 질량이 가벼우므로 이때 아주 급속히 위쪽으로 가속된다. 따라서 스프링은 차체와 차륜 사이에서 눌리게 된다. 결과적으로 차체에는 스프링의 변형에 해당하는 아주 작은 힘이 작용하게 된다.

차륜이 파상의 정점을 지난 다음, 또는 움푹한 부분에 진입할 때는 앞에서와는 반대로 스프링의 초기장력(차체 중량에 의해 눌려 생성된)에 의해 차륜은 아래 방향으로 가속된다. 차체에는 노면의 요철에 대응하여 스프링이 방출한 에너지에 해당하는 힘이 작용한다. 실제로 차체는 초기높이를 그대로 유지하고, 차륜은 노면과의 접촉상태를 계속 유지한다.

이 현상은 차륜에 의해 생성된 힘이 스프링의 초기장력보다 작을 때만 가능하다. 차륜에 의해 생성된 힘이 크면 클수록, 차륜은 더 높이 튀어 오르게 된다. 이렇게 되면 차체에 대한 반작용도 더욱더 강력해진다. 이때 스프링의 초기장력이 차륜을 급속하게 하향 운동시킬 만큼 충분하지 못하면, 차륜은 순간적으로 노면으로부터 분리되어, 구동력을 전달할 수 없게 된다.

> 스프링 아래 질량은 가능한 한 가벼워야 한다.

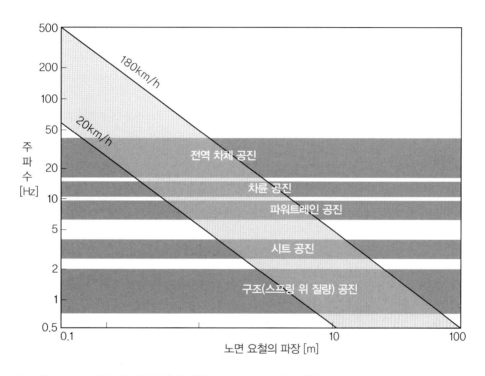

▌그림6-14 ▌ 전형적인 진동현상에 대한 노면 요철의 파장, 주행속도 및 주파수의 상관관계(예)

(3) 차체 운동/진동과 관련된 용어의 정의

주행 중 자동차 각 부분의 운동과 진동은 정상적인 상태에서도 발생하며, 개별적으로 나타나지 않고, 복합된 형태로 그리고 동시다발적으로 나타난다.

① **바운싱**(bouncing) : 수직축(z축)을 따라 차체가 전체적으로 수평을 유지하면서, 균일하게 상/하 직선운동하는 진동. 실제로 바운싱만 발생하는 경우는 없다. 조운스(jounce)라고도 한다.

② **러칭**(lurching) : y축을 따라 차체 전체가 좌/우로 직선운동하는 진동. 드리프트(drift)라고

도 한다. 러칭(lurching)의 사전적 의미는 "흔들리다, 흔들거리다, 비틀거리다"이다.

③ **피칭**(pitching); y축을 중심으로 차체가 전/후로 회전하는 진동.

④ **서징**(surging); x축을 따라 차체 전체가 전/후로 직선운동하는 진동.

⑤ **롤링**(rolling); 롤 액슬을 중심으로 차체가 좌/우로 회전하는 진동이다. 롤 액슬은 앞/뒤 롤센터(roll center)를 연결한 직선으로 x축선 위에 위치하지만, 일반적으로 앞쪽은 낮고 뒤쪽은 더 높다. (그림 6-16 참조)

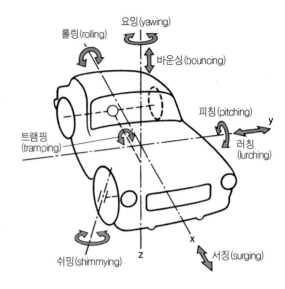

▌**그림6-15** ▌ **자동차 진동의 정의**

예를 들면, 커브를 선회할 때, 원심력에 의해 차체는 커브 바깥쪽으로 기울어지게 된다. 롤링은 스태빌라이저를 장착하고 중심(重心, ●)을 낮게 하여 최소화시킨다.

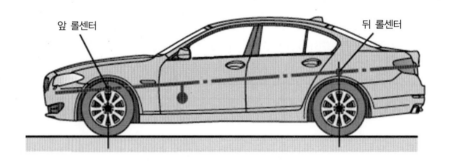

앞 롤센터   뒤 롤센터

▌**그림6-16** ▌ **롤 액슬(roll axle)**

⑥ **요잉**(yawing); z축을 중심으로 차체가 좌/우로 회전하는 진동.

⑦ **스키딩**(skidding); 타이어가 슬립하면서 동시에 차체가 요잉(yawing)하는 진동

⑧ **쉬밍**(shimming); 휠/타이어 어셈블리의 불평형 또는 도로의 요철에 의해 스티어링 너클 핀을 중심으로 앞바퀴(=조향차륜)가 좌/우로 회전하는 진동으로, 조향 링키지와 조향기어 박스, 조향컬럼을 거쳐 조향핸들에 전달되어, 조향핸들이 좌/우로 심하게 회전하면서 흔들리는 현상. 쉬미(shimmy) 또는 워블링(wobbling)이라고도 한다.

이 외에도 다음과 같은 용어들이 자주 사용된다.

● 스쿼트(squat); 급발진 시, 구동력에 의해 차체의 앞부분이 들리고 뒷부분이 내려가는 자세.

● 노즈－다운(nose down) 또는 테일－업(tail-up); 급제동 시, 제동력에 의해 차체의 앞부분이
내려가고 뒷부분이 들리는 자세로서, 다이브(dive)라고도 한다.
스쿼트와 다이브가 교대로 반복되면 피칭(pitching)이 된다.

(4) 기타 운동/진동에 대한 정의

부품의 불량, 마모 또는 파손에 의한 비정상적인 작동상태에서 발생하는 진동이 대부분이다.

① **쉐이크**(shake); 휠/타이어 어셈블리의 불평형 또는 노면의 요철이 주된 원인이지만 진동이
현가장치, 기관, 차체에 전달되어 조향핸들이 수직 또는 수평(전/후, 좌/우)으로 떨리는 진
동.

② **와인드－업**(wind－up); 판스프링에 의해 현가된 일체식 구동차축에서 구동차축이 y축에
나란한 회전축을 중심으로 주행방향으로 감기는(회전하는) 형태의 진동

③ **트램핑**(tramping); 판 스프링에 의해 현가된 일체식 차축이 x축에 나란한 회전축을 중심으
로 좌/우회전하는 진동으로 좌/우 차륜이 교대로 노면을 치게 된다.

④ **휠 홉**(wheel hop); 판스프링에 의해 현가된 일체식 차축에서 차축이 z축에 나란한 수직축
을 따라서 상/하로 운동하는 진동. 양쪽 차륜이 동시에 지면으로부터 튀어 오르는 현상.

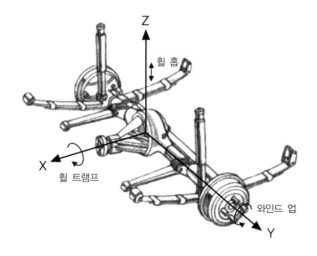

┃그림6-17┃ 스프링 아래질량의 진동

⑤ **저크**(jerk); 가속반응이 늦거나, 정속도로 주행할 때도 구동력에 맥동이 발생하여, 차가 끌
꺽거리는 현상을 말한다. 가가속도(加加速度) 또는 가속도 변화율(加速度 變化率)이라고도

하며, 가속도의 단위시간 당 변화율을 나타내는 물리량을 의미하기도 한다. 가속도와 마찬가지로 벡터를 사용하여 나타내며, 단위로는 $[m/s^3]$을 사용한다. *졸트(jolt)라고도 한다.

⑥ **셔더**(shudder); 정지상태에서 급격하게 발진하거나, 저속에서 가속페달을 급격하게 밟았을 때, 구동축(drive shaft)의 조인트 각도(joint angle)가 커지게 되어 발생하는, 차량의 횡(좌/우) 방향 진동을 말한다. * 5~40Hz

⑦ **저더**(judder); 일반적으로 브레이크 저더와 클러치 저더로 구분하며, 각각 차체의 전/후방향 직선 진동을 유발한다.

클러치 저더(judder)란 일반적으로 낮은 기관회전속도 영역에서 클러치 조작과 동시에 가속하는 경우, 클러치의 미끄럼(slip) 과정에서 발생하는, 전/후방향의 비정상적인 진동을 말한다. 진동주파수는 대략 8~20Hz 범위가 대부분이다.

브레이크 저더란 제동 시 브레이크 디스크(또는 드럼) 마찰면에서의 제동력 변동으로 현가장치와 구동계의 진동이 크게 증폭되는 현상으로, 때로는 차체 전체가 진동하고 브레이크 페달이 맥동하기도 한다.

⑧ **바터밍**(bottoming); 과도한 하중 부하 상태의 자동차가 요철이 심한 노면(예; 커다란 웅덩이나 돌기)을 통과할 때, 스프링 권선이 서로 부딪치거나 스토퍼(stopper)와 부딪치는 충격적인 일회성 진동을 말한다.

이들 중에서 발생빈도가 높고 운전자의 불안을 증폭시키는 쉐이크(shake), 쉬미(shimmy)에 대해서만 상세하게 설명한다. 기관 및 동력전달장치, 그리고 브레이크의 진동에 대해서는 각각의 해당 장(chapter)에서 설명한다.

2. 쉐이크(shake) ·)))

자동차가 평탄한 도로를 비교적 고속(승용자동차 70km/h 이상, 트럭 40km/h 이상)으로 주행할 때, 특정 속도에 도달하면 차체 전체가 연속적으로 진동하는 현상을 말한다. 특히 조향핸들, 시트 또는 차체 바닥(floor)에서의 불쾌한, 저주파수 진동 현상으로, 주파수는 대략 5~40Hz 범위이다. 특히 조향핸들에서의 진동주파수는 대략 5~15Hz 범위이다.

쉐이크(shake)의 사전적 의미는 "흔들리다, 진동하다, 떨다, 부들부들 떨다"로서 "떨리다"의 뜻으로 가장 일반적으로 사용하는 단어이다. "악수하다"를 "shake hands"라고 하는데, 젊은 친구들이 반갑다고 악수하면서 손을 상/하 또는 좌/우로 흔드는 것을 연상하면 쉐이크의 의미를

짐작할 수 있을 것이다.

(1) 쉐이크(shake)의 가진원

쉐이크의 가진원은 대략 다음과 같다.

① 노면의 거칠기(요철), 현가의 공진 영향도 받는다. (10~15Hz)

② 타이어 불량(불평형(imbalance: 10~20Hz), 불균일(non-uniformity), 편마모, 공기압 부족
등)

특히, 좌/우 타이어의 불평형에 의해 대략 10초 전/후의 주기로 상/하 또는 좌/우로 진동하
는 때도 있다.

③ 휠의 휨 또는 진원도 불량(out-of-round)

④ 브레이크 드럼, 브레이크 디스크의 불평형 또는 진원도 불량, 캘리퍼 고착

⑤ 추진축 및 구동축(driveline)의 불평형 또는 조인트(joint) 각이 클 경우

⑥ 기관의 강체 진동(토크 불균일)

약 20~35Hz의 진동으로 자동변속기 장착 자동차에서 더 심하다.

(2) 쉐이크(shake)에 영향을 미치는 모드

파워트레인(기관, 변속기 및 기타 장치)의 영향을 크게 받는다.

① 강체 모드(7~15Hz, 바운싱, 요잉, 피칭, 롤링 모드 등)

② 현가 모드(12~15Hz, 휠홉(wheel hop) 및 휠 트램프(tramp) 모드)

③ 차체 전역(global) 모드(1차 굽힘, 1차 비틀림, 바닥패널 모드와 스티어링컬럼 모드)

따라서 공진을 피하고자 설계 엔지니어들은 모드 정렬 전략을 사용한다. 예를 들면, 1차 굽힘
모드와 1차 비틀림 모드를 최소 20Hz 이상으로 설계하며, 차체 강성을 보강하고, 기관의 강체 진
동(토크 불균일)을 방지하기 위한 대책도 마련한다.

(3) 쉐이크(shake)의 종류

크게 수직 쉐이크와 수평 쉐이크로 분류한다.

① 수직(상/하) 쉐이크

② 수평(좌/우 또는 전/후) 쉐이크

‖ 그림6-18 ‖ 조향핸들의 수직/수평 쉐이크(shake)-(VW)

수직 쉐이크는 차체(body), 시트(seat) 그리고 조향핸들의 심한 수직 진동으로 나타난다. 보닛 (bonnet)이나 백미러(back-mirror)가 심하게 떨리는 것도 수직 쉐이크 증상일 수 있다.

수평(좌/우 또는 전/후) 쉐이크는 차체(body), 시트(seat) 그리고 조향핸들의 심한 수평 진동으로 나타난다. 운전자의 허리 또는 엉덩이가 심하게 흔들리는 트램블링(trembling) 현상도 수평 쉐이크의 증상일 수 있다.

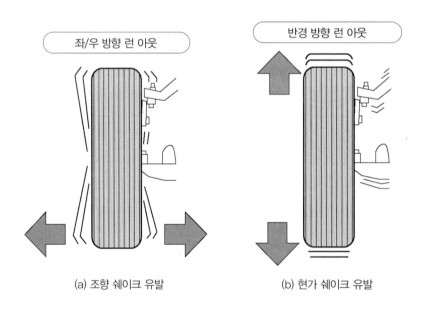

(a) 조향 쉐이크 유발   (b) 현가 쉐이크 유발

‖ 그림6-19 ‖ 휠의 런아웃 형태와 쉐이크의 상관관계

3. 쉬미(shimmy) 또는 쉬밍(shimming) ·)))

쉬미란 평탄한 도로를 주행할 때 특정 속도에 도달하면 자동차 앞바퀴가 심하게 좌/우로 흔들리는 진동으로, 조향핸들의 좌우 회전진동을 유발한다. 심하면 차체 앞부분이 좌/우로 회전 진동할 수 있다. 조향핸들의 전/후, 좌/우 수평 진동 또는 상/하 수직 진동을 의미하는 쉐이크(shake)와 혼동하지 않기를 바란다. 진동주파수 범위는 대략 5∼30Hz이지만, 주로 5∼15Hz 범위에서 많이 발생한다.

쉬미는 앞 휠/타이어 어셈블리의 진동이 조향장치에 전달되어 발생한다. 특히, 앞 휠/타이어 어셈블리의 동적 불평형에 의한 가진력이 조향장치에 전달되고, 동시에 타이어 고유특성에 의해 진동이 확대되고, 추가로 다른 진동들이 조향장치의 고유진동수에 근접하게 되면 조향핸들은 좌/우로 심하게 회전진동하게 된다.

쉬미(shimmy)는 원래 "1920년대 크게 유행한, 어깨와 가슴과 함께 몸통(torso)을 좌/우로 흔들며 추는 미국식 재즈 댄스"를 말한다. 자동차 앞바퀴가 마치 쉬미 댄스(shimmy dance)를 추는 것 같다는 의미로 생각하면 된다. 고속 – 쉬미와 저속 – 쉬미로 분류한다.

▌그림6-20▌ 쉬미(shimmy)에 의한 조향핸들이 좌/우 회전 진동(VW)

(1) 고속 쉬미(high-speed shimmy)

고속 쉬미는 평탄한 도로를 고속(70∼130km/h)으로 주행할 때 발생한다. 전형적인 고속 쉬미는 제한된 속도영역에서 그 증상을 감지할 수 있다. 앞 휠/타이어 어셈블리의 불평형과 타이어 반경 방향의 힘의 변동(RFV; Radial Force Variation)에 의한 진동이 조향장치 링크계에 작용하여 앞 휠/타이어 어셈블리가 심하게 좌/우로 흔들리게 된다. 휠의 전/후방향 진동도 수반하는 경우가 많다. 진폭은 상대적으로 작다.

(2) 저속 쉬미(low-speed shimmy)

저속 쉬미는 자동차가 저속(50~60km/h)으로 도로상의 장애물을 통과 중, 조향핸들이 진동을 시작할 때 발생한다. 조향 링케지(linkage) 각 부분의 유격과 타이어 고유특성의 영향을 많이 받는다. 진폭은 상대적으로 크다.

고속 쉬미와 저속 쉬미의 주요 진동원은 다음과 같다.
- 노면의 거칠기(요철)
- 타이어 불평형(imbalance) 특히 동적 불평형
- 타이어의 불균일(non-uniformity)
- 휠의 휨 또는 진원도 불량(out-of-round), 편심

쉽게 말하자면, 타이어의 런아웃이 과도하거나 평형(balance)이 맞지 않거나, 진원도가 불량한 경우에 고속 또는 저속 쉬미가 발생할 수 있다. 이는 특정 속도에서 타이어의 결함이 진동을 일으키기 때문이다. 타이어의 진동주파수가 자동차 앞부분의 스프링 아래질량(앞 액슬, 타이어와 휠 등)의 고유주파수에 도달할 때, 이들은 진동하기 시작한다. 차체 앞부분의 스프링 아래질량 부품의 진동주파수가 조향장치의 고유진동수와 일치하면, 공진이 발생한다. 이 공진으로 조향핸들은 심하게 좌/우로 흔들리게 된다. 주행속도를 감소시켜도 멈추지 않고, 정차할 때까지 진동이 계속되는 경우도 있다.

4. 자동차 진동 요약

(1) NVH 설계 원칙[56] - 공명을 피하기 위한 모드(mode) 주파수의 분리 원칙

① 차체 모드(body mode); 3Hz 이상
② 조향컬럼 모드(steering column mode); 5Hz 이상
③ 조향컬럼에 대한 차체 모드(body mode to steering column mode); 3Hz 이상
④ 차체 모드에 대한 현가 모드(suspension mode to body mode); 4Hz 이상

⑤ 동력계 강체 모드에 대한 현가 모드(suspension mode to PT rigid mode); 3Hz 이상

(2) 주요 진동 및 주파수 범위

진동의 종류	주파수 범위	진동의 종류	주파수 범위
승차감	2~15Hz	브레이크 저더	5~30Hz
차체 쉐이크	5~30Hz	클러치 저더	10~20Hz
쉬미	5~30Hz	기관 크랭킹	2~15Hz
발진 진동	15~30Hz	기관 공회전	10~50Hz
변속레버 진동	100~200Hz	하쉬니스	30~60Hz

파워트레인의 소음과 진동

NVH in Automotive Powertrain

7-1 파워트레인의 소음·진동 개요
Introduction to NVH in Automotive Powertrain

하이브리드 자동차와 전기자동차가 증가하고 있으나, 왕복 피스톤기관은 미래에도 상당 기간은 계속 자동차 동력원으로 사용될 것이다. 그러나 왕복 피스톤기관이 완전 무결점의 기계장치는 아니다. 이 공학적 기계장치는 다양한 소음과 진동을 유발한다. 기능적 소음들은 차량 실내가 필요로 하는, 심리-음향학적으로 유효한 잠재력과 결합되어야 한다. 그리고 진동은 승차자에게 미치는 영향을 극소화하고 안락감을 극대화하면서도, 안전을 보장할 수 있어야 한다는 명제와의 타협이 모색되어야 한다.

1860년 르노의 가스기관이 발표된 이후, 왕복 피스톤 기관의 설계/제작 기술은 비약적으로 발전하였으나, 소음과 진동 측면에서는 아직도 해결해야 할 과제들이 많다.

1. 기관 구조와 소음·진동의 상관관계

기관의 구조(3-, 4-, 5-, 8-, 10-, 12-기통, 직렬형, V-형 및 대향형)에 의해 기관의 기본 특성이 결정된다. 기관 구조의 선택은 설치공간, 필요 동력, 무게, 가격 등의 결과물이다. 일반적으로 진동기술적 또는 음향기술적 관점을 우선하여 기관의 구조를 선택하지는 않는다.

1980년대까지 유럽에서는 주로 4기통과 6기통의 직렬기관을 자동차 동력원으로 많이 사용하였으나, 나중에 3기통 직렬기관을 추가하였으며, 1980년대 말부터 일부 자동차회사들이 직렬 6기통(L6) 기관을 V6-기통 기관으로 대체하기 시작하였다. 우리나라도 비슷한 과정을 밟아오고 있다. 주된 이유는 FF-구동방식의 차량이 많아지면서 6기통 기관을 가로로 설치하기 위함이다.

현재 승용자동차에서는 L6-, V6-, L4-, L3-기관이 주류를 이루고 있다. 소형화(down sizing), 하이브리드 자동차의 도입, 그리고 FF-구동방식의 유행이 가장 큰 이유이다.

예를 들면, L6-기관은 V6-기관과 비교하여 장점이 더 많다. 캠축, 밸브, 스파크플러그 등이 일렬로 배열되어 정비하기 쉽고, 각 기통에서 발생하는 관성력과 관성모멘트가 모두 상쇄되어 진동이 적어, 작동이 부드럽다. 그리고 L6-기관의 음향(sound)은 점화주파수 및 점화주파수의 고조파 (3차/6차/9차 등)에 의해 결정되는데, 승차자는 터빈과 같은, 고품질 음향으로 인지한다. 그러나 피스톤이 수직으로 배열되어 무게중심이 높고, 크랭크축과 캠축을 포함해서 전체적으로 기관의 길이가 길어, 휨이나 비틀림에 취약하고, 설치공간을 많이 차지한다는 등의 단점을 가지고 있다.

반면에, V6-기관은 L6-기관보다 무게중심이 낮고, 길이가 짧고, 부피가 작아 FF-구동방식의 자동차에도 설치가 쉽다. 그러나 진동·음향적 측면에서는 L6-기관보다 진동이 크고(예: 뱅크각 60°인 V6-기관은 크기가 같은 1차, 2차 관성모멘트를 갖는다), 고급 자동차의 특성에 맞지 않는 거친 음향특성을 가지고 있다. 이러한 단점을 최소화하기 위해 보상축(balance shaft)을 도입하고, 최신 음향기술을 적용하고 있다.

▎**그림7-1** ▎ **보상축(balance shaft)이 설치된 V6-기관** (출처: AUDI technical portal)

내연기관의 소음은 기본적으로 실린더에서 연소가 이루어짐으로써 발생한다. 그리고 각 구성부품이 초기 사양에서 벗어났을 때 허용한계를 초과하는 소음이 발생할 수 있다. 피스톤 왕복운동과 크랭크축 회전운동의 결합, 그리고 연소의 가변성은 태생적으로 소음과 진동을 유발하는 구조이다.

일반적으로 내연기관의 소음은 다음과 같은 원인에 의해 발생한다.
· 정상/비정상적인 연소
· 마찰

- 부품의 작동 간극
- 흡/배기
- 보조장치의 작동

본질적으로 기본 기관에 대한 소음 저감 대책은 고전적인 기계-음향적 작업방법을 기반으로, 원하지 않는 소리를 억제하는 사운드 클리닝(sound cleaning)과 각종 소리들이 서로 조화를 이루도록 하는 사운드 엔지니어링(sound engineering) 기술에 집중된다.

내연기관의 진동은 시스템의 구성 예를 들면, 사이클 당 행정수, 기통수, 실린더 배열(예 : 직렬형, V-형, W-형 등), 회전속도, 폭발압력 등과 밀접한 관련이 있다. 기관의 작동은 고유진동을 유발한다. 만약 하나의 회전부품이 불평형 상태라면, 이 부품의 진동과 기관의 고유진동이 합성된 진동이 나타나게 된다. 기관의 진동은 일반적으로 다음과 같은 원인에 의해 발생한다.

- 혼합기의 폭발압력
- 1계, 2계 질량 불평형(imbalance)
- 기관의 점화주파수
- 부하변동에 의한 토크 맥동(torque fluctuation)
- 엔진마운트(engine-mount)
- 기관 보조장치(예; 에어컨 압축기)의 작동

2. 기관의 설치 방식과 소음·진동의 상관관계

자동차 소음과 진동은 내연기관의 구조뿐만 아니라 자동차 구동방식에 따라서도 현저한 차이가 발생한다.

FF(Front-engine, Front-drive) 방식의 자동차에서는 대부분 기관, 변속기, 종감속/차동장치 및 구동축을 일체(unit)로 차체 앞부분에 가로로 배치한다. 따라서 차체의 앞부분에 과도한 중량이 배분되고, 기관과 변속기/차동장치가 일체로 조립되어 있으므로, 기관의 후방에 총 변속비(=변속기×종감속비)만큼의 큰 회전토크가 작용하여 기관의 진동 및 비틀림을 증폭시키는 결과를 가져온다. 그리고 회전토크의 맥동이 엔진마운트를 통해서 차체에 쉽게 전달, 차체의 고유진동과 합성되어 차체의 굽힘 진동을 유발할 수도 있다.

소음 측면에서도 운전자와 가까운 위치에 다수의 소음원이 집중적으로 배치되기 때문에, 운전자의 심리·음향적 측면에서 FR-방식의 자동차에 비교해 불리하다.

FR(Front-engine, Rear-drive) 방식의 자동차에서는 중량을 전/후 차축에 각각 50 : 50으로 배분할 수 있으며, 소음/진동원을 분산시킬 수 있다. 예를 들면, 종감속/차동장치와 구동 차축을 차체의 뒤쪽으로 이동, 배치함으로써 소음과 진동이 분산되어, 앞차축의 부담을 경감시켜주며, 앞차축은 조향, 뒤차축은 구동을 담당하도록 기능을 분산시킴으로써 조향성이나 등반능력 측면에서도 이점이 있다.

3. 기관의 진동 주파수

엔진(크랭크축) 회전속도[min^{-1}]를 60으로 나누면, 1초당 회전수 즉, 엔진의 1계 진동 주파수가 된다. 예를 들어, NVH 증상이 발생하는 엔진 회전속도가 2400[min^{-1}]이면, 엔진의 1계 진동 주파수는 40Hz(2400 ÷ 60 = 40)가 된다.

크랭크축 1회전에 2회의 진동이면 2계, 1회전에 3회의 진동이면 3계 진동이 된다. 2계 및 3계 진동 주파수를 얻으려면, 2계는 1계 진동 주파수에 2를, 3계는 3을 곱하면 된다.
1계 진동 주파수 × 2 = 2계 진동 주파수
1계 진동 주파수 × 3 = 3계 진동 주파수

예를 들어 4행정 기관의 점화주파수는 3기통 기관에서는 1.5계, 4기통 기관은 2계, 6기통 기관은 3계, 8기통 기관은 4계의 진동을 발생시킨다.

4행정 기관에서는 또한 크랭크축 2회전에 1회의 진동이 발생할 수도 있다(예; 캠축에 의한 진동). 이를 0.5(1/2)계 진동이라고 한다. 0.5계 진동주파수는 1계 진동주파수를 2로 나누면 된다.

벨트 구동방식의 엔진 보조장치들은 엔진과는 다른 주파수에서 진동을 생성한다. 이유는 크랭크축 구동풀리를 비롯해서 각 부속장치의 구동풀리 직경이 서로 달라 각각의 회전속도가 다르기 때문이다.

엔진 부속장치 주파수를 계산하는 순서는 다음과 같다.
① 크랭크축 풀리 직경을 부속장치 풀리 직경으로 나누어 부속장치 풀리와 크랭크축 풀리 간의 크기 비율(size ratio)을 구한다. (크랭크축 풀리 직경÷부속장치 풀리 직경=풀리 비)
예를 들어 크랭크축 풀리의 직경이 152.4mm(6인치)이고 부속장치 풀리 직경이 50.8mm (2인치)인 경우, 6을 2로 나눈다. 부속장치 풀리는 크랭크축이 1회전할 때마다 3회전한다.

② NVH 문제가 발생하는 엔진 회전속도[$\min^{-1}$]에 풀리 비를 곱한다.

엔진 회전속도[$\min^{-1}$]×풀리 비=부속장치 회전속도[$\min^{-1}$]

예를 들어, 엔진 회전속도가 2400[$\min^{-1}$]인 경우, 2,400에 풀리 비 3을 곱하면, 부속장치 회전속도는 7200[$\min^{-1}$]이 된다. (2400 × 3 = 7200)

③ 부속장치 회전속도[$\min^{-1}$]를 60으로 나누어 부속장치 주파수를 구한다.

예를 들어 부속장치 회전속도가 7200[$\min^{-1}$]이면, 7,200을 60으로 나누어, 부속장치 주파수를 구한다. (예; 120Hz; 7200 ÷ 60 = 120Hz)

7-2 파워트레인에서의 진동
Vibration in Automotive Powertrain

내연기관에서 주요 가진원은 연소에 의한 가스 폭발력, 피스톤/크랭크기구의 질량력과 질량모멘트, 흡기/배기장치, 밸브 구동기구, 기타 보조장치 등이다. 내연기관에 의한 진동에는 공회전 진동 외에도 시동-정지(start - stop) 진동, 부하변동 시 동력전달장치의 진동, 그리고 클러치 슬립 시의 마찰진동 등이 있다.

1. 내연기관에서의 가진력

내연기관에서 가장 큰 가진력은 연소에 의한 가스 폭발력, 그리고 피스톤/크랭크기구의 질량력과 질량모멘트이다. 물론 흡/배기장치, 밸브구동기구, 기타 부속장치에 의해서도 기관 진동이 증폭될 수 있으나, 상대적으로 주요 변수는 아니다.

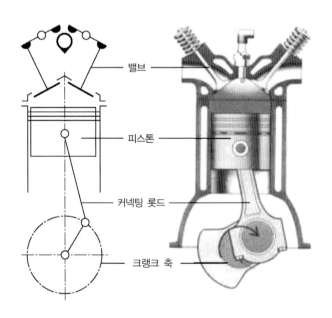

밸브

피스톤

커넥팅 롯드

크랭크 축

┃그림7-2┃ 왕복 피스톤 기관의 구성

(1) 연소에 의한 가스 폭발력

4행정기관은 흡기, 압축, 폭발, 배기의 모든 과정을 크랭크축이 2회전 하는 동안에 완성한다. 실린더의 가스 폭발력은 크랭크축이 2회전 할 때마다 한 번씩 발생하며, 그 크기는 피스톤 헤드의 단면적과 폭발압력의 곱으로 나타낼 수 있다. 예를 들어, 직경 80mm인 피스톤의 헤드에 작용하는 최대 폭발압력이 60bar($= 60 \times 10^5 \, \text{N}/\text{m}^2$)라면, 순간 최대 폭발력은 약 30,000N($\approx$ 3,000kgf)이 된다. 이 경우, 4행정 3기통 기관이라면, 크랭크축이 1회전 할 때마다 1.5회, 4기통 기관이라면 2회, 6기통 기관이라면 3회에 걸쳐 매번 30,000N의 폭발력이 피스톤핀에 충격적으로 작용하게 된다. 즉, 이 폭발력에 의해 3기통 기관에서는 1.5계, 4기통 기관에서는 2계, 6기통 기관에서는 3계 진동이 발생한다.

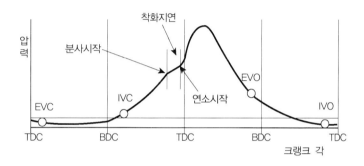

‖ 그림7-3 ‖ 4행정 디젤기관에서의 가스압력 변화 과정

만약 4행정 기관에서 회전속도가 500, 1000, 1500min^{-1}일 경우, 기통수에 따른 가스폭발력의 가진 주파수[Hz]는 다음과 같이 계산된다. (* 점화주파수와 동일)

기관의 종류	가스폭발력에 의한 가진 주파수[Hz]		
	500min^{-1}에서	1,000min^{-1}에서	3,000min^{-1}에서
3기통 기관	12.5[Hz]	25 [Hz]	75[Hz]
4기통 기관	16.6[Hz]	33.3[Hz]	100[Hz]
6기통 기관	25 [Hz]	50 [Hz}	150[Hz]

(2) 질량 관성력과 질량 관성모멘트

 관성력

좌표계가 관성계가 아닐 경우, 운동법칙을 성립시키려고 할 때 필요로 하는 가상의 힘을 말한다. 즉, 외력이 작용하지 않을 때 물체의 운동상태를 유지하려는 가상의 힘으로서, 가속도의 반대 방향으로 작용하고 그 크기는 질량력과 같으므로 음(-)의 부호를 붙여 표시한다.($F = -ma$). 자유 질량력 또는 질량 관성력이라고도 한다.

TIP 관성모멘트

질량의 분포를 나타내는 물리량으로 회전운동의 변화(각가속도)에 저항하는 정도를 나타내는 정량적 지표이다. 같은 크기의 질량이라도 질량중심으로부터 멀리 떨어져 분포하면 질량중심에 대한 관성모멘트의 값은 커진다. 즉, 회전운동에서 관성모멘트(I 또는 J)는 직선운동을 하는 물체의 관성질량에 대응한다. 회전 관성, 질량 관성모멘트, 관성능률이라고도 한다.

$$I = k \cdot m \cdot r^2 \, [\text{kg m}^2]$$

여기서 m: 물체의 질량[kg]

r: 회전축에서 물체의 질량중심까지의 거리[m]

k: 물체의 형상에 따른 상수

① 크랭크기구의 운동학(kinematics of crank mechanism)

피스톤은 상사점(TDC)과 하사점(BDC) 사이에서 가속과 감속을 반복하면서, 직선 왕복운동을 한다. 이에 반해 크랭크축은 일정한 각속도로 회전운동을 한다. 커넥팅로드는 피스톤의 직선운동과 크랭크축의 회전운동을 결합한다. 피스톤이 상사점을 기준으로 이동한 거리를 피스톤 거리(x_p) 또는 '피스톤의 변위'라고 한다.

피스톤의 변위를 크랭크각(α)과 커넥팅로드각(β)을 이용하여 구할 수 있다. (그림 7-4)

$$x_p = l + r - (l\cos\beta + r\cos\alpha)$$
$$= l(1 - \cos\beta) + r(1 - \cos\alpha)$$

커넥팅로드각(β)은 '$l\sin\beta = r\sin\alpha$'를 이용하여 크랭크각(α)으로 대체하고, 커넥팅로드비 '$\lambda = r/l$'를 도입하면, $\sin\beta = \lambda\sin\alpha$ 그리고 $\beta = \sqrt{1 - \lambda^2\sin^2\alpha}$ 가 된다.

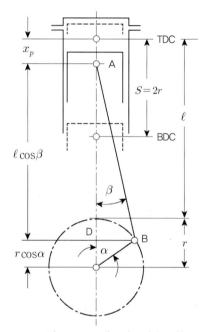

┃그림7-4┃ 크랭크기구의 운동학
(kinematics of crank mechanism)

따라서 피스톤의 변위를 구하는 정확한 식을 유도할 수 있다.

$$x_p = r(1 - \cos\alpha) + l\left(1 - \sqrt{1 - \lambda^2\sin^2\alpha}\right) \quad \cdots\cdots\cdots\cdots\cdots \quad (7\text{-}1)$$

설계 기술자들은 편의상 식 (7-1)에 MacLaurin 급수를 적용하여 유도한, 근사식 (7-2)를 사용한다. 대부분의 기관에서는, 근사식 (7-2)를 사용해도 큰 문제가 없다.

$$x_p = r\left(1 - \cos\alpha + \frac{\lambda}{2}\sin^2\alpha\right) \quad\text{.....................................} \text{(7-2)}$$

식 (7-2)을 미분하여 피스톤 속도(v_p)를, 두 번 미분하여 피스톤 가속도(a_p)를 구한다.

$$v_p = \dot{x}_p = r \cdot \omega \cdot \left(\sin\alpha + \frac{\lambda}{2} \cdot \sin 2\alpha\right) \quad\text{..................................} \text{(7-3)}$$

$$a_p = \ddot{x}_p = r \cdot \omega^2(\cos\alpha + \lambda\cos 2\alpha) \quad\text{..............................} \text{(7-4)}$$

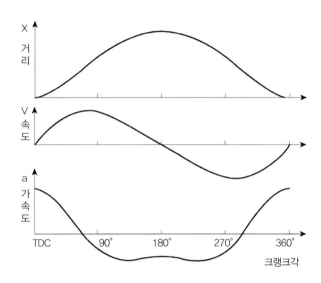

▌그림7-5 ▌ 피스톤-크랭크기구의 피스톤-거리, -속도, -가속도

식(7-3, 7-4)에서 $\alpha(=\omega t)$와 $2\alpha(=2\omega t)$는 각각 크랭크축 회전속도의 1배와 2배의 회전각속도를 의미한다. 이를 편의상 1차 관성항, 2차 관성항이라고 한다. 3차 항부터는 크기를 무시해도 좋을 만큼 그 값이 작으므로, 3차 이상의 고차항은 계산에서 생략한다. 단, 경주용 자동차기관과 같은 고속기관에는 가속도 근사식을 적용하지 않는다. (오차를 고려함)

② 크랭크기구의 회전질량과 진동질량

크랭크축은 자신과 일체인 크랭크핀에 연결된 커넥팅로드 대단부와 함께 회전운동하고, 피스톤은 피스톤링 및 피스톤핀, 그리고 피스톤핀과 결합된 커넥팅로드 소단부와 함께 상사점과 하사점 사이를 직선왕복운동한다. 계산 모델에서는 커넥팅로드의 질량을 직선 왕복운동을 하는 진동질량(oscillating mass)과 회전운동을 하는 회전질량(rotating mass)으로 근사적으로 분할한다. 즉, 피스톤/크랭크기구 전체의 질량을 회전질량과 진동질량으로 분할한다.

회전질량(m_{rot})에는 크랭크축 전체 그리고 크랭크핀에 접속된 커넥팅로드 질량의 일부(경험적으로 2/3)가 포함된다. 이 회전질량은 크랭크핀의 질량중심에 집중되는 것으로 가정한다.

크랭크축 반경 상의 질량중심에서 원운동을 하는 이 회전질량에 의해 발생된 원심력(F_{cent})은 크랭크 웨브(web)에 평형추를 부착하여 완벽하게 보상할 수 있다.

$$m_{rot} \approx \frac{2}{3}m_{con} + m_{crank} \quad \text{.............................} \quad (7\text{-}5)$$

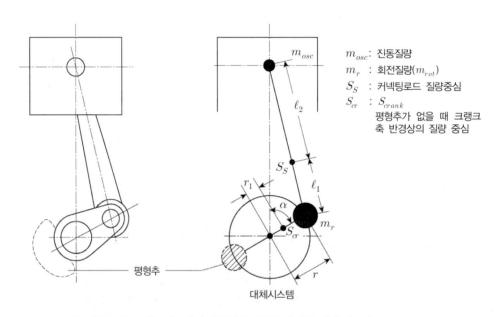

┃그림7-6┃ 크랭크기구에서 회전질량의 작용에 대한 대체 시스템

진동질량(m_{osc})에는 피스톤과 피스톤링, 피스톤핀 그리고 피스톤핀에 접속된 커넥팅로드의 질량의 일부(경험적으로 1/3)가 포함된다. 이 진동질량은 실린더의 중심축선(z축)을 따라 상/하 직선 왕복운동을 반복한다. 이때 피스톤 속도는 상/하 사점에서 0이 되고, 사점에서 다시 최대가속도로 반대방향으로 가속을 시작한다. 불균일한 피스톤 가속도에 의해, 피스톤의 왕복운동질량이 진동질량력을 생성한다.

$$m_{osc} \approx \left(\frac{1}{3}m_{con} + m_{piston}\right) \quad \text{.............................} \quad (7\text{-}6)$$

③ 관성력(inertial mass-force; Massenkraefte)

운동하는 크랭크기구의 관성력을 회전질량에 의한 회전질량 관성력(F_{rot}), 그리고 진동질량에 의한 진동질량 관성력(F_{osc})으로 나누어 생각할 수 있다.

회전질량 관성력은 크랭크축이 회전질량이 불평형인 상태로 회전할 때 발생하는 원심력이다. 그러므로 크랭크축의 회전속도가 일정하면 원심력의 크기도 일정하다. 따라서 회전질량 관성력은 1계(first order)에서만 나타난다. 회전질량 관성력은 실제로 크랭크 웨브(webs)에 평형추를 부가하여, 크랭크축의 질량(무게)중심을 크랭크축의 기하학적 중심축(crank shaft axis)으로 옮기는 방법으로 거의 완벽하게 보상할 수 있다. 따라서 여기서는 더는 거론하지 않는다. 단, 회전질량 관성력은 회전각속도의 제곱에 비례함을 기억해 둘 필요가 있다.

$$F_{rot} = m_{rot} \cdot r \cdot \omega^2 \quad\text{..}\quad (7\text{-}7)$$

‖그림7-8‖ 평형추가 부가된 크랭크축(직렬 4기통 기관용, GFA AG, CH)

진동질량력(oscillating mass-force) 또는 진동질량 관성력은 크랭크축이 일정 속도로 회전할 때 크랭크기구 진동질량의 불균일한 운동속도에 의해 발생한다. 즉, 진동질량력은 피스톤을 포함한 진동질량이 실린더 축선(z축)을 따라 상/하 직선왕복운동을 반복할 때, 시시각각으로 변하는 피스톤의 가속도에 의해 발생한다. 이 힘벡터는 실린더 축선을 따라 직선운동을 하며, 상사점 및 하사점에서 최댓값에 도달함과 동시에 작용방향을 바꾼다. 이 외에도 크랭크핀에 연결된 커넥팅로드가 회전함에 따라 작고 비선형적인 성분도 발생한다. 크랭크핀 상에서 커넥팅로드의 운동 때문에 피스톤의 상/하 운동 간에도 속도 차이가 발생하여, 이상적인 정현(sine)곡선으로부터 편차가 발생한다. 참고로 피스톤의 하향운동은 상향운동보다 더 빠르게 시작된다. 이러한 작은 차이의 원인은 커넥팅로드가 크랭크핀에 연결되어 크랭크축 반경 상에서 회전하기 때문이다.

진동(질량) 관성력(F_{osc})은 1차($\dot{F}_1$)와 2차($\dot{F}_2$)를 고려한다.

식 (7-8)로부터 진동(질량) 관성력의 2차 항은 커넥팅로드비($\lambda = r/l$) 때문에 더 작아지고, 1차 항과 비교하면 2배의 주파수를 갖는다는 것을 알 수 있다.

$$F_{osc} \approx m_{osc} \cdot r \cdot \omega^2 \cdot (\cos\alpha + \lambda\cos 2\alpha) \cdots\cdots (7\text{-}8)$$

$$F_{osc} \approx \dot{F}_1 \cos\alpha + \dot{F}_2 \cos 2\alpha \cdots\cdots (7\text{-}8\ \text{a})$$

$$\text{여기서} \quad \dot{F}_2 = \lambda \cdot \dot{F}_1 = \lambda \cdot m_{osc} \cdot r \cdot \omega^2$$

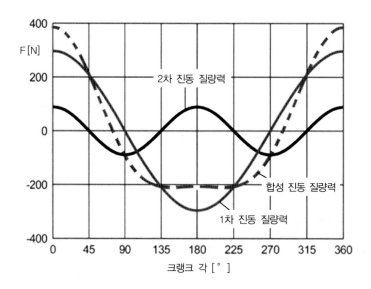

▮그림7-9▮ 크랭크기구에 오프셋이 없는 단기통 기관에서의 진동 관성력(자유 질량력)(예)

크랭크 반경 $r = 40\text{mm}$, 　커넥팅로드 길이 $l = 150\text{mm}$(λ=0.3),

진동 질량 $m_{osc} = 0.6\text{kg}$, 회전속도 $n = 1000\text{min}^{-1}$

진동(질량) 관성력의 1차 항은 크랭크축에 평형추를 부가하여 부분적으로 보상할 수 있다. 보상계수(Ω)에 따라, 잔류 관성력은 실린더 축선(상/하) 방향으로 존재한다.

$$\dot{F}_1 = m_{osc} \cdot (1 - \Omega) \cdot r \cdot \omega^2 \cdots\cdots (7\text{-}9)$$

그러나 진동(질량) 관성력의 1차 항을 보상하기 위해 추가한 평형추가 크랭크축의 회전(좌/우) 방향으로 제2의 힘 성분을 파생시킨다.

$$\dot{F}_{1.transverse} = m_{osc} \cdot \Omega \cdot r \cdot \omega^2 \text{ ·· (7-10)}$$

따라서 진동(질량) 관성력은 크랭크축에 평형추를 추가하는 방법으로 100% 보상하지 않는다. 보상계수가 50%보다 작으면 합성 관성력은 수직 타원으로 나타나며, 50%보다 크면 수평 타원으로 나타난다. 타협책으로 크랭크축에 추가로 평형추(counter weight or balance weight)를 부착하여 진동질량력의 50%를 보상할 경우, 이는 최대 진동력의 50%가 상사점에서 발생하도록 하는 것을 의미한다.

다기통 기관에서, 자유 질량력 즉, 관성력의 영향은 본질적으로

 a) 실린더 수,

 b) 실린더 배열,

 c) 크랭크축에서의 크랭크핀 배열,

 d) 점화순서

 e) 단일 실린더의 매개변수에 의해 좌우된다.

④ 질량 관성모멘트(inertial mass‑moment)

개별 실린더의 진동질량력이 개별 실린더의 중심축(Z)선에 작용하기 때문에, 실린더 배열에 따라 질량 관성모멘트가 발생한다.

예를 들어 그림 7-10을 보면, 점화간격이 180°인 4기통-직렬-기관(L4)에서 1차 관성력(F_1)은 서로 짝을 이루어 보상되는 반면에, 2차 관성력(F_2)은 서로 위상이 같아서 합산됨을 알 수 있다.

실린더 축 주위의 질량 관성모멘트는 각 실린더의 관성력의 레버 암(기준점은 크랭크축 중심의 점 S)을 기준으로 산출한다. L4-기관의 경우, 질량 관성모멘트($M_1 \cdots M_4$)는 서로 상쇄된다. 따라서 L4-기관에서는 영향계수가 4인 2차 관성력(F_2)만 존재한다. 대부분 별도의 보상축을 설치하여 2차 관성력을 보상한다.

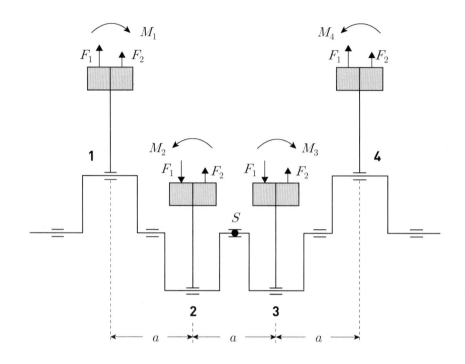

┃그림7-10 ┃ 직렬 4기통 기관에서의 관성력과 관성모멘트

실린더 배열 형식(직렬형, V형, 수평대향형), 기통수, 점화순서 및 실린더 간격은 관성력과 관성모멘트의 발생, 그리고 달성해야 하는 질량평형에 결정적인 영향을 미친다. 다기통 기관에서 발생하는 관성모멘트는 크랭크축의 평형추로 완벽하게 보정할 수 없다. 실린더 간격을 가능한 한 작게 하여, 레버암 길이를 짧게 해야 한다. 기통수가 많을수록 더 완벽한 질량평형을 달성할 수 있다. 직렬 6기통, 직렬 12기통 및 수평 대향형 6기통 기관에서는 관성력과 관성모멘트가 모두 상쇄된다. (그림 7-10, 표 7-1 참조)

⑤ 내부 휨 모멘트 (internal bending moment; Inneres Biegemoment)

기관의 내부 모멘트는 회전 관성력과 진동 관성력에 의해 발생한다. 이 모멘트는 – 자유롭게 부동(浮動; floating)하는 것으로 생각되는 – 크랭크축에 작용하는 휨(bending) 모멘트로서, 크랭크축 메인 베어링에 추가로 부하(load)를 가하고, 크랭크 케이스에 휨을 유발한다. 내부 모멘트는 크랭크축 선단으로부터 기관 중앙 쪽으로 갈수록 커진다. 중심 베어링은 인접한 크랭크핀에 작용하는 질량력에 의해 큰 부하를 받는다. – 럼블(rumble) 소음의 원인.

내부 휨 모멘트는 각 크랭크핀의 질량력을 평형시켜 방지할 수 있다. 내부질량을 완벽하게 평형시켜 얻는 이점은 질량, 관성모멘트 및 비용의 증가라는 단점과 비교하여, 평가한다.

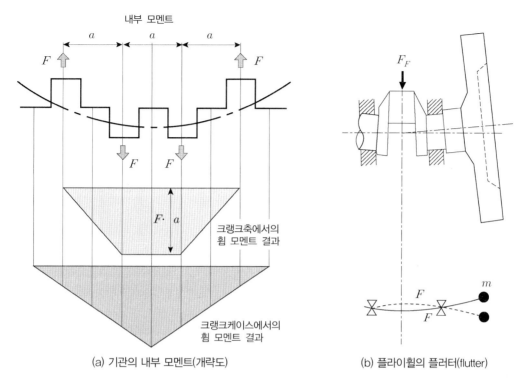

(a) 기관의 내부 모멘트(개략도)	(b) 플라이휠의 플러터(flutter)

▌그림7-11 ▌ 질량력과 가스폭발력의 작용에 의한 결과

그림 7-12는 다기통 기관에 작용하는 힘과 모멘트를 나타내고 있다. 질량 관성력과 관성 모멘트는 1차 및 2차 진동질량력에 기인하며 각각 크랭크축의 핀-저널(pin journal)과 메인-저널(main journal)에 전달된다. 내부 휨 모멘트는 회전질량력 및 진동질량력에 의해 발생하고 실린더 블록에 작용한다. 회전력의 맥동 때문에 생성된, 교번 회전토크(alternating & rotating torque) 즉, 비틀림 토크는 일반적으로 기통수가 많아지면 감소한다.

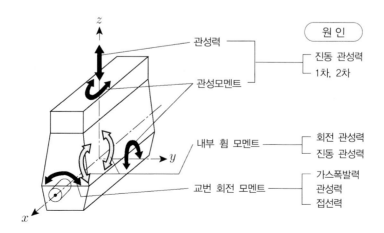

▌그림7-12 ▌ 다기통 기관에 작용하는 힘과 모멘트

⑥ 엔진 블록에서의 힘의 흐름

가스 폭발력은 피스톤을 아래로 내리누르고, 동시에 실린더헤드를 위쪽으로 밀어 올리려고 한다. 실린더헤드와 엔진블록을 밀착, 결합하는 헤드볼트가 실린더헤드의 움직임을 방지한다. 가스 폭발력은 피스톤, 커넥팅로드, 크랭크축을 거쳐 메인베어링에 작용한다. 이 힘은 메인베어링 캡과 메인베어링 캡 볼트에 의해 흐름이 저지된다. 따라서 엔진블록의 얇은 벽과 크랭크축 메인베어링 캡에는 동적(dynamic) 인장력이 작용하며, 이는 진동과 소음의 원인으로 작용한다.

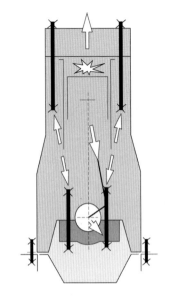

▌그림7-13 ▌ 엔진블록에서 가스 폭발력의 흐름

▌표 7-1 ▌ 기관형식에 따른 점화간격 및 1차·, 2차 관성력과 관성모멘트[8]

$$F_r = m_1 r \omega^2 \qquad F_1 = m_0 r \omega^2 \cos\alpha \qquad F_2 = m_0 r \omega^2 \lambda \cos 2\alpha$$

실린더 배열	1차 관성력[1]	2차 관성력	1차 관성모멘트[1]	2차 관성모멘트	점화간격
• 3기통					
직렬, 메인 B/R 3개	0	0	$\sqrt{3} \cdot F_1 \cdot a$	$\sqrt{3} \cdot F_2 \cdot a$	240°/240°
• 4기통					
직렬, 메인 B/R 4개	0	$4 \cdot F_2$	0	0	180°/180°
대향형, 메인 B/R 4개	0	0	0	$2 \cdot F_2 \cdot b$	180°/180°

※ [1] : 평형추 없음

$$F_r = m_1 r \omega^2 \qquad F_1 = m_0 r \omega^2 \cos\alpha \qquad F_2 = m_0 r \omega^2 \lambda \cos 2\alpha$$

실린더 배열	1차 관성력[1]	2차 관성력	1차 관성모멘트[1]	2차 관성모멘트	점화간격
• 5기통					
 직렬, 메인 B/R 5개	0	0	$0.449 \cdot F_1 \cdot a$	$4.98 \cdot F_2 \cdot a$	144°/144°
• 6기통					
 직렬, 메인 B/R 6개	0	0	0	0	120°/120°
 V90°, 메인 B/R 3개	0	0	$\sqrt{3} \cdot F_1 \cdot a$ [2]	$\sqrt{6} \cdot F_2 \cdot a$	150°/ 90° 150°/ 90°
 노멀 발란스 V90°, 메인 B/R 3개 30° 옵셋(크랭크 핀)	0	0	$0.4483 \cdot F_1 \cdot a$	(0.966 ± 0.256) $\sqrt{3} \cdot F_2 \cdot a$	120°/120°
 대향형, 메인 B/R 6개	0	0	0	0	120°/120°
 V60°, 메인 B/R 6개	0	0	$3 \cdot F_1 \cdot a/2$	$3 \cdot F_2 \cdot a/2$	120°/120°

※ [1] : 평형추 없음   [2] : 평형추로 완벽하게 보정 가능

$$F_r = m_1 r\omega^2 \qquad F_1 = m_0 r\omega^2 \cos\alpha \qquad F_2 = m_0 r\omega^2 \lambda \cos 2\alpha$$

실린더 배열	1차 관성력[1]	2차 관성력	1차 관성모멘트[1]	2차 관성모멘트	점화간격
• 8기통 V90°, 메인 B/R 4개, 두 평면에	0	0	$\sqrt{10} \cdot F_1 \cdot a$ [2]	0	90°/90°
• 12기통 V60°, 메인 B/R 6개	0	0	0	0	60°/60°

※ [1] : 평형추 없음 [2] : 평형추로 완벽하게 보정 가능

∥표 7-2∥ 다기통기관에서 가로/세로 방향으로 작용하는 모멘트와 자유 질량력 [8]

기관에 작용하는 힘과 모멘트				
명 칭	교번 회전 모멘트 횡방향 롤 모멘트 역회전 모멘트	자유 질량력	자유질량 모멘트 종방향 롤 모멘트 - y(횡)축에 대한 ('빠르게 진행되는' 모멘트) - z(수직)축에 대한 ('요동하는' 모멘트)	내부 휨 모멘트
원 인	가스접선력, 질량접선력 차수, 1차, 2차, 3차 및 4차에서	보상되지 않은 진동질량력 1차, 단기통과 2기통에서 2차, 단기통, 2기통, 4기통 엔진에서	보상되지 않은 진동 질량력, 우력으로서, 1차와 2차	회전질량력과 진동질량력
영향 변수	실린더 수, 점화순서, 행정체적 $p_1,\ \epsilon,\ p_z,\ m_o,\ r,$ $\omega,\ \lambda$	실린더 수 크랭크핀 위상 $m_o,\ r,\ \omega,\ \lambda$	실린더수, 크랭크핀 위상, 실린더 간격, 평형추 크기가 x축과 y축에 대한 질량력의 몫에 영향을 미친다. $m_o,\ r,\ \omega,\ \lambda,\ a$	크랭크핀의 수, 크랭크핀 위상각, 엔진 길이, 크랭크케이스의 강성
대 책	예외적인 경우에만 영향 가능	회전 평형시스템을 통해 자유 질량효과의 제거 가능, 그러나 비용이 많이 소요됨. 따라서 극히 드묾, 자유 질 량효과가 없거나 작은 크랭크 순서를 선호함.		평형추, 튼튼한 크랭크 케이스
	엔진의 탄성 마운트를 이용하여 주위의 차폐 (특히 차수 ≥ 2)			

(3) 접선력(tangential force) – (그림 7-14, 7-15 참조)

앞에서 가스 폭발력과 질량 관성력에 대해 각각 상세하게 설명하였다. 피스톤에서 가스폭발력(F_G)은 아래쪽으로, 질량력(F_M)은 위쪽으로, 서로 반대 방향으로 작용한다. 그리고 피스톤핀에 작용하는 합성력(F_R)은 가스 폭발력(F_G)과 질량력(F_M)의 벡터 합이다.

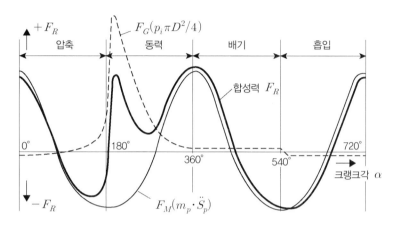

▌그림7-14▌ 4행정 단기통 기관에서 피스톤핀에 작용하는 합성력(F_R)

① 합성 접선력(F_T)의 결정 (그림 7-15 참조)

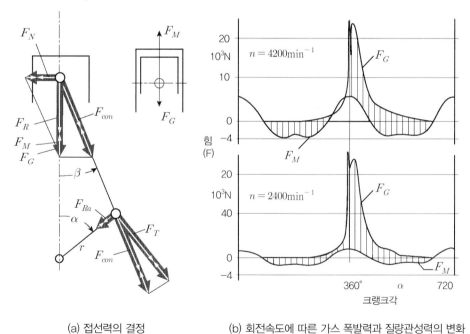

(a) 접선력의 결정   (b) 회전속도에 따른 가스 폭발력과 질량관성력의 변화

▌그림7-15▌ 피스톤의 부하와 크랭크축 접선력(4행정 기관) (예)

합성력(F_R)은 커넥팅로드에 작용하는 힘(F_{con})과 피스톤 측력(F_N)으로 분해된다. 커넥팅로드에 작용하는 힘(F_{con})은 다시 접선력(F_T)과 구심력(F_{Ra})으로 분해된다. 크랭크축을 회전시키는 힘은 크랭크핀에 작용하는 접선력(F_T)이다. 구심력(F_{Ra})은 크랭크축 메인 저널(main journal) 중심에 작용하고 베어링에 부하를 가한다. 접선력(F_T)과 크랭크 반경(r)을 곱한 값이 크랭크축에서의 합성 회전토크(M_{crank})가 된다.

피스톤은 크랭크축이 1/2회전할 때마다 가속과 감속을 반복하기 때문에, 질량력(F_M)은 크랭크축이 1/4회전할 때마다 부호가 바뀐다. 가스폭발력(F_G)의 경우는 흡입, 압축, 배기 행정에서는 힘을 소비하고, 오직 동력행정에서만 구동력을 얻는다. 그리고 질량력은 속도의 제곱에 비례해서 증가하지만(식 7-7 참조), 가스폭발력은 속도가 상승해도 공급되는 연소에너지가 크게 증가하지 않기 때문에 속도의 증가에 따른 상승효과는 그렇게 크지 않다.

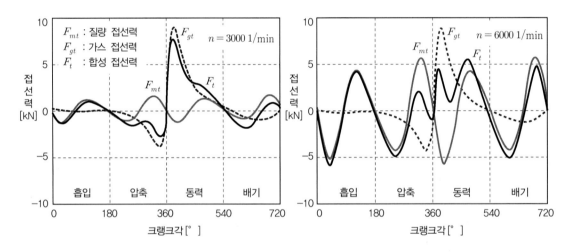

┃그림7-16┃ 4행정 단기통 기관에서 회전속도에 따른 접선력의 변화

그림 7-17에서 보면, 4행정 L4-기관에서는 180°마다, L6-기관에서는 120°마다 점화간격에 대응하여 합성접선력이 변화함을 알 수 있다. 그리고 실린더 수가 증가함에 따라 합성 접선력의 맥동은 적어지고, 평균값은 증가함을 나타내고 있다. 그러나 기통수가 많은 기관에서도 합성 접선력 즉, 회전력에 맥동이 있음을 유념해야 한다. 회전력의 맥동은 1차로 크랭크축에 비틀림진동을 유발한다.

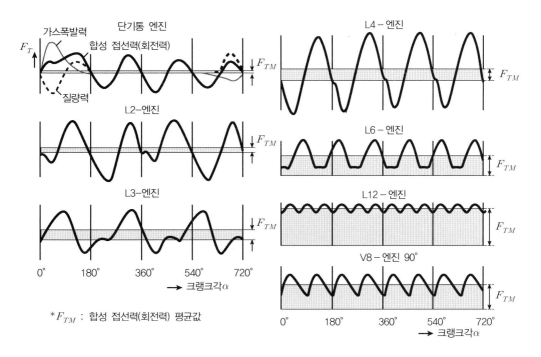

▌그림7-17 ▌ 4행정기관의 기통수별 합성 접선력(회전력)의 비교

　그리고 합성 접선력을 평가할 때는, 기관의 운전조건에 따른 가스폭발력과 질량력의 변화를 함께 고려해야 한다. 연소 최고압력과 이에 상응하는 가스폭발력은 부하수준이 일정한 경우에는 회전속도가 상승해도 큰 변화가 없으나, 부하가 상승하면 비례적으로 상승한다. 반면에 질량력은 부하수준의 변화에 상관없이 회전속도의 제곱에 비례한다. 그러므로 회전속도가 낮고 부하수준이 높을 때는 가스폭발력이 지배적이지만, 반면에 회전속도가 높고 부하수준이 낮을 때는 질량력이 우세하게 된다.

　기관이 부하상태에서 회전속도를 높여 갈 때, 저속에서는 질량력이 작으므로 합성 접선력은 가스폭발력의 크기에 좌우된다. 회전속도가 상승함에 따라 질량력이 속도의 제곱에 비례해서 증가하여 가스폭발력을 상쇄시키기 때문에 합성 접선력은 점차 감소하게 된다. 회전속도가 더욱더 상승하면 질량력과 가스폭발력이 같아지는 속도에 도달하고, 이어서 질량력이 우세하게 되는 속도영역에 진입한다. 그림 7-18은 이를 잘 나타내고 있다.

　그림에서 상쇄효과는 중속영역에서 나타나기 시작하고, 가스폭발력이 증가함에 따라 상쇄영역은 더 높은 속도영역으로 이동한다. 질량력이 우세한 높은 회전속도에서는 상쇄효과 때문에 부하가 증가함에 따라 접선력 변동의 진폭은 감소한다. 이와 같은 현상은 심리음향 측면에서 원하지 않는, 부정적인 결과를 초래한다.

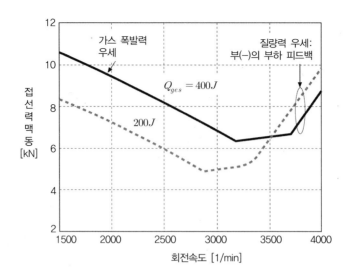

┃그림7-18┃ 4행정 L4-기관의 회전속도 변화에 대응한 합성 접선력의 맥동(예)

② 크랭크축의 회전진동

폭발압력이 크랭크축에 충격적으로 전달되면, 크랭크축에는 비틀림진동이 발생한다. 동력행정 중 피스톤 어셈블리가 하향할 때, 크랭크핀에는 큰 충격하중이 가해진다. 이 충격하중에 의해 크랭크축이 약간 비틀리게 되는 데, 동력행정 말기에는 크랭크핀에 가해지는 하중이 제거되어 크랭크축은 원상태로 복귀하려고 하므로 다시 비틀리게 된다. 이때 크랭크축은 스프링처럼 작용하여 원상태를 지나서 약간 역회전 방향으로까지 비틀리게 된다. 이와 같은 작용으로 크랭크축은 진자운동(oscillating motion) 또는 비틀림진동을 각 동력행정마다 반복하게 된다. 이 비틀림진동을 제어하지 않으면 축 자체의 고유진동에 추가로 진동이 계속 가해지며, 특정속도에 이르면 축 자체의 고유진동과 공진하여 축이 파괴되게 된다. 크랭크축은 이와 같은 가혹한 부하조건을 감당할 수 있는, 충분한 기계적 강도와 내-마멸성, 그리고 탄성을 가지고 있어야 한다.

크랭크축의 회전운동은 3종류의 성분이 합성되어 있다.
● 회전속도에 상응하는 균일한 회전운동
● 불균일한 회전력(접선력의 맥동)에 의한 회전속도의 맥동(정적 회전속도 맥동) 그리고
● 회전력에 의해 발생한 비틀림각(변위각)에 의한 진동(동적 회전속도 맥동)

크랭크축을 그림 7-19와 같이, 다수의 개별질량으로 구성된 비틀림 진동계로 가정할 수 있다. 크랭크축의 전체 길이에 걸친 개별질량의 진동과정은 곡선으로 표현되며, 이 곡선은 0의

교차점인 마디(node)를 가진 진동형태이다. 마디에서는 인접한 2개의 질량이 서로 반대 방향으로 비틀린다. 마디에서는 비틀림진동은 없지만 비틀림 응력이 아주 크게 작용한다.

크랭크축의 비틀림은 초기위치를 기준으로 회전질량의 비틀림각으로 설명할 수 있다. 회전질량에 저장된 운동에너지는 비틀림 스프링(실제로는 크랭크축)에 전달되어 위치에너지로 변환된 후에, 다시 운동에너지로 변환된다. 자유진동에서는 에너지 손실이 없는 변환이 지속된다. 고유 주파수는 오직 계의 속성인 스프링(크랭크축)의 강성과 질량에 따라 변한다. 운동저항의 결과로, 에너지는 계로부터 빠져나가 열로 변환된다. 진동은 감쇠의 정도에 따라, 빠르게 또는 느리게 소멸된다.

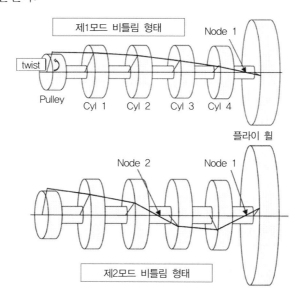

┃그림7-19┃ L4-기관 크랭크축의 비틀림 진동계 개략도

외부로부터 계에 주기적으로 작용하는 힘은 다른 진동 동작을 강요한다: 계(system)는 - 진동시작 후에 - 가진력의 주파수로 진동한다. 고유주파수와 가진주파수가 일치하면 공진이 발생한다. 감쇠가 없다면 진동은 무한 값을 나타낼 것이다. 그러나 부가된 댐퍼(damper)가 진폭을 제한하고, 이때 진폭의 크기는 감쇠의 강도에 좌우된다.

가능한 개별 진동모드는 고유진동수(고유주파수)를 가지고 있으며, 계는 개별 진동모드에서 자유진동을 수행할 수 있다. 계의 진동

┃그림7-20┃ 비틀림에 의해 크랭크핀이 파단된 L4-기관 크랭크축

모드와 고유주파수는 비틀림 강성 및 회전질량의 크기와 분포에 따라 달라진다. 공진에 의해서도 크랭크축이 파괴될 수 있으므로, 이러한 위험한 작동상태를 방지하기 위한 대책을 수립해야 한다. - 동흡진기와 플라이휠

참고로 크랭크축은 과도한 회전 맥동(예: 클러치, 플라이휠, 진동댐퍼 등의 결함), 비정상적인 연소에 의한 기계적 과부하, 고장이 있는 변속기 등에 의해 기관이 갑자기 정지될 경우, 그리고 재료의 결함 또는 윤활 부족에 의한 소손 등으로 파괴될 수 있다.(그림 7-20 참조)

2. 기관에서의 진동 현상

기관은 일반적으로 저주파수 대역에서는 강체로서 진동이 지배적이고, 고주파 영역에서는 탄성체로서 소음이 지배적이다. 여기서는 기관의 강체진동 현상에 관해서만 설명한다.

(1) 공회전 진동(Vibration in idle-state)

공회전 진동은 크랭크축 합성 접선력의 맥동 즉, 가스폭발력과 관성력/관성모멘트에 의한 주기적, 확률적 가진에 의해 발생한다. 이때 다양한 진동현상이 나타날 수 있다. 예를 들면 차체 전체 또는 바닥(floor), 그리고 조향핸들에서 진동을 감지할 수 있다. 전통적인 차체 길이(x)방향 설치 기관에서는 다음과 같은 진동이 발생할 수 있다:

① 엔진마운트에서 기관 쉐이크(shake)
② 서로 반대방향으로 작동하는 기
   관/자동차의 횡(transverse)진동
   - 차체의 비틀림과 굽힘
③ 타이어 스프링 위에서 차체의
   롤링(rolling)

그림 7-21은 중요한 진동 현상을 유발할 수 있는, 전형적인 공회전 상태를 나타내고 있다. 이 그림에서 기관은 공회전속도 550min^{-1}에서는 1.5계 진동에 의해 13~15Hz로 흔들리는(shaking) 반면에, 1계 진동에 의

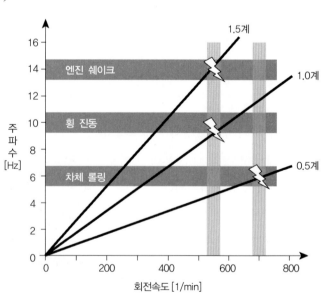

∥그림7-21∥ 기관 공회전 영역에서의 중요한 진동 거동(예)

해서는 9~11Hz로 횡(transverse) 진동한다. 또 회전속도 700min⁻¹에서는 기관의 0.5계 진동 때문에 타이어 스프링 상에서 자체가 5~7Hz로 롤링(rolling)함을 나타내고 있다.

더불어 바람직하지 않은 경우에, 지배적인 기관 진동 차수가 전역(global) 전체 자동차 고유모드의 범위 내에 있으면, 기관 공회전 시 진동 안락성은 더 악화된다.

그림 7-22는 4기통-, 6기통-, 8기통-기관을 예로 들어 기관 공회전속도에 대한 상관관계를 나타내고 있다. 4기통 기관에서 공회전속도는 기관의 2계 진동을 기준으로 임계속도 이하로 조정되며, 6기통-, 8기통-기관에서는 각각 3계 또는 4계 진동을 기준으로 임계속도 이상의 속도를 선택하고 있다. 그리고 기관의 진동차수(vibration order)에 의해, 전역(global) 전체 자동차 고유모드의 가진이 발생하지 않도록 하기 위해서는 1차 휨(bending)과 1차 비틀림(torsion)은 27~33Hz 사이의 주파수 대역에 있어야 함을 나타내고 있다.

바람직하지 않은 결합(coupling) 진동을 피하기 위해서는, 두 1차 전역(global) 전체 자동차 고유모드 간에는 약 3Hz의 간격이 유지되어야 한다. 차체 앞부분(front body)의 비틀림 주파수가 1계 비틀림 주파수보다 더 위에 있으므로, 전역(global) 전체 자동차 고유모드는 8기통 기관의 4계 진동보다 훨씬 더 위에 위치해야 함을 나타내고 있다.

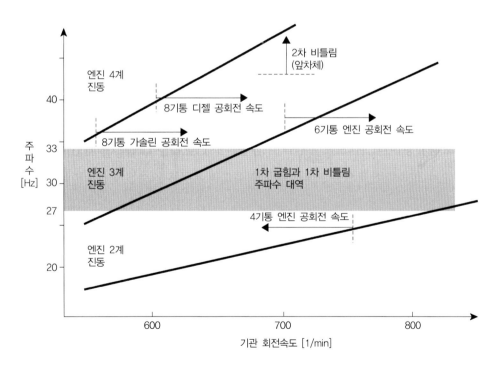

∎그림7-22∎ 기관 공회전속도의 진동기술적 설계(예)

(2) 시동/정지 진동(Start-Stop vibration)

내연기관을 시동/정지시킬 때는, 쾌적성과 관련이 있는, 진동음향 문제가 발생한다. 특히 스타트/스톱-오토매틱(SSA; Start/Stop-Automatics)은 정체가 심한 시내 교통에서 공회전 운전시간을 많이 감소시키는 이점이 있는 반면에, 시동과 정지를 수없이 반복하기 때문에 시동과정과 정지과정 그 자체의 진동 – 음향적 쾌적성에 대한 요구를 고려해야 한다.

특히 빈번하게 반복되는 시동/정지 진동은 불쾌감을 주기 때문에 주관적 인지한계를 초과하지 않아야 한다. 운전자가 기관을 시동하지 않고, SSA가 기관을 시동하는 경우 즉, 소위 시동 요청이 자동으로 활성화되는 경우에는 진동이 더욱더 작아야 한다.

시동과정에서 시동모터의 회전토크는 먼저 내연기관의 기동토크를 넘어서야 한다. 그 후의 추가과정은 크랭크기구의 회전관성, 개별 실린더의 압축압력, 그리고 마찰 토크에 의해 좌우된다. 시동 시에는 회전속도가 낮으므로 질량 접선력은 무시해도 된다.

그림 7-23은 기존의 피니언 스타터(pinion starter)를 이용한 시동과정을 나타내고 있다. 피니언 스타터는 기관을 약 250 min^{-1} 정도의 비교적 느린 속도로 기동시키며, 연소가 시작되면 폭발력에 의해 회전속도는 급격히 상승하고, 약 0.7초 후에 기관의 공회전속도 700min^{-1}에 도달함을 나타내고 있다. – 시동 진동의 소멸

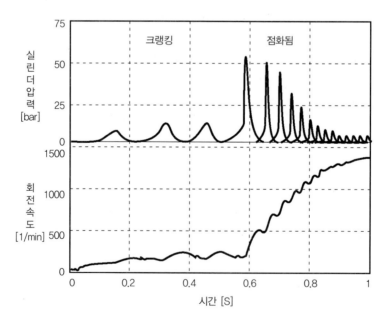

‖그림7-23‖ 기존의 피니언-스타터를 이용한 기관 시동 과정(예)

현재 사용되고 있는 시동방법을 최초 연소가 시작될 때의 기관회전속도 수준에 따라 2가지로 분류할 수 있다.

- 저 회전속도 시동 : 최초 분사 및 연소는 약 250~300min^{-1}에서 시작된다. 기존의 피니언-스타터 또는 벨트 구동방식의 스타터-제네레이터로도 내연기관을 이 회전속도로 충분히 가속시킬 수 있다. (크랭킹 진동; 5~15Hz)

- 고 회전속도 시동 : 600~750min^{-1}의 공회전속도 수준으로 고속시동하기 위해서는, 내연기관을 아주 짧은 시간 내에 공회전속도로 구동시킬 수 있는, 강력한 기동 전동기를 필요로 한다. (하이브리드 시동; 10~15Hz)

① 기존의 저속 시동모터(starter)

저속시동 시의 진동 거동에 결정적인 영향을 미치는 것은, 내연기관을 빠르게 고속으로 기동시킬 수 있는, 강력한 시동모터의 설계이다

스타트/스톱 시스템에서는 직류모터 방식의 피니언-스타터 대신에, 시동모터와 발전기 기능을 겸비한, 벨트 구동방식의 동기기(synchronous motor)를 사용한다. 벨트 구동방식의 시동기/발전기는 벨트를 통해 기관의 크랭크-풀리와 영구적으로 결합되어 있으며, 기존의 피니언-스타터와 비교하여 더 고성능으로 설계할 수 있기 때문에 시동 편의성 측면에서 유리하다. 물론 더 좋은 방식은 파워트레인에 통합된 시동기/발전기 겸용 전기기계이다.

(BSG; Belt-driven Starter/Generator, ISG: Integrated Starter/generator)

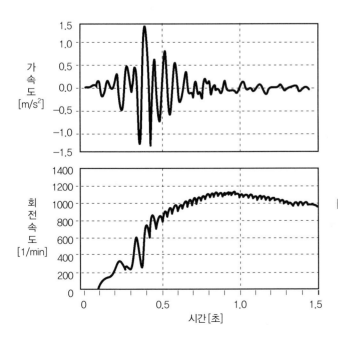

┃그림7-24┃
벨트 구동방식의 스타터/제네레이터를 이용한 저속시동 시에 측정한 회전속도 상승(아래), 시트-레일에서 측정한 z-방향의 가속도 변화 과정(위)

그림 7-24에서 시동과정에 나타나는 회전속도의 맥동은, 시동 중의 높은 연소압력에 의해 엔진마운트의 공진영역에서 발생한다. 이러한 맥동은 자동차 실내에서 진동으로 감지되며, 그 크기는 시트 레일에서 가속도를 측정하여, 확인할 수 있다.

그림 7-25는 시동장치가 서로 다른 3대의 자동차 시트-레일에서의 진동가속도 차이를 나타내고 있다. 이러한 공진 진동 외에도, 쾌적 수준은 시동과정에서 시동모터에 많은 전류가 한꺼번에 공급됨에 따라 나타나는 충격과 소음거동의 영향을 받는다.

시트-레일에서의 최대 가속도와 주관적 안락감 간의 상관관계는 경험적으로 검증이 가능하다. 이에 반해 레벨이 낮은 시동소음보다는 소음의 음향특성이 안락감에 결정적인 영향을 미친다. 따라서 소음이 많은 피니언-스타터는 안락감을 악화시킨다. 시동회전속도를 약간 낮추면, 시동거동은 현저하게 악화된다. 시동모터가 너무 일찍 접속으로부터 이탈하는 것도 문제이다.

② 고속 시동 / 하이브리드 시동

기존의 내연기관 시동과는 다르게, 풀(full)-하이브리드 자동차에서는 운전자가 시동스위치를 작동시켜 내연기관을 기동시킬 뿐만 아니라, 운행 중 작동점에 따라서 동력원이 구동모터에서 내연기관으로 절환될 때, 내연기관은 시스템에 의해 자율적으로 기동된다. 이 경우 특히 절환과정을 감각적으로 느낄 수 없는, 부드러운 기관시동이 요구된다. 이를 위해서는, 특히 고속시동이 적합하며, 이를 감당할 수 있는 강력한 전기 구동모터 및 하이브리드 동력원을 구비하고 있어야 한다.

안락성 측면에서 고속시동의 장점은 기관의 폭발력에 의한 고유 공진의 속도영역을 가진 없이 통과한다는 점이다. 공진영역을 벗어나서 내연기관을 시동할 때, 연소압력에 의한 가진을 최소화하기 위해서는, 실린더 충전율을 가능한 한 낮게 유지해야 한다. 따라서 시동 시 스로틀밸브는 거의 닫혀있어야 한다. 고속시동 시에는 시트-레일에서의 가속도 진폭이 저속시동 시의 가속도 진폭보다 현저하게 작다. (그림 7-25 참조). 최적화를 위한 또 다른 잠재력은 시동 중에 가스 토크의 맥동을 전기 구동모터의 토크를 교번시켜(alternated) 보상할 수 있다는 점이다.

하이브리드 개념으로는 현재, 내연기관과 구동 전기모터 사이에 클러치를 장착한/장착하지 않은 병렬 하이브리드, 또는 동력 분할방식의 하이브리드 자동차가 많다.

클러치를 장착하지 않고 대신에 스타터/제네레이터를 동력전달계에 집적한, 하이브리드 방식을 흔히 마일드(mild)-하이브리드라고 한다. 마일드-하이브리드는 순순한 전기구동이 불가능하다.

클러치를 갖춘 병렬-하이브리드에서는 구동 전기모터가 자동차를 구동하고 있는 동안에 내연기관과 클러치를 접속시키기 위해서 추가적인 시동장치를 필요로 하지 않는다. 이미 구동 전기모터가 동력흐름선에 존재하기 때문이다.

이 경우, 실현 가능한 시동개념은 선택한 사양의 효율성에 달려 있다. 동력분할 하이브리드에서는, 2대의 전기모터와 1대의 내연기관이 합산기어를 통해 함께 작동한다. 따라서 내연기관의 시동은 구동 전기모터에 의해 이루어지므로 별도의 고속 기동장치는 필요 없다.

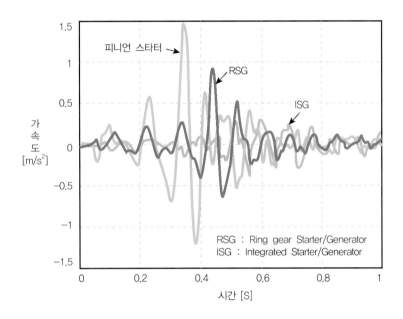

▌그림7-25 ▌ 시동장치 종류별로 자동차의 시트레일에서 측정한 z-방향 가속도 비교

③ 기관의 작동정지(shutdown)

내연기관의 작동정지 과정은 크랭크기구의 회전관성(J_v), 모든 실린더(i)의 가스폭발력(F_g)의 합에 크랭크 반경(r)을 곱한 값, 그리고 마찰 토크(M_R)의 영향을 받는다.

마찰력과 회전관성은 구조적으로 결정된다. 반면에 실린더 충전율과 그 결과인 가스 모멘트는 기관의 정지에 영향을 미치는, 중요한 변수이다. 실린더에 충전된 가스 질량은 기관의 작동정지 과정에서 스프링으로 작용하며, 이 스프링의 강성은 실린더 충전율에 의해 결정된다. 실린더 충전율은 다시 흡기밸브가 닫힐 때 흡기다기관의 압력에 의해 결정된다.

흡기다기관의 압력은 기관의 작동이 정지되는 과정에서 스로틀밸브의 위치에 따라 변화한다. 스로틀밸브가 열려있으면 가스교환 토크가 관성 모멘트 및 마찰 토크보다 더 크게 된다.

회전속도가 0이 되기 전에, 최종적으로 압축된 실린더로부터의 가스 토크가 너무 커서 회전속도가 느려지고, 이전에 압축된 실린더의 가스가 다시 압축되어, 기관이 최종적으로 정지할 때까지 반복적으로 회전속도가 맥동하게 된다. 반면에 스로틀밸브가 닫혀있으면 최대압력이 억제되어 기관회전속도에 맥동이 없고, 작동이 정지될 때까지 진동이 발생하지 않는다. (그림 7-26)

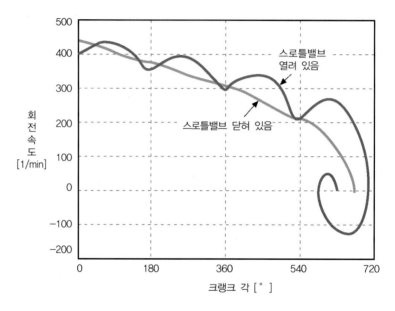

■ 그림7-26 ■ 스로틀밸브 개/폐 상태에서 작동이 정지될 때의 회전속도 변화(예)

스로틀밸브가 열려있을 때는 가스교환 토크와 기관진동이 현저하게 커져, 엔진마운트를 진동시키고, 이어서 마운트의 진동은 차체에 전달된다. 그러므로 기관의 작동정지 과정은 스로틀밸브를 닫은 상태에서 진행되어야 한다. 주행 중 장력의 절환 또는 제어가 가능한 엔진마운트는 추가로 진동을 최적화시킬 수 있는 잠재력을 가지고 있다.

자동차가 정지할 때까지 제동하는 과정에서 느끼는 주관적인 정지-안락감은, 타행하는 자동차가 미끄럼마찰로부터 정적마찰로 바뀔 때 발생하는 저크(jerk)와 작동정지(shutdown) 진동을 시간상 정확하게 동기(synchronizing)시키면, 더 높일 수 있다.

(3) 부하 변동 시의 진동

승용자동차의 파워트레인(powertrain)은 안락성과 무게 때문에 화물자동차보다 상대적으로 비틀림에 약하게 설계된다. 기관토크가 최대일 때, 1단 기어에서의 비틀림각은 최대 90°도까지에 이를 수도 있다. 부하변동은 동력전달장치의 비틀림진동을 쉽게 유발한다. 파워트레인에서의 이러한 부하변동 현상은 차체의 길이(x) 방향 저주파 진동(jerk, judder) 및 고주파 음향현상(부하 변동 충격, 딱딱거리는 소음(clacking) 등)으로 나타날 수 있다.

저주파 부하변동 시의 진동은, 클러치가 접속되어있는 상태에서의 진동(jerk)과 클러치에 미끄럼(slip)이 있을 때의 진동(judder)으로 구분할 수 있다.

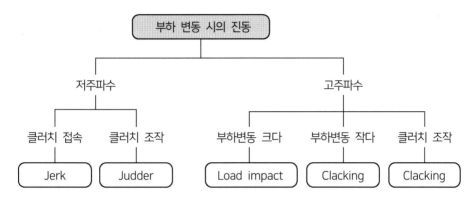

∥그림7-27∥ 부하변동 시의 소음·진동 현상

기관의 부하변동 현상은 기관제어시스템의 개입에 의한 영향을 가장 많이 받는다. 이유는 기관제어유닛(ECU)은 다양한 안락감(comfort) 기능을 갖추고 있기 때문이다. 예를 들면, 점화시기를 제어하여 기관 및 동력전달계의 진동을 추가적으로 감쇠(anti-jerk 기능)시키거나, 또는 토크 증가를 제한할 수 있다. (부하충격 감쇠, 대쉬포트(dashpot) 기능 등).

슬립제어 방식의 클러치도 저크(jerk) 거동에 긍정적인 영향을 미친다. 그러나 파워트레인의 강성(stiffness)과 엔진마운트의 정상적인 동작을 목표로 하는 설계가 부하변동 저크(jerk)에 미치는 영향은 아주 제한적이다.

2-질량 플라이휠 또는 그 특성곡선은 부하변동 충격에 큰 영향을 미친다. 저크(jerk)와 달리, 저더(judder)에서는 기관토크에 개입하여 진동을 방지할 수 없다. 이유는 클러치에 미끄럼(slip)이 있으면, 기관은 진동시스템으로부터 어느 정도 분리되기 때문이다. [56]

① 저크(jerk; Ruckeln)

차체의 길이(x) 방향 진동의 가진력은 기관과 동력전달장치의 특성, 타이어와 노면 사이의 슬립(slip), 차량의 질량 및 주행저항에 의해 결정된다. 저속주행 중 가속페달을 급격하게 밟거나(tip-in), 또는 고속주행 중 갑자기 가속페달로부터 발을 떼면(tip-out), 기관 토크는 크게 변화한다. 이때 기관 쪽에서는 타이어로 동력을 전달하며, 동시에 타이어 쪽에서는 구동계통으로 역-토크를 작용시켜, 차체는 길이(x)방향으로 꿀꺽거리게 된다. 급격한 변속동작 또한 변속기 출력토크를 변화시켜, 길이(x)방향의 진동을 유발한다. 이와 같은 진동을 저크(jerk)라고 한다. 저크(jerk)는 인간에게 아주 민감한 2~8Hz의 주파수 범위에서 발생하기 때문에(제3장 6절), 승차자는 안락감의 저하와 불쾌감을 느낄 수 있다. 셔플(shuffle; 발을 질질 끌며 걷기)이라고도 한다. [57]

② 클러치 저더(clutch judder; Rupfen)

클러치 저더(judder)는 일반적으로 기관 회전속도가 낮은 영역에서 클러치 조작과 동시에 가속하는 경우, 클러치의 미끄럼(slip)이 진행되는 동안에 발생하는, 길이(x) 방향의 비정상적인 진동을 말한다. 이 진동은 클러치에 슬립(slip)이 있을 때만 발생하는데, 그 이유는 클러치에 의해 동적으로 분리된, 동력전달계의 고유 주파수 대역에서 토크가 주기적으로 변화하기 때문이다. 이때의 고유주파수는 클러치가 완전히 접속되었을 때의 고유주파수보다 더 높다. 일반 승용자동차에서 이 고유주파수의 범위는 대략 8~12Hz이며, 이에 상응하는 기관회전속도 범위는 480~720$\min^{-1}$이다. 자기-가진 저더와 강제-가진 저더로 구분한다.

● 자기-가진 저더(self-excited judder)

클러치의 마찰계수가 정적 마찰과 미끄럼마찰 사이에서 바뀌면(stick-slip effect), 자기-가진 저더가 발생한다. 클러치 디스크는 처음에는 정적마찰 상태이므로 함께 회전하고, 따라서 출력측 구동트레인에는 비틀림 토크가 작용한다. 어느 시점에 비틀림 토크가 정적 마찰토크를 초과하게 되면, 마찰짝은 마침내 서로 상대운동하게 된다. (미끄러진다)

접촉부의 미끄럼마찰계수가 정지마찰계수보다 낮아지면, 클러치가 미끄러지는 만큼 마찰력이 감소한다. 다시 정지마찰이 발생하여 클러치 디스크가 다시 접속될 때까지 출력측 구동트레인에 전달되는 비틀림 토크는 작아진다. 이 과정이 반복되면, 동력전달장치가 진동한다. 자기-가진된 마찰진동의 발생에서 중요한 것은 속도변화에 따른 마찰계수의 변화이다.

● 강제 가진 저더(forced-excited judder)

반면에 강제가진 저더는 마찰짝에 주기적으로 변화하는 수직력(마찰면에 수직)의 작용에 의한 외부 가진의 결과이다. 따라서 클러치 디스크도 역시 주기적으로 진동하게 된다. 마찰계수의 변화는 위에서 설명한 경우와 동일한 방식으로 작용한다. 강제-가진 저더의 원인은 클러치시스템의 기하학적 편차이며, 이 편차가 주기적으로 변화하는 수직력을 발생시킨다. 강제가진은 편차의 유형에 따라서, 기관 회전속도 또는 변속기 회전속도, 또는 기관과 변속기의 회전속도의 차이에 의해 발생할 수 있다. 마찰표면에 윤활유, 그리스 또는 물이 개입되면, 마찰계수는 바람직하지 않은 방향으로 변화한다. 따라서 예를 들어. 습한 날씨에 장기간 정차상태였던 차량의 경우, 저더 현상이 빈발한다. [58]

클러치 디스크의 비틀림 강성과 감쇠스프링 등을 개선하거나, 2-질량 플라이휠(dual mass flywheel)을 장착하여 개선할 수 있다.

이 외에 크리핑(creeping) 현상은 수동변속기 장착 자동차에서 기속페달을 밟지 않고, 기관의 공회전속도에 가까운 속도로 저속주행할 때, 클러치와 구동축에 큰 비틀림 변위가 발생하여 차체에 나타나는 진동현상을 말한다.

③ 셔더(shudder)

정지상태에서 급격하게 발진하거나, 저속에서 가속페달을 급격하게 밟을 때, 차체에 발생하는 횡(좌/우) 방향 진동현상을 말한다. 구동축(drive shaft)에서 유발된 진동현상이 기관과 현가장치 등을 통해서 차체로 전달되어 나타나는 진동이다.

급격하게 발진할 때, 차체의 앞부분은 올라가고 뒷부분은 내려앉는, 스쿼트(squat) 현상이 발생한다. 이때 앞 구동축의 회전력 전달과정에서 등속 조인트(CVJ)의 굴절각이 커지면서, 차량은 횡(좌/우) 방향으로 진동하게 된다. 이를 셔더(shudder)라고 한다. 주로 구동축 등속 조인트의 구조를 개선하여 셔더(shudder) 진동을 억제하는 방법을 사용한다.

④ 부하 충격(load impact), 클렁크(clunk), 클롱크(clonk)

"부하 변동 충격"은 부하 변동 저크와는 달리 고주파수 대역에서 그리고 높은 변속단에서 발생한다. 가속페달 위치의 급격한 변화로 인한 갑작스러운 토크 변동, 그리고 차량의 병진운동에서 확실하게 감지할 수 있는 저크 외에도 추가로 뒤차축의 종감속/차동장치의 베어링 요소에 충격이 가해져 발생하는 둔탁한, 일회성 충격음을 확인할 수 있다. 이 진동 현상에서는 무엇보다도 진동의 진폭이 가장 중요하다.

"클렁크와 클롱크(Clunk & clonk)" 또한 동력전달계에서의 음향 현상이다. 부하변동 충격과는 반대로 부하변동이 작을 때 발생한다. 원인은 동력전달계에서 간극이 있는 부품의 위치변화이다. 따라서 고주파수의 금속성 소음을 확인할 수 있다. 클롱크(Clonk)는 간극이 있는 부품의 위치가 여러 번 바뀔 때, 그리고 클러치의 접속을 해제하는 도중에 부하가 변동되면, 발생한다.

※ clunk; 둔탁한 금속성 타격음, (액체의) 가글링 소음, clonk; 쿵(쾅)하는 소리

3. 기관진동의 저감 대책

기관진동의 저감대책으로 중요한 항목으로는 질량평형, 출력평형, 엔진마운트 등이 있다.

(1) 질량 평형(balance of inertial mass-force; Massenausgleich)

기관 설계 기술자들은 기관이 작동하는 동안, 가능한 한 효과적으로 모든 관성력과 관성모멘트를 구조적으로 보상하는 것을 목표로 한다. 다양한 방법으로 질량평형을 모색한다:

- 다기통 기관 (직렬형, V형, 수평 대향형 등) 구조로 설계
- 크랭크축 웨브(crank web)에 평형추 부착
- 실린더 간격을 가능한 한 좁게 설계
- 각 실린더 간의 진동을 보정할 수 있는 점화순서 채택
- 구성부품의 중량 편차 극소화
- 크랭크축의 회전 평형(balance)
- 보상 축(balance shaft)의 도입

① 평형추(balance weight or counter weight) 추가

회전질량력을 100%, 1계 진동질량력을 50% 보상하는 방법을 노멀 발란스(normal balance)라고 한다. 일반적으로 승용자동차 기관에서는 진동질량력의 50~60%, 그리고 회전질량력의 80~100%를 보상하는 방법을 주로 사용한다. 원주 방향으로 회전하는 추가질량으로 진동질량력을 100% 보상하는 방법은 좋은 대책이 아니다. 이유는 추가질량이 크랭크축의 좌/우 방향으로 또 다른 진동질량력을 발생시키기 때문이다. (그림 7-28, 7-29 참조).

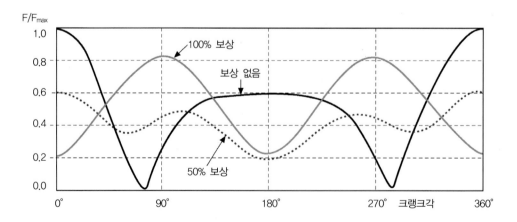

▌그림7-28▌ 크랭크축에 추가질량을 부가하여 진동질량력을 보상할 경우의 합성 관성력(예)

1차 관성모멘트를
줄이기 위한 평형추

평형추
(balance weight)

▌그림7-29 ▌ L3-기관의 크랭크기구(Ford Escot 1.0 liter)

② 보상축(balance shaft) 도입

　현재 자동차 동력원으로 가장 많이 사용하고 있는 내연기관은 직렬 4기통 기관(L4)이다. 특히 배기량을 줄이고 과급하는(down sizing & turbo-charging) L4-기관이 점차 증가하고 있다. 그러나 L6-기관과 비교하여 태생적으로 안락성이 불량하다. 그 첫 번째 이유는 자유 질량력 즉, 관성력 때문이다. 이 결함을 부분적으로 보완하기 위해서 배기량 2.0리터 등급의 신형 L4-기관들은 대부분 보상축(balance shaft)을 사용하고 있다. 보상축은 피스톤/크랭크기구의 질량 평형이 이루어지지 않는 기관 개념에서는, 진동-음향 최적화를 위한 효과적인 수단이다. L4-기관에서는 회전속도의 2배로, 서로 반대방향으로 회전하는 2개의 보상축으로 2차 관성력을 완전히 상쇄시킬 수 있다. 보상축이 기관 하부에 수평축 상에 설치된 형태를 특히, 란체스터 보상축(Lanchester balance shaft)이라고 한다.

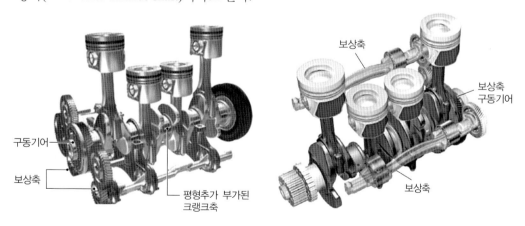

구동기어

보상축

평형추가 부가된
크랭크축

보상축

보상축
구동기어

보상축

(a) 벤츠 A-클래스 디젤기관
(Lanchester balance shaft)

(b) VW 288 디젤기관
(설치위치를 전위시킨 보상축)

▌그림7-30 ▌ 크랭크축과 보상축

보상축의 설치 위치를 오프셋 시켜 질량모멘트를 많이 감소시킬 수 있다. 물론 가로 방향으로의 오프셋이 작을 경우, 질량보상 효과는 크게 약화된다. 그러므로 보상축은 가능한 한 기관의 수직 대칭선에 대칭으로 위치해야 한다. 그림 7-31은 보상축의 설치 위치에 따라서 엔진마운트에 작용하는 부하에 큰 차이가 있음을 나타내고 있다. 보상축의 기어 치합이 불량하면, 고속에서 부하수준이 낮을 때, 불쾌한 기어소음(치합소음(whine) 및 치타소음(rattle))이 발생할 수 있다. 오일펌프 구동축을 포함한 별도의 보상기어 세트를 사용하는 기관도 있다.

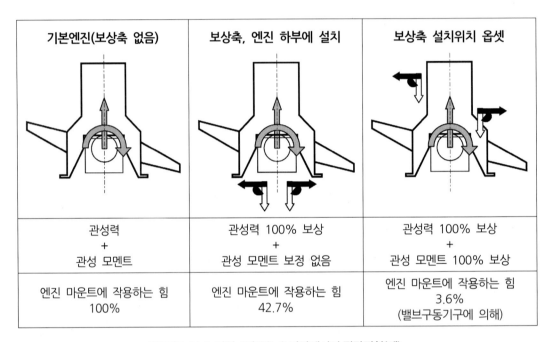

기본엔진(보상축 없음)	보상축, 엔진 하부에 설치	보상축 설치위치 옵셋
관성력 + 관성 모멘트	관성력 100% 보상 + 관성 모멘트 보정 없음	관성력 100% 보상 + 관성 모멘트 100% 보상
엔진 마운트에 작용하는 힘 100%	엔진 마운트에 작용하는 힘 42.7%	엔진 마운트에 작용하는 힘 3.6% (밸브구동기구에 의해)

┃그림7-31 ┃ 직렬 4기통(L4) 기관에서의 질량평형(예)

L4-기관에서는 실린더축(z축) 방향으로 기관을 가진시키는 진동질량력 외에도, 질량 접선력에 의해 기관의 길이방향축(x축) 주위에 속도에 종속적인 롤(roll or tilt)-모멘트가 추가로 발생한다. 이 모멘트는 기관 마운트가 흡수해야 한다. 질량 접선력에 의해 발생하는, 이 모멘트는 L4-기관에서 대부분 2차 정현(sine)곡선으로 나타난다.

(2) 출력 평형(power balance; Leistungsausgleich)

① 회전 불균일(rotational irregularity; Drehungleichförmigkeit)

회전질량의 불평형을 평형추로, 진동질량의 불평형을 보상축으로 보상해도, 합성 접선력 즉, 내연기관의 회전력에는 맥동이 있을 수밖에 없음을 앞에서 설명하였다. 내연기관의 회전력은 평균값을 기준으로 주기적으로 변동한다. (pp.281 접선력 참조)

회전력의 맥동은 동력전달계에 비틀림 진동을 유발하고, 이는 다시 소음 예를 들면, 차체의 부밍소음, 기어의 치타소음(rattle or clatter; 달그락거리는 소리) 등을 일으킬 수 있다.

변속기 입력축에서 각가속도의 진폭이 임곗값을 초과하면, 치타소음(gear clatter or rattle)이 발생할 수 있다. 차체의 부밍(booming)소음은 구동축(cardan shaft) 또는 휠에서의 회전토크 맥동이 심한 공진을 일으키기 때문이다. 이러한 진동은 액슬 베어링의 반력을 통해 차체에 전달되어 소음을 발생시킨다.

회전 불균일률(rate of rotational ununiformity) 즉, 회전력의 맥동 및 각가속도의 진폭은 모두 접선력(회전력)에 비례하므로, 회전속도의 변화 과정과 회전력의 맥동과정은 서로 밀접하게 관련되어 있으며, 세 영역으로 나눌 수 있다

- 회전속도 영역의 하단에서는 불균일한 연소가 회전속도 증가에 따라 회전 불균일성을 증가시킨다.
- 회전속도가 증가함에 따라, 질량력은 가스폭발력을 회전속도의 제곱으로 보상하므로, 회전 불균일성은 감소한다.
- 회전속도영역의 상단에서는 질량력이 우세해지고, 회전 불균일성은 다시 증가한다.

회전 불균일(회전력의 맥동) 및 각가속도의 최댓값은 저속에서 중속 영역으로 전환될 때 관찰된다. 그림 7-32는 기관의 형식별 각가속도 최댓값을 나타내고 있다. 디젤기관은 연소압력이 높기 때문에 가장 크다. 스파크점화기관의 각가속도 최댓값은 직접분사기관에서의 값이 기존의 간접분사기관에서의 값에 비교하여 더 크고, 일반적으로 실린더 수가 증가함에 따라 감소함을 알 수 있다.

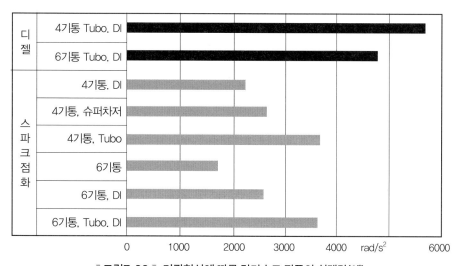

▌그림7-32 ▌ 기관형식에 따른 각가속도 진폭의 최댓값(예)

회전 불균일성(회전력의 맥동)을 한계 이하로 유지하기 위해서, 크랭크축 출력측에 플라이휠을 부착하여 기관의 관성모멘트를 인위적으로 증가시키는 방법을 주로 사용한다. 플라이휠이 부착되지 않은 기관의 회전 불균일의 정도를 알고 있으면, 상호 비례성에 근거하여 플라이휠의 질량효과를 쉽게 추정할 수 있다.

회전 불균일(회전력의 맥동) 또는 각가속도 진폭을 아주 작게 유지하고, 따라서 변속기의 기어 소음(clatter & rattle)과 차체의 부밍 현상을 완벽하게 방지하기 위해서는, 플라이휠의 질량을 위의 이론에 따라 충분히 크게 해야 한다. 그러나 플라이휠의 질량이 커지면 기관의 응답성과 차량중량 측면에서 불리하게 된다. 플라이휠 질량에 여전히 불균일성이 남아있을 때는 다른 대책을 마련하여, 이를 변속기입력 측으로부터 격리해야 한다. (그림 7-33 참조)

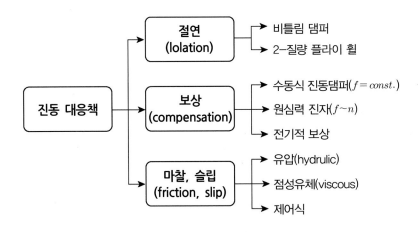

┃그림7-33┃ 파워트레인의 진동저감 대책

위의 대책 중 어느 것도 완전히 만족스러운 결과를 얻지 못하기 때문에, 실제로는 이들의 조합을 사용한다.

② 회전 불균일의 절연(isolation of rotational irregularity; Isolation der DU)

절연(isolation)대책에서는 비틀림 탄성적이고 감쇠적인 기계요소를 이용하여 기관의 불균일한 진동이 변속기로 전달되지 않도록 절연(isolation)한다. 이를 통해 합성공진 위치가 변한다.

※ 플라이휠과 토션 댐퍼(single mass flywheel and torsion damper)

플라이휠은 크랭크축의 출력 측에 설치되어 에너지를 일시적으로 저장하였다가 다시 방출하는 일을 한다. 기관은 플라이휠에 저장된 에너지를 이용함으로써 폭발행정 이외의 행정을 수행하고, 또 사점(dead center)을 넘어서 회전할 수 있도록 하며, 동시에 회전진동을 감쇠시킨다.

수동변속기 자동차에서는 마찰클러치에 집적된 비틀림 댐퍼 스프링이 플라이휠과 함께 변속기로 전달되는 기관의 진동을 감쇠시킨다. 자동변속기 자동차에서는 토크컨버터가 플라이휠과 비틀림 댐퍼의 기능을 수행한다.

※ 2 – 질량 플라이휠(DMF; Dual Mass Flywheel; Zweimassenschwungrad)

기관의 진동은 구동계의 다른 구성요소(수동변속기 및 종감속/차동장치와 구동축)에도 영향을 미친다. 기관에 의해 유발된 수동변속기의 진동은 다음과 같은 현상을 유발한다.

● 저크(jerk): 기관의 0.5차 진동으로 구동계가 가진되는 데, 이 진동은 차체에 작용한다.

● 기어 소음(rattle): 기관의 4차~6차 진동이 변속기를 가진 시키므로, 동력흐름 선상에 있지 않은 기어와 싱크로나이저링은 서로 간에 비교적 큰 진폭으로 진동, 소음을 발생시킨다.

위와 같은 이유에서 크랭크축의 진동이 수동변속기와 동력전달장치에 미치는 영향을 최소화하기 위해서 2–질량 플라이휠을 사용한다. 플라이휠의 질량은 크랭크축과 일체로 결합된 1차 플라이휠, 그리고 스프링을 사이에 두고 1차 플라이휠에 대응하여 운동이 가능한 구조로 결합된 2차 플라이휠로 구성되어 있다. 이렇게 함으로써 진동을 절연(isolation)할 수 있다. 작동범위는 배율 함수의 초임계 범위로 전위된다. (pp.116, 진동의 전달 및 진동절연 참조)

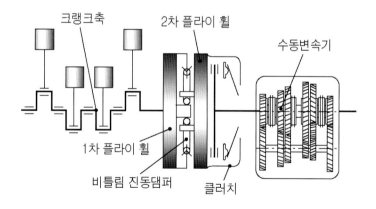

┃그림7-34┃ 2–질량 플라이휠 시스템의 구성 및 설치 위치

1차 플라이 휠	2차 플라이 휠	

외측 댐퍼

내측 댐퍼

변속기 입력축

(a) 기본 구조   (b) LUK의 2-질량 플라이휠

‖그림7-35‖ 2-질량 플라이휠

다양한 작동영역(구동, 타행, 공전)에서 기어 소음(rattle)을 억제하기 위해서는 비틀림 저항성 및 감쇠 특성이 필요하므로 스프링 특성을 적절하게 설계해야 한다. 예를 들면, 강성이 다른 스프링을 직렬로 연결하여 적합한 스프링 특성을 얻을 수 있다.

2-질량 플라이휠은 승차감을 향상시킬 뿐만 아니라, 비틀림 토크에 의해 변속기에 추가로 가해지는 부하를 완화한다. 2-질량 플라이휠은 주로 배기량 2리터 이하의 승용차 기관, 특히 디젤기관에 많이 사용한다. 최근에는 3-질량 플라이휠도 사용되고 있다.

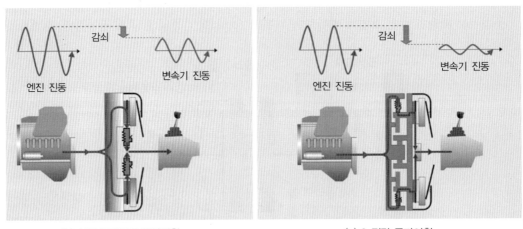

(a) 싱글 플레이트 플라이휠   (b) 2-질량 플라이휠

‖그림7-36‖ 플라이휠 종류에 따른 진동 감쇠 특성

③ 회전 불균일의 보상(compensation of rotational irregularity ; Kompensation der DU)

보상대책으로서, 보상 토크는 댐퍼를 거쳐 변속기 입력 측에 유입되고, 이는 기관으로부터 오는 토크 맥동을 최소한 부분적으로 보상한다. 그러나 종래의 비틀림 댐퍼에서는 이러한 감

쇠 효과가 특정 속도에서만 발생한다. 댐퍼 주파수가 회전속도에 비례하는 속도 적응형 댐퍼를 사용하는 것이 도움이 될 수 있다. 이 외에도 또한 능동 댐퍼 형태의 전기적 역-모멘트에 대한 논의도 이루어지고 있다.

※ 크랭크축 앞쪽에 설치되는 비틀림진동 흡수기(torsion vibration absorber)

기관이 작동할 때, 크랭크축의 고유주파수는 가스폭발력과 질량력의 영향을 받는다. 이때 크랭크축의 뒤쪽(출력) 선단부가 앞쪽(자유) 선단부보다 더 많이 회전하게 되어 소음은 물론이고 심하면 크랭크축이 비틀림에 의해 파단될 수 있다. 크랭크축의 진동은 근본적으로 구조적 조건(질량분포 및 강성분포)에만 의존하는 일정한 고유진동수를 가지고 있다. 크랭크축 진동은 크랭크축의 고유진동수에 맞추어 조정된 비틀림 진동댐퍼로 감쇠시킬 수 있다. 진동댐퍼는 보조장치의 구동풀리와 일체로 크랭크축의 자유 선단에 설치된다. 최신 기관에서는 보조장치를 전기적으로 구동하기 때문에 벨트구동풀리는 사용하지 않지만, 비틀림 진동댐퍼는 음향 및 강도 측면에서 여전히 필요하다. 동흡진기(dynamic vibration absorber), 진동댐퍼(vibration damper), 비틀림 밸런서(torsional balancer), 또는 하모닉 밸런서(harmonic balancer)라고도 한다. -(pp.115 동흡진기, pp.485 동흡진기 이론 참조)

고무 진동댐퍼(그림 3-36)에서 환형(ring form)의 감쇠질량(관성링)은 가황 고무층을 통해 크랭크축에 고정된 L형의 구동 원판에 탄성적으로 결합되어 있다. 크랭크축이 일정한 속도로 회전하고 있을 때는 관성링은 크랭크축과 같은 속도로 회전한다. 그러나 크랭크축에 회전방향 또는 회전 반대방향으로 큰 가속도가 발생할 때 즉, 크랭크축에 비틀림 진동이 발생할 때는 관성링은 계속해서 일정한 속도로 회전하려고 하므로 댐퍼고무가 탄성적으로 변형되면서 크랭크축의 비틀림 진동에 역으로 대응하여 비틀림을 감쇠시킨다.

진동 에너지는 고무재료의 감쇠작용(hysteresis)으로 열로 변환된다. 공진 피크는 감쇠에 의해 피크(peak)가 낮아진 2개의 공진으로 분리된다. 설계에 따라 댐퍼질량은 주요 부품에 반경방향 그리고/또는 축 방향으로 부착된다. 진동댐퍼와 벨트구동풀리가 탄성적으로 결합된 크랭크풀리도 사용되고 있다. (그림 7-37a)

댐퍼에 의해 비틀림 진동의 크기가 감소하면(그림 7-38), 크랭크축과 캠축의 기계적 부하가 낮아지며, 기관의 작동부품의 간극에 의한 소음과 보조장치의 가진도 함께 감소한다.

반면 기관의 크기(행정체적)가 커지고 제동일(평균유효압력)이 커짐에 따라 가진력이 커지고, 따라서 승용자동차용 기관에도 진동댐퍼에 대한 요구가 증가하고 있다, 다른 한편으로는 기관의 질량이 무거워짐에 따라 고유주파수가 낮아지고 있다. 자동차기관의 고유주파수는 대략 300~700Hz 범위이다. 최근에는 이전에 더 큰 기관에 사용되었던 점성댐퍼도 자동차기관에 사용되고 있다. (7-37b)

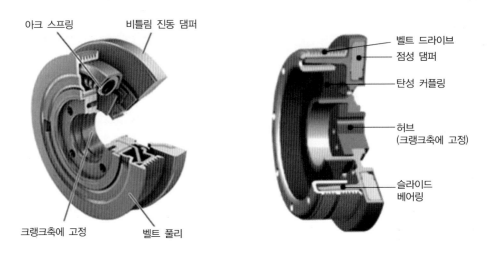

(a) 벨트풀리와 진동댐퍼가 분리된 크랭크풀리

(b) 점성 댐퍼

▌그림7-37 ▌ 비틀림 댐퍼

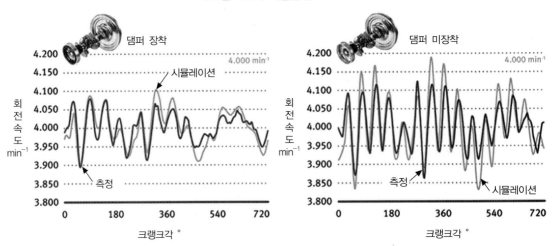

▌그림7-38 ▌ 댐퍼 유무에 따른 회전속도 맥동 (출처; Schaeffler)

※ 속도 적응형 2-질량 플라이휠(DMF)

기관 회전속도에 좌우되는 주파수의 회전 불균일성은 출력측에도 회전속도에 의존하는 진동을 일으킨다. 물론, 감쇠 주파수가 일정한 진동댐퍼는 이러한 상황에 도움이 되지 않는다. 그러나 원심진자 원리에 따른 회전속도 적응형 플라이휠 또는 DMF를 이용하여, 회전 불균일성을 감소시킬 수 있다. 사용된 질량은 기관의 주-차수 진동을 흡수하는 데 아주 효율적으로 사용된다. 기존의 DMF는 플라이휠을 2개로 분할함으로써, 기관 측 질량이 감소하여 크랭크축의 회전 불균일성을 증가시키고 따라서 작동 안정성과 관련하여 크랭크축에 의해 구동되는 보조장치들에 추가로 부하를 가하는 단점을 가지고 있다. 따라서 원심력 진자를 크랭크축에 직접 부착하는 경우에는 이러한 DMF의 단점을 보완할 수 있다. 그러나 원심력 진자의 효과는 실제로 진자 질량의 크기와 구조적으로 가능한 요동각(swing angle)에 따라 제한적이기 때문에, 지금까지는 DMF를 보완하는 용도로만 사용되었다.

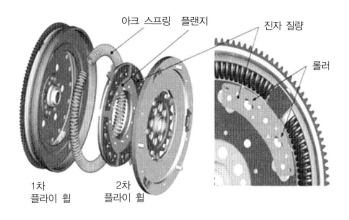

아크 스프링 플랜지
진자 질량
롤러
1차
플라이 휠
2차
플라이 휠

▌그림7-39 ▌ 원심력 진자가 집적된 DMF

기존의 DMF에서 내부 댐퍼를 원심력 진자로 대체한 형식이 2009년에 실제 차에 도입되었다. 기존의 DMF와 점유공간이 같다는 점도 장점이다. 이 개념에서 진동의 기본적인 절연은 DMF의 스프링-질량-시스템이 계속 보장하며, 점화주파수와 동일한 나머지 잔류진동은 원심력 진자가 감쇠시킨다. 진자 질량 1kg으로, $1000 \sim 2000 \mathrm{min}^{-1}$ 사이의 회전속도 범위에서 변속기의 진동을 50% 이상 낮출 수 있는 것으로 알려져 있다. 따라서 진동 쾌적성과 연료 소비 사이의 목표갈등을 해결할 수 있다.

기계식 원심력 진자의 단점은 본질적으로 기관의 주-차수 진동은 감쇠시킬 수 있으나, 다른 차수의 진동은 보상할 수는 없다는 점이다. 따라서 전기적 개입을 통해 추가로 고조파 진동을 보상하는 개념도 거론되고 있다.

④ 슬립에 의한 회전 불균일의 감쇠(damping of rotational irregularity by slip)

마찰 슬립(friction slip)으로 진동을 감소시키는 방법은, 추가 공진을 일으키지는 않지만, 근본적으로 효율을 저하시킨다.

그림 7-40에서는 2-질량 플라이휠(DMF)과 토크컨버터의 진동감쇠 특성을 비교하고 있다. 유압식 토크컨버터가 슬립(slip) 상태일 때와 로크업(lock-up) 클러치가 접속되었을 때의 진동이 2-질량 플라이휠보다 큰 것을 알 수 있다.

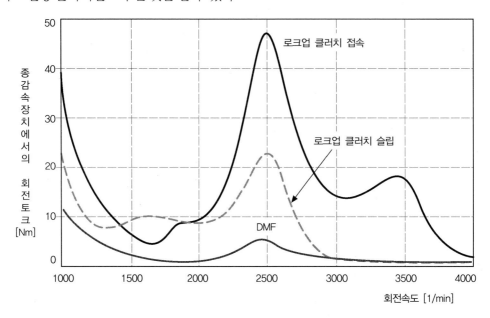

■ 그림7-40 ■ 자동변속기의 토크컨버터와 2-질량 플라이휠의 종감속장치에서의 토크 비교(예)

(3) 엔진마운트(engine mount; Motorlagerung)

엔진마운트는 기관과 변속기 또는 기관과 트랜스액슬이 결합된 파워트레인(power-train)을 차체와 결합해주며, 기관의 진동이 차체에 전달되는 것을 방지 또는 감쇠시킨다. 마찬가지로 노면으로부터 차체를 통해 기관에 전달되는 진동을 감쇠시켜야 한다.

① 기관의 구동 반력 – 엔진마운트에 작용하는 힘

작용·반작용의 법칙에 따르면, 기관의 제동 토크(M)에 대항해서 실린더 블록에는 반작용 토크가 작용해야 한다. 반작용 토크(M_R)는 실린더 벽에 작용하는 측력(F_N)과 크랭크축의 중심으로부터 피스톤핀의 중심까지의 거리(b)의 곱으로 표시된다. 거리(b)는 피스톤의 위치에 따라 변한다. (그림 7-41 참조)

그림 7-41에서 기관의 제동토크는 "$M = F_T \cdot r$", 반작용 토크는 "$M_R = F_N \cdot b$"이고, 크랭크축 중심에서 피스톤핀 중심까지의 거리(b)는 "$b = r\cos\alpha + l\cos\beta$"가 된다. 여기서 α는 크랭크각, β는 커넥팅로드각이다.

따라서 기관의 구동반력 즉, 엔진마운트에 작용하는 반작용력 F_A와 F_B는 반작용 토크(M_R)와 좌/우 마운트 사이의 거리 a에 의해 결정된다.

$$F_A = M_R/a, \quad F_B = M_R/a$$

그러므로 엔진마운트에 작용하는 기관의 반력은 가스폭발력, 그리고 피스톤의 위치에 따라 변하는 거리 b의 함수이다. (식 7-11 참조)

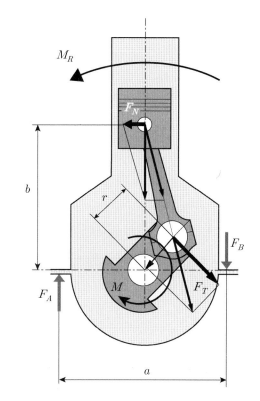

▌그림7-41 ▌ 작용 토크, 반작용 토크, 엔진마운트에 작용하는 힘

② 엔진마운트의 필요조건

- 기관과 차체를 결합하고, 기관의 정적 (static) 하중을 지탱할 수 있어야 한다.
- 기관 작동 중 추가적인 동적(dynamic) 가진을 흡수할 수 있어야 한다.

동적 가진은 노면의 요철에 의한 가진(또는 충격)과 구동 반력을 말한다.

- 기관 진동으로부터 차체와 차량 탑승자를 효과적으로 절연시킬 수 있어야 한다.

처음 두 가지 조건은 기관의 원치 않는 공진을 피하려면 딱딱하고 강하게 감쇠된 마운트로, 세 번째 조건은 아주 부드럽고 감쇠가 적은 마운트로 충족시킬 수 있다.

일반적으로 공전 또는 저속에서는 진동흡수능력이 우수한 부드러운 마운트가, 주행 시에는 강력한 구동 토크를 무리 없이 전달하기 위해서는 딱딱한 마운트가 이상적이다. → 유압 제어식 또는 전자제어식 마운트의 도입

▌표 7-3 ▌ 엔진마운트에 필요한 조건

가진	강성	감쇠
노면의 요철에 의한 가진	커야 한다.	커야 한다.
기관 진동	작아야 한다.	저주파수; 커야 한다. 고주파수; 작아야 한다.
기관 소음	작아야 한다.	작아야 한다.

③ 엔진마운트의 설치 위치 개념

엔진마운트는 기관의 설치 방식(가로 설치/세로 설치)에 따라 구분한다.

● FF - 구동방식이면서 기관을 가로로 설치한 경우

이 경우에는 주로 진자(pendulum)-마운
트 소위, 토크-롤(torque-roll) 마운트를 사
용한다. 토크-롤 마운트의 기본 개념은 토
크를 감당하는 기능과 하중을 지지하는 기
능의 분리이다. 전체 정적(static)하중을 흡
수하는 2개의 마운트는 가능한 한 토크-
롤-축(TRA; Torque - Roll - Axis) 상에
설치해야 한다. 토크 - 롤 - 축(TRA)이란
공간에서 6자유도 운동을 할 수 있는 기관

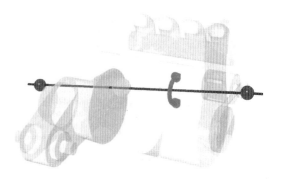

┃ 그림7-42(a) ┃ 토크-롤-축(torque roll axis)

이, 크랭크축의 회전토크에 의해 하나의 강체로서 회전하려는 축으로서 크랭크 축선과 일치
하지 않는다. 토크 - 롤 - 축을 NTA(Neutral Torque Axis)라고도 한다.(그림7 - 42(a)참조)

2개의 마운트를 토크-롤-축 상에 배치하면, 2개의 마운트 설치 점은 기관의 롤링(rolling)으
로 인한 힘이 전달되지 않도록 보장한다. 롤-축을 벗어나서 추가로 설치된 마운트는 단지 회
전토크만을 지지한다.

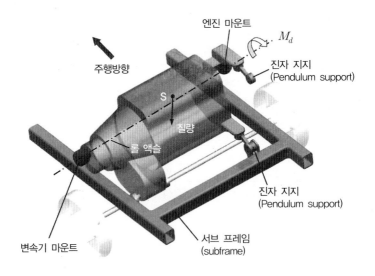

┃ 그림7-42(b) ┃ FF-엔진의 토크-롤-마운트 원리도, 가장 많이 사용하는 형식

회전토크를 지지하는 마운트 요소는 이상적인 3가지 강성 범위를 가지고 있어야 한다: 초기의 낮은 회전속도 영역에서는 공회전 진동을 잘 절연하기 위해 가능한 한 부드러운 강성, 중간 영역에서는 통상적인 주행영역에서의 토크에 적합한 강성 그리고 추가로 구조기인소음의 충분한 절연을 보장할 수 있어야 한다. 마지막으로 높은 회전속도영역에서는 동력전달계의 최대 토크를 흡수할 수 있는 아주 딱딱한 특성을 가지고 있어야 한다. 큰 토크를 발휘하는 기관에도 2개의 토크-롤 마운트를 사용한다.

● 표준 구동방식(FR) 차량의 엔진마운트 설치 개념

일반적으로 무게중심의 바로 전방에 기관의 길이방향 축의 양측에 설치되어 주 부하를 흡수하는 2개의 엔진마운트, 그리고 나머지 부하를 감당하는 변속기 마운트로 구성된다. (3점 지지방식). 이 지지방식의 원리에서, 탄성요소에 대한 지배적인 작용방향은 수직방향이다. 중량력뿐만 아니라 자유 진동력(free oscillating force) 및 구동토크가 모두 마운트의 z-방향으로 응력을 유도하기 때문이다. 설치공간의 제약으로 기울어지게 설치해야 할 때는 이에 상응하는 횡력이 발생한다. 이에 상응하여 z-방향의 마운트 특성곡선은 감쇠된 엔진마운트의 고유특성에 결정적인 영향을 미친다. 변속기에는 2개의 표준 마운트 또는 쐐기 마운트를 사용한다. 이 마운트가 대부분 길이방향으로 작용하는 힘을 감당하기 때문에, 마운트는 x축의 딱딱한 방향으로 배치된다.

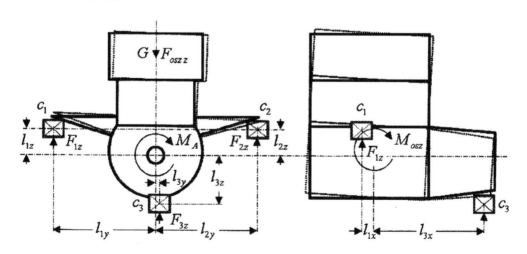

┃그림7-43┃ FR-구동방식에서 기관-변속기 유닛의 3점 지지 방식

④ 엔진마운트의 종류

일반적으로 저가의 자동차에는 대부분 고무(rubber) 마운트를, 고가의 자동차에는 액체 봉입형, 유압 제어식 또는 전자제어식 마운트(기계식 또는 유압식)를 사용한다.

엔진마운트 설계에서의 목표 갈등(절연을 위해서는 부드러운 마운트, 정적 모멘트 및 쉐이크(shake)에 대응하기 위해서는 딱딱한 마운트가 좋다)은, 주파수 종속적인, 동적 강성을 실현할 수 있는, 유압식 마운트를 사용하여 부분적으로 해결할 수 있다. 즉, 일정한 한계 내에서 정적으로 부드러운 그리고 동적으로 딱딱한 마운트를 실현할 수 있다. 공압적으로 또는 전기적으로 절환이 가능한 마운트는 주행 중일 때와 비교하여 기관이 공회전할 때에 더 부드럽게 작동하도록 할 수 있다.

● 유압식 엔진-마운트(그림 7-44(b))

공회전 시 기관의 진동으로 상부 챔버의 유체에 발생한 진동은 고무막에만 작용한다. 고무막이 변형되면서 이 진동을 감쇠, 흡수한다. 그리고 고무막 아래에 있는 공기-쿠션(insulating air cushion)의 마그넷밸브가 열려있기 때문에 공기-쿠션과 대기통로 사이에서 공기가 출/입을 반복하면서 진동감쇠 기능을 보완한다. 주행 시에는 공기-쿠션의 마그넷밸브가 닫히면서 대기통로를 폐쇄한다. 그러면 상부 챔버에서 생성된 유체의 진동은 플라스틱-보디(plastic body)에 가공된 작동유 통로를 통해 아래 챔버로 전달된다. 아래 챔버의 바닥에 설치된 고무벨로즈가 변형되면서 진동을 흡수, 감쇠시킨다. 이제 기관과 차체의 연결은 공회전할 때보다 더 강력해지게 되어 구동 토크를 전달하는 데 유리하게 된다.

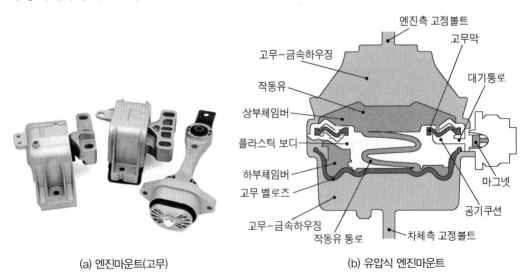

(a) 엔진마운트(고무)　　　　　　　(b) 유압식 엔진마운트

■ 그림7-44 ■ 엔진마운트의 종류(예)

- 전자제어 엔진-마운트(그림 7-44c)

능동 마운트는 엔진의 고조파 가진(예: 2계, 4계 진동)의 최적 절연을 목표로 한다. 해당 차량용으로 개발된 제어 알고리즘과 센서 신호(회전속도 신호, 차체에 설치되는 가속도센서 그리고/또는 차량 실내의 마이크로폰)를 이용하여 마운트를 능동적으로 제어하여 소음과 진동 수준을 낮출 수 있다. 제어를 통해 동적 스프링율을 낮출 수 있으나 마운트의 주 작동 방향으로만 유효하다. 실제 차량에서는 소음 경로가 많고 다축 효과(multi-axial effect))가 있으며, 마운트가 한 방향으로만 능동적으로 작동하기 때문에 개선 효과는 그리 크지 않다.

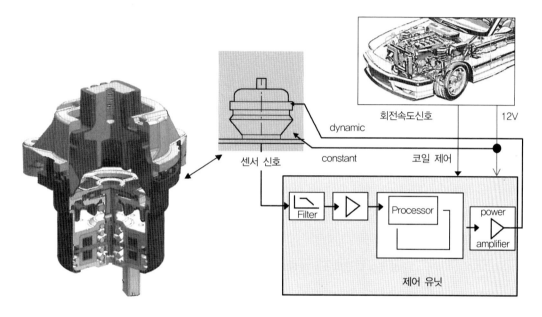

┃그림7-44(c) ┃ 능동 엔진 마운트의 제어회로(예)

공회전 중의 진동 안락성과 주행 중의 소음 절연(isolation) 간의 목표갈등을 해결할 수 있는 또 다른 방법은 서브 프레임(sub frame) 구조의 사용이다. 서브프레임은 파워유닛(power unit)과 차체 사이에 이중적이고 탄성적인 진동절연을 가능하게 한다. 서브 프레임은 일반적으로 4개의 탄성 마운트(부싱)를 통해 차체에 체결된다. 탄성적으로 장착된 서브프레임의 고유진동형태를 교란하지 않게 하려면, 반경 방향으로 강하게 감쇠된 마운트-부싱을 사용해야 한다.

7-3 파워트레인에서의 소음
Noises in Automotive Powetrain

　자동차에서는 파워트레인(기관-변속기 결합)과 흡/배기 장치가 주요 소음원이다. 이러한 관점에서 파워트레인의 음향 최적화는 아주 중요하다. 개발 과정에서 중요한 음향특성을 무시하게 되면, 일반적으로 전체 자동차는 소기의 만족스러운 성과를 얻을 수 없게 된다.

　파워트레인은 점점 더 경량화되고 복잡해지는 추세인데, 이와 같은 경향은 대부분 음향적 요구사항에 반대로 작용하기 때문에 파워트레인의 음향설계는 갈수록 더 까다로워지고 있다. 알루미늄이나 마그네슘 제품의 경량 크랭크케이스, 완전 가변 밸브기구 및 고압 직접분사장치 등이 대표적인 예이다. 진동·음향적 유해요소들을 최소화하기 위한 파워트레인의 최적 설계만으로도 좋은 음향특성을 얻을 수 있다. 이를 위해서는 파워트레인을 자동차에 집적할 때, 공기기인소음 및 구조기인소음의 경로를 가능한 한 모두 분리해야 한다.

▌표 7-4 ▌ 전체 소음에 대한 개별 소음원의 기여도[59]

	소음원	기여도(%)
1	기관	22~30
2	배기장치	25~35
3	흡기장치	5~15
4	팬/냉각장치	7~15
5	변속기	12~15
6	타이어	9~15

　파워트레인 소음 대부분은 기관 본체, 가스교환(흡/배기) 장치와 변속기에서 발생한다. 변속기 소음은 근본적으로 방해적인 특성이 있어서 들리지 않게 하는 것이 최선의 방법이지만, 흡/배기 소음은 음향설계의 중요한 요소이다. 특히, 스포츠-카에서는 흡/배기 소음을 차량의 음향적 특성에 조화시키기 위해 많은 노력을 투입한다.

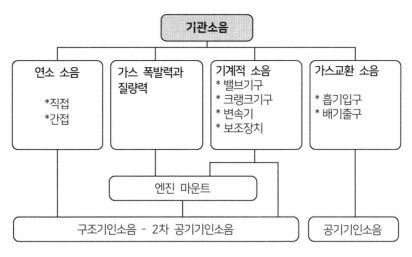

┃그림7-45┃ 기관 소음의 분류

가스교환 시 흡기장치 입구와 배기장치 출구에서의 간헐적인 가스 유동은 직접 공기기인소음을 발생시키지만, 나머지 소음들은 모두 진동표면을 통해 간접적으로 방사되는 2차 공기기인소음이다. 기관과 변속기의 진동표면은 그 자체가 구조기인소음을 생성, 방사시킨다. 반면에 가스 폭발력과 질량력에 의한 구조기인소음은 엔진마운트-반작용력을 통해 차체로 전달되어, 차체의 진동표면으로부터 2차 공기기인소음으로 방사된다.

기관 자체만을 고려하면, 전체 소음은 직접 연소소음, 간접 연소소음 및 기계적 소음으로 분류할 수 있다.

직접 연소소음에 대한 자극기구는 연료-공기 혼합기의 연소로 인한 연소실에서의 압력 맥동이다. 반면에, 기계적 소음은 회전하는 크랭크기구 및 밸브기구의 간극이 있는 부품에서의 충격으로 인해 연소실 이외의 부분에서 발생한다. 간접 연소소음은 연소실의 연소압력으로 인해 크랭크기구에 추가로 가해지는 기계적 충격에 의해 발생하기 때문에 중간적인 것으로 간주한다.

흡기다기관 분사방식의 가솔린기관에서는 특히 고속에서 기계적 소음이 특징이다. 반면에 디젤기관에서는 저속 부하 상태에서의 연소소음이 소음의 주(主)원인이다. 오늘날은 연료소비율 때문에, 승용차-디젤기관은 연소소음 측면에서 현저하게 불리하지만, 연료를 연소실에 직접 분사(Direct Injection)하는 방법을 사용한다. 따라서 기관소음을 허용 가능한 수준으로 유지하기 위해서는, 연소과정 자체의 제어뿐만 아니라 연소소음의 전달 및 방사에 대한 광범위한 대책을 마련해야 한다.

똑같은 이유에서 가솔린기관에서도 직접분사(GDI) 방식을 많이 사용하고 있다. 직접분사방식의 가솔린기관에서 이론혼합비($\lambda = 1$) 연소로부터 연료를 절약하는 층상급기($\lambda > 1$) 연소로 전환될 때, 그 전환을 음향적으로 감지할 수 없게 하기 위해서는 추가적인 대책을 강구해야 한다. 이유는 층상급기 연소에서는 연소압력 최댓값과 압력구배가 현저하게 상승하여, 더 큰 연소소음을 발생시킬 수 있기 때문이다. [60]

1. 기관의 연소소음(combustion noises)-연소 노킹(combustion knocking) ›))

연소소음은 연소 개발에서 중요한 목표이다. 특히 중형 이상과 대형 승용차 기관의 경우, 소음을 출력, 연비 및 배기가스 유해물질과 똑같은 수준으로 중요하게 고려한다. 디젤기관에서는 직접 연소소음이 지배적이지만, 가솔린기관에서는 간접 연소소음(기계적 소음)의 비율이 더 높다.

저주파수(150Hz 이하) 영역에서의 스펙트럼은 피크(peak) 압력(p_{max}), 중간 주파수(150~1500Hz) 영역에서는 최대 압력구배($(dp/d\theta)_{max}$), 그리고 고주파수(1500Hz 이상) 영역에서는 압력구배의 2차 미분값인 압력구배의 변화($(d^2p/d\theta^2)_{max}$)에 의해 결정된다. 여기서 θ는 크랭크축 회전각을 말한다. 그리고 연소소음에 지배적인 영향을 미치는 순서는 "중주파수(압력구배) > 고주파수(압력구배 변화율) > 저주파수(최대압력)"의 순이다. 스펙트럼 각각의 구배는 대략 20, 40 및 60dB/decade이다. 4 kHz 이상의 영역에서는 추가로 연소실 공명이 스펙트럼에 영향을 미친다. [61]

따라서 연소음에 의한 음향적 가진은 저주파수 영역에서는 피크(peak) 압력, 고주파수 영역에서는 최대 압력구배가 가장 중요한 매개변수가 된다. 디젤기관의 경우 피크(peak) 압력 외에 특히 가솔린기관에서보다 압력구배($dp/d\theta$)가 훨씬 가파르다는 점이 소음형태의 핵심이다. (그림 7-32 참조)

연소노킹은 가솔린기관에서는 착화지연이 짧기 때문에 연소말기에 정상화염면이 도달하기 전에 미연가스가 자기착화하여 발생하고, 디젤기관에서는 착화지연이 길기 때문에 연소초기에 다량의 연료가 일시에 착화/폭발하여 발생한다. 일반적으로 실린더 블록에서 3~4kHz의 진동이 감지되면, 노킹으로 판정하여 가솔린기관에서는 점화시기를 지각시켜서, 디젤기관에서는 분사량을 제어하여 노크를 제어한다. - 노크센서를 이용한 노크제어.

럼블(rumble)은 고압축비 기관에서 퇴적물에 의해 발생하는 표면 점화와 관련된, 상대적으로 안정된 저주파수 소음 (600∼1,200Hz) 현상이다. 압력이 빠르게 높아져 기관진동이 발생한다. 럼블과 노크는 함께 발생할 수 있다.

연소실에서의 압력변화 과정은 기관표면으로 전달되는 도중에 중간구조(예: 연소실-워터재킷-실린더 벽)에 의해 감쇠되는 음향현상으로 생각할 수 있다. 측정용 마이크로폰까지의 공기 중 음향경로를 포함하는 전달함수는 기관구조의 감쇠효과에 대한 척도이다. 구조전달함수는 연소실압력 레벨(level)로부터 마이크로폰 설치점에서의 연소소음 레벨(level)을 1/3 옥타브 방식으로 차감하여 구할 수 있다. 연소소음은 가진을 줄이거나 구조전달함수에 영향을 미쳐 줄일 수 있다.

가진 스펙트럼은 실린더 압력의 시간적 변화로부터 직접 유도되므로, 가진을 줄인다는 것은 음향 측면에서 연소압력곡선을 의도적으로 설계하는 것을 의미한다. 흡기다기관 분사방식의 가솔린기관에서 점화시기와 공연비는 직접연소 소음에 결정적인 영향을 미친다.

주(主)연소가 상사점 근방에서 이루어지는, 열역학적으로 최적인 점화시기로부터, 점화시기를 지각시킴에 따라 압력 피크(peak)와 압력구배는 점진적으로 낮아진다. 점화시기를 열역학적으로 최적인 시기 이후로 늦추면, 음향적으로 유리한 효과를 얻을 수 있다. 직접분사식 디젤기관의 경우, 레일(rail)압력 및 배기가스 재순환(EGR) 외에도 파일럿(pilot)분사와 예연소가 초기 단계의 압력변화 과정에 결정적인 영향을 미친다. **- 노킹의 감소 및 제어**

1차적으로 크랭크케이스를 가능한 한 튼튼하고 강하게 설계하여 구조전달함수에 영향을 미칠 수 있다. 따라서 알루미늄이나 마그네슘 제품의 경량 크랭크 케이스는 음향적 관점에서 다소 불리하다. 실제로, 표면에 리브(rib)나 반원형 비드(bead)를 가공하여 소음을 감소시키는 방법을 사용한다. 또한, 실린더 헤드커버 및 오일팬과 같은 큰 방사표면을 탄성 개스킷(gasket)을 사이에 두고 실린더 블록에 고정함으로써, 음향적으로 분리하는 방법은 소음방사 특성에 큰 영향을 미친다. 필요한 경우 적층(積層) 강판 구조(예: 오일 팬에서)를 사용하여 소음을 감쇠시킬 수도 있다.

2. 기계적 소음(mechanical noises)

기계적 소음이란 기본(basic) 기관의 부하에 의존하지 않는, 기관소음의 구성 성분들을 모두 포함하는 개념이다. 기계적 소음은 견인주행 또는 타행주행으로 확인할 수 있다. 소음의 주요 원인은 크랭크기구의 관성력에 의한 가진이다. 그러나 밸브구동기구와 보조장치도 기계적 소음을 발생시킨다. 기계적 소음에 영향을 미치는 가장 효과적인 수단은 평형추 또는 보상축(balance shaft)을 설치하여 관성력을 감소/회피하는 방법이다. 기계적 소음은 모두 처음에는 구조기인소음으로 나타나며, 진동표면으로부터 2차 공기기인소음으로 방사된다.(그림 7-46 참조)

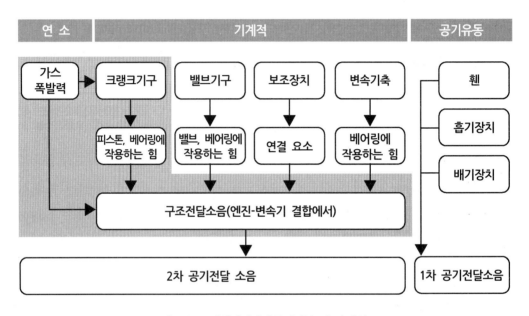

┃그림7-46┃ 내연기관에서 공기기인소음의 생성 구조

오일팬, 실린더헤드 커버, 타이밍 케이스 커버 등과 같이 전형적으로 면적은 넓고 두께는 얇은 구조물들이 대체로 많은 소음을 방사한다. 상대적으로 높은 구조기인소음을 발생시키는 엔진블록과 결합된 오일팬은 특히 두께가 얇고 표면적이 넓어 소음을 가장 많이 발생시키는 부분이다. 오일팬으로부터 방사되는 소음은 오일팬을 크랭크 케이스와 결합하는 방법 및 재질(주철, 알루미늄, 플라스틱, 강판, 적층 박판)에 따라 크게 변화한다.

음향적 장점은 이러한 구성요소와 강력한 감쇠재료의 감결합(decoupling)이다. 특히, 적층 박판(積層薄板)뿐만 아니라 흡수성이 강한 플라스틱으로 제작된 구성 부품들의 효과가 입증되고 있다. 또 댐핑 라이닝(damping lining)을 적용하여 진동표면에서 소음을 강하게 감쇠시킬 수 있다. 동시에 기관실에 만족스러운 외관을 제공하는, 흡수성과 감쇠성이 우수하게 설계, 성형된 폴리-우레탄 방음커버는 실린더헤드 영역에서 공기기인소음을 효과적으로 감소시킨다.

┃그림7-47┃ 실린더헤드 방음커버(예)

(1) 피스톤/크랭크기구(piston/crank mechanism)의 소음 - 슬랩과 럼블(slap & rumble)

내연기관으로부터 방사되는 소음을 정량적으로 예측하기 위해서는 음파의 표면속도에 대한 정확한 지식을 필요로 한다. 크랭크케이스 자체는 가스폭발력과 질량력에 의해 직접 가진되기 때문에 기관의 소음특성에서 중심적인 역할을 한다. 크랭크축에 대한 1차 가진력은 크랭크축에 작용하는 동적(dynamic)인 힘이다. 이때 소음의 주요 원인 중 하나인 피스톤 소음은 1차로 피스톤 측력에 의해 발생한다. 동적 피스톤측력(F_N)은 그림 7-15에 따른 크랭크기구의 형상과 7-2절에서 설명한 질량력(F_M)과 가스폭발력(F_G)을 이용하여 구할 수 있다.

$$F_N = (F_M + F_G) \cdot \frac{\lambda \cdot \sin\alpha}{\sqrt{1 - \lambda^2 \cdot \sin^2\alpha}} \quad\text{..}\quad (7\text{-}11)$$

급격하게 변화하는 피스톤 측력에 의해, 피스톤은 사이클이 진행되는 동안 크랭크 축선을 기준으로 좌/우로 교대로 실린더 내벽에 충격적인 힘을 가하게 된다. 기관이 냉각상태이고 경금속 피스톤일 경우, 이 위치변화는 특히 피스톤 타격음(slap)으로 나타난다. 따라서 실린더 중심축에 대해 크랭크축을 전위시키는 방법과 피스톤을 오프셋(offset)시켜, 음향적 효과를 얻는다.

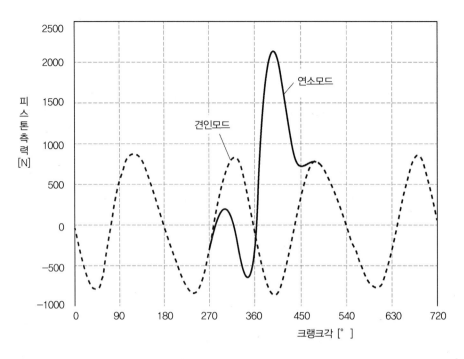

▌그림7-48▐ 크랭크각에 대한 피스톤 측력의 변화(견인모드와 연소모드)

크랭크축에 작용하는 가스 폭발력과 질량력은 또한 크랭크축 메인-베어링에 상응하는 동적 하중을 가한다. 이 힘은 피스톤 측력 외에 추가로 크랭크 케이스에 구조기인소음 예를 들면, 럼블(rumble) 소음을 발생시키는 제2의 중요한 기구(mechanism)이다. 여기서 럼블(rumble)은 앞에서 설명한, 고압축비 기관에서 연소실 퇴적물에 의해 발생하는 표면점화와 관련된, 상대적으로도 안정된 저주파수 소음(600~1200Hz 범위)과는 다르게, 크랭크축의 굽힘진동과 비틀림진동, 주로 굽힘진동에 의해 크랭크축 메인-베어링에 가해지는 충격이 실린더블록에 전달되어, 크랭크케이스로부터 방사되는, 저주파수(약 200~500Hz 범위)의 공명소음을 의미한다.

> **TIP 럼블(rumble)**
>
> 사전적 의미는 (멀리서 천둥이)우르르 울리다, (뱃속에서)꾸르륵 소리나다, (차 등이) 덜거덕거리며 가다(by, down), 우르르(덜거덕)소리 나게 하다(소리 내며 가게 하다, 굴리다), 와글와글 소리치다(말하다), 나직이 울리는 소리로 말하다, 우르르 소리, 덜거덕거리는 소리 등으로서, 아주 많은 뜻으로 사용된다.
>
> 예를 들면, 럼블 스트립(rumble strip)은 도로 가장자리를 따라 설치된, 또는 고속도로 요금소 진입부의 도로에 설치된 일련의 빨래판 줄무늬로 차량이 통과할 때 노면에서 발생하는 소음을 변경하여 속도를 제한, 또는 도로 가장자리임을 운전자에게 경고하는 기능을 수행한다. 이때 발생하는 소음도 럼블(rumble)이라고 한다.

(2) 밸브구동기구(valve train) 소음

밸브구동기구도 진동·음향에 큰 영향을 미친다. 유해물질 배출 및 연비문제 때문에, 멀티-밸브(multi-valve)기술 외에도 아주 복잡한 밸브제어 시스템들이 계속 도입되고 있다. 이와 같은 대책들은 일반적으로 운동질량을 증가시킨다. 동적인 기관특성에 미치는 이들의 영향은 신중한 분석 및 적절한 보상대책 예를 들면, 평형추를 필요로 한다. 밸브구동기구에 의해 발생된 진동은 일반적으로 기관의 0.5차 진동에 해당하는 다중 주파수를 가지며, 이는 주관적으로 거친 소음의 인상을 유발한다. 오늘날 일반적으로 직접분사방식의 과급기관(가솔린기관에서도)의 복잡한 기계적 구조는 음향에 영향을 미치는 기관의 차수보다 높은 고주파수 소음을 방사한다. 이러한 스펙트럼 구성요소들은 딱딱한, 금속성 소음을 유발한다.

(3) 연료분사장치 및 연료공급장치 소음

① 고압 연료분사장치 소음

디젤기관은 물론이고 가솔린 직접분사기관에서 기관이 공전할 때 문제가 되는 소음원은 고압 연료분사장치이다. 공전 중 자동차로부터 방사되는 소음은 연료분사장치 소음이 유일하기 때문이다. 고압 연료분사장치의 주요 진동·소음원은 고압연료펌프의 연료맥동과 인젝터의 작동소음이다. 소음은 고압 연료분사장치(펌프, 파이프, 인젝터)로부터 직접 대기 중으로, 그리고 기관으로 전달된 진동은 실린더헤드와 블록으로부터 2차 소음으로 방사된다. 고압연료펌프, 파이프, 연료분배관에서 발생하는 연료맥동소음과 인젝터 니들에서 발생하는 티킹(ticking) 소음이 문제가 된다.

커먼레일 디젤연료분사장치에서는 소음을 낮추기 위해서 고압펌프의 연료압력을 약 1,350bar 정도로 제한하고, 인젝터에서 압력을 증폭시켜 최대 약 2,200bar를 초과하는 분사압력을 확보하는 방법을 사용한다.

가솔린 직접분사는 디젤분사와 비교해 분사압력이 거의 1/10로 낮지만, 간접분사방식에 비해서는 상대적으로 분사압력이 높아서 고압 연료분배관의 맥동소음 그리고 인젝터의 티킹(ticking) 소음이 문제가 된다. 연료분배관을 탄성 커플링을 사용하여 실린더헤드에 고정하거나, 인젝터를 현수(suspension)하는 방법으로 실린더헤드로 전달되는 진동을 최소화하는 대책 등이 제안되고 있다.

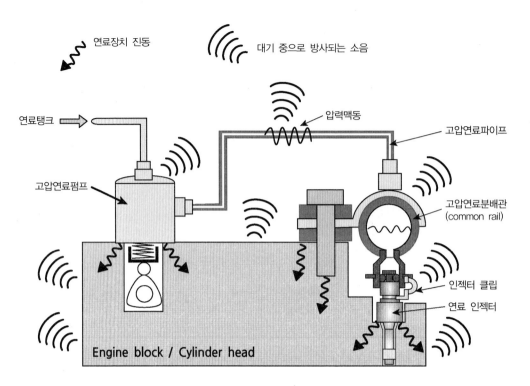

연료장치 진동

대기 중으로 방사되는 소음

연료탱크

압력맥동

고압연료파이프

고압연료펌프

고압연료분배관
(common rail)

인젝터 클립

연료 인젝터

Engine block / Cylinder head

▌그림7-49▐ 가솔린 직접 분사장치의 소음·진동원[62]

② 연료공급장치 소음 – 연료탱크 내에 설치된 1차 펌프 모듈의 소음

가솔린 연료공급장치에서 연료탱크 안에 설치된 전동식 연료공급펌프의 고주파수 작동소음을 뒷좌석 탑승자가 인지할 수 있다. 이 소음은 음압레벨은 낮지만, 고주파수(=펌프회전속도×임펠러 날개(기어이)수)의 소음으로 연료탱크 안의 공간에서 증폭된다. 외부로 방사되는 소음의 레벨과 주파수의 특성은 연료탱크의 형상과 연료잔량에 의해 형성되는 공간의 크기에 따라 변할 수 있다.

(4) 체인/벨트(chain and belt) 소음

승용자동차 기관의 캠축 구동기구로는 고무벨트와 체인이 주로 사용된다. 두 방식은 기능, 비용, 무게 및 소음 측면에서 각각 장점과 약점을 가지고 있다.

① 벨트 소음(belt noises)

톱니형 벨트 구동방식은 음향적으로 유리한 플라스틱 덮개를 사용할 수 있기 때문에 객관적으로 훨씬 조용한 기관이 가능하다. 반면에 타이밍체인은 일반적으로 알루미늄 재질의 윤활유 밀폐식 덮개를 필요로 한다. 톱니형 타이밍벨트는 주로 하울링(howling) 소음을 발생시킨다. 종종 1500~2000min^{-1}의 범위에서 발생하며 주파수 대역은 치합(run-in) 주파수와 그 2계 주파수로 구성된다. 음감(音感)이 내연기관과 일치하지 않기 때문에, 승차자의 안락감을 감소시킬 수 있다.

톱니형상을 저소음형으로 설계하고, 가능한 벨트 장력을 낮추어, 이러한 장해를 해결한다. 톱니형상은 사다리꼴 형상에서 둥근 형상으로 대체되었으며, 잇폭은 3/8 인치 (9.525mm)에서 8mm로 줄였다. 잇폭을 줄여 크랭크축 벨트풀리에서의 다각형 효과를 감소시키고, 텐션롤러를 사용하여 장력을 조절하는 방법으로, 소음은 줄이고 수명은 향상시켰다.

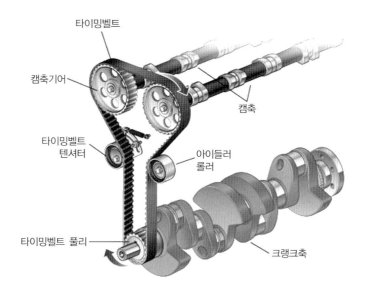

∥그림7-50(a)∥ 벨트 구동기구-타이밍벨트

② 체인 소음(chain noises)

캠축 외에도 내연기관의 밸브구동기구는 일반적으로 발전기, 연료펌프, 오일펌프 및 물펌프와 같은 보조장치를 구동한다. 체인 형태로는 롤러- 및 슬리브-체인이 모두 사용된다. 이 경우 회전운동은 크랭크축에서 체인을 통해 타이밍기어 및 부속장치로 전달된다. 그러나 동력 전달은 이상적인 형태가 아니다. 체인 구동기구는 다양한 형태의 가진에 의해 체인에서 진동을 유발하는, 많은 자유도를 가진 일련의 관성 및 탄력성(compliance)의 복잡한 시스템이다.

타이밍 체인 드라이브에서는 2가지 형태의 가진이 가능하다: 하나는 체인의 이산구조로 인한 다각형 효과에 의한 내부 가진, 그리고 다른 하나는 내연기관의 작동과정으로부터의 외부 가진이다. 외부 가진은 밸브구동기구로부터의 캠축 교번 토크와 크랭크축으로부터의 회전 맥동이다. 체인 드라이브를 설계할 때 체인 구동장치의 고유진동주파수가 가진력의 지배적인

차수의 주파수와 일치하지 않도록 하여 과
도한 진동진폭 및 체인 장력을 방지한다.
인장 롤러(tension roller) 및 슬라이드(slide)
레일을 사용하여 체인 드라이브의 동역학
에, 목표로 하는 영향을 미칠 수 있다.

　저주파 회전진동은 1차로 가스교환과 강
성 때문에 발생한다. 소음문제는 텐셔너
(tensioner)와 슬라이드 레일에서 체인이 횡
방향으로 진동(체인의 덜거덕거림)할 때 발
생할 수 있다. 그러나 특히 스프로킷에서

┃그림7-50(b)┃ 밸브구동기구 - 체인 드라이브(예)

치합을 시작할 때, 기어 이와 체인의 충돌로 인한 다각형 효과에 의해 소음이 발생한다. 이러
한 주기적 가진은 강력한 충격성을 가지고 있어서 기어치합 주파수의 기본진동 이외에도 고
조파가 분명하게 나타난다. 그 결과는 체인의 화인(whine) 소음과 광대역 소음(wash)이 발생
할 수 있다. 이러한 가진은 축의 베어링과 가이드를 통해 크랭크 케이스로 전달되고 거기에서
직접 공기 중으로 방사되거나 엔진마운트를 거쳐 차체로 전달되어 최종적으로 차체에서 공기
기인소음으로 방사된다.

　화인(whine) 소음은 주로 체인과 스프로켓(또는 기어의 치합)에 의해 발생하는 소음으로서
음압레벨은 30~40dB(A) 정도로 낮지만, 인간의 귀에 민감한 1~4kHz의 주파수 대역에서 주
로 발생하는 순음 소음이다.

　와쉬(wash) 소음은 체인과 스프로킷이 맞물리면서 미끄러짐이나 접촉 때문에 발생하는 고
주파 소음으로서 마치 라디오 채널 주파수를 잘못 맞췄을 때 들리는 '치~익' 소리와 유사하게
들린다. 발생 주파수 대역은 약 8~15kHz로 넓게 존재한다.

　체인은 자신의 이산구조 때문에 다각형(polygon) 형태로 스프로킷을 둘러싼다. 결과적으로
스프로킷의 다각형 운동으로 체인속도에 맥동(다각형 효과)이 발생하며, 이 속도는 스프로킷
의 원주속도와 일치하지 않는다. 이 속도차는 체인이 스프로킷과 치합(run-in)을 시작할 때 충
격에 의해 제거되어야 한다.

　음향 효과를 향상시키는 방법은 주로 체인의 사전 장력(pre-tension)을 가능한 한 최소화하
며, 구조적으로는 스프로킷의 이수를 많게 하여, 다각형 효과를 약화시키는 방법이 있다. 감쇠
재료가 코팅된 스프로켓은 치합충격을 효과적으로 감소시킬 수 있다.

(5) 변속기(transmission) 소음

전통적인 수동변속기(MT) 외에도 자동화된 수동변속기(AMT), 더블 클러치 변속기(DCT), 유성기어를 근간으로 하는 자동변속기(AT)와 무단자동변속기(CVT) 등으로 구분할 수 있다. 그리고 변속 단수도 4단에서 시작해서 최근에는 8단 이상의 변속기도 사용되고 있다. 아울러 자동차 구동방식(예 : FF, FR)에 따라서도 변속기 형태는 달라진다. 따라서 여기에서는 전형적인 수동변속기 소음에 관해서만 설명한다.

일반적으로 변속기 소음수준은 결합된 내연기관의 소음수준에 비해 약 10~20dB(A) 더 낮으며, 변속기 입력축 회전속도가 증가함에 따라 상승한다. 내연기관과 결합된 변속기의 소음은 내연기관이 약 70%, 변속기가 약 30% 정도를 차지한다. [63]

일반적으로 변속기 소음에 가장 중요한 영향인자는 기어 이의 중첩 정도, 축과 하우징 구조의 굽힘강성, 생산 측면에서 피치 오차와 기타 기하학적 오차, 기어이 플랭크(flank)의 표면 품질이며, 마지막으로 작동 매개변수로서 부하와 윤활유 점도(윤활유 온도)이다. 특히 스퍼(spur)기어의 소음은 기어 이의 강성, 형상 오차(profile error), 접촉률 그리고 백래쉬(backlash) 등의 영향을 크게 받는다. 변속기 소음은 크게 그림 7-51과 같이 분류할 수 있다.

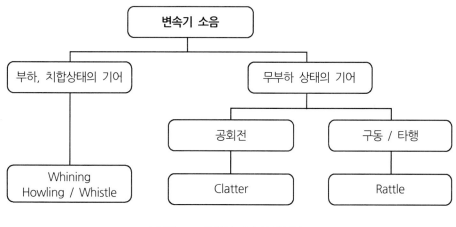

┃그림7-51┃ 변속기 소음의 분류

소음의 가진은 개별 기어에 가해지는 주기적 부하에 의해서 발생한다. 기어는 치합이 시작될 때 전달된 토크에 비례하는 원주방향의 힘을 흡수해야 하고, 이어서 기어가 결합될 때 다시 완화되는 과정을 반복한다. 결과적으로 저속에서는 하울링(howling), 예를 들면 차동장치 하울링으로 나타난다. 고속에서 발생하는 소음은 음높이에 대응하여 휘슬(whistle)이라고 한다.

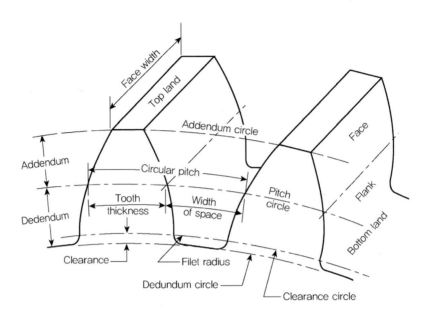

■그림7-52 ■ 기어의 개별 부분 명칭

① 화인(whine) 소음

기어의 화인(whine) 소음은 부하를 받는 상태에서 기어짝이 전동할 때 방출되는 순음 소음으로서, 소음 수준은 대략 30~40dB(A)이고, 개별 기어에서 발생하는 소음의 스펙트럼은 기어 이수와 축회전속도의 곱으로 표시되는 기본주파수(치합 주파수)와 그 고조파로 구성된다. 경우에 따라 3kHz~4kHz까지 확장될 수도 있다. (종감속/차동장치에서는 300~1,000Hz 정도). 가속 시에는 기관 및 기타 소음에 의해 음폐(masking)되므로 주로 감속 시에 인지하기 쉽다. 최근에는 자동차의 주요 소음들의 수준이 낮아지면서 화인(whine) 소음의 감지가 증가하는 추세로서, 전기자동차(EV)와 하이브리드(HEV)의 변속기에서도 많이 나타나는 소음이다.

화인(whine) 소음의 주요 원인은 다음과 같다.

● 전달 오차(transmission error) ; 기어의 완벽한 운동전달로부터의 편차로서, 피치(pitch) 오차, 치형 오차 또는 전달부하에 의한 기어이의 편향(deflection) 때문에 발생한다.

● 치합 강성의 변화(variation of meshing stiffness) ; 접촉선의 길이가 기어짝의 수로 변화할 때 발생하는 기어이 강성의 변화. 전달 오차의 편향(deflection)도 치합 강성의 변화로 인해 발생한다.

● 축방향 왕복운동력 및 베어링 힘 ; 왕복운동력은 축방향으로 치면폭(face width)을 따라 치합력의 중심이 약간 이동하는 현상으로, 베어링에서의 힘의 변화를 말한다.

- 마찰력(friction force); 치합 상태에서 기어이 간의 상대적 미끄럼으로 인해 발생하는 힘
- 기어이 사이에서 공기와 윤활유의 비말 동반(entrainment of air & lubricant between the teeth); 고속 단기어에서 발생하며, 휘파람(whistle) 소리를 발생시킬 수 있다.

② 클래터링과 래틀링(clattering & rattling)

> **TIP** **clatter / rattle**
> - clatter; 덜커덕(덜걱)거리다, (딱딱한 물체들이 부딪는) 타닥타닥(달각달각)하는 소리
> - rattle; (단단한 물건들이) 덜걱덜걱 소리내다. 대그락대그락(우르르) 소리나다(울리다). (두드리거나 흔들거나 하여)덜걱(짤그락)거리게 하다. *(예) 바람에 창문이 덜거덕거린다.

공회전 시에 발생하는 소음을 클래터링-소음, 구동 모드와 타행 모드에서 발생하는 소음을 래틀링 - 소음이라고 구분하기도 한다. 이들 소음은 동력전달계의 고유진동수 부근에서 발생하는, 비선형 정상상태의 진동문제로서, 비틀림 진동으로 인해 고부하 저속에서, 변속기-구성 부품 중에서 무부하 상태인 기어짝의 백래쉬(backlash)에 의해 발생하는 접촉 충격음이 대부분이다. 일반적으로 동력전달계의 공진은 $1,000 \sim 2,500 \text{min}^{-1}$ 사이에서 나타나며, 주파수 범위는 대략 1~4kHz 정도이다.

클래터링(clattering)과 래틀링(rattling) 소음은 특히 평기어 수동변속기와 더블-클러치 수동변속기에서 주로 발생한다. 원인은 무부하 상태의 단기어, 싱크로나이저와 단기어 슬리브와 같은 동력흐름 선상에 있지 않은 부품들이 백래쉬(backlash)로 인해 축에서 앞/뒤로 움직일 때 발생한다. 클래터링-소음과 래틀링-소음은 소음특성이 전형적인 파손 소음으로 인지된다. 변속기에서 무부하 상태인 부품, 예를 들어, 축에 장착된 무부하 상태의 기어는, 기본적으로 공간에서 자유물체처럼 3개의 병진운동 및 3개의 회전운동 자유도를 갖는다. 무부하 상태의 부품의 운동거동은 구동기어의 비틀림 진동에 의해 가진된다. 이때 고정된 기어의 구동 플랭크로부터 무부하 상태 부품의 제거는 각가속도 진폭이 담당한다. 진폭이 클래터링(clattering) 한계를 초과하면, 무부하 상태의 느슨한 부품들은 서로 분리되고 가공기술적 간극 내에서 자신의 자유도에 따라 운동하기 시작한다. 이때 간극의 경계에서 충격을 받는다.

변속기에서 변속위치에 따라 클래터링 소음 위치를 1차 및 2차 치합 클래터링 소음 위치로 구분할 수 있다. (그림 7 - 53 참조)

1차 기어치합 클래터링(clattering) 위치에서, 무부하 상태의 기어는 진동원에 직접 연결된 부하상태의 기어에 의해 가진된다. 이러한 부하상태의 기어는 변속기 입력축에서 내연기관에 의해 가진된다. 2차 기어치합 클래터링 위치에서는 가진된 무부하 상태 기어가 다른 무부하

상태의 기어를 가진시킨다는 것이 정설이다. 예를 들어 후진 기어의 경우가 이에 해당한다.

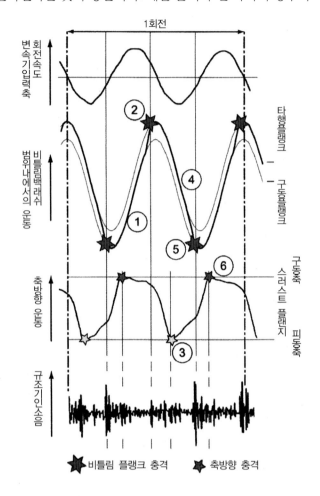

█ 그림7-53 █ 불균일한 회전속도에서 무부하 상태 기어의 전형적인 운동형태

배경소음 수준은 베어링, 플랜지와 기어 소음의 합이다. 클래터링 소음 및 래틀링 소음과 관련, 변속기 품질에 대한 평가기준은 소위 클래터링 곡선이다. 이 곡선은 변속기 입력측에서 입력축 가속도 진폭에 따른, 공기기인소음의 수준을 나타낸다.

배경소음은 클래터링 한계까지 발생한다①. 클래터링 한계는 클래터링 곡선에서 각가속도가 너무 커서 무부하 상태의 기어휠이 부하 상태의 구동기어휠로부터 분리되기 시작하는 지점으로 표시된다②. 각가속도 진폭이 커짐에 따라 클래터링 소음도 계속해서 증가한다. 이 영역에서는 클래터링 충격이 구조전달음 신호로 나타난다③. 클래터링 소음과 래틀링 소음은 공회전속도에 서부터 2500min^{-1} 범위에서만 발생한다. 그리고 드래그(drag) 토크가 이미 너무 커서, 기어 플랭크는 더는 분리되지 않는다 (그림 7 - 53, 7 - 54 참조).

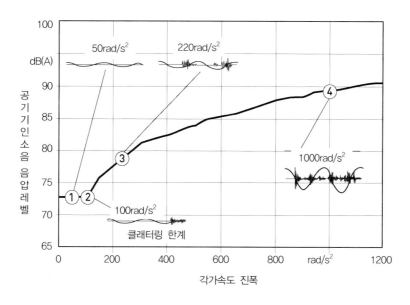

┃그림7-54┃ 수동변속기의 클래터링 곡선의 변화 (예)

변속기에서 클래터링 소음과 래틀링 소음을 감소시키기 위해서는, 무부하 상태 기어휠의 백래쉬와 축방향 간극을 좁게 해야 한다. 이때 백래쉬는 약 0.06mm 이하가 되어서는 안 된다. 더 작아지면 단기어가 끼일 우려가 있기 때문이다. 축방향 간극이 너무 작으면 윤활 및 변속능력에 문제가 발생할 수 있다. 여기서 무부하 상태 기어휠이 축방향 간극에 의해 충격을 일으킬 정도가 아니라면, 간극이 큰 것이 좋다. 윤활유의 점도 또한 소음생성에 큰 영향을 미친다. 기어 허브의 마찰요소와 같은 기어 내부의 대책 또한 소음거동에 영향을 미칠 수 있다.

변속기의 클래터링(clattering) / 래틀링(rattling) 소음을 다음과 같이 분류하기도 한다.
- **공전/고유 래틀링 ;**

  공전, 중립상태에서의 기어 소음, 기관회전속도 $600{\sim}1{,}000 \ \mathrm{min}^{-1}$에서 주로 발생한다.
- **크리프(creep) 래틀링 ;**

  1단 또는 2단 기어에서, 기관회전속도 $600{\sim}1{,}000 \ \mathrm{min}^{-1}$에서 주로 발생한다.
- **구동(drive) 래틀링 ;**

  2단~5단 기어에서, 기관 부분 스로틀, $1{,}000{\sim}2{,}000 \ \mathrm{min}^{-1}$에서 주로 발생한다.
- **오버런(overrun)/타행(coasting) 래틀링 ;**

  기관 스로틀은 오버런 또는 타행 위치, $2{,}000{\sim}4{,}000 \ \mathrm{min}^{-1}$에서 주로 발생한다.

③ 변속기에서의 기타 소음

동기기구의 동기화 능력이 부적절한 경우에는 변속치합 시에 스크래취(scratch;Krazen) 소음과 라쳇(ratchet; Ratchen) 소음과 같은 변속소음을 유발할 수 있다. 변속하는 동안, 부하가 바뀔 때 유도된 과도기 가진에 의해서도 소음이 발생하는 데, 이를 클롱크(clonk) 또는 부하변동 충격이라고도 한다. 이러한 소음은 클러치를 빠르게 접속 또는 분리할 때에도 발생한다. 베어링 소음은 주로 손상된 롤러베어링에서 발생하는 소음이다. 또 다른 유형의 롤러베어링 소음은 베어링 간극 범위 내에서 치합상태가 아닌 기어(예: 아이들기어)의 진동 때문에 발생하는데 이를 스크리취(screech; Kreischen)라고 한다.

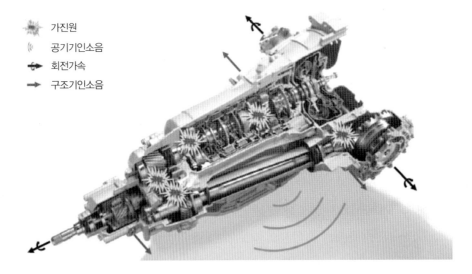

- 가진원
- 공기기인소음
- 회전가속
- 구조기인소음

┃그림7-55 ┃ 소음의 발생 및 전달경로(예: 자동변속기)

외부 대책	내부 대책
파워트레인 매칭 - 2-질량 플라이휠 - 진동 댐퍼 - 클러치 댐퍼(주/보조) - 변속기 캡슐링(encasing) - 차체 절연	기어휠 매개변수의 최적화 - 백래쉬와 축방향 간극 - 질량 - 관성 모멘트 - 헬릭스(helix) 각도 - 기어열 배치 - 기능적 자유도 범위 내에서 　무부하 부품의 운동 제한

┃그림7-56 ┃ 수동변속기에서의 소음 대책

(6) 추진축/구동축(propeller/drive shaft) 소음 – 주로 부밍(booming) 소음

① 추진축(propeller shaft)

FR-구동방식의 자동차는 변속기 출력을 종감속/차동장치에 전달할 추진축이 있어야 한다. 또 자동차가 요철이 심한 노면을 주행할 때는 차륜의 진동 때문에 수시로 추진축의 길이가 변화되고, 동시에 변속기 출력축과 종감속장치의 입력축 간의 각도도 변화한다.

따라서 추진축은 구동토크를 전달하고, 각도 변화를 쉽게 하고, 축의 길이변화를 보상하고, 비틀림 진동을 감쇠시킬 수 있어야 하므로, 충분한 강성은 물론이고, 정적/동적으로 평형(balance)이 잡혀있어야 한다.

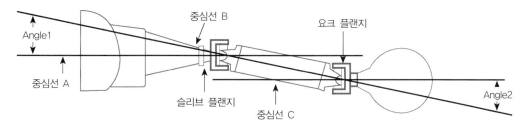

∎그림7-57∎ 추진축의 구성, 배치

추진축의 양단에 설치된 십자형 자재이음(Hook's joint)은 부등속 자재이음이기 때문에 양단의 굴절각(각 1과 각2)이 각각의 중심선을 기준으로 같아야 하며, 최대 약 4도를 초과하지 않아야 한다. (그림 7-57)

그림 7-58에서처럼 추진축이 2개로 분할된 경우에는 변속기 출력단의 자재이음은 변속기축과 일직선으로 정렬되어야 하며(최대 작동각; 0.5도 이내), 제2 추진축 양단의 굴절각은 서로 같아야 한다. (작동 시 굴절각의 편차는 1도 이내이어야 한다)

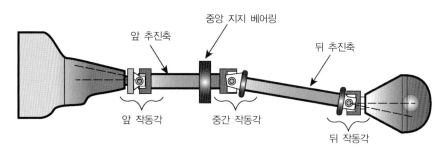

∎그림7-58∎ 2개로 분할된 추진축의 배치도

추진축의 1계 진동은 주로 추진축의 과도한 런아웃(runout; 휨) 또는 불평형(imbalance)의 결과이다. 2차 교란은 런아웃이나 불평형과는 관련이 없다. 십자 자재이음의 작동 특성상 추진축 1회전당 2회의 가속 및 감속이 발생하므로, 2계 진동이 발생한다. 특히 센터 베어링의 위치 불량의 영향을 크게 받는다. 주행속도가 낮을 때는 가속과 감속의 영향을 확인할 수 있다. 결론적으로 추진축에는 굽힘 및 비틀림 진동이 발생하고, 기관의 가진주파수가 추진축 또는 구동축의 고유진동수에 근접하거나 일치하게 되면, 진동은 증폭된다. 이 진동은 추진축의 센터 베어링 마운트, 뒤 액슬 현가마운트 등을 통해 차체로 전달되어 부밍(booming) 소음을 발생시킨다. - 구조기인소음

추진축의 2계 진동은 주행속도와 토크에 민감하며, 시동 중 또는 가속 중 부하가 가해질수록 악화된다. 자동차 부하의 빠른 변화(예 : tip-in/tip-out)는 일반적으로 드라이브 라인의 고유진동수에 연동되며, 2Hz~8Hz 범위(선택한 기어에 따라 다름)의 저크(jerk) 진동을 초래할 수 있도다. 그리고 동력전달계의 동역학은 후방 차축의 동적 치합력에 영향을 미칠 수 있으며, 일반적으로 300Hz~1kHz 범위의 액슬 화인(whine) 소음도 발생한다. 가장 일반적인 유형의 2계 진동은 '발진 셔더(shudder)'이다. 이 진동은 주행속도 1~40km/h 속도에서 서서히 발진할 때 발생한다. 진동은 저주파 셔더(shudder), 워블(wobble) 또는 쉐이크(shake)로 나타난다. 진동은 일반적으로 낮은 속도(0~24km/h)에서 시트 또는 조향휠에서 감지할 수 있으며 주행속도가 상승함에 따라 주파수는 증가한다. 결국, 더 높은 속도(24~40km/h)에서 동력전달계의 러프니스(roughness; 거칠기)와 같은 느낌이 든다. 이 속도 이상에서는 일반적으로 진동은 사라진다.

② FF-구동방식 자동차의 구동축

FF-구동방식 자동차의 구동축으로는 등속 조인트(CVJ)가 사용된다. 차륜 쪽에는 굴절각이 큰 버필드(Birfield) 조인트 또는 제파(Rzeppa) 조인트, 그리고 변속기 측에는 전위가 가능한 트리포드(tripod) 조인트 또는 더블-오프셋 조인트(DOJ)를 주로 사용한다. 참고로 변속기 측 조인트의 굴절각은 최대 약 18° 정도이고, 차륜 측 조인트의 굴절각은 최대 약 45°까지이다.

FF-구동방식의 자동차에서는 기관과 변속기/종감속차동장치가 일체로 조립되어 있어 기관의 뒤쪽에 큰 토크가 작용하며, 진동이 증폭되기 쉬운 구조이다. 추진축의 경우와 마찬가지로 불평형과 조인트 굴절각의 영향을 크게 받는다.

진동 및 부밍소음을 방지하기 위한 대책으로는 구동축의 직경을 변경하거나, 흡진기를 추가하거나, 축의 일부를 중공(中空)으로 하는 방식을 사용한다. (그림 7-60, -61 참조)

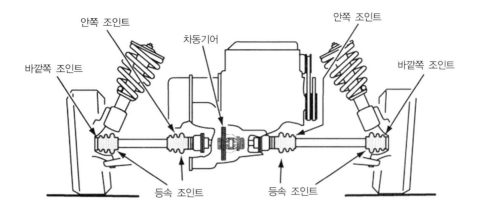

▌그림7-59 ▌ FF-구동방식 자동차의 앞차축 구조

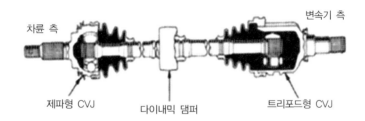

▌그림7-60 ▌ 등속 조인트(CVJ) 구동축의 구조(예)

▌그림7-61 ▌ 다양한 형태의 등속 조인트(CVJ) 구동축

(7) 부속장치 소음

기관실에는 교류발전기(alternator), 물펌프, 에어컨 압축기, 동력조향장치 유압펌프, 냉각팬 등 다수의 회전 소음원이 설치되어 있다. 이들은 구동벨트를 통해 기관에 의해, 또는 전기모터에 의해 개별적으로 구동된다. 기본적으로 베어링 소음, 벨트소음 그리고 크랭크축 회전진동수와 연동되어 맥놀이(beat) 소음을 발생시킬 수도 있다. 이외에도 설치 브래킷(bracket)의 강성과 관련된 진동과 소음도 유발될 수 있다.

① 교류발전기(alternator) 소음

일반적으로 전자기 잡음(electro‐magnetic noises)은 낮은 회전속도(예: 2000$\min^{-1}$ 이하)에서 많이 발생하는 반면에, 공기역학적 소음(냉각 블레이드에 의해 생성)은 높은 회전속도(3,000$\min^{-1}$ 이상)에서 많이 발생한다. 기계적 소음은 양단의 지지 베어링 소음과 회전자(rotor)의 불평형(imbalance)에 의한 소음으로서, 기관회전속도의 2, 3차 성분에 해당하는 구조 기인소음이 대부분이다.

전자기 소음을 줄이고 출력을 높이기 위해서는 회전자와 고정자 사이의 공극(air gap)을 최소화하여 자기회로를 개선하고, 고정자와 회전자의 크기를 최적화하고, 구동풀리 직경을 작게 하여 로터의 회전속도를 높이는 방법을 사용한다. 예를 들면, 고정자 코일에 사각형 권선을 사용하여 권선 밀도를 높이고, 무게를 줄이고, 출력을 높이는 방법을 사용한다.

공기역학적 소음을 낮추기 위해서는 외부에 노출된 냉각 블레이드를 회전자에 통합하거나, 공랭식 냉각방식을 수랭식으로 전환한다 (그림 7-62 참조). 그리고 회전자와 고정자 사이의 공극(air gap)을 최소화하고, 로터 극편(clow pole) 상호 간의 표면간극도 가능한 한 좁히는 기술을 사용한다. 또 전체적으로 회전부품의 크기를 작게, 무게를 가볍게 하여 회전관성을 줄여 소음과 진동의 저감을 추구한다.

(a) 노출된 냉각 블레이드   (b) 내장된 블레이드   (c) 수랭식 교류발전기

┃그림7-62 ┃ 자동차용 교류발전기의 구조 변화

② 냉각장치 소음

물펌프의 베어링 소음, 냉각수 유동 소음 그리고 휀(fan) 소음 중에서도 휀(fan) 소음이 지배적이다. 물펌프 구동풀리에 설치된 냉각팬은 전동식으로 전환하고, 팬의 날개 형상 및 간격을 개선하여 소음을 낮추고 있다.

가스교환 장치의 소음

Noises in Gas −Exchange System

8-1 개요
Introduction

가스교환 장치의 소음은 흡기장치와 배기장치로부터 방사되는 소음을 모두 포괄한다. 이들은 주기적인 작동 사이클의 결과인 흡기/배기의 맥동소음(pulsation noises), 흡기/배기를 유도하는 통로를 통과하는 연속적인 난류 유동의 균일한 기류 소음(flow noises), 그리고 흡/배기 장치의 표면으로부터 방사되는 방사소음(radiation noises) 등이다.

맥동소음(pulsation noises)은 배기 측에서 주로 소음기의 소음 감쇠 성능 및 체적의 영향을 받는다. 기류 소음(flow noises)은 통로의 단면적 및 곡률에 따라 좌우되며, 저속, 고부하 상태에서 특히 중요하다. 다량의 공기가 유동하면서 가진하기 때문이다. 방사소음(radiation noises)에는 통로의 재질, 벽두께, 형상 및 표면품질이 큰 영향을 미친다. 회전속도가 증가함에 따라 기계적 소음이 점점 더 증가한다.

흡기/배기장치의 음향설계는 전체적으로 서로의 목표가 상반되기 때문에 까다롭다. 예를 들면, 기관출력이 큰 경우에는 배기의 배압이 낮아야 한다. 배압을 낮추려면 배기관의 직경을 크게 해야 하는데, 결과적으로 이는 소음기의 소음 감쇠 성능에 부정적인 영향을 미치게 된다. 이 부정적인 영향은 자동차의 패키지(package)에 수용하기 어려울 만큼, 소음기 체적을 크게 하여 보상할 수 있다.

불필요한 주파수 성분을 감쇠시키기 위해 공기여과기 안에, 전방에 또는 후방에 공명기를 설치할 수 있다. 충전효율을 높이는 과급기(turbocharger)는 저주파수 대역에서는 추가 감쇠를 일으키지만, 동시에 잠재적인 고주파 소음원이다.

8-2 흡기장치
The Intake Systems

흡기장치는 배기장치와 유사한 방법으로 자동차의 소음감소에 기여한다. 과거에는 이 목적으로 오직 공기여과기 하우징의 체적을 충분히 크게 하여 감쇠필터(damping filter)로서 기능하도록 하였다. 그러나 가진 스펙트럼이 낮은 주파수($f < 200$)로부터 중간 주파수를 거쳐 높은 주파수 대역까지 확장됨에 따라 헬름홀츠-공명기와 1/4 파장관을 비롯해서 다양한 대책들이 도입되고 있다. 일반적으로 흡기장치에서 생성되는 600Hz 이하의 둔탁한 소음을 흡기소음이라고 한다.

1. 흡기장치의 구조 및 기능

흡기장치는 기관의 모든 작동 점에서 연소에 충분한, 새로운 공기를 기관에 공급하는 역할을 한다. 무과급 기관(자연흡기 기관)에서는 일반적으로 흡기관, 공기여과기, 여과공기 통로 및 흡기모듈(intake module)로 구성된다.

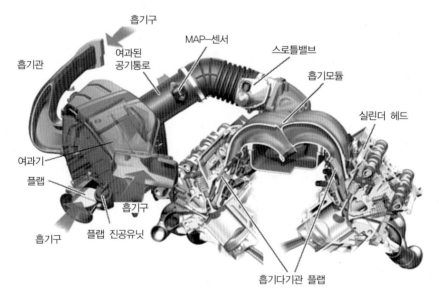

┃그림8-1┃ 흡기장치의 구성(예: AUDI A8)

(1) 흡기관(intake snorkel)

흡기관은 적절한 위치에 설치된 흡기구(inlet)를 통해 신선한 공기를 흡입하여 공기여과기로 보낸다. 흡기구는 엔진룸에서 자동차 앞쪽의 방열기 위쪽 또는 전조등의 뒤쪽, 먼지나 빗물의 유입을 최대한 제한할 수 있는 위치에 설치된다. RR-기관에서는 흡기구를 뒷바퀴 좌/우 휠-하우스 근방에 설치하기도 한다. 흡기구의 단면적 및 단면형상은 기관의 출력성능과 흡기소음을 고려하여 결정한다.

(2) 공기여과기(air filter)

공기여과기 자체는 흡기에 포함된 먼지와 같은 고형입자를 포집하고, 물을 분리하는 기능 외에도, 기관으로부터 전달되는 소음을 크게 감쇠시킨다. 소음 감쇠는 입구와 출구의 횡단면적의 차이 및 공명기 기능을 수행하는 밀폐된, 큰 체적에 근거한다. 여과기 체적이 클수록 감쇠 효과가 커진다. 물론 단면적의 급격한 증대(2배 이상)도 중요한 요소이다. 공기여과기의 체적에 대한 경험값은 4행정 기관의 경우, 행정체적의 15~20배 정도이며, 약 10~20dB(A) 범위의 소음 감쇠 기능을 목표로 한다.

(3) 여과된 공기 통로

공기여과기와 흡기모듈 사이의 흡기 유동 통로는 여과된, 깨끗한 공기의 통로이다. 여과기를 통과한 공기는 정화된, 깨끗한 공기로 간주한다. 흡기관에서와 마찬가지로 여과공기 통로에도 병렬로 공명기를 설치할 수 있다. 그러나 여과공기 통로에 설치된 공명기는 여과되지 않은 공기의 유입을 방지하는 구조이어야 한다.

(4) 흡기모듈(intake module)

흡기모듈은 스로틀보디, 서지탱크(surge tank)와 흡기다기관(일명 스윙 튜브; swing tube) 등으로 구성된다. 서지탱크는 공기를 저장하는 공간의 기능을 수행하며, 흡기다기관은 공기를 각 실린더로 분배한다. 서지탱크와 흡기다기관의 기하학적 형상과 구조는 기관에 따라 크게 다를 수 있으나, 상호작용하여 가스교환에 직접적인 영향을 미친다.

(5) 터보과급기(turbo-charger)

과급기(배기가스 또는 기계식)가 장착된 경우에는 추가적인 영향요소를 고려해야 한다.

서지탱크(surge tank)로부터 역류하여 스로틀밸브를 거쳐 냉각된 고압 공기통로로 유입되는 압력의 맥동은, 중간 냉각기(inter-cooler)에 도달한다. 중간 냉각기에서 공기가 통과하는, 아주 작은 개별 냉각 튜브(tube)의 입구와 출구에서 각각의 임피던스 점프(impedance jump)는 광대역 감쇠작용을 한다. (그림 8-2 참조)

이때 여과된, 새로운 공기는 고속으로 회전하는 압축기에서 압축되어 중간 냉각기로 공급된다. 흡기압력파는 이 높은 난류영역을 통과할 때 다시 약해진다. 따라서 기관의 주(主) 진동차수에 의해 정의되는 고유의 연소소음의 특성은 부분적으로 변화한다. 또 여기서 새로운 고주파수 소음원이 유도된다. 압축기 날개차(impeller)에서의 유동 분리는 광대역 소음을 생성한다. 그리고 회전부의 불평형에 의해 추가로 순음성 소음인, 터보 하울링(turbo-howling)이 발생할 수 있다.

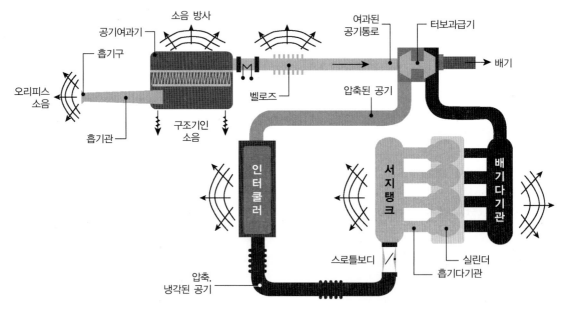

┃그림8-2┃ 터보-과급기가 장착된 흡기 시스템

(6) 디젤기관에서의 문제점

디젤기관에서는 추가적인 음향문제가 발생한다. 스로틀밸브가 거의 모든 동작점에서 완전히 열려있어, 흡기의 유동은 방해를 받지 않고 항상 소음을 전달한다. 따라서 전부하와 타행 간의 소음레벨 차이가 아주 작다. 그러나 이 소음레벨 차이는 운전자에게는 음향부하의 피드백(feedback)으로 인지된다. 디젤기관에서는 이 피드백이 작아, 운전자는 가솔린기관보다는 상대적으로 역동적이지 않은 것으로 인지한다.

(7) 흡기장치 개발목표

흡기장치 개발목표의 근본적인 갈등은 최소의 패키지(package) 비용으로 소음수준을 크게 낮추면서도, 압력손실을 작게 해야 한다는 명제에서 찾을 수 있다. 정상적인 개발 및 설계에서는 가청 주파수 대역(16Hz~20kHz)을 고려하여 흡기소음을 60~200Hz 대역으로 낮추는 것을 목표로 한다.

효과적인 음향대책을 마련하기 위해서는, 일반적으로 큰 설치공간을 확보해야 한다. 그러나 흡기장치를 위한 공간은 점점 작아지고 있다. 동시에 동력성능과 연료소비 측면에서 기관의 특성을 개선하기 위해서는, 유동저항이 작아야 한다. 그러나 유동저항을 줄이기 위해서는 통로의 직경과 곡률을 크게 해야 한다. 통로의 직경을 크게 하면, 음파는 방해를 받지 않고 전파될 수 있으나, 역으로 흡기장치의 소음수준은 더 높아지게 된다. 흐름이 개선되면, 추가적인 소음문제가 발생한다. 그러므로 최종 결정은 패키징(packaging), 압력손실 및 음향 간의 갈등 관계에서 항상 최선의 타협점을 모색해야 한다.

2. 흡기장치에 대한 소음저감 대책

흡기통로의 소음, 구성부품의 표면방사, 차체로 전달되는 구조기인소음 및 차량실내의 사운드 디자인(sound design)은 흡기통로의 음향설계에서 중요한 영역이다.

(1) 구조기인 소음

구조기인소음은 흡기장치 구성부품과 차체의 접촉점에서 발생한다. 기관 또는 차체의 구조기인소음이 흡기장치로, 역으로 흡기장치의 구조기인 소음이 차체로 전달되는 것을 방지해야 한다. 흡기통로가 차체의 음향적으로 민감한 부분에 설치, 고정되지 않도록 해야 한다. 흡기장치 구성요소를 차체에 고정하는 지점에 설치되는, 특수한 감결합(decoupling) 기계요소가 구조기인 소음을 감쇠시킨다. 감결합 부품은 탄성재료를 사용하거나, 유연한 기하학적 형상(예: 벨로즈; bellows)으로 제작하여 구조적으로 소음전달경로를 차단할 수 있도록 한다.

(2) 표면 방사(surface radiation)

구성요소 (예; 공기여과기, 흡기모듈, 공명기 등)의 표면으로부터 방사되는 소음을 말한다. 결정적인 변수는 재료, 온도 그리고 기하학적 형상이다. 구성요소들의 재료는 작동온도와 사용물질에 내성을 가져야 하며, 강성, 감쇠 거동, 설계 요구사항 및 비용 등을 고려하여 선택한다. 재료가 결정되면, 방사 거동의 최적화는 구성요소의 구조 및 기하학적 형상을 개선하여 달성할 수 있다. 최근에는 경량화 및 유동특성을 개선하기 위해서 흡기다기관까지도 PET((polyethylene terephthalate) 또는 플라스틱 복합재료로 제작한다.

표면 방사를 감소시키기 위한 대책들은 다음과 같다.

첫째로 표면의 넓은 면은 절대로 평탄하지 않아야 하며, 반경 800mm 미만의 곡률(曲率; curvature)로 설계해야 한다. 가능한 한, 두 방향(가로/세로 방향) 모두 곡률이 있으면 좋지만, 최소한 길이가 짧은 쪽에는 반드시 곡률이 있어야 한다.

둘째로 벽 두께를 두껍게 하거나 흡진기(vibration damper)를 사용한다.

셋째로 공간상의 이유로 최적의 곡률이나 충분한 리플(ripple)을 가공할 수 없는 경우에는, 텐션롯드(tension‑rod)를 사용하여 구조물의 강성을 보강할 수 있다. 텐션롯드는 음향적으로 눈에 띄는 표면을 보통 마주 보는 표면의 중앙에 연결하는 보강방법이다. 연결은 용접 또는 나사 조임으로 한다. 나사를 조일 때는 밀봉에 주의해야 한다.

표면에 다공질 재료를 접착하여 소음방사를 감소시키는 방법은 일반적으로 금속부품에 적용한다. 표면방사를 개선하기 위한 비딩(beading) 및 단차(step)는 합성수지 부품에서는 그 효과가 제한적이다.

(3) 흡기통로 소음

흡기통로 소음은 기관의 가진과 흡기통로의 감쇠성능에 따라 변한다. 흡기관과 여과공기 통로의 직경과 길이, 그리고 공기여과기의 체적이 소음감쇠에 큰 영향을 미친다. 그러나 이러한 매개변수는 일반적으로 연소실에 의해 제한된다. 공명기를 이용하여 흡기통로에서의 공명현상을 방지하거나 감소시킬 수 있다. 공명기의 효과는 흡기통로에서의 공명기 위치와 밀접한 관련이 있다. 공명기는 항상 출구가 압력의 정점에 근접해 있어야만, 최대의 효과를 얻을 수 있다. 통로의 위치별 주파수의 높낮이에 따라서 그에 적합한 공명기를 사용해야 한다. 저주파수와 중간 주파수 대역에서는 주로 헬름홀츠(Helmholtz)‑공명기, 1/4 파장관 및 팽창 챔버(expansion chamber)를 많이 사용한다. 특히 과급기가 장착된 기관에서는 특별한 고주파 공명기를 사용한다.

① 헬름홀츠(Helmholtz)‑공명기

헬름홀츠-공명기는 공기(또는 가스) 유동통로의 옆벽에 병렬로 설치된 직경이 작은 관(흔히 병목), 그리고 이 작은 병목에 연결된 큰 체적의 공동(cavity)으로 구성된다. 공동(空洞) 체적의 가스는 스프링처럼, 작은 병목의 가스는 질량처럼 작용한다. 이 유사 스프링-질량계는 음향학적으로는 일종의 대역통과필터(band-pass-filter)처럼 작동한다. 헬름홀츠-공명기의 공명주파수와 어떤 소음의 주파수가 일치되면, 해당 주파수 대역에서는 높은 소음 감쇠효과를 나타낸다. 저, 중 주파수 대역용이며, 유효 대역폭이 좁다. 특히 단일 주파수의 순음 소음에 대한 감쇠효과가 크다. 헬름홀츠-공명기의 공명주파수(f)는 다음 식으로 구한다.

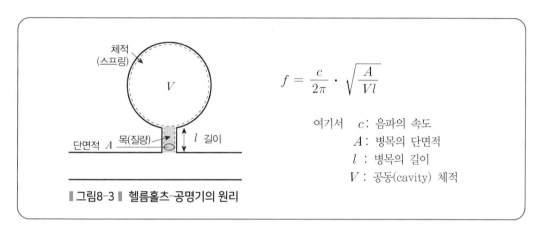

$$f = \frac{c}{2\pi} \cdot \sqrt{\frac{A}{Vl}}$$

여기서 c : 음파의 속도
          A : 병목의 단면적
          l : 병목의 길이
          V : 공동(cavity) 체적

▐ 그림8-3 ▐ 헬름홀츠-공명기의 원리

② 1/4 파장관 (또는 $\lambda/4$ – 공명기)

$\lambda/4$ 공명기는 주 통로에서 갈려 나온, 직경이 작은 관으로서 반대편이 밀봉된 형태의 공명기이다. 중간 주파수대역용이며, 자신의 아주 좁은 공명주파수 대역에서 소음을 감쇠시킨다. 이 공명기의 공명주파수(f)는 갈려 나온 관의 길이(l)의 함수이다. 설치공간 및 위치의 제약 때문에 어느 한쪽으로 구부려진 형태를 취하기도 한다.

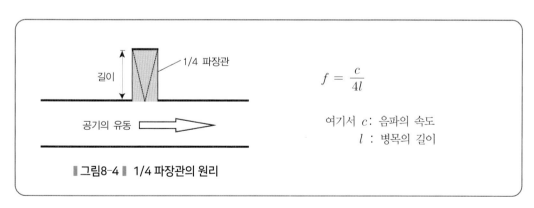

$$f = \frac{c}{4l}$$

여기서 c : 음파의 속도
        l : 병목의 길이

▐ 그림8-4 ▐ 1/4 파장관의 원리

③ 기타 공명기

목적에 따라 다음과 같은, 공명기들을 사용한다.

● 홀 공명기(hole resonator)

홀-공명기는 헬름홀츠(Helmholtz)
-공명기와 비슷한 공명-소음기이지
만, 잘 정의된 목 연결부는 없다. 홀-
공명기는 구멍을 통해 관통된 흡기통
로에 직접 연결되는 체적으로 구성된
다. 슬릿(slit)-공명기와 마찬가지로,
홀-공명기의 범위는 흡기통로 둘레

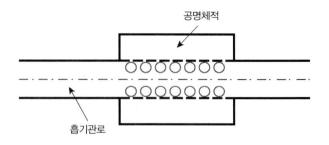

▌그림8-5 ▌ 홀 공명기(hole resonator)

의 전체 또는 일부분에 걸쳐 연장될 수 있다. 설계에 따라서는, 흡기통로에 복수의 개별 체적
을 배치할 수도 있다. 효과는 광대역이다. 천공(구멍 크기, 구멍 수, 외부 벽까지의 거리) 및
체적(크기, 위치, 치수)이 공명기의 설계변수이다.

● 슬릿 공명기(slit resonator)

슬릿(slit) 공명기는 환형(環形) 체적으로 구성되어 있으며, 슬릿(slit)을 통해 흡기유동 통
로와 연결된다. 체적이 반드시 통로의 전체 둘레에 걸쳐 있을 필요는 없다. 효과는 홀-공명
기처럼 광대역이다. 설계변수는 슬릿의 형상 (폭, 길이), 슬릿의 유형(가로 및 세로 슬릿) 및
슬릿에 결합된 챔버(크기, 위치, 치수)의 체적이다.

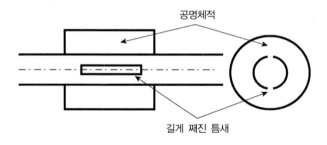

▌그림8-6 ▌ 슬릿(slit) 공명기

● 벌집형 공명기(honeycomb resonator)

벌집형 공명기는 다수의 개별 헬름홀츠-공명기로 구성되며, 흡기통로 둘레에 분산되어
있다. 통로의 연결로 인한, 홀-공명기와 벌집형 공명기 간의 흡기유동의 차이에 유의할 필요
가 있다. 홀-공명기에서는 흡기통로의 벽에 다수의 구멍만 가공되어 있을 뿐이지만, 벌집형
공명기에서는 일반적으로 독립적인 벌집이 통로의 직경보다 더 길게 연속적으로 늘어서 있
다. 또한, 각 벌집에는 단 하나의 연결통로만 있다. 벌집형 공명기는 작은 헬름홀츠-공명기

를 직렬로 연결 또는 조합한 것이기 때문에, 그 작동방식은 원칙적으로 헬름홀츠-공명기의 원리에 기초한다. 개별 공명기 서로 간의 가능한 영향요소, 그리고 명확하게 형성된 목 부위에 유의해야 한다. 순수한 헬름홀츠-공명기 효과 외에도, 챔버의 길이에 따라서는 1/4 파장 관의 효과도 있다. 개별 헬름홀츠-공명기로 구성된 벌집형 공명기의 효과는 광대역이다. 따라서 터보과급기가 장착된 기관에 사용한다. 설계 매개변수는 각 벌집의 체적, 목 길이, 목 직경 및 기하학적 구조이다.

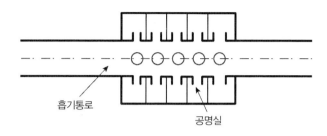

▌그림8-7 ▌ 벌집형 공명기

④ 다공성 흡음재(foam-lining)의 부착

공기여과기 내벽에 부착된 다공성 흡음재가 소음의 고주파 성분을 흡수, 열로 변환시킨다.

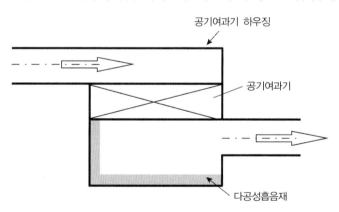

▌그림8-8 ▌ 다공성 흡음재 부착

⑤ 직물 호스(fabric hose) - 다공질 관(porous duct)

직물 호스(또는 다공질 관)는 강철 및/또는 플라스틱 나선형 코일로 보강된 섬유직물 호스이다. 직물 호스의 효과는 흡기통로 내부와 외부 사이의 압력평형을 기반으로 한다. 이러한 방식으로 흡기통로 내의 압력진폭의 최댓값을 감소시킬 수 있다. 직물의 다공성은 전 주파수 대역에 걸쳐서 감쇠작용을 한다. 직물 호스는 저주파수에 대한 대책으로도 사용할 수 있다.

(4) 차량 실내소음의 능동제어(Active Noise Control; ANC)

저주파수 대역에서는 바람소음과 전동소음 외에도, 기관이나 동력전달계에서 발생하여 차량 실내로 전달되는 소음(특히 150Hz 이하)이 전체 소음에서 차지하는 비중이 높다. 구동계 소음의 생성기구는 협대역 특성을 가지고 있기 때문에, 이 소음의 구성성분은 차량실내의 고유공진에 많은 에너지를 공급할 수 있다. 그 결과로 발생하는 저주파수의 "불쾌감(booming)"은 종종 중량 측면에서뿐만 아니라 설치공간 측면에서도 효과적인 해결책을 찾기가 어렵다. 고전적인 방법으로 저주파수 소음을 회피 또는 절연하거나 공명을 제어하기 위해서는 큰 체적과 많은 질량을 사용해야만 가능하다. 따라서 능동소음제어(ANC)가 대안으로 주목을 받고 있다.

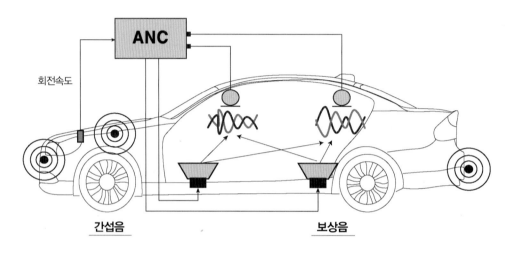

┃그림8-9┃ 차량 실내 능동소음제어(ANC)의 개략도

그림 8-9는 자동차 실내용 다중 채널 ANC 시스템을 개략적으로 나타내고 있다. 일반적으로 소음을 감지하는 마이크로폰은 천장 부근의 여러 위치에 설치하며, 보상 음원으로는 오디오 시스템의 스피커를 사용한다. 주요 입력신호는 기관의 실시간 작동 정보(특히 회전속도 신호)와 마이크로폰이 감지한 실내 소음레벨 정보이다. ANC 제어유닛은 기관의 실시간 작동 정보로부터 소멸시켜야 할 주파수를 결정하고, 마이크로폰이 계속 감시하는 소음레벨 정보를 처리하여 진폭은 같고, 위상이 정반대인 "보상소음"을 스피커를 통해서 방사한다.

자동차 실내는 그 크기, 형상, 사용된 내장재, 좌석 위치, 그리고 스피커와 마이크로폰의 종류, 개수와 설치 위치 등의 영향으로 각각 고유한 음향특성을 가지고 있다. 이러한 요인들이 ANC 시스템의 성능에 영향을 미치기 때문에, ANC 시스템은 개별 자동차 모델의 특성에 적합하게 조정(tuning)되어야 한다. 또 좌석의 위치변화나 창문의 개폐 등에 의한 차량 실내 음장의 역동적인 변화에 신속하게 대응할 수 있어야 한다.

음향적 관점에서 볼 때, 저주파수 대역의 차량 실내 음장은 기본적으로 가진된 공기기인소음 모드에 의해 결정된다. 주파수가 상승함에 따라, 음장에 관여하는 모드의 수가 증가한다. 다중 모드로 구성된 공기기인소음 음장의 보상과 관련하여 전역적으로 소음을 효과적으로 감쇠시키기 위해서는 마이크로폰의 수와 스피커의 수는 최소한 관련된 모드의 개수와 같아야 하는 것으로 알려져 있다. 이 경계조건을 충족시키는 경우에만 모든 모드를 마이크로폰으로 구체적으로 감시하고 스피커를 통해 제어할 수 있다. (감시 가능성과 제어 가능성). 따라서 관련 모드의 수가 주파수와 함께 증가하면, 실내 전체에서 효과적인 ANC-애플리케이션에 필요한 하드웨어 비용도 비례적으로 증가한다. 따라서 고주파수 소음에 ANC를 적용하는 것은 의미가 없다.

중형 세단(예: 길이 $L_x = 2.0\text{m}$, 감쇠비 $\zeta = 0.05$ 적용)의 경우, 약 200Hz의 주파수에서, 4개의 모드가 음장에 크게 관여하며, 이 주파수에서 전역 보상을 위해서는 최소한 4개의 스피커와 4개의 마이크로폰을 사용해야 하는 것으로 알려져 있다.

(5) 수동 시스템

수동 시스템은 능동소음제어(ANC)와는 대조적으로 여과공기 통로로부터 공명 체적을 통해 자동차 실내 방향으로 기관의 음향에너지를 전달하는 방식이다. 수동 시스템의 예로는 MAHLE의 엔진 사운드 시스템(engine sound system)이 있다. 주요 구성요소인 음향생성기는 단지 3개의 부품, 하우징, 가스 밀폐식으로 성형된 벨로즈와 그 바닥 그리고 덮개로 구성되어 있다. 벨로즈의 단단한 바닥(질량)은 부드러운 벨로즈(스프링) 상에서 진동하는 스프링-질량

▌그림8-10 ▌ MAHLE 사의 음향생성기의 구조

시스템에 해당하며, 구조적으로 튼튼하므로 터보-과급기관과 디젤기관에도 사용할 수 있다.

영향변수는 바닥의 질량과 두께, 벨로즈의 탄성(재료와 벽두께로 변경 가능), 공명 체적, 입구 통로의 직경과 길이 그리고 출구통로의 직경과 길이 등이다. 이 사운드 시스템은 특히 스로틀밸브가 열려있을 때(예 : 저속에서 가속 시), 효과를 나타낸다. 조정(tuning) 목표는 방사 소음의 일부 주파수 대역을 강조하고, 다른 주파수 대역은 음폐시키는 것이다. 결과적으로 자동차회사의 철학에 따라 운전자는 저주파수의 경쾌한 음향 또는 날렵하면서도(sporty), 공격적인 음향으로 인식하게 된다.

3. 배기가스 터보과급기(Exhaust gas turbo-charger)

터보과급기를 이용하여 흡기를 압축, 충전함으로써 기관에 기계적 과부하를 가하지 않고도 최대 토크 및 최대 출력(동일한 행정체적 하에서)을 증가시킬 수 있다. 흡기 충전율을 높임으로써 원래의 기관과 동일한 행정체적에서 큰 출력을 얻거나, 역으로 동일한 출력을 얻기 위해서는 기관을 소형화(downsizing)할 수 있다. 즉, 작고 가벼운 기관에서 원래의 기관에 필적할만한 성능을 얻을 수 있다.

승용차 디젤기관은 1979년부터 터보과급기를 장착하기 시작하였다. 1988년 이후 유럽에서는 터보과급기와 중간 냉각기(inter-cooler)를 장착한, 직접 분사방식의 디젤기관이 등장하였다. 터보과급기가 장착된 가솔린기관은 주로 스포츠 부문에서만 사용하였다. 그러나 최근에는 터보과급이 연료소비를 줄이기 위한, 기관의 소형화(downsizing) 개념과 연계되어 중요해지고 있다. 과급기관의 음향특성 측면에서, 기관의 소음과 터보과급기의 소음을 모두 고려해야 한다.

출력을 기준으로, 터보과급 소형화(downsizing) 기관은 낮은 회전속도영역에서는 동일 출력의 행정체적이 큰 기관과 비교해 단위 출력당 소음수준(dB(A)/kW)이 더 낮다. 따라서 저속영역에서는 음향에 부정적인 영향을 미치지 않으면서도 주행 역동성(dynamic)을 개선할 수 있다.

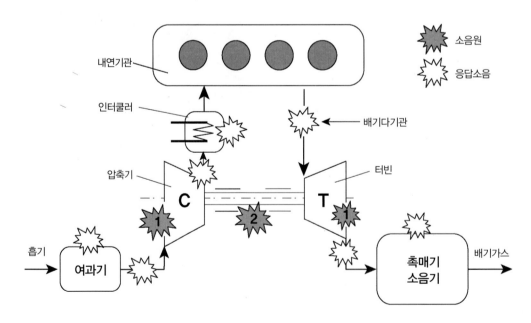

∥그림8-11∥ 승용자동차용 터보-과급기에서의 공기기인소음

과급기 자체의 소음은 일반적으로 대역폭이 좁은 순음 소음이기 때문에 특히 성가시게 느껴진다. 일반적으로 과급기의 하울링(howling) 소음은 1.2kHz~4.5kHz 대역, 휘슬(whistle) 소음은 4kHz~14kHz 대역의 소음이다. 하울링(howling)의 가장 중요한 원인은 회전부(impeller & blade)의 불평형(imbalance) 또는 압력 맥동이며, 주파수는 로터(rotor)의 1차 진동차수와 같다. 오늘날 터보과급기의 최대 회전속도는 $300,000\text{min}^{-1}$에 이르며, 통상적인 작동범위는 50,000~$200,000\text{min}^{-1}$이다. 가진 레벨은 회전부의 불평형에 비례하여 선형적으로 증가한다. 휘슬(whistle) 소음은 과급기의 압축기 날개차(impeller)와 터빈 날개차(blade)에서 발생하는 소음이다. 과급장치에서 발생하는 휘슬(whistle) 소음이나 유동소음은 광대역 소음기(broadband silencer)를 사용하여 낮출 수 있다. 흡기 유동이 다수의 반사실(reflection chamber)을 통과할 때, 소음수준은 낮아진다.

8-3 배기장치
Exhaust Gas Systems

배기장치는 개별 실린더에서 배출되는 배기가스를 하나로 모아서 유해물질을 제거하고, 소음을 줄여 대기 중으로 방출한다. 기관의 구조에 따라 배기장치는 하나 또는 2개의 계통(strand)으로 구성된다. 실제로는 배기장치 전체를 하나의 특정 기관과 자동차에 맞추어 개별 구성요소들을 수정(modification) 또는 조정(tuning)하여, 배기가스 배압에 의한 유동저항이 가능한 한 기관의 성능에 영향을 미치지 않도록 설계한다.

실린더 내에서 연료/공기 혼합기가 폭발적으로 연소하여 약 2,000~2500℃ 정도까지 가열된 연소가스는 배기밸브가 열리면 급격하게 팽창하여 초음속으로 배기장치 내로 돌진한다. 이때 폭발적인 굉음이 발생한다. 배기밸브로부터 소음기를 거쳐, 배기가스 출구까지의 경로에서 소음수준을 약 50dB(A) 이상 낮추어야 한다. 그러나 기관소음뿐만 아니라 배기장치 자체도 고유 진동수를 가지고 있으며, 진동을 일으켜 소음을 생성한다. 배기장치에서 발생한 소음은 직접 차체에 또는 공기기인소음으로 직접 차량 실내로 전달된다. 따라서 전체 장치를 정밀하게 조정하는 것이 중요하다. 여기에는 배기장치의 개별 구성요소의 배치와 탄성 지지 설계가 포함된다.

배기밸브를 통과할 때의 배기가스 온도는 전부하 시에 약 600~950℃, 압력은 약 3~5bar에 이른다. 배기장치는 이러한 온도부하 및 압력부하 외에도 기관과 차체에서 발생하는 진동은 물론이고 도로로부터의 진동과 충격도 감쇠시켜야 한다. 그리고 배기장치는 내부와 외부의 부식에 대한 저항성을 가지고 있어야 한다. 고온 가스, 산, 수분과 비산수 및 염분에 의한 부식은 물론이고 황이나 납에 의한 촉매기의 성능저하 위협에도 대비해야 한다.

1. 기능 및 구조

(1) 배기장치의 기능

자동차 배기장치의 기능을 요약하면 다음과 같다.

① 내연기관의 연소에 의한 고온의 배기가스를 대기 중으로 방출한다.

② 배기가스 중의 유해 화학물질 및 입자상 고형물질을 포집, 정화하여, 법규를 충족시킨다.

③ 배기가스 소음을 법규에 규정된 기준값 이하로 감쇠시킨다.

④ 음향설계(sound design)를 통해 원하는 음색을 얻을 수 있다.

(2) 배기장치의 구조

배기장치의 기능을 만족시키기 위해서, 배기장치는 다음과 같은 요소들로 구성한다.

① 각 실린더로부터 배출되는 배기가스를 한 곳으로 유도하기 위한 배기다기관

② 기관의 출력 향상을 위한, 배기가스 터보과급기

③ 배출가스 중의 유해물질 정화 및 포집용 촉매기와 미립자 필터

④ 배기소음을 줄이고 음색에 영향을 미치는 소음기

⑤ 배기용 배관

⑥ 배기가스를 대기 중으로 배출하는 출구 통로(outlet pipe or tailpipe)

이 외에도 디젤기관은 물론이고 가솔린기관에서도 배기가스재순환(EGR)장치를 사용한다. 이를 위해 흡기장치로 연결되는 통로(branch)가 배기다기관(고압 EGR)에, 때로는 미립자 필터 (저압 EGR) 아래쪽에 설치된다. 재순환되는 배기가스의 양은 EGR 밸브로 제어한다.

배기장치의 배치구조(layout)는 자동차의 유형, 구동방식 및 기관의 설치 위치에 따라 다양하다. 기관이 차체의 앞부분에 장착된 경우, 배기장치는 엔진룸에서 시작하여 차체 하부를 지나서 차체 후방까지, 구성요소들은 하나씩 차례로 배치, 연결된다. 촉매기와 매연필터는 배기가스 정화효율을 높이기 위해 기관 근처에 배치한다. 소음기는 그 후방에 배치한다. V형 다기통 기관 (V6, V8 또는 V12)에서는 흔히 2계통의 배기통로(이중 유동 시스템)를 사용한다. 실린더의 좌/우 뱅크(bank)에 각각 하나씩의 배기통로를 배정한다. 때로는 이들 배기통로를 관(pipe) 또는 공통 소음기를 통해 서로 연결하기도 한다.(그림 8-29 참조)

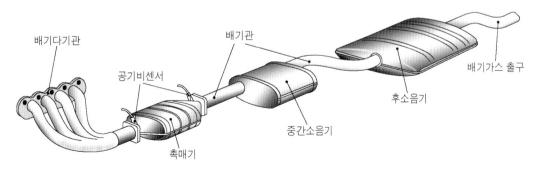

배기다기관　　공기비센서　　배기관　　중간소음기　　촉매기　　후소음기　　배기가스 출구

‖그림8-12‖ 가솔린 승용자동차의 배기장치 구성(예)

기관이 차체의 뒷부분에 설치된 승용자동차에서는 화물자동차에서와 마찬가지로 배기가스 정화용 부품들을 소음기 안에 설치하기도 한다. 그리고 설치공간 문제로 화물자동차에서는 흔히 소음기 체적 내에 촉매기와 매연필터를 함께 설치한다.

소음기 체적은 배기가스 배압과 필요한 소음성능에 따라 결정된다. 일반적으로 행정체적의 8~15배 정도가 대부분이다. (참고; 공기정화기 체적은 15~20배)

배기소음의 주원인은 내연기관에서의 가스 맥동이다. 즉, 연소과정을 통해서 그리고 배기밸브를 통해서 배출되는 배기가스에 의해 기관의 동력행정마다 가스의 맥동이 생성된다. 이를 맥동소음이라고도 한다. 실린더 압력맥동의 형태는 밸브개폐시기뿐만 아니라 연소과정에 따라서도 달라진다. 압력맥동의 증가는 밸브개폐시기의 영향을 강하게 받으며, 나머지 맥동은 배기가스의 배출에 따라 결정된다. 이들 맥동으로부터 광대역 소음 스펙트럼이 생성된다.

작동 사이클의 주기적인 반복으로, 소음의 주(主) 주파수 성분은 기관회전속도에 동기된다. 따라서 소음의 주파수는 기관의 진동차수(점화주파수)와 연계된다. 지배적인 기관 진동차수는 4기통 기관에서는 2계, 6기통 기관에서는 3계이다. 더 많은 소음성분이 점화주파수의 고조파에서 발생한다. 이들 소음의 수준은 약 20dB/옥타브로 낮아진다. 기관의 점화순서 및 배기다기관의 배치구조(layout)에 따라서는 점화주파수보다 낮은 저조파가 발생할 수도 있다. 전반적으로 기관의 진동차수는 주파수 약 30~800Hz(스파크 점화기관)와 20~600Hz(디젤기관) 범위의 배기소음에 영향을 크게 미친다.

가스 맥동과 마찬가지로, 기관의 크랭크각에 동기된 진동이 배기장치에 전달될 수 있다. 이로 인한 배기장치의 진동은 탄성 지지 현가를 통해 차체로 전달되어, 구조기인소음을 유발할 수 있다.

배기장치의 또 다른 소음원은 터보과급기이다. 앞에서 설명한 바와 같이 날개차(impeller & blade)의 높은 회전속도 때문에 고주파 순음 소음(whistle; 4~14kHz)이 발생하는데, 이 순음 소음의 주파수는 기관의 회전속도에 동기되지 않고, 터보과급기의 회전속도에 동기된다. 그리고 회전부의 불평형에 의한 소음(howling; 1.2~4.5kHz)도 발생할 수 있다. 이들 소음은 구조기인소음 또는 공기기인소음으로 배기장치에 전달되며, 배기장치에서 방사될 수 있다.

또한, 배기가스의 토출 및 유동 중에 상당한 유동소음이 발생한다. 일반적으로 유동소음은 광대역이며 맥동소음과는 대조적으로 약 10kHz까지의 고주파수에 이른다. 소음기 체적의 배열에 따라, 고주파수 대역의 순음 소음(whistle)이 발생할 수도 있다. 유동소음의 레벨은 생성기구에 따라 유속의 4차~6차 퍼텐시(potency)에 비례한다. 순음 소음의 주파수 대역은 스트로할 수 (Strouhal number)에 따라 결정된다 [64].

2. 구성부품의 배기소음에 대한 기여도

(1) 배기다기관

배기다기관은 배기장치와 마찬가지로 가스교환을 하는 동안에 기관의 출력 또는 토크에 큰 영향을 미친다. 특히 배기밸브로부터 토출되는 압력파가 다기관의 통로 안에서 반사되기 때문에, 가스교환은 통로에서의 모든 변경사항의 영향을 받는다. 그리고 배기관, 배기관 집합부 및 촉매기와 같이 기관에 아주 가깝게 설치된 구성요소에서의 첫 번째 반사가 가장 큰 영향을 미친다. 동시에 차수 성분 또는 주파수 성분 역시 이러한 반사의 영향을 크게 받는다. 그림 8-13은 배기다기관에서 실린더별 통로의 길이를 다르게 하면, 압력파의 지속시간이 변화하고, 결과적으로 소음의 차수 성분 및 레벨이 변화함을 나타내고 있다. 이 외에도 통로의 직경을 변경하여 압력파의 전파속도 및 지속시간을 변경할 수 있다. 통로의 단면적을 크게 하면 압력파의 전파속도는 낮아진다.

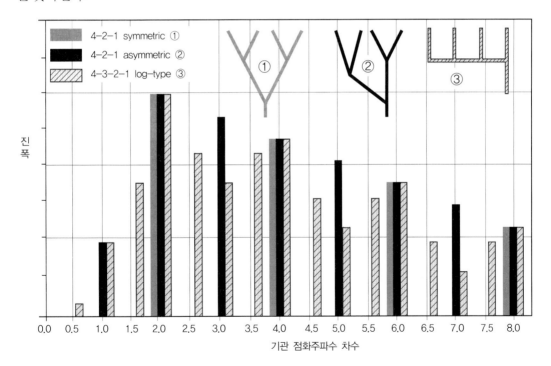

┃그림8-13┃ 차수 성분에 대한 다기관 배치(layout)의 영향

그림 8-13을 보면, 4기통 기관에 대칭형 배기다기관(①)을 사용하는 경우에는 점화주파수(기관의 2차 차수)와 그 고조파(4차, 6차, 8차 등) 성분만 발생한다. 이 경우 짝수 차수 성분만 나타난다. 그러나 실린더 그룹별(②, 실린더 1과 2, 그리고 3과 4) 통로의 길이만 같은 경우에는, 홀수 차수 성분이 추가로 나타난다. 다기관이 완전히 비대칭(③)이면 "절반(1/2)" 차수 성분이 또 추가로 나타난다.

배기다기관에서 배기소음의 차수 성분은 기관의 점화순서와 상호작용하여 생성되며, 능동대책을 사용하지 않으면, 배기다기관 다음에 설치되는 나머지 구성요소들로는 변경시킬 수 없다.

(2) 촉매기(catalytic converter)

배기가스 정화용으로 세라믹 담체형 촉매기를 많이 사용한다. 금속 하우징 안에 들어있는 담체(substrate), 담체 위의 중간층(wash-coat), 그리고 중간층 위에 얇게 도포된 촉매층(catalytic layer)으로 구성되어 있다. 일체(monolith)로 성형된 담체에는 배기가스가 통과하는 수많은 벌집형 통로(honeycomb cell)가 뚫려 있다. 셀-밀도(cell density)는 보통 $1cm^2$에 약 65개 정도(약 420CPI; cell per square inch)에서부터 120개(약 800CPI) 정도가 실용화되고 있으나 점점 증가하는 추세이다. 셀 밀도가 증가할수록 셀의 벽두께는 그만큼 얇아지고 촉매기의 성능은 향상된다. 담체에 가공된 다공성의 중간층(wash-coat)은 촉매기의 유효 표면적을 약 7,000배 확대하는 효과를 나타낸다. 결과적으로 중간층은 표면이 거칠기 때문에 셀을 통과하는 배기가스와의 마찰은 음향학적으로 중요한 역할을 한다. 따라서 세라믹 촉매기의 셀은 흡수층의 두께가 얇은 흡수 소음기처럼 작용한다. – **소음감쇠 효과와 배압 상승**

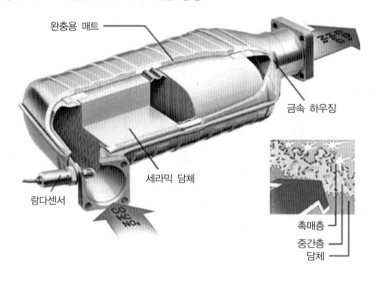

‖그림8-14‖ 세라믹 담체형 촉매기의 구조(예)

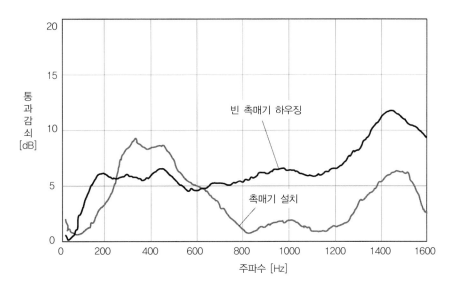

▌그림8-15 ▌ 세라믹 담체가 설치된/설치되지 않은 촉매기 하우징에서의 소음감쇠 효과

(3) 미립자 필터(particle filter)

세라믹 미립자 필터 또는 소결금속 미립자 필터가 주로 사용된다. 작동원리는 같다. 세라믹 필터는 가솔린기관에 사용되는 세라믹 촉매기와 마찬가지로 벌집 형상으로 그 모양이 비슷하다. 세라믹 담체의 벽두께는 약 300~400㎛ 정도이며, 셀-밀도는 100~300cpi(channels per square inch)가 대부분이다.

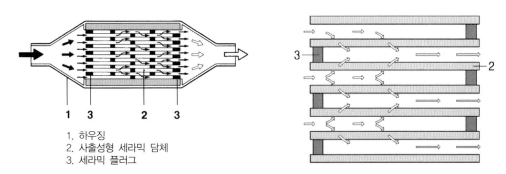

1. 하우징
2. 사출성형 세라믹 담체
3. 세라믹 플러그

▌그림8-16 ▌ 세라믹 미립자 필터(벌집형)의 구조 및 작동원리

그러나 벌집 형상의 통로 양단을 하나 건너 교대로 세라믹 플러그로 막아 놓았다. 따라서 열린 통로로 유입된 배기가스는 세라믹 통로 벽에 뚫린 기공(porous)을 반드시 통과하여, 이웃 통로를 거쳐 배기 되어야 한다. 따라서 압력손실뿐만 아니라 소음도 약해진다. 그림 8-17은 비어있는 하우징, 매연이 퇴적되지 않은 필터, 그리고 매연이 퇴적된 필터의 통과 감쇠를 비교하고 있다. 비

어있는 미립자 필터 하우징은 비어있는 촉매기 하우징과 마찬가지로 팽창챔버의 특성을 나타낸다. 매연이 퇴적되지 않은 미립자 필터는 비어있는 하우징에 비해 약 350Hz를 기준으로 그 이하에서는 감쇠효과가 낮으나, 그 이상에서는 높은 감쇠효과를 나타내고 있다. 매연이 퇴적된 필터의 경우, 특히 500Hz에서부터 매연이 퇴적되지 않은 필터에 비교하여 다시 약 6~8dB의 소음 감쇠 효과를 나타내고 있다.

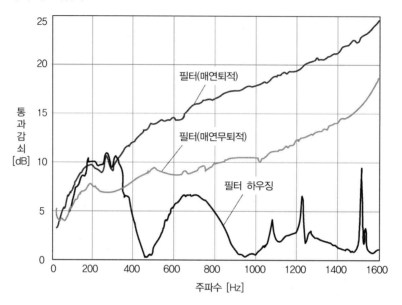

▌그림8-17 ▌ 미립자 필터에서의 통과감쇠 비교

매연 퇴적량이 증가하면 배압이 커지기 때문에, 연료를 후분사하여 미립자 필터(DPF)를 정기적으로 재생한다. 연료를 후분사하여 연소시키면, 특히 기관의 부하가 낮은 상태에서는 배기소음이 증가할 수 있다. 따라서 디젤기관용 소음기 시스템을 설계할 때는 이를 고려해야 한다.

(4) 소음기(silencer or muffler)

소음기의 구조는 근본적으로 흡수와 반사의 물리적 원리에 따라 구별된다. 그리고 소음기가 수동 부품으로만 구성되어 있는지, 작동 중 절환요소에 의해 음향효과가 변경되는지(반능동 소음기), 또는 음파생성기를 이용하여 음파를 중첩시켜 소음을 소멸시키는지(능동 소음기) 등에 따라 구분하기도 한다. 이러한 관점에서 기존의 흡수 – 및 반사 – 소음기를 수동 – 소음기라고 한다. 반능동형 및 능동형 소음기는 궁극적으로 반사원리에 따라 작동한다.

실제 배기장치에는 반사, 흡수와 공명의 원리뿐만 아니라 이들이 혼합된 형태를 적용한다.

① 반사 소음기(reflection muffler : Reflektionsschalldämpfer)

이 소음기에서는 음파가 진행하는 통로에 장애물을 설치하여, 음파가 진행방향을 바꾸거나 반사되도록 한다. 이때 음파의 일부는 메아리처럼 감쇠, 소멸된다. 그리고 파이프나 공간의 단면적을 급격히 변화시키는 방법으로 칸막이 공간 내에 소음을 저장하거나 반사시켜 소음을 감쇠시킨다.

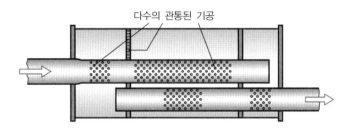

▌그림8-18 ▌ 반사 소음기(reflection silencer)

반사 소음기(그림 8-18)는 다수의 칸막이 공간이 연속적으로 배열되어 있고 각 공간체적 사이를 양단이 개방된 파이프들이 각기 다른 위치에서 관통하고 있다. 그리고 파이프에는 수많은 기공이 가공되어 있다. 맥동이 심한 배기가스는 각 공간체적 사이를 통과하면서 진로를 여러 번 바꾸게 되고, 반사를 반복하면서 감쇠된다. 이 소음기는 특히 저주파수와 중간 주파수(500Hz 이하)에서의 소음감쇠 특성이 우수하다. 아래 그림은 전형적인 반사소음기의 통과감쇠 특성을 나타내고 있다.

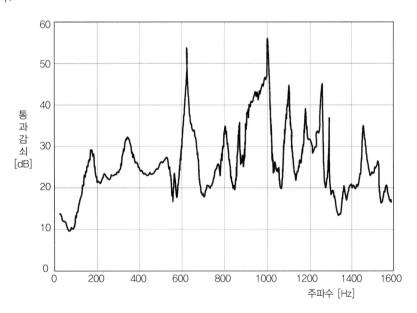

▌그림8-19 ▌ 반사소음기(체적 약 20리터)에서의 소음감쇠(예)

② 간섭 소음기(interference muffler : Interferenzschalldämpfer)

소음기 전반부에서 배기가스를 여러 갈래로 나누어, 길이가 다른 통로를 거쳐 소음기 후반부에서 다시 합쳐지게 하는 방법을 사용한다. 소음은 다시 합쳐질 때 그리고 일부는 처음 분기될 때 약해진다. 이 소음기는 배기가스의 충격적인 소음을 약한 음파로 변환시켜 준다. 소음관의 수가 많고 또 그 부피가 크기 때문에 비경제적이다.

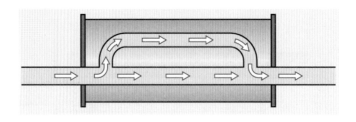

┃그림8-20┃ 간섭 효과(interference effect)

③ 흡수 소음기(absorption muffler : Absorptionsschalldämpfer)

이 소음기에서는 배기가스가 다공질의 흡음재를 통과한다. 소음에너지는 흡음재에 흡수될 때 마찰 때문에 열로 변환되어 소멸된다. 특히 고주파수(500Hz 이상) 소음의 흡수능력이 좋다. 이 소음기는

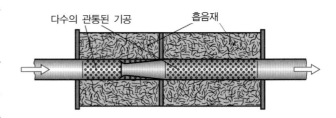

┃그림8-21┃ 흡수 소음기(absorption silencer)

유동저항이 작아서 배압이 작아야만 하는 배기장치에 사용한다. 그림 8-21과 같이 다수의 칸막이 공간과 부분적으로 천공된 관(tube)으로 구성되며, 공간체적에는 유리섬유와 같은 내열성 다공 흡음재가 충전되어 있다. 최근에는 내열성이 우수한 현무암 장섬유(basalt long-fiber) 또는 암면(rock wool)을 대략 체적 1리터당 약 100~150g의 밀도로 충전한다.

그림 8-22는 똑같은 크기의 팽창챔버(길이 500cm에서, 체적 약 10리터)와 단순한 흡수소음기(흡음재 두께 3.5cm, 충전밀도 120g/liter)의 통과감쇠를 비교한 것이다. 거의 모든 주파수 대역에서 흡수소음기의 감쇠능력이 현저하게 높게 나타나고 있다. 낮은 회전속도영역에서는, 종종 점화주파수에 해당하는 저주파수 대역에서 흡수소음기의 감쇠능력이 팽창챔버의 감쇠능력보다 더 낮다. 가끔 음향적인 안락성 문제(발진 부밍)가 발생하기 때문에, 흡수소음기는 거의 언제나 반사소음기와 함께 사용한다.

그리고 사용된 흡음섬유는 시간이 지남에 따라 노화되어 부서져, 배기가스와 함께 외부로

배출될 수 있다. 이 경우 소음기 효과는 현저하게 감소한다. 응축수가 소음기에 그대로 축적되어 심한 부식을 유발할 수도 있다.

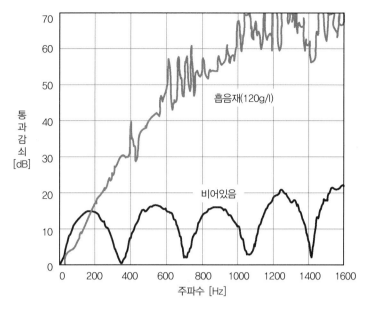

▌그림8-22 ▌ 흡수소음기와 동일체적의 팽창챔버에서의 통과감쇠

④ 흡수 - 반사 복합 소음기(reflection-absorbtion muffler)

흡수 - 반사 복합 소음기의 구조는 그림 8-23과 같다. 반사소음기는 중간대역 주파수와 저주파수의 소음을 감쇠시키는 효과가 좋고, 흡수소음기는 고주파수 대역의 소음을 흡수하는 능력이 우수하다. 그러므로 대부분 이 두 가지 형식의 소음기를 하나의 하우징 내에 설치하여 사용한다. 주파수 50~8,000Hz 범위의 소음 감쇠에 이용할 수 있다.

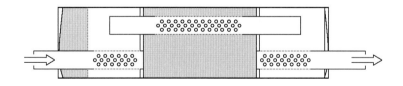

▌그림8-23 ▌ 흡수/반사 복합소음기

⑤ 공명 소음기(muffler with branched resonator)

배기소음에서 협대역 소음의 지나친 상승을 방지하기 위해 공명소음기를 사용한다. (예: 발진 부밍). 배기소음 중에서 저주파수 소음성분 때문에 주로 헬름홀츠-공명기 또는 1/4-파장관을 사용한다. 그러나 헬름홀츠-공명기는 유속이 높은 경우에는 소음감쇠효과가 좋지 않기 때문에, 유속이 낮은 위치에만 설치할 수 있다. 헬름홀츠-공명기는 또한 특정 주파수에 대해서만 효과가 있다. 그러므로 다른 주파수 또는 다른 회전속도에서는 소음기 효과를 기대할 수 없다. 따라서 독립된 소음기로는 거의 사용하지 않는다. 헬름홀츠-공명기는 설치공간 문제 때문에 주로 반사소음기 또는 흡수 소음기에 통합한다.

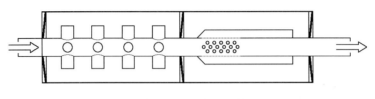

┃그림8-24┃ 공명 소음기

⑥ 간섭 - 반사 복합소음기(interference-reflection combination muffler)

간섭 - 반사 복합소음기는 그림 8-25와 같이 길이가 서로 다른 다수의 소음관과 칸막이 공간이 연결되어 있다. 공명, 간섭, 흡수, 반사의 원리가 모두 적용되어 있다. 반사작용으로 소음을 감쇠시키는 외에 추가로 불쾌하게 느껴지는 음진동(sound vibration)도 감쇠시킨다.

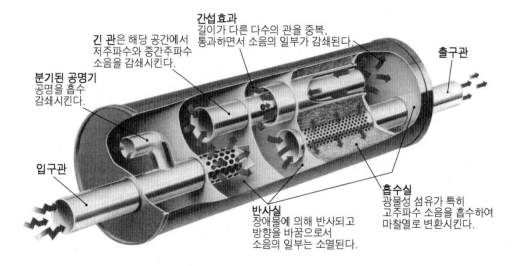

┃그림8-25┃ 복합형 소음기(공명-반사-흡수 소음기)

(5) 반능동(semi-active) 소음기 - 개폐식 배기플랩(controlled exhaust-flap)

배기가스의 유동통로를 부분적으로 차단함으로써 양호한 소음감쇠 효과를 얻을 수 있다. 예를 들어, 2개의 출구배기관 중 하나에 설치된 플랩(flap)을 닫으면 플랩이 없는 장치와 비교해서 배출관의 기하학적 형상에 따라서는, 저주파수 출구소음이 최대 10dB까지 감소한다. 저주파수 출구소음은 주로 시내 주행에서 발생하며 타행 모드(coasting mode)에서 더 상승한다.

고속/고부하 시(예 : 고속도로에서 고속주행)에는 어떤 경우에도 전동저항 소음과 공기저항소음이 우세하며, 배기 배압을 감소시켜야 하므로 플랩(flap)을 다시 연다. 그러면 배기가스는 이제 두 배기관을 통해 배출되고, 유동소음은 감소하고, 배압이 낮아지며, 기관은 완전한 출력을 발휘할 수 있게 된다.

2개의 출구관 중 하나에 설치되어있는 플랩(flap)이 압력과 유동에 의해 직접 제어되는 방식과 기관전자제어 인터페이스(interface)를 통해 제어되는 외부제어식이 사용되고 있다. 외부제어식에서는 기관의 부하와 회전속도에 따라 플랩의 절환시점을 선택할 수 있으므로, 결과적으로 특성곡선에 따라 음향설계(sound design)를 실행할 수 있는 폭이 크게 확대되었다.

플랩제어용 진공챔버   진동댐퍼(mass damper)

┃그림8-26┃ 후 소음기에 설치된 제어식 배기플랩과 진동댐퍼[meinautolexikon.de]

그리고 일반적으로 외부제어식 플랩에 의한 배압은, 유동에 의해 작동되는 플랩에 비해서 낮다. 그러나 외부제어식 플랩은 유동에 의해 제어되는 플랩보다 기술적으로 훨씬 더 복잡하므로, 기술적인 요구가 많은 자동차에만 사용한다.

(6) 능동 소음제어(ANC; Active Noise Control)

능동 소음 제어(ANC)의 원리는 "흡기장치, 실내소음 능동제어"에서 상세하게 설명하였다. 기본적으로 이 방법은 배기 소음기에 적용하기에 아주 적합하다. 이유는 배기소음이 주로 저주파수 소음(기관 차수)이며, 대부분 일차원적으로 전파되므로 비교적 쉽게 예측하고 합성할 수 있기 때문이다. "보상소음 또는 반대음"을 정확한 시점에 적합한 출력으로 방사하려면 데이터 처리속도가 빠른 전자제어장치를 사용해야 한다.

능동 배기 소음기의 매력적인 가능성에도 불구하고, 현재 시리즈 사양으로 적용된 자동차는 없다. 이유는 기술적 요구사항이 높고, 컨트롤러, 스피커, 마이크로폰 및 연결 케이블 등이 상당한 비용을 수반하기 때문이다. 무엇보다도 스피커와 마이크로폰의 열 보호 외에도 기술적인 문제로서 제어 루프의 정밀도가 요구된다.

중첩으로 음파를 제거하는 기본원리는, 진폭이 정확히 일치하고 위상이 180° 전위된 경우에만 완전히 감쇄시킬 수 있다. 이 전제조건의 복잡성에 대한 통찰력을 제공하기 위해 다양한 온도 조건으로 인한 음향전파 조건의 변화를 살펴보자.

차량 작동 중에, 배기가스 온도를 예를 들어 냉시동 시의 0℃부터 전부하로 장시간 주행 후의 약 700℃까지를 고려해 보자. 온도를 고려하면 음속(식 2-2 참조)은 330~750m/s 범위에서 변화한다. 전부하 시에 중첩된 배기가스 질량유동은 음파의 전파속도를 약 170m/s에서 920m/s까지로 상승시킨다. 결과적으로, 음파가 스피커에서 마이크로폰까지 거리 1.0m를 전파되는데 약 3.0ms(냉시동) 또는 1.1ms(전부하)가 소요된다. 1.9ms의 시간차는 이미 주파수 100Hz의 음파와 주파수 100Hz, 주기 10ms인 위상 전위파에 대해 68°의 위상전위 또는 ±34°의 위상오차를 초래한다. 이 위상 오차만으로도 최대 감쇄가 5dB로 감소한다. 고주파수의 경우에 이 문제는 더욱더 명확해지고 위상오차 60° 이상부터는 전체 제어 루프의 안정성이 더는 보장되지 않는다.

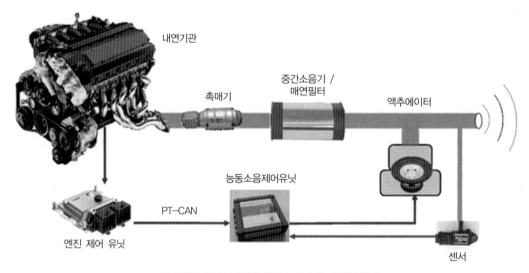

┃그림8-27┃ 배기장치의 능동소음기 작동원리

그러나 새롭게 개발된 고성능 트랜스듀서 및 액추에이터의 설계로 자동차에서의 사용이 상당 부분 진전되고 있다 [65]. 최근 수십 년 동안 마이크로 전자공학의 진보와 자동차 및 소비재 산업에서의 확산으로 또 다른 문제가 해결되었다. 필요한 컨트롤러 하드웨어가 작고 강력하여 예를 들어 오늘날의 일반적인 엔진제어유닛에 통합하거나 아주 작은 별도의 ANC-제어유닛을 사용하여 표준 버스(CAN, MOST)로 통신할 수 있다. (그림 8-27). 따라서, 이 기술은 일반적으로 가솔린기관보다 배기가스 온도가 낮은 디젤기관에 사용하기에 적합하다는 것을 알 수 있다

그림 8-28은 6기통 디젤기관을 장착한 중형차량에서 얻은 결과이다. 이 경우 표준사양과 비교하여 중간소음기를 제거하고, 후방 소음기에는 적절한 소음 - 변환기가 포함된 현저히 작은 액추에이터를 사용하였다. ANC 시스템을 ON 시키면, 구동모드와 타행모드 모두에서, 낮은 회전속도 영역에서는 기관의 3계 소음이 최대 15dB(A) 감소함을 나타내고 있다. 그러나 고속에서는 온도에 따른 음의 전파의 문제 때문에 ANC 시스템의 성능이 크게 떨어진다는 것을 나타내고 있다. 이 문제는 아직도 완전히 해결되지 않았다.

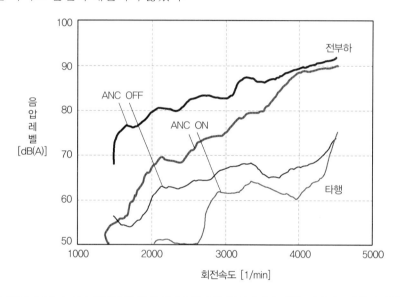

┃그림8-28┃ 능동소음기가 장착된 배기장치 출구 근처에서 측정한, 기관의 3계 음압레벨

(7) 2계통 배기장치(2-strand exhaust gas system)

고출력 V-형 내연기관(예 : V6, V8, V12)이 장착된 승용차에서, 배기가스는 좌/우 실린더 뱅크(bank)로부터 각각 배기다기관을 거쳐 2개의 독립된 통로를 따라 뒤 소음기까지 유동한다. 또한, 음향학적 이유로 보통 하나 또는 2개의 소음기(예: 앞 소음기와 중간 소음기)가 뒤 소음기 앞에 위치한다. 이 경우, 배기장치를 배기가스가 외부로 배출될 때까지 완전히 분리, 독립시킨 형식과 중간에 서로 통합한 형식으로 구분할 수 있다. 후자의 경우, 2개의 배기가스 통로 간에 구조적으로 가스교환이 이루어진다. 이때 통합지점의 형상과 길이방향의 위치는 가스교환과 음향에 큰 영향을 미친다 [66].

배기통로가 완전히 분리되면 양쪽 실린더 뱅크(bank)로부터 토출되는 배기가스는 음향학적으로 실린더 수가 절반인 2대의 기관처럼 작동한다. 예를 들어 6기통 기관에서 배기관이 통합되어있는 경우에는 기관의 3계 진동이 배기소음을 지배하지만, 배기관이 2개로 분리되어 있는 경우에는 1.5계 진동이 두드러지게 나타난다. 이 현상은 원칙적으로 전체 사용 회전속도 범위에서 회전속도와는 관계없이 계속 유지된다.

V6-기관에서 2계통으로 완전히 분리된 배기장치보다는 중간소음기에서 배기가스 경로를 통합하는 형식이 소음레벨을 낮출 수 있으며, 통합지점이 중간소음기 전방/후방에 있는 형식보다는 중간소음기에 있는 형식이 더 효과적인 것으로 확인되고 있다. 그리고 음향효과 외에도 교차점의 위치 변경이 기관의 토크곡선에도 큰 변화를 가져온다는 점도 증명되고 있다.

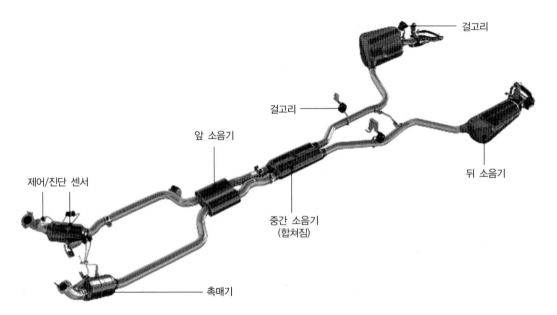

┃그림8-29┃ 2계통 배기장치 (예: Daimler Benz, V-6, 3.0리터, Benziner)

3. 구성부품의 구조기인 소음

배기장치는 출구로부터의 1차 소음 외에도 표면으로부터 2차 소음을 방출한다. 2차 소음은 기관 또는 과급기를 통한 기계적 가진 또는 맥동하는 가스유동에 의한 강제진동으로 발생한다. 기관 또는 과급기로부터 배기관을 통해 소음기로 전달되는 구조기인소음은 기관 근처에 가요성 감결합(decoupling) 요소를 설치하여 기관과 소음기를 분리함으로써, 효과적으로 억제할 수 있다. 개별 하우징(소음기, 촉매기, 디젤 미립자 필터)의 표면을 통해 방사되는 구조기인소음을 줄이기 위한 기술적 대책은 다음과 같다.

- 강판의 벽두께를 두껍게,
- 이중 강판을 사용하고
- 내부 바닥을 통해 지지하고
- 외부 형상을 최적화시킨다.

질량을 증가시키고 벽 두께를 두껍게 하여, 구조기인소음의 방사를 감소시킬 수 있으나, 이 방법은 배기장치의 무게를 증가시키고 가격을 상승시키기 때문에 비합리적이다. 이중 박판의 경우에는 진동 중에 2개의 박판층 상호 간의 상대운동에 의해 마찰이 발생하며, 이 마찰로 구조기인소음이 감소한다. 부분적으로, 단열을 강화하고 두 층간의 감결합(decoupling)을 강화하기 위해 부직포층을 도입하기도 한다. 그러나 이 방법은 기술적으로 복잡하고 기계적으로 단일 강판만큼 안정적이지 않다. 하프 - 쉘(half shell)형태로 제작한 소음기의 경우, 외부 형상을 최적화하면 가청 구조공진을 방지할 수 있다. 그러나 공간 활용도, 내구성 및 적용 공구(tool)의 생산 가능성 등 때문에 차선책을 선택해야 할 경우도 있다.

(1) 소음기

체적과 벽두께는 똑같지만, 단면형상(직사각형, 타원형, 원형, 삼각형)만 다른 소음기에 관한 연구가 많다. 예를 들어 4기통 기관의 전부하에서, 소음기의 근음장에서 다수의 마이크로폰으로 측정한 음압레벨의 평균값은, 특히 저속영역에서는 단면이 원형인 소음기가 가장 우수한 것으로 나타나고 있다. 곡면형상의 소음기에서 외형의 최적화 또한 아주 중요하다. 보통 곡률과 비드(bead)를 적용하여 쉘(shell) 구조를 보강한다.

(2) 촉매기

소음기의 경우 1차 고유진동수와 구조기인소음의 방사 주파수가 대부분 1kHz 미만이거나 서로 연관성이 있지만, 배기장치의 앞쪽 부품(배기다기관, 촉매기, 미립자 필터)의 경우는 그렇지가 않다. 배기밸브가 열렸을 때 여전히 감쇠되지 않은 배기맥동의 가진에서 비롯된 1kHz 이상의 주파수 또는 과급기 날개차(impeller & blade), 또는 다른 공기유동의 불균형을 통해 터보과급기에서 발생하는 주파수가 더 우세하다. 촉매기 하우징의 원통부분은 대부분 흡진매트(damping mat)로 감싸져 있어 소음방사가 거의 없지만, 입구와 출구의 깔때기 형상에서는 상당한 수준의 구조기인소음이 방사될 수 있다.

기관 근접영역의 부품들(배기다기관, 촉매기, 미립자 필터 등)은 온도가 높아서 구조기인 소음원의 위치확인에 근음장 마이크로폰을 사용할 수 없어, 소음기의 경우보다 훨씬 더 복잡하다. 또 원음장에 위치한 마이크로폰을 이용하면, 기관의 표면과 흡기장치에서 비슷한 주파수 대역의 소음이 방출되기 때문에 소음원을 명확히 확정하거나 구분할 수 없다. 그러나 음향 카메라와 같은 새로운 이미지 처리기술을 사용하면 소음원을 쉽게 국소화할 수 있다.

4. 자동차 실내소음에 대한 배기소음의 영향

자동차 실내소음은 자동차의 품질 및 디자인 요구사항에 대한 차별화를 위한 필수제품기능이다. 따라서 자동차 개발 초기 단계에서 실내소음에 대한 사양을 제시하여, 이에 합당한 설계를 확정하는 것이 바람직하다. 이때 흔히 구조기인 소음원의 경우에 잘 알려진 전달경로 분석/전달경로 합성[67, 68]은 자동차의 공기기인 소음원에도 적용된다. 출구소음은 외부소음에 대해서뿐만 아니라 실내소음에 대해서도 중요한 공기기인소음의 음원으로서 작용한다. 실내소음 성분의 정확한 예측은, 출구소음 그 자체뿐만 아니라 전달경로와 같은 다른 정보가 알려져 있고, 다른 소음원에 대한 출구소음 성분의 위상관계가 정확하게 고려되는 경우에만 가능하다.

(1) 출구소음 성분의 예측

실내소음에서 출구소음 성분은 배기출구로부터 방출된 소음과 이 소음이 자동차 실내로 전달되는 과정에서 발생하는 소음 성분의 합이다. 전달경로는 외부의 출구 마이크로폰 위치와 자동차 실내의 측정지점 사이에서 계측으로 결정되는 전달함수(TF)로 설명할 수 있다.

전달함수는 측정된 (또는 계산된) 출구소음에 대한 필터로 이용할 수 있다. 예측 정확성의 중요성은 전달함수가 해당 차량에서 실제로 결정된다는 점이다. 이 함수는 출구 위치와 좌석에서의 착석위치의 특정 조합에 관해서만 적용된다. 비슷하게 이전 모델과 후속 모델 간의 전달함수 연계 가능성은 쉽게 추정할 수 없는 것으로 알려져 있다. 일부 중형 승용자동차에서 비교한 결과, 전달함수 간의 변동범위는 10~15dB이며 주파수가 증가함에 따라 증가하는 것으로 나타나고 있다.

(2) 출구소음의 영향

제어식 플랩(flap)을 갖춘 배기장치에서 플랩의 다양한 위치별 출구소음(기관의 3계 차수)을 측정한 실험결과를 보면, 플랩의 각도가 증가함에 따라, 즉 개구 단면적이 커짐에 따라, 기관의 주(主) 차수의 출구소음 레벨이 증가하는 것으로 나타나고 있다. 그러나 실내에서는 이러한 증가가 아주 다른 효과로 나타나고 있다. 이유는 다른 부분 음원의 소음성분이 일부는 구조적으로 그리고 일부는 파괴적으로 서로 중첩되기 때문이다. 출구 소음레벨이 우세하며, 출구로부터의 음압레벨 차이가 실내로 전달되는 회전속도 범위가 있는가 하면(예: 약 $1,500\text{min}^{-1}$에서), 반면에 변화를 보이지 않는 속도범위(예: 2000min^{-1})도 있는 것으로 나타나고 있다.

(3) 지지방식의 영향

배기장치의 기계적 진동은 차체의 지지점을 통해 유도된다. 차체에 무거운 매트나 흡수층과 같은 다양한 대책들을 마련하지만, 차량 실내에서 특정한 저주파수의 구조기인소음을 빈번하게 감지할 수 있다. 따라서 배기장치의 진동 거동, 배기장치의 현가 및 차체와의 결합을 다양한 방법으로 최적화시킨다. 예를 들면, 배기다기관과 배기장치 후반부 사이에 가요성 감결합(flexible decoupling) 요소를 설치하여, 또 부드러운 고무-걸고리와 차체 측의 높은 입력 임피던스를 이용하여 배기장치를 적절하게 절연하여, 진동입력을 감소시킨다. 이때 특히 배기장치에 응력이 걸리지 않도록 설치에 유의해야 한다. 배기장치의 구조적 공진을 피하기 위해서는 차체와의 연결 지점은 가능한 한 진동의 마디(node)에 배치해야 한다. 이를 위해 공전속도에서 배기장치의 고유진동수는, 주(主)연소 차수의 주파수 대역으로부터 확실하게 분리해야 한다.

배기장치와 내연기관 사이의 가요성 (flexible) 감결합 요소는 배기장치의 구조 기인소음의 방사를 현저하게 감소시키므로 실내의 쾌적성을 개선하고 자동차 외부소음을 많이 감소시킨다. 대부분 짧고 뻣뻣한 다층 금속 벨로즈를 철망(mesh)으로 감싼 형태를 취하고 있다.

기관과 배기장치 사이에 실제로 사용되는 감결합(decoupling) 요소에는 하중을

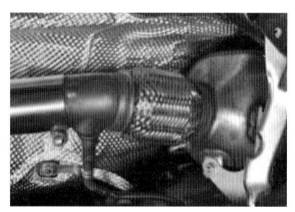

▌그림8-30▌ 가요성 감결합 요소의 설치상태

받는 형식과 하중을 받지 않는 형식이 있다. 오늘날 차량에는 두 가지가 모두 사용되고 있다. 감결합 유형은 해당 배기장치의 개념, 기존 설치공간 및 가격 등에 따라 선택한다. 하중 지지 기능에 필요한 감결합 요소의 강성은 제한된 범위 내에서만 진동을 감결합 시킬 수 있다. 그러나 하중을 받지 않는 감결합 요소가 배기장치로부터 차체로 전달되는 진동을 모두 강제적으로 감쇠 시켜, 반드시 안락감을 느끼도록 하는 것은 아니다. 하중을 받지 않는 감결합에서는 감결합 요소가 배기장치의 무게를 감당하지 않아도 되기 때문에, 비교적 부드러운 디자인이 가능하며, 따라

서 하중을 받는 감결합 요소와 비교하면, 더 큰 운동을 흡수할 수 있으며, 진동을 더 많이 격리할 수 있다.

감결합 요소 외에도 흡진기(mass damper)는 배기장치의 진동 감쇠에 중요한 역할을 한다. 특히 공회전상태에서는 가끔 배기출구 선단이 강하게 진동하고 큰 휨을 유발하여 배기장치 전체가 공진에 이르게 되어, 내구성 문제를 일으킬 수도 있다. 그림 8-26은 배기출구에 가까운 뒤 소음기에 흡진기를 장착한 경우이다.

이러한 흡진기의 효과는 공회전속도에 가까운 영역에서 증명되고 있다(그림 8-31 참조). 기관의 작동상태에 따라 변화하는 공회전속도 범위에서, 정상적인 배기장치 현가에서는 700~800 min^{-1} 사이에서 실내에서 부밍소음을 뚜렷하게 감지할 수 있으나, 흡진기가 장착된 경우는 소음이 감소함을 나타내고 있다. 흡진기가 올바른 위치에 설치되고 최적의 고유 진동수를 가지고 있다면, 이 소음성분의 레벨을 실내에서 허용 가능한 수준으로 낮출 수 있다.

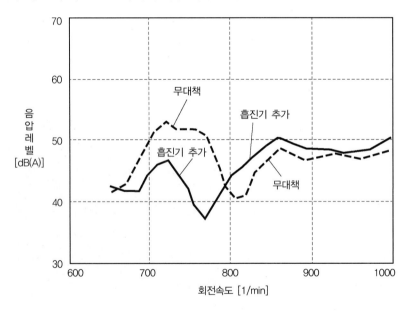

▌그림8-31▌ 다양한 공전속도에서 배기장치 지지방식이 실내소음에 미치는 영향

5. 사운드 디자인(sound design) ·))

기술적 측면과 경제적 측면 외에도 감성적 측면은 자동차 구매에 중요한 요소이다. 차별화된, 날렵한(sporty) 특성을 갖춘 고품질 제품은 "음향"에서 다른 회사의 제품과 비교하여 긍정적인 차이를 만드는 것이 중요하다[69, 70]. 흡기장치의 소음뿐만 아니라 배기장치의 출구소음은 차량의 전반적인 음향인상에 큰 영향을 미친다. 이 소음은 통행인을 위한 실외뿐만 아니라 실내의 운전자와 탑승자에게도 적용된다. 법적인 요구사항뿐만 아니라 소음 쾌적성 때문에, 날렵함을 강조하기 위해 단순히 소리세기만을 크게 하는 것은 제한된다. 따라서 똑같거나 유사한 소음레벨에서 특히 발음이 독특한 음향을 만드는 방법을 찾아야 한다 [71, 72]. 목표로 하는 음향설계 범위에서, 음향실(sound studio)에서의 집중적인 청취 테스트를 통해 배기장치의 소음을 점진적으로 최적화시킨다.

음향설계의 특정 과제는 최근에도 계속 진행되고 있는 내연기관의 소형화(downsizing)이다. 직접분사와 터보과급기의 도입으로 기관의 성능이 크게 향상되어 행정체적과 실린더 수를 줄일 수 있게 되었다. 예를 들어, 지금까지 6기통 기관이 지배적인 시장부문에 직접 분사식 4기통 과급기관이 도입되고 있다. 그러나 이 방법이 주행 동역학 측면에서는 상당히 적절한 방법이지만, 고객은 때때로 자신이 알고 있는 기존 6기통 모델의 고품질 음향을 더 선호한다. 따라서 이 경우에 특히 배기관 출구소음의 능동적인 디자인이 강조된다.

다음은 4기통 가솔린기관(약 200PS)이 장착된 중형 승용자동차를 전부하와 2000min^{-1}으로 운전하여 배기장치 출구소음과 실내소음을 측정한 실험결과의 예이다. ANC-시스템이 활성화되지 않은 상태에서는 기관의 2, 4, 6 차수의 소음이 전체 음압레벨을 압도하지만, ANC 알고리즘이 활성화되면 주 차수의 소음 외에도 부차적인 차수들의 소음이 많이 감소하고 전체 소음레벨은 약 7~8dB(A) 감소함을 나타내고 있다. 또한, 기관진동의 절반 차수들(예: 1.5, 2.5—)의 소음이 ASD(Active Sound Design) 모드에서 크게 높아졌음을 나타내고 있다. 완전히 다른, 다소 거친 음향으로서 전반적인 레벨은 약 2dB(A)만 증가하였으며, 배기소음기가 실내소음에 크게 영향을 미치는 것으로 나타났다. 따라서 ANC와 ASD가 장착된 배기구에서의 음향 변동은 차량 실내에서 확인할 수 있다. 고속도로 주행 중 ANC 모드에서 기관의 2계 소음레벨이 감소한 결과, 6단 기어 주행이 승차감을 개선하고 동시에 환경부하를 완화한다는 점에 주목할 필요가 있다.

그러나 가솔린기관과는 다르게 디젤기관 배기장치의 음향설계는 한계가 좁다. 배기가스 정화를 위해 항상 요구되는 디젤 미립자 필터뿐만 아니라 대부분 사용하는 배기가스 과급기가 정서적으로 흥미로운 소음 구성성분들을 흡수하기 때문이다. 이와 같은 특성은 여전히 과소평가되어서는 안 되는 스포츠카에 디젤기관을 도입하는 데 장애요소가 되고 있다. 따라서 디젤기관에서는 음향에 능동적인 영향을 미치는 배기장치를 설계할 필요가 있다.

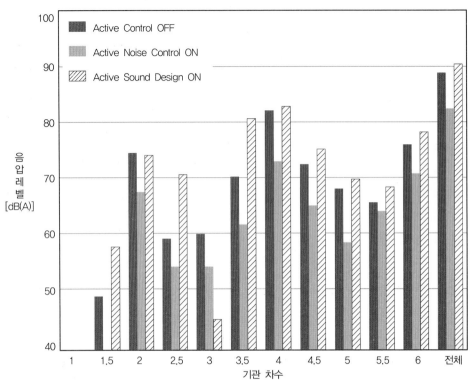

┃그림8-32 ┃ 능동소음기가 장착된 자동차 배기구 소음수준(전부하, 2000min⁻¹에서 측정)

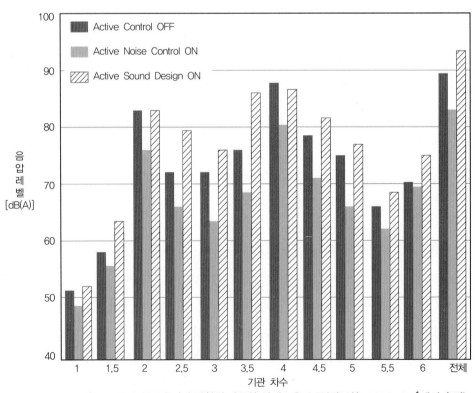

┃그림8-33 ┃ 능동소음기가 장착된 자동차 실내소음 수준(전부하, 2000min⁻¹에서 측정)

타이어·도로의 소음과 진동

Noises and Vibrations on Tire-Road

9-1 개요
Introduction

내연기관 자동차에서는 일반적으로 저속에서는 주로 파워트레인(power train) 소음이, 고속에서는 타이어·도로 소음과 공기역학적 소음(aerodynamic noises)이 지배적이다. 매끄러운 노면을 주행할 때 타이어에서는 주로 고주파 대역의 공기기인소음이 우세하고, 요철 노면을 주행할 때에는 타이어의 진동 때문에 주로 저주파수 대역의 구조기인 소음이 우세하다.

타이어·도로 소음은 또한 자동차 현가계의 진동전달특성과 타이어의 진동특성 그리고 자동차 실내의 음향특성 때문에 자동차 종류별, 모델별로 차이가 크다.

동일한 타이어로 콘크리트 도로와 아스팔트 도로를 주행할 때, 그리고 동일한 도로를 겨울용 타이어와 여름용 타이어로 주행할 때, 각각 소음의 음향특성과 음압 레벨이 전혀 다르다는 사실을 우리는 경험을 통해 잘 알고 있다. 전자를 통해서는 도로 소음(road noise)의 특성을, 후자를 통해서는 타이어 소음(tire noise)의 특성을 파악할 수 있다.

또 타이어 시험장치에서 타이어만을 단독으로 회전시켜 타이어의 공기기인소음을, 동일한 타이어를 장착한 차량을 차대동력계로 구동하여 공기기인 소음과 함께, 현가장치와 차체를 거쳐 실내로 전달되는 구조기인 소음이 혼합된 소음을 확인할 수 있다. 일반적으로 1,000Hz 이상의 소음은 대부분 공기기인소음이다. 타이어·도로 소음의 저감 대책은 타이어와 노면 간의 상호작용에 대한 이해로부터 출발해야 한다.

타이어를 개발할 때는 기본적으로 주행 안정성이나 조종 안정성, 승차감, 저소음과 저연비 그리고 내구성 등을 고려한다. 그러나 트레드 고무의 경도를 높이면, 내구성과 연비는 향상되지만, 승차감은 불량해지고 소음은 커지게 된다. – **목표갈등**

타이어의 구조와 특성
The Structure and Characteristics of Tires

타이어는 동력전달장치, 현가장치, 제동장치 및 조향장치와 연동하여 자동차의 안전성과 승차감, 연료소비율 등에 영향을 미치는 핵심 요소로서, 다양한 도로조건 및 용도에 적합하게 설계하고, 환경조건 및 용도에 따라 선택, 사용하는 것이 필수적이다.

타이어는 다음과 같은 조건을 충족시켜야 한다.

① 차량의 하중을 충분히 감당할 수 있어야 한다. – 하중지수(Load Index)

② 노면으로부터의 작은 충격을 흡수, 감쇠시킬 수 있어야 한다. – 스프링 기능, 탄성

③ 구동력, 제동력, 횡력, 조향력 등을 충분히 전달할 수 있어야 한다. – 마찰력, 접지성

④ 구동 저항이 적어야 한다. (열 발생이 적어야 한다)

⑤ 고속주행에 견딜 수 있어야 한다. – 속도지수(Speed Index)

⑥ 수명이 길어야 한다. – 내구성

⑦ 주행 중 소음과 진동이 적어야 한다.

1. 타이어의 기본 구조 (그림 9-1 참조)

승용 자동차용 튜브리스(tubeless)타이어의 기본 구조는 다음과 같다.

① 트레드(tread) – 노면과 확실한 접촉, 마른/젖은 노면 제동, 마모, 전동저항

② 코드-벨트(cord belt) – 원주 방향 힘 및 횡력의 흡수, 원주 방향으로의 밀림을 최소화, 주행 거동, 내구성, 승차감

③ 벨트 커버(belt cover) – 원주 방향으로의 힘을 흡수, 내구성

④ 카커스(carcass) – 반경 방향의 힘을 흡수, 내구성, 승차감 ……

⑤ 사이드 월(side wall) – 카커스를 보호, 주행 거동

⑥ 비드 와이어(bead wire) – 원주 방향의 힘, 카커스를 림에 고정

⑦ 비드(bead filler) – 주행 거동, 승차감

⑧ 비드 강화층(bead chafer) - 주행 거동, 내구성, 승차감······.

⑨ 기밀성 고무 박막층(inner liner) - 공기 누설을 방지하는 구조의 고무막

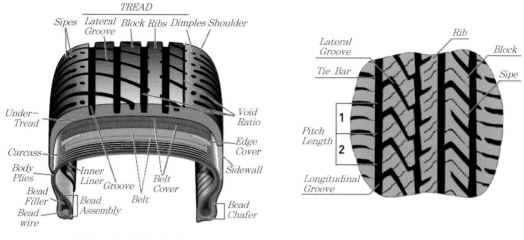

(a) 튜브리스타이어의 기본 구조   (b) 트레드 패턴의 각부 명칭

┃그림9-1┃ 승용 자동차용 튜브리스타이어(Yokohama Tire)

(1) 트레드(tread)

노면과 직접 접촉하는 부분으로서 카커스(carcass)와 코드-벨트(cord belt)의 외부에 접착된 고무층으로서, 마찰, 배수, 소음, 냉각 등을 고려한, 특유의 무늬(pattern)가 입체적으로 가공되어 있다. 양각된 부분을 블록(block), 음각된 부분을 그루브(groove)라고 한다. 그루브의 방향에 따라 크게 세로 그루브(또는 rib groove)와 가로 그루브(또는 lug groove)로 구분한다. 리브(rib) 그루브는 선회 안정성을 부여하고, 러그(lug) 그루브는 구동력을 전달하는 데 기여한다.

트레드에서 그루브 면적과 블록면적의 비를 공극비(void ratio=그루브 면적/블록 면적)라고 한다. 공극비가 작다는 것은, 그루브 면적이 좁고 블록 면적이 더 넓다는 것을 의미한다. 일반적으로 마른 도로 주행용으로 설계된 고성능 타이어는 공극비가 낮다.

공극비가 크면, 눈길 또는 빗길을 주행할 때는 장점이 된다. 그러나 주행 중 접지면의 변형으로 그루브의 밀폐된 공간이 노면에 빠르게 진입/이탈할 때 공기 펌핑(air pumping) 현상이 발생할 수 있다.

(2) 코드 벨트(cord belt) - 브레이커(breaker)

트레드와 카커스의 사이에 존재하는 코드-벨트는 외부로부터의 충격이나 외부의 간섭 때문에 내부 코드(cord)가 손상되는 것을 방지한다. 고속/고부하용 타이어에서는 벨트를 여러 겹을

사용한다. (그림 9-1에서 벨트, 벨트 커버 그리고 모서리(edge) 커버).

코드-벨트의 재질로는 강철(steel), 섬유(textile) 또는 아라미드 섬유(Aramid fiber)를 주로 사용한다. 벨트 코드의 재질에 따라 스틸 타이어와 텍스틸 타이어로 구분하기도 한다.

(3) 카커스(carcass)

강도가 강한 코드-벨트(cord belt)를 겹쳐서 제작한다. 코드의 재질로는 나일론, 레이온, 폴리에스테르, 아라미드 또는 강철선 등을 사용한다. 타이어의 골격을 형성하는 중요한 부분으로서, 원둘레 전체에 걸쳐서 안쪽 비드(bead)에서 바깥쪽 비드까지 연결된다. 타이어가 받는 하중을 지지하고, 충격을 흡수하고, 공기압을 유지한다. 주행 중의 굴신(屈伸)운동에 대한 피로 저항성이 강해야 한다.

(4) 비드 부(bead section)

카커스 코드 벨트의 양단에 감겨있는 강철선(bead wire), 비드-필러(bead filler) 및 비드 강화층(bead chafer)으로 구성되어 있다. 강력한 강철선에 고무막을 입히고, 나일론 코드 벨트로 감싼 다음에 다시 카커스로 감싼다. 타이어를 림에 강력하게 고정하여, 구동력, 제동력 및 횡력을 노면에 전달한다. 튜브리스타이어에서는 추가로 타이어와 림 사이의 기밀을 유지하는 기능을 수행한다.

(4) 사이드 월(side wall)

타이어의 옆 부분으로, 카커스를 보호하고, 또 굴신운동 하여 승차감을 높여 준다. 사이드 월의 높이가 낮으면 타이어의 강성(rigidity)이 증가하므로 조향 정밀성이 개선된다. 그러나 승차감은 악화된다.

(5) 기밀성 고무막(inner liner)

타이어 내부의 공기압을 유지하는 튜브(tube)의 기능을 대신에 한다. 공기를 투과시키지 않는, 두께가 균일한, 특별하게 설계된 고무막으로서, 카커스 층 안쪽과 일체로 밀착되어 있으며, 양쪽 비드 부분까지 연장되어 있다.

(6) 사이프(sipe)

사이프(sipe)는 접지면에 가로로 얕고 가늘게 패인 선들로서, 많고 촘촘할수록 빗길이나 눈길에서 접지력이 개선된다. 패턴(pattern) 소음을 줄이면서, 블록 강성을 세로 방향으로는 약하게, 가로 방향으로는 강하게 한다.

2. 타이어의 하중 부담 능력과 접지면적(footprint)의 상관관계 ◦))

(1) 공기 타이어의 하중 감당 능력

공기 타이어의 하중(부하) 감당 능력이 타이어 구조에 결정적인 영향을 미친다. 기계적인 관점에서, 타이어를 다이어프램 실린더(그림 9-2)처럼 단순화시켜 고찰할 수 있다.

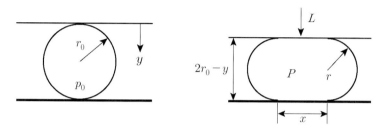

┃그림9-2┃ 무부하 상태와 부하 상태의 다이어프램 실린더

실린더 반경 r_0, 내부압력 p_0인 무부하 다이어프램 실린더는 다이어프램 장력 $S = p_0 \cdot r_0$ 를 가지고 있다. 부하 L이 가해진 다이어프램 실린더에서 부하(하중)에 대응하여 감소하는 다이어프램 장력은 다음 식으로 유도한다.

$$r = r_0 - \frac{y}{2,} \qquad x = \frac{\pi}{2} \cdot y$$

$$p = p_0 \cdot \frac{\pi \cdot r_0^2}{\pi(r_0^2 - y^2/4)}$$

$$L = p_0 \cdot \frac{\pi}{2} \cdot \frac{y}{1 - y^2/4r^2}, \quad L \approx p_0 \cdot \frac{\pi}{2} \cdot y$$

$$S = p_0 \cdot \frac{r^2}{1 + y/2r^2}$$

타이어가 감당할 수 있는 수직하중 L_z는 다음과 같이 계산된다(그림 9-3).

$$L_z = p_i \cdot A + k \cdot x$$

여기서 p_i : 내부압력 A : 접지면적(footprint)
         k : 카커스의 강성 x : 수축량(einfederung)

$k \cdot x$의 값은 L_z의 약 10~15% 정도이다. 내부압력 $p_i = 2^{-} = 20\text{N}/\text{cm}^2$, 부하 $L_z = 4000\text{N}$, $k \cdot x$의 값이 L_z의 13%라면, 접지면적은 $A = 174\text{cm}^2 (\approx 13 \times 13\text{cm}^2)$으로 계산된다.

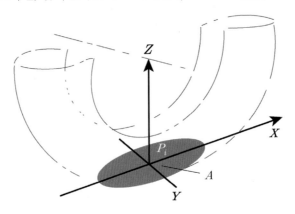

▌그림9-3 ▌ 공기 타이어의 하중 감당 능력

다이아프램 실린더로서의 타이어는, 밀폐상태의 공기가 차륜하중을 감당하는 구조이다. 공기의 수명에 제한이 없고 탄성적인 고무의 수명 또한 길기 때문에 매우 유리하다. 반면에, 하중 감당 거동은 차량중량이 증가함에 따라 더 넓은 접지면적을 필요로 한다. 접지면적에 비례해서 소음이 반드시 더 많이 방사되는 것은 아니지만, 일반적으로 접지면적이 넓어지면 소음을 더 많이 방사하는 경향이 있다. "타이어 특성의 최적화의 중점을 어디에 두느냐?"에 따라 동일한 종류와 동일한 크기의 타이어에서도 소음레벨이 최대 3dB(A)까지 차이를 보이는 것으로 보고되고 있다.

(2) 타이어 트레드

타이어 트레드는 자동차와 도로 간의 유일한 직접 접촉부이다. 이 직접 접촉은 모든 운전조건에서 구동력, 제동력, 선회력 또는 조향력 등을 안전하게 전달해야 하며, 기타 다양한 요구조건들을 충족시켜야 한다;

- 안전성 – 마른 / 젖은 / 결빙 도로에서의 제동/구동/선회 성능과 수막현상에 대한 대응능력
- 주행특성 – 고속에서의 타이어 특성(속도지수)
- 경제성 – 수명, 연비(전동저항) 및 원료재료(중량)
- NVH (Noise, Vibration, Harshness) – 기계적 그리고 음향적 쾌적성(승차감)

원론적으로 트레드의 형상(pattern)과 재료고무의 성분구성을 변경하여 마른/젖은/결빙 노면에서의 접지력(마찰력) 그리고 수막대응특성 등을 조정할 수 있다. 그리고 트레드를 포함하여 전체 타이어의 윤곽(contour), 다른 부분(예: 사이드월과 비드 부)의 구조설계 및 성분구성을 변경하여 최고주행속도, 전동저항, 전동소음, 안락성, 마모 거동 그리고 휠림에 대한 타이어의 밀착성 등을 최적화시킬 수 있다. 이때 구성요소 상호 간에 목표갈등이 발생한다.

(3) 타이어에서의 진동경로

다이아프램으로서의 타이어는 쉽게 진동을 일으킬 수 있는 구조이며, 표면에는 작은 진동경로들이 아주 많아서 표면으로부터의 소음방사 또한 상당한 수준이다. 타이어 접지면 근처에서 타이어 표면의 진동경로는 1000Hz의 가진의 경우 100nm(100×10^{-9}m) 정도이다. 참고로 인간의 머리카락의 직경은 $50\mu m$(50×10^{-6}m) 정도이다. 고속에서 이러한 작은 진동경로를 감소시키는 문제는 기술적으로 아주 까다로운 작업이다. 1000Hz로 전동하는 타이어 표면에서 진동속도의 복합적인 분포는, 대부분 하이브리드 모델[82]을 사용한 계산 결과로부터 도출한다. 이때 진폭의 크기는 주로 타이어 트레드의 형상과 트레드 재료의 구성성분에 의해 결정된다. 이 현상은 전동소음 수준이 서로 다른 2개의 타이어를 두들겨 비교하는 방법으로 쉽게 증명할 수 있다. 트레드가 마모된 후에는, 개별 타이어가 방사하는 전동소음의 수준은 거의 같으며, 타이어 질량이 같을 경우 내부압력과 부하(하중)에 의해서만 결정된다.

3. 타이어 자체의 균일성(uniformity) 불량에 의한 진동과 소음 ·))

타이어·도로의 상호작용에 의한 소음·진동 외에도 설계와 생산공정의 한계 때문에 타이어에는 불가피하게 반경 방향과 좌/우 방향 및 접선 방향으로 타이어의 스프링 특성(강성)에 불균일(non-uniformity)이 발생하고, 이 불균일이 타이어 자체의 진동과 소음을 유발할 수 있다. 타이어 자체의 기계적 진동이 현가장치 또는 차체와 공진하게 되면, 자동차 실내에서도 심한 진동과 소음을 감지할 수 있다. 다음과 같은 불균일을 예상할 수 있다.

(1) 강성 불균일(Radial/Lateral/tangential Force Variation; RFV, LFV, TFV)

타이어가 부하된 상태로 주행 시 타이어의 수직방향, 전/후 및 좌/우 수평방향으로 힘(스프링 특성)의 편차가 나타난다. 특히, 반경방향 힘의 편차(RFV; Radial Force Variation)가 가장 큰 영향을 미친다. 휠이 완벽하게 밸런싱(balancing)되고, 반경 방향과 좌/우 방향 런아웃(runout)이 한

갯값 이내일지라도, 타이어의 강성이 강한 부분이 노면과 접촉할 때는 동적 반경이 커지고, 강성이 약한 부분이 노면과 접촉할 때는 동적 반경이 작아져, 진동을 유발하게 된다.

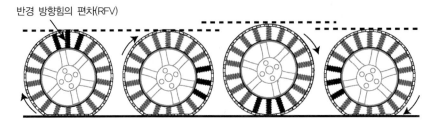

▐ 그림9-4 ▐ 타이어의 강성 불균일(RFV)에 의한 진동

(2) 치수 불균일(Radial/Lateral Run out)

외관상 원형으로 보이지만 생산 또는 유통과정에서 발생한 치수 불균일 때문에, 반경방향 런아웃(Radial Run Out)과 좌우 방향 런아웃(Lateral Run Out)이 발생할 수 있다.

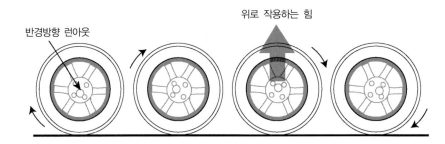

▐ 그림9-5 ▐ 타이어의 치수 불균일에 의한 진동

(3) 질량 불균일(imbalance)

타이어 생산과정에서 미세한 질량 편차에 의해 질량 불균일이 발생한다. 정적상태일 때는 무거운 쪽이 아래로 빠르게 내려가 상/하 진동을 일으키고, 회전하는 동적 상태에서는 좌/우 중량 편차 때문에 좌/우 방향 진동을 유발한다. 질량 불균일은 특정 속도에서 차체와 공진을 일으켜 심한 진동과 소음을 발생시키는 경우가 많다.

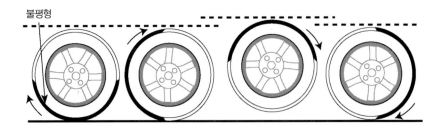

▐ 그림9-6 ▐ 타이어의 질량 불균일에 의한 진동

타이어의 균일성(uniformity) 불량으로 인한 소음으로는 주로 섬프(thump), 비트(beat), 러프니스 (roughness) 등이 거론된다. 섬프(thump; 탁, 쿵(소리))는 타이어의 특정 부위가 노면과 접지되는 순간에 발생하는 진동소음으로 1계 소음의 특징이 있고, 주행속도 40~50km/h 대역에서, 그리고 신품 타이어보다는 사용 중인 타이어(50% 이상 마모된)에서 주로 나타난다.

비트(beat) 소음은 섬프(thump) 소음과 동력전달계의 소음이 서로 공진하여 발생하는 소음으로 섬프 소음보다는 더 고속(예; 70~110km/h)에서 많이 발생한다. 뒷좌석에서 잘 들리고, 주파수 범위는 60~120Hz 정도이다. 러프니스(roughness) 소음은 타이어 1회전에 2~3개의 정점(peak)을 나타내며 비트 소음보다 더 고속(예: 120km/h 이상)에서 주로 발생한다.

9-3 전동소음에 대한 타이어의 영향
The Influence of Tire on the Rolling Noises

타이어/도로 소음의 생성기구는 원칙적으로 크게 두 가지로 구분할 수 있다.

- 타이어의 기계적 가진에 의한 트레드와 사이드월의 기계적 진동 및
- 타이어/노면 간의 접촉면에서의 공기역학적 과정에 의한 공기 공명 (그림 9-7).

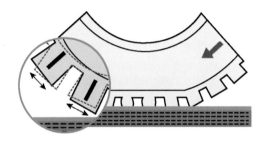
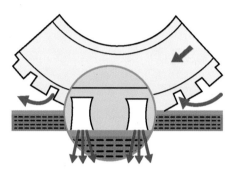

(a) 타이어의 기계적 진동   (b) 공기 공명

▌그림9-7▐ 타이어/도로 소음의 생성기구

기계적 가진은 전동 중 타이어의 동적 변형에 의해서, 그리고 접지면에서 트레드 고무요소와 노면의 요철요소들 간의 맞물림(intermeshing)에 의해서 발생한다. 공기역학적 가진은 공기를 통해 이루어진다. 공기는 노면과 트레드에 의해 형성되는 공동(cavity), 파이프 공명기 및 혼(horn)에서 가진되어 소음을 방사한다. 그림 9-8은 타이어에서의 소음 생성과정을 나타내고 있다.

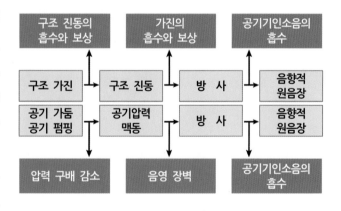

▌그림9-8▐ 타이어에서 소음의 생성 과정

그림 9-9는 타이어·도로 소음에 영향을 미치는 개별 요소와 메커니즘(mechanism)을 나타내고 있다. (T)가 표시된 것은 타이어 변수, (R)이 표시된 것은 노면변수, (A)가 표시된 것은 도로와 타이어 간의 상호작용을 나타낸다. 여기서 개별 변수에 대해 문헌 및 전문분야에서 완전한 합의가 존재하지 않는다는 점에 유의할 필요가 있다. 다음과 같이 분류할 수 있다.

① 트레드 패턴 블록의 충격 및 진동

② 코드-벨트(cord belt)의 진동

③ 사이드월(side wall)의 진동

④ 공기 펌핑(air pumping)

⑤ 혼(horn) 효과

⑥ 원주방향 그루브 및 가로방향 그루브에서의 공명

⑦ 마찰 (friction)

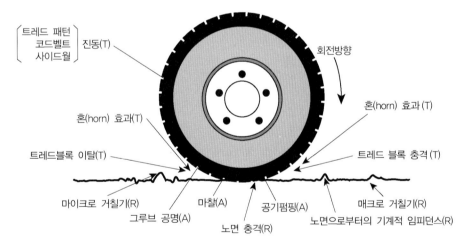

▌그림9-9▐ 트레드 블록 및 코드 벨트의 진동에 의한 타이어/도로 소음의 생성기구[73]

(1) 타이어의 기계적 진동

타이어의 기계적 진동으로 타이어 표면으로부터 소음이 방사된다. 원인은 노면 거칠기, 타이어 트레드 패턴, 블록의 충돌, 접지면에서의 마찰현상, 타이어 블록의 빠른 이탈, 사이드월의 굴신(屈伸), 그리고 타이어 구조에서 질량, 강성 및 치수의 불균일 등이다. 트레드 블록에서의 가속도를 측정하여 확인할 수 있는, 타이어 진동의 가진은 주로 노면과의 충돌과정에서 발생한다.

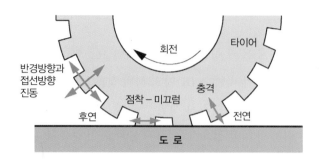

▌그림9-10▐ 전동하는 타이어의 트레드 블록의 기계적 진동 형태

① 트레드 블록(tread block)에 가해지는 충격

전동하는 타이어의 트레드는 노면과의 접촉부분이 평탄하게 변형된다. 이 과정에서 트레드 블록은 빠른 속도로 노면과 충돌하고 1,000m/s² 이상의 가속도로 반경방향으로 가속된다. 주행속도 100km/h에서 이미 가속도 5,000m/s²에 도달할 수 있다. 트레드 블록의 반경방향 진동은 타이어 트레드의 전연(leading edge; 진입부)과 후연(trailing edge; 이탈부)에서 볼 수 있고, 가장 큰 가속도는 후연에서 확인할 수 있다. 주파수 대역은 일반적으로 1000Hz 이하이다.

② 트레드 블록의 진동(tread block vibration; Stollen Schwingungen)

접촉영역에서 2차원으로 휘어진 트레드가 접촉평면에 눌러지면, 트레드-블록은 응력을 받게 된다. 블록에 잔류하는 전단응력은 블록이 노면으로부터 이탈하면서 충격적인(impulsive) "스냅 아웃 (snap-out)" 동작을 할 때 소멸된다. 이 과정에서 블록은 접선방향 진동을 일으키며, 주파수 대역은 1000Hz 이상이다. 이 진동은 다시 카커스(carcass)로 전달된다. 블록의 진동현상은 매끄러운 노면에서 특히 두드러지게 나타나며, 타이어와 노면 간의 접촉이 양호하므로 트레드에는 큰 접선마찰력이 발생한다.

(2) 공기 펌핑(air pumping 또는 압축소음)

타이어-노면 간의 접촉영역에서 공기역학적 과정에 의해 생성되는 소음이다. 예를 들면, 트레드와 노면의 접촉에 의한 트레드의 기하학적 형상의 변화 그리고 공동(cavity)의 개폐로 공기를 흡인, 압축, 토출할 때 발생한

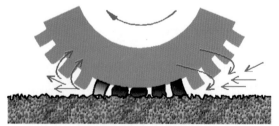

▌그림9-11▐ 공기 펌핑 효과

다. 즉, 전연에서는 흡인하고, 접지면에서 압축하고, 후연에서 토출(펌핑)한다. 대략 0.8~2.5kHz의 주파수 분포를 갖는다.

(3) 혼(horn) 효과

도로와 타이어는 트레드 접지면의 전연과 후연 근처에서 쐐기형 깔때기를 형성하는데, 이 깔때기가 발생된 소음을 모아, 확성기처럼 증폭시킨다. 1,000Hz~2,000Hz 사이의 주파수 대역에서 가장 크게 나타난다.

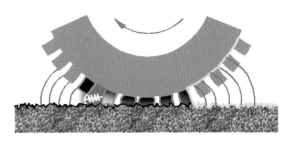

┃그림9-12┃ 혼(horn) 효과

(4) 공명 현상

트레드 패턴의 블록 사이의 그루브에서의 공명현상은 접지 영역으로부터의 소음(흔히 순음성) 방사를 증폭시킨다. 그리고 타이어 내부의 밀폐된 공기도 압력변동에 의한 공명소음을 방사한다.

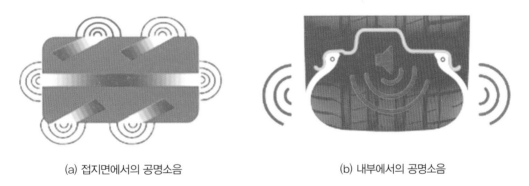

(a) 접지면에서의 공명소음   (b) 내부에서의 공명소음

┃그림9-13┃ 타이어에서의 공명소음

(5) 마찰(friction)에 의한 진동 - (stick-slip)

마찰에 의한 진동은 노면과 타이어 접지면에서 발생하는 마찰력, 그리고 점착마찰과 미끄럼 마찰 간의 이행과정(stick-slip)에서 발생한다[74]. 트레드가 노면에서 눌려 평탄하게 변형되면서 풋-프린트(foot print; 트레드에서 노면과 접촉상태인 부분)를 만들고, 그에 따른 연속적인 운동으로 풋-프린트에서 접선력이 발생한다. 이 힘에 대항하는 마찰저항, 타이어 강성 및 잔류 마찰력(미끄럼 마찰력)은 타이어가 노면에서 미끄러질 때 작용한다.

마찰은 히스테리시스 마찰과 점착마찰로 구별할 수 있다. 점착마찰은 대부분 노면의 미시적 거칠기에 의존하고, 히스테리시스 마찰은 대부분 노면의 거시적 거칠기에 의존한다. 점착마찰과 히스테리시스 마찰은 별도로 존재하지 않고, 서로 동시에 작용한다.

점착 마찰력(adhesion friction force)은 트레드 고무의 표면과 도로표면의 분자 간 결합으로 발생, 작용하는 마찰력이다. 건조한 도로에서 높고, 젖은 노면에서 감소한다. 트레드 패턴의 개별 요소들과 노면 간에 상대적인 미끄럼이 발생하면, 점착결합은 해제된다. 그러면 타이어는 자유롭게 미끄러질 수 있게 된다. 점착 마찰력이 미끄럼 마찰력보다 커지면, 점착결합은 다시 복원될 수 있다.

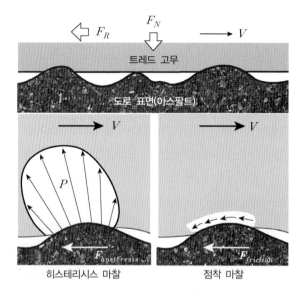

∎ 그림9-14 ∎ 히스테리시스 마찰과 점착마찰[74]

히스테리시스 마찰력(hysteresis friction force)은 노면과 접촉하고 있는 트레드 고무분자가 형태를 바꿀 때, 고무 분자들 상호 간의 내부마찰로 발생한다. 즉, 히스테리시스는 타이어가 노면에서 미끄러질 때 고무가 변형되면서 나타나는 에너지 손실이다.

접촉면에서, 트레드 고무는 노면의 돌기를 감싸고, 슬립이 없는 경우에는 돌기 주위의 압력분포가 거의 대칭이 되도록 유도한다.-포락(envelope) 특성. 미끄럼이 발생하면, 트레드 고무가 돌기의 앞쪽 모서리에 몰리고, 접촉 위치는 표면형상의 경사면에서 이동하기 시작한다. 이 과정에서 비대칭 압력분포 및 미끄럼 동작에 대응하여 히스테리시스 마찰력이 유도된다. 레디디얼타이어는 바이어스 타이어보다 포락(envelope) 특성이 더 불량하다.

타이어 마찰력은 점착마찰력과 히스테리시스 마찰력의 합이다. 젖은 노면에서는 물 때문에 점착마찰력이 작아지므로 히스테리시스 손실(hysteresis loss)이 큰 고무일수록(히스테리시스 마찰력이 클수록) 젖은 상태에서의 접지력(wet grip)이 좋게 나타난다.

트레드와 노면 간의 접촉면(footprint)에 작용하는 점착마찰력과 히스테리시스 마찰력이 접촉면에서 점착-미끄럼(stick-slip) 동작을 반복하여 타이어의 진동을 유도한다. 이 메커니즘에 의한 타이어 진동 및 소음은 트레드 요소의 슬립 속도와 관련이 있으며, 특히 주파수 약 1,000Hz 대역에서 소음방사가 큰 것으로 알려져 있다.

2. 타이어 소음원의 구성 백분율

Bschorr[75]가 추정한 승용자동차 타이어에서 소음원의 구성 백분율은 표 9-1과 같다. 그에 따르면 가장 큰 부분은 구조적 진동에 기인하는 소음 즉, 구조기인 소음이다.

▌표 9-1 ▌ 승용자동차 타이어 소음원의 구성 백분율[75]

소음원	백분율(%)
구조적 진동	60~80
압축 소음(air pumping)	10~30
타이어 내부소음	5~20
공기역학적 소음	10 미만
스터드(stud; stollen) 진동	5 미만

위에 제시된 표에 따르면, 타이어의 구조적 진동에 의한 소음을 감소시키는 것이 가능한 경우에만 공기기인 전동소음(rolling noise)을 많이 감소시킬 수 있음을 알 수 있다.

구조적 진동은 타이어와 노면의 접촉점에서 노면의 요철(凹凸)과 트레드 형상의 불연속에 의해 가진된다. 타이어 트레드의 전연과 후연에서 시작하여, 전체 카커스의 강제진동을 유발한다. 이러한 표면 진동은 결국 2차 공기기인 소음의 방사로 이어진다. 가진력과 소음방사 사이의 작용 사슬을 정밀하게 고려해야만, 소음을 감소시킬 수 있는 대책을 모색할 수 있다. (그림 9-15).

그림 9-15에 제시된 일련의 동작 사슬에서 구조적 진동의 발생과 전달 또는 방사를 더 어렵게 만들어야만 방사소음출력(P_s)을 줄일 수 있다는 것을 쉽게 알 수 있다.

$$P_s = \sigma \cdot S \cdot Z_0 \cdot \overline{v_s^2}$$

타이어의 구조적 진동의 발생을 최소화하기 위해서는, 노면과의 접촉점에서의 가진력이 가능한 한 작아야 한다. 노면의 요철에 의한 가진의 영향 인자는 타이어와 노면의 접촉면에서의 점이동도(point mobility)의 증가이다.

$$F_A = \frac{v_A}{Y_P}$$

타이어 표면상의 모든 지점에 대한 전달 이동도를 가능한 한 낮게 하면, 타이어 표면을 통한, 피할 수 없는 가진의 전파는 더욱더 어려워지게 된다 :

$$v_B = Y_T \cdot F_A = \frac{Y_T}{Y_P} v_A$$

이동도에 대한 일반적인 과정은 그림 9-15에 제시되어 있다. 특히 주파수 약 1,000Hz 대역에서 음향방사가 크기 때문에 이 대역이 중요하다.

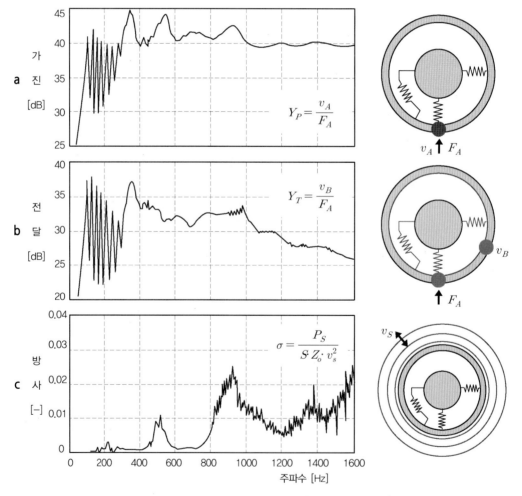

┃그림9-15┃ 타이어 구조기인 소음 형성의 작용 사슬, 가진 (위)-전달(중간)-방사(아래)

3. 타이어 진동에 의한 구조기인 소음

타이어 진동은 타이어 트레드가 노면의 요철(凹凸)과 접촉하여, 그리고 트레드 접지면의 전연과 후연에서 타이어가 변형되어 생성된다. 기본 생성기구(mechanism)에 대한 아래 설명은 van KEULEN (2003)[76]의 설명을 기반으로 한다.

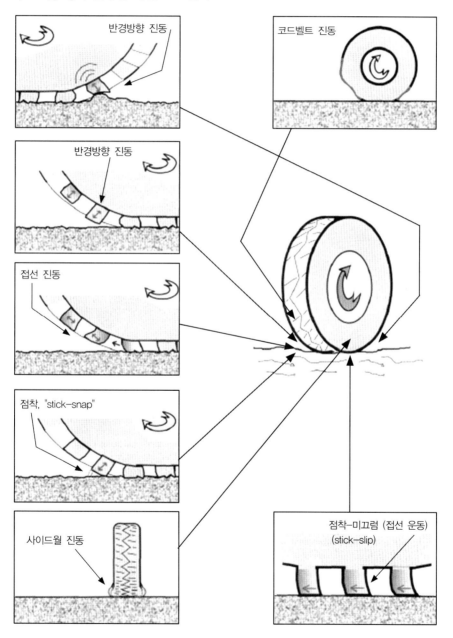

▌그림9-16 ▌ 타이어/노면 소음의 기계적 생성기구

전동하는 타이어에서 발생하는 진동은 타이어 트레드 패턴, 노면의 거시적 거칠기(큰 요철) 및 타이어와 노면 사이의 정지마찰에 의존한다. 트레드 블록의 충격강도 또는 도로의 요철에 의해 발생하는 타이어 진동의 충격은 도로의 강성 또는 기계적 임피던스(impedance)의 영향을 받을 수 있다. 기계적 진동 때문에 발생하는 타이어 소음은 타이어가 저역 통과 필터로 작동하여 고주파수의 방사를 차단하기 때문에 타이어 소음 스펙트럼 1,000Hz 미만의 하단에 존재한다.

(1) 타이어의 가진

① 트레드의 가진

타이어/노면 간의 접촉면에 작용하는 힘은 가능한 한 균일하게 분포되어야 한다. 그림 9-17은 압력분포의 두 가지 예를 제시하고 있다. 좌측 타이어는 소음에 민감한 중심부 영역이 변두리 영역보다 압력이 높지만, 우측 타이어의 경우는 접촉면 전체에 걸쳐서 압력이 거의 동일하게 분포하도록 최적화되어 있다. 균일한 압력분포는 소음수준을 낮추는데 도움이 될 뿐만 아니라 타이어의 마모를 감소시킨다.

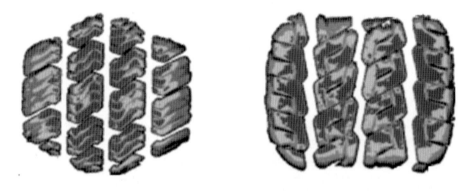

┃그림9-17┃ 타이어(195/70 R15)의 접지면 압력 분포 (예)

트레드 재료의 특성, 트레드의 기하학적 형상, 전체 타이어 윤곽(contour) 및 노면의 거칠기에 의해 결정되는 접촉강성은 가능한 한 작아야 한다. 저주파수에서는 딱딱하고 중간 및 고주파수에서는 부드럽게 되는 트레드 재료가 대부분의 주행특성을 유지하면서도 중간 및 고주파수 대역에서 접촉력은 낮게 유지한다. 일반적으로 시간과 장소에 따라 타이어/노면 간의 접촉을 부드럽게 만드는 모든 대책은 중간 및 고주파수 대역에서 접촉력을 감소시킨다.

타이어 소음의 발생을 최소화하는데 가장 크게 기여하는 것은 최적화된 트레드 패턴의 형상이다. 젖은 상태에서도 충분한 안전을 확보하기 위해서는, 타이어는 그루브를 통해 물을 배출하고, 블록을 통해 노면과 확실하게 접촉해야 한다. 그러나 타이어 트레드의 모든 블록(block)의 길이가 같다면, 이는 휠 회전속도 n_R, 타이어 원주 U_R 그리고 블록의 개수 N에 따라 제1계 블록 고조파의 주파수(f_B)를 갖는 순음성 소음을 유도한다.

$$f_B = \frac{n_R}{U_R \cdot N}$$

예를 들어 주행속도 100km/h에서, 블록이 70개이고 원둘레가 2m인 타이어의 경우 주파수는 972Hz가 되며, 매우 성가시게 느껴지는 소음을 유발할 것이다. 따라서 타이어 제조업체는 이 순음성 가진을 "흩뜨려 트리기"위해 서로 길이(피치; pitch)가 다른 블록을 사용한다.

그림 9-18에 제시된 타이어와 마찬가지로 다양한 피치를 사용하는 경우, 피치의 배열을 최적화하면 음향에너지는 여러 차수로 분산된다. N개의 블록에서 블록의 길이를 n_A, n_B, 그리고 n_C로 나누면 가능한 조합의 수(n)는 많이 증가한다.

$$n = \frac{(N-1)!}{n_a! \cdot n_B! \cdot n_C!}$$

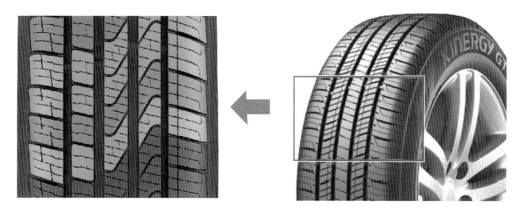

▌그림9-18 ▌ 피치 길이가 서로 다른 패턴 블록(예)

(a) 대칭 트레드   (b) 비대칭 트레드   (c) 방향성 트레드

▌그림9-19 ▌ 트레드 패턴(예)

과거에는 이 엄청난 양의 피치에 적절한 순서를 부여하는 것이 문제였으나, 오늘날은 고성능 컴퓨터를 사용하여 대안을 계산한다. 그러나 컴퓨터를 이용한 최적화에도 불구하고 원둘레의 블록 수는 스펙트럼에 확실하게 나타난다. 예를 들어 둘레가 1930mm인 타이어(205/55 R16)로 80.5km/h로 주행할 때 기본 회전주파수는 11.5Hz (22.2m/s /1.93m)가 된다. 주행속도가 상승하면, 가진주파수도 비례적으로 상승한다. 주행속도가 더 높아져도, 가진은 타이어의 최대 음향방사 주파수 범위 안에 존재한다.

패턴 블록의 배열 이외에, 블록 사이의 그루부(groove)의 체적은 소음방사에 큰 영향을 미친다. 빗길에서의 접촉력 측면을 고려하면, 공극비(void ratio) 19%는 자동차 제조업체의 요구사항을 충족시키기에 충분하지 않은 것으로 알려져 있다. 일반적으로 타이어의 횡방향(lateral) 그루브는 길이방향(longitudinal) 그루브보다 음압레벨에 더 큰 영향을 미치는 것으로 알려져 있다. 그리고 공기 챔버 또는 포켓은 무조건 피해야 하며, 도로에 미치는 충격을 최소화할 수 있는 블록형상을 선택해야 한다. 또한, 다수의 블록이 동시에 노면에 충격을 가해서는 안 된다.

② 트레드 블록의 충돌

트레드 블록이 노면에 진입할 때의 충돌로 타이어에는 반경(radial) 방향 진동이 발생한다. 블록이 노면으로부터 이탈할 때에도 비슷한 현상이 발생한다. – 이때 블록은 노면으로부터 이탈과 동시에 자신의 변형되기 이전의 초기형태로 복귀하기 위해 진동한다. 따라서 반경 방향 진동 및 접선 방향 진동이 동시에 발생한다 (그림 9-10 참조).

주행 중 트레드 접지면의 변형(노면에 압착, 평탄화된다) 및 그에 따른 연속적인 운동은 타이어 트레드와 노면 사이에 접선력(tangential force)을 발생시킨다. 이 힘은 타이어와 노면의 마찰저항에 반대 방향으로 작용한다. 정지마찰 저항을 넘어서면, 트레드의 블록 요소들이 미끄러지기 시작하고, 이 미끄럼(slip)은 주로 접선방향 진동을 더 많이 발생시킨다.

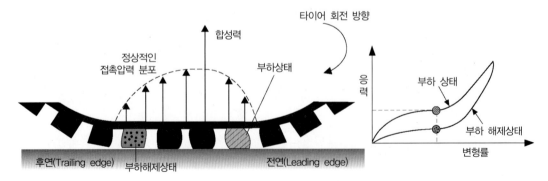

┃그림9-20 ┃ 타이어 트레드의 하중 분포

그림9-20 (좌측)은 타이어/도로의 접촉압력분포를, 우측은 고무재료의 응력-변형률 그래프이다. 전연부에 위치한 트레드 블록(▨)은 부하 상태, 후연부에 위치한 블록(⦙⦙⦙)은 무부하 상태를 나타내고 있다.

③ 사이드월(side wall)의 진동 (그림 9-16 참조)

사이드월의 진동(굴신운동)은 접지면에서의 타이어의 변형과 트레드의 진동에 의한 것으로 비드에서 비드까지 전체 타이어와 원둘레 방향으로 발생한다. 진폭은 트레드에서보다 훨씬 더 작다. 또한, 확실한 사이드월 모드는 저주파수 대역(예; 200～800Hz)에서만 감지할 수 있다. 고주파수 대역에서의 사이드월 진동은 2차원 모드의 일부로만 존재한다.

(2) 전달

전동하지 않는 타이어의 반경 방향에서의 고유진동의 거동은 그림 9-15의 점 이동도에 알기 쉽게 제시되어 있다. 타이어는 30Hz 이하에서는 공진을 일으키지 않으며 도로와 현가장치 사이의 스프링 역할을 한다. 타이어의 변형으로, 그리고 타이어 반경방향의 강성에 따라 노면의 불균일성은 절연(isolation)될 수 있다. 30Hz부터 약 300Hz까지의 주파수 범위에서는 감쇠가 적은 공진을 나타낸다. 공진의 진폭은 $1/\sqrt{\omega}$ 로 감소하며, 이는 1차원 요소(bar)의 점 이동도에 해당한다.

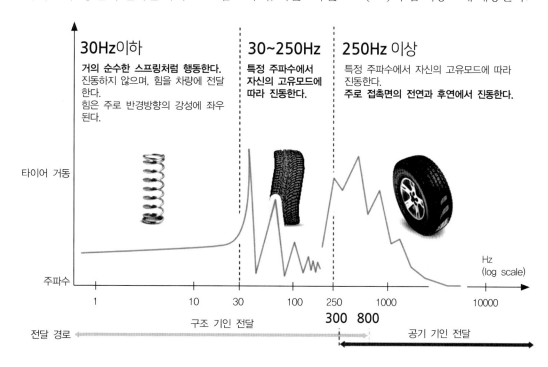

║ 그림9-21 ║ 진동 필터(vibration filter)로서의 타이어(www. michelin.com)

전동하지 않는 타이어에 관한 진동연구가 구조를 이해하는 데 중요하지만, 전동하는 타이어의 고무재료 성분의 동적 특성은 고유진동수의 전위와 진폭의 변화로 나타난다. 타이어의 온도와 압력에 의한 고유진동수의 변화는 서로 상쇄되므로 그 영향은 아주 적다. 경험적으 로 볼 때, 전동하는 타이어에서 주파수를 약 7~10Hz 정도 낮추기 위해서는 모드의 전위를 예상할 수 있다.

300Hz 이상에서는 점 이동도(point mobility)의 진폭은 주파수와는 거의 무관하며 2차원 판(plate)의 점 이동도에 대응한다. 이 주파수 대역에서는 모드 밀도가 너무 커서 개별 모드는 더는 식별할 수 없다. 또한, 이 주파수 대역에서는 고무부품의 점탄성(viscoelastic) 특성으로 인해 감쇠가 훨씬 더 크다.

(3) 방사(radiation)

방사도 σ 는 가상적인 음향출력을 기준으로 진동평면으로부터 실제로 방사된 음향출력의 비로 정의한다. 여기서 가상적인 음향출력이란 동위상으로 진동하는 무한 벽의 동일한 단위면적으로부터 평면파로 방사되는 음향출력을 말한다. 그림 9-22는 3개의 타이어 구조의 방사도를 나타내고 있다. 1,000 대 1의 방사도를 갖는 오늘날의 타이어는 소음이 거의 방출되지 않는다는 것을 알 수 있다. 이것은 타이어 표면에서 동위상으로 방사하는 부분 면적이 방사된 파장과 비교해 매우 작다는 사실로 설명할 수 있다. 이 경우의 방사도는 주로 구성요소의 기하학적 형상과 질량 및 강성의 영향을 받을 수 있다. (제2장 5절 참조)

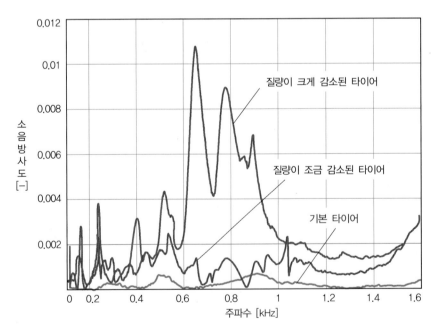

┃그림9-22┃ 질량이 서로 다른 타이어로부터의 소음방사

기본 타이어는 전체 주파수 대역에서 소음방사가 작으나, 타이어 질량(중량)을 줄이면 예상대로 소음방사가 현저하게 증가한다. 그러나 타이어의 강성과 질량을 증가시켜 소음방사량을 줄이면 다른 속성들과 상당한 목표갈등이 발생한다. 소음방사를 줄이기 위해 타이어 치수에 영향을 미치는 방법은 현실적인 선택사항이 아니다. 소음방출을 줄이기 위해 실제로 방사도에 영향을 미치는 방법은 그리 많지 않다.

4. 공기 펌핑(air pumping ; 공기압축 소음) ›))

타이어가 부하를 전달하기 위해서는, 타이어 원주의 일부(torus)가 반드시 변형되어, 노면과의 접촉면(footprint)이 생성되어야 한다. 전동하는 타이어의 경우, 트레드의 접지면 그루부(groove)에서 공기가 압축되고, 그 크기는 접촉면의 국부적인 기하학적 구조에 의존한다. 노면이 매끄럽고 조밀할수록 공기를 가둘 가능성이 커진다. 바람직하지 않은 패턴 설계로, 접촉면의 전연에 공동(cavity)이 형성될 수 있으며, 공기는 접촉면을 통과할 때 압축되고, 이어서 후연(trailing edge)에서 급격하게 빠져나간다. 압축 및 압축해제는 공기펌핑 소음을 발생시킬 수 있는데, 그 강도는 전동속도 및 공기량에 의해 결정된다. 그러나 현재까지도 압축소음(공기 펌핑)의 생성기구가 완전히 해석된 것은 아니다. HAYDEN (1971)[77]과 EJSMONT(1984)[78]에 따르면, 공기 펌핑소음의 주파수 대역은 약 1~3kHz 범위이다.

타이어·도로 소음의 두 가지 주요한 가진기구는 주파수 대역으로 구분할 수 있다. 고주파수 대역에서는 공기압축(공기 펌핑)이 발생하는 반면에, 저주파 및 중간 주파수 대역(약 1000Hz까지)에서는 구조적 진동이 발생하기 쉽다. 그러나 구조적 진동과 공기압축의 생성기구의 경계를 명확하게 구분하는 것은 어렵다. 예를 들어, 트레드 블록의 스냅(sanap) 동작은 타이어가 진동하도록 자극하지만, 동시에 트레드 블록 사이의 그루브에서는 공기압축을 유도하기 때문이다.

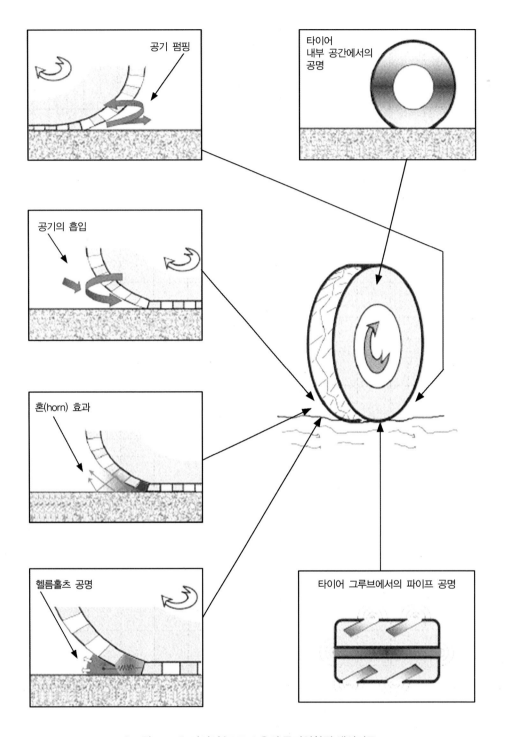

▌그림9-23 ▌ 타이어/도로 소음의 공기역학적 생성기구

5. 혼(horn) 효과

타이어 트레드 고무는 감쇠특성이 우수한, 높은 점탄성을 가지고 있어, 300Hz 이상의 주파수 대역에서 타이어의 진동은 접지부의 가진위치로부터 거리가 멀어짐에 따라 급속히 감소한다. 그러나 타이어와 노면에 의해 형성되는 깔때기(horn)에서는 임피던스 정합(matching)이 이루어져 방사된 소음을 현저하게 증폭시킨다. 혼 효과는 타이어의 직경에 비례하고, 노면의 다공성에 반비례한다 (그림 9 - 12, 9 - 23 참조).

6. 공명 현상(resonance phenomena)

이 설명은 van KEULEN (2003) [76]의 설명을 기반으로 한다. 공명현상은 타이어 트레드의 그루브와 그 개구부에서의 정재파(standing wave)에 의해 발생한다. 발생하는 소음의 파장은 양쪽 끝이 개방된 파이프에서는 파이프 길이의 2배($L = \lambda/2$)이고, 한쪽 끝만 개방된 파이프에서는 파이프 길이의 4배($L = \lambda/4$)이다. 타이어 트레드 패턴의 그루브와 매끄러운 노면은, 파장과 고유 주파수가 주행속도보다는 전적으로 기하학적 형상에 의존하는 파이프 공명기 시스템이다.

타이어/도로의 접촉면에서 발생하는 소음은 압축된 공기가 공명상태에 있을 때 증폭된다. 이 현상은 특히 트레드의 원주방향 그루브(groove)에서 발생한다. 이 그루브에서 공기기둥은 오르간 파이프와 비슷하게 진동한다. 그루브에서의 공명현상은 아주 매끄러운 노면에서만 나타난다. 거친 노면에서는 노면의 요철과 타이어 트레드 사이에 추가로 구멍이 생기기 때문에, 실제 도로표면에서는 파이프의 충분한 기밀성을 확보할 수 없기 때문이다.

공명소음은 마치 유리병 입구를 입으로 불 때 나는 '후웅' 소리와 비슷한 소음으로, 음역대가 낮아서 확실하게 감지되지는 않으나, 패턴소음보다는 더 크기 때문에 승차자의 피로감을 증가시킨다.

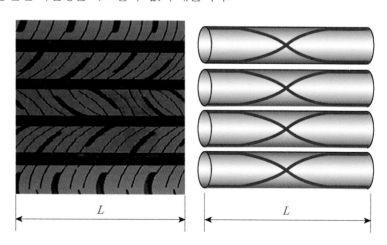

■ 그림9-24 ■ 접지면에서의 공명현상

이와 같은 현상에 의해 증폭된 주파수는 다음 예제와 같이 1,000Hz 대역이다.

양단이 개방된 길이 L의 공기기둥(혼)의 제 1모드의 파장은 다음과 같이 계산된다.

$$\lambda = 2L$$

타이어에서 길이 L을 결정할 때 혼(horn)을 고려한다. 이 모드의 주파수는 다음과 같이 계산된다.

$$f = \frac{c}{\lambda} = \frac{c}{2L}$$

$2L = 180\text{mm}$ 인 자동차 타이어의 경우, 주파수 $f = 944\text{Hz}$ 의 가진이 발생한다.

7. 목표 갈등(goal conflict)

타이어/도로 소음의 감소는 대부분 타이어의 다른 특성들의 소음레벨과 관련이 있다. 그림 9-25는 네트 다이어그램에 주요 환경 및 주행안전과 관련된 타이어의 특성을 요약한 것이다. 흑색 선은 모든 특성에서 균형이 잡힌 기준 타이어이다. 5개의 색깔선은 전동소음을 고려하여, 개선된 타이어의 거동을 나타내고 있다. 개선 사항은 +, + +, 열화는 −, − −로 무차원으로 표시되어 있다.

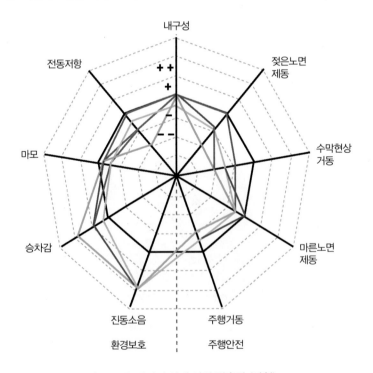

┃그림9-25┃ 타이어 설계 시의 절충안 (타협)

기존의 목표갈등 때문에 전동소음 외에 다른 모든 속성을 동시에 수준 "++"로 개선할 수 없다. 예를 들어 부드럽고 감쇠가 적은 트레드 구성성분은 가진을 감소시켜 전동소음을 감소시킨다. 그러나 이 대책은 주행 특성, 수막현상 및 전동저항과 목표갈등을 유발한다.

타이어는 선회(cornering)할 때 높은 횡력을 축적할 수 있어야 한다. 이를 위해서는 트레드 강성이 충분하게 높아야 한다. 트레드 구성성분의 탄성계수가 낮으면 코너링(cornering) 강성이 낮아진다. 그러나 탄성계수가 높으면 타이어의 가진은 더 강해진다. 트레드의 부드러운 구성성분은 또한 수막현상 속성과의 목표갈등을 유발한다.

빗길에서의 접촉력을 강화하기 위해서는 트레드의 재료 감쇠가 필요하다. 더 나아가 더 경도가 높은 혼합물은 타이어에 더 강한 가진을 유도한다. 수막현상에 대응하기 위해서는 특히 타이어의 트레드의 그루브가 깊어야 한다. 그러나 그루브가 깊으면 블록(block) 충돌, 공기 돌진 및 블록의 급격한 이탈로 인한 소음이 발생한다. 그루브 중에서는 원둘레 방향 그루브의 소음이 가장 낮다.

감쇠성능이 우수한 트레드 재료성분은 트레드 블록의 진동을 감쇠시킴으로써 구동토크가 작용하는 상태에서 타이어·도로 소음을 감소시킨다. 그러나 전동저항은 더 커진다.

9-4 노면이 타이어 소음에 미치는 영향
Effects of Road Surface on Tire Noises

타이어 매개변수를 적절하게 선택하여 주행소음에 영향을 미치는 것 외에도 노면의 질감이나 표면조직(texture)도 타이어·도로 소음에 큰 영향을 미친다. 노면의 미시적 거칠기(micro-roughness)와 거시적 거칠기(macro-roughness)는 전동소음에 큰 영향을 미친다. UN ECE R117에 따른 SMA(Stone-Matrix Asphalt) 0/8 도로에서, 그리고 ISO 10844에 따른 아스팔트 도로에서 가속주행소음을 측정한 결과를 보면, 대부분의 타이어 세트는 ISO 0/8 아스팔트 도로보다 노면이 거친 SMA 0/8에서 훨씬 더 많은 소음을 방사하는 것으로 나타나고 있다. (pp.243, 6-2-4 도로 소음 참조)

부드러운 트레드는 가진을 낮게 유지하는 반면, 딱딱한 트레드는 구조적 진동을 낮게 유지한다. 중간 경도의 재료는 음향적으로 바람직하지 못한 경향이 있다. 도로가 타이어의 음향 퍼텐셜의 소진 여부를 결정한다.

1. 노면의 상태에 따른 도로소음의 분류

노면의 상태에 따른 도로소음의 개략적인 분류는 표 9-2와 같다. 주로 주행속도 50~60km/h부터 감지할 수 있다. 주행속도가 상승함에 따라 음압레벨은 상승한다. 그러나 주파수 특성은 주행속도와는 거의 관련이 없다. 표에 제시된 바와 같이 차체의 구조기인소음이 지배적이며 주파수도 약 200Hz 이하로 비교적 낮다. 400Hz 이상의 소음은 공기기인소음이 지배적이며, 주로 타이어의 방사소음과 관련이 있다.

표 9-2 도로소음의 개략적인 분류[79]

도로소음	노면의 상태			주파수 대역
	이산 노면 충격 Discrete road impact	거친노면 rough road	매끄러운노면 smooth road	
차체 드러밍 (body drumming)	★	★		20~125Hz
충격 부밍(impact boom)	★			20~125Hz
럼블 소음(rumble)	★	★		20~125Hz
전동 부밍(rolling boom)		★	★	20~125Hz
타이어 울림 (tire ring)			★	20~125Hz
타이어 도로 슬랩 소음 (tire path slap noise)			★	400~1000Hz
오픈 홀 소음 (open hole noise)		★	★	400~1000Hz

2. 도로소음 저감 대책

타이어의 소음방사를 줄이는 값비싼 방법은 다공성 노면을 건설하는 방법이다. 물이 노면으로부터 수직 하방으로 스며들 수 있게 설계된 배수(drainage) 아스팔트를, 배수표면, 다공성(porous) 표면, 또는 침투성(pervious) 표면이라고도 한다. 다공성 표면은 공극률(porosity)이 가장 중요하다. 이론적으로 항상 투과성을 갖는 것은 아니며, 공극이 열려있을 때만 음향학적 관점에서 저소음 특성을 가진다. 기존의 아스팔트 노면의 공기함유율(air void)은 체적 기준 약 3~5% 범위이지만, 배수 아스팔트는 대략 15~20% 내외의 공극률로 건설되고 있다. 배수 아스팔트의 공동(cavity)체적은 공기 돌진 시 유속을 감소시켜, 소음을 감소시킨다. 현재 개발된 노면 중에서는 2층 배수 아스팔트의 음압 레벨이 가장 낮은 것으로 알려져 있다. 소음원에서 소음을 직접 흡수함으로써 소음이 많이 감소한다.

문제점은 대형 과적 차량에 의한 노면의 변형, 모래나 먼지 등에 의해 공극이 막혀, 효과가 감소하는 현상을 피할 수 없다는 점이다.

(1) 저소음·배수 도로의 개발

대부분의 저소음 도로는 골재 혼합물에 고점도의 개질 아스팔트를 혼합하여 조골재의 직경에 따른 혼합량을 조절하고, 공극을 감소시키는 암석·자갈 등을 분쇄한 돌가루(石粉) 대신에 모래를 사용하여, 기존 포장도로의 표층에 형성되는 공극의 편차를 근본적으로 해결하는 방법을 모색하고 있다.

예를 들면, 저소음·배수 도로의 목표는 다음과 같다.

① 환경 · 소음의 저감 효과

도로 표면 온도의 저하, 차량 주행에 의한 교통소음의 감소, 도시 홍수피해 감소,

② 내구성 효과

내유동성 증대(소성 변형 억제), 크랙 저항성 증대, 유지보수비 절감

③ 투 · 배수 효과

수막현상 억제, 미끄럼 저항성 증대, 배수기능 향상으로 주행 안전성 확보, 물보라와 물튀김 예방, 비 오는 날 야간 주행 시 노면 반사 완화(노면 표시선 확보) 등

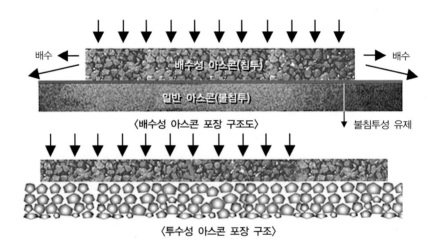

┃그림9-26 ┃ 저소음·배수 아스팔트 도로의 구조 (출처; 진산 아스콘(주))

(2) 저소음 타이어의 개발

타이어 트레드 패턴을 저소음 구조로 설계하거나, 트레드 고무의 성분구성을 변경하거나, 타이어 내부에 흡음재를 부착하거나, 공명기를 설치하는 방법 등이 사용되고 있다(그림 9-31 참조).

9-5 차량 실내의 타이어 소음
Tire Noises in the Vehicle Interior

타이어/도로 소음은 차량환경에서 실외로 방출될 뿐만 아니라 구조기인 소음 및 공기기인 소음으로 차량 실내로 전달된다(그림 9-27).

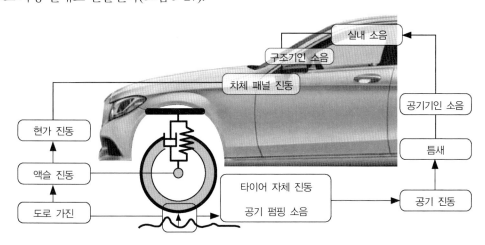

‖그림9-27‖ 타이어/ 도로 소음의 전달[80]

1. 자동차 실내로의 전달경로

그림 9-28은 UN ECER117[81]의 규정에 따라 타이어(245/40 ZR 18)로 60km/h에서 실외소음을 측정하고, 실내소음은 동일한 조건으로 더미 헤드로 측정한 결과이다. 실외소음은 중심주파수가 800Hz인 1/3옥타브 대역에서 최대 레벨을 나타내는 데 반해, 실내소음은 차량의 필터기능에 따라 최대 레벨이 80Hz와 300Hz 사이에 존재하는 것으로 나타났다. 저주파수에서는 전동소음이 차량에 의해 증폭되는 반면에, 고주파 대역의 전동소음은 차량구조에 의해 많이 감소한다. 약 300Hz까지의 주파수 대역에서 전동소음은 주로 구조기인 소음으로 자동차 실내로 전달된다.

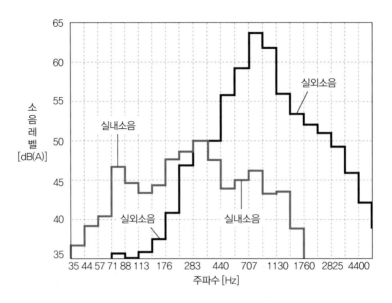

■그림9-28 ■ 자동차의 실외/실내소음 분포

2. 소음 현상

타이어 생산업체에서는 차량 실내의 전동소음에 대해 다양한 소음 현상으로 구별한다. 가장 일반적인 소음 현상을 그림 9-29에 제시하였다. 소음 현상은 발생하는 주행속도와 주파수가 다르므로 구별할 수 있다. (그림 9-30 참조)

따라서 소음에 영향을 미치기 위해 음향적 관점에서 권고 사항을 제시할 수 있다. 예를 들면, 그럼블(grumble) 소음은 확률론적으로 변조된 저주파 드로닝(dronning) 소음의 특성을 나타내며, 타이어 사이드월의 감쇠 및 강성을 변화시킴으로써 영향을 미칠 수 있다. 이와는 반대로 트레드 패턴의

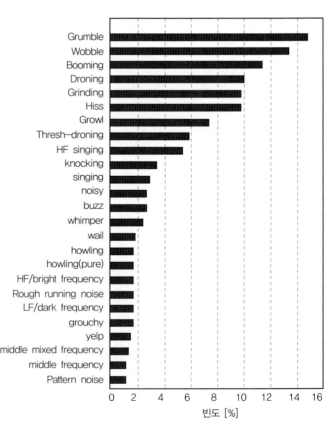

■그림9-29 ■ 소음 현상과 발생 빈도

소음은 주행속도에 의존하는 음높이를 갖는 소음이다. 그러므로 패턴 블록의 배열순서 및 패턴 형상의 기하학적 구조뿐만 아니라 타이어 윤곽 및 트레드의 탄성계수를 변화시켜, 영향을 미칠 수 있다.

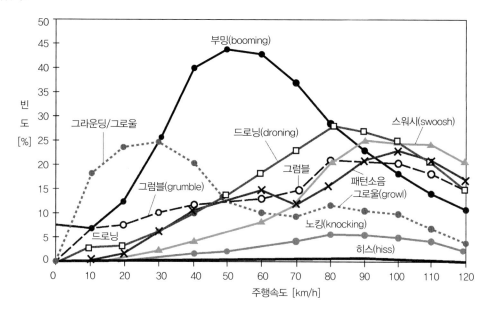

┃그림9-30┃ 주행속도에 대한 소음현상 그룹의 빈도

3. 타이어 내부에서의 공기 진동

(1) 타이어 내부에서의 공기진동 현상

타이어가 거친 노면을 전동할 때, 타이어에서의 진동 외에 타이어 내부의 공기도 가진되는 데, 하나의 모드에서 공기기둥이 진동할 때에 특히 명확하게 나타난다. 이 현상은 타이어 평균 둘레가 하나의 파장과 같을 경우이다.

$$2\pi R = \lambda$$

공동(cavity) 진동이라고도 하는 이 모드의 주파수는 다음과 같이 전동하지 않는 타이어에 대해 계산한다.

$$f = \frac{c}{\lambda} = \frac{c}{2\pi R}$$

음속 340m/s, 타이어의 평균둘레 2.0m를 적용하면, 제1모드의 공동(cavity) 주파수는 170Hz 가 된다. 타이어의 크기와 가열된 타이어에서의 음속에 따라, 이 주파수는 250Hz일 수도 있다.

공동(cavity) 주파수에서, 타이어는 공동 주파수에 따라 변하는 고점에서 최대 진폭, 그리고 저점에서의 최소 진폭을 갖는다. 결과적으로 섀시를 통해 차량 실내로 전달되는 구조기인 소음이 타이어 림에 합성력으로 가해진다. 공동 주파수 이상에서 타이어는 다시 반경모드로 진동한다. 전동하는 타이어의 경우, 조건은 조금 더 복잡하다. 공동 주파수(f)가 발생할 뿐만 아니라, 전동 속도(v)에 따라 두 가지 공동모드가 작용하기 때문이다.

$$f = \frac{c \pm v}{\lambda}$$

타이어가 공동(cavity) 모드 외에도 반경 방향 모드로 진동하는 동안, 진동은 두 공동모드에서 발생하고 림에서 합성모드로 나타난다.

공동(cavitation)현상에 의한 진동에 기인하는 외란은 많은 상호작용과 상충되는 목표를 가진 복잡한 진동시스템의 일부로써, 타이어에서의 대책의 영향을 받을 수 있다. 대책으로는 가진을 줄이는 한편, 시스템 타이어/섀시를 디튜닝(detuning)하여 영향을 미칠 수 있다.

(2) 타이어 내부소음 감소 대책

흡음재를 타이어 내부에 적용하는 방식은 거의 모든 래이디얼 타이어에 적용할 수 있다. 접착제를 사용하여 타이어 내부 전체 360도에 걸쳐서 폭 100~120mm의 다공성 띠를 접착한다.

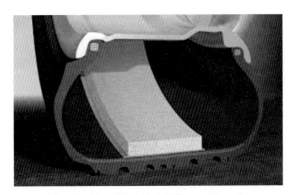
(a) 소음 흡수 패치를 타이어에(EVO. co. UK)

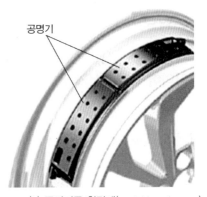
공명기
(b) 공명기를 휠림에(world honda.com)

∥그림9-31∥ 소음 흡수 대책(예)

파이프 공진이 발생하면, 공명기는 동일한 주파수에서 공명하기 시작하여 공기를 통과시키는 통풍구 근처의 공기를 교란하여 진동을 유발한다. 이와 같은 방법으로 파이프 공명음을 효과적으로 제거한다.

소음감쇄용 휠 – 공명기는 경량 수지로 제작하며, 볼트와 같은 고정부품을 사용하지 않고 휠 림에 장착한다. 실제로 원심력이 공명기를 휠에 단단히 고정한다. 공명기는 고속주행 중에 1,500G를 견딜 수 있으며, 형태를 유지하면서 휠에 강하게 밀착된다.

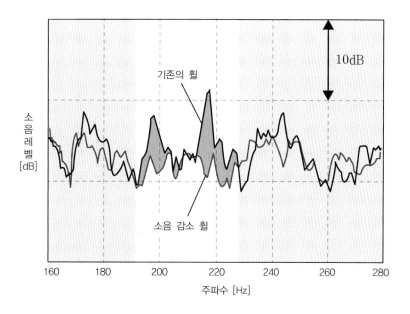

┃그림9-32 ┃ 타이어 내부 파이프 공명소음의 감소효과(운전자 귀 높이에서 측정; Honda)

chapter

10

메카트로닉스 장치와 조작장치의 소음/진동

NVH in Mechatronics Systems and Operating Systems

10-1 개요
Introduction

파워트레인 소음, 도로/타이어 소음 및 바람소음 등을 계속해서 최적화함에 따라 주행소음에 의한 자동차 실내소음 수준은 점차 낮아지고 있다. 반면에 전에는 주행소음에 의해 음폐되었던 다른 소음들 특히, 간섭소음이 두드러지게 나타나고 있다. 그리고 조향장치와 제동장치와 같은 운전자 조작장치는 마모 및 노화가 진행됨에 따라 소음이 증가한다.

자동차의 편의성, 안전성 및 환경 친화성 등에 대한 강력한 요구는 각종 장치의 전자제어화를 가속하고 있다. IT-기술이 자동차 전장품과 결합하면서 자동차의 모든 제어기능을 지능화시켜 나가고 있다. 예를 들면, 자율주행-자동차로 가기 위한 기반기술인 지능형 조향장치(VISS; Vision-based Intelligent Steering System), 유압제어 방식의 장치들을 전기전자장치로 대체하는 X-by-Wire 기술 등이 빠르게 발전하고 있다. 대표적인 X-by-Wire 기술들(예 : drive-by-wire, steer-by-wire, brake-by-wire, shift-by-wire, throttle-by-wire)이 기계장치 또는 기계/유압장치를 빠르게 대체하고 있다.

X-by-Wire 기술은 종래의 연결 케이블이나 유압회로를 대신해서 전기적 신호를 직접 액추에이터에 전송하여 해당 장치를 전기모터로 작동시키는 방법으로 조작 정밀성을 향상시키고, 생략된 케이블이나 유압회로에서의 소음과 진동을 제거하는 부수적인 효과를 얻고 있다. 결과적으로 자동차 자체가 다수의 메카트로닉스 장치의 집합체로 변모됨에 따라 소형 전기모터(파워모터, 서보모터, 스텝모터 등)와 제어유닛(control unit)의 적용이 증가하고 있다.

제동장치와 조향장치도 메카트로닉스 장치에 속하지만, 내용이 상대적으로 방대하므로 별도로 편집하고, 메카트로닉스 관련 소음에서는 소형 전기모터, 팬(fan)/블로어(blower), 공조장치, 그리고 배선/호스 등에 관해서만 설명한다.

메카트로닉스 관련 소음
Mechatronics Noises

메카트로닉스 장치의 특징은 일반적으로 제어되거나 조절된 신호 흐름에서 기계, 전자 및 정보기술 요소의 상호작용이다. 이를 위해 대부분 주(主) 기계장치의 작동상태는 전기센서로 감지하고, 전기센서 신호는 논리회로에서 액추에이터 동작신호로 처리되어, 전기 또는 유압 액추에이터로 기계장치를 작동시킨다.

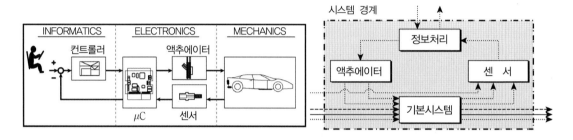

┃그림10-1┃ **전형적인 메카트로닉 시스템의 기본구성(예)**

전체 자동차의 모든 기계적/전기적 하위 장치들에 사용되는 전기모터 또는 유압 액추에이터(actuator)가 진동·소음 문제를 일으킬 수 있다. 하위 장치들로는 예를 들면, 제어장치의 증폭기 유닛용 냉각팬(fan)에서부터 시작해서 도어(door) 레귤레이터와 보조 물펌프, 연료분사장치 그리고 능동 차체제어 시스템에 이르기까지 다양한 장치들이 이에 해당한다.

자동차 메카트로닉스 시스템의 음향현상은 작동소음과 간섭소음으로, 또는 영향의 정도와 작동기간에 따라 세분할 수 있다. (표 10-1).

작동소음과 간섭소음의 경우, 메카트로닉스 장치의 기능이 운전자 또는 탑승자에 의해 의도적으로 작동되는지 또는 완전히 자동으로 제어되는지가 중요하다. 의도적인 조작에 의한 메카트로닉스 소음은 음향패턴에 대한 조작자의 주관적 기댓값이, 조작자가 원하는 기능과 일치할 때는 긍정적인 작동음으로 인식된다. 이에 대한 전형적인 예로는 방향지시등의 점멸동작을 알려주는 "릴레이의 똑딱거리는" 소리 또는 에어컨 송풍기의 작동을 알려주는 바람소리 등이다.

최근에는 방향지시등에 릴레이(relay)를 사용하지 않으므로 릴레이 소음이 없다. 그러므로 전통적인 음향 피드백으로서 "똑딱거리는 릴레이 동작음"을 전자적으로 발생시킨다. 이와는 대조적으로, 메카트로닉스 기능에 의해 자동으로 작동을 개시하는, 연료공급펌프와 연료분사펌프 또는 유압식 안티-롤 바의 절환밸브 등은 음향 피드백을 가능한 한 아주 낮게 유지한다.

┃표 10-1 ┃ 메카트로닉스 소음의 분류

	간섭소음(무의식적 영향)	조작소음(의식적 영향)
작동기간(짧다)	조향 지원 차고 제어 2차 공기펌프	윈도우 레귤레이터 시트 조절장치 백미러 조절장치
작동기간(길다)	기관 냉각팬 연료공급펌프 롤링 제어	에어컨 송풍팬 윈도우 와이퍼 시트 통풍장치

1. 소형 전기모터(small, electric motors)

통일된 규정은 없으나 일반적으로 우리나라와 일본에서는 외경 35mm 이하의 DC-모터 및 출력 100W 이하를, 서구에서는 대략 750W 미만의 모터를 소형 전기모터라고 한다. 자동차 특히 승용자동차에는 다수의 소형 전기모터가 사용되고 있다. 예를 들어 고급 승용자동차에는 100개가 넘는 메카트로닉 액추에이터가 전기구동모터, 서보모터, 스텝모터의 형태로 사용되고 있다. 구조별로는 브러시-모터가 가장 많이 사용되고 있으나, 브러시리스-모터, 스텝모터, 초음파 모터 등의 적용이 증가하고 있다. 자동차 제어의 지능화가 가속되고 지능형 교통체계가 도입되면 자동차에 사용되는 전기모터의 수는 많이 증가할 것이다.

자동차용 소형 전기모터의 소음수준은 대략 45~50dB(A) 정도이지만, 실내용 블로어 모터나 파워 시트(power seat) 모터의 소음 레벨은 40dB(A) 이하이다.

(1) 브러시-DC-모터와 브러시리스 DC-모터

가장 많이 사용되고 있는 브러시 DC-모터와 브러시리스 DC-모터의 장단점은 표 10-2와 같다.

표 10 - 2에서 언급한 코깅(cogging) 토크란 모터 회전자의 영구자석과 고정자의 슬롯(slot) 간의 자기력에 의해 발생하는 토크이다. 전기가 흐르지 않는 모터를 손으로 돌려보면 일정한 각도마다 힘을 받는 지점이 있는 데, 이 힘에 의한 토크가 코깅토크이다. 코깅토크는 회전체가 특정

방향으로 회전하려는 것을 방해하는 비틀림 현상을 일으키며 이로 인해 모터에는 진동과 소음이 발생한다. 코깅 토크는 그 크기가 작아, 저속에서는 리플(ripple)을 발생시킬 수 있지만, 고속에서는 관성에 의해 잘 느끼지 못하게 된다. 코깅토크는 영구자석을 사용하는 동기 모터, BLDC 모터, DC 모터 등에서 발생하고 영구자석을 사용하지 않는 유도전동기에서는 발생하지 않는다.

▌표 10-2 ▌ 브러시 – DC모터와 브러시리스 DC – 모터의 장/단점

	Brush DC-Motor	Brushless DC-Motor
기본 구조	회전 전기자형	회전 계자형
회전자의 위치 검출	브러시의 기계적 위치	위치검출소자 및 논리회로
정류 방법	브러시와 정류자의 기계적 접촉에 의한 정류	반도체 소자를 이용한 전자제어 방식
역회전 방법	전압의 극성을 바꾸어	Drive controller를 사용
장점	- 기계적 강도 우수함 - 가격 저렴	- 코깅 토크가 작음 - 속도제어 성능 우수 - 수명이 길고 효율이 높음 - 소형, 박형화가 가능
단점	- 코깅 토크가 큼 - 브러시의 마모한계가 수명 - 효율 및 속도제어 성능이 낮음 - 전자파 잡음의 발생 - 브러시 마찰소음의 발생	- 축방향 진동에 의한 소음 발생의 가능성 - 상대적으로 고가

(2) 전기모터의 주요 소음

전기모터의 소음은 기계적/전자기적, 공기역학적 또는 전자적 성질을 가지고 있을 수 있다. 지배적인 소음성분은 구조(design)와 작동모드에 따라 결정된다.

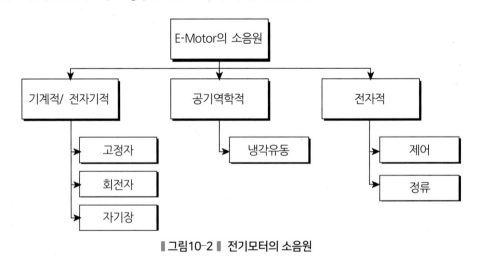

▌그림10-2 ▌ 전기모터의 소음원

① 전자기적 소음(electro-magnetic noises)

전자기적(電磁氣的) 소음은 전자기장의 주기적인 자력 때문에 발생한다. 자기장은 회전자와 고정자의 구조설계에 따라 결정된다. 특히 중요한 것은 자속 그리고 회전자와 고정자 사이의 공극에서 자기장의 균질성이다. 권선의 구성(configuration) 및 고정자와 회전자의 슬롯(slot) 수가 전자기적 소음에 큰 영향을 미친다.

② 기계적 소음(mechanical noises)

베어링뿐만 아니라 로터(armature)의 불평형(unbalance), 불평형에 의한 동적 변형, 그리고 동적 변형이 자기장에 미치는 영향도 기계적 소음과 관련이 있다. 브러시 DC-모터에서는 사용기간이 경과함에 따라 브러시 소음도 문제가 될 수 있다.

베어링 소음은 로터의 불평형, 축의 탄성적 휨 및 베어링의 전동과정(rolling process)에 의해 발생한다. 베어링은 로터의 구조기인 소음을 시작으로, 작용하는 동적인 힘을 모두 흡수하여 하우징에 전달한다. 베어링의 축 방향 간극(endplay)을 조정하여 소음을 줄이고, 동시에 베어링 소음을 간극에 덜 민감하게 할 수 있다. 그림 10-3은 베어링의 반경방향 간극이 음압레벨의 증가에 미치는 영향을 나타낸 것이다.

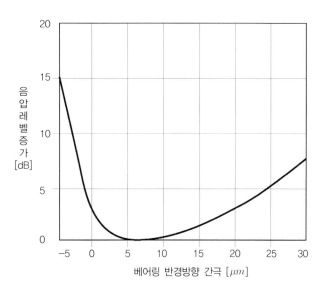

∥그림10-3∥ 베어링의 반경방향 간극이 음압레벨에 미치는 영향

③ 전자적 소음(electronic noises)

전자적(電子的) 소음의 형태는 주로 제어의 종류와 방법에 따라 다르다. 구성부품 및 전동기의 전자적 매개변수의 맥동 때문에 제어유닛과 동조할 때 오류가 발생한다. 이때 동조오류는 제어 불연속의 고조파에 의해 생성되는, 고주파 소음성분으로 확인할 수 있다. 동조오류는 제어를 개별적으로 조정(tuning)하여 회피한다. 즉, 생산과정의 오차범위를 포함하는 모터 고유의 특성값이 기록되고 해당 제어유닛에 선택적으로 전달된다. 따라서 제어 알고리즘은 개별 구성부품의 생산과정에서의 매개변수 조정(tuning)을 보상할 수 있다.

전기모터적으로 유도된 조작소음에 대한 고전적인 예는, 파워 윈도와 시트조절장치이다. 운동거동 및 소음특성은 액추에이터가 받아들인 전류를 근거로 평가할 수 있다. (그림 10-4). 전류는 처음에는 정적마찰을 극복하는 데 필요한 수준까지 증가하고, 조절단계에서 다시 감소하며, 최종 정지지점에서 다시 급격하게 상승한다. 조절단계에서의 소음은 소리세기와 주파수 변조(modulation)에 의해 결정된다. 인간의 귀는 진폭의 변화보다 주파수의 변화에 훨씬 더 민감하므로, 작동 중 속도변화로 인한 주파수 변조뿐 아니라 전기모터의 차수에 의해 생성되는 음조가 음향에 관한 느낌에 지배적인 영향을 미친다. 객관적 평가를 위해 전류의 시간 경과를 회귀곡선으로 근사하고 이 회귀곡선을 기준으로 상대적인 전류맥동을 결정한다. (그림 10-4). 5초 미만 주기의 저주파수 맥동이 임계값의 5% 이내에 있으면, 소음의 해당 음향변조가 심리음향적으로 문제가 되지 않는 것으로 볼 수 있다.

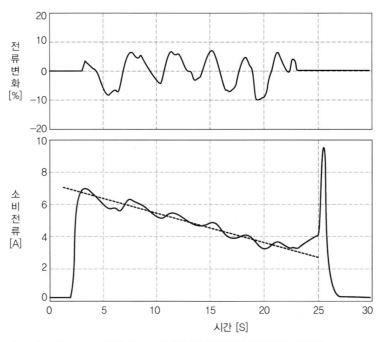

┃그림10-4┃ 전동 시트조절장치의 전형적인 전류 공급과정(예)

표 10-3은 음향의 중요성이 증가하고 있는, 소형 전동기들의 소음현상을 분류한 것이다. 설계 기술자들은 이들에 대해서도 물리적-기술적 측면에서뿐만 아니라 심리-음향적 측면에서도 정밀 분석하여, 대책을 마련한다.

④ 공력 소음(aerodynamic noises)

팬(fan), 회전자 주위의 유동 등에 의해 발생하는 소음으로서, 회전속도에 비례한다.

표 10-3 ‖ 승용자동차에 사용되는 소형 전기모터의 전형적인 소음특성(예)

소음종류	소음원	소음의 특성	스펙트럼[Hz]
Howling	에어컨, 와이퍼	순음성, 저주파 소음, 주파수에 약간의 맥동	180~500
buzz	시트조절장치, 선루프	저주파수의 혼합, 변조된 순음 성분	20~180
squeaking	환기장치	고주파수의 FM 변조된 신호, 구조 공명의 저주파 가진	1,000~7,000
whistle	쿨러, 환기장치	고주파수의 다중 AM 변조된 신호, 구조 공명의 저주파 가진	3,000~10,000
flute	쿨러, 환기장치	기본파와 배수파로 구성된, 증가 및 감쇠 고조파 소음, 회전속도 의존	500~2,500
chirp	환기장치	증가 및 감쇠, AM 변조된 고주파수 소음	3,000~12,000
yowl	선루프, 와이퍼	맥동하는, 높은 모터차수, 속도강하, 저주파수 AM 변조	300~2,500
clatter	선루프	중간 주파수 대역, 높은 모터 진동차수로 변조	300~1,500
tap	선루프, 거울, 전조등	중간 주파수 대역, 다중 모터차수로 변조, 특히 기본파	300~1,500
grinding	와이퍼, 거울, 전조등	구조공명의 다중 모터차수에 의한 증가/감쇠 변조	400~1,500
tack	환기장치	고주파 대역에서 구조공명의 저주파, 주기적 가진	1,000~8,000
trill	환기장치	이중 변조된 음 성분, AM 변조된 음의 저주파 맥동	1,000~4,000
grunt	ASR, ABS	고주파수에서 구조공진의 저주파 발생, 변조와 중첩	100~5,000
rattle	거울, 전조등	기본파에 의해 확실하게 AM-변조된 다수의 구조적 공진의 발생	1,000~8,000
whirl	2차 휀	강한 공진과 결합하여, 회전속도에 비례하여 증가하는 변조	500~5,000

2. 팬과 송풍기(fan and blower) 소음

　자동차에서 또 다른 중요한 소음원은 팬(fan)과 송풍기(blower)이다. 1차적으로 방열기 냉각 팬이 외부소음으로 불쾌하게 나타날 수 있으나, 많은 차량에서 공조장치의 송풍기에 대한 불만이 더 많이 나타나고 있다. 일반적으로 최대 송풍출력에서의 송풍기 소음은 아주 짧은 시간 동안 발생하며 음향 피드백으로 허용된다. 반대로 연속작동 중 송풍기 소음이 큰 경우에 문제가 되는데, 이유는 실내의 음향품질을 심각하게 손상시킬 수 있기 때문이다. 시트 송풍기도 마찬가지이다. 높은 열응력을 받는 구성부품용 송풍기의 소음은 순수한 간섭소음이며 일반적으로 차량 실내의 허용 임계값 이하로 유지되어야 한다.

팬과 송풍기에서는 공기기인소음 외에도 구조기인소음의 현상이 발생한다. 구조기인소음은 2차 공기기인소음을 유도한다. 이 소음은 팬(fan) 날개의 형상에 의한 동적 교번압력뿐만 아니라 합성된 교번력에 의해 발생한다. 합성된 교번력은 모터-베어링 및 프레임-마운트가 흡수해야 한다.

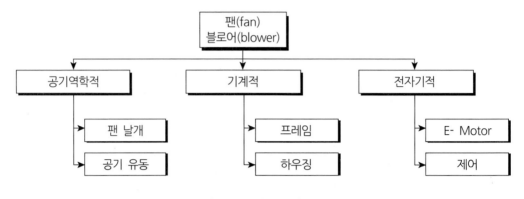

▌그림10-5▌ 팬/블로워의 소음원

그림 10-6은 중요한 공기역학적 소음성분을 개략적으로 나타내고 있다. 공기 통로(duct), 환기 그릴, 통풍구 또는 냉각모듈을 통과하는 공기유동에 의한 광대역 확률론적 소음 외에도 강한 순음성 차수의 소음도 방사될 수 있다.

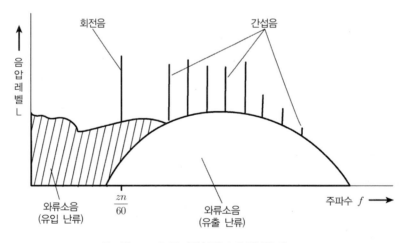

▌그림10-6▌ 공기역학적 소음성분[83]

예를 들어 팬(fan)-날개의 회전소음과 팬-날개와 프레임 간의 간섭음의 차수가 특히 문제가 되는 것으로 알려져 있다. 회전음의 지배적인 차수는 날개의 회전 압력장(potential field)에 의해 생성된다. 날개의 흡입측과 압력측 사이의 압력차를 교번압력으로 간주한다. 이렇게 생성된 주파수를 블레이드 주파수(BFF; Blatt-folge-Frequenz)라고 한다.

$$BFF = n \cdot z \quad \text{·· (10-1)}$$

$$\text{여기서} \quad n : \text{회전속도 [1/s, rps]}, \qquad z : \text{팬의 날개 수}$$

예를 들어 프레임의 스트러트(strut)와 같이 고정된 구성요소와의 상호작용으로 간섭음이 발생한다. 이들의 주파수는 블레이드-주파수와 스트러트 수의 곱으로 계산된다. 회전소음은 시간에 따라 변화하는 질량유동에 의해 발생하는 단극 음원으로서, 평균 유동속도의 4승에 비례하며, 이에 대응하는 팬(fan)의 원주속도가 주어진다. 유동소음은 유동하는 매체와 팬(fan)-날개 사이의 난류 또는 공기유도 및 방향전환 요소들, 예를 들면, 날개, 공기통로 또는 커버 그릴에 의해 발생한다. 이들은 쌍극자 음원이며, 원주속도의 6승에 비례한다. 따라서 전형적인 팬 소음은 단극(monopole)과 쌍극(dipole) 음원이 혼합되어 발생한다. 그러므로 실질적인 음출력 레벨 L은 원주속도(u)의 5승과 팬(fan)의 표면적에 비례하여 증가한다.

$$L = L_0 + 50 \cdot \lg\left(\frac{u_2}{c_0}\right) + 10 \lg\left(\frac{\pi \cdot D^2}{4 \cdot m^2}\right) \quad \text{·· (10-2)}$$

체적유량($\dot{V}$)은 원주속도와 팬 표면적에 비례하고 압력차(Δp)는 원주속도의 제곱에 비례한다고 생각하면, 위의 관계도 잘 알려진 다음 식으로 표시할 수 있다.

$$L = L_s + 10 \cdot \lg\left(\frac{\dot{v}}{\dot{v}_0}\right) + 20 \lg\left(\frac{\Delta p}{\Delta p_0}\right) \quad \text{···································· (10-3)}$$

고유의 음향출력 레벨(L_s)은 팬(fan) 설계 및 구조설계에 따라 다르며, 유형별로 음향적 품질도 다르다.

회전속도가 약 1% 증가할 때마다 음출력 레벨은 약 0.22dB 증가하는 것으로 알려져 있다. 따라서 회전속도의 감소는 소음감소를 위한 효과적인 수단임을 알 수 있다. 그러나 회전속도를 낮추고서도 동일한 송풍 성능을 확보하려면, 팬(fan)의 반경을 크게 해야 한다. 결과적으로 원주속도와 소음레벨은 다시 상승하게 된다.

축류-팬(axial fan)은 특히 자동차기관 냉각에 사용된다. 저속주행 중 또는 정차 시 발생하는 소음은 암소음보다 크게 높을 수 있다. 설상가상으로 차체 앞부분의 공간부족으로 축방향 설치 깊이는 날개 반경의 최대 15%로 제한된다. 회전음에 의한 휘파람(whistle) 소음을 가능한 한 피하고, 레벨이 낮은 광대역 소음 스펙트럼을 얻는 방법으로, 날개간극을 비대칭으로 분할하고, 날개의 형상은 납작하면서도 3차원적으로 끝이 뾰쪽한 디자인을 주로 사용한다. 회전음을 최소화하기 위해 날개의 표면구조를 미세화시키는 방법도 검토되고 있다. (그림 10-7)

소음의 원인은 팬 날개의 원주 부근에서 압력의 반복적인 변화, 팬 카울의 강성 부족 또는 전기모터의 코깅(cogging) 토크의 증가일 수 있다.

▌그림10-7 ▌ 날개의 비대칭 배열 및 날개 끝이 강한 화살표 모양의 저소음형 축류 팬

3. 자동차 공조장치(에어컨/히터) 소음

특히 승용자동차의 경우, 실내 공간체적이 증가하고 유리표면적도 넓어지는 추세이며, 동시에 쾌적성에 대한 요구도 증대되고 있다. 이는 더 많은 공기질량이 자동차 실내로 공급되어야 함을 의미한다. 공조장치의 핵심 설계요소는 소음 수준이 낮고, 온도조절 및 공기유동이 적절하고, 에너지 소비는 작아야 한다는 점이다. 공기조화장치의 음향설계에서는 냉매회로와 히터회로, 공기통로 및 팬의 성능특성을 모두 고려한다. 특히 증발기 냉각 팬(fan)의 저소음 특성이 중요하다. 그림 10-8은 자동차 에어컨의 냉매사이클 구성요소를 나타내고 있다.

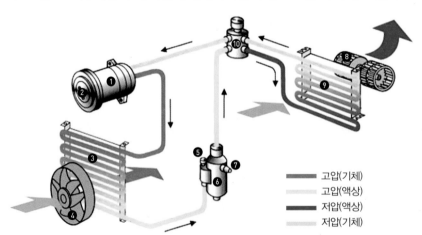

1. 압축기
2. 압축기 마그넷 클러치
3. 응축기
4. 응축기 냉각팬
5. 압력 스위치
6. 제습기
7. 고압 서비스 밸브
8. 실내 송풍기
9. 증발기
10. 팽창밸브

고압(기체)
고압(액상)
저압(액상)
저압(기체)

▌그림10-8 ▌ 에어컨 냉매회로(팽창밸브식)

(1) 압축기 소음

소음 성분(emission)은 시스템 개념 설계에
따라 다르다. 유압장치와 마찬가지로 기계적
소음 및 유동소음이 발생한다. (그림 10-9). 마
그넷-클러치를 사용하는 피스톤-압축기에서
는 압축기가 스위치 ON될 때마다 충격소음이
발생할 수 있다. 원인은 마그넷 클러치의 접속
과 동시에 방출되는 구조기인소음의 펄스가
내연기관의 압축기 장착부 또는 차체로 전달
되기 때문이다. 또한 압축기를 Off-On할 때
압축기 흡입측에 형성되는 냉매의 응축 잔류
물이 압축기에서 압축되어 압축충격을 발생

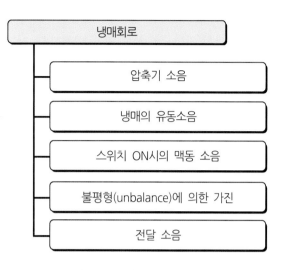

┃그림10-9┃ 에어컨 냉매회로의 소음원

시킬 수 있다. 특히 피스톤식 압축기를 사용하는 경우, 부하상태에서 압축 불균일과 이에 의한
맥동소음이 발생할 수 있는 데, 원인은 실린더와 밸브의 구조적 배치, 그리고 압축기를 구동하는
내연기관의 회전불균일 때문이다. 회전진동은 압축기의 맥동소음 및 구조기인소음의 방사를 증
가시키며, 이는 냉매회로의 배관을 통해서 차실 내부로 전달된다. 에어컨 압축기의 소음 방출은
부하에 따라 다르며, 압축기 회전속도 및 냉매회로의 압축압력의 함수이다.

역반응이 없는 냉매회로의 경우, 소음레벨은 회전속도와 압력에 따라 지속적으로 증가한다.
이 소음은 기관소음에 의해 음폐되어야 한다. 이 소음을 음폐시키기 위해, 때로는 압축기에 추가
로 소음기(muffler)를 설치한다. 최적의 소음감소는 소음기를 압축기의 흡입측 또는 압력측 연결
부 근방에 설치함으로써만 달성할 수 있다. 또한, 소음기 체적은 압축기 하우징 안의 체적과 통
합하여 최소화할 수 있다. 압력측의 스로틀링은 압축기 차수의 소음을 감소시키지만, 역으로 냉
매출력을 감소시킨다.

(2) 냉매의 유동소음

냉매회로의 열역학적 설계는 고온, 고압상태인 액체냉매가 팽창 및 증발하면서 열을 흡수하
는 원리에 기초한다. 고온, 고압 액체냉매의 교축(throttling)팽창은 팽창밸브에서 엔탈피가 거의
일정한 상태로 이루어지며, 급격하게 팽창된 냉매의 증발은 엔탈피가 증가하는 과정으로서 증
발기에서 이루어진다.

음향적으로는, 초임계압력 강하와 음속으로 분출되므로 단열 노즐유동의 법칙이 적용된다.

분출속도가 높아 유동소음이 발생한다. 주기적인 와류 발생으로 인한 휘파람(whistle) 소음의 진폭 및 주파수 분포는 유속의 함수이다. 최대 음출력의 주파수 위치는 유속과 노즐의 유효직경으로부터 구한 값(quotient)에 직접 비례한다. 여기서 비례상수는 스트로할(Strouhal) 수이다. 층류유동은 소음을 거의 발생시키지 않지만, 난류가 증가함에 따라 유속의 8승으로 음출력 레벨이 급격히 상승한다. 히스(hiss) 소음은 노즐 출구에서 냉매가 작은 물방울형태로 분출되고 이어서 응축기의 벽에 충돌하면서 급격히 증발할 때 발생한다.

(3) 블로어(blower) 소음과 기계적 소음

자동차 실내용 송풍기는 난방/냉방 공조장치 모듈에 통합되어 있다 (그림 10-10). 영구적으로 작동하는 시스템에 속하며, 자동제어식 공조장치에서는 운전자가 거의 조작하지 않아야 한다. 필요한 가열 공기량 또는 냉방 공기량이 자동으로 조절되며, 송풍기 회전속도와 개별 공조 덕트 또는 공기순환경로로의 공기량도 자동으로 제어된다.

┃그림10-10┃ 히터 열교환기/에어컨 증발기 모듈(예)

운전자가 원하는 온도에 따라 난방/냉방 장치에서의 공기유동은 난방장치의 열교환기(heater) 또는 냉방장치의 증발기(evaporator)를 통과한다. 따라서 정재파(standing wave)에 의해 서로 다른 통로공진이 발생하거나, 공동(cavity) 공진이 발생하는 결과를 가져온다. 하우징에서의 넓은 자유면적은 국부적인 막(diaphragm) 진동을 유발하는 경향이 있다.

또한, 기관의 진동이 냉매회로의 저압 또는 고압 배관(line)에 전달되어 구조기인소음을 발생시킬 수 있다. 이 소음의 전달경로는 대형 승용자동차에서 지배적이며 전체 소음 발생에 큰 영향을 미친다. 좌석별 공기출구와 연결된 공기통로(duct)가 있는 전자동 공조장치(FATC)는 다른 형식의 공조장치와 비교하여 차량 실내의 소음분포와 소음방사 특성이 우수하다.

여름철에 자동 에어컨 시스템으로 자동차 실내를 냉방하는 경우에는, 일반적으로 실내온도를 신속하게 낮추는 것을 목표로 한다. 그러나 맞바람과 소음에 민감한 승차자는 자동 프로그램을 취소하는 경우가 많다. 자동 프로그램의 개입은 난방/냉방 패널의 소음 방출, 시간당 머리공간 온도의 인지 가능한 변화 및 맞바람의 강도에 따라 달라진다. 이 기본적인 관계는 각기 다른 자동특성을 설정하는 운전자의 선택에 따라 고려된다. 고급 차량의 자동 프로그램에서 운전자 개입을 위한 온도제어 임곗값은 머리공간 온도 약 25℃, 소음레벨 약 50dB(A) 정도이다.

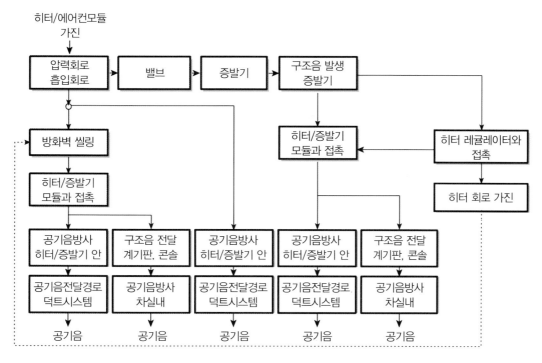

■그림10-11 ■ 히터/에어컨 장치의 소음전달 경로

4. 굽은/느슨한 호스와 배선에서의 소음

자동차에서 주(主) 소음전달경로는 기관과 변속기의 마운트뿐만 아니라 방음처리된 차체 자체의 판재(板材)이다. 다른 모든 소음전달경로를 부차적인 소음전달경로라고 하며, 이들은 주로 유연한 고무호스 및 배선들이다. 중/대형 승용자동차의 경우 부차적인 소음전달경로를 통해 차량실내로 유입되는 소음이 더 많다. 그 이유는 기관/변속기 소음의 지속적인 감소, 보조장치 수의 증가 및 자동차 실내음향에 대한 고객 요구의 증대이다. 차량개념에 따라 소음은 동력조향장치의 유압 배관, 히터모듈의 냉각수 배관 또는 전기배선을 통해 유입된다. 여기서 특히 중요한 것은 항상 차체장치들을 연결하는 배선, 호스, 파이프 그리고 내연기관과 연결된 보조장치들의 배선 및 배관이다. 배선 및 배관은 지배적인 차수의 기관소음 뿐만 아니라 개별 장치들의 기능적 구조기인소음을 전달한다.

그림 10-12는 차량 외부 윤곽의 투영도에서 가장 중요한 배선 및 배관을 나타내고 있다. 명확하게 확인할 수 있는 것은 부차적인 소음전달경로가 아주 많다는 점이다.

▌그림10-12▐ 자동차 배선 묶음의 배치(예; Porsche 911)

이러한 맥락에서 모든 수력음향적(hydroacoustic) 소음원들은 특별한 문제를 가지고 있다. 현대 차량의 제동장치, 분사장치 및 유압장치에 사용되는 펌프와 밸브는 유연한 배관(호스 및 파이프)에서 수력음향적 소음을 생성한다. 배관 벽과의 접촉(coupling)은 바람직하지 않은 소음과 심지어 기능 저하를 동반할 수 있는, 자동차의 구조적 진동을 유발할 수 있다. 따라서 소음을 낮추는 대책이 필요하다. 예를 들어, 유체소음 댐퍼(damper), 공진기 및 감쇠부품들이 있지만, 진동의 영향을 최소화하려면 이들 배관을 차체로부터 격리해야 한다. 배관에 반대음(counter-noise)을 도입하는 등의 소음을 줄이기 위한 능동적인 대책도 시도되고 있다.

예를 들어, 유압식 롤링 제어장치(예: BMW Dynamic Drive @)의 팽창 호스배관을 통한 소음전파를 살펴보자. 저소음형 유압펌프에서도 연결된 배관 회로에 따라 1~10bar의 압력 맥동이 발생하는 것으로 확인되고 있다. 공기 중에서의 청력 한계값과 이 유체소음을 비교하면 음압레벨은 170~190dB이 된다. 유체소음이 밸브블록의 2차 구조기인소음으로 변환되는 과정에서 소음레벨의 상당 부분은 감소된다. 나머지 일부는 차실내부로 전달되는 과정에서 차체의 음향적/기계적 전달기능의 통과감쇠에 의해 소진된다. 여전히 남아있는 나머지 20~40dB의 펌프 맥동소음은 압력측 팽창호스 배관의 음향 조정(tuning)에 의해 약화된다. 그림 10-13은 피스톤 펌프의 가청 회전소음에 대한 배관 조정(tuning) 효과를 나타내고 있다.

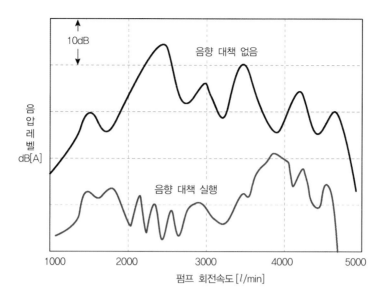

▌그림10-13 ▌ 배관 조정(tuning)을 통한 소음전달 시 소음레벨의 감소

수력음향적 압력맥동의 전달 외에도, 기관의 구조기인소음을 전달하는 호스들도 아주 중요하다. 따라서 자동차 실내에서 내연기관의 음향패턴은 엔진마운트의 설계뿐만 아니라 호스의 배치에 의해서도 영향을 받는다.

두 임피던스 Z_1과 Z_3 사이의 호스의 음향적 모델링을 이용하여 호스의 알려지지 않은 동적 임피던스(Z_s)를 구할 수 있다.

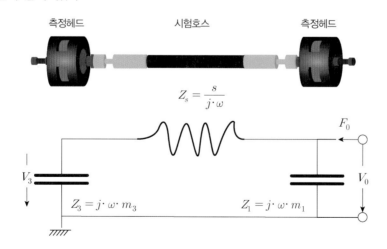

▌그림10-14 ▌ 호스의 임피던스 결정을 위한 모델

호스 어셈블리의 강성은 기본적으로 다음과 같은 두 가지 방법으로 결정할 수 있다. 질량 m_1 과 m_2인 약하게 감쇠된, 2-질량 진동자를 가정하면. 강성(s)은 공진 주파수(ω_0)로부터 구할 수 있다.

$$s = \omega_0 \cdot \frac{m_1 \cdot m_2}{m_1 + m_2}$$

이와 반대로, 도파관으로서 단면적 A, 탄성 계수 E 및 고유 밀도 ρ를 갖는 호스배관의 길이 기준 컴플라이언스(n')는

$$n' = \frac{1}{A \cdot E}$$

그리고 길이기준 질량(m')은 $m' = \rho \cdot A$가 된다.

그러므로 도파관에서 팽창파의 전파속도(c)는 다음과 같다.

$$c = \frac{1}{\sqrt{n' \cdot m'}} = \sqrt{\frac{E}{\rho}} \quad \text{..} \quad (10\text{-}4)$$

접속 임피던스에서의 반사조건에 따라, 호스길이(L)가 단지 파장(λ)의 절반의 배수이면, 정재파가 형성될 수 있다.

$$L = \kappa \cdot \frac{\lambda}{2} = \kappa \cdot \frac{c}{2 \cdot f} \; ; \; \kappa = 1, 2, \ldots.$$

이로부터 호스 배관의 강성($s_{\lambda/2}$)을 계산할 수 있다:

$$s_{\lambda/2} = \left(2 \cdot f_{\lambda/2}\right)^2 \cdot \rho \cdot A \cdot L \text{..} \quad (10\text{-}5)$$

원칙적으로, 구조기인소음의 전달은 그 자체가 인장파(extensional wave), 비틀림파 및 굽힘파의 지배적인 모드의 중첩으로 나타난다. 특별한 기술적 관심은 인장파이다. 이 준-종파는 종 방향, 반경 방향 및 접선 방향에서의 재료 탄성의 횡수축으로 인해 튜브 길이를 따라 소진된다. 호스 배관의 저소음 설계로 달성할 수 있는 소음감소는 최대 약 40dB 정도이다.

호스 내벽의 탄성은 구조기인 음파의 감쇠와 전파속도에 결정적인 영향을 미친다. 따라서 복합 탄성계수($\underline{E} = E + jE\eta$)는 재료의 중요한 음향적 특성값이며, 성형 및 호스 배치뿐만 아니라 전달 거동에 영향을 미치는 가장 중요한 매개변수이다.

고압 호스 배관은 최대 30bar의 오일압력까지 등방성으로 작동한다. 압력이 높을수록 탄성계수의 방향 의존성과 국소위치 의존성은 증가한다. 메쉬 인서트(mesh insert)로 인해 호스가 직선으로 배치되었을 때는 반경방향으로만 직교이방성(anorthotropie)이 발생한다. 반경방향 및 접선방향의 탄성모듈은 작동유를 통해 팽창파에만 배타적으로 결합한다. 대략 작동유의 평균압력과 재료의 평균온도는 탄성모듈의 선형 거동으로 가정할 수 있다.

호스 배관은 일반적으로 두 유닛 간의 각도 불일치, 높이차 또는 두 장치 간의 모터 운동을 보정하는 데 사용된다. 굽힐 때 중간 섬유의 바깥 부분(재료 팽창) 및 안쪽 부분(재료 압축)에 압력응력이 발생한다. 이 3중 탄성재료의 거동은 호스 벽 전체의 유효 탄성모듈을 증가시킨다. 결과적으로 굴곡반경이 감소함에 따라 파의 전파속도는 증가하고, 이에 따라 정재(standing) 상태의 구조기인 음파의 고유진동수는 비례적으로 증가한다. 또한, 굽힘각도로 인해 굽힘반경이 증가하는 종방향 가진에서는, 횡력이 작용한다. 유사하게, 횡방향 가진에서는 비틀림파가 발생한다.

10-3 동력 조향장치의 소음·진동
NVH of Power Steering System

오늘날은 운전자의 육체적인 조향 조작력을 적게 사용하면서도, 가볍고 신속한 조향을 가능하게 하는, 동력 조향장치를 주로 사용한다. 유압식 동력조향장치는 내연기관에 의해 구동되는 유압펌프를 이용하여 조향장치의 보조 유압실린더가 필요로 하는 유압을 공급한다. 이 시스템은 유압과 전기를 이용하는 중간단계를 거쳐, 기계/전자식 조향장치로 대체될 것이다.

기계/전자식 조향장치에서는 조향에 필요한 조향 보조력을 전기모터가 모두, 직접 제공하게 될 것이다. 유압식 조향장치와 비교하여 에너지 소비량이 적을 뿐만 아니라 조향정밀도를 소프트웨어 수준에서 제어할 수 있다는 점이 장점이다. 그러나 12V-전원 시스템으로는 충분한 조향력을 확보할 수 없다. 특히 대형차량의 경우에는, 조향각을 빠르게 변경하는데 필요한 조향력의 일부만을 확보할 수 있을 뿐이다. 따라서 조향장치에 사용되는 전기모터 구동 측면에서는 42V 전원 시스템이 더 바람직하다.

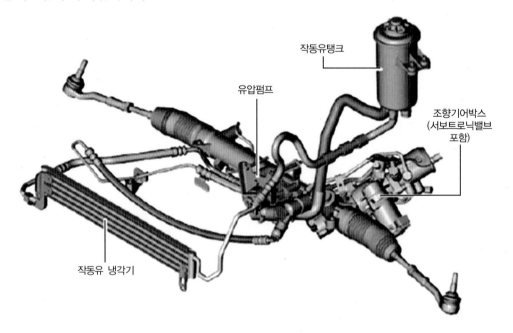

┃그림10-15┃ 동력조향장치(유압식, BMW)

1. 중첩 조향장치(Superposition Steering System)

고급 자동차에서는 조향 차륜에서의 조향각이 운전자가 원하는 조향각과 차이가 있는 조향장치를 사용한다. 이러한 중첩 조향은 BMW가 "능동 앞차축 조향(AFS; Active Front Steering)"이라는 이름으로 ZF와 공동으로 처음 출시하였다. 이 방식에서는 제어식 전기모터가 중첩된 기어박스를 통해 운전자의 조향조작에 조향각을 추가하거나 감소시킨다. 동시에 시스템은 유압과 전기모터의 동력을 이용하여 조향각을 중첩 시킨다.

▌그림10-16 ▌ 중첩 조향장치(예: BMW AFS)

조향장치의 형태에 따라서는 전통적인 조향장치의 진동소음 현상(예; 쉐이크와 쉬미, 제 6장 3절 참조)뿐만 아니라 유압 및 전기적으로 유도된 간섭소음이 발생할 수 있다. 그림 10-17은 주요 소음원을 나타내고 있다.

전체 조향장치 내에서 개별 구성부품이 소음에 미치는 영향은 고장 여부 또는 가진에 따라 다르다. 그림 10-18은 도로의 가진에 의한 조향장치의 소음전달경로를 나타내고 있다. 휠에 충격적인 가진이 발생하면 래크/피니온(rack/pinion)의 기계적 간극뿐만 아니라 유압복귀회로에서의 공동(cavitation)현상에 의해 딸가닥거리는(rattle) 소음이 발생할 수 있다.

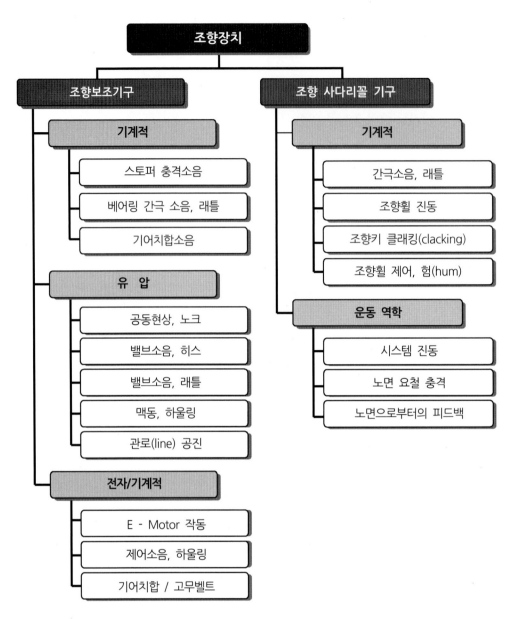

┃그림10-17┃ 능동 조향장치에서의 잠재적인 소음원

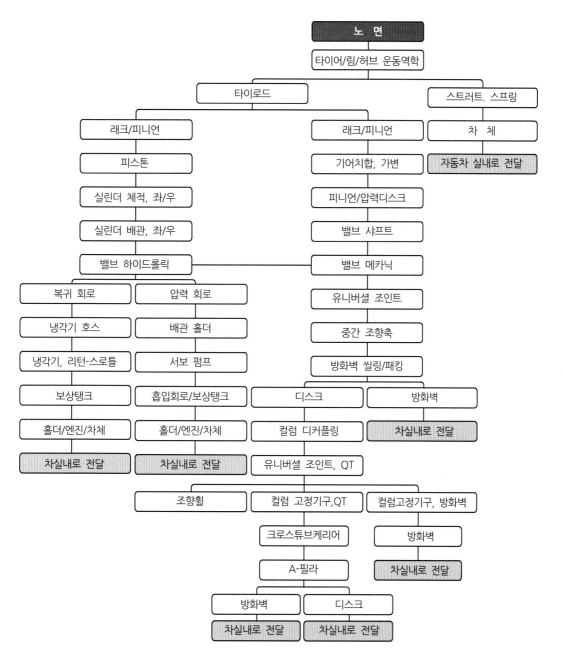

▌그림10-18 ▌ 노면의 가진에 의한 소음의 전달경로

2. 공동현상에 의한 소음(cavitation noises)

(1) 공동현상의 정의

공동(cavitation)현상은 관로를 유동하는 액체에 기포가 형성되고, 이어서 기포가 급격하게 붕괴되는 과정으로, 유압장치에서도 발생한다. 예를 들어 관로를 유동하는 유체의 속도가 아주 높아서 유압이 국부적으로 유체의 증기압에 해당하는 임계압력 수준까지 강하되면, 유동하는 유체에 급격하게 많은 기포가 생성된다. 이렇게 생성된 작은 기포들은 유체가 다시 고압영역에 도달하면 거기에서 붕괴된다. 기포 붕괴 시에 기포 내부와 그 근방에 압력 정점(peak)이 발생한다. 유압펌프 외에도 특히 스로틀밸브에서는 이러한 공동현상이 발생되기 쉽다. 이유는 스로틀(throttle) 부분의 정압(static pressure)은 통상적인 작동조건에서도 유체가 공동현상을 일으키기 시작하는 영역에 쉽게 도달할 수 있기 때문이다.

기포 붕괴로 유도된 압력 정점(peak)은 재료의 침식뿐만 아니라 강력한 특성소음을 유발한다. 소음의 생성을 명확히 규명하는 이론적인 단초는 무한히 확장된 유체에서 동심적으로(cocentrically) 붕괴, 파열되어 서로 영향을 미치지 않는 개별 기포에 근거한다. 공동 기포(cavitation bubble)는 구형(球形) 방사체 즉, 단극음원으로 간주할 수 있다. 이 견해는 공동현상의 시작에만 적용된다. 계속되는 공동현상에서, 기포는 상호 간에 영향을 미친다. 오늘날까지도 다양한 물질 및 압력조건에서 스로틀밸브 뒤의 공동현상 영역에서 소음이 생성되는, 극도로 복잡한 관계를 완벽하게 설명하는 것은 불가능하다.

(2) 공동현상에 의한 소음

동력조향장치의 유압회로에서 공동현상에 의해 소위 "유압 소음(hydraulic rattle)"이 발생할 수 있다. 주로 5~20km/h의 속도로 주행하면서 동시에 노면의 요철을 통과할 때 발생한다. 기계적 가진으로 인한 유압/기계적 상호작용은 조향 유압장치의 유압복귀 회로에 강한 압력 맥동 및 체적변동을 발생시킨다. 이때 조향기어의 출구 측 압력이 크게 낮아져 유압 작동유가 증발하였다가 잠시 후에 급격하게 응축된다. 기포가 붕괴될 때 발생하는 압력 정점은, 최적화되지 않은 유압 복귀회로에서 약 100bar까지도 상승할 수 있다. 그림 10-19에서 후속 고압펄스와 함께 증기압 한계까지의 진공 범위에서의 압력강하가 명확하게 나타나고 있다. 이로 인해 차체의 구성부품에서 "덜거덕거리는 소음(rattle)"이 발생한다. 이 소음은 섀시 부분의 느슨한 부품이 덜컹거리는 소리처럼 들리기 때문에 매우 불안하게 느껴진다.

복귀회로의 동적 체적(dynamic volume)을 증가시키거나 배압을 조정(tuning)하여 소음을 피할 수 있다. 이 목적을 위해, 유압－음향적 보완체적(hydro－acoustic volume)을 스티어링 밸브의 하류에 연결한다. 다만 이 대책의 결과로 시스템의 불안정성을 유발하지 않도록 해야 한다. 시스템 불안정성은 조향핸들 조작 시, 래틀(rattle) 진동으로 감지된다.

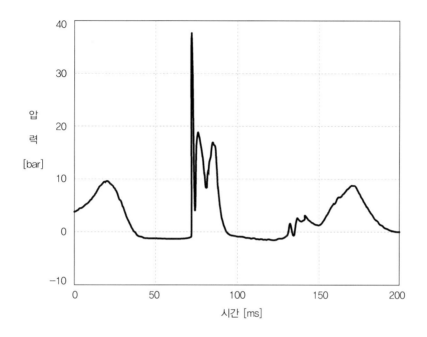

┃그림10-19┃ 동조되지 않은 유압 복귀회로에서 공동으로 인한 압력펄스 (예)

제동장치에서의 소음·진동
NHV in Brake System

10-4

현대식 섀시장치는 브레이크 간섭을 포함한, 승차감과 주행 안전기능을 갖추고 있으며, 이는 오늘날의 중형 및 고급 차량의 표준사양이다. 편의사양으로는 능동 거리제어 및 언덕길에서의 발진제어 등이 포함된다. 주행 안전기능은 안티-록-브레이크 시스템(ABS)과 주행궤적 제어(TCS) 및 동적 안정성 제어(VDC) 등으로 충족시킨다.

예를 들면, VDC(Vehicle Dynamic Control) 시스템은 주행하는 자동차의 자세를 제어하는 시스템으로 요잉(yawing) 모멘트의 제어가 가능하다. VDC는 ABS(Anti-lock Brake System), EBD(Electronic Brake-force Distribution)와 TCS(Traction Control System) 제어기능을 포함하고 있는 것으로 볼 수 있다.

이들 유압 제어식 제동장치는 기본적으로 휠 회전속도센서, 시스템 제어유닛(ECU), 유압 모듈레이터(hydraulic unit)로 구성되며, 유압 모듈레이터에는 유압펌프를 구동시키는 DC-모터가 내장되어 있다. Drive-By-Wire 방식의 미래형 자동차에서는 이들 모든 기능을 개별 차륜에 독립적으로 설치된 전기모터가 담당하게 될 것이다.

브레이크 소음/진동의 대부분은 휠이 잠기지(lock) 않을 정도로 브레이크를 작동시켰을 때 브레이크 디스크/패드 또는 드럼/라이닝 간의 접촉마찰을 통해 발생한다. 마모된 또는 손상된 브레이크 부품에서 발생한 진동이 브레이크 소음을 유발할 수도 있다. 브레이크 소음은 각기 다양한 주행속도와 페달답력 그리고 온도상태에서 발생할 수 있다. 예를 들어 자동차를 시동, 출발하면서 제동할 때 브레이크 소음이 발생한다면, 이는 브레이크 패드(또는 라이닝)에 응착된 수분이 그 원인일 수도 있다.

드럼 브레이크는 보통 피치가 낮은 소음을 방사하지만, 페달답력이 증가함에 따라 소음은 더 커진다. 반면에 디스크 브레이크는 일반적으로 작은 페달답력으로 제동할 때도, 피치가 높은 소음을 방출한다.

브레이크의 소음과 진동은 다수의 브레이크 부품과 현가장치 부품 간의 상호작용을 통해 발

생한다. 브레이크 시스템의 가장 일반적인 NVH–문제는 소위 브레이크 스퀼(squeal), 그로운
(groan), 모운(moan) 등의 소음, 그리고 주파수가 아주 낮아서 음(音)으로 확인할 수 없고, 진동
으로만 인지되는 저더(judder)와 셔더(shudder) 등이다.

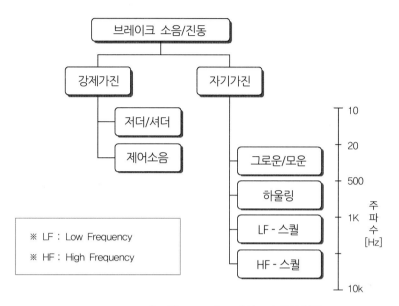

┃그림10–20┃ 브레이크 소음의 분류

저더(judder) 및 제어소음은 제동토크의 주기적 변동으로 인한 강제진동 때문에 발생한다. 주
파수 대역이 낮아서 진동을 수반하는 소음이다. 그로운(groan), 모운(moan), 하울링(hawling) 및
스퀼 소음(squeal)은 제동장치의 동적 불안정으로 가청범위에서 자체적으로 가진되는 진동현상
이다. 주로 제동감속도와 주행속도가 낮을 때 (예: 15km/h 이하) 발생한다. 그로운(groan)은 브레
이크 패드와 브레이크 디스크 사이에서 점착–미끄럼(stick–slip) 현상이 번갈아 발생할 때의 불안
정성에 기인한다.

스퀼(squeal)의 원인은 브레이크 디스크의 진동으로 인해 패드(pad) 마찰짝의 마찰면에 작용
하는 수직력이 주기적으로 변하는 불안정성이다. 따라서 스퀼 주파수는 주행속도와는 관계가
없다.

제동장치의 구조가 자동차 모델마다 다르고, 서로 다른 부품들을 많이 사용하기 때문에, 브레
이크 소음을 제거하기 위해서는 해당 차량의 서비스 지침을 준수하는 것이 가장 합리적이다. 브
레이크를 수리할 때는 조립하기 전에 항상 마찰면을 깨끗하게 청소하는 것도 중요하다.

1. 저더(judder)와 셔더(shudder) ·))

> **TIP 저더 / 셔더**
> - judder ; (엔진, 기계 등의) 심한 (이상) 진동, 삐걱거리다. 덜덜거리며 크게 흔들리다.
> - shudder ; (기계 등이) 덜덜거리며 떨다. 갑자기 심하게 떨다, 전율하다, 몸서리치다.

저더(judder)는 전/후 방향 수평진동을, 셔더(shudder)는 좌/우 방향 수평 진동을 말한다. 두 진동 모두 브레이크에서 발생하는 이상 진동으로 조향핸들이 진동하고, 브레이크 페달이 맥동하고, 차체가 덜덜거리며 떠는 현상을 유발한다.

브레이크 저더는 높은 주행속도에서 제동할 때 제동감속도가 낮을 때부터 중간 정도까지에서 발생하는 차체의 진동으로서, 디스크와 패드의 마찰면에 작용하는 수직력의 주기적 맥동에 의해 발생한다. 결과적으로 제동토크에 맥동이 발생하여 현가와 차체가 진동한다. 저더 주파수는 휠 회전속도(n)에 비례하며, 주행속도(v)와 타이어 동하중 반경(r_{dyn})의 함수이다.

$$n = \frac{v}{2 \cdot r_{dyn} \cdot \pi}$$

주행속도 100km/h, 타이어의 동하중 반경 300mm에서 저더 주파수는 14.7Hz로 계산된다. 이 주파수는 휠 공진 및 차축 공진 주파수에 가깝다. 제동 중 이러한 공진주파수 대역을 통과할 때 저더 현상이 현저하게 증폭될 수 있다. 저더진동은 브레이크 페달의 맥동, 조향핸들의 좌/우 회전진동, 시트와 차체 바닥의 가진 및 차체 진동의 형태로 다양하게 나타난다. 그리고 버즈(buzz) 또는 드로닝(droning) 소음을 동반할 수도 있다. 이러한 현상의 결과로 안락성이 크게 저하된다.

브레이크 저더는 통상적인 제동조건 및 주행속도에서도 휠의 회전상태에 따라, 예를 들면 휠의 런-아웃에 의해 브레이크 페달의 맥동을 유발할 수도 있다. 일반적으로 브레이크 저더는 주행속도 60~80km/h에서 정점에 도달한다.

브레이크 저더는 주파수가 5~30Hz로 낮아 소음으로는 감지되지 않으며, 주로 진동으로 감지된다. 그리고 진폭이 큰 진동이 아니라 상대적으로 진폭이 작은 진동이다. 저더는 크게 냉간 저더(cold judder)와 열간 저더(hot judder)로 구분하지만, 신품 브레이크에서 발생하는 진동은 그린 러프니스(green roughness), 수분이 개재된, 또는 젖은 상태의 브레이크에서 발생하는 진동은 웰 러프니스(wet roughness), 그리고 고속(130km/h 이상)에서 발생하는 저더는 고속 저더라고도 한다.

여기서 러프니스(roughness)란 디스크/패드 또는 드럼/슈의 마찰면의 거칠기, 디스크의 두께 편차, 드럼의 진원도 편차, 디스크나 드럼의 런-아웃(run-out)은 물론이고, 여러 가지 요소들이 복합적으로 작용하여 제동시 진동(저더 또는 셔더)과 소음(그로운과 모운)을 발생시키는 잠재력을 통칭하는 용어이다.

브레이크 러프니스(brake roughness)에 크게 영향을 미치는 요인들은 다음과 같다.

① 제동토크 편차(BTV; Brake Torque Variation)의 크기와 주파수

② 디스크 두께의 편차(DTV; Disk Thickness Variation)

③ 자동차의 진동에 대한 민감성(sensitivity)

④ 현가부품 및 조향부품을 통한 전달경로

⑤ 자동차 부품들의 감쇠와 주파수 공진

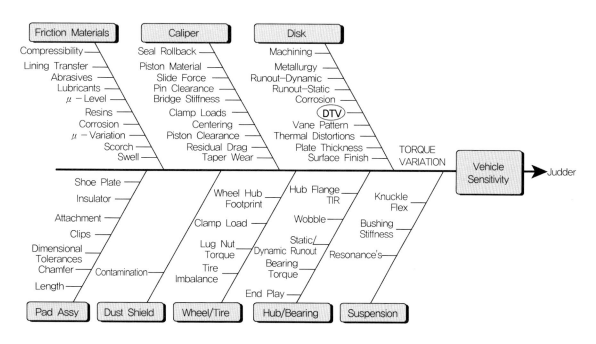

┃그림10-21 ┃ 브레이크 러프니스(brake roughness)에 영향을 미치는 요소들[38]

그림 10-21을 살펴보면, 패드의 형상과 마찰재료, 캘리퍼, 디스크, 휠/타이어, 허브 베어링, 방진 커버 등의 요소 부품들이 상호작용하여 토크 편차(torque variation)를 유발하며, 이 토크 편차가 현가장치 부품들과 상호작용하여 자동차의 민감도(sensitivity)에 따라서는 저더(judder)까지 유발하는 과정을 나타내고 있다.

(1) 냉간 저더(cold judder) – 브레이크 온도 100℃ 이하

소위 냉간 저더에서 제동토크 편차는 주로 브레이크 디스크의 두께 변화(disk thickness variation; DTV)에 의해 발생한다. 따라서 고급차량 분야에서는 신품 DTV 값이 $10\mu m$ 미만인 브레이크 디스크를 사용한다. 제동 시, 측방향 런아웃(side-face runout, SRO) 또한 디스크 두께 편차를 유발할 수 있다. 디스크 두께 편차(DTV)가 $15 \sim 20\mu m$(인간 머리털 직경의 약 1/2)이면, 약 50Nm의 토크 편차를 발생시킬 수 있는 것으로 보고되고 있다.

특정한 작동조건 예를 들면, 다음과 같은 경우도 브레이크 진동의 원인이 될 수 있다.
① 자동차를 장기간 사용하지 않고 방치한 경우(드럼이나 디스크 마찰면의 부식)
② 이물질(예 : 윤활유, 그리스 및 부동액 등)에 의해 브레이크 디스크 표면이 불균일할 때
③ 설치작업 불량으로 브레이크 디스크 또는 드럼이 변형되었을 때

디스크의 두께 편차가 심할 경우, 제동 중 디스크의 마찰면에 작용하는 마찰력이 변화한다. 제동력의 변화는 특정 주파수에서 진동을 일으킨다. 이 진동은 현가장치, 조향장치, 브레이크 페달, 그리고 차체에 전달되며, 차체와 공진할 수도 있다.

디스크 두께 편차는 디스크의 런-아웃이 그 원인일 수 있다. 디스크 런-아웃의 원인은 휠 볼트의 조임순서가 부적당하거나 조임 토크가 불균일하거나 휠허브 자체의 런-아웃일 수 있다. 런-아웃 상태의 디스크는 제동 중 일부분만 브레이크 패드와 접촉하게 되고, 그 접촉부에서만 마멸이 진행된다. 이러한 부분 마멸과정이 계속해서 진행되면, 디스크의 두께는 불균일하게 변한다. 이와 같은 이유로 휠볼트의 조임 순서나 조임 토크를 준수하지 않을 경우, 수 주일 또는 몇 달이 지난 후에는 브레이크 떨림이 발생할 수 있다.

허브의 런-아웃도 마찬가지 결과를 가져온다. 허브의 런-아웃 상태에서 디스크를 재연삭 또는 교환하는 것은 단기 대책일 뿐이다. 디스크를 다시 연삭 또는 교환할 때에는 반드시 먼저 허브의 런-아웃을 점검하고, 필요할 경우 근본적으로 수리해야 한다. 그리고 휠볼트의 조임 순서 및 조임 토크에 관한 정비지침을 항상 준수해야 한다.

진동 또는 소음의 원인이 브레이크 시스템일 경우, 해당 자동차의 서비스 지침을 준수해야 한다. 특히 드럼의 진원도 및 디스크의 두께 편차, 허브의 런-아웃 등에 유의해야 한다.

(2) 열간 저더(hot judder) – 브레이크 디스크 표면온도 200℃ 이상

열간 저더는 표면온도 200℃ 이상에서 연속 제동 중, 디스크의 형상이 열에 의해 변형되어 발생한다. 브레이크를 심하게 사용하면, 브레이크 디스크에 작용하는 열부하가 불균일하게 되거나 열점(hot spot)이 생겨 디스크가 변형될 수 있다. 이처럼 과도한 열부하나 열점에 의해 디스크가 변형되면, 제동토크편차(BTV; Brake Torque Variation)가 발생하는 데, 운전자는 이를 진동으로 감지하게 된다. 일반적으로 주행속도가 높고, 상대적으로 공격적인 마찰재료를 사용하는 국가들에서 많이 발생하는 고장으로, 예를 들면 동일한 자동차일지라도 미국에서보다는 유럽국가에서 더 많이 발생하는 것으로 알려져 있다.

액슬 및 조향장치의 구조가 다를 경우, 동일한 제동토크 맥동에서도 차량의 거동이 서로 다를 수 있다. 주파수 범위 20Hz까지의 저더현상에서 차축 및 조향장치의 구조 진동모드를 분석하면, 변형된 기하학적 및 탄성 역학적 변수가 저더 거동에 미치는 영향을 파악할 수 있다.

2. 제어 소음

ABS의 제어 소음은 음향적으로 부차적인 문제이다. 그러나 여기서도 음향해석 없이는 불가능하지만, 젖은 또는 결빙된, 마찰계수가 낮은 도로에서는 운전자가 쉽게 제어소음을 감지할 수 있다. 운전자는 제어 개입을 암시하면서도 깜짝 놀라지 않을 만큼의, 적절한 음향 피드백을 원한다. 컴포트(comfort) 영역에서 압력이 낮을 때의 제어는 일반적으로 개별 차륜만 영향을 받고 운전자는 제어 개입을 기대하지 않기 때문에, 음향적으로 아주 중요하다. 예를 들어, 눈이 많이 쌓인 도로에서는 이와 같은 상황을 피할 수 없다. 그 이유는 차륜제동 시 블로킹(blocking) 압력까지의 압력차는 너무 작고, 블로킹 후에 차륜을 발진하기까지의 압력차는 너무 크기 때문이다. 제어 유압회로에서의 소음을 효과적으로 감소시키기 위해서 회전속도는 낮고, 행정은 짧고 단면적은 넓은 다-실린더 피스톤 펌프를 사용한다. 2차적으로 맥동댐퍼로 상황을 개선할 수 있다. 비례제어 밸브 및 압력구배의 제한으로 정밀제어 범위에서 차압을 낮게 제어할 수 있으므로 높은 펄스 소음을 피할 수 있다. 제어원리 측면에서 압력차 제어는 유량제어보다 유리하다. 불필요한 제어 및 이로 인한 소음의 원인이 되는 압력변화를 가능한 한 피하기 위해서는 최적의 사이클 시간을 찾아야 한다. 동적 안정성을 빠르게 제어하기 위해서는 사이클 소요시간이 가능한 한 짧아야 한다. 또한, 브레이크 유압장치의 모든 차체 연결 지점은 구조적으로 충분히 절연(insulation)되어 있어야 한다.

3. 그로운(groan)과 모운(moan) ·))

그로운과 모운의 경우, 자동차 구조 또는 현가장치가 가진원이다. 마찰 간섭 즉, 마찰재와 디스크 또는 드럼 사이의 접촉면에 작용하는 동적인 힘에 의한 진동이 발단이긴 하지만, 브레이크 자체만으로는 문제가 될 만큼의 충분한 소음을 발생시키지 않는다. 자동차 구조 또는 현가장치를 구성하고 있는 부품 중 하나 이상이 브레이크 진동에 의한 입력에 반응하여 큰 소음을 만들어 낸다. 이는 브레이크 진동 입력 주파수에 공진하는 부품이 있음을 의미한다. 공진 부품으로는 현가장치 부품, 액슬, 보디패널 또는 다른 가진원일 수도 있다.

전달경로는 순수하게 구조적이다. 브레이크의 기계적 에너지는 현가장치에 전달된다. 현가장치로부터 차체구조, 조향장치, 그리고 다른 부품을 통해 차실 내부 패널에 전달된다. 이들 실내 패널들의 진동이 운전자에게 소음으로 감지된다.

그로운과 모운은 스퀄소음과 비교하여 현저하게 낮은 주파수 대역(약 30~600Hz)에서 발생하며, 차실 외부에서보다는 차실 내부에서 더 확실하게 들을 수 있는 소음이다. 그로운은 지속시간은 짧으면서도 진폭은 크고, 모운은 상대적으로 지속시간은 길고 진폭이 작다는 점에서 서로 구별된다.

(1) 모운(moan) 소음 −지속시간이 길고 진폭이 작다.

모운(moan) 소음은 거의 순음으로 구성된 80~120Hz 범위의 소음이다. 모운은 일반적으로 엔진의 연소압력에 기인하며 파워트레인 시스템 및 어셈블리에서 생성된다.

모운(moan)은 파워트레인 공진 및 차량 현가 공진의 영향을 크게 받는다. 모운은 차체구조의 지역모드 및 국소 패널 공진에 의해 생성될 수 있다. 모운의 주파수 범위 때문에, 차량의 음향적 동공(acoustic cavity)이 모운 소음을 증폭시킬 수 있다.

(2) 그로운(groan) 소음 − 지속시간이 짧고 진폭이 크다.

그로운 소음은 브레이크에서 발생한 진동/맥동이 현가 및 차체(body)에 전달되어 차체로부터 방사된다. 주파수는 통상적으로 현가부품과 차체(body)의 공진모드에 의해 제어되지만, 가끔은 휠 회전속도의 고차(higher order) 진동의 영향을 받기도 한다.

① 그로운(groan)의 분류

가벼운 제동압력 상태로 발진할 때 발생하는 그로운을 크리프 그로운(creep groan), 제동 중간에서부터 정지할 때까지의 사이에 발생하는 그로운을 동적 그로운(dynamic groan)이라고 한다. 그리고 제동종료 시 자동차가 다이브(dive) 상태로부터 회복될 때, 또는 브레이크 압력이 해제될 때, 또는 현가의 와인드업(wind-up)이 완화될 때 발생하는 그로운을 크런취(crunch) 또는 그런트(grunt)라고 별개의 이름으로 부르기도 한다.

그리고 고속도로 속도(highway speed) 즉, 고속에서 브레이크를 가볍게 밟아 끌리게 할 때 발생하는 그로운이나 모운을 험(hum)이라고도 한다.

② 그로운(groan)의 발생원인 및 전달경로

그로운과 모운은 패드와 디스크 또는 라이닝과 드럼의 점착-미끄럼(stick-slip)현상에 의해 발생하는 "끄윽, 끄그~윽 거리는" 소음이 특징이다. 자동차 정지 직전 또는 자동변속기 차량의 경우 언덕길에서 브레이크를 해제하고 발진하는 순간에 주로 발생한다.

크리프(creep) 그로운의 경우, 휠회전속도는 ~$0.2 \sim 2min^{-1}$정도, 브레이크압력은 ~$2 \sim 5bar$(~$30 \sim 70psi$), 주행속도는 1km/h 이내이며, 소음의 맥동(pulsations)은 1초당 ~$3 \sim 10$회 정도 연속된다. 대형차량의 드럼 브레이크에서도 빈발한다. 그러나 대부분의 그로운은 주행속도 20km/h 이내에서 발생하며, 주파수 범위도 $100 \sim 400Hz$가 대부분이다.

그로운 소음을 유발하는 요인들은 동시에 브레이크 진동(judder)을 일으키는 요인이기도 하다.

- 브레이크 디스크의 두께 불균일 또는 드럼의 변형
  과도한 런-아웃 또는 진원도, 디스크 베인/냉각 채널 표면의 리플(ripple), 표면 연삭가공 패턴 등
- 패드(또는 라이닝)의 열변형 및 과도한 마모
- 패드(또는 라이닝)의 부하 패턴(load pattern),
- 디스크 로터(또는 드럼) 마찰면의 손상 및 오염, 수분 응축
- 패드(또는 라이닝) 재료의 물리적 특성값, 재료의 혼합비율, 전단 및 압축 특성,
- 마찰계수(μ) : 속도 특성(정적/동적), 마찰계수의 변동(variation)
- 캘리퍼(또는 드럼)의 강성(stiffness)
- 허브/베어링의 강성(stiffness) 등

③ 그로운과 모운의 특성 그래프

그로운 또는 모운의 소음이나 진동은 상당한 시간에 걸쳐 분명하게 지속되지만, 완벽하게 일관성을 유지하지는 않는다. 그림 10-22는 저속 모운의 시간 파형으로서 소음 또는 진동이 거의 일정한 시간 간격으로 반복되고 있으나 완벽하게 일관성을 유지하고 있는 것은 아님을 나타내고 있다. 그리고 이 그림에서는 진동에 대해 명확하게 이해할 수 없다.

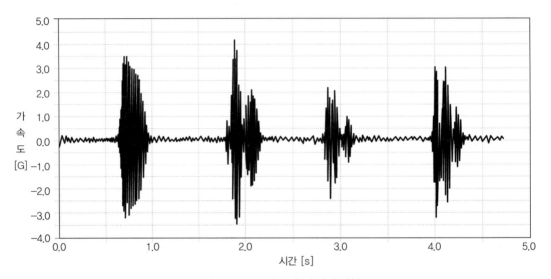

▐ 그림10-22 ▐ 모운 소음의 시간 파형

그림 10-23은 그림 10-22의 시간파형에 대한 주파수 스펙트럼이다. 300Hz를 약간 벗어난 주파수 대역에서 한 번의 강한 피크(peak) 진동이 있음을 나타내고 있다. 이는 이 주파수에서 강력하게 공진하는 부품이 있음을 의미한다.

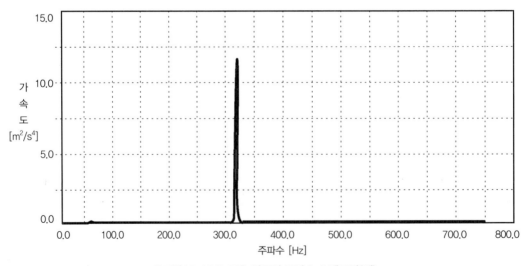

▐ 그림10-23 ▐ 모운 진동의 주파수 스펙트럼(예)

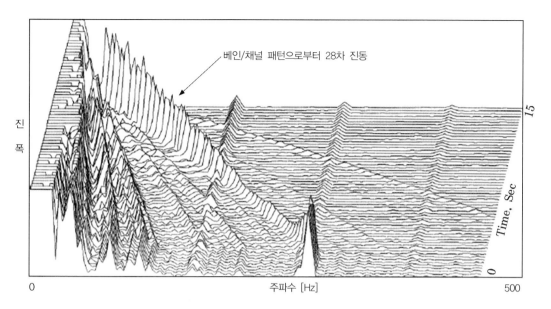

베인/채널 패턴으로부터 28차 진동

진폭

주파수 [Hz]

Time, Sec

▌그림10-24 ▌ 베인 채널 표면의 리플(ripple)이 그로운에 어떻게 기여할 수 있는지를 나타내는 인스톱(instop) 디스크 두께 변화의 동적 측정

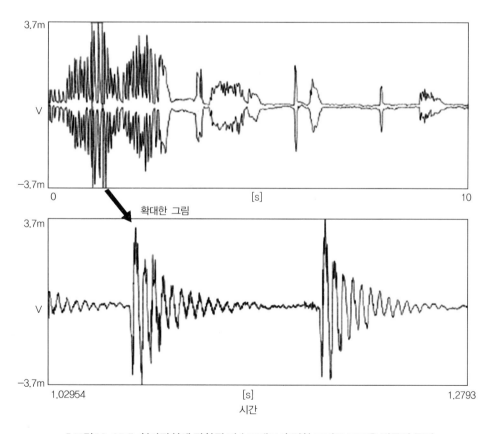

확대한 그림

시간

▌그림10-25 ▌ 현가장치에 장착된 가속도계로 측정한 크리프 그로운 변동의 특징

4. 스퀼(squeal) 소음 ·))

자동차 브레이크는 차량의 운동에너지를 마찰열 에너지로 바꾸어 대기 중으로 방사한다. 이 때 브레이크는 높은 열부하에 노출되며, 가끔 진동이 발생하게 된다. 이러한 마찰을 통해 발생한 진동은 1kHz~5kHz 사이의 주파수를 가지며, 이 과정에서 발생하는 소음을 스퀼(squeal)이라고 한다. 브레이크 스퀼은 주로 저속주행 시 발생하며 다른 주행소음에 의해 음폐되지 않기 때문에 승차감 문제가 발생한다. 특히 자동변속기 자동차의 경우 정차할 때까지 천천히 제동할 때, 쉽게 이러한 현상이 발생할 수 있다.

스퀼(squeal) 소음은 일반적으로 제동 시 높은 주파수 대역(1,000~18,000Hz)에서 발생하는, 하나 또는 다수의 순음(純音; pure tone)으로 구성된 소음이다. 여기서 순음은 아주 좁은 주파수 대역에서 발생하는 날카로운 스펙트럼의 피크(peak) 소음으로서, 대부분 수백 Hz의 넓은 주파수 스펙트럼에서 발생되는, 다른 소음들과는 차이가 있다. 흔히 영화나 TV 영상물의 긴박한 추격장면에서 자동차들이 급가속, 제동, 급선회를 반복, 질주하면서 방사하는 "끼~~익(또는 삐~~익)거리는" 소음이 바로 대표적인 "스퀼(squeal)" 소음이다. 물론 이 장면에서는 브레이크에서뿐만 아니라 타이어에서도 스퀼 소음이 발생할 수 있다.

스퀼(squeal) 소음은 브레이크 부품의 진동으로 발생하며, 진폭에 비례해서 소음의 크기도 커진다. 브레이크로부터 1m 이내에서 측정한, 주목할 만한 스퀼 소음의 크기는 대부분 60~120dB(A) 범위이며, 이때 브레이크 캘리퍼나 패드의 진동가속도는 20g($1g=9.8m/s^2$) 정도로 큰 경우도 아주 흔한 것으로 확인되고 있다.

스퀼(squeal) 소음의 발생원인이 완전히 규명된 것은 아니지만, 마찰의 동적 불안정(dynamic instability) 상태가 주요 원인이며, 바로 그 시스템 불안정 상태에서 디스크/패드와 캘리퍼를 포함한 시스템의 개별 부품들이 연합하여 큰 진동 응답을 유발한다는 데는 모두 동의하고 있다. 이러한 현상에 대한 필요조건에는 대기의 온도와 습도, 브레이크 온도, 주행속도, 제동력 그리고 브레이크 이력(history) 등이 포함될 수 있다. 일반적으로 주요 원인은 브레이크 패드나 슈의 마모, 디스크나 드럼의 두께 불균일, 과도한 런아웃, 마찰면의 손상 또는 이물질과 수분의 개입 등으로 그로운 소음의 발생원인과 거의 같다.

(1) 브레이크 스퀼(squeal)의 종류

① 고주파수 스퀼(high frequency squeal)

스퀼(squeal) 소음은 브레이크 시스템의 다른 부품에 의해서 발생할 수 있으나, 중~고주파수(4,000~16,000Hz) 대역에서 발생하는 스퀼 소음은 대부분이 디스크 브레이크에서는 디스크/패드, 드럼 브레이크에서는 드럼/라이닝 간의 마찰을 통해 발생하는 것으로 알려져 있다. 이때 디스크 또는 드럼은 자신의 고유주파수로 진동하면서, 동시에 스피커(speaker)처럼 기능하며, 음파는 디스크(또는 드럼) 표면으로부터 방사된다. 발생된 진동이 다른 부품과 공진을 일으켜 진폭이 큰, 스퀼 소음을 생성한다.

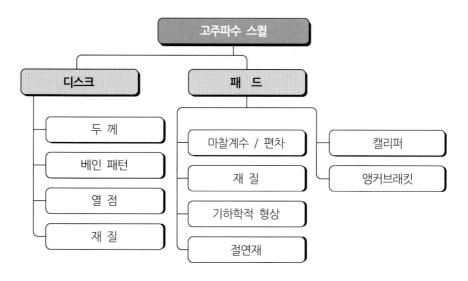

┃그림10-26┃ 고주파수 스퀼 소음에 영향을 미치는 요소들

2,000Hz 이상의 스퀼 소음의 경우, 소음 에너지는 100% 모두 공기전달 경로를 통해 차실 내부로 전달된다. 즉, 브레이크로부터 방사된 소음은 공기를 통해, 씰(seal), 창유리, 틈새, 또는 다른 경로로 차실 내부로 전달된다.

브레이크 스퀼 소음은 주관적(운전자) 또는 객관적(마이크로폰과 가속도계)으로 확인할 수 있다. 브레이크 스퀼은 FFT-스펙트럼에서 뚜렷하게 확인할 수 있는 음압 피크(peak)로 나타난다. 그리고 실제 스퀼 주파수는 시스템의 결합(coupling)효과 때문에 개별 부품의 주파수와는 차이가 있다.

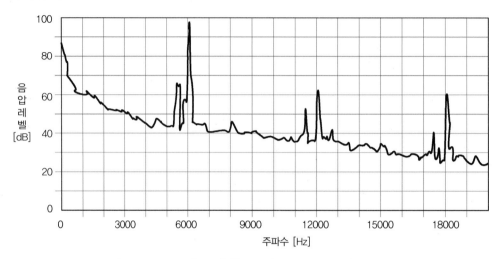

┃그림10-27 ┃ 고조파를 포함한 특유의 피크(peak)를 가진 브레이크 스퀼 소음

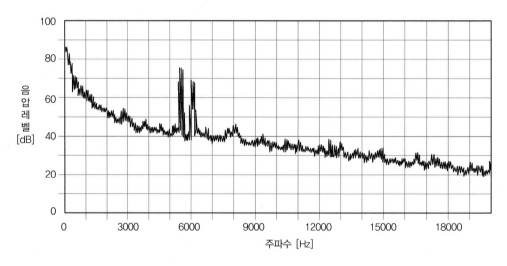

┃그림10-28 ┃ FFT 스펙트럼에 표시된 스퀼 소음의 음압 피크(peak)

② 저주파수 스퀼(low frequency squeal)

저주파수(700~3,000Hz) 스퀼 소음은 주로 캘리퍼, 앵커 브래킷, 너클과 현가에서 또는 이들의 결합을 통해 발생하지만, 디스크/패드 또는 드럼/라이닝 간의 마찰에 의해서도 발생한다. 주파수 2,000Hz 이하의 스퀼 소음은 구조전달 및 공기전달 경로를 통해서 차실 내부로 전달된다.

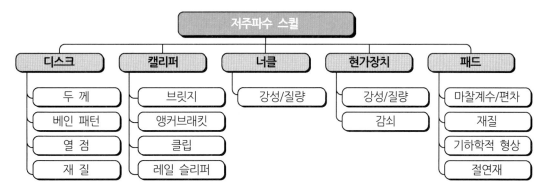

■그림10-29 ■ 저주파수 브레이크 소음에 영향을 미치는 요소들

③ 스퀼(squeal)의 범주에서 발생하는 여러 가지 현상들에 부여된 각기 다른 명칭들(예)

● 어플라이 스퀼(apply squeal)

제동을 시작할 때 발생하며, 일반적으로 짧은 시간 동안 지속된다.

● 첩 스퀼(chirp squeal)

짧은 시간 동안 지속하는 스퀼로써, 휠이 회전하는 동안에 반복적으로 발생한다. 일반적으로 주파수는 일정하다.

● 핀치 - 아웃 스퀼(pinch - out squeal)

차량이 정차하기 직전에 발생하며, 주파수는 다양하고, 잠깐 지속한다.

● 스퀵(squeak)

아주 짧게 발생하는 일련의 스퀼(a number of short-event squeals)로서, 흔히 제동하지 않은 상태에서 브레이크 디스크/패드 또는 드럼/라이닝 간의 마찰에 의해 발생하는 소음을 말한다.

● 와이어 브러쉬 (wire brush) 소음

통상적으로 10,000Hz 또는 그 이상의 주파수에서 특정 공진에 의해 동시에 발생하는, 다수의 다른 음색의 스퀼을 말한다. 전형적인 스퀼보다는 진폭이 더 작아, 작은 소리로 들린다.

(2) 브레이크 스퀼에 관한 일반 대책

① 가진력을 낮추고(예; 패드의 챔퍼 디자인)

② 감쇠를 증가시키고(절연재 선택)

③ 부품(예; 디스크, 슈 플레이트, 캘리퍼, 앵커 브라켓 등)의 고유주파수를 전위(shift)시킨다.

10-5 오디오 간섭소음과 도어 개폐소음
Noises of Audio Interference and Door Opening/Closing

1. 오디오 간섭소음(Noises of Audio-Interference)

오디오 신호의 재생 품질은 고객 설문조사에서 고품질 하이파이 시스템을 사용하는 고급 (premium) 자동차의 경우, 항상 우선순위가 높다. 일반적으로 오디오 시스템의 전기 부분은 고장이 적다. 오히려 기계적 소음이 불만의 원인인 경우가 많다.

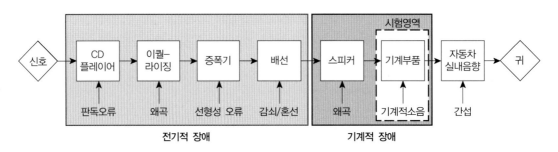

┃그림10-30┃ 오디오 전송에서 잠재적인 간섭 소음원

특히, 스피커와 그 주위 실내부품의 상호작용은 아주 중요하다. 예를 들어 스피커를 차체구조가 아닌 상대적으로 휨에 약한 트림(trim) 부품에 고정하면 스피커 진동판이 전기역학적 가진에 의해 가속될 뿐만 아니라, 반작용력에 의해 트림(trim) 부품에 기계적 진동이 발생한다. 이로 인해 스피커의 음향적 효율이 감소하고, 진동하는 트림(trim) 부품의 음향방사에 의해 왜곡이 발생하게 된다. 진폭이 클 경우, 아주 불쾌한 소음이 발생한다. (whirring; 윙윙 소리)

HiFi 가진은 방향성이 아주 강하다. 마찬가지로, 스피커 설치방식이 아주 중요하다. 이유는 도로 및 파워트레인과는 반대로 구조기인 소음과 방사된 공기기인 소음이 간섭소음의 발생에 영향을 미치기 때문이다. 그러므로 간섭소음 자유도는 실제로 설치된 HiFi-시스템으로 확보해야 한다. 오디오 시스템의 가진은 특정한 1/3 옥타브 대역에서 발생하므로 래틀(rattle)이나 윙윙거리는(whirring) 소음에 의한 가진신호(음악, 음성)와 고주파 간섭성분 외에도 공기기인 소음으로 감지할 수 있다.

주관적 전송품질의 정량적 평가를 위해 쯔비커(Zwicker)의 라우드니스 측정에 따른 음폐효과
도 고려해야 한다. 음폐곡선을 벗어난 간섭요소만이 실제로 외란의 소리크기에 영향을 미친다.

2. 도어 개폐소음

모듈러 도어 시스템(modular door system)에서 윈도 레귤레이터에는 파워 DC-모터가, 도어로
크 액추에이터에는 마이크로 모터가 내장되어 있다. 그리고 별도로 도어 미러(door mirror)에도
마이크로 모터가 내장되어 있다.

자동차 도어를 여닫을 때의 소음은 자동차 이용과 관련된 최초의 음향적 경험이다. 이 음향적
경험은 의식적으로 또는 무의식적으로, 전체 자동차의 품질에 대한 결론을 도출하는 데 강한 선
입견으로 작용한다. 따라서 자동차회사들은 특히 이 소음에 영향을 미치기 위해 상당한 노력을
기울이고 있다.

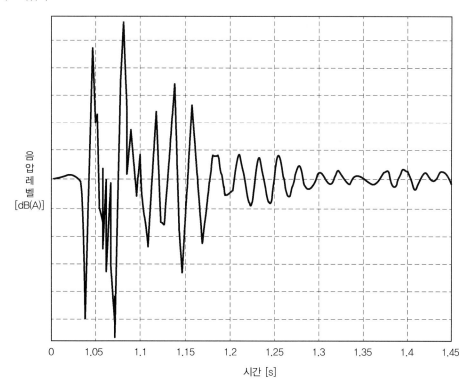

▌그림10-31 ▌ 도어를 닫을 때의 전형적인 소음의 시간적 변화

도어 소음의 감성적 효과는 본질적으로 다음과 같은 요인들로 특징지을 수 있다.

- 소리세기
- 음색
- 찰칵(딸깍) 소리/플롭(plop; 풍당, 풍덩, 퐁 소리)
- 진동(소음) 소멸 과정의 소음

소리세기는 소음의 일반적인 양적 측면을, 음색은 품질 측면을 나타낸다. 저주파수 성분이 많으면 어둡고, 고주파수 성분이 많으면 밝을 수 있다. 고주파 대역이 강하고 저주파대역 성분이 적으면 밝은 느낌을 주며, 100Hz 이하의 저음(base)이 강하고 동시에 고주파 대역 성분이 감소하면 다소 어두운 느낌을 준다. 일반적인 음색 외에도 도어 소음은 가끔 약간의 뚜렷한 딸깍(clicking) 소음이나 무딘 느낌에서 샴페인 병의 코르크 마개를 제거할 때와 유사한 플로핑(plopping) 음색까지 다양하다. 이때 딸깍(clicking) 소음은 3kHz 이상의 주파수에서 큰 진폭을 가지며, 일부는 시간상으로 주(主) 소음 직후에 발생한다. 반면에 강한 플로핑(plopping) 소음은 150Hz~500Hz 범위의 주 소음에서 순음의 증가를 나타내며, 실제로 도어를 열 때만 발생한다. 진동 소멸과정의 소음은 주 충격 후에 특정 소음성분이 더 지속될 때 감지된다. 이 소음은 천천히 감쇠되는 순음 성분뿐만 아니라, 더 충격적이고 불규칙한 래틀(rattle) 소음에 의해 발생할 수도 있다.

열 때의 소음은 레벨범위 50~54dB(A) 정도이고, 잠금 소음은 레벨범위 58~62dB(A) 정도이다. 일반적으로 소음품질은 이보다 낮으면 조용한 것으로, 이보다 높으면 시끄러운 것으로 평가된다. 또한 클릭(click) 소음이 들리지 않고 약간의 플로핑(plopping) 소음만 들리는, 오히려 어두운 소리를 선호하는 경향이 있다. 어떤 형태로든 울리는 소음은 바람직하지 않으며, 이는 도어 개폐 소음의 품질을 약화시킨다.

도어 소음은 과도적인 기능소음으로서 각각 전형적인 주파수 중심과 소멸과정을 가진 특징적인 주- 및 부차적인 충격음(shock)으로 구성된다. (그림 10-31).

도어 소음 대부분은 자물쇠에서 발생한다. 문을 닫을 때, 금속 잠금부(폴과 회전 래치)가 서로 충돌하여 구조기인소음을 발생시켜 키-플레이트에 전달한다. 키-플레이트는 도어에 단단히 볼트로 고정되어 있어 구조기인 소음이 도어에 전달된다. 자물쇠 안의 걸쇠는 몸체에 붙어있는 스트라이커를 움직이지 못하게 잡아서 제자리에 고정한다. 결과적으로 자물쇠에서 발생하는 구조기인소음의 일부는 스트라이커를 통해 차체로 전달된다. 스트라이커에 전달된 구조기인소음은 도어와 차체에 전달, 일부는 2차 공기기인 소음으로 다시 방사된다.

도어를 닫을 때는 폴(pawl)과 회전 래치가 서로 강하게 충돌하기 때문에 공기기인소음이 직접 발생하지만, 키-씰과 키-하우징에 의해 많이 차단된다. 댐핑 플라스틱으로 폴 및 회전 래치를 덮어씌우면, 두 부품이 서로 부딪칠 때 고주파 구조기인소음의 전달을 감소시켜, 저주파수 소음을 보장한다. 동시에 성가신 클릭(click) 소음이 제거된다.

디스크가 충분히 감쇠되지 않았을 때 도어를 닫으면, 디스크가 덜컹거리는 소음이 발생하기 쉽다. 닫혀 있는 도어를 열면 압축상태의 도어씰에 저장된 에너지가 다시 방출된다. 따라서 도어를 열 때의 소음레벨에 대한 주 영향변수는 씰의 대응압력이다.

그러므로 고유 공명도가 높은, 진동하는 금속판 표면은 밝은 소리를 낸다. 또한, 소리의 울림은 박판 표면에서 발생한다. 박판 표면이 공진상태에서 진동하기 때문이다. 영향을 받는 영역에 댐핑 매트 및 드로닝(droning)에 저항하는 라이닝을 접착하여 이러한 현상에 긍정적인 영향을 미칠 수 있다.

차체의 진동과 소음
Noises and Vibrations of Vehicle Body

개요
Introduction

차체(車體 : Body)란 자동차의 기본 골격을 포함한, 전체적인 외관 형상을 말한다. 차량의 모든 하위 시스템들은 차체에서 서로 결합된다. 차체는 탑재된 하위 시스템들(파워트레인, 섀시, 각종 보조장치, 내/외장 등)을 이용하여 승차자와 적재물을 운송하며, 환경영향 및 불의의 사고로부터 승차자와 내용물을 보호한다.

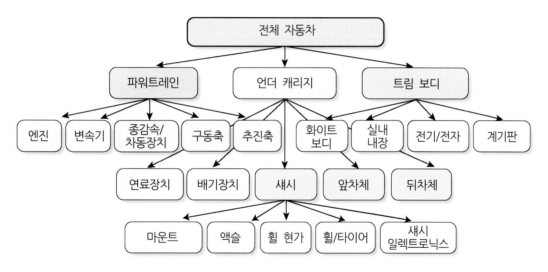

┃그림11-1 ┃ 전체 자동차의 구성

용도에 따라 구조와 형상은 다르지만, 공통으로 경량화, 정적/동적 강성(stiffness) 및 강도(strength)의 확보, 진동/소음의 저감, 내구성, 안전성과 경제성 등을 추구한다.

화이트-보디(BIW; Body in White)란 각종 금속판 부재를 조립하여 도장공정으로 이송되기 직전의 차체를, 트림-보디(TB; Trimmed Body)란 도장이 완료된 차체에 개폐구조물과 내장/외장이 조립된 차체를 말한다.

11-2 차체 일반
Generals of Vehicle Bodies

차체의 형태는 주로 용도(예: 승용, 화물, 승합)에 따라 구분된다. 승용자동차는 크게 세단, 쿠페, 컨버터블, 웨건, SUV, MPV(다목적 자동차) 등으로 분류한다.

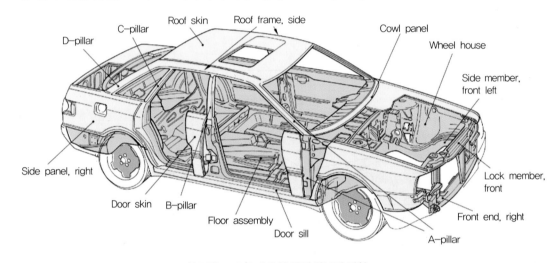

▌그림11-2 ▌ 승용차 차체 각부의 명칭

1. 차체의 구조 및 특성

차체의 구조는 크게 화물자동차 및 버스와 같은 자동차에 사용되는 사다리꼴 차대(ladder type frame), 그리고 대부분의 승용자동차에 사용되는 일체형(monocoque) 차체로 구분한다. 이들의 변형인 서브-프레임(sub-frame) 차체와 공간-프레임(space frame) 차체 등 다양한 구조의 차체들이 사용되고 있다.

▌그림11-3 ▌ 사다리꼴 차대에 조립된 파워트레인과 현가장치(예)

(1) 경량 구조 차체

그림 11-4는 강철, 알루미늄, 마그네슘 및 탄소섬유 강화 플라스틱(CFRP: carbon fiber-reinforced polymer) 소재를 사용하여 무게를 줄이고, 강성을 증가시킨 공간 차대(空間車臺) 구조의 ASF(AUDI Space Frame) 차체이다.

뒤쪽의 격벽 상부와 선반은 CFRP 테이프를 에폭시 수지로 여러 겹 적층하여 완성한, 비틀림에 강한 초고강도 경량부품이고, 앞 격벽(bulkhead)의 하단부, 측면 문턱, B-필라 및 지붕 선(roof line)의 전반부는 초고장력 강판 부품이다. 이들 박판 소재의 일부는 압연하여 다양한 두께로 생산하고, 일부는 부분 열처리를 하여 무게를 줄이면서도 강도를 높였다. 알루미늄 합금재료는 위치에 따라 주조품, 형강 및 박판의 형태이며, 차체 중량의 약 58%를 차지한다.

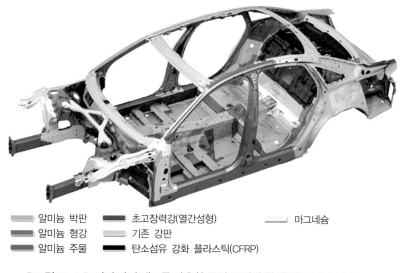

■그림11-4 ■ 여러 가지 재료를 사용한 공간 프레임 차체(예: AUDI A8 L)

(2) HEV/EV 차체의 특징

전기자동차(EV)는 구동축전지와 구동전기모터/인버터 등 관련 장치의 추가로 인해 기존의 동급 내연기관 자동차와 비교하여 약 5% 정도의 중량 증가가 불가피하다. 그리고 주행거리가 짧고 연비효율도 낮다는 단점을 가지고 있다. 이와 같은 단점을 보완하기 위한 대안으로 무엇보다도 차체를 경량화하고 축전지 용량을 증대시키는 방법을 모색한다.

하이브리드 자동차(HEV)는 내연기관은 소형화(downsizing)되었으나, 구동 축전지, 구동 모터와 변속기 그리고 파워일렉트로닉스가 추가되므로 중량의 증가를 피할 수 없다.

전기자동차(EV)는 배기장치와 추진축 등이 생략되므로 언더보디를 평탄하고 낮게 설계할 수 있으며, 구동 축전지를 마룻바닥에 분산, 배치할 수 있어, 무게중심을 낮게 유지할 수 있다. 그리고 차체 앞부분에 방열기 그릴이 생략되므로 공기저항계수를 낮출 수 있다.

자동차 회사들은 소재 측면의 경량화 방법으로 기존 차체에 사용되고 있는 철강소재를 초경량 고강도 강(Ultra High Strength Steel), 마그네슘합금, 알루미늄합금 및 탄소섬유 강화 플라스틱(CFRP) 등으로 대체하고 있으며, 일부 회사들은 초경량 고강도 비철 소재의 HEV/EV 전용 차체 플랫폼(platform)을 개발, 양산 자동차에 적용하고 있다.

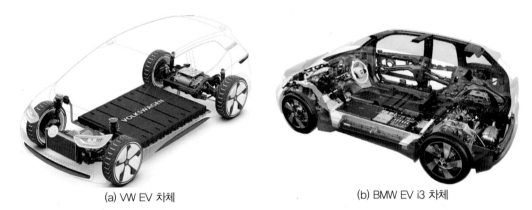

(a) VW EV 차체   (b) BMW EV i3 차체

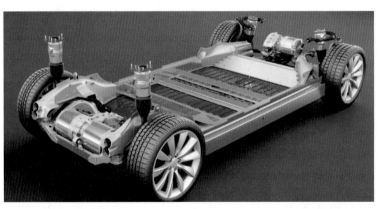

(c) Tesla Model S 차대 (85kWh battery Pack + Air suspension strut)

▌그림11-5 ▌ 전기 자동차의 차체 구조(예)

그림 11-5에 제시된 전기자동차의 차체구조를 보면, 앞/뒤 오버행(overhang)이 짧고, 축간거리가 길어서 전/후 차축과 좌/우 사이드-멤버로 둘러싸인 차체 바닥에 축전지를 균등 배치할 수 있다. 축전지를 상대적으로 안전한 차체 바닥에 설치함으로써 축전지를 충돌사고로부터 보호할 수 있다. 그러나 시트의 착석 위치는 상대적으로 높아진다.

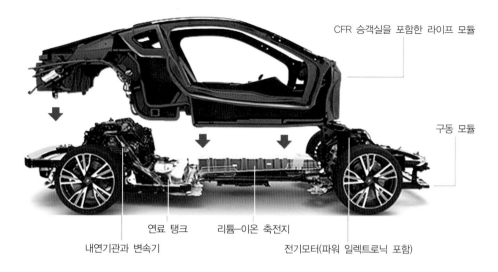

연료 탱크   리튬−이온 축전지

CFR 승객실을 포함한 라이프 모듈

구동 모듈

내연기관과 변속기   전기모터(파워 일렉트로닉 포함)

┃그림11-6 ┃ 하이브리드 전기자동차(HEV)의 초경량 차체구조 (출처; BMW)

초경량 고강도 차체를 실현하기 위해 알루미늄합금 및 마그네슘합금을 사용한 차대(frame)에 탄소섬유 강화 플라스틱(CFRP) 또는 붕소(boron)합금의 일체식 차실(cabin)을 장착하는 형식 (body on frame)의 하이브리드/전기자동차 차체가 소개되고 있다.(그림 11- 6 참조)

CFRP는 경량, 고강도, 내구성 및 부식 저항성이 우수하고 외관이 미려해 도장 필요성이 감소한다는 이점이 있는 반면에, 고가이고, 온도 저항성이 낮고, 용접할 수 없으며, 열경화성 수지를 사용할 때는 재활용이 불가능하다는 등의 단점을 가지고 있다.

(3) 안전 차체(safety body)

수동 안전대책의 하나로 차체설계 단계에서 사고에 대비한 안전대책을 마련한다..

① 충격흡수 구역(crumple zone)

일반적으로 승용차의 차체는 안정적인 차실(승차공간)과 선단/후단의 충격흡수 구역 (crumple zone)으로 구성된다. 전/후방 충돌사고가 발생하더라도 충격흡수 구역이 충격에너지를 흡수하면서 변형되고, 차실(승차공간)은 원래의 형태를 유지함으로서 승차자의 생명을 보호하는 것을 목표로 한다. 충격흡수 구역에는 세로 멤버(longitudinal member) 또는 크로스 멤버(cross member)가 사용된다. 이들 멤버들은 예를 들면 전방 충돌사고 시에 미리 정해진 좌굴도로 전방 차체 하부에서 변형된다. 심각한 사고의 경우에만 차체의 뒷부분이 충돌 에너지 흡수에 이용된다.

‖ 그림11-7 ‖ 승용자동차 차체의 충격흡수 구역

② 벨트 라인(belt line)

정면충돌 사고의 경우, 충격흡수 구역의 기존 영역이 충격에너지를 모두 흡수할 수 없을 때를 가정하여 벨트라인(belt-line) 영역의 부품들이 사전에 정의된 변형도로 변형되도록 설계한다. 이와 같은 방법으로 차실공간의 전방 영역이 지나치게 변형되는 것을 방지할 수 있다. 벨트 라인은 앞 패널 상부의 사이드 멤버/펜더 마운트, A-필라, 도어 임팩트 바, B-필라 그리고, 디자인에 따라서는 C-필라로 연결된다. 이러한 구조설계 대책의 결과, 사고 후에 바닥 어셈블리(floor assembly)보다는 상부의 벨트라인 영역에서 변형이 더 크게 나타난다.

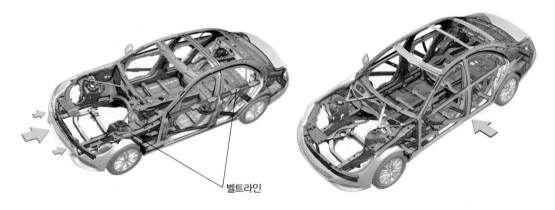

‖ 그림11-8 ‖ 벨트라인에서의 변형경로   ‖ 그림11-9 ‖ 측면충격 시 힘의 전달경로

③ 측면 충격에 대한 보호 기능

문 영역의 보강재, 대쉬보드의 높이에 있는 좌/우 A-필라 사이의 크로스-멤버, 문틀의 보강재, B-필라와 C-필라 그리고 바닥의 크로스-멤버가 측면 충돌사고 시에, 탑승자를 상해로부터 더 잘 보호할 수 있도록, 차체의 변형 거동에 영향을 미친다.

주행 중 노면의 상태나 운전조건에 따라 차체에는 비틀림이나 굽힘이 발생한다. 이로 인해 승차감의 악화는 물론이고 차량의 안전이 위협받을 수도 있으므로 차체 설계단계에서 이를 고려한다. 차체의 동적 거동은 전체 차량의 진동 거동에 큰 영향을 미친다. 주로 하중 부하에 대해 굽힘과 비틀림의 정도를 파악하기 위한 정적 강성(정강성)의 해석 그리고 고유진동수를 계산하기 위한 동적 강성(동강성)의 해석을 수행한다. 차체의 동적 거동은 주로 전역(global) 고유 주파수와 진동 모드의 특성으로 설명한다.

(1) 정적 강성(정강성)(static stiffness)

차체의 정강성이 너무 낮으면 차량의 주행 동역학에 부정적인 영향을 미친다. 그리고 도어, 보닛, 특히 컨버터블의 소프트톱(softtop)의 경우, 예를 들어 한쪽 바퀴는 도로에, 반대쪽 바퀴는 인도에 주차할 때는 차체의 비틀림 때문에 완벽하게 잘 열리지 않거나, 완벽하게 닫히지 않을 수도 있다. 또 차체의 강성이 충분하지 않으면, 요철 노면을 주행할 때 덜거덕거리는(rattle) 소음이나 삐걱거리는(creaking) 소음이 유발될 수도 있다.

차량의 경량화 요구를 충족시키기 위해서는 질량을 최소한으로 사용하여, 필요한 차체 강성을 확보해야 한다. 이는 하중지지 구조의 하중지지 단면뿐만 아니라 가능한 한 가장 견고한 마디(node)에서 이들 구조를 결합시켜 달성할 수 있다. 최소한의 질량을 사용하여 높은 비틀림강성을 확보하기 위해 중요한 것은 링(ring)구조와 전단(shear)영역의 생성이다. 예를 들어, 뒤 시트영역은 가능한 한 닫힌 비틀림-링(closed torsion ring)을 형성하도록 설계해야 하며, 이는 후단부(rear-end)에 의해 보완된다. 엔진룸과 차실 사이의 격벽(bulkhead)은 전단영역으로 설계하며, A-필라와 터널을 통해 전단에 강하게 바닥(floor)과 구조물에 연결된다. 그러나 구조물의 강성은 결합기술(접착, 점용접 등) 품질의 영향을 크게 받는다.

화이트 보디(BIW)의 경량구조 품질(L)은 차륜의 투영면적(=축간거리×차륜거리)을 기준으로 얼마나 적은 질량으로 목표로 하는 강성에 도달할 수 있는지가 그 척도이다.

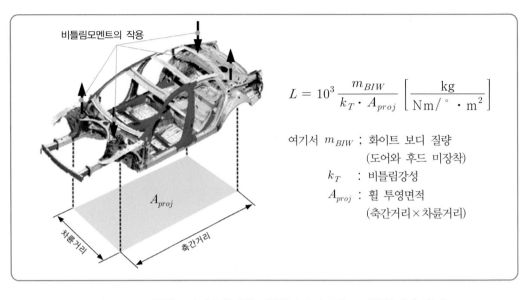

여기서 m_{BIW} : 화이트 보디 질량
(도어와 후드 미장착)
k_T : 비틀림강성
A_{proj} : 휠 투영면적
(축간거리×차륜거리)

$$L = 10^3 \frac{m_{BIW}}{k_T \cdot A_{proj}} \left[\frac{\text{kg}}{\text{Nm}/° \cdot \text{m}^2} \right]$$

∎ 그림11-10 ∎ 차체(BIW)의 굽힘강성, 비틀림강성 및 경량구조 품질(L) 측정(예)

굽힘강성(bending stiffness; k_B)은 차체(BIW)의 전/후방 좌/우 현가 마운트(mount) 부위를 고정하고 차체 하부구조의 좌우 사이드 패널(outer sill panel)의 중앙부에 각각 정해진 하중을 가하고 굽힘강성을 측정한다. 굽힘강성(k_B)은 다음 식으로 구한다.

$$k_B = \frac{F_x}{\delta_x} \quad \text{(11-1)}$$

여기서　F_x : 차체에 가하는 정하중,　　　δ_x : 하중 작용방향에 대한 변위

비틀림강성(Torsional stiffness; k_T)은 차체 후방 좌/우의 현가 마운트(mount) 부위를 고정하고, 차체 전방의 좌/우 현가 마운트에서 서로 반대방향(상/하)으로 비틀림 하중을 가한다. 비틀림강성(k_T)은 가한 토크(=하중×토크암의 길이)(T)를 비틀림각(θ_x)으로 나누어 구한다.

$$k_T = \frac{T}{\theta_x} \quad \text{(11-2)}$$

여기서　T: 차체에 가하는 비틀림 토크(하중×토크암의 길이)[Nm]
θ_x : 토크 작용점에서 토크작용방향에 대한 비틀림각[°]

(2) 동적 강성(동강성)(dynamic stiffness; k_{dyn})

동강성이란 역학계의 임의의 지점에서 단순조화운동으로 가진되어 발생한 변위에 대한 힘의 복소비를 의미한다. 동적 순응성(dynamic compliance)의 역수이다. 실제 차량에서 진동은 타이

어 → 휠→ 현가장치를 거쳐 차체에 전달되기 때문에 현가장치 모델링이 필요하지만 이를 생략하고, 하중이 직접 차체의 현가 마운트 설치부에 작용하는 것으로 가정하고 실험한다. 국부적인 진동보다는 굽힘모드와 비틀림 모드를 관찰하고, 그 때의 고유진동수를 구한다. 차체의 고유진동수로부터 차체의 동적 거동을 파악한다. 고유주파수는 예를 들면, 동강성(k_{dyn})을 식(3-20) 고유주파수를 구하는 식에 대입하여 구할 수 있다. 동강성(k_{dyn})은 다음 식으로 구한다.

$$k_{dyn} = \frac{F_{dyn}}{x_{dyn}} \quad \cdots\cdots\cdots\cdots\cdots\cdots\cdots\cdots\cdots\cdots\cdots\cdots\cdots\cdots\cdots\cdots\cdots\cdots\cdots (11\text{-}3)$$

여기서 F_{dyn} : 동하중, x_{dyn} : 동하중에 의한 변위

진동주파수가 트림-차체(trimmed body)의 전형적인 진동수인 2~4Hz보다 더 높을 경우, 트림 - 차체(TB)를 더 이상 강체로 간주할 수 없다. 따라서 자동차의 구조동역학적 고유특성은 진동 안락성과 구조기인소음의 전달 측면에서 아주 중요하다. 이때 전역(global) 고유모드는 주로 구조기인소음의 생성 및 전달을 위한 진동거동 및 국부(local) 진동모드와 관련이 있다[84].

전역(global) 구조동역학적 거동의 특성을 파악하기 위해서는 무엇보다도 4 가지 전역(global) 진동모드인 1차 및 2차 굽힘(=후방 굽힘) 모드와 1차 및 2차 비틀림(=앞차체 비틀림) 모드가 중요하다. 스테이션 웨건, SUV, 다목적 자동차(MPV)와 같은 공간기능적 차량의 경우, 추가로 후방 평행 사변형 진동모드와 관련이 있다[85].

굽힘 고유모드는 차체의 가로축(Y축)을 중심으로 차체가 구부러지는 것을 말한다. 이 경우, 차체는 비교적 강성이 강한 앞차체, 승객실(차실) 및 뒷차체(트렁크 부분)로 나눌 수 있다. 굽힘은 주로 앞 격벽(엔진룸과 차실 사이의 벽) 영역과 뒤 격벽(차실과 트렁크 사이) 영역의 중간에서 발생한다. 굽힘선이 매우 조화적이지 않을 경우를, 앞차체 또는 뒷차체의 꺾임이라고도 한다. 조화적인 굽힘선을 위해 가능한 한 차체의 꺾임을 피해야 한다.

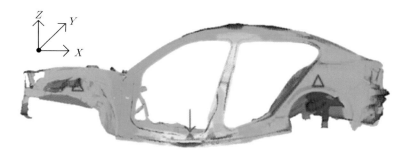

▌그림11-11▐ 실험적인 모드 해석을 이용하여 조사한 차체의 굽힘 형상

비틀림 고유모드는 차체의 세로축(X축)을 중심으로 하는 진동 형태이다. 앞차체 비틀림의 경우, 승객실의 앞쪽 선단(front end)에 현저한 스윙(swing) 동작이 발생한다. 대형 테일 게이트(tail gate) 형태의 개방형 공간기능적 차량의 경우, 비틀림진동이 발생할 수 있는 데, 경우에 따라서는 평행사변형과 더 유사한 진동형태를 나타낸다. 개방형 차량에서 관찰되는 첫 번째 차체 모드는 항상 1차 비틀림 모드이다.

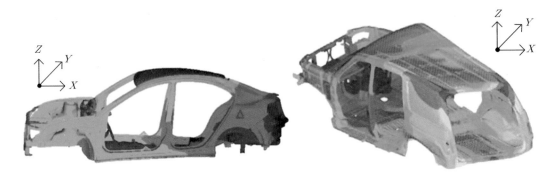

▮그림11-12▮ 실험적인 모드 해석을 이용하여 구한 차체의 비틀림 형상(예)

차량의 구조 동역학적 설계는 주파수 분리원칙에 기반을 두고 있다. 이 목적을 위해 차체의 전역고유주파수는 공전 시에는 지배적인 기관의 진동차수에 의해, 주행 중에는 차륜의 진동차수에 의해 가진되지 않도록 설정되어야 한다. 이 외에도 연성(coupled) 진동을 피하기 위해서는 개별 고유공진 사이에 최소한 주파수 2~3Hz의 간격이 있어야 한다. 그림 11-13은 대형 승용 리무진의 예를 들어 주요한 상관관계를 나타내고 있다. 그림에서 볼 수 있듯이 구조 동역학적으로 명확하게, 잘 입증된 차체설계의 경우 전역 차체공진에 매우 좁은 주파수 대역만 사용할 수 있다. 이와 같은 설계를 통해서 기관의 공회전속도 약 600~700rpm의 범위에서는 기관의 진동차수에 의한 전역 차체공진이 발생하는 것을 방지하고, 동시에 주행 중 최고속도 200km/h까지에서 차륜의 불평형에 의한 공진이 발생하지 않도록 한다. 표 11-1은 다양한 차체 형태에 대한 이러한 요구사항으로부터 파생된 전형적인 목표 시스템을 제시하고 있다.

전체 시스템 자동차는 하위시스템 트림-차체(TB), 그리고 섀시를 포함한 파워트레인으로 나눌 수 있다. TB의 구조 동역학적 거동은 주로 화이트 보디(BIW)의 강성, 그리고 실내 내장재와 장착부품의 추가 질량에 의해 결정된다. 추가 질량은 예를 들어. 중형 승용자동차의 경우 약 500kg 정도이고, 소위 "TB" 모델에서 계산적으로 고려된다. 반면에 화이트 보디에 표준질량을 배정(BIW+SMA; standard mass assignment)하여 TB의 구조 동역학적 평가를 예측할 수 있다.

▌ 표 11-1 ▌ 다양한 차량개념에 대한 전형적인 고유주파수(예)

진동형태	고유 주파수[Hz]		
	리무진	투어링	컨버터블
1차 굽힘 (4/6 기통)	27 / 26	27 / 26	21
1차 비틀림 (4/6기통)	30 / 29	30 / 29	19
2차 굽힘 (뒤 꺾임)	46	〉45	
2차 비틀림 (뒤 평행사변형)		〉34	
2차 비틀림 (앞 차체)	40	40	〉36

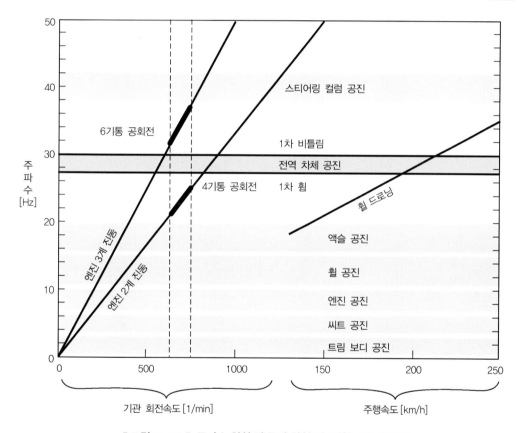

▌ 그림11-13 ▌ 주파수 위치 및 공진 위치(예; 대형 승용 리무진)

예를 들어 150kg의 질량을 화이트 보디(BIW)의 특정 부위에 배분하고 실험한 결과를 보면, 잘 정의된 고유진동 모드를 얻을 수 있는 것으로 확인되고 있다. 그러나 실제 차량과 비교하여 부가 질량이 작으므로, 고유주파수는 전체 차량의 고유주파수보다 더 높게 나타난다.

▌표 11-2 ▌ 다양한 시스템 구조의 구조 동역학적 분석 중점사항

구조 모델	고유모드	고유주파수	강성
화이트-보디(BIW)			★
BIW+SMA	★		
트림-보디(TB)		★	
전체 자동차		★	

* BIW+SMA(화이트 보디+ 표준질량 배정)

표 11-2는 서로 다른 구조모델이 분석측면에서 서로를 보완하고 있다는 것을 잘 나타내고 있다. 고유진동 모드의 분석에는 표준질량이 배정된 화이트보디(BIW+SMA)를 필요로 하는 데 반해, 전역적 및 국부적 강성의 판단은 "BIW"에서 이미 확정할 수 있다. 고유주파수의 정확한 값은 "TB" 모델 또는 전체 차량에서만 확정할 수 있다. 표 11-3은 중형 승용자동차를 사용하는 다양한 시스템 버전에 대한 전형적인 진동모드와 각 모드에서의 고유주파수를 나타내고 있다.

▌표 11-3 ▌ 전형적인 중형 승용자동차의 전역 고유진동모드 및 주파수(예)

구조 모델	굽힘	1차 비틀림	2차 비틀림
화이트보디(BIW)	54	53	59
BIW+SMA	31	32.5	38
트림-보디(TB)	8	30	37.5
전체 자동차	26.5	30	37

표 11-3에 제시된 바와 같이, 세단의 경우, BIW의 1차 고유주파수는 일반적으로 50Hz 이상이다. 반면에 4인승 컨버터블의 경우 차량의 비틀림 모드는 특수한 강화대책을 강구하지 않으면, 15Hz 이하가 될 수도 있다. 그러므로 이 모드는 기관 고유주파수 및 차축 고유주파수에 매우 가깝다. 따라서 기관진동과 차축진동에 의해 쉽게 가진될 수 있으므로 컨버터블과 같은 개방형 차량의 승차감에 특히 중요한 사항으로서 1차 비틀림 모드를 평가해야 한다.

따라서 기관진동과 차축진동으로부터 특히 차체를 격리하기 위해서는 가능한 한 높은 강성을 확보해야 할 필요가 있다. 필요한 보강 대책에는 승용차 차체와 비교하여 100kg 이상의 질량이 필요할 수도 있다. 보강 대책만으로 목표를 달성할 수 없으면, 추가로 또는 별도로 차체에 흡진기(mass damper)를 장착한다. 흡진기의 설치 위치는 1차 비틀림 모드의 진동진폭이 최대가 되는 위치가 적합하다. 이들 위치는 항상 차체의 바깥쪽 모서리에 있다. 다수의 컨버터블 모델에서는

10kg을 훨씬 초과하는 추가 질량의 흡진기를 장착하기도 한다.

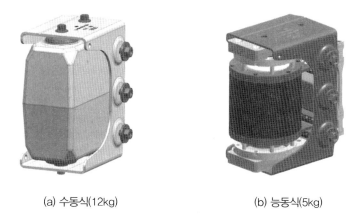

(a) 수동식(12kg) (b) 능동식(5kg)

▌그림11-14 ▌ 컨버터블용 흡진기(mass damper)의 예

3. 차체 보강 빔(reinforcement beam) 또는 버팀대(brace)

X형 크로스 버팀대(X-cross brace), 보강 빔(binding beam) 또는 버팀대(brace) 등은 재료 소비를 최소화하면서 차체구조의 면적 관성모멘트를 크게 증가시켜 전역 고유 주파수를 필요한 값으로 유지하는 데 종종 사용된다. 특히 개방형 차량(예: 컨버터블, 로드스터) 또는 후방 및 지붕에 대형 개구부(opening)가 있는 차량(예: Touring, SUV)들은 일반 승용자동차보다 굽힘강성과 비틀림강성이 크게 낮으므로, 차체 보강용 버팀대(brace)를 필요로 한다. 버팀대를 사용하여 중요한 연결지점 또는 힘이 작용하는 지점에서 차체의 국부 강성 및 전역 강성을 목표로 하는 수준으로 보강할 수 있다.

전역적으로 영향을 미치는 버팀대(brace)는 컨버터블, 투어링 및 SAV(Sport Activity Vehicle)의 언더보디(underbody)에 설치되어 차체 중간 영역과 양쪽 도어 문턱(door sill) 사이를 인장-압축-연결을 통해서 차체의 비틀림강성을 증가시킨다. 컨버터블의 경우에는 언더보디(underbody) 영역에 추가로 버팀대 세트를 거의 대칭으로 설치한다. 콤비-자동차 및 SAV의 낮아진 비틀림강성은 후방 버팀대로 보강한다.

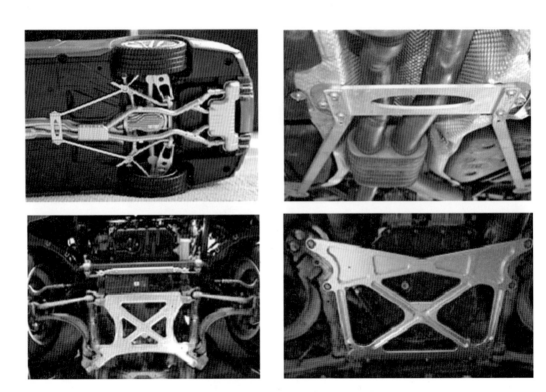

▌그림11-15 ▌ 컨버터블 차체에 설치된 다양한 보강 받침대(전방/후방)

차체의 방진
Anti-Vibration of Vehicle Body

현재의 진동수준이 승차감(안락성) 기준 측면에서 허용할 수 없는 수준이라면, 이를 적정 수준으로 낮추기 위한 대책을 마련해야 한다. 진동방지 및 감소 대책은 에너지 요구 수준에 따라 수동(passive), 반-능동(semi-active) 및 능동(active) 대책으로 구분할 수 있다.

수동 대책은 구성부품의 매개변수를 변경하여, 전달경로의 전달거동에 영향을 미친다. 따라서 에너지를 추가로 필요로 하지 않는다. 반-능동 대책은 전달경로의 전달기능에도 영향을 미친다. 그러나 작동상태에 따라 관련 구성부품의 매개변수를 조정하기 위해서는 능동적으로 제어하거나 조정할 수 있는 부품으로 설계해야 한다. 이들은 추가로 에너지의 제한적인 공급을 전제로 한다. 완전-능동 대책의 경우, 진동은 전달경로의 매개변수 변화의 영향을 받지 않고 추가 보정력의 영향을 받는다. 필요한 액추에이터들은 지속적이면서도 상당한 수준의 추가-에너지를 필요로 한다.

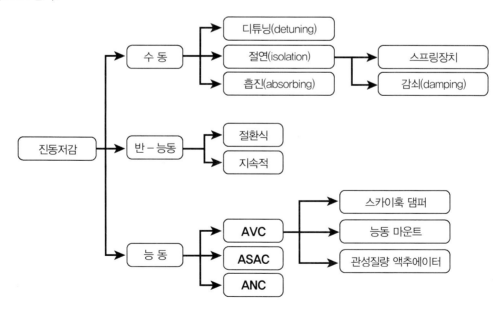

┃그림11-16┃ 진동 저감 대책의 분류

전달경로에 영향을 미치는 수동 대책은 가능한 한, 증상의 통제보다는 가진의 방지를 우선으로 한다. 예를 들어, 질량 불평형 상태인 기관에 보상축(balance shaft)을 설치하여 관성력을 보상할 수 있다. 가진을 피할 수 없는 경우는, 가진 스펙트럼과 전달함수의 진폭응답의 바람직하지 않은 조합을 피하기 위해서는 공진주파수를 변경하는 것이 좋은 해결책일 수 있다. 이 경우, 진동전달에 관여하는 구성부품의 강성 또는 질량을 변화시켜야만 한다. 예를 들면, 엔진의 공전속도와 차체의 구조공진의 조합이다. 진동 감소를 위한 가장 중요한 수동대책은 탄성 마운트를 이용하여 시스템의 나머지 부분으로부터 진동원을 확실하게 절연(isolation)시키는 것이다. 또 원하지 않는 진동을 감소시키기 위해 진동하는 차체 바닥에 제진재를 부착한다. 또한, 적합하게 조정된 추가 진동시스템(흡진기)을 진동을 감쇠시켜야 할 시스템에 장착하여 공진을 제거하는 방법이 아주 성공적으로 실행되고 있다. 개방형 차량(컨버터블)에서는 차체의 떨림(rattle)진동을 줄이기 위해 차체에 흡진기(mass damper)를 부착한다. 이와 같은 대책들은 일반적으로 특정 주파수 대역에서만 원하는 효과를 얻을 수 있으며, 해당 주파수 대역을 벗어나면 진동이 증가될 수도 있다. 따라서 진동을 감소시키기 위한 대책을 성공적으로 적용하기 위해서는 진동시스템의 정확한 분석이 선행되어야 한다.

작동상태에 따라 감쇠부품의 매개변수에 영향을 미치는 반-능동 대책에서는 안전과 승차감 사이의 목표갈등을 해결하기 위해서는 현가장치를, 또 엔진의 공회전 진동과 차체의 진동절연 사이의 목표갈등을 해결하기 위해서는 엔진 마운트를 제어한다.

저주파수 진동을 줄이기 위한 능동 진동제어(AVC: Active Vibration Control)는 높은 구현 비용 및 에너지 수요 때문에 아직 성숙단계에 이르지 못하고 있으며, 차체구조에 작용하여 소음방사에 적극적으로 영향을 미치기 위한 능동 구조적 음향제어(ASAC: Active Structural Acoustic Control)의 개발도 큰 진척이 없다. 이와는 대조적으로 음장에 직접, 적극적으로 영향을 미치는 능동소음제어(ANC: Active Noise Control)는 이미 양산차량에서 그 적합성이 입증되고 있다. (pp.344, "실내 소음의 능동제어" 참조)

여기서는 제10장까지에서 설명하지 않은 진동 저감대책을 간략하게 설명할 것이다.

진동은 질량(mass), 감쇠(damping) 및 강성(stiffness)에 의해 결정된다. 일반적으로 강철 박판의 질량이나 강성을 증가시키면, 진동의 진폭은 변하지 않고 정점(peak) 주파수의 위치가 변한다. 정점(peak) 주파수는 질량을 증가시키면 낮은 주파수 대역으로, 강성을 증가시키면 높은 주파수 대역으로 이동한다. 이와는 대조적으로 강판의 감쇠성을 높이면, 정점 주파수의 진폭이 작아진다. 또 강판은 탄성계수가 높아서 진동이 잘 발생하고, 발생된 진동의 감쇠는 느리게 진행되며, 발생하는 소음은 크고 오래 지속된다.

1. 진동절연 부품(elements for vibration isolation)

정적 하중을 감당하기 위해서는 충분한 강성(stiffness)이, 저주파수 진동의 공진영역에서의 진폭을 제한하기 위해서는 높은 감쇠(damping)능력이, 초임계 영역에서 높은 주파수의 소음을 차단하기 위해서는 우수한 절연(isolation)능력이 필요하다. 또 우수한 절연을 위해서는 강성이 작고 감쇠능력은 가능한 한 낮아야 한다. 즉, 목적에 따라 이들 특성은 서로 모순적이다. 그러므로 자동차에는 탄성 스프링 부품과 댐퍼(damper) 부품을 결합하거나, 또는 점탄성 부품을 사용한다. 특히 하나의 부품에 댐퍼특성과 스프링특성을 겸비한 것들을 많이 사용한다.

(1) 탄성 스프링 요소(elastic spring elements)

① 강철 스프링(steel spring)

강철 스프링은 여러 가지 형태(코일 스프링, 판스프링, 디스크 스프링, 토션 바, 스태빌라이저)로 사용되고 있다. 스프링 강은 넓은 변형 범위에서 거의 선형(linear) 탄성 특성을 나타낸다. 노화, 크리프(creep) 및 소성변형은 아주 작으므로 대개 무시할 수 있다. 일반적으로 승용자동차에는 코일 스프링을, 화물자동차에는 판스프링을 많이 사용한다.

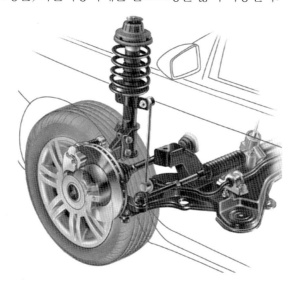

∥그림11-17∥ 코일 스프링과 함께 장착된 맥퍼슨 댐퍼 스트러트

② 공기 스프링(air spring)

공기 스프링은 압축공기 공급장치를 필요로 하므로 버스나 트럭과 같이 설치공간을 확보하기 쉬운 자동차에 주로 이용되었으나, 최근에는 승용차에도 사용되고 있다. 공기 스프링의 특성은 비선형적(progressive)이며 특히, 부하의 증/감에 관계없이 공기압력을 변화시켜 스프링의 행정을 일정하게 유지할 수 있다. 또 공기를 공급하거나 배출시켜 차고(vehicle height)를 차륜별로 쉽게 조정할 수도 있다. 또 커브를 선회할 때는 차체가 바깥쪽으로 기우는 현상을 크게 개선시킬 수 있다. 이와 같은 장점들을 적용한 전자제어 에어 서스펜션(EAS; Electronic Self‑leveling Air Suspension)이 많이 사용되고 있다.

공기스프링은 보다 완벽한 기밀유지를 위해 공기를 피스톤과 실린더 사이에서 압축, 밀폐시키지 않고, 고무 벨로즈(bellows)를 사용한다. 그러나 공기스프링도 코일스프링과 마찬가지로 차륜에 작용하는 구동력, 제동력 그리고 횡력을 차체에 직접 전달할 수 없으므로 서스펜션 암(suspension arm) 사이에, 또는 토션빔 액슬이나 차체 사이에 설치한다. 그러나 벨로즈(bellows)형 공기스프링은 가진력이 작을 때 응답성이 좋지 않다는 단점을 가지고 있다. 이 측면에서는 강철스프링이 본질적으로 장점을 가지고 있다.

┃그림11-18┃ 승용자동차에 설치된 공기스프링과 충격흡수기(예)

공기스프링은 그림 11-19에 제시된 바와 같이 정적 등온상태와 동적 단열압축 상태의 사이에서 폴리트로픽 변화를 하며, 스프링 특성은 비선형적이다.

※ 1(등온변화) ≤ n(폴리트로픽 변화) ≤ 1.14(단열변화)

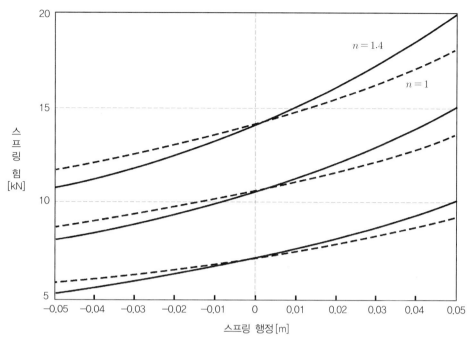

(공기체적 $2.8 \times 10^{-3} \text{m}^3$, 유효직경 0.12m, 외부압력 10^5N/m^2)

▌그림11-19▌ 부하(F)에 대응한 공기스프링의 다양한 특성곡선(예)

③ 공/유압 스프링

이 스프링의 원리도 공기스프링과 마찬가지이다. 다만 이 형식에서는 작동유를 공급하거나 배출시켜 밀폐상태의 일정한 양의 가스(주로 질소가스)의 압력을 변화시킨다. 가스와 작동유는 막(diaphragm)에 의해 분리되어 있다. 가스의 압력과 작동유의 압력은 항상 같으며, 통상 100~200bar 정도이다.

모든 스프링 요소는 유압으로 연결되어 있어서 충격흡수기로서도 기능한다. 유압장치는 스프링 요소에 공급되는 작동유의 양을 하중에 따라 가감시키므로 차고조절기(height controller)의 역할도 수행한다. 또 유압 스프링

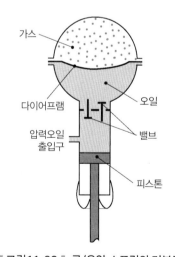

▌그림11-20▌ 공/유압 스프링의 기본구조

의 장력을 주행상황 또는 필요에 따라 전자적으로 제어하는 시스템들이 일반화되어 있다.

실제 자동차 현가장치에서는 기존 형식의 스프링 외에도, 추가로 폴리우레탄(PUR) 또는 마이크로 셀룰러 우레탄(MCU)으로 만든 탄성-스토퍼(elastic stopper)를 많이 사용한다. 이들 스

토퍼는 부하된 상태에서 압축되어 진동을 흡수하는 고무부품이다.

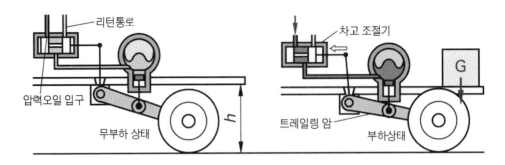

┃그림11-21┃ 공/유압식 현가장치(예: 차고조절기능 포함)

2. 점탄성 부품(viscoelastic elements) ·))

(1) 점탄성 재료의 히스테리시스

강체가 교번하중(힘 또는 응력)을 받는 상태에서 변형을 측정하면, 응력-변형률 그래프에서 히스테리시스 곡선을 작성할 수 있다. 이상적인 탄성재료의 경우, 부하를 가할 때와 부하를 제거할 때의 특성곡선이 동일하다. 그러나 실제로 모든 재료에서 부하를 가할 때와 제거할 때의 특성곡선이 서로 다르며, 폐곡선 면적을 생성한다. 이 폐곡선 면적이 에너지 소산의 척도이다. 특히 금속의 경우 재료감쇠가 아주 작기 때문에 많은 응용분야에서 재료거동을 모델링할 때 이를 무시할 수 있다. 반대로 자동차의 마운트와 부싱, 타이어 및 공기 스프링용 등으로 사용되는 고분자 탄성중합체는 대부분 감쇠특성이 강하기 때문에 구조적 목표에 따라 다양한 형태로 생산된다.

동시에 이러한 탄성 중합체 재료는 첨가제의 함량에 따라 주파수 의존적인 동적 경화 및 진폭 의존성을 나타낸다. 10% 이상부터 거의 100%까지의 가역변형을 멀린스(Mullins) 효과, %-범위의 작은 가역 변형을 페인(Payne) 효과라고 한다.

내부감쇠가 큰 점탄성 재료의 히스테리시스는 점성과 탄성이 조합된 특성에 의한 결과이다. 물질의 점도를 μ라고 하면, 점탄성체(Kelvin - Voigt - body)에서는 응력(σ)과 변형률(ϵ)의 관계에 다음 식이 적용된다.(식에서 E는 탄성모듈이다.)

$$\sigma = E \cdot \epsilon + \mu \cdot \dot{\epsilon} \quad\text{..}\quad (11\text{-}4)$$

정현파 가진의 경우

$$\underline{\epsilon} = \acute{\epsilon} \cdot \cos(\omega \cdot t) = Re(\acute{\epsilon} \cdot e^{j\omega t}) \quad\text{(11-5)}$$

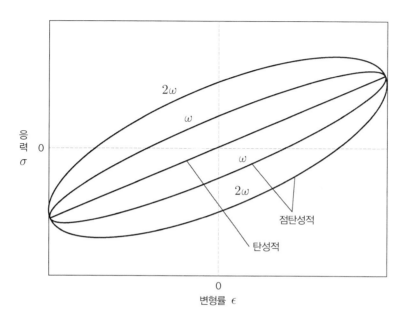

┃그림11-22┃ 점탄성 재료의 응력-변형률 곡선

그림 11-22와 같이 탄성재료에 대한 재료법칙(응력 σ과 변형률 ϵ)은 직선적이다. 반면에 점탄성 재료의 히스테리시스 곡선은 타원형으로 나타나며 주파수가 증가함에 따라 면적은 더 넓어진다. 순수한 점성재료의 경우, 응력과 변형률 사이의 위상전위는 정확히 90°이다. 이상적인 탄성재료에서는 잠재적인 에너지를 모두 운동에너지로 변환(그리고 그 반대로도)시키지만, 실제로 손실이 발생하는 재료에서는 기계적 에너지의 일부만 가역적으로 변환된다. 손실일 W_{diss} (히스테리시스 곡선 아래 면적)에 대한 반전지점에서의 위치 에너지 W_{pot}의 비를 감쇠계수 Ψ라고 한다.

$$\Psi = \frac{W_{diss}}{W_{pot}} = 2\pi \cdot \frac{E^{''}}{E^{'}} = 2\pi \cdot \tan\delta \quad\text{(11-6)}$$

점탄성 재료의 감쇠거동(동특성)을 손실계수($\tan \delta$) 또는 손실각(δ)으로도 나타낼 수 있다. 손실각($\tan \delta$)은 $\tan\delta = E^{''}/E^{'}$로 정의된다. 손실각이 작으면 감쇠가 작고, 손실각이 크면 감쇠가 크다는 것을 의미한다. 여기서 E'는 저장탄성계수, E''는 손실탄성계수이다. 손실각(δ)이 0°에 근접하면 완전히 탄성적인 동작을, 90°에 근접하면 재료는 순전히 점성적인 동작을 한다. 참고로 저장 탄성계수($E' = E$)와 손실 탄성계수($E'' = \mu \cdot \omega$)의 합을 복소 탄성계수(E^*)라고 한다.

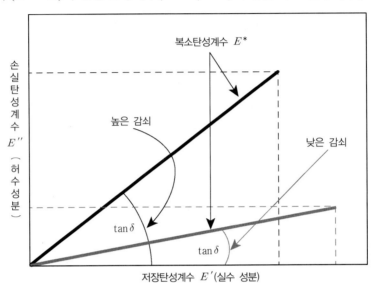

┃그림11-23┃ 점탄성 재료의 동특성(예)

(2) 자동차용 고무부품-마운트와 부싱(mount & bushing)

마운트(mount)와 부싱(bushing)과 같은 점탄성 부품은 일반적으로 차체 부착용 금속본체와 가황처리한 탄성중합체(elastomer) 소위, 고무로 구성된다. 고무의 원료는 천연고무 또는 합성고무이다. 탄성중합체라는 용어는 특별히 고무와 구분해야 할 필요가 있는 경우에만 사용하기로 한다.

천연고무(생고무)는 열에 연화되고, 내약품성이 약하기 때문에 유황 등의 첨가제(충전제, 가소제 등)를 혼합, 100~150℃로 가열하여 특성을 조정한다. 이 과정을 가황이라고 한다. 예를 들면, 탄소(carbon black)를 첨가하여 경도를 약 30~90 쇼어(shore)의 넓은 범위로 조정할 수 있다. 또 가황고무에서 유황의 함량이 15% 이하이면 연질고무, 유황 30% 이상의 것을 경질고무라고 한다. 천연고무의 단점은 강한 온도 의존성으로서, 최대 허용온도 범위는 약 −50℃~120℃이다.

합성고무는 급격한 고무 수요에 대응하기 위해 개발된 것으로, 천연고무의 조직과 유사한 부타디엔과 클로로프렌을 합성하여 만든 인조고무이다. 합성고무는 천연고무와 비교하여 탄성 및 인장강도가 약하지만, 내마모성, 내열성, 내약품성 등이 우수하므로 방진부품(튜브, 호스, 부싱,

패킹, 마운트 등)의 재료로 많이 사용된다. 특히 150℃ 이상의 고온용으로는 EPDM(에틸렌-프로필렌-디엔 고무), FKM(불소 고무) 또는 VMQ(실리콘 고무)와 같은 합성고무가 주로 사용된다.

탄성중합체(elastomer) 소위, 고무는 점탄성 즉, 점성(viscosity)과 탄성(elasticity)을 함께 가지고 있으며, 더 나아가 진폭과 주파수에 비선형적(non-linear)으로 반응하며, 정적부하(static load) 상태에서 나타나는 안정화 거동(settling behavior)은 가역성(creep)과 비가역성(flow)이 혼재된 상태이다.

그림 11-24는 탄성중합체 부품의 일반적인 특성곡선이다. 중요한 것은 주파수가 증가함에 따라 동적 경화와 손실각이 증가한다는 점이다.

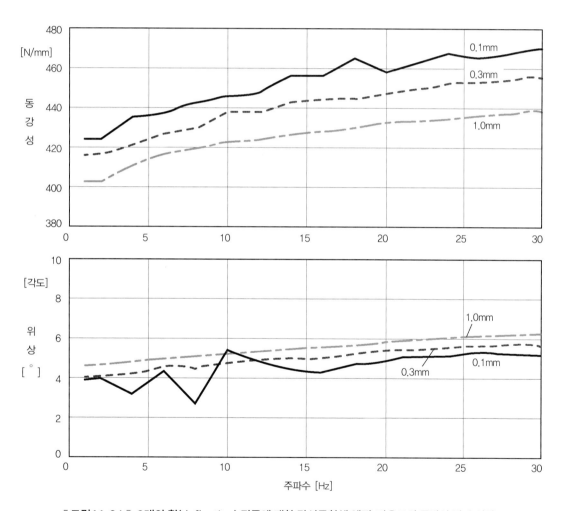

▌그림11-24▌ 3개의 휨(deflection) 진폭에 대한 탄성중합체 엔진-마운트의 동강성 및 손실각

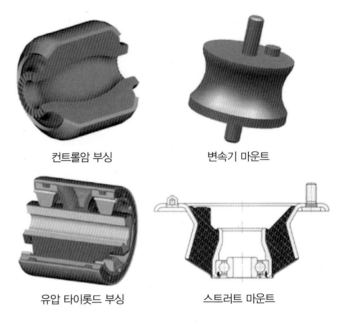

<table>
<tr><td>컨트롤암 부싱</td><td>변속기 마운트</td></tr>
<tr><td>유압 타이롯드 부싱</td><td>스트러트 마운트</td></tr>
</table>

┃그림11-25┃ 다양한 형태의 고무부품들

점탄성 부품의 기술 데이터의 경우, 정적(static) -, 운동(kinetic) - 및 동적(dynamic) - 강성을 구분해야 한다. 정강성(static stiffness; c_{static})은 변형속도를 무시할 수 있는 경우, 힘-변위 곡선이 급경사를 나타낸다. 1Hz까지 범위의 동적부하(dynamic load)는 운동강성(kinetic stiffness: c_{kin})이라고 하는 보다 높은 강성을 유도한다. 정강성 및 운동강성의 비율을 운동경화(kinetic stiffening; K_{kin})라고 한다. 고무혼합물 및 합성고무의 경우, 운동경화는 대부분 1.5 내지 3의 범위이다.

$$K_{kin} = \frac{c_{kin}}{c_{static}} \qquad (11\text{-}7)$$

동적 경화(dynamic hardening)라고도 하는, 고주파에서의 동강성(dynamic stiffness; C)의 증가는 재료의 강성 및 감쇠(d)뿐만 아니라, 함께 진동하는 등가질량(m_{eq})에 따라 달라진다. 그리고 동적 임피던스(dynamic impedance)는 개별 임피던스의 합이다.

$$\frac{F}{x} = s m_{eq} + \frac{c_{kin}}{s} + d \qquad (11\text{-}8)$$

여기서 s : 라플라스 연산자

동강성(C)의 진폭응답은 [87]로부터 계산된다.

$$|C|(\omega) = \sqrt{(c_{kin} - m_{eq}\omega^2)^2 + (\omega \cdot d)^2} \quad \text{..} \quad (11\text{-}9)$$

고무부품의 강성은 재료의 특성 외에도 예를 들면, 플라스틱 링과 같은 추가 지지요소(support element)뿐만 아니라 형상의 영향을 받는다. 재료의 비압축성 때문에, 추력(thrust) 방향의 압축력에 의한 변형이 가능할 경우, 변형이 발생할 수 있다. 형상계수(form factor) q는 부하하중의 방향에 평행한 전체 자유곡면에 대한 부품의 하중부하 면적의 비율로 정의된다.

직경 D, 높이 h인 원형 고무부품 본체의 형상계수(q)에는 "$q = D/4h$"를 적용한다.

형상계수(form factor)가 증가함에 따라, 고무부품의 부하 용량(load capacity) 및 강성이 증가한다. 따라서 스프링 특성은 탄성중합체 소재의 탄성계수뿐만 아니라 부품의 기하학적 형상의 영향도 받는다. 그러므로 고무스프링의 전체적인 특성은 고무재료에서 측정된 쇼어(shore) 경도가 아니라 스프링의 특성곡선이다.

┃표 11-4┃ 전형적인 자동차용 고무부품의 용도와 설계목표 갈등

매개변수 형태	스프링 강성과 감쇠가 클 경우	스프링 강성과 감쇠가 작을 경우
엔진 마운트	엔진 변위(덜컹거림)	진동 절연
배기장치 현가	배기장치 변위	진동 절연
현가 스트러트 마운트	주행 다이내믹(수평)	승차감(수직)
액슬 부싱	주행 다이내믹(수평)	도로소음 감쇠
위/아래 컨트롤암 부싱	주행 다이내믹(수평)	도로소음 감쇠

표 11-4는 자동차 고무 마운트와 부싱 그리고 그들의 목표갈등에 대한 예를 나타내고 있다. 이로부터 저주파 영역에서는 강성과 감쇠가 크고, 고주파수 영역에서는 강성과 감쇠가 낮아야만 "이상적인" 특성곡선을 유도할 수 있다. 이 논리는 단순한 고무 마운트나 부싱에 해당하며, 동적 경화는 이 논리와는 반대이다. 따라서 이들의 목표갈등을 충분하게 해소할 수 없으며, 결과적으로 요구 수준을 제한적으로만 충족시킬 수 있을 뿐이다.

이와 같은 목표갈등을 해결하기 위해서 특히 구조기인소음의 감쇠를 포함한, 해결책으로서 오늘날은 수동식 또는 반능동식/능동식 유압 마운트를 주로 사용한다. (pp.306, 엔진 마운트 참조)

3. 진동감쇠 - 충격흡수기(shock-absorber)

감쇠(damping)현상은 서로 다른 시스템 수준(부품 감쇠와 시스템 감쇠)으로 구분할 수 있다. 진동시스템에서 감쇠는 항상 운동에너지를 열에너지로 변환시켜, 소산시키는 과정이다.

주로 재료 감쇠(material damping), 마찰 감쇠(friction damping), 점성 감쇠(viscous-damping) 그리고 진동하는 고체표면에서의 방사감쇠(radiation damping) (pp.63, 2-5 고체음 참조) 등이 고려된다.

선형 점탄성 부품은 스프링 강성 k와 감쇠계수 c를 사용하여 아래의 미분 방정식(Voigt-Kelvin 모델)으로 표현할 수 있다.

$$F = F_k + F_c = k \cdot x + c \cdot \dot{x} \quad\text{.. (11-10)}$$

이 경우, 부품감쇠는 다음 식으로 표시된다.

$$F_c = a \cdot \dot{x}^n \quad\text{.. (11-11)}$$

여기서 $n = 0$; 건식(쿨롱) 마찰,　　$n < 1$; 체감(degressive) 특성
　　　　$n = 1$; 선형 특성(점성 마찰),　　$n > 1$; 체증(progressive)특성(난류 마찰)

구조 구성요소 및 부품은 때로는 강한 비선형 감쇠특성을 나타낸다.

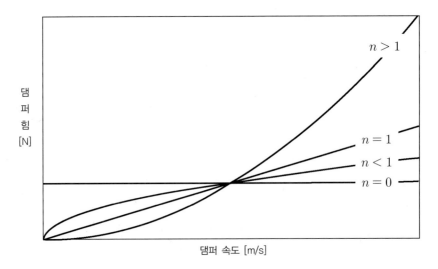

┃그림11-26┃ 전형적인 댐퍼의 특성 곡선

진동 댐퍼의 중요한 형태로는 병진운동을 위한 유압식 텔레스코픽 댐퍼와 공기 스프링 댐퍼 뿐만 아니라 비틀림 진동에 대응하는 유압식 댐핑 코일스프링 클러치 및 비틀림 진동댐퍼 등이 있다.

(1) 유압식 텔레스코픽 댐퍼(hydraulic telescopic damper)

주로 차체 진동을 감쇠시킬 목적으로 사용하는 복동식 유압 텔레스코픽 댐퍼가 대표적이다. 복동식 유압 텔레스코픽 댐퍼는 플런저와 연결된 플런저롯드는 차체(또는 위 컨트롤암)에, 내/외 튜브는 차축(또는 아래 컨트롤암)에 고정된다. 내측 튜브는 작동실, 내/외 튜브 사이의 공간은 작동유 저장실로 또는 플런저 롯드가 잠김으로서 배출되는 유량을 보상하는 공간으로 이용된다. 이 댐퍼의 감쇠작용은 차체와 차륜 사이의 간격이 커질 때 즉, 댐퍼의 길이가 늘어날 때 대단히 크다. 복동식 유압 텔레스코픽 댐퍼는 플런저 롯드측이 반드시 위쪽을 향하도록 설치해야 한다. 반대로 설치하면 보상실로부터 작동실로 공기가 유입되어 작동유에 기포가 발생하게 된다. 작동실의 동작유체에 기포가 혼입되면, 감쇠기능이 크게 약화된다.

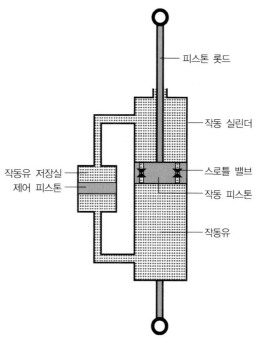

┃그림11-27┃ 유압식 텔레스코픽 댐퍼 (우회 통로가 있는 2 챔버 댐퍼)

롯드에 고정된 플런저가 밀폐된 실린더 내에서 상/하 직선운동하고, 플런저가 운동할 때 작은 구멍(orifice) 또는 방향–스로틀밸브를 통해서 동작유체를 흡입 또는 토출한다. 즉, 작동 플런저가 상/하 직선운동할 때 오리피스 또는 방향–스로틀밸브를 통과하는 유체의 유동저항을 변화시켜 자동차의 진동특성에 적합 시킬 수 있다. 동작유체는 하나의 작동실에서 다른 작동실(2 챔버 댐퍼)로 작동 플런저의 구멍을 통과하여 유동한다. 스로틀밸브의 방향–스로틀 동작에 의해 압축단계와 신장단계에서 서로 다른 특성곡선이 만들어진다.

행정(x) – 감쇠력(F) 곡선의 폐곡선 면적(동심도 다이어그램)은 작동사이클 중의 에너지 손실을, 속도(v) – 감쇠력(F) 곡선은 감쇠력 프로파일을 나타낸다. (그림 11-28).

높은 가진주파수에서 방향-스로틀밸브에는 작동유가 더는 충분히 흐르지 않으므로 물리적으로 스로틀 지점의 상단 및 하단 체적이 분리된다. 이 경우, 비압축성 유체에 의해 유압 댐퍼의 강성이 급격하게 증가한다. (동적 경화). 유압 댐퍼의 압력은 운동 중 쿨롱 마찰력을 일으키는 씰(seal)이 사전 부하된 상태이므로 안락성이 침해를 받는다.

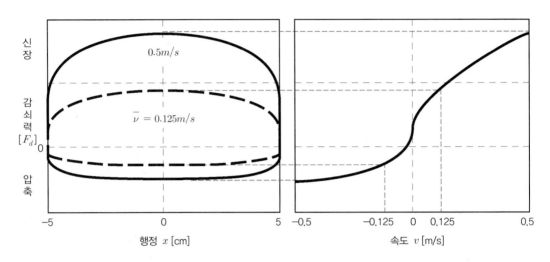

■그림11-28■ 유압식 텔레스코픽 댐퍼의 감쇠력 특성곡선, $x - F$(좌측) $v - F$(우측)

기존의 유압식 충격흡수기는 하중, 노면 상태 또는 주행속도와 같은, 변화하는 작동조건에 감쇠력을 적응시킬 방법이 없었다. 이러한 결점을 보완하기 위해 부하와 진폭에 의존하는 시스템을 도입하였다. 비례밸브를 사용하는 현대식 연속 감쇠 제어 시스템(continuous Damping Control system)은 서로 다른 한계 특성곡선 사이에서 거의 무단계로 조정할 수 있다. 조정시간은 약 15ms이므로 적절한 제어 알고리즘과 적절한 센서를 사용하면, 개별 장애물에 의한 고주파 섀시 가진에 대응하여 반작용을 가할 수 있다.

(2) 탄성 커플링을 포함한 스프링 - 댐퍼 시스템

이상적인 절연거동을 실현하기 위해서는 공진주파수에서는 높은 감쇠를, 반면에 높은 주파수의 절연영역에서는 낮은 감쇠와 낮은 강성이 바람직하다는 것을 우리는 잘 알고 있다. 이와 같은 거동은 그림 11-29와 같은 탄성댐퍼 연결로 근사적으로 얻을 수 있다.

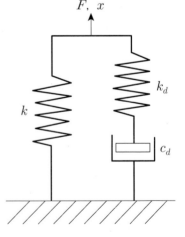

■그림11-29■ 탄성댐퍼 연결을 가진 스프링-댐퍼 시스템

실제의 경우에 댐퍼의 스프링 강성(k_d)이 시스템의 스프링 강성(k)보다 아주 크다는 것($k_d \gg k$)을 고려하면 스프링 / 댐퍼 조합의 동강성(C)과 손실각(δ)은 다음과 같이 계산된다.

$$|\underline{C}| = k \cdot \sqrt{\frac{1 + (\omega \cdot c_d \cdot n)^2}{1 + (\omega \cdot c_d \cdot n_d)^2}} \quad \text{............................} \quad (11\text{-}12)$$

$$\delta_k = \arctan\left(\frac{\omega \cdot n \cdot c_d}{1 + \omega^2 \cdot c_d^2 \cdot n \cdot n_d}\right) \quad \text{............................} \quad (11\text{-}13)$$

댐퍼에 탄성요소가 없을 경우, 동강성은 주파수가 증가함에 따라 한없이 증가하며, 손실각은 점진적으로 90°에 접근한다. 반면에 탄성요소가 있을 경우에는 동강성이 고주파수로 제한된다. 그리고 손실각은 주파수 $\omega_{\max}$ 까지 값 $\delta_{\max}$ 까지만 증가한 후에, 천천히 다시 0으로 강하한다.

$$\omega_{\max} = \frac{1}{c_d \cdot \sqrt{n_d(n + n_d)}} \quad \text{............................} \quad (11\text{-}14)$$

$$\delta_{\max} = \arctan\left(\frac{n}{2} \cdot \frac{1}{\sqrt{n_d(n + n_d)}}\right) \quad \text{............................} \quad (11\text{-}15)$$

주파수가 $\omega_{\max}$를 기준으로 아주 낮은 주파수와 아주 높은 주파수에서는 손실각이 0에 근접하므로 주로 탄성 거동을 의미한다. 반면에 $\omega_{\max}$ 영역에서는 손실각은 90°에 접근하고, 이 영역에서는 점성 거동이 우세하다 (그림 11-30)

댐퍼의 탄성 연결은 특히 차체의 스프링-댐퍼 시스템에 사용된다. 따라서 도로 가진의 고주파 절연을 거의 손상시키지 않으면서, 차륜 공진영역에서 최대 감쇠를 가능하게 한다.- (예: 맥퍼슨 댐퍼 스트러트)

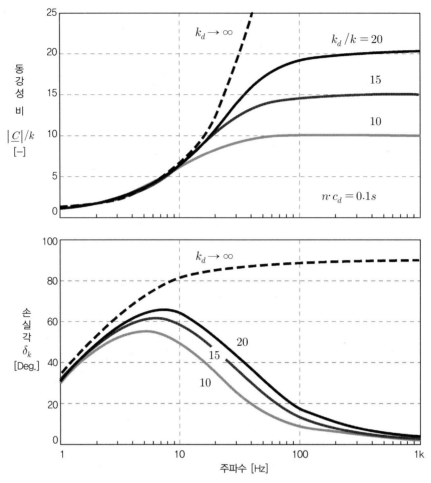

┃그림11-30┃ 탄성 댐퍼 연결을 가진 스프링-댐퍼 시스템의 강성 및 손실각의 진폭 응답

(3) 공기스프링 댐퍼(air spring damper)

공기 스프링 댐퍼에서의 공기는 압축 가능한 감쇠 매체 고유의 이점을 가지고 있다. 따라서 고주파수로 작동하는, 병렬 연결된 2개의 공기스프링을 생각할 수 있다. 이로 인해 주파수가 증가해도 강성수준이 더 이상 상승하지 않는 유압 댐퍼 시스템과는 반대로, 공기 댐퍼 시스템의 경우는 강성 수준이 더 높아진다. 가진 주파수가 증가함에 따라 스로틀 단면을 통과하는 체적유량이 증가하고 감쇠일도 증가한다.

공기 스프링 댐퍼에서는 손실각이 커짐에 따라 동강성이 증가한다. 최대 감쇠는 공기가 음속으로 스로틀 단면을 통과할 때 달성된다. 이 조건은 특성(characteristic) 주파수 f_0로 설명한다. 특성주파수는 공기의 음속 c_0, 스로틀 단면적 q, 유효단면적 A, 내부 압력 p_i, 공기체적 V_o, 가진 진폭 x로부터 다음과 같이 계산된다.

$$f_0 \approx 2 \cdot \frac{c_0 \cdot p_i \cdot q}{V_0} \sqrt{\frac{\dot{x} \cdot A}{V_0}} \quad\text{(11-16)}$$

유압 댐퍼와는 달리, 가스댐퍼는 특성 주파수 이상에서는 손실각이 다시 작아지며, 2개의 병렬 연결된 공기 스프링처럼 작동한다. 상호간의 체적의 밀봉은 공기 벨로우즈 (air bellows)에 의해 이루어진다. 공기 벨로우즈는 마찰이 적어 승차감의 약화를 최소화한다.

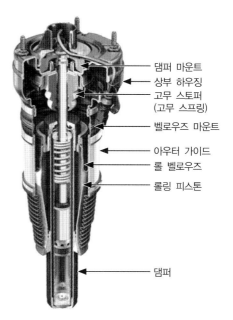

댐퍼 마운트
상부 하우징
고무 스토퍼
(고무 스프링)
벨로우즈 마운트
아우터 가이드
롤 벨로우즈
롤링 피스톤

댐퍼

∥그림11-31∥ 공기스프링 댐퍼 스트러트

(4) 세이스믹 댐퍼(seismic damper)

이 댐퍼는 세이스믹 질량 m_s 컴플라이언스 n_s 및 감쇠계수 d_s가 탄성부품을 통해 주 진동계(main vibration system)에 결합된다. 고유주파수가 가진주파수와 거의 동일한 동흡진기와는 달리 세이스믹 댐퍼(seismic damper)에서는 추가-진동자(oscillator)의 고유주파수가 가진주파수보다 훨씬 낮게 조정된다.

따라서 세이스믹 질량(seismic mass)은 실질적으로 안정(rest)상태를 유지한다.

$$n_s \cdot m_s \gg \frac{1}{\omega_0^2} = n \cdot m \quad\text{(11-17)}$$

추가 조건은 $\omega^2 \cdot m > \omega \cdot d_s > \dfrac{1}{n}$

추가 - 진동자는 자신의 상대운동이 실제로 오직 감쇠력으로만 작동하도록 보장한다. 이 경우, 감쇠도(D)는 다음과 같다:

$$D \approx \frac{d_s}{2 \cdot \omega_{01} \cdot m} \quad\text{(11-18)}$$

$$\omega_{01}^2 \approx \frac{n + n_s}{n \cdot n_s \cdot m} \quad\text{(11-19)}$$

(5) 능동 스프링 시스템(예)

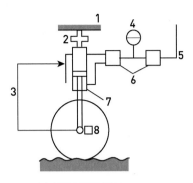

(a) 유압실린더 방식

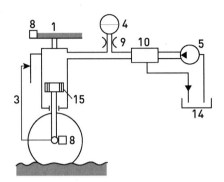

(b) 공/유압 스프링 방식

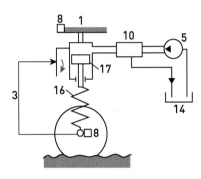

(c) 스프링-하단위치제어 방식

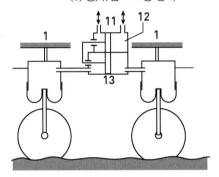

(d) 압축공기 스프링 시스템 방식

1. 차체	2. 휠 부하센서	3. 행정센서
4. 어큐뮬레이터	5. 유압펌프 회로	6. 서보밸브
7. 작동실린더	8. 가속도 센서	9. 스로틀
10. 프로포셔닝 밸브	11. 보조에너지(전기식/공압식)	12. 보조에너지를 이용한 변위 유닛
13. 공기체적 변위 유닛	14. 유압 작동유 탱크	15. 충격흡수기 피스톤(밸브 포함)
16. 코일 스프링	17. 스프링-하단 위치 조절 유닛	

▌그림11-32 ▌ 능동 스프링 시스템

4. 진동감쇠 - 동흡진기(dynamic vibration absorber)

수동적으로 진동을 보상하는 부품으로는 흡진기(mass damper), 동흡진기(dynamic vibration absorber)와 원심진자(centrifugal pendulum) 등이 사용되고 있다. 흡진기(mass damper)는 그림 11-39와 같이 다양한 위치에 다양한 형태로 사용되고 있으며, 원심진자는 속도 적응형 2-질량 플라이휠에 사용되고 있다. (3-4-3 공진, 7-2-3 기관진동 저감대책, 그림 7-35, 7-36 참조)

진동 흡수는 역방향으로 작용하는 관성력(질량력) 또는 관성모멘트를 이용하여 병진 구동력 또는 회전 가진토크의 영향을 보상한다. 수동 시스템에서 이 반력은 주 진동시스템에 추가로 장착된 스프링-질량 시스템(동흡진기)에 의해 생성된다. 능동 시스템에서 이 반력은 능동적으로 구동되는 액추에이터에 의해 생성된다. 그러나 흡진은 주어진 시스템의 범위에서 질량력을 보상하여, 추가부품을 사용하지 않고도 가능할 수 있다.

(1) 동흡진기(dynamic vibration damper) 이론

흡진효과는 진동 에너지를 다른 하부구조로 유도함으로써 시스템의 제2, 제3의 하부 구조물의 진동을 감쇠시키는 것으로 이해할 수 있다. 이상적인 흡진기에서는 진동 에너지가 손실되지 않는다. 그러나 실제로는 흡진기는 일반적으로 감쇠부품(damping element)과 결합되어 있다.

가장 단순한 경우의 1차 가진 시스템에 대해 질량 m 및 순응도(compliance) n을 갖는 단일질량 진동자(oscillator)를 가정하면, 공진주파수는 다음과 같다.

$$\omega_0^2 = \frac{1}{m \cdot n} \quad\text{……………………………………………………}\quad (11\text{-}20)$$

이 진동시스템에 결합된 제2의 단일질량 진동자의 질량 m_T, 컴플라이언스 n_T 그리고 공진주파수(ω_T)를 고려하면, 다음 식이 성립한다.

$$\omega_T^2 = \frac{1}{m_T \cdot n_T} \quad\text{……………………………………………}\quad (11\text{-}21)$$

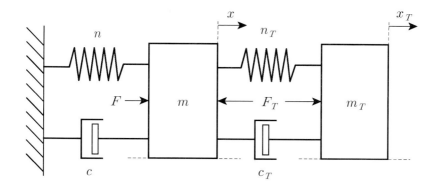

┃그림11-33┃ 동흡진기가 결합된 1질량 진동자

따라서 그림 11-33과 같은 2질량 진동자(oscillator)가 된다. 질량 m에 작용하는 외력 F는 질량력 F_m, 스프링 힘과 댐퍼 힘의 합 F_a, 그리고 흡진기를 통해 질량 m에 작용하는 흡진기의 힘

F_T와 힘의 평형상태에 있다: (단, s는 라플라스 연산자)

$$F = F_m + F_a + F_T$$

$$F_m = s^2 \cdot m \cdot x$$

$$F_a = (s \cdot c + k) \cdot x$$

$$F_T = \frac{s^2 \cdot m_T \cdot (s \cdot c_T + k_T)}{s^2 \cdot m_T + s \cdot c_T + k_T} \cdot x \quad \text{...} \quad (11\text{-}22)$$

감쇠 거동을 고려하지 않고, 각각의 비를 구하면,

$$\eta = \frac{\omega}{\omega_0} \ , \ \mu = \frac{m_T}{m} \ , \ \lambda = \frac{\omega_T}{\omega_0}$$

질량 m의 전달함수 $H_m(\eta)$에 대해 다음과 같은 관계가 성립한다 ;

$$H_m(\eta) = \frac{x(\eta)}{x(0)} = \frac{\lambda^2 - \eta^2}{\eta^4 - \eta^2(1 + \lambda^2 + \mu\lambda^2) + \lambda^2} \quad \text{.............................} \quad (11\text{-}23)$$

이제 흡진주파수를 가진 주파수로 조정(tuning)하면, 다음 식이 적용된다.

$$\omega_t = \omega_0 > \lambda = 1$$

따라서 질량 m과 m_T의 진동운동에 대한 단순화된 전달함수를 유도할 수 있다.

$$H_m = \frac{1 - \eta^2}{(\eta^2 - 1)^2 + \eta^2 \cdot \mu} \quad \text{..} \quad (11\text{-}24)$$

$$H_T = \frac{1}{(1 - \eta^2)^2 - \eta^2 \cdot \mu} \quad \text{...} \quad (11\text{-}25)$$

그림 11-34에서 질량 m의 진동진폭은 흡진주파수 $\omega_0 = \omega_T$에서 '0'이 된다는 것을 알 수 있다. 동시에 2개의 진동시스템이 결합되어 주파수 분할이 발생하고 2개의 새로운 극($\eta_{p1,2}$)이 생성된다. 이들은 전달함수 H_m으로부터 유도된다:

$$\eta_{p1.2}^2 = 1 + \frac{\mu}{2} \pm \sqrt{\mu + \left(\frac{\mu}{2}\right)^2} \quad \text{...} \quad (11\text{-}26)$$

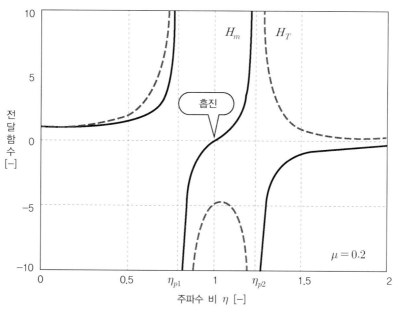

┃그림11-34┃ 질량 m과 m_T의 전달함수

그림 11-35와 같이, 질량비 μ가 증가할수록 두 극은 서로 더 멀어진다. 흡진기 질량이 0이 되면 가진시스템의 한 극만 남는다. 두 진동시스템의 감쇠거동을 고려할 경우, 질량 m의 전달함수에 다음 식이 적용된다.

$$H_m = \left(1 - \eta^2 + j\eta 2D_m - \frac{\eta^2 \cdot (1 + j\eta 2D_T)}{1 - \eta^2 + j\eta 2D_T} \cdot \mu\right)^{-1} \quad\text{.............................}\quad (11\text{-}27)$$

여기서 진동시스템의 감쇠; $D_m = \dfrac{c}{2 \cdot \omega_0 \cdot m}$, 흡진기의 감쇠; $D_T = \dfrac{c_T}{2 \cdot \omega_0 \cdot m_T}$

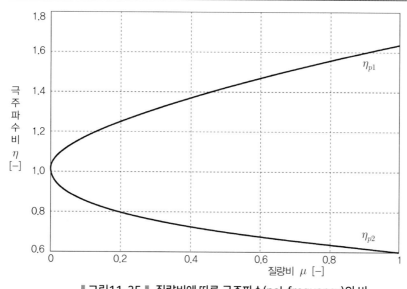

┃그림11-35┃ 질량비에 따른 극주파수(pol-frequency)의 비

그림 11-36은 공진주파수 η = 1의 위치에서 흡진기의 진폭감소 효과를 잘 나타내고 있다. 동시에 추가적인 분극에 의해 2개의 제2의 최댓값이 나타난다. 제2의 최댓값의 진폭은 서로 다르다. 질량비 μ의 함수로서 흡진주파수(ω_{Topt})를 공진주파수(ω_0)보다 약간 작게 설정한다.

$$\omega_{Topt} = \frac{1}{1+\mu} \cdot \omega_o \quad \text{...} \quad (11\text{-}28)$$

그리고 감쇠도(D_{Topt})에 대한 값을 선택한다.

$$D_{Topt} = \sqrt{\frac{3\mu}{8 \cdot (1+\mu)^3}} \quad \text{.................................} \quad (11\text{-}29)$$

따라서 배율함수에 대해 2개의 2차 최댓값($D_m = 0$에서)에서 거의 동일한 크기의 진폭과 작은 리플(ripple)을 가지는, 최적 곡선을 얻는다. 이 최적화된 곡선은 그림 11-36에 제시되어 있다. 실제로 흡진기의 질량비는 $\mu \leq 0.2$가 대부분이다.

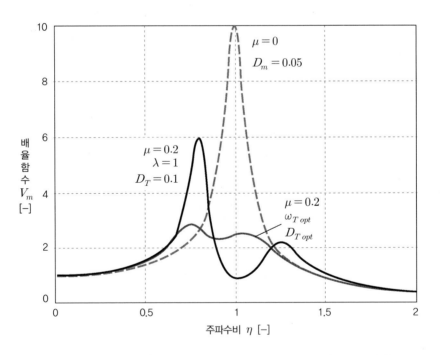

┃그림11-36┃ 흡진기 유무에 따른 단일질량 진동자의 전달 함수(배율 함수)

요약하면, 흡진기는 흡진주파수 부근에서는 진동진폭을 크게 감소시키지만, 동시에 증가된 진폭을 갖는 2개의 새로운 진동모드를 생성한다. 공진주파수와 흡진기의 감쇠를 최적으로 조정

(tuning)해야만, 배율함수의 가장 바람직한 곡선을 찾을 수 있다.

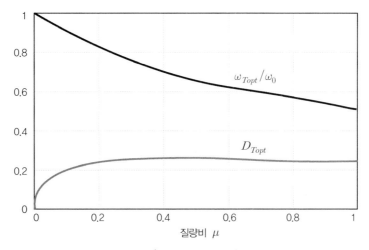

▌그림11-37 ▌ 흡진기의 최적 주파수비와 최적 감쇠도

그림 11-38은 흡진기를 다양하게 조정(tuning)하였을 때의 배율함수의 최댓값의 변화곡선을
제시하고 있다. 흡진기의 2차 최댓값으로 원래 시스템의 진동을 완전히 보정할 수는 없다. 조정
점(tuning point)은 비교적 예리한 최적값을 나타내므로, 흡진기 조정(tuning)을 조금만 잘못해도
흡진효과가 크게 감소한다. 흡진기의 감쇠가 최적값을 초과하여 증가하면, 튜닝(tuning) 주파수
에서의 보정효과는 감소하지만, 흡진효과는 넓은 주파수 범위에 걸쳐 유효하다.

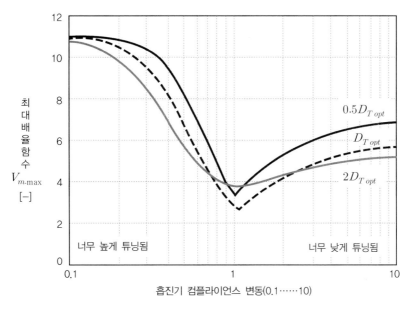

▌그림11-38 ▌ 흡진기 조정(tuning)에 따른 최대 배율함수

이제까지의 설명에서, 흡진기가 적용될 진동시스템이 1 자유도를 갖는 단순한 1 질량 발진기 (oscillator)라고 가정하였다. 실제에서 이 가정은 거의 충족되지 않는다. 따라서 다자유도를 갖는 다중 질량 시스템을 1 자유도를 갖는 대체시스템으로 단순화해야 한다. 진동주파수 ω_j, 질량 m_j 및 진동진폭 x_j를 갖는 다중 질량 시스템의 모든 진동 모드의 운동에너지는 등가질량 m_{eq} 및 등가 강성 k_{eq}를 갖는 대체시스템의 운동에너지와 등가가 되게 설정한다. 동시에 대체시스템의 진동진폭은 흡진기가 부착되는 k-번째 질량의 진동진폭과 동일하게 되어야 한다.

$$W_{kin\,k} = \frac{1}{2}\sum_j m_j \cdot \dot{x}_{jk}^2 = \frac{1}{2}\sum m_{eqk} \cdot \dot{x}_{eqk}^2 \quad\cdots\cdots\cdots\cdots\cdots\cdots\cdots \text{(11-30)}$$
$$\dot{x}_k = \dot{x}_{eq}$$

따라서 대체 질량(m_{eqk}) 및 대체 강성(k_{eqk})은 다음과 같다:

$$m_{eqk} = \sum_j m_j \cdot \left(\frac{\dot{x}_j}{\dot{x}_k}\right)^2 \quad\cdots\cdots\cdots\cdots\cdots\cdots\cdots\cdots\cdots \text{(11-31)}$$
$$k_{eqk} = m_{eqk} \cdot \omega_{0k}^2$$

지금까지 상정한 바와 같이 흡진기가 부착될 질량에는 작용하지 않지만, 질량 n에 작용하면 대체 질량과 대체 강성의 크기에 대한 위의 계산 규칙이 적용된다. 그러나 이 경우에 다음과 같은 대칫값(F_{eqk})이 가진력이 된다.

$$F_{eqk} = \frac{\dot{x}_k}{\dot{x}_n} \cdot F_n \quad\cdots\cdots\cdots\cdots\cdots\cdots\cdots\cdots\cdots\cdots\cdots\cdots\cdots \text{(11-32)}$$

(2) 다양한 형태의 흡진기

실제로 다양한 형태의 흡진기들이 사용되고 있다.

① 선형 매스 댐퍼(linear mass damper) – 선형 흡진기(linear vibration absorber)

가장 간단한 형태의 흡진기(mass damper)는 고무(탄성중합체) – 금속 – 흡진기이다. 여기에서 고무는 스프링효과와 감쇠효과를 담당하며, 질량은 고무와 결합된 금속 – 블록에 의해 형성된다. 추가적인 감쇠는 플랜지와 흡진기 사이의 실리콘으로 채워진 전단(shear) 간극에 의해 달성될 수 있다. 다양한 진동현상에 영향을 미치는, 다양한 형태(design)의 고무 – 금속 흡진기들이 회전진동 댐퍼와 병진진동 댐퍼로 다양한 위치에 적용되고 있다.

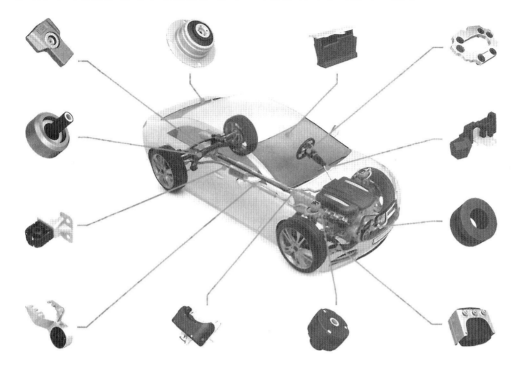

▌그림11-39 ▌ 선형 매스 댐퍼(linear mass damper)의 적용분야

② 비틀림 진동 댐퍼(torsional vibration damper) - 비틀림진동 흡수기

이 댐퍼는 순수한 전단간극 흡진기로 설계된다. 이 설계에서, 댐퍼질량은 전단간극(shear gap)에 채워진 실리콘(silicon) 오일에 의해서만 플랜지(flange)와 결합된다. 간극표면의 전체 면적에 가해지는 전단응력이 탄성토크 및 감쇠토크를 생성한다. 일반적으로 내연기관의 크랭크축과 캠축의 비틀림진동을 감소시키는 데 사용된다. (그림 7-37 참조)

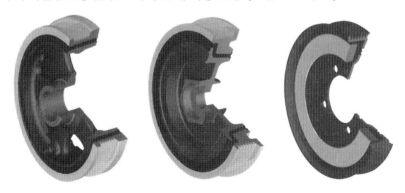

▌그림11-40 ▌ 다양한 형태의 비틀림 진동댐퍼(축에 설치, 반경 방향 작동)

③ 스프링 - 진동댐퍼(spring vibration damper)

이 형식의 댐퍼는 탄성은 병진방향 또는 반경방향으로 배열된 스프링 (코일스프링, 슬리브 스프링, 판스프링 또는 궁형(bow) 스프링)에 의해 얻어진다. 눌려 으깨지는 오일에 의한 감쇠 (damping) 또는 쿨롱(Coulomb) 마찰이 필요한 감쇠력을 제공한다. (예: 마찰클러치의 비틀림 코일 스프링)

5. 능동제어 현가장치(Active Control Suspension)

주행상황(주행속도, 하중 부하, 노면상태 등)에 대응하여 차체의 진동을 최소화하고 자세를 안정시켜 주행 안전성과 승차감을 높이기 위해 다양한 전자제어 현가장치들을 구현하고 있다.

승차감과 주행동역학 간의 갈등을 더 잘 해결하고 다양한 주행상황에서 다양한 요구에 적합하게 조정(tuning)하기 위해서 반능동형 수직 다이내믹 시스템을 사용하여 여러 가지 댐퍼특성을 구현할 수 있다. 차고제어(height control) 및 댐퍼스트럿의 감쇠력제어(damping control), 압축공기를 이용한 스프링상수 제어(spring constant control), 능동 마운트 제어(active mount control) 등이 개별적으로 또는 결합된 형태로 시리즈 사양에 적용되고 있다.

완전 능동 현가장치는 트림-차체(TB)와 차륜 사이의 추가적인 힘을 전자적으로 제어하고, 특성도의 네 사분면을 모두 활용할 수 있으므로, 더 많은 최적화가 가능할 것으로 기대되지만, 아직 성숙단계에 이르지 못하고 있다. 그런데도 이 시스템은 차체의 운동으로부터 주행상태와 도로상태의 적응감지, 필요한 서스펜션 레벨 및 댐핑 레벨의 해당 차수에 대응하여 최상의 효과를 나타낼 것으로 기대된다.

오늘날 이용 가능한 유압 및 공압 개념 외에도 미래에는 전자기적(electro-magnetic) 현가장치 및 감쇠(damping) 시스템이 사용될 것이다. 흥미로운 대안은 반-능동 댐퍼를, 자기적 또는 전기적으로 제어할 수 있는 유변(rheology; 流變) 유체와 함께 사용하는 방법이다.

(1) 스카이훅 댐퍼 이론(skyhook damper principle)

현재 상용화된 전자제어 현가장치(예: IECS; Intelligent Electronic Control Suspension)는 대부분 스카이훅(Skyhook) 이론에 바탕을 두고 있다. 차체진동 감쇠제어에 대한 가장 일반적인 제어법칙 중 하나가 소위 스카이 훅(Skyhook) 이론이다. 이 이론은 가진원과 진동체 사이에 설치된 수동 댐퍼를 가상 댐퍼로 대체하는 생각을 기반으로 한다. 가상 댐퍼는 정적 상태의 관성시스템에 직접 연결된다. 즉, 노면상태에 따라 차체의 진동을 감쇠력 가변제어로 흡수하면, 마치 '하늘 위를 달리는 것'처럼 쾌적한 수준으로 승차감을 향상시킬 수 있다는 가정하에서 출발한 이론이다. 그러나 실제로는 스카이훅 알고리즘(algorithm)에 의해 결정된 감쇠요건을 제어전자장치를 통해 이미 탑재된, 제어 가능한 댐퍼에 전달하여, 스카이훅 원리를 구현한다. 따라서 이상적인 Skyhook - 댐퍼의 감쇠력(F_d)에는 다음과 같은 관계가 성립한다. (그림 11-41, -42 참조)

$$F_d = -c \cdot \dot{x}$$ ·· (11-33)

스카이훅(skyhook) 알고리즘은 차체는 위쪽으로, 그리고 동시에 차륜은 아래쪽으로 운동하는 경우에 차체 운동에 대항하여 차륜운동을 조절할 수 있는 감쇠력을 실제 댐퍼에 공급하는 데 필요하다. 이러한 힘은, 에너지가 공급되는, 능동댐퍼만이 생성할 수 있다. 상대운동에 대해 두 사분면에서만 감쇠력을 생성할 수 있는 반능동 댐퍼의 경우, 스카이훅 원리를 절반만 구현할 수 있다. 알고리즘은 다음과 같이 수정된다.

$\dot{x} \cdot (\dot{x} - \dot{u}) > 0$; 딱딱한 특성

$\dot{x} \cdot (\dot{x} - \dot{u}) < 0$; 부드러운 특성

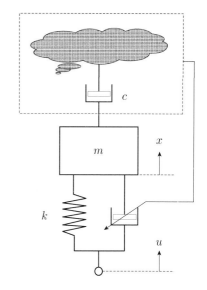

▌그림11-41 ▌ 이상적인 스카이훅 댐퍼의 원리

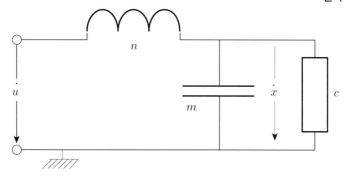

▌그림11-42 ▌ 이상적인 skyhook 댐퍼의 전기적 상사

정적(static) 기준시스템에서 이상적인 Skyhook 댐퍼의 가상 기준점은 전기적으로는 비슷하게 단순히 댐핑 요소의 "접지"로 나타낼 수 있다. (그림 11-42). 이로부터 Skyhook 댐퍼의 전달함수를 얻는다.

$$\frac{x}{u} = \frac{1}{1 + j \cdot \omega \cdot n \cdot c - \omega^2 \cdot n \cdot c} \quad \cdots\cdots\cdots\cdots\cdots\cdots\cdots\cdots\cdots\cdots \quad (11\text{-}34)$$

기존의 댐퍼를 갖는 단일질량 진동자의 배율함수는 다음과 같다.

$$\left| \frac{x}{u} \right| = \sqrt{\frac{1 + 4D^2\eta}{(1 - \eta^2)^2 + 4D^2\eta^2}} = V_2 \quad \cdots\cdots\cdots\cdots\cdots\cdots\cdots\cdots \quad (11\text{-}35)$$

이상적인 skyhook 댐퍼에서는 계수기의 영점을 제거하여, 고조파 힘의 가진의 경우와 동일한 배율 함수를 얻는다.

$$\left| \frac{x}{u} \right| = \frac{1}{\sqrt{(1 - \eta^2)^2 + 4D^2\eta^2}} = V_1 \quad \cdots\cdots\cdots\cdots\cdots\cdots\cdots\cdots \quad (11\text{-}36)$$

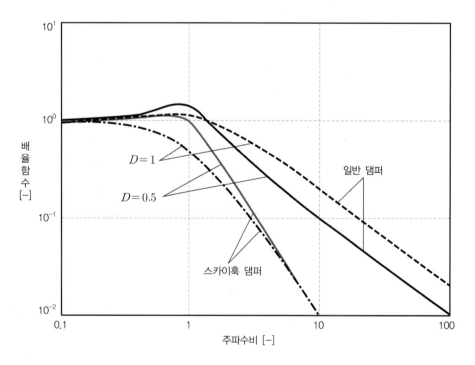

∎ 그림11-43 ∎ 일반 댐퍼와 스카이훅 댐퍼의 진폭응답 비교

그림 11-43의 비교는 Skyhook 댐퍼의 장점을 명확하게 제시하고 있다. 공진주파수 이상에서는, 공진범위에서 원하지 않는 과잉응답(overshoot)을 허용하지 않으면서도 훨씬 우수한 진동절연이 가능하다.

감쇠력과 차체가속도가 일치하면 감쇠력이 가속도를 증폭시키므로, 이 경우는 부드러운(soft) 특성이 선택된다. 일치하지 않으면 감쇠력이 차체가속도를 줄이므로, 이때는 하드(hard) 특성으로 조정된다.

(2) 유변 유체(流變 流體; rheology fluids)

기존의 기계식 유압/가스 댐퍼의 약점(구조복잡, 마찰/마모에 의한 소음)을 보완하기 위해 유변 유체를 이용한 새로운 개념의 댐퍼와 마운트의 개발이 가속화되고 있다.

전기유변유체(ERF: Electric Rheology Fluid)란 비전도성 용매에 강한 전도성 입자를 분산시킨 콜로이드 용액으로서, 인가하는 전기장에 따라 역학적 특성(항복응력)이 가역변화하는 유체를 말한다. 전기장을 인가하지 않았을 때는 비전도성 용매에 분산된 전도성 입자가 자유롭게 운동하는 뉴턴 유체(액상)의 거동을 나타내지만, 전기장이 인가되면 대전된 전도성 입자가 전극에 수직으로 체인(chain)형 구조를 형성하여 유체의 유동에 저항하는, 항복응력을 갖는 빙햄(Bingham)유체(연고 형태)의 거동을 나타낸다.

자기유변유체(MRF: Magnetic Rheology Fluid)는 전기장 대신에 자기장의 강도에 따라 역학적 성질이 변하는 유체이며, 반응속도는 ERF보다 느리지만 소비에너지는 더 적다.

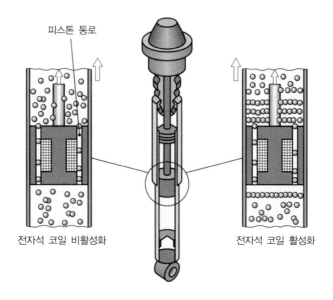

피스톤 통로

전자석 코일 비활성화   전자석 코일 활성화

▋그림11-44 ▋ MRF-댐퍼의 작동원리

특히, 이들은 강성과 감쇠력을 넓은 주파수 대역에 걸쳐서 무단계로 변화시킬 수 있다. 따라서 MRF-댐퍼 및 ERF-댐퍼는 반응속도가 빠르므로, 아주 빠르게 변화하는 작동조건에 적절하게 대응할 수 있다는 장점이 있다.

(3) 능동 차체 제어(ABC ; Active Body Control)

능동 차체 제어(ABC)는 스프링 기능과 진동감쇠 기능 외에도, 차고를 자동적으로 제어할 수 있는, 전자/유압식 또는 전자/공압식 능동 현가제어 시스템이다. 이 형태의 시스템들은 제동/가속할 때, 요철노면을 주행할 때, 그리고 커브를 선회할 때에도 전/후, 좌/우 차륜의 감쇠력과 차고를 개별적으로 제어할 수 있다.

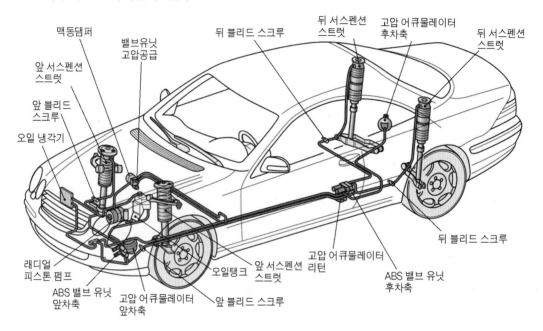

┃그림11-45┃ 능동 현가 제어

차체의 방음
Soundproofing of Vehicle Body

11-4

방음대책은 11-3에서 설명한 방진(防振) 대책을 포함하여, 제진(制振), 차음(遮音), 흡음(吸音)의 4가지로 구분할 수 있다. 가진원의 가진력을 낮추기 위해 차체, 파워트레인 및 섀시 등과 같은 각 부분에 소음·진동 목표를 할당, 달성해야 하는 방진대책에 대해서는 11-3절에서 설명하였다. 최종적으로 방음재(제진재, 차음재 및 흡음재의 총칭)를 사용하여 특히 차실내 소음을 낮추어 승차감과 안락성을 높인다.

제진(制振)이란 차체 강판에 제진재(deadener)를 접착하여 진동이 잘 발생하지 않도록 감쇠성을 높이는 방법이다. 차음과 흡음은 발생·전달된 소음을 차음재(insulator), 흡음재(silencer) 또는 이들의 기능이 복합된 하이브리드-방음재를 이용하여 차단, 흡수하여 감쇠시키는 방법이다.

방음재로는 소음을 차단, 흡수할 수 있는 경량소재로서, 재활용이 가능한 소재가 이상적이다. 일반적으로 섬유재가 이와 같은 다공질 방음재의 특성을 모두 갖추고 있다.

차체 외부의 차음재는 내수성, 내유성이, 엔진룸의 흡음재는 내열성, 내충격성이 요구되므로 표면을 부직포로 보호한 유리섬유(glass wool)와 PET(polyethylene terephthalate) 섬유가 많이 사용된다. 배기계 부품은 전부하 연속운전 조건에서 온도가 대략 200~600℃로 높기 때문에 배기장치의 차음재로는 유리섬유나 세라믹 섬유와 같은 내열성 다공질 재료를 사용한다.

1. 소음의 종류별 방음 대책

차량의 실내소음은 구조기인음(고체음)과 공기기인음(공기음)이 복합되어 나타나며, 30~500Hz 범위에서는 구조기인음이, 500Hz 이상에서는 공기기인음이 더 지배적이다.

(1) 구조기인소음에 대한 대책

구조기인소음 중에서도 특히 150Hz 이하의 저주파 대역 소음에는 차체가 진동에 의해 변형되면서 내부공간을 흔들어 소음을 발생시키는 저주파수 부밍(booming or drumming) 소음, 타이어의 회전으로 발생하는 진동이 현가장치를 경유, 차체로 전달되어 내장재 등을 진동시켜 소음을 발생시키는 도로소음 등이 포함되어 있다.

구조기인소음에 대한 대책은 기관의 연소압력이나 진동특성에 대한 진동원 대책, 엔진-마운트나 현가-마운트 등과 같은 진동 차단계통의 방진성능 향상, 차체구성부품의 강성 향상을 통한 진동전달률 개선 등의 전달경로 대책, 그리고 차체 패널이나 내장재와 같이 공진을 통해 소음을 쉽게 발생시키는 경향이 있는 발음응답(發音應答)계통 대책 등, 차량설계 범주가 대부분이다.

구조기인소음에 대한 추가대책으로 가장 효과적인 방음재(防音材)는 대략 150~1kHz 대역의 바닥(floor) 진동을 감쇠시킬 목적으로 사용하는 제진재(deadener)이다.

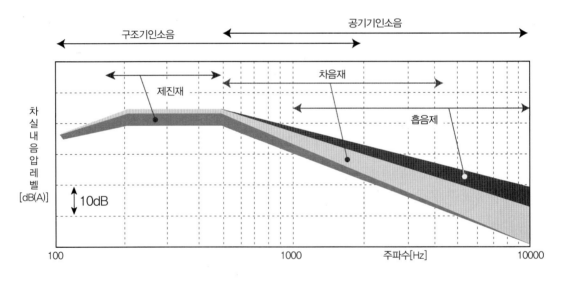

┃그림11-46┃ 제진재, 차음재, 흡음재의 효과 주파수 대역

(2) 공기기인소음에 대한 대책

차체설계에서 공기기인소음의 저감대책으로는 엔진의 크랭크 케이스 공진이나 방사음, 체인구동 소음의 저감과 같은 진동원 대책, 웨더-스트립(weather-strip)과 같은 차체 밀폐부품의 성능 개선, 차음 유리의 적용, 그리고 소음의 통로가 되는 격벽 구멍 부위의 밀폐(sealing)와 같은 발음응답계통 대책 등이 있다.

500Hz~1,000Hz 사이의 소음에는 제진재와 차음재의 효과가 크지만, 1,000Hz 이상의 공기기인소음에는 차음재와 흡음재가 더 효과적이다. 엔진룸이나 휠 하우스 안쪽, 언더 패널, 배기계통 등의 소음원 근처에, 또한 실내의 내장재 등과 같은 발음 응답계통에는 차음재를 사용하여 1차로 소음을 차단하고, 투과된 소음은 흡음재를 사용하여 2차로 흡수한다.

(3) 개별 소음의 차량 실내소음에 대한 기여율

실제로 각 패널의 소음발생 기여율을 조사해 보면, 기관소음은 엔진룸과 실내 사이의 격벽(bulk head) 하부에서의 방사음이 가장 크고, 이어서 바닥(floor) 소음이다. 도로소음은 타이어 → 현가장치 → 서브 프레임으로 전달되는 진동으로 인한 방사음이 앞/뒤 바닥(floor)에서 가장 크고, 이어서 격벽 하부에서 큰 것으로 나타나고 있다.

차량 실내로 전해지는 구조기인소음의 상당 부분이 격벽 하부와 바닥(floor)의 방사음에서 발생하며, 격벽 상부와 뒤 선반(rear parcel shelf), 앞/뒷문의 창유리 등의 기여율이 그 뒤를 잇는다. 천정을 두들기면 통통거리며 울리는데, 너무 쉽게 울려 소음을 많이 발생시킬 것 같지만, 실제로 천정으로부터의 방사음은 전체의 수 %에 지나지 않는다.

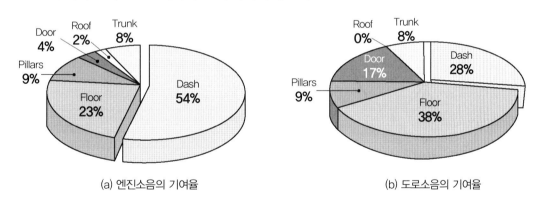

(a) 엔진소음의 기여율   (b) 도로소음의 기여율

┃그림11-47┃ 개별 소음의 차량실내 구조기인소음에 대한 기여율(예)

격벽과 바닥(floor) 패널의 방사음은 차량실내의 구조기인음 발생에 대한 기여율이 높으므로 이 두 군데를 집중적으로 방음하고, 기여율이 낮은 부분에는 방음재를 줄여서 각 패널의 차량실내 소음발생에 대한 기여율을 일정하게 하면 경량화와 저비용을 동시에 달성할 수 있다.

2. 하이브리드 전기자동차/전기자동차(HEV/EV)의 소음 특성

EV 또는 모터 주행시간이 긴 PHEV는 기존의 내연기관 자동차와는 소음 경향이 다르다. 전체적인 소음수준은 내연기관 자동차에 비해 낮으나, 일부 자동차의 실험 데이터를 보면, 60∼3000Hz의 넓은 주파수 대역에서 EV/PHEV의 소음은 내연기관 자동차의 소음보다 훨씬 낮지만 300Hz 부근, 1kHz 부근 그리고 4kHz 이상의 고주파수 영역에서는 소음의 정점(peak)이 나타나고 있다. 분석에 따르면, 300Hz와 1kHz 부근의 소음은 타이어/도로로부터의 구조기인소음과 공기기인소음으로 내연기관 자동차에서는 낮은 차수의 엔진소음에 음폐되어 감지할 수 없었던 소음이며, 4kHz 이상의 고주파 소음은 구동 전기모터/변속기의 소음(주로 whine 소음)으로 확인되고 있다.

내연기관 자동차에서는 연소 1차 성분의 소음이 회전속도에 비례해서 상승하다가 대략 500Hz 정도에서부터 감소한다. 그러나 구동 전기모터에서는 10kHz 이상의 영역까지 차수(oder) 성분이 소음으로 나타나고, 또한 회전속도와는 상관이 없는 인버터/컨버터의 제어소음이 차수 성분 소음에 추가되며, 축전지 냉각소음과 HEV에서의 기어소음도 고려 대상이다.

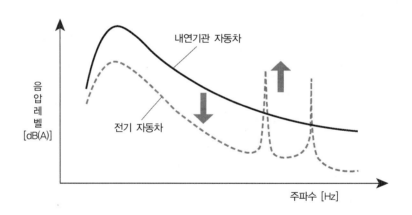

■그림11-48■ 전기자동차(EV)와 내연기관-자동차(ICE) 소음의 비교[John G. Chering}

그림 11-49는 내연기관 자동차에서 60km/h까지는 기관의 구조전달소음과 공기전달소음이 대부분이며, 100km/h까지는 도로소음과 타이어 소음이, 100km/h 이상에서는 바람소음이 지배적임을 나타내고 있다. 반면에 전기자동자(EV)에서는 40km/h까지의 저속에서는 보조장치와 전기모터/변속기/인버터 소음이, 100km/h까지는 도로소음과 타이어 소음이, 100km/h 이상에서는 바람소음이 지배적임을 나타내고 있다.

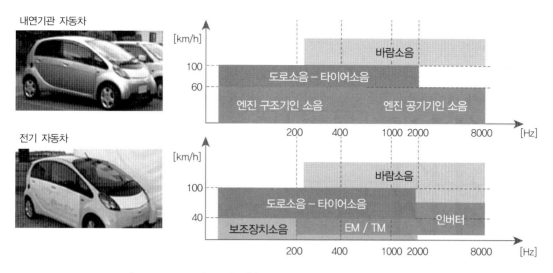

■ 그림11-49 ■ ICE와 EV의 주행속도에 따른 소음성분 비교(출처; Siemens)

(1) 하이브리드 전기자동차(HEV)의 소음 특성

소형화된(downsizing) 기관/하이브리드 모드를 사용하는 HEV에서는 토크의 불균형이 크고, 파워트레인(엔진/모터/변속기)과 드라이브라인(종감속/차동기어, 구동축, 휠)이 집적되어 있기 때문에 주행속도와 무관한 소음 예를 들면, 부밍(booming), 클렁크(clunk) 및 래틀(rattle) 소음이 상대적으로 크게 나타난다.

전기모터만으로 자동차를 구동할 때는 내연기관에 의한 저주파수 소음에 대한 음폐효과가 없고, 모터 / 변속기(EM / TM)에서 고주파수 소음이 발생하기 때문에, 저주파수 소음과 고주파수 소음이 동시에 나타난다. 결과적으로 도로소음, 바람소음, 모터 / 변속기 소음 그리고 공조장치(에어컨/히터) 소음과 보조장치들의 소음이 증가한다.

(2) 전기자동차(EV)의 소음 특성

전체 소음수준은 내연기관 자동차에 비해 낮지만, 일반적으로 샤프니스(sharpness)는 더 높게 나타난다. 낮은 차수의 내연기관 소음이 없기 때문에 도로소음과 바람소음에 대한 음폐효과가 감소하여, 순항(cruising)소음이 나타난다. 냉/난방장치를 비롯한, 보조장치의 소음에 대한 음폐효과도 감소하므로 상대적으로 공전 및 저속 소음이 증가한다.

특히 전기자동차(EV)의 특성상 구동 전기모터, 인버터, 변속기, 구동 축전지 냉각회로 등에서 발생하는 고주파수 소음이 문제가 된다. 고주파수 순음성 소음성분을 흡음/차음할 수 있는 경량의 방음재를 필요로 한다.

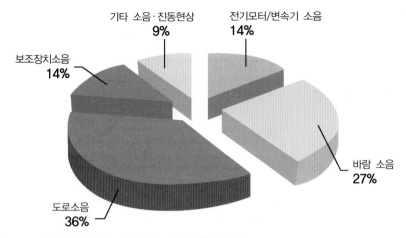

■그림11-50 ■ 전기자동차(EV)에서의 소음원 기여율[출처; Siemens, Greg Goetchius, 2011]

EV/PHEV는 자동차 회사마다 독자적인 장치구조나 제어방식을 사용하기 때문에 차량 모델별로 소음의 경향성도 상당히 다르게 나타나고 있다. 현재의 기술로는 기존의 흡/차음재를 사용하여 소음주파수의 전체 영역을 감당해야 하는 수밖에 없으므로, 차량실내 소음의 절대 레벨이 낮은데도 불구하고 방음재 질량이 내연기관 자동차에 비교하여 반대로 늘어나는 경향을 나타내는 차량도 있다.

3. 차체 방음재(防音; materials of vehicle body soundproofing)

오늘날 자동차회사들은 가격과 경량화 측면을 우선하여 패널 등의 진동은 차체 설계단계에서 대처, 개선해야 한다는 사고가 지배적이다. 격벽은 차체강성 측면에서도 중요하기 때문에 강판 두께는 기본적으로 확보한다. 그러나 차체강판으로 고장력강을 사용하여 강도를 확보하는 대신에 판 두께는 얇게 하는 경향이 있다. 투과손실은 물리량에 의해 결정되기 때문에 판 두께가 두꺼운 것이 NVH에는 유리하다. 하지만 경량화가 우선이다. 따라서 방음재(제진재와 차음재, 흡음재의 총칭)의 사용량도 예전에 비해 크게 줄이고 있다. 예를 들면 중량으로 진동을 억제하는 제진강판을 사용한 적이 있으나 오늘날은 거의 사용하지 않는다. 현재는 모든 방음재를 다 합쳐도 전체 차량중량의 약 1~2% 정도에 지나지 않는다. 1장의 차체 패널을 더 세분화해 소음·진동 성능을 적용하는 한편, 도료가 빠지는 구멍을 줄이고 꼭 필요한 구멍은 씰(seal)로 밀봉하여, 가능한 한 방음재를 사용하지 않으려고 한다. 그리고 격벽으로부터 실내로 들어오는 소음을 주파수별로 세밀하게 분석하여, 대책을 마련한다.

제진(制振), 차음(遮音), 흡음(吸音)에 사용되는 각종 방음재는 소음저감 효과를 발휘할 수 있는 주파수 대역이 제한되는 약점이 있지만, 가격에 비교하여 성능이 뛰어나고, 적용이나 튜닝(tuning)에 대한 선택의 폭이 넓으므로 진동·소음 설계를 보완하는 기술로 많이 이용되고 있다.

방음재로 저감할 수 있는 소음의 주파수는 대략 150Hz 이상이다. 일반적으로 약 150Hz~1kHz 범위의 구조기인음에는 제진재, 약 400Hz 이상의 공기기인음에는 차음재와 흡음재가 효과적이다.

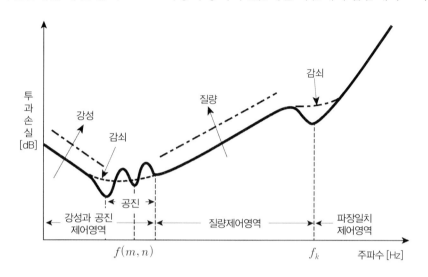

‖그림11-51‖ 단일 벽 투과손실의 정성적 변화과정

(1) 제진재(制振材; damping materials or deadener)

트렁크 룸 바닥의 카펫을 벗기면 중앙부분에 표면이 딱딱한 흑색의 판재(sheet)가 강판에 녹아 붙어있는 것을 볼 수 있다. 이것이 제진재이다. 아스팔트 쉬트(asphalt) 또는 멜팅 쉬트(melting sheet)라고도 한다. 제진재는 주원료인 아스팔트(asphalt)에 운모(mica), 발포제, 열가소성수지 등을

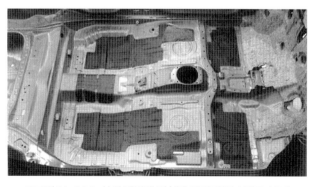

‖그림11-52‖ 차체 바닥에 접착된 제진재(아스팔트 쉬트)

배합하여 판재(sheet)형태로 만든 것으로서, 일종의 점탄성수지이다. 소재 자체의 점탄성에 의해 강판의 진동에너지를 열에너지로 변환, 소산시킨다. 엔진이나 현가장치로부터의 입력에 의한 차체 패널의 진동을 줄이는 것이 목적이다. 어느 정도 질량을 가진 재료가 유효하며, 150~500Hz

부근의 저주파수 진동에 대한 감쇠효과가 크며, 150~1000kHz 대역의 구조기인음에도 효과적이다. 무게 때문에 차체바닥(floor)과 대쉬 패널(앞 격벽 부분), 트렁크 바닥, 휠 하우스 등 극히 일부에만 제한적으로 사용한다.

최근에는 아스팔트 제진재보다 가볍고 온도 내성이 강하며, 폭넓은 온도 범위에서 안정적인 감쇠 효과를 발휘하는 경량 제진재(light-weighted deadener), 그리고 모재인 강판에 직접 분사할 수 있는 도포형 제진재(spray type floor deadener)를, 그것도 최소한으로 사용하는 추세이다.

① 구속형 제진재와 비구속형 제진재

제진재의 형태는 단층형과 복층형으로 구분한다. 단층형(비구속형)은 외부로부터의 진동 에너지가 주로 감쇠층의 인장, 압축에 의해 흡수된다. 그리고 복층형(구속형)은 진동에너지가 감쇠층의 전단변형에 의해 흡수된다. 즉, 차체바닥이 굴곡진동할 때 바닥에 접착된 제진재가 신축변형을 일으키고, 이때 진동에너지가 열에너지로 변환되어, 소산된다.

제진강판은 2장의 강판 사이에 제진재를 삽입하는 방식이다. 상/하 강판의 굽힘진동에 위상차가 발생하기 때문에 삽입된 제진재가 받는 힘은 주로 전단력으로서, 접착형 제진재보다 감쇠효율이 더 좋다. 그러나 가격이 비싸고 재활용성 등의 문제 때문에 현재는 거의 사용하지 않지만, 제진강판의 개념을 응용한 것이 구속형 제진재이다.

▌표 11-5 ▌ 비구속형 제진재와 구속형 제진재의 특성

	구 성	특 성
비구속형 **(단층형)**	일반적으로 박판의 제진대책에 사용 진동이 점탄성층의 신축변형을 통해 감쇠	비교적 값이 싸고 주류 충진재나 발포, 열경화 등을 통해 고성능, 고탄성, 저비중~고비중, 자력 부여까지 다양한 요구에 대응이 가능 점탄성층 아스팔트/고무계통 철판(박판)
구속형 **(복층형)**	일반적으로 후판의 제진대책에 사용 진동이 점탄성층의 동적 전단변형을 통해 감쇠	뛰어난 제진효과 열경화수지는 열처리를 통한 형상 추종성도 양호 구속층 (강판, 열경화수지) 점탄성층 (아스팔트, 고무계) 철판(후판)

아스팔트에 배합되어있는 수지를 열경화성 재질로 바꾸고, 도장공정에서 도료 열경화(대략 140℃/20~30분)를 통해 수지를 가교(架橋), 경화시킴으로써 표면에 딱딱한 층을 만든다. 그러면 제진재의 점탄성층이 표면 경화층과 차체강판 사이에 위치하여 제진강판과 똑같이 효과를 발휘할 것이라는 개념이다. 제진효과가 높아 두꺼운 강판에 사용된다. 표면 경화층(구속층)의 경도가 제진성능의 향상과 관련된다. 아스팔트의 점탄성은 온도 의존성이 높고, 제진성능도 기온에 따라 미묘하게 변화하기 때문에 제진재는 차량의 온도특성에 맞추어 조정(tuning)한다.

② 제진재가 효과적인 주파수 대역

그림 11-53에서 우측의 바닥(floor) 모델은 기관이나 섀시의 진동으로 적색 부분이 북처럼 떨리면서 구조기인소음을 생성하는 상태이다. 이 부위에 제진재를 부착하여 바닥 패널의 진동을 효과적으로 감쇠시켜 소음을 감소시킬 수 있다. 그림의 좌측 150Hz 이하 영역에서는 차체가 진동(전역모드)에 의해 변형되어, 차체 패널 주위 공간의 공기를 진동시켜 저주파수 소음(부밍 소음)을 생성하기 때문에 방음재로는 대응할 수 없다. 이때 차체의 변형은 정적(static) 입력에 의한 비틀림 또는 굽힘이 아니라 동적(dynamic) 진동에 의한 변위이다. 정적 강성을 향상시키면 동적 강성도 향상될 것 같지만, 무턱대고 강성을 높이면 중량과 가격의 상승을 초래하기 때문에, 진동대책의 경우는 진동모드를 연속시키지 않고, 전체를 균형 있게 변위시키는 것이 핵심이다.

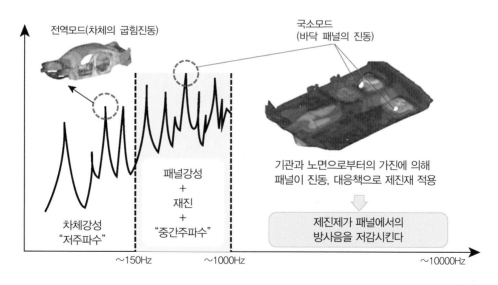

■ 그림11-53 ■ 제진재 사용이 효과적인 것은 중주파수 대역(예)

③ 제진재의 성능 - 손실계수(tanδ, 그림 11-23 참조)

제진성능은 점탄성 재료의 동특성을 의미하는, 손실계수(tanδ)로 나타낸다. 제진재는 감온효과에 의해 온도 의존성을 가진다. 단층형의 유효온도는 10~40℃ 범위이며, 복층형은 60℃ 정도이다. 탄성재료에서는 전단응력(shearing stress)이 변형률과 동위상(in phase)으로 발생하며, 점성재료에서는 전단응력과 변형이 90°의 위상차를 가진다. 즉, 변형은 응력이 가해진 후에, 일정한 시간이 경과한 후에 발생한다. 고분자 점탄성재료를 이용한 제진재는 스프링과 완충장치(dashpot)의 특성을 동시에 가지고 있으므로, 변형률과 응력은 시간에 따라서 0°와 90°의 범위내에서 손실각(δ)만큼의 위상차가 발생한다. 제진재에서는 응력이 변형보다 약간 앞선다.

손실각(δ)이 0°에 근접하면 완전히 탄성적인 동작을, 90°에 근접하면 재료는 순전히 점성적인 동작을 한다. 손실계수(tanδ)가 클수록 제진성능이 우수하다.

(2) 차음재(遮音材: insulating material or insulator)

자동차 실내에 사용하는 방음재에는 차음재와 흡음재, 두 가지가 대부분이다. 일반적으로 차음재가 외부로부터의 소음을 차단, 반사시키는 양이 흡음재가 내부에서 흡수하는 소음의 양보다 훨씬 더 많다. 그러나 소음의 일부는 차음재를 투과하거나 진동으로 전달되어 반대편 공기를 진동시켜 소음을 생성한다. - "소음의 투과(transmission of noises)"

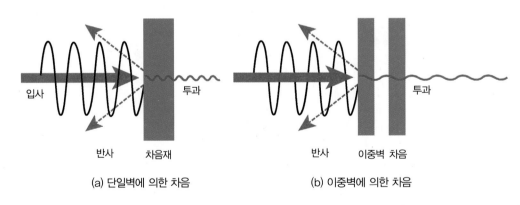

입사		투과	입사		투과
반사	차음재		반사	이중벽 차음	
(a) 단일벽에 의한 차음			(b) 이중벽에 의한 차음		

┃그림11-54┃ 공기기인소음의 차음, 차음재에 의해 주로 반사된다.

① 차음재의 거동

차음재는 음압에 의한 가진력을 운동 에너지로 변환, 감쇠시킨다. 엔진과 실내를 구분하는 격벽에 장착하는 대쉬 인슐레이터(dash insulator)나 헤비레이어(heavy layer) 등, 주로 엔진이나 타이어 등에서 발생된 소음이 차량실내로 유입되는 것을 차단할 목적으로 내장(interior)에 사용한다. 소리의 투과가 어려운 EPDM 등의 고무 또는 폴리에틸렌 등의 쉬트(sheet) 표면에 우레탄이나 펠트 등과 같은 다공질 재료를 접착해 일체화한 경/연(硬/軟) 2층 구조이다. 내장용 차음재에서는 일반적으로 EPDM + 펠트(felt) 조합을 사용한다. 표면의 고무막을 표피층, 다공질층을 중간층이라고도 한다. 무거운 소재일수록 효과적이며, 이중벽 구조는 더 효과적이다. 일반적으로 무겁다($2.5{\sim}6.5\mathrm{kg/m^2}$).

중간층 두께는 대략 10~30mm이다. 펠트 등과 같은 다공질재의 탄성률에는 소재 자체의 탄성과 내부에 포함된 공기의 탄성이 영향을 미치는 데, 공기의 스프링 정수는 변경할 수 없다. 따라서 차음재의 소재가 일정할 경우, 중간층의 조정(tuning)은 질량과 두께 양쪽에서 이루어진다.

소음이 투과해 오는 강판 쪽에 중간층을 밀착시켜 장착하면 중간층이 스프링, 표피층의 고무가 질량(mass)으로서 기능하는 스프링-질량 공진계가 구성된다. 소음이 투과하려면 강판이 진동해 반대쪽 공기를 흔들어야 하는데, 그 가진력(加振力)을 차음재의 스프링-질량 공진계가 공진을 통해 운동에너지로 변환, 감쇠시킴으로써 소음의 투과를 어렵게 한다.

표피층 고무쉬트에서도 점탄성 저항을 통해 진동의 일부를 감쇠시킨다. 또한 감쇠되지 않은 진동은 고무표면에서 반사되는데, 강판과의 사이에서 반사를 반복하면서 그때마다 중간층의 다공질재(多孔質材)가 흡음한다. 차음재는 대략 400Hz 이상의 공기기인음에 대한 차음효과가 크다.

> **TIP** **EPDM**(Ethylene Propylene Diene Monomer)
>
> EPDM(Ethylene Propylene Diene Monomer)이란 EPR(Ethylene Propylene Rubber)에 디엔(Diene; 이중결합이 2개가 들어있는 화합물)을 추가한 3원 공중합체로서, 비결정성(非結晶性) 고분자 합성고무이다. 넓은 경도 범위에서 인장강도가 양호하며, 내오존성, 내한성(저온 유연성), 내열성, 내약품성, 전기절연성이 우수하다. 합성고무 중 밀도가 가장 낮고, 경제성이 뛰어난다. 특히 화학적으로 안정하며 가황한 것은 물리적 성질이 천연고무와 SBR(Styrene Butadiene Rubber)의 중간 성질을 가지며 특히 내후성과 내오존성이 우수하다. 자외선과 오존에 노출된 상태에서도 초기물성이 20년 이상 유지되고 진동, 습도 등에서도 안정성이 우수하고 물성변화가 없어 자동차부품과 정밀기계부품, 전기부품, 스포츠시설 탄성 바닥 재료로도 많이 사용되고 있다. 과산화물 가황물은 150℃까지 내열성을 유지하며 압축수축률이 아주 좋다.

② 차음재의 성능

차음재의 성능을 결정하는 3요소는 표피층의 질량, 중간층의 두께와 압축탄성률이다. 임의의 주파수 대역의 소음에 대한 투과손실을 높이려면 표피층은 무겁게, 중간층은 두껍게, 중간층의 탄성률은 높이면 되지만, 스프링-질량 공진계를 사용하기 때문에 무겁고, 두껍고, 부드럽게 하더라도 차음효과가 있는 주파수 대역이 낮은 주파수 대역으로 이동할 뿐이라는 주장도 있을 수 있다. 전체가 스프링-질량 공진계로서 작동하여 진동을 감쇠시킨다는 이론이기 때문에, 투과손실을 높인다는 것은 방음효과가 높은 주파수 대역을 저주파수 쪽으로 이동시킨다는 말과 같다.

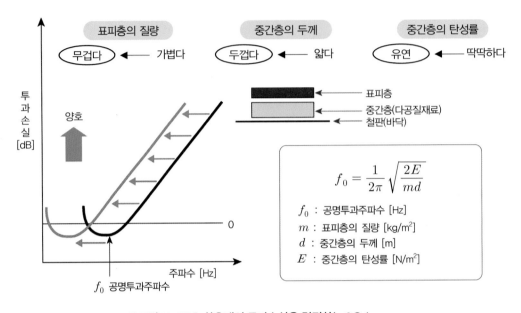

‖그림11-55‖ 차음재의 투과손실을 결정하는 3요소

벽과 같은 차폐물이 소리를 쉽게 통과시키는 지의 여부를 입사파에 대한 투과파(透過波)의 비율로 나타낸 것이 투과손실(TL : Transmission Loss) 지표이다. 투과손실은 차폐재의 물적 특성이나 무게, 주파수 대역에 따라 다르지만, 투과손실이 클수록 차음효과가 크다. 강판의 투과손실은 주파수와 질량 양쪽에 비례하여 증가하는 데, 주파수 또는 질량이 2배가 되면 투과손실은 6dB 증가한다.

차음재의 투과손실(STL; Sound Transmission Loss)은 다음 식으로 구한다.

$$STL = 10 \log\left(\frac{1}{\tau}\right) [\text{dB}] \quad\text{···}\quad (11\text{-}37)$$

여기서 $\tau = \dfrac{\text{투과된 에너지}}{\text{입사된 에너지}}$

그림 11-56은 소리가 강판과 방음재에 수직으로 입사(入射)되었을 경우의 투과손실이다. 기울기가 작은 직선은 강판 단독의 투과손실이며, 곡선은 강판에 차음재를 추가한 경우의 투

과손실이다. 중주파수 대역(그림에서는 약 300Hz 부근)에 차음재(스프링-질량 시스템) 자체의 공진점이 있기는 하지만 고주파수 대역에서는 차음재의 투과손실이 크게 즉, 차음효과를 크게 나타내고 있음을 알 수 있다.

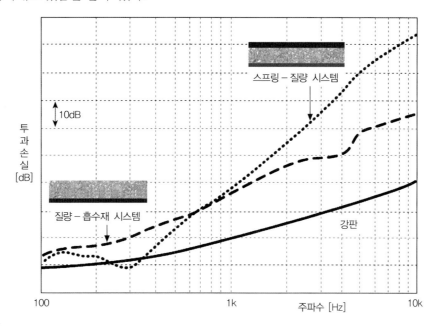

■그림11-56 ■ 방음 시스템의 전형적인 감쇠 거동(예)

③ 차음재 적용 시 문제점

차음재의 방음성능을 높이려면 중량이 증가한다. E-, 또는 F-세그먼트 승용차의 격벽 전체에 차음재를 부착할 경우, 넓이를 약 $1.2m^2$(높이 0.7m, 폭 1.7m)로 가정하고, 가장 무거운 등급($6.5kg/m^2$)의 차음재를 적용하면 차음재의 무게는 약 8kg이 된다.

그리고 차음재는 철판에 밀착되지 않으면 효과가 없다. 또 하나의 기본적인 설계요소는 구멍이다. 벌크헤드에는 조향 컬럼이나 페달, 배선이나 공조장치 배관용 관통구멍이 있으므로 대쉬 사일렌서에도 관통구멍을 가공해야 하는데, 관통구멍을 통해 공기가 통과하면 어떠한 방음재라도 그 부분에서는 방음효과가 "0(zero)"이 된다. 구멍의 크기를 가능한 한 작게 하거나 구멍의 공극(air gap)을 밀폐(sealing)하여 공기의 투과를 막아야 한다. 또 주행 중에 노면에 의해 발생하는 진동이나 기관진동에 대응하여 무거운 차음재가 공진하게 되는 주파수 대역이 존재할 수 있으므로, 이에 대해서도 고려해야 한다.

(3) 흡음재(silencer or absorption materials)

소음이 외부에서 내부로 또는 내부에서 외부로 전달되는 과정에서 소리에너지를 흡수 또는 감쇠시킨다. 펠트(felt) 등과 같은 다공질재로서, 가볍고 공기가 통한다. 공기와 섬유 마찰로 소리입자가 가진 진동(운동)에너지를 열에너지로 변환시킨다. 즉, 음파를 흡수하여 열에너지로 변환시킨다. 보통 회절성향이 강한 중/고(中/高) 음역대를 흡음하며 결과적으로 반사를 억제하는 효과가 있다. 굴곡이 클수록 흡음효과가 커지기 때문에 계란판 모양이나, 블록을 불규칙적으로 쌓은 모양 등이 많이 사용된다. 또한 부직포도 흡음능력을 가지고 있으며, 이 외에도 흡음재를 판 모양으로 가공, 사용하는 예도 있다. 주류는 흡/차음 겸용인 하이브리드 방음재이다.

차음재는 공기를 투과시키지 않고 모재의 진동을 감쇠시켜 소음의 투과를 방지하지만, 흡음재에서는 펠트(felt)와 유리섬유, 우레탄 등의 다공질 재료로 만든 쉬트(sheet)에 들어있는 공기가 소음을 흡수한다. 흡음재에 소음이 투과되면, 공기의 점성에 의해 섬유와의 사이에서 마찰이 발생하고, 동시에 소음의 음압에 의

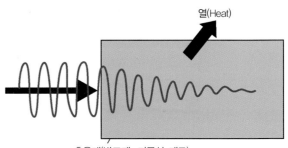

흡음재(발포제, 기공성 재료)

┃그림11-57┃ 흡음재의 흡음 원리

해 다공질 섬유가 진동하여, 진동에너지가 열에너지로 변환되어 소음을 감쇠시킨다. 이때 진동보다는 마찰에 의한 에너지 변환이 효과가 더 큰 것으로 알려져 있다.

흡음재의 성능지표는 흡수계수(α; sound absorption coefficient)이다. 입사 에너지(I_{in})에 대한 흡수 에너지(I_{ab})의 비($\alpha = I_{ab} / I_{in}$)이다. 흡수계수가 1($\alpha = 1$)이면 전부 흡수, 흡수계수가 0($\alpha = 0$)이면 전부 반사를 의미한다.

차음재의 경우는 차음재의 표피층을 투과한 소음에 대해서는 대책이 없으며, 오히려 표피층의 고무가 차량실내에 대한 소음의 반사재 역할을 한다는 약점을 가지고 있다. 반면에 흡음재는 공기를 투과시켰을 때, 다 흡수되지 않은 소음이 반사되었다고 하더라도 실내 어딘가에서 반사되어 되돌아오면 다시 그것을 흡수할 수 있다. 벌크헤드에 배치한 대쉬 사일렌서의 경우, 투과된 소음 일부가 계기판 패널 뒷면에 충돌, 반사되어 돌아오면 다시 흡수할 수 있다. 반사와 흡수를 반복하면 실내는 점점 더 조용해진다. 벌크헤드와 같은 구조는 구멍을 완전히 막을 수 없으므로, 일단 투과된 소음이라 하더라도 다시 흡수할 수 있는 흡음재의 소음 저감효과가 뛰어나다.

① 흡음재의 특징

흡음재에 사용되는 다공질재는 위쪽은 오래된 면(綿)을 소재로 열경화수지를 가미한 펠트, 아래쪽은 우레탄 발포재이다. 이밖에 PET(polyethylene terephthalate), PES(polyester), PP(polypropylene) 등의 섬유에 열가소성수지를 혼합한 다공질재도 사용된다. 섬유소재의 영률, 손실요인, 푸아송비, 재료밀도 등에 따라 흡음률이 좋은 주파수 대역이 다르므로 흡음의 대상인 소음 주파수 대역이나 음압레벨 등에 맞춰 구분해서 사용한다.

흡음재는 제곱미터당 중량이 0.65kg~2.4kg으로 차음재와 비교하여 가볍고, 저렴하여 오늘날 방음재 재료의 주류를 차지하고 있다. 특히 A-, B-세그먼트의 소형승용차는 제진재나 차음재를 사용하지 않고 흡음재로만 방음처리를 하는 경우가 일반적이다. 흡음재는 1kHz~10kHz의 넓은 주파수 대역에서, 그중에서도 고주파 대역에서 탁월한 흡음성을 발휘한다. 그러나 이 주파수 대역에는 차량실내에서 통상적인 대화를 할 때의 목소리 주파수 성분도 일부 포함되어 있다. 따라서 흡음재를 많이 사용한 자동차는 대화소리가 약간 안 들리는 경향이 있다. 귀가 막힌 것처럼 실내가 조용하고, 왠지 대화가 듣기 거북해서 마치 소리가 울리지 않는 방 같은 느낌이 나는 것은 전형적으로 흡음재를 많이 사용한 경우의 부정적 효과이다. - 대화 명료도의 저하

② 흡음재의 설계변수

펠트를 사용한 흡음재의 경우, 같은 주파수 대역에서는 흡음재의 두께를 두껍게 할수록 흡음률이 높아진다. 또 두껍게 할수록 저주파수 대역의 흡음성능이 향상되는 경향이 있다. 그리고 두께가 일정한 경우에는 펠트의 밀도가 높아질수록 흡음률이 향상된다. 그러나 밀도를 높이면 투과해 나가는 공기의 유동저항이 점차 커지기 때문에 어느 주파수대역에서 흡음률 향상이 둔화되다가, 밀도가 높아감에 따라 반대로 흡음률이 저하된다. 따라서 펠트의 밀도는 흡음하려고 하는 대상 주파수에 대해 최적화시켜야 한다.

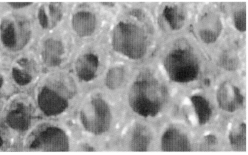

▌그림11-58 ▌ 흡음재 재료(펠트 등의 다공질재)

방음의 목적을 달성하기 위해서는 다공질 내부의 다공율(공기의 체적비율)이 90% 이상이 되어야 만 다공질 내부의 좁은 공기통로를 따라 음파가 전달될 때 점성저항에 의해 음파가 감쇠되는 효과를 얻을 수 있다. 최근의 시뮬레이션에서는 공기에 대한 매개변수로는 점성/열적 특성길이, 미로도(迷路度), 다공도, 통과공기의 유동저항, 공기밀도를, 그리고 소재에 대한 매개변수로는 영률(Young's Modulus), 손실요인, 푸아송비, 재료밀도 등을 설정한 분석모델을 이용하여 공기의 점성이나 관성력에 따라 공기기인소음과 구조기인소음이 상호작용하면서 소음이 전파해 나가는 상황을 정밀하게 분석하고 있다.

(4) 흡/차음 하이브리드 방음재

흡음재인 펠트를 경/연(硬/軟; hard/soft) 2층 구조로 만들어, 표피층에 차음재의 고무층 같은 효과를 가지도록 한 것이 흡/차음 하이브리드 방음재이다. 대쉬 사일렌서(dash silencer)의 주류를 이루고 있다. 표피층은 열가소성 수지섬유에 접착제를 혼합하여 프레스로 압착하여 굳힌 딱딱한 층이다. 아래층은 일반 펠트(felt)이다. 표피층의 딱딱한 층은 섬유밀도가 높기 때문에 소음은 중간층을 투과하면서 일부가 감쇠, 흡음되는 동시에, 차음재의 표피층 고무에서와 마찬가지로 안쪽을 향해 반사된다. 이 진동은 강판과의 사이에서 반사를 반복하면서 차음재에서처럼 감쇠된다. 현재는 3층 구조를 사용한다. 낮은 주파수 대역의 성능을 향상시키기 위해 중간층에 고무를 삽입함으로서, 스프링-질량 공진을 통한 감쇠효과를 얻고 있다. 2층 구조의 흡음재 기술을 더 발전시킨 것이 3층 구조의 하이브리드 방식의 대쉬 사일렌서이다.

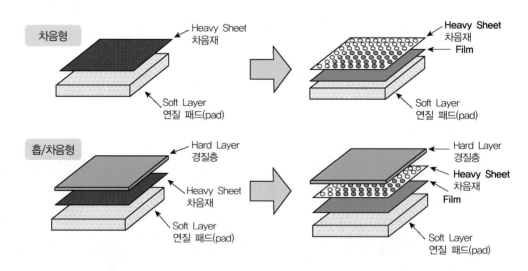

‖그림11-59‖ 기존의 차음형 및 흡/차음 하이브리드형 사일렌서(silencer)의 개선(예)

그림 (11-59)는 기존의 차음, 흡음재 외에 구멍이 많이 뚫려있는 차음재와 평활한 박막 필름을 이용하고 있는 예이다. 음파의 진동이 구멍을 통과하여 필름에 부딪칠 때, 원래의 진동파가 역위상이 되면서 소음을 상쇄시키는 방식이다. 차음효과는 물론이고 가볍다는 특징을 가지고 있다.

(5) 차체 내의 다각형 밀폐 공간용 충전재

차체 제작 공정상 필요한 차체의 구멍들을 최소한으로 제한하지만, 불가피하게 가공된 구멍들은 씰(seal)로 밀봉한다. 그리고 문틀(door frame)을 중심으로 차체의 지붕(roof)과 바닥(floor)을 연결하는 기둥(pillar)과 사이드멤버(side member)의 연결부 단면구조는 기하학적으로 불연속적이며 단면 형상 또한 각기 다르다. 그리고 이들 내부에는 비어있는 공간 즉, 공동(cavity)이 존재한다. 주행 중 각종 부하에 의해 이들 연결부에서는 과도한 국부진동이 발생할 수 있다. 그리고 이들 공동에 소음이 유입되면, 공간은 파이프 또는 터널처럼 기능하여 실내소음에 부정적인 영향을 미치게 된다. 이를 방지하기 위해 비어있는 공간에 발포재를 충전하여 소음의 전달경로를 차단한다.

충전된 발포재(대부분 폴리우레탄 기반 또는 에폭시 기반 물질)는 도장공정에서 도료를 열경화시키는 동안에 발포, 팽창(거의 10배), 고형화되어, 공동(cavity)의 소음전달경로를 완벽하게 차단한다. 동시에 차체 공동(cavity)의 강성을 증가시킨다.

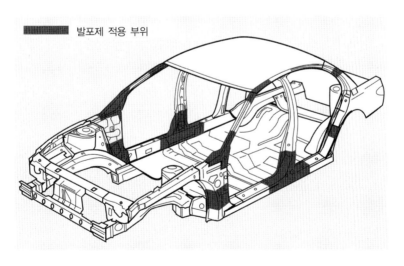

발포제 적용 부위

▌그림11-60 ▌ 발포재 적용 부위 (예)

4. 자동차의 방음 시스템

승용자동차에서 공기기인 소음원 및 공기기인 소음의 전달경로를 살펴보면, 음향설계를 위해서는 대략 5개의 하위 시스템을 확인할 수 있다.

- 기관실(engine room)과 격벽(bulkhead or fire wall),
- 언더-보디와 휠 하우스(under-body and wheel house),
- 뒤 시트 바닥 부분 및 뒤 격벽(rear seat floor and rear seat-back barrier),
- 문과 창문(door and window),
- 차량 실내(cabin)

기관실(engine room)과 격벽(bulkhead)의 형상은 엔진소음이 실내 및 실외 환경에 영향을 미치는 데 핵심적인 역할을 하며, 차체의 뒷부분(시트 바닥 및 격벽)은 뒤쪽 차륜의 전동소음과 배기출구 소음이 실내로 유입되는 것을 차단한다. 고주파수의 풍절음은 주로 문과 창문의 형상의 영향을 받지만, 저주파수의 유동소음과 전동소음은 주로 언더 - 보디의 형상에 의해 결정된다. 소음원 자체를 최적화하는 방법 외에도 다수의 방음재 및 피복재를 사용하여 공기기인소음의 전달경로를 최적화시킨다. 중형 승용자동차의 경우, 이들 구성품의 무게는 대략 40kg 정도이다. 이 중 실내의 차음에 약 60%, 판재 표면의 제진에 약 30%, 흡음기능에 대략 10% 미만이 사용된다.

CO_2 배출량을 줄이기 위해서는 차량의 경량화가 중요하기 때문에, 미래에는 음향적 경량화 개념이 더 많이 도입될 것이다. 이를 위한 가장 중요한 수단은 다음과 같다:

- 차음재(isolator) 대신에 흡음재(absorber) 사용의 강화,
- 다기능 부품을 사용하여 음향기능을 통합,
- 실내 소음발생에 대한 기여율 최적화(감쇠 분포의 최적화)
- 소음원 근접 차음(isolation) / 캡슐링(capsuling)

(1) 엔진 캡슐링(engine capsuling)

내연기관의 캡슐링은 음향적인 이유로 승용차용 중/대형 디젤기관에 주로 적용한다. 보다 최근에는 연료소비를 줄이기 위한 열적 캡슐링도 시도되고 있다. 캡슐링은 열관리 및 음향 최적화 양쪽을 위한 다기능적 개념의 접근방식이다.

특히, 승용 디젤기관 자동차에서는 외부 환경으로 방출되는 엔진소음을 제한하기 위해 엔진을 원격 또는 근접 캡슐링한다. 근접 캡슐링은 차음재를 엔진에 직접 부착하는 방식으로, 원격 캡슐링은 엔진 주변의 차체에 방음재를 부착하는 방법으로 실현한다.

원격 캡슐링의 경우, 캡슐은 일반적으로 보닛 라이너, 언더보디 클래딩(cladding) 및 다양한 측면 방음부품으로 구성되며, 특히 휠 아치의 틈새는 가능한 한 치밀하게 밀폐시켜야 한다. 이때 엔진룸이 필요로 하는 환기에 대한 열적 요구와 액슬이 필요로 하는 운동자유도 간에 약간의 모순이 발생하며, 음향 기술자는 가능한 한 밀도가 더 높은 캡슐화를 추구한다. 흡수 채널을 사용하여 이 모순을 적어도 부분적으로 해결할 수 있다. 전송 공동(cavity)에서도 소음수준을 가능한 한 낮게 유지하기 위해서 엔진룸의 소음은 일반적으로 면 또는 암면으로 만든 흡음재로 흡수한다. 오염 위험 때문에, 특히 엔진룸 하부의 덮개로는 플라스틱으로 제작된, 공명흡수기의 원리에 따라 작동하는 카세트형 흡음재를 사용한다. 엔진룸 하부의 커버는 전체 언더보디 클래딩의 일부이며, 음향 및 열적 기능 외에 공기역학적 기능도 가지고 있다.

(2) 엔진룸과 차실 간의 격벽(bulkhead or fire wall)

내연기관의 공기기인소음은 엔진룸의 개구부를 통해 외부로 방출되거나 격벽과 격벽에 뚫린 구멍을 통해 차량실내로 전달된다. 그러므로 자동차의 방음개념에서 격벽의 역할은 아주 중요하다. 전부하 시 엔진룸의 소음수준은 약 115dB(A)까지 상승하므로 실내 소음수준을 65～75dB(A)로 제한하려면, 격벽 영역에서의 삽입손실은 최소한 약 40～50dB이어야 한다.

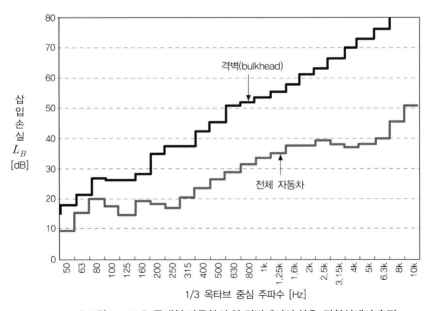

┃그림11-61┃ 중대형 자동차의 앞 격벽에서의 차음, 잔향실에서 측정

중형과 대형 승용자동차에서 격벽 영역에서의 방음개념은 다양한 재료 - 강판, 알루미늄판, 단일 또는 다중 부밍(booming or drumming) 방지층으로 구성된 방음층을 이용하여 엔진룸과 객실 각각에 적합한 방음시스템을 구축한다. (그림 11-62). 저주파수에서 이러한 시스템은 면적질량에 따라 30dB 미만의 기본 차음만을 달성한다. 중간 주파수 대역에서는 약 9dB/octave로 차음효과가 증가한다. 반면에 고주파수 대역에서의 차음은 누설과 측면 경로 때문에 약 70~80dB까지로 제한된다. (그림 11-61 참조).

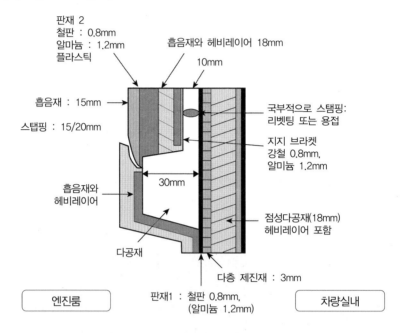

┃그림11-62┃ 앞 격벽 영역의 차음 구조 (예)

예를 들면, 스티어링 칼럼, 배선 하네스 및 페달링크, 난방 및 에어컨 배관용으로 격벽에 가공되어있는 구멍 등, 이러한 모든 관통부는 최대한 누설이 없게 처리해야 한다. 스티어링 칼럼 시스템과 같이 운동이 가능한 부품들을 밀폐하기 위해서는 구조적으로 상당히 복잡한 시스템, 예를 들면. 다중 밀폐가 가능한 그로밋(grommet) 형태의 기밀유지 시스템을 사용해야 한다.

(3) 언더 보디 클래딩(UBC; under-body cladding or cover)

최근에는 중형 및 대형 승용자동차에서는 면적이 넓은 언더보디 클래딩(cladding)을 사용하며, 일부는 변속기와 배기장치까지도 덮는다. 일반적으로 열적인 이유로 노출해야 하는 영역을 미세 기공(micro-porous) 흡음재를 사용하여 감쌀 수 있다. 따라서 면 또는 암면과 같은 섬유재료를 사용하지 않고, 내열성 금속박막을 흡음에 사용할 수 있다. 더 나아가 미세 기공(micro-porous) 기술을 이용하면, 언더보디 클래딩이 노면으로부터의 소음도 흡수할 수 있도록 설계할 수 있으므로 주행소음의 저감에도 기여한다. [86].

기존의 흡음재 시스템은 폴리에스테르 플리스(polyester fleece) 또는 PUR(폴리우레탄) 발포 재의 흡음층으로 구성된다. 엔진룸 쪽 흡음재는 액상의 물질에 의한 오염을 방지하기 위해 종종 음향적으로 투과되는 얇은 PUR 또는 폴리에스테르 필름으로 덮는다. 기계적 안정성은 유리섬 유 강화 열가소성 플라스틱(GMT; Glass Mat Thermoplastics)으로 제작된, 담체(carrier)가 보장 한다. 높은 열응력을 받는 영역에는 강화 열경화성 플라스틱(SMC; Sheet Molding Compound) 으로 만든 담체에 현무암 암면의 흡음재를 사용할 수도 있다. 이 경우 다공성 알루미늄층의 표피 가 흡음재의 오염을 방지한다.

최근에는 약간 경화된 열가소성 플라스틱 매트릭스의 다공성 코어(core) 층으로 이전된 흡음 기능 뿐만 아니라 담체(carrier)기능이 유리섬유에 매입된다. 단면 또는 양면에 음향적으로 투과 되거나 또는 미세 기공이 가공된 필름을 사용하는 커버는, 가볍고, 단단하며, 표면이 아주 매끄 럽지만 그럼에도 불구하고 음향적으로 아주 효과적이다.

▌그림11-63 ▌ 언더보디 클래딩 (예 : Toyota Prius III)

(4) 마룻바닥(floor) 그룹

과거에는 언더보디 영역의 트림부품은 공기역학적 요구 사항에 추가로 드라이브 트레인의 열 적 단열(isolation)을 위한 내열재 부품 및 방음 또는 캡슐화를 위한 구성부품들이 특징이었다. 최 근에는 통합된 언더보디 개념으로 다기능 부품들이 상호작용하여 모든 공기역학적, 열적 및 음 향적 요구사항을 충족시키는 개념을 구현하고 있다.

언더보디에서의 난류 유동은 빈번하게 저주파 주행 소음을 생성하여 매우 성가신 느낌을 받을 수 있다. 따라서 공기역학적 최적화뿐 아니라 언더보디의 공력 음향적 설계가 필요하다. 경험상 갈등은 거의 발생하지 않는다. 오히려 공력 음향적 개선은 공기역학적 장점으로 나타나고, 그 반대도 마찬가지이다.

마룻바닥 그룹은 파워트레인 소음 및 전동(rolling)소음을 줄이기 위한, 충분한 소음감쇠 능력을 갖춰야 한다. 그림 11-64는 일반적인 마룻바닥 그룹의 층 구조를 개략적으로 나타내고 있다. 제시된 그림에서 마룻바닥 그룹은 총 7개의 서로 다른 층으로 구성되어 있다: 공기역학적 형상을 위한 UBC(Underbody Cladding)로부터 시작하여, UBC와 바닥 패널 사이의 공기층, 이 공기층이 UBC 및 바닥 철판과 함께 스프링-질량-시스템을 구성한다. 더 나아가 바닥 철판은 추가로 헤비 레이어(heavy layer)와 함께 부밍(booming or drumming)을 방지하는 기능을 한다. 이 위에는 소음감쇠를 위한, 예를 들면, 헤비레이어와 부직포 또는 스펀지로 구성된 스프링-질량-시스템이며, 최종적으로 카펫은 주로 소음을 흡수하는 특성을 가지고 있다.

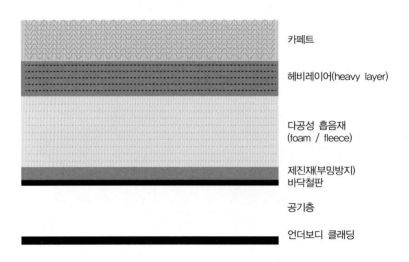

카페트

헤비레이어(heavy layer)

다공성 흡음재
(foam / fleece)

제진재(부밍방지)
바닥철판

공기층

언더보디 클래딩

▎그림11-64 ▎ 마룻바닥 그룹의 층 구조(도식적)

그림 11-65는 다양한 마룻바닥 그룹의 구성에 소음이 수직으로 입사하는 경우의 투과손실(TL) 계산의 예를 나타내고 있다. 전달 매트릭스 방법을 사용하면 이 계산을 매우 쉽게 수행할 수 있다. 전체적으로 약 200Hz에서 그리고 약 350Hz에서의 투과손실이 약화되는 것으로 나타나고 있다. 200Hz에서의 약화는 바닥 철판, 폼(foam) 및 헤비레이어(heavy layer) 사이의 스프링-질량 시스템에 기인하며, 350Hz에서의 약화는 UBC와 바닥철판 사이의 이중벽 공진에 의한 것이다. 공극(air gap)에 발포재를 삽입하여, 이 약화를 추가로 감소시킬 수 있다. 또 주목할 만한

사안은, 이 구성에서 약 500Hz 이상의 대역에서는 UBC와 이중벽 구조에서는 투과손실에 긍정적인 효과가 나타나는 데 반해, UBC는 이중벽 공진 때문에 특히 200~500Hz의 중요한 주파수 대역에서는 오히려 불리하게 작용한다는 점이다. 이때 UBC가 안정된 언더보디-유동에 의해 음향적 가진을 감소시키는 것으로 관찰되지는 않는다.

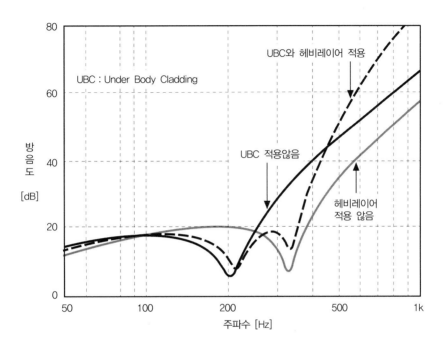

┃그림11-65┃ 마룻바닥 그룹의 여러 가지 구성에 따른 수직 음입사에 따른 계산된 방음척도

헤비레이어(heavy layer)는 250Hz 이상의 대역에서 차음 거동에 장점이 있다. 그러나 이러한 장점은 UBC가 없는 구성에 비교하여 현저하지는 않다. 이유는 UBC가 구성하는 이중벽 시스템이 투과손실에서 고주파수가 증가하도록 작용하고, 회피가 거의 불가능한 바이패스(bypass) 전달, 그리고 차음이 약한 지점, 예를 들면 발포재(foam) 또는 헤비레이어에서의 간극(gap)에 의해 실제로 차음이 약화되어 추가적인 증가를 초래하기 때문이다. 실제로는 고주파수 대역에서 확산음 입사에 의해 차음성능이 약화된다. 차음의 약화는 실제로 더 넓은 주파수 대역에서 발생하며 그다지 중요하지는 않다. 이유는 질량분포가 균일하지 않고 발포재 또는 공기쿠션(cushion)의 두께가 일정하지 않기 때문이다.

그림 11-66은 섬유 플리스와 카펫 사이에 헤비레이어가 있거나 없는 바닥 그룹의 비교 가능한 구성에 대한 창 테스트 벤취에서의 측정결과를 나타내고 있다. 이 결과는 추가되는 헤비레이어가 낮은 주파수 대역에서는 대략 3dB의 추가 감쇠를 발생시키는 것으로 나타나며, 이는 대략 질

량법칙에 일치한다. 그러나 고주파수 대역에서는 이와 같은 이론적인 이점은 헤비레이어가 동시에 흡수성 재료의 음향적 결합을 방해한다는 사실 때문에 대부분 상쇄됨을 보이고 있다.

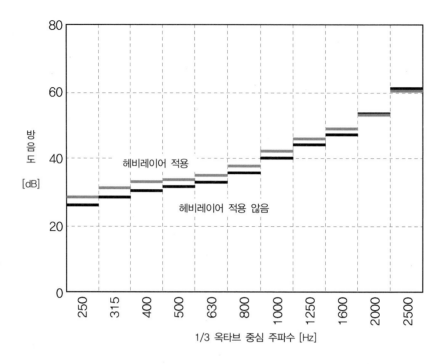

▌그림11-66▐ 헤비레이어 유무에 따른 바닥그룹의 윈도우 테스트 벤취에서 측정한 투과손실

투과손실을 결정할 때, 정의상으로는 수신측으로 전달된 소리가 반사되지 않는다고 가정한다. (자유음장 조건). 그러나 차량실내의 소음수준을 결정할 때는 수신측 공간(cabin)의 반사 및 흡음 특성을 추가로 고려해야 한다. 따라서 투과손실이 높아도 수신공간의 음압레벨이 자동적으로 낮아지는 것은 아니다.

수신공간의 확산음장에서 흡음면적을 2배로하면 음압레벨은 3dB 낮아진다. 실내에서의 흡음은 주로 바닥재에 의해 결정되기 때문에 여기에는 또 다른 중요한 최적화 가능성이 있다. 따라서 헤비레이어를 사용하지 않는 구성에서 카펫 및 발포층/부직포의 최적 흡음 거동이 달성되면, 이 구성이 단지 낮은 흡음만을 허용하는 경우, 음압의 총 레벨은 헤비레이어를 추가했을 때의 음압레벨보다 더 낮을 수도 있다. 그리고 음향적 관점에서 바람직하지 않은 것은 또한 카펫과 흡음성 부직포 또는 발포층 사이의 수분 장벽으로서 공기–불투과성 막(film)이다.

(5) 도어(door)와 유리창(window)

과거에는 엔진룸에서 차량실내로의 구조기인음과 공기기인음의 경로가 지배적이었지만, 최근에는 전동소음과 유동소음과 같은 2차 공기기인소음원이 점차 주목을 받고 있다. 주요 부품은 도어 씰 시스템, 유리(윈드쉴드 스크린, 측면 창), 도어패널 및 도어 내장이다. 이러한 부품들은 공기음의 전달거동 측면을 고려해야 하며, 상호작용 측면에서 최적화시켜야 한다.

주행할 때 윈드쉴드가 받는 바람의 압력은 A필러 부근에서 바람소음으로 바뀐다. 도어 미러 (door mirror)에 부딪치는 바람은 더 큰 소음을 생성한다. 이 주파수가 인간의 목소리를 차폐하기 때문에 문제가 된다. 윈드쉴드의 기울기를 크게 하면 공기저항은 줄어들지만 대쉬보드 전체면적과 상면(上面) 면적이 커진다. 부밍 소음이나 삐거덕거리는(creaking) 소음에 대한 대책에 유념할 필요가 있다.

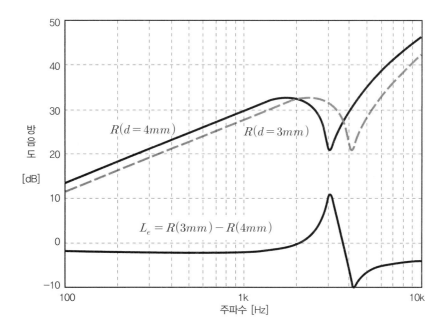

▋그림11-67▋ 두께가 다른 2개의 유리에서의 투과손실과 삽입손실

유리는 강판보다 차음성능이 낮다. 차음성능은 소재의 두께에 비례하기 때문에 두꺼운 유리나 2중 접착유리를 사용하면 개선되지만, 중량과 가격이 상승한다. 차량 경량화의 일환으로 자동차 유리창의 두께는 점점 더 얇아지고 있다. 그러나 유리창의 두께가 얇아지면 중량 측면에서는 유리하지만, 실내음향의 안락성에는 부정적인 영향을 미친다. 그림 11-67은 두꺼운 판을 얇은 판으로 변경했을 때 유리창의 두께가 각각의 투과손실과 삽입손실에 미치는 영향을 나타내

고 있다. 이로부터 유리 두께를 4mm에서 3mm로 변경할 경우, 투과손실은 임계주파수 이하에서는 약 2~3dB 낮아지지만, 이 주파수 이상에서는 약 5dB만큼 후퇴한다는 것을 알 수 있다. 그러므로 얇은 두께로 인한 안락성의 감소는 소음레벨의 증가뿐만 아니라 소음의 고주파수 스펙트럼에 의한 것이다. 바람소음의 경우 소음인상의 날카로움의 증가가 음량의 증가보다 훨씬 더 불쾌하게 느껴지는 것으로 알려져 있다. 그러므로 유리창 두께가 얇은 자동차는 음향적으로 개방적이고 덜 단단한 느낌을 준다. 그러나 실제로는 실내에서 측정한 악화도는 생각만큼 강력하지는 않다. 이유는 유리창 두께 외에도 도어의 표면적과 씰링 시스템이 소음입력에 영향을 미치기 때문이다.

　얇아진 유리두께의 부정적인 영향은 음향적으로 최적화된 층유리를 사용하여 최소한으로 제한할 수 있다. 이 유리는 탄성 접착필름을 사용하여 접착한 2개의 판유리로 구성되어 있다. 접착필름으로는 주로 폴리비닐부티랄(PVB; Polyvinylbutyral)의 유연성이 있는, 부분적으로 아세탈화된 폴리비닐알콜의 단층 또는 다층 필름을 사용한다. 음향효과는 음향소음에 노출된 판유리의 굽힘진동이 탄성적인 중간층을 거쳐 전달되지 못하거나, 일부가 제한적으로만 전달된다는 사실로 설명할 수 있다. 그림 11-68은 표준 단층 유리의 투과손실과 음향적으로 최적화된, 무게가 동일한 다층유리의 투과손실을 비교한 것이다. 층유리는 감쇠거동 측면에서 보면, 특히 임계주파수와 그 이상의 주파수 대역에서 장점을 가지며, 따라서 판 두께 감소의 주된 단점을 보완할 수 있다는 것을 알 수 있다.

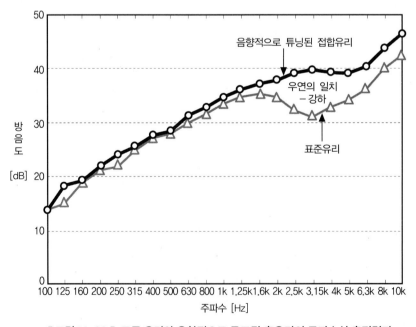

┃그림11-68┃ 표준 유리와 음향적으로 동조된 층유리의 투과손실 측정결과

(6) 도어씰 시스템

잘 설계된 도어와 창문의 밀봉시스템만이 의도하지 않은 누설을 방지할 수 있으며, 소음감쇠 기능의 약화를 방지할 수 있다. 일반적으로 자동차용 웨더스트립(weather strip)은 도어, 차체, 도어채널(door channel) 또는 트렁크 리드 등의 가장자리에 설치되는 고무 패킹(packing)으로서, 외부로부터 차실내로 공기나 소음, 먼지, 빗물 등이 유입되지 않도록 하며, 도어를 닫을 때의 충격을 흡수하거나 주행 중 도어와 트렁크 리드(lid)의 진동을 억제한다.

웨더스트립은 대부분 단면이 U자 형상이며, 밀폐기능을 갖는 씰(seal) 부분, 씰(seal)부분과 일체가 되어 차체의 플랜지(flange) 부에 밀착, 결합되는 결합부재 그리고 결합부재의 내부에 삽입된 심재로 구성된다. 그리고 전 처리된 표면에는 실리콘과 폴리우레탄(polyurethane) 등이 혼합된 슬립(slip)물질을 도포, 경화시킨다. U자 형상은 탄성 접촉압력을 제공하고, 외부 형상의 재료는 도어 간극의 필연적인 치수 부정확성에 대해서도 밀봉기능을 수행해야 한다.

도어 및 창문 씰의 투과손실 측정방법은 표준화되어 있지 않다. 북아메리카 표준은 있지만, 유럽에서는 DIN EN 20140과 같이 건축물의 창문과 문에 대해서만 관련 표준이 있다. 밀봉 시스템의 감쇠특성을 평가하기 위해, 윈도우 테스트 벤취의 송신실과 수신실에서 측정된 소음레벨의 차이 또는 도어간극 전/후의 레벨 차이 또는 밀폐된 도어 간극 사이에서의 레벨 차이(삽입손실)도 기준으로 사용할 수 있다. 하나의 씰링평면을 가진 도어 씰링 시스템의 경우, 최대 투과손실은 약 25~30dB 정도, 2개의 개별 씰링평면을 가진 씰링 시스템의 경우는 최대 약 35~40dB까지 증가하는 것으로 나타나고 있다. 특히 씰의 질량은 달성 가능한 감쇠에 결정적인 영향을 미친다.

chapter

12

NVH 고장진단 및 수리

NVH Troubleshooting & Repair

NVH 고장진단 개요
Introduction to NVH Troubleshooting

12-1

자동차는 사용함에 따라 자연적인 노화, 운동부품의 마모 및 변형 등에 의해 필연적으로 소음/진동이 증가한다. 예를 들면, 여름철 뜨거운 햇볕 아래 장시간 주차한 경우, 차량 실내온도는 거의 100℃에 근접하지만, 야간에는 20℃ 이하로 낮아진다. 또 혹한의 겨울철에도 주행 중인 차량과 야간에 장시간 야외 주차상태인 차량 간의 온도차는 여름철과 크게 다르지 않다. 이 온도차로 인해 부품들은 일상적으로 팽창과 수축을 반복하며, 볼트 조임이나 접착제 결합은 느슨해지고, 핀이나 클립 조립은 헐거워진다. 동시에 수분의 응축과 증발의 반복으로 부식과 열화가 진행된다. 또 윤활유, 작동유 및 냉각수의 품질 불량, 열화와 누설, 그리고 부적합한 연료 등은 소음과 진동을 유발하거나 촉진한다. 이와 같은 이유에서 시간이 지남에 따라 소음과 진동은 빈발하고, 그 강도도 점점 더 커지게 된다.

1. NVH 고장진단용 측정기(예)

제5장에서 법규에 명시된 소음측정기와 진동측정기에 관해 상세하게 설명하였다. 이들 외에도 서비스 현장에서는 간단한 주파수 측정기와 전자식 소음·진동 분석기를 사용한다. 서비스 현장에서 많이 사용하는 측정기를 간략하게 소개한다.

(1) 주파수 측정기(예; Sirometer)

이 계측기는 NVH 문제를 진단할 때 유용한 도구이다. 원래는 소형 기관의 회전속도(rpm) 계측용이지만, 자동차 진동 주파수의 대부분을 측정할 수 있다.

시로메터(sirometer)는 적당한 길이로 조정했을 때, 동일한 주파수에서 공진하는 철선(wire)이 내장되어 있다. 시로메터 본체를 진동하는 부품에 접촉상태를

┃그림12-1┃ 주파수 측정기(예; Sirometer)

유지하고, 다이얼을 돌려 철선의 길이를 변경하여, 철선의 선단이 가장 큰 원호(arc)로 진동하는 주파수를 찾는다. 이 점이 철선의 공진 주파수이자, 피측정체의 진동 주파수이다. 철선이 최대로 공진할 때의 1분당 회전속도(rpm)와 1초당 회전속도(rps, Hz)를 판독할 수 있다.

(2) 디지털 각도 측정기(digital inclinometer)

이 디지털 각도기(마그네틱 베이스 포함)를 변속기, 추진축, 종감속/차동장치 등의 평평한 표면에 밀착시켜, 해당 장치(또는 부품)의 경사각을 측정할 수 있다.

▌그림12-2 ▌ 디지털 각도기

(3) EVA(Electronic Vibration Analyser)

자동차 서비스 현장용으로 개발된, 전자식 진동 분석계이다. 생산회사에 따라 형태와 기능에 약간의 차이는 있으나, 정밀도는 대부분 거의 같다.

EVA를 사용하면 NVH 문제를 정확하게 진단하고 복구하는 데 필요한 정보를 체계적으로 수집, 수리 소요시간을 현저하게 단축할 수 있다. 이 측정기는 진동 주파수와 진폭을 측정하는 전자 픽업(pickup)을 추가할 수 있으며, 두 가진원(진동원)을 비교할 수 있다. 픽업은 차량의 어느 곳이든 설치할 수 있다. 픽업을 차량의 서로 다른 위치에 설치하고, 진동진폭을 화면에서 비교하여, 최고 진폭으로 진동원을 찾을 수 있다. 조향핸들이나 좌석에 픽업을 설치하여 진동을 측정할 수도 있다.

EVA에는 대부분의 타이어 제원과 액슬 기어비가 포함된 소프트웨어 데이터베이스(data base)가 들어 있다. 올바른 차량 정보가 EVA에 입력되면, 가진원을 쉽게 확인할 수 있다. 이 기능은 대부분의 수학 공식을 대신하여, 회전부품의 주파수를 측정한다.

EVA는 도로 주행시험 중에 스냅 샷(snap shot)을 기록하고 데이터를 재생하여, 진동 주파수를 확인할 수 있다. 이는 간헐적인 진동이나 짧은 진동에 유용하다. EVA는 진동 주파수를 시각적으로 확인하기 위해 유도 픽업 타이밍 라이트를 갖추고 있다. 플래시 타이밍 라이트는 추진축 발란싱에도 사용할 수 있다.

(4) Chassis EAR와 engineEAR

Chassis EAR는 전문적인 헤드폰 세트를 통해 사용자가 증폭된 사운드를 들을 수 있는, 다양한 기능을 가진 전자식 청취 도구이다. Chassis EAR를 적절하게 사용하여, 차량의 NVH 문제 진단 소요시간을 줄일 수 있다. 이 도구에는 차량의 여러 위치에 배치할 수 있는 다수의 마이크 입력을 갖추고 있다. 다수의 마이크로폰과 집게(clamp)를 이용하여, 진단하기 어려운 차량 부품을 찾아낼 수 있다. 도로 주행시험 중에는 부품들이 자동차가 리프트에 있을 때와 같은 소리를 내지 않는다. 차량 실내의 소음과 진동을 정확하게 진단하려면, 모든 부품과 베어링이 전부하 상태가 되도록 차량을 주행해야 한다. 다양한 입력으로 소음이 가장 큰 영역을 결정할 수 있으므로, 가진원을 쉽게 찾을 수 있다. 가진원으로 의심되는 부품이나 위치에 마이크를 배치한다.

- 휠 베어링
- 브레이크 캘리퍼
- CV 조인트
- 판 스프링 및 코일 스프링
- 차동장치
- 변속기
- 차체의 스퀵(squeak)과 래틀(rattle) 소음
- 언더 대쉬(under dash)
- 연료분사장치
- 발전기
- 물 펌프
- 동력조향장치 유압펌프
- 에어컨 압축기

진동을 유발하는 다른 구성부품과 공진하는 진동이 소음이 발생시킬 수 있음을 알아야 한다. 소음문제를 진단할 때 항상 진동 주파수를 확인해야 한다. ChassisEAR와 engineEAR에 대한 자세한 내용은 장비 공급사에 문의한다.

2. NVH 고장진단 절차

NVH에 대한 운전자(또는 고객)의 불만은 감정이나 청력에 의존하므로 아주 주관적이다. 따라서 증상이 고장상태를 명확하게 나타내지 않을 수도 있다. 그러므로 NVH 불만을 효과적으로 처리하기 위해서는 조직적이고 체계적인 진단 절차가 매우 중요하다.

NVH 문제에 대한 일반적인 진단 절차는 다음과 같다.

① 고객의 NVH 불만 사항 확인 – 상담 설문지 활용

② 고객의 NVH 불만 사항 분류

③ 시험 운전(NVH 측정기 사용)

④ 정확한 진단(NVH의 종류 및 발생 위치 확인)

⑤ 고장 수리

⑥ 수리품질 검사(시험 운전 포함)

(1) 고객의 불만 사항 확인

NVH 불만 사항을 효과적으로 해결하기 위해서는 다음과 같은 절차를 준수해야 한다.

① 고객 상담(고객의 설명을 근거로 진단 설문지를 작성한다.)

② 기술자의 진단 및 수리

③ 수리할 수 없는 경우에는, 이에 관한 기술적 조언으로 고객을 이해시켜야 한다.

(2) 고객 상담 설문지(interview sheet) 작성

상담 설문지는 NVH 서비스에서 중요한 문제 중 하나인 의사소통 문제를 해결하기 위해 고안된 도구이다. 적절한 의사소통은 합리적인 수리대책을 세울 수 있는 지름길이다. 기술자가 고객의 NVH 불만에 관한 세부 사항을 정확하게 이해하지 못한 상태에서 진단을 시작한다면, 이는 시간의 낭비는 물론이고, 진단 누락과 같은 문제가 발생할 수 있다.

훌륭한 의사소통 기술은 다음과 같다.

① 관련된 모든 당사자에게 동일한 것을 의미하는 용어 또는 설명을 사용한다.

② 고객이 불만 사항을 명확히 설명하는 데 충분한 시간을 할애하고, 많은 설명을 하도록 유도한다. 고객은 자동차 NVH 기술용어를 잘 모른다. 그러나 고객도 불만 사항을 수리하기 위해서는, 자신의 설명이 핵심적인 열쇠라는 점을 충분히 알고 있어야 한다.

③ 체계적인 방법으로 정보를 수집한다.

고객은 적절한 방법으로 설문을 진행하면, 정확한 진단과 완벽한 수리에 필요한, 풍부한 정보를 제공할 것이다.

"차량을 반입하는 사람이 차량의 주 운전자인지?" 확인하는 것도 중요하다. 종종 불만 사항을 모르는 사람이 차량을 반입하는 예도 있기 때문이다.

설문지는 차량의 상태와 NVH 불만에 관한 세부 정보에 중점을 두도록 설계되어야 한다. 설문지는 NVH 표준용어를 사용하여 이러한 상태를 설명하도록 설계해야 한다. 고장 증상이 간헐적으로, 또는 특정 조건에서만 발생하는 때도 진단이 중요하다.

예를 들면, 현가장치 구성부품의 소음은 대기 온도 0℃ 이하에서 훨씬 더 두드러지게 나타날 수 있다. 진단 당시 이러한 온도 조건이 맞지 않으면, 기술자는 고객이 느끼는 것과 동일한 정도의 불만을 경험하지 못할 수도 있다. 기술자는 정확한 진단을 위해 상태를 경험하고 재현할 수 있어야 한다. 사용할 수 있는 세부 정보가 많을수록 고장을 빨리 찾을 수 있다.

설문지의 또 다른 특징은 고객과의 의사소통 문서로서, 수리 내용의 이력을 제공한다. 불만 사항을 확인할 수 없는 경우, 이 문서는 차후 다시 방문했을 때 중요한 정보가 될 것이다.

고객 상담 설문지는 최대한 짧고 간결해야 한다. 수집된 정보는 다음 영역으로 구분한다.
● 고객 정보, ● 차량 정보, ● NVH 정보

고객과 차량에 관한 정보는 물류 및 관리 목적에 필수적인 요소이다. 이들 정보의 가치는 고객, 차량 또는 NVH 증상의 추적이 필요한 경우에 쉽게 확인할 수 있다. NVH 정보는 고객이 느끼는 불만에 관한 세부 사항, 그리고 발생 상황에 관한 정보로 구성되어야 한다.

기술자가 상담을 진행하면, 직접적인 의사소통은 물론이고, 제 3자를 통해 정보가 전달될 때 발생하는 문제를 최소화할 수 있다.

고객에게 다음 중 하나 이상을 선택하여 증상을 분류하도록 유도하고 상담을 시작한다.
① 소음, ② 진동, ③ 하쉬니스

이어서 고장상태가 계속적인지, 간헐적인지를 확인한다. 그리고 신차 상태에서부터 발생한 증상인지, 아니면 최근에 발생한 증상인지 확인한다. 이 정보는 진단이나 기술 지원을 결정하는 데 있어 기술자에게 유용한 정보가 된다.

고장 증상의 위치와 관련된 세부 정보를 확인해야 한다. 예를 들어 조향핸들에서 NVH 증상이 발생한다면, 진동의 물리적 형태 즉, 수직, 수평 및 회전 진동 중 어느 것인지를 확인해야 한다. 이러한 방법으로 예상되는 고장 원인 중 많은 항목을 제외해 나갈 수 있다.

설문지의 고장 증상 부분은 다음과 같은 정보를 수집할 수 있도록 설계한다.
① 작동 조건, ② 차량 상태, ③ 도로 조건, ④ 기상 조건

이 각각의 영역에는 선택해야 할 특정 조건이 있으며 기술자가 고장 증상을 재현하는 데 필요한 세부 정보가 포함되어 있어야 한다. 각 영역에는 설문지에 명시된 매개변수를 벗어나는 특별한 불만 사항이나 증상에 대한 정보를 기록하기 위한 여백이 있어야 한다. 상담자는 불만 사항과 관련이 있는 모든 내용을 확인해야 한다.

고객 상담 설문지는 숙련된 NVH 서비스 직원이 고객의 불만과 관련된 세부 사항을 수집하는 데 사용하는 도구이다. 상담 정보를 통해 기술자는 증상을 쉽게 재현하고, 진단에 필요한 통찰력을 얻을 수 있다.

기술자가 NVH 고장을 성공적으로 해결하기 위해 고장 증상을 실제로 경험하는 것이 중요하다. 기술자는 고객과 함께 주행시험을 하고, 고객이 설명한 불만 사항이 존재한다는 것을 확인해야 한다. 실제로 고장이 존재할 경우, 기술자는 사용 가능한 정보 및 검증을 기반으로 수리를 진행해야 한다. 다음은 NVH 진단용 설문지의 예이다.

고객 상담 설문지(CUSTOMER INTERVIEW SHEET)

이 설문지는 NVH 진단 전문기술자가 직접 고객 상담을 진행, 작성해야 한다. 제시된 각 항목을 빠짐없이 기록한다. 이 정보는 NVH 고장을 시간/비용 효율적으로 완벽하게 수리하기 위해 아주 중요하다.

고객 정보(CUSTOMER DATA)

성명; _____ 입고 일자: _____

전화번호; _____ 핸드폰 번호: _____

차량 정보(VEHICLE DATA)

모델/년식; _____ 주행거리: _____

차량번호; _____

**** 귀하가 이 차량의 주 운전자입니까?   ○ 예,   ○ 아니오

NVH 정보(NVH DATA)

고객의 불만인 NVH의 종류는?   ○ 소음,   ○ 진동,   ○ 하쉬니스

증상은 지속적인가?   ○ 지속적,   ○ 간헐적

언제 발생하는가?   ○ 작동 중,   ○ 신차 때부터,   ○ 점진적으로,   ○ 갑자기
　　　　　　　　　　○ 기타 _____

소음(NOISE)

소음의 종류는; ○ 스퀵, ○ 래틀, ○ 버즈, ○ 부밍, ○ 바람소음, ○ 기타 _____

소음은 언제 가장 크고, 언제 가장 많이 발생하는가?

_____

소음이 발생하는 위치는 어디인가? (이 설문지의 뒷면의 그림에 표시한다)

_____

진동(VIBRATION)

감지되는 위치는?   ○ 조향핸들　　○ 차체 바닥　　○ 앞 씨트　　○ 뒤 시트
　　　　　　　　　　○ 가속페달　　○ 브레이크페달　○ 클러치 페달　○ 차체
　　　　　　　　　　○ 계기판　　　○ 센터 콘솔　　○ 변속 레버　　○ 실내 백미러

진동의 종류는?   ○ 수직　　　　○ 수평　　　　○ 좌/우 회전
　　　　　　　　　○ 기타 _____

하쉬니스(HARSHNESS) – 승차감(RIDE QUALITY)

감지되는 위치는? _____

언제 감지되는가? _____

자동차가 손상된 적이 있는가?   ○ 예 ○ 아니오, 있으면, 뒷면의 그림에 위치를 표시한다.

이 증상을 수리한 적이 있는가? ○ 예   ○ 아니오, 있으면, _____

추가장착 부품이 있는가? ○ 예   ○ 아니오 _____

차량을 견인하거나 다른 차량/장비로 운반한 적이 있는가?   ○ 예 ○ 아니오,

_____

NVH 발생 위치 표시(LOCATION INDICATOR)

작동 조건(OPERATING CONDITION)

언제 증상이 발생하는가? ○ 시동 시 ○ 공전 시 ○ 정속주행 시 ○ 타행 시 ○ 기타 _____
　　　○ 좌측으로 선회할 때   ○ 우측으로 선회할 때   ○ 가속할 때   ○ 감속할 때
　　　○ 제동할 때   ○ 클러치를 조작할 때   ○ 기타 _____

발생 시 자동차 주행속도; _____ km/h　　기관 회전속도; _____ rpm

추가 장착 ; ○ 에어컨　　○ 오디오　　○ 블랙박스 카메라　　○ 기타 _____
기관 온도 ; ○ 냉간(cold)　○ 정상작동온도(normal)　○ 과열(hot)
도로 조건 ; ○ 고속도로　○ 지방도로　○ 시내
노면 상태 ; ○ 아스팔트　○ 콘크리트　○ 비포장 진흙길　○ 비포장 자갈길
　　　　　○ 교량 이음매 ○ 기타_____
예: _____

기상 조건(WEATHER CONDITION)

기온; _____℃　○ 맑음　○ 흐림 ○ 비　○ 눈　○ 바람
○ 기타 _____

추가 정보(ADDITIONAL INFORMATION)

_____
_____
_____
_____

상담자 성명; _____ 직위; _____
상담일시; ____년 **월 **일 ****시 ~ ****시

(3) 증상 분류하기(예)

진단하는 동안 기술자는 가능한 NVH 증상의 방대한 항목 중에서, 상황에 적합한 항목으로 축소해 나가면서, 증상을 분류, 선별해야 한다.

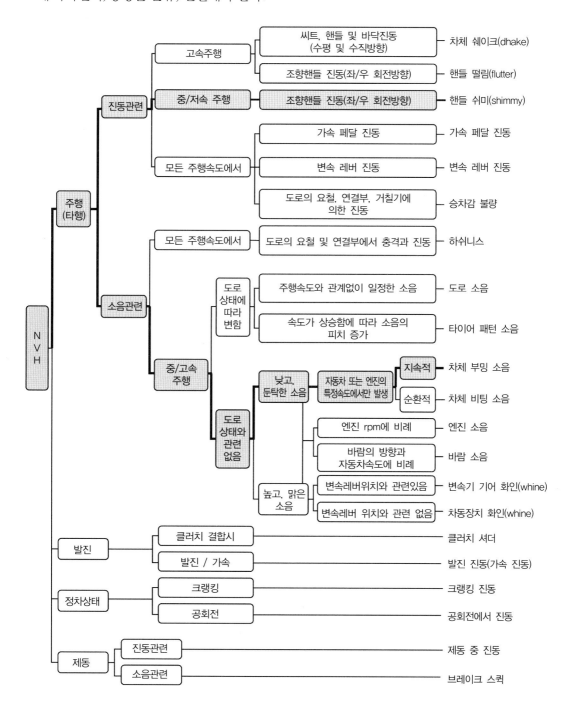

육안으로 차량을 점검한다. NVH 문제가 정차상태에서 발생하지 않는 한, 주행시험을 통해 고장을 확인해야 한다. 주행시험에 앞서 사전 점검을 시행한다.

(1) 주행시험 전 사전 점검

① 타이어(tire) 점검

- 형식/호칭 치수/오버 사이즈 등
- 공기압
- 트레드 마모 상태; 볼록부(cupping), 평탄부(flat spot), 피더링(feathering)
- 사이드 월 및 비드부 상태
- 이물질(돌, 진흙 등)

② 휠(wheel) 점검

- 호칭 치수(사이즈, 무게, 오버-사이즈 여부)
- 변형 또는 손상
- 설치의 적정성
- 휠 볼트와 휠 허브

③ 현가장치와 조향장치

- 현가 스프링의 절손, 쇠약, 개조 여부
- 충격흡수기와 스트러트의 변형, 누유
- 각종 고무 부싱과 고무 마운트의 파손, 노화, 헐거움, 구속(binding)
- 조향 기구의 손상 및 헐거움, 유격

④ 기관

- 구동 벨트/부속장치의 손상 및 정렬 상태
- 기관 마운트의 이상 유무
- 방열기 및 냉각팬의 상태

⑤ 동력전달장치

- 각종 회전축의 휨 또는 손상, 정렬 상태

- 누유
- 변속기 마운트

⑥ 배기장치
- 배기관로의 휨 또는 손상
- 정렬 상태
- 소음기의 파손, 부식 및 변형
- 걸고리 및 감결합(decoupling) 요소의 파손 여부 등

⑦ 차체
- 외관 부품(패널, 보닛, 트렁크 리드 등)
- 도어와 유리, 외부 돌출물

(2) 도로 주행시험 시 유의 사항

도로 주행시험을 할 때는 다음과 같은 사항에 유의한다.

① 도로 주행시험을 시작하기 전에 작업지시(고객 의견)를 확인한다. 핵심은 고객과 함께 정보를 수집하고 확인하는 것이다. 정보가 고객에 의해 확인되지 않으면, 다른 소음 증상을 수리할 수도 있다. 가능하다면 고객과 함께 도로주행시험을 한다. 그래야만 수리 비용의 증가를 방지하면서도 고장 개소를 쉽게 수리할 수 있다.

② 주행시험은 소음이나 진동을 안전하게 재현할 수 있는, 교통량이 많지 않은, 조용한 도로에서 실시한다. 고장 증상이 나타나는 속도로 자동차를 운전할 수 있어야 한다. 동일 모델의, 고장이 없는 차량으로 주행한 경험이 있는 도로에서 시험하는 것이 가장 좋다. 그렇게 함으로써 노면의 불완전함을 고려하여, 판정할 수 있다. 즉, 노면의 연결부와 노면 품질이 NVH 고장 증상의 근원이 되는 것을 방지할 수 있다.

③ 에어컨이나 라디오가 켜져 있을 때만 소음이나 진동이 발생하지 않는 경우라면, 히터나 에어컨, 라디오 및 송풍기를 끄고 시험한다.

④ 도로 주행시험에 사용할 계측 장비를 결정한다.

도로 주행시험 중에 계측 장비를 사용하는 경우, 장비를 감시(monitoring)하고 결과를 기록하기 위해서는 보조 운전자가 운전하는 것이 가장 좋다.

⑤ 날씨가 추운 경우, 눈과 얼음이 또 다른 NVH 증상의 원인이 될 수 있음에 유의한다.

비오는 날에는 건조한 상태에서 발생하는 소음이 나타나지 않을 수도 있다.

⑥ 때로는 수리내역을 확인하도록 고객과 세 번째로 차량을 운전해야 할 수도 있다. 특히 레몬
법(Lemon Law) 고객을 응대할 때 중요하다.

⑦ 최초 진단 시, 그리고 최종 수리확인 시운전은 같은 조건에서 동일한 사람이 수행해야 하
며, 수리된 문제가 원래 고객의 불만 사항이었는지 확인해야 한다. 이 사람은 서비스 상담
자, 정비책임자 또는 정비기술자일 수 있다.

4. 도로 주행시험(road testing)

도로 주행시험은 NVH 증상이 다음의 어느 것과 관련이 있는지를 분류하는 데 도움이 된다.

- 기관 회전속도 관련
- 차량 주행속도 관련
- 휠 회전속도 관련

다음 각각의 시험 절차는 고장이 발생한 구성부품을 확인하는 데 도움이 된다. NVH 고장의
원인에 따라 특정 절차가 필요할 수도, 그렇지 않을 수도 있다.

- 느린 가속 시험   - 중립 타행 감속(coast-down) 시험
- 하향변속 시험   - 토크컨버터 시험
- 조향 시험 1   - 조향 시험 2
- 중립(neutral)에서 기관 무부하 시험   - 기관 부하 시험
- 기관 부속장치 시험

(1) 느린 가속 시험(slow acceleration test)

NVH 증상을 확인하기 위한 첫 번째 차량 점검은 느린 가속 시험이다. 이 시험은 고객과 함께
주행시험을 할 수 없는 경우, 소음 또는 진동을 식별하는 데 이용된다. 느린 가속 시험의 순서는
다음과 같다.

① 고장 증상이 발생하는 속도까지 차량을 천천히 가속한다.

② 차량 주행속도[km/h]와 기관 회전속도[min^{-1}]를 기록한다.

③ 가능하면 소음 또는 진동의 주파수를 확인한다.

④ 소음 또는 진동을 분류한다.

(2) 중립 타행 - 감속(neutral coast-down) 시험

① 느린 가속 시험에서 소음 또는 진동이 발생하는 속도보다 더 높은 속도로 주행한다.

② 변속기 기어를 중립으로 하고, 증상이 나타나는 속도에 도달할 때까지 천천히 타행한다.

③ NVH-증상이 차량 주행속도와 관련이 있는지 또는 기관 회전속도와 관련이 있는지를 확인한다.

- 소음 또는 진동이 있는 경우, 차량 또는 휠과 관련이 있다. 기어가 중립상태이므로 기관과 토크컨버터에서 NVH - 증상이 발생하는 것은 아니다.
- 중립 타행-감속 시험에서 NVH 문제가 발생하지 않으면, NVH - 증상이 기관 회전속도와 관련된 것인지를 확인하기 위해 하향 변속하면서 주행시험을 진행한다.

(3) 하향변속 주행시험

이 점검 방법은 기관 회전속도와 관련된 NVH 문제를 확인하는 데 도움이 된다.

① 변속기를 높은 기어 단에서 더 낮은 기어 단으로 하향변속, 주행한다.

② 소음 또는 진동이 발생하는 기관 회전속도[min^{-1}]로 차량을 주행한다.

- 소음 또는 진동이 발생하는 경우, 기관 회전속도 관련 고장이다. 이 증상은 타이어, 휠, 브레이크와 현가장치 구성부품과는 관련이 없다.
- 필요한 경우, 다른 기어 단을 사용하여 시험을 반복한다.

(4) 토크컨버터 시험

이 시험은 토크컨버터가 "기관 회전속도와 관련된 조건에 어떻게 관여하는가?"를 결정한다.

① NVH 문제가 발생하는 속도로 차량을 주행한다.

② 차량 주행속도를 유지하면서 브레이크 페달을 가볍게 밟았다, 놓았다를 반복하면서, 토크컨버터의 로크업 클러치가 연결(lock)되거나 풀리게 하여 증상을 점검한다.

- 컨버터의 로크업 클러치가 연결(lock)되지 않았을 때, 소음을 점검한다.

(5) 조향 시험 1

도로 주행시험의 단계에서 두 가지 조향 시험을 한다. 이 시험은 휠 베어링 및 다른 현가장치 구성부품이 주행속도와 관련된 조건에 어떻게 관여하는지 확인한다.

① 차량을 NVH 증상이 발생하는 속도로 주행한다.

② 좌/우 양방향으로 큰 회전반경이 되게 조향한다.

- 증상이 사라지거나 악화되면, 휠 베어링, 허브, 유니버설 조인트(U- 조인트), 구동 액슬, 등속 조인트와 타이어 트레드의 마모가 증상의 원인일 수 있다

(6) 조향 시험 2

선회할 때만 NVH 증상이 발생하면, 조향 시험 2를 진행한다.

① 차량이 소음 또는 진동이 발생하는 속도보다 더 높은 속도로 주행한다.

② 기어를 중립으로 하고, NVH 증상이 발생하는 속도로 주행하면서 좌/우 양방향으로 넓은 반경으로 선회한다.

- 증상이 나타나는 경우, 휠 베어링, 현가 부싱, 등속 조인트 및 U- 조인트의 마모 여부를 확인한다.
- 진동이 발생하지 않으면, 차량을 멈추고 변속기/트랜스 액슬의 기어를 넣는다. NVH 증상이 나타나는 속도로 교대로 가속 및 감속하면서 좌//우 양방향으로 넓은 회전반경으로 선회한다.
- 증상이 다시 발생하면, 원인은 기관 부하에 따라 달라진다. 가능한 원인으로는 등속 조인트 또는 U- 조인트와 휠 너트의 풀림 또는 탈락이다.
- 소음이 "클렁킹(clunking)"인 경우, 기관 및 트랜스액슬 마운트, 현가 부싱 및 U- 조인트가 소음의 원인일 수 있다.

(7) 중립(neutral)에서 기관 무부하 시험

NVH 증상이 기관 회전속도와 관련이 있는 경우, 중립에서 기관 무부하 시험을 한다. 이 시험은 하향변속 시험의 후속 조치로 실행하거나, 공회전 상태에서 NVH 문제가 발생할 때 사용한다.

① 주차(park) 또는 중립(neutral) 상태에서 기관 회전속도를 상승시킨다.

② 필요한 경우, NVH 증상이 나타나는 회전속도 및 주파수를 기록해 둔다.

(8) 기관 부하 시험

NVH 증상이 기관 회전속도와 관련된 경우, 기관 부하 시험을 한다. 이 시험은 중립에서 기관 무부하 시험 또는 중립 타행-감속 시험에서 분명하지 않은 기관 회전속도 관련 NVH를 재현하는 데 도움이 된다. 기관 부하 시험은 또한 기관 부하 또는 토크에 민감한 소음 및 진동을 구별할 수 있다. 이러한 NVH 증상은 과속 또는 언덕을 등반 주행할 때 빈발한다.

기관 부하 시험 순서는 다음과 같다.

① 앞바퀴와 뒷바퀴에 고임목을 고인다. (이렇게 하지 않으면 사람이 다칠 수도 있다.)

② 주차 브레이크 및 주제동 브레이크를 작동시킨다.

③ 브레이크를 밟은 상태에서 변속단을 Drive로 한다.

④ 기관 회전속도를 NVH 문제가 발생하는 회전속도로 올린다. (5초 이내)

　필요한 경우 NVH 증상이 발생하는 회전속도와 주파수를 기록해 둔다.

⑤ 기관을 공회전 상태로 복귀시킨다.

⑥ 브레이크 페달을 밟은 상태에서 변속단을 후진(Reverse)으로 한다.

⑦ 기관 회전속도를 NVH 문제가 발생한 회전속도로 올린다.

　필요한 경우 NVH 증상이 발생하는 회전속도와 주파수를 기록해 둔다.

Tip 기관 부하 시험 직후에는, 중립에서 약간 높은 회전속도로 약 3분 동안 기관을 작동시켜 변속기를 냉각시킨다.

고장이 기관 회전속도와 관련이 있는 경우, 기관 부속장치(engine accessory) 시험을 수행하여 가능한 원인의 범위를 좁힌다.

(9) 기관 부속장치 시험

NVH 증상이 기관 회전속도와 관련이 있는 경우, 기관 부속장치 시험을 진행한다. 이 시험을 통해 결함이 있는 벨트 및 부속장치를 찾을 수 있다. 순서는 다음과 같다.

① 앞바퀴와 뒷바퀴에 고임목을 고인다. (이렇게 하지 않으면 사람이 다칠 수도 있다.)

② 주차 브레이크 및 주제동 브레이크를 작동시킨다.

③ 부속장치 구동벨트를 제거한다.

④ 기관 회전속도를 NVH 증상이 나타나는 회전속도로 상승시킨다. (5초 이내)

- NVH 증상이 발생하면 벨트 및 부속장치가 문제의 원인이 아니다.

- 벨트 및 부속장치가 NVH 문제의 원인인 경우, 특정 부속장치 구동벨트를 차례로 제거하거나 추가하여 고장 증상을 찾는다.

[주의]　부속장치 구동벨트를 제거한 상태로 :

- 차량을 주행하지 않는다.

- 기관을 장시간 작동하지 않는다. (기관 과열 및 수랭식 발전기 고장 우려)

12-2 기관 회전속도 관련 진동과 소음
Engine Speed-related Vibrations & Noises

제7장에서 이미 기관을 포함한 파워트레인의 소음과 진동에 대해서 상세하게 설명하였다. 여기서는 가급적 이론 설명을 피하고, 고장진단/수리 관련 내용을 중심으로 설명할 것이다

1. 기관의 진동(engine vibration)

많은 NVH 문제는 기관과 직접적인 관련이 있다. 기관의 작동으로 고유진동이 발생한다. 구성부품 중 하나가 불평형 상태가 되면, 이 진동과 기관의 고유진동이 합성된다. 기관 진동은 일반적으로 다음 중 하나가 그 원인이다.

- 기관의 1계 및 2계 불평형(imbalance)
- 기관 점화 주파수
- 기관 마운트
- 기관 부속장치

(1) 기관의 1계 및 2계 불평형(imbalance) - 주로 기계적

크랭크축 회전속도로 회전하는 구성부품 중 어느 하나가 불평형 상태이거나 런아웃이 과도한 경우, 기관의 1계 불평형이 발생한다. 예를 들면, 고조파 밸런서, 플라이휠 또는 토크컨버터의 불평형 및 실린더 – 실린더 간의 질량차이다. 드물긴 하지만 크랭크축 자체가 불평형을 일으킬 수도 있다. 구성부품의 평형을 조정하거나 진동을 보정하면, 진동이 허용 수준 이내가 될 수 있다. 기관의 1계 및 2계 불평형은 보통 중립, 무부하 시험 중에 감지된다.

① 기관의 1계 진동은 다음과 같은 현상으로 나타난다.
- 480~1,200$\min^{-1}$의 저속에서 주파수 8~20Hz로 흔들린다(shake).
- 1,200~3,000$\min^{-1}$에서 주파수 20~50Hz의 거칠기(roughness)를 진동 또는 소리로 감지할

수 있다.

② 기관의 2계 진동은 대부분 피스톤의 상/하 왕복운동으로 발생한다. 왕복운동 질량이 고유 진동을 발생시킨다.

③ 기관의 1/2계 진동(half-order engine vibration)

크랭크축 회전속도의 1/2로 회전하는 구성부품 중 평형이 맞지 않거나 런아웃이 과도한 경우, 1/2계 진동이 발생한다. 예를 들어 캠축이 불평형인 경우이다.

(2) 토크컨버터(torque converter)

토크컨버터는 실제로는 기관 부품이 아니면서도 기관 회전속도로 회전하며 진동 주파수도 종종 기관과 같다. 토크컨버터는 변속기 작동유를 통해 자동변속기의 입력축에 기관 토크를 증폭, 전달하는 일종의 유체 커플링이다.

기관에 연결된 임펠러와 변속기에 연결된 터빈 사이 유체의 유동 운동이 때로는 비트(beat) 소음을 생성할 수 있다. 그러나 이 경우 토크컨버터 로크업 클러치가 작동하면, 임펠러와 터빈은 기계적으로 연결되고, 비트(beat) 소음은 사라진다.

토크컨버터에 의해 발생할 수 있는 또 다른 NVH 문제는 로크업 클러치가 결합하는 과정에서의 진동이다. 로크업 클러치가 부드럽게 작동하지 않으면, 차량 전체에서 느낄 수 있는 진동이나 꿀꺽거림(jerking)이 발생할 수 있다. 이 진동은 로크업 클러치가 완벽하게 결합되면, 사라진다.

로크업 클러치가 올바르게 해제되지 않으면, 하향변속 및 타행 중에 로크업 클러치의 진동이 발생할 수도 있다. 로크업 클러치의 오작동이 NVH 문제의 원인이라고 의심되는 경우, 변속기 진단 절차에 대해서는 해당 차량의 정비지침서를 참조한다.

토크컨버터의 불평형은 기관 관련 NVH 문제를 다룰 때도 관계가 있을 수 있다. 신차(新車)에서는 드문 경우지만, 변속기 수리작업 중에 토크컨버터를 교체했거나 잘못 설치한 경우에 이러한 유형의 진동이 나타날 수 있다. 또한, 다판클러치나 브레이크 디스크도 소음과 진동을 유발할 수 있으므로 손상 여부를 검사한다.

(3) 기관 마운트(engine mounts)

기관 진동이 차량 실내로 전달되는 것을 제일 먼저 차단하는 부품이 기관 마운트이다. 기관과 변속기를 차체에 장착하는 데는 비교적 작은 부품(mount)이 사용되며, NVH 문제 해결 시 무시되는 경우가 있다. 그러나 기관 마운트는 기관에서 발생하는 소음과 진동의 전달을 방지하는 데 매우 중요하다.

기관의 토크 반력이 변속기에 직접 작용하므로 기관 마운트는 큰 힘을 받게 된다. 따라서 기관을 안정시키기 위해서는 기관 마운트의 강성이 커야 한다. 반면에 모든 기관 회전속도에서 발생하는 기관의 진동과 소음을 최소화하려면 기관 마운트가 부드러워야 한다. 기관 마운트의 마모 또는 장착상태가 불량하면, 기관 진동이 차대와 차체를 통해 직접 차량 실내로 전달될 수 있다.

기관 마운트의 균열이나 절연체 고무와 브래킷의 손상 여부를 검사한다. 기관 측 장착 브래킷이 차대 측 장착 브래킷과 직접 접촉하거나, 긴장된(strained) 기관 마운트는 기관 진동을 차단하지 못할 수도 있다. 그림 (a)는 절연체 고무가 진동을 흡수, 감쇄하는 정상적인 상태이지만, 그림 (b)는 기관의 진동이 직접 차체에 전달되는 비정상적인 상태이다.

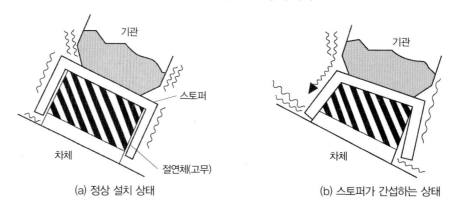

(a) 정상 설치 상태　　　　　　　　(b) 스토퍼가 간섭하는 상태

▌그림12-3 ▌ 기관 마운트 설치 상태

이처럼 기관 마운트가 잘못 설치되거나 불량부품이 사용되면 기관 진동을 흡수할 수 없다. 자동차 모델에 따라서는 전자제어식 또는 공유압 제어식 기관 마운트를 사용한다. 기관 마운트에 사용하는 제어밸브는 기관 작동 특성에 따라 기관 마운트를 부드럽게 하거나 강하게 만든다. 제대로 작동하지 않으면 공회전 시 기관 진동의 원인이 될 수도 있다. 설치 및 점검과 관련된 상세한 정보는 해당 차량의 정비지침서를 활용한다.

(4) 기관 부속장치 진동(engine accessory vibration)

부속장치들이 기관 진동의 원인이 될 수 있다. 예를 들어, 에어컨 압축기는 과충전에 취약하여 NVH 문제를 일으킬 수 있다. 부속장치 구동풀리(drive pulley)의 정렬 불량, 또는 결함이 있는 구성부품들도 진동을 유발할 수 있다.

부속장치별로 구동벨트를 사용할 경우, 크랭크축 풀리의 무게가 무거워지므로 크랭크축의 강성을 약화시키는 원인이 된다. 따라서 최근에는 하나의 벨트로 모든 부속장치를 함께 구동하는 방식을 사용한다. 그러므로 부속장치 하나의 공진이 다른 부속장치에 영향을 미칠 수 있다. 에어컨을 켜고 끄거나, 조향핸들을 좌/우로 크게 돌려, 가진원인 에어컨 압축기나 동력조향장치 유압펌프를 작동, 비작동으로 절환할 수 있다.

부속장치의 진동을 진단할 때는 기관 또는 기관 주파수가 진동의 원인인지를 확인한다. 기관 주파수는 부속장치를 공진 및 진동시킬 수 있다. 부속장치에 부하가 걸리면, 진동의 진폭이 증가할 수 있다. 가장 효과적인 수리 방법은 진동의 전달경로를 차단하여 NVH 증상이 차량 실내로 전달되는 것을 방지하는 것이다.

(5) 기관 진동과 주파수의 관계

진동 진단의 목적을 위해서는 토크컨버터와 배기장치를 기관에 포함한다. NVH 문제가 토크에 민감한 경우, 진동이 나타나거나 사라지는 주행속도(km/h)는 다를 수 있으나, 기관 회전속도 [min^{-1}]는 같다. 예를 들어, 자동차가 40km/h(25mph), 64km/h(40 mph)와 105km/h(65mph)에서 각각 약간의 진동을 보이지만, 특정 속도에서 더 심하다면, 이것은 아마도 NVH 증상이 토크에 민감하기 때문일 것이다. 이유는 동일한 기관 회전속도[min^{-1}]에서 발생하지만, 부하(load) 수준이 다르기 때문이다.

동일한 기관 회전속도[min^{-1}]이지만 부하 수준이 다를 경우, NVH 증상이 발생하는 기관 회전속도[min^{-1}]를 사용하여 기관 주파수를 확인한다.

2. 기관의 소음(engine noises)

기관 구성부품이 정확한 설계 사양에서 벗어났을 때, 기관은 과도하거나 견딜 수 없는 소음을 생성한다. 피스톤의 왕복운동과 크랭크기구의 회전운동은 특유의 소음을 발생시킨다. 기관 소음은 주로 비정상적인 연소, 운동부품의 간극, 윤활불량 등으로 발생한다.

(1) 비정상적인 연소(abnormal combustion)

연소가 비정상적으로 진행되면, 기관진동에 의한 소음이 발생할 수 있다. 예를 들면, 연소 노크와 역화가 있다.

① **가솔린 노크(pinging)**

정상 화염면이 도달하기 전에 미연 혼합기의 압력과 온도가 높아져, 연소 말기에 자기착화하여 빠르게 연소할 때 발생하는 폭발음으로서, 흔히 디토네이션(detonation)이라고도 하며, 이때 발생하는 소음을 핑킹(pinging)이라고 한다. 일반적으로 스로틀밸브가 완전히 열리거나 급격하게 가속할 때 발생하는 피치가 높은 타격음이 핑킹이다. 이 상태에서 작동을 계속하면 피스톤과 밸브에 악영향을 미쳐 기관이 손상될 수도 있다.

가솔린기관에서의 연소 노크(핑킹)의 원인은 다음과 같다.
- 부적당한 연료(옥탄가가 낮은 연료 즉, 노크 저항성이 낮은 연료의 사용)
- 부정확한 점화시기
- 연소실의 탄소 퇴적물(carbon deposits)

참고로 가솔린기관에서의 표면 점화(surface ignition)는 연소실 내에 존재하는 열점(hot spot)이 착화원이 되어 정상화염의 전파와 관계없이 연소가 이루어지는 현상으로서, 점화시기를 기준으로 조기 점화(pre-ignition)와 후기 점화(post-ignition)로 구분한다. 표면 착화의 점화원으로는 과열된 점화 플러그, 배기밸브 및 연소 퇴적물 등이 있다.

② **디젤 노크(diesel knock)**

디젤노크는 착화지연이 길고, 착화지연 중에 분사된 연료가 많을수록, 연소 초기에 다량의 연료가 한꺼번에 자기착화하여 압력상승률($dP/d\theta$)이 높을 때 발생한다.

디젤 노크의 원인은 다음과 같다.
- 부적당한 연료(세탄가가 낮은 연료 즉, 자기착화성이 불량한 연료의 사용)
- 부정확한 분사시기
- 인젝터 불량(연소 초기에 다량의 연료분사 및 미립화 불량)

③ **역화(back firing)**

역화 현상은 팝-백(pop-back)과 후화(after fire)로 구분한다.

팝-백(pop-back)은 흡기밸브가 닫히기 전에 연소실에서 점화가 이루어질 때 발생한다. 흡기밸브가 열린 상태에서 흡기다기관의 공기/연료 혼합기가 점화, 연소하므로, 때로는 흡기다기관 내에서 폭발적인 소음이 유발되기도 한다. 팝-백(pop-back)은 혼합기가 지나치게 희박하거나 밸브 개폐시기가 부정확할 때 발생할 수 있다.

혼합기가 지나치게 희박하면 연소속도가 느려지고 연소과정을 완료하는 데 더 긴 시간이 소요된다. 밸브개폐시기가 맞지 않으면 팝-백이 발생할 수 있으며, 기관이 시동되지 않을 수도 있다.

후화(after‑fire)는 미연소된 혼합기가 배기밸브를 통해 배출되어, 배기관 또는 소음기에서 연소될 때 나타나는 현상으로 배기관 출구에서 큰 소음이나 불꽃을 확인할 수 있다. 후화(after‑fire)는 기관 브레이크가 걸린 상태로 주행하거나, 스로틀밸브가 빠르게 닫힐 때 발생할 수 있다.

후화(after‑fire)는 혼합기의 일부가 완전히 연소되지 않은 상태로 연소실로부터 방출되고, 배기장치 구성부품에 의해 자기착화점 이상으로 재가열 될 때 발생한다. 때에 따라서는 후화로 인해 촉매기, 소음기, 또는 배기장치의 다른 부품들이 손상될 수 있다.

후화(after‑fire)의 주요 원인은 다음과 같다.
- 농후한 혼합기
- 점화시기 또는 밸브 개폐시기의 부정확
- 점화 관련 부품의 불량

(2) 기계적 소음 및 공기유동 소음

다음과 같은 다양한 소음이 발생할 수 있다.

① 회전운동 부품들 그리고 왕복운동 부품들 상호 간의 충격

　　예를 들면, 크랭크축의 굽힘운동에 이상연소에 의한 충격이 추가되면 크랭크축 메인 베어링에서 럼블(rumble) 소음이 발생할 수 있다

② 허용 간극에 의한 "슬랩(slap)" 소음 ‑ 피스톤과 실린더 사이의 간극이 크면, 피스톤이 상/하로 왕복운동할 때 피스톤이 실린더 벽을 타격하여 소음을 발생시킨다.

③ 밸브간극 과대로 인한 소음(ticking)

④ 구동벨트 또는 타이밍 텐셔너 소음(rattling, or flapping)

⑤ 타이밍 체인 또는 타이밍 기어 소음(rattle, whine)

⑥ 부속장치별로도 험(hum), 휠(whirl), 팝(pop), 화인(whine) 등의 소음이 발생할 수 있다

⑦ 흡기 소음 또는 진공 누설 소음

　　호스를 압착하여, 또는 부품이나 호스를 탈거하여 소음의 변화를 점검한다.

⑧ 연료분사밸브 소음(특히 디젤기관 공회전 상태에서)

(3) 점화주파수 관련 NVH 문제

모든 왕복 피스톤 기관에서는 고유의 1계 진동이 발생한다. 또한, 기관은 점화주파수에 의해 4행정 3기통 기관에서는 1.5계, 4기통 기관에서는 2계, 6기통 기관에서는 3계, 그리고 8기통 기관에서는 4계 진동이 발생한다. 점화주파수는 실린더에서 점화가 이루어질 때마다 연소실에서 생성되는 압력 즉, 힘을 의미한다. 각 실린더에서의 연소압력은 하나의 펄스를 생성하고, 실린더가 순서에 따라 점화하게 되면, 고유의 진동이 발생한다. 기관 부하가 클수록 즉, 연소압력이 높을수록 점화주파수에 의한 진동이 더 두드러진다. 또한, 기관의 정상적인 연소 사이클을 방해하는 문제가 있을 때도, 진동은 증가한다.

점화주파수 관련 NVH 문제에는 다음과 같은 증상들이 나타날 수 있다.

① 기관 회전속도 민감성

② 토크 민감성

③ 저주파 소음

④ 흔들림(shake), 버즈(buzz) 또는 드로닝(droning)

⑤ 기관 부하 민감성

NVH 문제가 주파수에 민감한 경우, 특정 회전속도에 도달하면 다른 구성부품의 공진이 발생할 수 있다. 점화주파수와 관련된 NVH 문제는 일반적으로 발생하는 회전속도 폭이 좁다. 점화펄스에 의해 생성된 진동이 NVH 문제가 되지 않도록 하려면, 진동을 차단해야 한다. 기관마운트는 기관으로부터 차량 실내로 전달되는 진동을 대부분 감쇄시킨다.

3. 배기 소음(exhaust noises) (pp.348, 8-3 배기장치 참조)))

배기장치에서 발생하는 소음은 크게 배기가스 자체에 의한, 그리고 소음기와 배기관에 의한 소음으로 구분할 수 있다.

(1) 배기가스 자체에 의한 소음

- 맥동(pulsating)
- 기주 공명(air column resonance)
- 기류음(air stream sounds)

① 맥동 소음(pulsating)

배기가스는 배기밸브가 열릴 때마다 배출되어 배기 다기관에서 맥동을 일으킨다. 맥동 (pulsating)은 주기적이며, 기관 회전속도 및 실린더 수와 관련이 있다.

배기 다기관에서의 맥동은 기본 주파수를 기반으로 하는, 상대적으로 피치가 낮은 음향 에너지이다. 이 맥동 에너지가 배기관로를 통해 이동하면서 배기장치의 가진력이 된다. 피스톤의 왕복운동으로 인한 진동과 기관 점화주파수에 의한 진동이 공진하게 되면, 배기 진동은 증폭될 수 있다. 이러한 진동의 조합은 원치 않는 NVH 문제를 일으킬 수 있다.

② 기주 공명(air column resonance)

기주 공명은 배기관로와 소음기에서 발생하는 소리로 구성된다. 주파수는 관로의 길이와 관로의 단면적에 의해 결정된다.

③ 기류음(air stream sounds)

기류음은 고속으로 유동하는 배기가스에 의해 생성될 수 있다. 예를 들면, 소음기를 통과하는 배기가스의 난류(turbulence) 또는 배기관 출구에서 배기가스가 배출될 때의 제트(jet) 소음이 기류음이다.

(2) 소음기와 배기관로에 의한 소음

소음기와 배기관로에 의한 소음은 배기장치의 정렬 불량, 설치 오류, 마운팅 브래킷 또는 걸고리(hanger)의 손상으로 발생할 수 있다. 철저한 육안검사를 통해 이들 소음의 발생원을 확인할 수 있다. 배기장치의 소음은 배기장치 구성부품들 상호 간에, 또는 차량 실내로 전달될 수 있다.

① 배기관로 걸고리(exhaust hanger)

배기장치에는 기관 진동, 배기가스 자체의 맥동, 그리고 소음기/배기관로의 고유진동이 합성된 진동이 존재한다. 이 진동의 합성은 반드시 감쇠시켜야 한다. 이러한 진동을 완화하고 차체에 작용하지 못하게 하려면 배기관로 걸고리(hanger)를 특별하게 설계해야 한다. 배기관로 걸고리는 차체에 배기관로를 매달고, 차체에 배기장치의 진동이 전달되지 않도록 설계되어 있다. 배기관로 걸고리는 일반적으로 진동을 완화하기 위한 고무를 사이에 두고 배기장치와 차체에는 단단한 금속을 통해 연결되어 있다.

이상적으로, 걸고리는 배기장치의 무게를 균등하게 지지하는 지점에 설치해야 한다. 또한, 고유진동이 최소화되는 지점에 설치해야 한다. 걸고리 고무의 위치와 장력이 차량 실내의 소음 수준에 영향을 미친다. 특히, 주 소음기 걸고리는 이중 진동을 방지할 수 있어야 한다. 마운트의 차체 측은 고무 브라켓에 의해 설치되며, 소음기는 걸고리에 의해 지지된다.

② 배기 플랩(exhaust flap)

차량에 따라서는 기관 제어 모듈(ECM)로 제어하는 배기 플랩(flap)이 장착되어 있다. 이 플립은 기관 회전속도 또는 기타 차량 작동상태에 따라 열리거나 닫힌다. 배기 소음 또는 기타 NVH 문제를 진단할 때, 이 플랩이 올바르게 작동하고 비정상적인 소음의 원인이 아닌지 확인해야 한다.

▌표 12-1 ▌ 배기장치의 NVH 증상 및 정비

상태	증상	정비
불쾌한 드로닝 (droning)	배기장치의 진동이 배기관로 걸고리와 기관 마운트를 통해 차체에 전달될 때 생성된다. 차체 패널과 프레임을 진동시키는 원인이다.	배기관로 걸고리 및 기관 마운트의 손상 여부를 점검한다. 필요에 따라 조이거나 교체한다.
차실 외부로 방사되는 소음	배기다기관, 소음기 하우징, 배기 관로, 배출구 또는 차폐판의 진동으로 발생하는 소음. 기관을 작동시켜 이 소음을 재현할 수 있다.	소음의 원인이 되는 배기 부품을 확인하고 느슨함, 손상 또는 간섭이 있는지 점검한다. 필요한 경우 조정하거나 교체한다.
공회전 진동	배기관로 또는 가요성 감결합 튜브 (파손된 가요성 감 결합 튜브)의 심한 변형은 배기장치의 진동 특성을 변화시켜 공회전 진동을 유발할 수 있다.	손상되거나 변형된 배기 부품을 교체한다.

12-3 차량 주행속도 관련 진동과 소음
Vehicle Speed-related Vibrations & Noises

자동변속기 차량의 경우 주차 브레이크를 적용하고 변속레버를 D로 한다. 주제동 브레이크를 밟은 상태에서, 주차 브레이크를 해제한다. 앞 브레이크 또는 뒤 브레이크를 작동시키면, 진동의 전달경로가 변경될 수 있으며 진동의 원인 확인에도 도움이 될 수 있다.

정차상태에서 소음 또는 진동이 없는 경우, 도로를 주행함으로써 NVH 문제가 발생하는 것으로 생각할 수 있다.

차량 속도 관련 진동과 소음은 주로 동력전달계 구성부품이나 휠/타이어 어셈블리에서 발생한다.

1. 동력전달계(driveline)의 진동과 소음

동력전달계의 진동과 소음은 다음과 같은 경우에 발생할 수 있다.

① 변속기 고장

② 추진축 또는 구동축의 휨과 손상(U-조인트 또는 등속 조인트의 마모)

③ 축의 불평형(imbalance)

④ 종감속/차동장치의 손상

  • 피니언 기어 너트의 풀림

  • 피니언 요크의 과도한 런아웃

⑤ 휠/타이어 어셈블리의 불평형(imbalance), 변형 및 마모

⑥ 휠 볼트의 풀림

또한, 전방 차체(front end) 부품이나 기관/변속기 마운트가 손상되거나 풀리지 않았는지 점검한다. 이러한 구성부품들은 후방 차체(rear end)의 진동에 영향을 미칠 수 있다. 기관 부속장치, 브래킷 및 구동 벨트를 간과해서는 안 된다. 수리를 시도하기 전에 모든 구동계 구성부품을 점검한다.

(1) 변속기 소음/진동(transmission vibrations & noise)

변속기는 선택한 단기어에 따라 추진축, 액슬축 및 휠/타이어 어셈블리의 회전속도가 바뀌며, 소음/진동의 특성도 달라진다. 주행 중 변속기 기어가 중립 위치에 있을 때는 대부분의 변속기 소음 및 진동은 발생하지 않는다. (pp.323~328 변속기 소음 참조)

수동변속기 차량에서는 마찰클러치가 소음과 진동을 유발할 수 있다. 부하, 치합 상태에서는 주로 화인(whining), 하울링(howling) 및 휘슬(whistle) 소음이, 무부하 공회전 상태인 기어에서는 클래터링(clattering) 소음, 구동/타행 시에는 래틀(rattle) 소음이 문제가 된다.

자동변속기에서는 특히, 컨버터 로크업 클러치가 소음 및 진동 문제를 일으킬 수 있다. 토크컨버터 작동은 스캔툴(scantool)로 점검할 수 있다. 토크컨버터 고장진단은 정비지침서를 참조한다.

(2) 추진축의 소음/진동 원인

① 추진축의 휨,
② 추진축의 불평형(평형추의 탈락)
③ 유니버설 조인트의 마모
④ 센터 베어링의 파손, 조임볼트 풀림(2축식에서)
⑤ 전/후 자재이음부의 작동각의 불일치 및 부적당
⑥ 변속기 또는 트랜스퍼 케이스 출력축 베어링의 파손, 헐거움, 런아웃
⑦ 종감속/차동장치의 손상, 고장
  - 피니언 기어 너트의 풀림
  - 피니언 요크의 과도한 런아웃
  - 차동피니언 플랜지의 과도한 런아웃
  - 피니언 베어링 또는 피니언 기어 고장
  - 링기어와 피니언의 피치 라인(pitch line)의 런아웃(runout) 과대

링기어와 피니언의 피치 라인(pitch line)의 런아웃(runout)이 과도하면, 링기어의 회전속도가 변동되어 진동을 일으킬 수 있다.

(3) 추진축의 정비

추진축의 굴절각은 진동을 격리하는 데 중요한 요소이다. 의심되는 추진축 굴절각 문제를 진단할 때는 고객이 언급한, 정확한 조건 하에서 차량을 주행시험해야 한다.

추진축의 작동각은 어느 한 축의 각도를 나타내는 것이 아니라 두 축의 교차점이 형성하는 각도를 의미한다. 추진축의 작동각 측정 및 수정 절차는 차량에 1개 또는 2개의 추진축이 장착되어 있는지에 따라 다르다.

추진축의 양단에 각각 십자형 자재이음을 사용할 경우라도, 다음과 같은 조건이 충족되어야만 구동축과 피동축의 회전각속도가 같아진다.

① 양단의 굴절각 β_1과 β_2는 서로 같아야 한다. ($\beta_1 = \beta_2$, 최대 4도 이내)

② 추진축 양단의 2개의 요크는 동일평면 상에 설치되어야 한다.

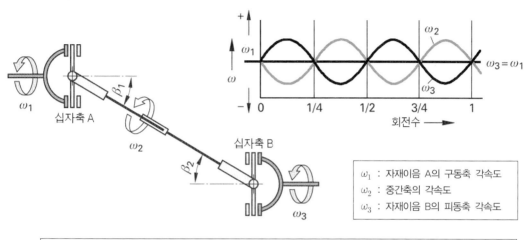

- ω_1 : 자재이음 A의 구동축 각속도
- ω_2 : 중간축의 각속도
- ω_3 : 자재이음 B의 피동축 각속도

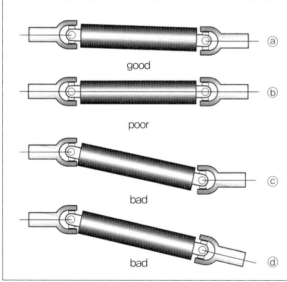

ⓐ 양단의 굴절각이 작으면서도 서로 같다.(이상적)

ⓑ 굴절각이 없으며, 일직선 상에 배열되어 있다. U-조인트가 전혀 움직이지 않아 십자 베어링이 손상될 수 있다.

ⓒ 굴절각이 과도하다. 진동이 떨림(shudder)으로 나타날 수 있다. 특히 정차상태로부터 발진할 때.

ⓓ 양단의 굴절각이 서로 다르다. 부등속 운동이 발생하며, 2계 진동이 발생한다.

┃그림12-4┃ 추진축 굴절각

(4) 종감속/차동장치(final/differential gears)

차동장치는 대부분 한 쌍의 차동 사이드 기어와 한 쌍의 차동 피니언 기어로 구성되며, 좌/우 차축 간의 토크를 분할한다. 선회할 때, 좌/우 구동축은 서로 다른 속도로 회전할 수 있다. 차동 사이드 기어는 출력축 스플라인에 설치되며, 차동 피니언 기어는 피니언 축에 설치되어 축에서 자유롭게 회전할 수 있다. 차동 피니언 기어는 항상 좌/우 차동 사이드 기어와 치합상태를 유지 하며, 구동 차축에 직각으로 배치되어 있다.

차동장치에서 발생하는 소음은 회전부품의 런아웃에 의한 하울링(howling), 베어링 불량에 의한 그로울링(growling), 그리고 기어 소음인 화인(whine) 등이다.

① 베어링 소음(bearing noise)

휠 베어링, 피니언기어 및 차동기어 베어링은 마모되었거나 손상되었을 때 소음을 발생시 킬 수 있다. 베어링 소음은 그로울링(growling; 으르렁거리는) 또는 화인(whine; 흐느끼는)일 수 있다.

결함이 있는 휠 베어링은 일반적으로 부하가 가해질 때, 발생하는 소음이 변한다. 차량을 주 행하면서 좌/우로 급격하게 조향한다. 그러면 베어링에 부하가 가해지고, 소음 수준이 변한다. 휠 베어링의 손상이 아주 작으면, 약 50km/h 이상의 속도에서는 소음이 거의 나타나지 않는다. 피니언 베어링의 소음은 일반적으로 입력 토크가 변할 때 즉, 타행 또는 급격한 가속 시에 그 특성이 바뀐다.

② 기어 소음(gear noise)

기어 소음은 주로 화인(whine) 소음 으로서, 일반적으로 48 ~ 64km/h (30 ~ 40mph) 또는 80km/h(50mph) 이상의 특정 속도 범위에서 발생한다. 기어 소 음은 가속, 감속, 타행 또는 일정한 부 하와 같은 특정 주행 조건에서도 발생 할 수 있다. 기어 소음은 일반적으로 기어에 가해지는 가속 토크 또는 감속 토크가 소멸되고 차량이 타행 (coasting)하게 되면, 없어진다.

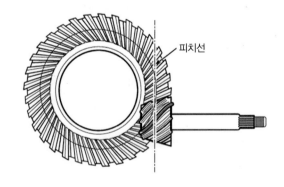

피치선

▌그림12-5▌ 링기어와 피니언의 피치 선(pitch line)

(5) 동력전달계 스냅(driveline snap)

기어(또는 클러치가 연결됨) 변속할 때의 스냅(snap) 또는 클렁크(clunk) 소음은 다음과 같은 원인으로 발생할 수 있다;

① 기관 공회전 속도가 높을 때

② 기관, 변속기, 트랜스퍼 케이스 마운트의 느슨함

③ U-조인트의 마모

④ 액슬 마운트의 풀림

⑤ 피니언 기어 너트 및 요크의 풀림

⑥ 링기어 백래쉬가 과도할 때

⑦ 차동 사이드 기어/케이스의 간극이 지나치게 클 때

⑧ 구동축 스플라인과 차동 사이트기어 허브의 간극 과대

⑨ 구동축 CV-조인트의 파손, 마모

스냅(snap) 또는 클렁크(clunk) 소음의 근원은 차륜이 자유롭게 회전할 수 있도록 리프트(lift)로 차량을 들어 올려서 확인할 수 있다. 다른 기술자가 변속기를 변속하도록 하고, 소음을 확인한다. 수동 또는 전자식 청진기로 소음원을 추적하는 것이 효과적이다.

(6) 구동축(axle drive shaft)

구동축의 기능은 매끄러운 동작으로 종감속장치로부터 휠 허브로 구동 토크를 전달하는 것이다.

구동축 진동은 1계, 2계, 4계의 차수로 분류할 수 있다. 1계 진동은 휨이나 불평형에 의해서, 2계 진동은 액슬축 조인트 각도, 마모된 CV-조인트 또는 U-조인트로 인해, 4계 진동은 마모된 CV-조인트 또는 U-조인트로 인해 발생한다.

구동축의 휨이 의심되는 경우, 구동축의 런아웃을 점검해야 한다. 정확한 판독을 위해 다이얼 게이지를 구동축에 90도 각도로 설치한다. 먼저 각 요크 용접부 근처의 런아웃을 측정하고, 이어서 구동축의 중앙에서 측정하고 휨이 규정값 범위 내에 있는지 확인한다. 런아웃이 규정값 범위를 벗어나는 경우, 구동축을 교환한다.

2. 휠/타이어(tire and wheel)의 소음과 진동 ·))

(pp.369 제9장 타이어 · 도로의 소음 · 진동 참조)

휠/타이어 어셈블리 및 브레이크 수리를 통해서도 차량 속도 관련 진동을 보정할 수 없을 때는, 동일 모델의 NVH 상태가 양호한 차량의 휠/타이어 어셈블리로 교체하고 진단하는 방법을 활용할 수 있다.

휠/타이어 주파수로 회전하는 동력전달계 구성부품에는, 구동축(axle shaft)과 브레이크 부품이 있다.

거칠고 불규칙한 노면으로부터의 충격력은 타이어에 전달되어 진동과 소음을 발생시킨다. 현가장치, 차체 및 기타 부품과 마찬가지로 타이어는 소음과 진동을 최소화하도록 설계되어 있다. 그러나 다른 구성부품보다 더 빨리 마모되기 때문에, 소음과 진동에 미치는 영향이 가장 크다.

휠/타이어 관련 문제를 진단할 때는 서비스 정보에서 올바른 사양 정보를 확인하고, 공기압을 점검하고, 필요한 경우 규정값으로 조정한다.

(1) 휠/타이어 어셈블리에 의한 차량 진동의 원인

휠/타이어 어셈블리는 다음과 같은 이유로 차량 진동을 유발할 수 있다.
① 불평형(imbalance) - 정적, 동적
② 과도한 반경 방향 힘의 편차(RFV; Radial Force Variation)
③ 과도한 반경 방향 런아웃(radial runout)
④ 과도한 측면 런아웃(lateral runout)
⑤ 액슬 허브 베어링의 파손 및 과도한 마모
⑥ 액슬 허브에 부적절하게 장착된 휠

(2) 휠/타이어 어셈블리에 의한 차량 소음의 원인

다음과 같은 타이어 속성의 하나 또는 다수에 의해 타이어 소음이 발생할 수 있다.
① 고유 주파수 및 진동전달 특성
② 트레드 패턴

(3) 휠/타이어 어셈블리의 평형(balance)

휠/타이어 어셈블리가 고속도로에서 정상적으로 회전할 때, 불평형 상태는 운전자와 승차자가 가장 잘 감지할 수 있다. 휠/타이어 진동을 보정하는 첫 번째 단계는 휠/타이어 어셈블리의 평형(balance)을 맞추는 일이다. 휠/타이어 어셈블리의 평형은 정적 밸런싱과 동적 밸런싱으로 구분한다.

① 정적 평형(static balancing)

"정적(static)"이라는 단어가 암시하듯이 타이어는 정지 상태에서 평형을 유지해야 한다. 휠/타이어 어셈블리를 수평축 상의 원뿔(cone)에 설치하고 휠을 회전시킨 다음에, 휠이 스스로 정지했을 때, 타이어의 회전축 중심의 아래 위치에 표시한다. 휠을 다시 회전시키고, 스스로 정지할 때까지 기다린다. 이때 회전축 중심의 아래에 위치하는 부분이 일정하지 않고, 회전 중 임의로 정지시키면, 어느 위치에서나 정지할 경우, 이 휠/타이어 어셈블리는 "정적 평형" 상태이다.

정적 불평형(static imbalance)의 경우, 위 실험에서 차륜이 스스로 정지할 때 회전축 중심의 아래에 위치하는 부분이 항상 일정하다. 임의로 정지시킬 때, 어느 위치에서나 정지하지 않는다. 진자운동을 하다가 결국은 항상 동일한 위치에서 정지한다.

정적 불평형은 휠/타이어 어셈블리의 어느 일부분의 무게가 다른 부분에 비해 무겁다는 의미이다. 무거운 부분만이 회전한다고 가정하면, 노면에서 반원형의 궤적을 그리면서 가/감속을 반복하게 된다. 그리고 무거운 부분이 노면으로 향할 때는 노면을 두들기고, 노면에서 위로 향할 때는 차륜을 들어 올리게 된다. 즉, 차륜의 상/하 진동을 유발한다. 불평형량이 크고 주행 속도가 일정한 수준에 이르면 차륜은 상/하로 크게 진동하며, 그 충격은 조향핸들까지 전달되게 된다. 정적 불평형에 의한 차륜의 진동을 휠-홉(wheel hop) 또는 휠 트램핑(wheel tramping)이라고 한다.

정적 불평형에 의한 진동은 조향핸들의 흔들림(steering shake)의 유무와 관계없이 차체 진동으로 나타날 수 있다. 정적 불평형 상태로 장기간에 걸쳐 주행하게 되면, 타이어 트레드에 "작은 볼록부(cupping)"가 발생하고, 이 상태가 진동을 발생시켜, 조향에 악영향을 미칠 수도 있다.

정적 평형(static balancing)만으로 휠/타이어의 평형을 조정하는 방법은 권장되는 수리 방법이 아니다. 휠/타이어 어셈블리는 반드시 동적 평형 상태로 조정되어야 한다.

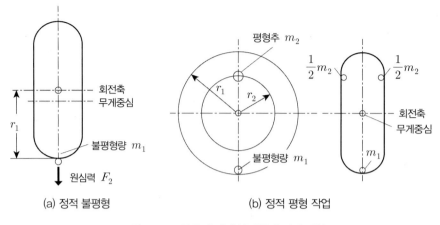

(a) 정적 불평형

(b) 정적 평형 작업

┃그림12-6┃ 차륜의 정적 불평형과 정적 평형

② 동적 평형(dynamic balancing)

위 그림에서 차륜은 정적 평형 상태로 조정되었다. 그러나 정적 평형(static balancing) 상태에서 축을 빠른 속도로 회전시키면, 질량 m_1, m_2에 의한 원심력이 축 중심선에 직각방향으로 회전토크를 발생시킨다. 이 상태가 바로 동적 불평형 상태이다. 동적 불평형에 의해 차륜은 좌우로 진동한다. 즉, 워블(wobble) 또는 쉬미 (shimmy) 진동을 일으킨다.

차륜이 동적 불평형(dynamic imbalance) 상태이면, 조향핸들에서 워블(wobble)이나 쉬미(shimmy)가 발생할 수 있다. 이와 같은 과도한 동적 불평형은 쉬미(shimmy) 진동을 일으키며, 특히, 고속에서는 현가장치 구성부품을 통해 차량 실내의 승차자에게도 전달될 수 있다. 동적 불평형은 다이내믹 밸런서 (dynamic balancer)를 이용하여 수정한다.

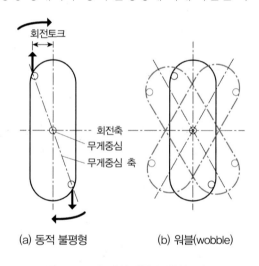

(a) 동적 불평형

(b) 워블(wobble)

┃그림12-7┃ 동적 불평형과 워블(wobble)

(4) 기계적 무부하 런아웃(mechanical unloaded runout)

휠/타이어 어셈블리의 런아웃은 불평형의 양과 반경방향 힘의 편차(RFV)의 양에 직접 영향을 미치므로 먼저 수정해야 한다. 런아웃의 양이 적을수록 불평형과 반경방향 힘의 편차가 감소한다. 반경방향 런아웃과 축방향 런아웃은 동시에 수정할 수 있다. 휠/타이어 어셈블리의 런아웃을 측정하는 방법은 2가지가 있다.

- 휠을 액슬 허브에 장착한 상태로 런아웃 측정
- 휠을 액슬 허브에서 탈거한 상태에서 런아웃 측정

런아웃 측정을 수행하기 전에 비드부(bead section)가 타이어 원주의 전체 둘레에 걸쳐 이상이 없는지 확인한다.

차량에 장착된 상태(on-vehicle)에서 런아웃을 측정할 때는, 허브 베어링를 점검하고, 허브의 상태가 양호한 경우에만, 허브에 휠/타이어 어셈블리를 장착하고 런아웃을 측정한다. 이어서 떼 어낸 상태(off-vehicle)에서 런아웃을 측정한다.

차량에 장착된 상태로 측정한 런아웃과 떼어낸 상태에서 측정한 런아웃의 차이가 클 경우, 런 아웃의 원인은 다음 중 하나일 수 있다.

- 트레드 원(tread circle) 런아웃
- 허브 플랜지(hub flange) 런아웃
- 휠과 차량 간의 장착 조건이 서로 다름

① 기계적 무부하 상태의 반경방향 런아웃(radial runout)

휠/타이어 어셈블리의 반경방향 런아웃은 휠/타이어 어셈블리가 차량에 장착된 상태에서 타이어에서부터 시작한다.

차량에 장착된 상태에서 측정한 반경 방향 런아웃이 규정값 범위를 초과한 경우에는 휠/타 이어 어셈블리를 차량으로부터 떼어내, 측정한다. 떼어낸 휠/타이어 어셈블리의 반경방향 런 아웃은 휠 밸런서에서 측정할 수 있다.

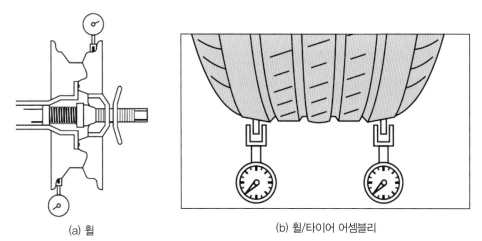

(a) 휠   (b) 휠/타이어 어셈블리

▮그림12-8 ▮ 반경방향 런아웃 측정

떼어낸 상태에서 측정한 휠/타이어 어셈블리의 반경방향 런아웃이 규정값 범위를 초과하는 경우, 트레드 원(tread circle)과 허브 플랜지의 반경방향 런아웃을 측정해야 한다. 런아웃을 일으키는 결함 여부를 확인하려면, 휠과 허브 사이의 장착상태를 점검해야 한다.

트레드 원과 허브 플랜지의 반경방향 런아웃이 규정값 범위를 초과하는 경우, 휠(wheel) 자체의 반경방향 런아웃을 측정한다. 측정 및 점검 결과, 결함이 있는 휠, 타이어 또는 허브 베어링을 교환한다.

② **기계적 무부하 상태에서의 횡방향 런아웃**(mechanical unloaded lateral runout)

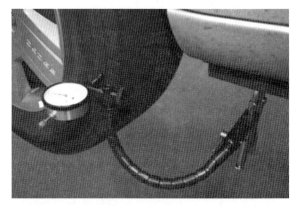

휠/타이어 어셈블리의 횡방향 런아웃은 휠/타이어 어셈블리가 차량에 장착된 상태에서 타이어에서부터 시작한다. 타이어 횡방향 런아웃 측정값이 규정값 범위를 충족하면, 더는 횡방향 런아웃을 측정할 필요가 없다.

차량에 장착된 상태에서 측정한 횡방향 런아웃이 규정값 범위를 초과한 경우에는 휠/타이어 어셈블리를 차량으로부

▌그림12-9▐ **휠/타이어 어셈블리의 횡방향 런아웃 측정**

터 떼어내, 측정한다. 떼어낸 휠/타이어 어셈블리의 횡방향 런아웃은 휠 밸런서에서 측정할 수 있다.

떼어낸 상태에서 측정한 휠/타이어 어셈블리의 횡방향 런아웃이 규정값 범위를 초과하는 경우, 트레드 원(tread circle)과 허브 플랜지의 횡방향 런아웃을 측정해야 한다. 런아웃을 일으키는 결함 여부를 확인하려면, 휠과 허브 사이의 장착상태를 점검해야 한다.

트레드 원과 허브 플랜지의 반경방향 런아웃이 규정값 범위를 초과하는 경우, 휠(wheel) 자체의 횡방향 런아웃을 측정한다. 측정 및 점검 결과, 결함이 있는 휠, 타이어 또는 허브 베어링을 교환한다.

(5) 반경방향 힘의 편차(RFV; Radial Force Variation)

RFV는 차량 스핀들에 작용하는 부하의 편차(상향/하향)를 측정하여 부하상태에서 타이어의 균일성(uniformity)을 나타내는 용어이다. 모든 타이어는 제조 공정상의 변수로 인해 사이드월(side wall) 및/또는 접지면(foot print)에 약간의 불균일성이 존재한다.

타이어 균일성 측정값은 림 폭, 림 상태 및 다양한 타이어 장착 변수의 영향을 받을 수 있다. 밸런싱과는 달리, 조립 후의 휠/타이어 어셈블리에 잔류하는 약간의 RFV는 가끔 발생하며, 이는 일반적으로 허용된다.

반경방향 힘의 편차(RFV)가 진동에 미치는 영향을 이해하기 위해 타이어 모델을 사용할 수 있다. (그림 9-4 참조). 사이드월(side wall)과 접지면(foot print)은 림과 노면 사이의 "스프링 집합"으로 생각할 수 있다. 이 "스프링"의 강성이 균일하지 않으면, 다양한 힘이 액슬에 가해지며, 타이어가 회전하면서 변형될 때 액슬이 상/하로 운동하는 원인이 된다. 이 운동은 휠 밸런싱과는 관계없이, 차량에 진동을 발생시킨다.

RFV가 현저하게 나타나는 타이어는 완벽하게 균형이 잡혀 있고 반경방향 및 횡방향 런아웃이 한계 이내에 있더라도 진동을 발생시킨다. 타이어 생산회사는 휠/타이어 어셈블리의 RFV를 최소화하기 위해 많은 시도를 한다.

RFV는 기존의 타이어에 존재하는 고조파의 크기는 회전하는 휠/타이어 어셈블리에 부하를 가하여 측정할 수 있다.

 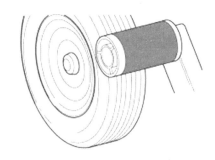

┃그림12-10┃ 휠의 RFV 측정

> **TIP**
> 휠/타이어의 페인트 자국이나 테이프 또는 휠의 밸브스템 위치는 그 목적이 다양하다. 생산자는 무거운 점, RFV, 런아웃, 재고관리 및 이와 유사한 용도로 이 표시를 사용한다. 생산자가 특별한 정보를 제공하지 않는 한, 서비스 기술자에게는 거의 사용되지 않는 정보이다.

(6) 고유 주파수 및 진동전달 특성

타이어의 어느 한 지점에 강제력이 작용할 때, 강제력의 주파수가 낮으면(30Hz 미만) 타이어는 그 부분만 진동한다. 반면에 주파수가 높으면 전체 타이어가 진동하기 시작한다. 타이어가 도로 표면의 요철에 의해 가진될 때에도 이와 유사한 형태로 진동한다. 이러한 진동은 원하지 않은 하쉬니스(harshness)와 도로 소음에 큰 영향을 미친다.

진동 전달률과 가진 주파수 사이의 관계를 "진동전달 특성"이라고 한다. 이것은 타이어의 전반적인 진동 특성의 척도이다. 레이디얼 타이어와 바이어스 타이어의 고유주파수는 각각 90~140Hz 범위이다. 레이디얼 타이어의 하쉬니스(harshness) 특성이 약한 이유는 약 90Hz의 낮은 고유 진동수에서 진동전달 특성이 높기 때문이다. 반면에, 바이어스 타이어의 도로소음 특성이 약한 이유는 140Hz 근방의 고유 진동수에서 진동전달 특성이 높기 때문이다.

타이어와 휠의 NVH 증상은 주파수가 낮다. (일반적으로 약 10~20Hz). 서로 다른 타이어의 고유진동수와 진동전달특성을 파악하는 것은 NVH 문제가 타이어 유형 때문인지, 아니면 런아웃이나 불평형 상태가 서비스를 필요로 하는지를 판단하는 데 도움이 된다.

(7) 트레드 패턴(tread pattern)(pp.380, 9-3 전동소음에 대한 타이어의 영향 참조)

트레드(tread)에 패턴이 없으면서도 부드러운 타이어가 가장 조용하다. 트레드 패턴과 관련된 타이어 소음에는 두 가지 원인이 있다.

- 타이어가 노면 위를 굴러갈 때 발생하는 트레드 패턴 그루브(groove)의 반복적인 변형과 그루브 안 공기의 합성 유동(resultant flow)의 결합
- 도로 표면에 대한 트레드 패턴의 연속적인 타격

(8) 타이어 진동 주파수 구하기

주행속도 5km/h의 초속(rps)을 계산한다. 5km/h의 배수로 증가하는 차량 속도에서 휠/타이어 어셈블리의 주파수를 구한다.

① 타이어의 직경을 구한다. 림직경 +(타이어 높이×2) (예; 호칭치수; 195/70R15)

- 타이어 너비에 타이어 편평비를 곱한다. (195mm×70=13650)
- 위의 답을 10으로 나눈다. (13650/100 =136.5mm)
- 위의 답에 2를 곱한다. (136.5×2=273mm)
- 휠 직경에 위의 답을 더하여 타이어 직경을 구한다.

(휠 직경; 호칭치수에서 R15로부터, 15inch×25.4mm=381mm)

타이어 직경; 273mm+381mm=654mm=0.654m

② 주행속도 5km/h 당 타이어의 회전 주파수를 구한다.

- 주행속도 5km/h를 초속으로 변환한다.

$$5\frac{\mathrm{km}}{\mathrm{h}} = \frac{5\mathrm{km}}{\mathrm{h}} \times \frac{1\mathrm{h}}{3600\mathrm{s}} \times \frac{1000\mathrm{m}}{1\mathrm{km}} \approx 1.39\mathrm{m/s}$$

- 위의 답을 타이어 원둘레(=직경×3.14)로 나눈다.

$$\frac{1.39\mathrm{m/s}}{0.654\mathrm{m} \times 3.14} \approx 0.677/\mathrm{s} \approx 0.7/\mathrm{s}(5\mathrm{km/h})$$

즉, 호칭치수가 "P195/70 R15"인 타이어는 주행속도가 5km/h 증가할 때마다 초당 0.7 회전씩 더 회전함을 의미한다.

P195/70 R15인 타이어를 장착한 자동차가 80km/h, 100km/h로 주행할 때의 타이어 기본 주파수를 구하면, 다음과 같다.

주행속도 80km/h인 경우, $\dfrac{80}{5} \times 0.7/\mathrm{s} = 11.2/\mathrm{s} = 11.2\mathrm{Hz}$

주행속도 100km/h인 경우, $\dfrac{100}{5} \times 0.7/\mathrm{s} = 14/\mathrm{s} = 14\mathrm{Hz}$

휠/타이어 어셈블리(예; 195/70 R15)는 차량 주행속도 80km/h에서 초당 11.2회(또는 11.2Hz) 회전하고, 차량 주행속도 100km/h에서 초당 14회(또는 14Hz)로 회전함을 의미한다. 이들 주파수는 휠/타이어 어셈블리(그리고 구동축)의 1계 주파수이다.

휠/타이어 어셈블리의 2계 주파수는 이 주파수의 2배, 3계 주파수는 이 주파수의 3배이다.

(9) 추진축 주파수(propeller shaft frequency)

휠/타이어 어셈블리 주파수를 알면 추진축 주파수를 쉽게 계산할 수 있다. 휠/타이어 어셈블리 주파수에 종감속비를 곱하면, 추진축 주파수가 된다.

예를 들면 "P195/70 R15"인 타이어를 장착한 자동차가 80km/h로 주행할 때, 휠/타이어 어셈블리(=구동축)의 1계 주파수는 11.2Hz로 계산되었다. 이 경우 종감속비가 3.91이라면, 추진축 1계 주파수는 약 44Hz(43.792=11.2×3.91), 2계 주파수는 88Hz가 된다.

> **TIP**
>
> 추진축의 회전주파수와 액슬 구동축의 회전주파수는 서로 다르다. 추진축은 휠/타이어 어셈블리의 약 3~4배 정도의 속도로 회전하므로 주파수가 높다. 반면에 액슬 구동축은 휠/타이어 어셈블리 속도로 회전하기 때문에 주파수가 낮다.

12-4 제동장치, 현가장치, 조향장치 관련 진동과 소음
Brake, Suspension & Steering Systems-related Vibrations & Noises

1. 제동장치 소음(brake noises)(pp.432, 10-4 제동장치 소음·진동 참조) ·))

제동장치에서 가장 많이 발생하는 소음은 스퀼(squeal) 또는 스퀵(squeak), 그로운(groan) 및 크리프(creep)이다. 각기 다른 차량 상태로 인해 발생하며, 수리 방법도 서로 다르다.

(1) 빈발하는 제동장치 소음의 종류

① 브레이크 스퀼(squeal) 또는 스퀵(squeak)

스퀼이나 스퀵 소음은 디스크 브레이크와 드럼 브레이크 모두에서 발생하며 일반적으로 브레이크 페달을 가볍게 밟거나 아침에 온도가 낮을 때 또는 습도가 높은 경우에 많이 발생한다. 소음은 일정하거나 간헐적일 수 있으며 보통 50km/h(30mph) 미만의 차량 속도에서 발생한다. 소음은 로터와 패드 사이 또는 브레이크 슈와 드럼 사이의 마찰력의 변화로 인한 것이다. 그러나 브레이크 스퀼 또는 스퀵 소음은 드럼 브레이크보다 디스크 브레이크에서 더 많이 발생한다.

디스크 브레이크 시스템에서는 브레이크페달을 밟으면 유압이 패드를 디스크 마찰면에 밀착시킨다. 패드의 가장자리가 디스크 마찰면과 접촉하게 되면, 패드는 캘리퍼에서 약간 기울어진다. 이 움직임은 약간이지만 결과적으로 패드가 더는 디스크 마찰면과 평행하지 않게 된다. 디스크 표면을 따라 미끄러지는 패드의 마찰력에 의해 패드가 진동하여 소음 (스퀼 또는 스퀵)을 발생시킨다.

대부분 순정부품으로 비-석면 유기물(NAO; Non-Ansbestos Organic) 패드의 사용을 권장하고 있다. 때에 따라 반금속(semi-metal) 패드를 저렴한 비용으로 구매할 수 있으나, 반금속 패드는 제동 중에 NAO 패드보다 스퀼 소음을 더 많이 발생시키는 경향이 있다.

② 브레이크 그로운(brake groan)

서비스 현장에서는 모운과 그로운을 구별하지 않는다.

브레이크 그로운은 도로소음과 비슷하며, 과도한 경우, 패드가 많이 마모되어 금속과 금속이 접촉하는 것처럼 느껴질 수 있다. 그로운은 일반적으로 주행속도가 약 30km/h(20mph) 미만인 경우, 그리고 주로 따뜻한 온도에서 발생한다. 그로운은 패드의 표면에 브레이크 먼지가 쌓여서 패드에 구름이 낀 것 같은 느낌을 준다. 패드가 디스크 마찰면에 접촉하면, 먼지로 인해 패드와 디스크 마찰면 사이의 마찰계수가 변해 그로운 소음이 발생한다.

③ 브레이크 크리프(creep):

크리프 그로운(creep groan)이라고도 한다.

브레이크 크리프는 정상적인 상태이며 브레이크 고장 또는 브레이크 성능 저하를 나타내지 않는다. 크리프 소음은 차량을 움직이는 데 필요한 힘의 불균형과 적용된 제동력으로 인해 발생한다. 예를 들어 자동변속기 장착 차량에서 변속레버가 D에 있고 브레이크 페달에 적당한 압력을 가하면 차량은 정차상태를 유지한다. 브레이크 페달 답력을 약간 줄이면, 차량이 앞으로 "기어나가는(creep)" 것처럼 덜거덕거리는(rumble) 소음을 생성한다. 브레이크 크리프는 브레이크 페달 답력을 높여 제거할 수 있다.

많은 자동차들이 가속성능을 위해 낮은 회전속도에서도 높은 토크를 발생시키는 기관과 자동변속기를 장착하고 있어, 브레이크 크리프의 발생이 증가하고 있다. 또한, 건강상의 문제로 인해 석면 패드 대신에 반금속 브레이크 패드를 사용하고 있다. 반금속 패드는 비-석면 유기물(NAO) 패드와 마찰계수가 달라, 소음 잠재력이 더 크다.

(2) 제동장치 소음의 진단 및 수리

① 주행시험 방법

주행시험 중 가볍게, 중간 정도로, 그리고 큰 답력으로 브레이크 페달을 밟는다. 소음에 귀를 기울이고 그것이 스퀼, 스퀵, 그로운 또는 크리프인지 확인한다. 점검 도중에 소음이 발생할 때의 조건을 기록한다. 예를 들면,

- 소음은 어떤 소리 같은가?
- 소음은 브레이크가 따뜻할 때, 아니면 차가울 때 발생하는가?
- 소음이 브레이크 페달을 밟을 때마다 발생하는가?
  아니면 오랫동안 주행한 후에 발생하는가?
- 페달 답력이 어느 정도일 때 발생하는가?
- 브레이크 페달을 처음 밟을 때, 페달을 밟고 있는 전체 시간 동안,

또는 차량이 거의 정차하기 직전에 발생하는가?

● 특정 습도 또는 기상 조건에서 더 많이 발생하는가?

② 브레이크 소음의 발생 위치 확인

소음이 앞 또는 뒤 브레이크에서 발생하는지 추가로 확인해야 하는 경우, 한산한 도로 또는 주차장에서 차량을 천천히 주행한다. 이때 주차 브레이크를 적용하고 소음이 발생하는 조건을 재현한다. 소음이 동일하게 발생하면, 소음은 뒤 브레이크에서 발생하는 것이다. (일부 차량에서는 주차 브레이크가 뒤 주제동 브레이크와 별도이다.)

이 단계를 거친 후에 육안검사를 실시한다. 스프링, 클립, 캘리퍼 및 휠 실린더와 같은 브레이크 하드웨어의 상태를 점검한다. 반들반들함, 브레이크 먼지, 마모 한계, 오일 잔류물 또는 습기가 있는지, 패드 또는 라이닝을 검사한다. 마지막으로, 디스크와 드럼을 점검한다. 긁힌 흔적이 있거나 색이 변했거나 마모 패턴이 고르지 않은지 점검한다.

③ 브레이크 소음 수리

소음 발생위치를 확인한 후에 필요한 수리를 결정한다. 때에 따라 부품을 교체해야 할 필요가 있을 수 있다. 수리는 해당 차량의 정비지침서를 참조한다.

특히 브레이크 시스템 서비스에는 권장 윤활제만 사용해야 한다. PBC(Poly Butyl Cuprysil) 또는 Molycoat 77 등은 고온 그리스로서 일반적으로 브레이크 패드 심 또는 브레이크 드럼 뒷판의 슈와의 접촉부와 같은 부분의 윤활에 많이 사용한다.

● 스퀼 소음과 스퀵 소음

브레이크 스퀵이나 스퀼 소음의 주요 원인은 드럼 또는 캘리퍼에 브레이크 먼지의 퇴적이다. 승인된 방식으로 먼지를 제거한다. 드럼 브레이크의 스퀼 또는 스퀵 소음은 드럼 브레이크의 마찰면에 브레이크 먼지가 묻어있으면 발생할 수 있다.

뒤 드럼 브레이크 소음은 제동 중에 브레이크 슈가 뒷판에 마찰을 가하는 경우에 발생할 수도 있다. 수리 중에 고온 브레이크 그리스로 뒷판의 슈 접촉부를 윤활한다. 일반적인 백 플레이트 윤활부위는 그림과 같다.

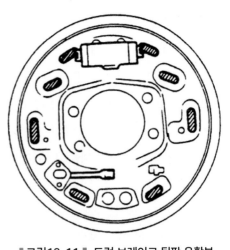

‖그림12-11‖ 드럼 브레이크 뒷판 윤활부

● 디스크 브레이크의 그로운(groan) 소음

브레이크 스퀼이나 스퀵과 마찬가지로 마찰 표면에 브레이크 먼지가 묻어있으면 디스크 브레이크의 그로운 소음이 발생할 수 있다.

▌표 12-2 ▌ 브레이크 소음 수리 대책

권장 서비스	소음의 유형		
	스퀼/스퀵	그로운 소음	크리핑 소음
디스크 브레이크의 뒤쪽에 고무 피복된 심(shim) 사용	●	×	●
브레이크 먼지 제거	●	●	● (일시적)
패드 교환(동일 마찰계수 패드)[1]	● (일시적)	● (일시적)	● (일시적)
디스크 또는 드럼 교환[2]	×	×	×
켈리퍼 교환	×	×	×
패드 교환(마찰계수가 다른 패드)[3]	●	●	●

● ; 유효한 대책, × ; 효과가 없는 대책

[1] 의심되는 브레이크 패드를 교체하고, 패드에 과열된 흔적이 없는 경우, 패드 표면상태가 일시적으로만 변경되기 때문에 브레이크 소음이 다시 발생한다.
[2] 디스크가 비정상적으로 마모되지 않았으면, 디스크의 교체로 브레이크 소음이 제거되지 않는다. 소음은 패드의 마찰면을 연마하여 일시적으로 개선할 수 있다.
[3] 브레이크 패드는 대부분 특정 차량용으로 설계된다. 때에 따라 캘리퍼 설계가 동일하고, 패드는 특정 차량용으로 설계된 경우, 이 패드를 다른 차량에 적용해도 소음이 감소될 수 있다. 이러한 형태의 수리를 한 경우에는 교체 패드가 성능 특성을 변경하고 원래 패드와 다르게 작용할 수 있음을 고객에게 설명해야 한다.

④ 수리 후 확인(recheck)

브레이크 소음은 고객의 주요 관심사이다. 소음을 수리한 후 항상 도로 주행시험을 하여 증상이 수정되었는지 다시 확인해야 한다. 여기서 설명하는 일부 서비스 절차는 일시적으로 소음 증상을 제거할 수 있다. 예를 들어, 스퀼이나 스퀵 소음은 캘리퍼에 브레이크 먼지가 퇴적되어 있었기 때문에 발생하였다. 브레이크를 사용함에 따라 먼지가 다시 퇴적되면, 소음이 다시 발생할 수 있다. 항상 고객에게 일부 소음은 사용 결과로 발생하며, 어느 정도 차량을 주행한 후에는 다시 발생할 수 있음을 설명해야 한다.

2. 현가장치의 NVH(suspension system NVH)

현가장치는 NVH가 차량에 미치는 영향에 큰 역할을 한다. 조향장치 구성부품과 마찬가지로 현가장치는 차량의 진동을 전달하는 경로로 이용된다. NVH 가진원이 확인되면, 철저한 육안검사를 통해 진동의 원인을 규명할 수 있다.

승차자는 현가장치의 거친 승차감의 영향에 민감하다. 이러한 이유로 현가장치의 설계 및 개발 단계에서 다양한 대책이 마련된다. 예를 들어, 스프링과 부싱은 부드러운 승차감을 제공하고 조향력의 충격을 감소시키기 위해 신중하게 선택된다.

현가장치의 진동은 수직력 및 수평력으로 구성된다. 수직력은 비례적으로 잘 배분된 스프링 아래 질량, 스프링 위 질량, 충격흡수기(shock-absorber)와 코일 스프링에 의해 제어된다.

(1) 댐퍼 스트러트와 충격흡수기

하쉬니스 문제는 정상적인 행정으로 운동할 수 없는 구성부품 때문일 수 있다. 구속되어있는 댐퍼 스트럿이나 충격흡수기는 노면의 요철에 의해 발생하는 충격에너지를 흡수하는데 필요한 현가장치의 행정을 허용하지 않을 수 있으며, 충격에너지는 댐퍼 스트럿이나 충격흡수기에 흡수되지 않고 차체로 전달된다.

댐퍼 스트러트 또는 충격흡수기로부터 누설이 있거나 이들의 마모가 심하면 현가장치의 신장/압축 행정이 커질 수 있으며, 이로 인해 코일 스프링의 권선이 서로 접촉하거나 스프링 위/아래 질량이 서로 충격적으로 접촉하게 될 수 있다. 이러한 형태의 충격이 차체로 전달되어 NVH의 원인이 된다.

예를 들면, 다음과 같은 고장이 그 원인일 수 있다.

- 볼 조인트의 마모
- 타이로드 엔드의 마모
- 댐퍼스트러트 마운트의 파손, 마모
- 윤활 불량, 누유
- 현가 부싱의 마모
- 스프링의 절손
- 느슨한 부품

특정 차량의 현가장치는 아래 컨트롤 암이 타이어의 종 방향 충격을 흡수하도록 설계되어 있다. 타이어의 충격은 크로스 멤버(crossmember)를 통해 차체로 전달되기 전에 부싱에 의해 약화된다. 이러한 세로 방향 유연성(compliance)은 고무 절연체 부싱의 스프링율에 따라 변한다.

부싱은 횡(lateral) 방향보다 종(longitudinal) 방향으로 더 부드럽게 작동하도록 설계, 제작하여 타이어 충격 또는 도로 충격의 영향을 감소시킨다. 반면에 횡(lateral) 방향으로 더 강하게 (stiffer) 작동하도록 설계되므로 조향에는 불리한 영향을 미치지 않는다.

부싱과 절연체는 상태가 좋아야 하며, 현가장치에서 NVH 문제의 발생을 방지하기 위해서 각 차량에 적합한 형태이어야 한다.

3. 조향장치의 NVH (pp.426, 10-3 동력 조향장치의 소음·진동 참조) ·))

운전 중에 운전자는 항상 조향핸들을 잡고 있으며, 타이어 또는 현가장치의 진동이 조향부품을 통해 운전자에게 전달된다. 소음 관련 문제는 일반적으로 조향장치 자체에서 발생하며, 진동 관련 문제는 현가장치, 휠과 타이어의 구성부품을 포함해서, 다수의 다른 구성부품들로 인해 발생할 수 있다.

(1) 조향장치 소음

조향장치 소음의 일부는 정상적이므로 걱정할 필요가 없다. 모든 동력조향장치에서는 특유의 소음이 발생한다. 그러나 다른 소음들은 조향장치 범위 내에서 문제를 나타낼 수 있다. 많은, 정상적인 조향장치 소음은 동력조향장치의 유압펌프와 관련이 있다. 히스(hiss)와 래틀(rattle)은 조향장치에서 발생할 수 있는 소음이다.

① 히스(hiss; 쉬잇) 소음

이 소음은 일반적으로 조향기어 박스와 동력조향 유압펌프에서 발생한다. 정차상태에서 조향핸들을 돌리면 쉬잇(hiss) 소음을 들을 수 있다. 이는 유압펌프에서 유체 압력의 맥동으로 인한 소음이다. 이 소음을 진단할 때는 먼저 모든 스티어링 호스가 차량의 다른 부분과 접촉하고 있는지 점검한다.

② 래틀(rattle; 덜거덕거리는) 소음

이 소음은 일반적으로 조향장치 자체에서 발생한다. 래틀 소음의 원인은 다음과 같다.

- 조향장치 또는 현가장치 부품의 마모
- 래크, 피니언 리테이너 및 부싱의 마모나 손상
- 다른 차량 부품과 유압 호스의 접촉

바람소음과 난기류
12-5 Wind Noises & Turbulence

고속으로 주행할 때, 자동차는 공기를 좌/우 옆으로 밀치고 전진하면서 난기류를 형성하고, 이 난기류가 소음을 발생시킨다. 자동차 정면에서 공기의 흐름은 앞 윈드쉴드와 'A'-필라 주위에서 옆으로 빗나간다. 공기가 스치고 지나갈 때, 앞 윈드쉴드의 상부와 좌/우 도어 유리창 표면에는 차량 실내의 공기 압력보다 낮은 압력이 작용한다. 이 낮은 압력이 좌/우 도어 유리창틀을 밀봉 표면으로부터 바깥쪽으로 끌어당긴다. 주행속도가 낮아지면, 유리창틀은 다시 원래의 위치로 복귀한다. (pp.244, 6-2-5 바람소음 참조)

바람소음 즉, 누설소음은 문짝과 차체 패널의 불일치 또는 찢어지거나 변형된 웨더스트립 때문에 발생할 수 있다. 난기류는 예를 들면, 외부 거울, 와이퍼 블레이드 및 안테나와 같이 차체 외부표면에서의 정상적인 공기 흐름을 방해하는 부품들 때문에 발생한다. 난기류는 그 심각도에 따라 불쾌한 소음을 생성할 수 있다.

바람소음 즉, 누설소음은 일반적으로 발견, 수리할 수 있는 공기 누출로 인해 발생하지만, 난기류는 전혀 다른 문제이다. 난기류는 외기가 자동차의 공기 역학적 형상에 돌진할 때 생성되며, 외부 돌출물에 의해 방해를 받는다. 이로 인해 공기가 차체표면에서 난기류를 생성하고, 결과로서 소음이 발생한다. 난기류는 바람소음보다 발생 위치를 확인하기가 더 어려운 소음 요소이다. 이유는 누설소음보다 소음의 크기는 크지만, 차량 실내로 들어오는 공기는 없기 때문이다.

1. 난기류의 발생 위치 확인

차체 주변의 공기 흐름은 돌출된 물체, 잘못 정렬된 차체 패널 또는 풀리거나 느슨해진 부품에 의해 방해를 받는다. 철저한 육안검사를 통해 다음과 같은 상태를 확인한다.

- 공기의 유동을 방해할 수 있는, 차체로부터 시작된 도어의 앞쪽 가장자리.
- 정상적인 공기 유동을 방해하는 외부 거울, 와이퍼 블레이드 및 안테나와 같은 차체 외부표

면에 설치된 부품,

- 느슨해진 몰딩 조각은 난기류를 생성할 수 있으며, 추가로 소음도 발생시킨다.

난기류는 다음과 같은 조건에 의해 발생할 수도 있다.

(1) 공기누설

대부분의 공기누설은 공기가 차량 실내로 유입되는 것이 아니라 외부로 유출됨으로써 발생한다. 창문은 닫혀있고, 환기구가 열려있거나 에어컨을 가동 중일 때, 차량 실내의 공기압은 외부의 대기압보다 더 높다. 이 높은 실내압력이 실외의 저압과 같아지려고 하므로, 공기는 차체 패널이나 창문 씰 틈새(opening)를 통해 외부로 빠져나간다. 창틀이 없는 유리창에서는 공기 압력차가 유리의 윗부분을 밖으로 잡아당겨서 씰로부터 분리시킨다.

공기누설은 대부분 일반적으로 자동차의 상부, 윈드쉴드 주위와 벨트라인의 약 1피트(foot) 아래에서까지 발생한다.

(2) 느슨한 몰딩(loose molding)

느슨한 외부 몰딩(molding), 특히 전연(leading edge)은 공기의 유동을 방해한다. 보닛, 앞 페시아(fascia), 문, 창문 및 선루프(sunroof) 주위의 모든 몰딩이 느슨한지 점검한다.

(3) 차체 패널 사이의 간극(gaps between body panels)

본체 패널, 보닛, 도어 및 트렁크 리드 사이의 틈새가 공기 유동을 방해하고 소음을 발생시킨다. 차체의 모든 패널이 정확하게 정렬되어 있는지 확인한다.

(4) 빗물받이 몰딩에 의한 난류

앞/뒤 도어의 상단 부분을 따라 차체 상단 가장자리에 부착된 금속 빗물받이 몰딩을 점검한다. 몰딩이 차체에 꼭 맞고 전체 길이에 틈새가 없는지 확인한다.

(5) 선 루프(sunroof)

선루프 트림과 차체 패널 사이의 틈새가 공기 유동을 방해하고 소음을 유발한다. 모든 트림 조각이 확실하게 고정되고 정확하게 정렬되어 있는지 확인한다.

(6) 외부 장착 액세서리

추가 장착된 외부 액세서리가 난기류를 일으킬 수 있다. 특히 차량용으로 특별히 설계되지 않은 추가장착 품목의 경우, 정상적인 공기 유동을 방해할 수 있다. 예를 들면;

   ① 방충망(bug screens)

   ② 윈드 디플렉터(wind deflectors)

   ③ 전조등 커버(headlight covers)

   ④ CB 라디오 / 전화 안테나

   ⑤ 플레어링(flaring) - 접지 효과

2. 바람소음(wind noise)의 점검

특히 고객이 소음이 발생하는 곳으로 지목하는 부분부터 철저하게 검사한다. 바람소음은 마치 물이 새는 것과 같이 한 곳에서 발생할 수 있으며, 다른 곳으로부터 오는 것처럼 느낄 수 있으므로 검색을 일부분에만 국한하지 않는다.

문 주위의 웨더스트립을 철저하게 점검한다. 씰링 표면은 고무씰이 도어 프레임 또는 다른 웨더 스트립에 대응하여 밀봉하는 형식에서는 상당히 복잡하다. 일부 모델의 경우 빗물받이 레일은 도어 웨더스트립의 상부 부분에 필수적인 부분이다. 그 목적은 밀봉기능을 제공하는 것이 아니고, 단지 물을 문으로부터 멀리 떨어지게 하는 것이다.

(1) 도로 주행시험

   ① 도로 주행시험 전에 모든 느슨한 부품들이 올바르게 조여지고 안전한지 확인한다.
      라디오를 끄고, 기타 소음원도 스위치를 끈다.

   ② 도로 주행시험에는 다른 기술자와 동행한다. 혼자서 운전하면서, 소음의 종류를 구별하고
      위치를 확인하는 것은 위험하기 때문이다.

   ③ 평탄한, 직선도로에서 시험한다. 회전방향을 바꾸어가며 선회시험한다. 순항속도로 주행
      할 수 있는, 교통량이 적은 도로에서 시험한다. 고속도로를 이용하지는 않는다. 소음수준이
      높기 때문이다.

   ④ 고객이 소음을 감지한 속도로 주행한다. 제한속도를 준수한다.

   ⑤ 도로 주행시험 중 다음을 확인한다:

A. 어떤 종류의 소음인가?

ⓐ 휘슬(whistle; 휘파람), ⓑ 로어(roar; 으르렁), ⓒ 러쉬(rush; 쇄도하는 소음) 등

B. 어떤 조건에서 소음이 발생하는가?

ⓐ 소음이 발생하는 속도는? ⓑ 이때의 도로 상태는 어떤가?

C. 모든 부속장치 "OFF" 상태에서, 또는 에어컨이나 히터 "ON" 상태에서 발생하는가?

D. 소음이 발생하는 위치는 어디인가?

ⓐ 차량 실내 ⓑ 차량 외부

⑥ 도로 주행시험 후 소음원을 확인하기 위해 다음 작업을 수행한다.

A. 돌출된 구성부품과 정렬되지 않은 차체 부위를 육안으로 검사한다.

B. 자동차 정면에서부터 시작하여 마스킹 테이프로 한 번에 한 부분씩 차체 표면을 가린다. 소음원을 찾기 위해 도로주행시험을 한다. 테이프를 접착한 상태에서 소음이 사라지거나 바뀌면 가능한 문제의 원인을 찾을 수 있다. 정확한 위치를 찾을 때까지 테이핑 및 제거 과정을 반복한다.

⑦ 도로 주행시험 중 실내 소음의 종류 및 위치를 확인한다.

전용 측정기(예; EngineEAR®), 청진기 또는 작은 직경의 호스를 청취 장치로 사용한다. 호스의 한쪽 끝은 귀 가까이에, 다른 쪽 끝은 바람소음이 나는 부분을 따라 진행하면서 소음을 청취한다. 정확한 위치를 확실하게 찾아내는 데 도움이 된다. 성공한 경우, 위치를 표시한 다음에, 주행시험 후에 육안으로 검사한다.

(2) 육안검사

① 차체 패널 정렬상태를 점검한다. 차체 패널에 손으로 만진 상태에서 앞/뒤, 좌/우 모든 부분에서 차체 표면의 상태를 점검하고 돌출 부분이 있는지 확인한다.

② 문짝과 선루프의 앞쪽 가장자리가 차체로부터 돌출되지 않았는지 확인한다. 문짝 또는 선루프의 앞쪽 가장자리가 돌출된 상태이면 실내로 공기가 유입되고, 바람소리가 발생한다.

③ 공기누설이 의심되는 주위의 웨더 스트립을 점검하여 열화, 파손(절단), 마모 또는 변형이 있는지 확인한다. 작은 틈새나 구멍은 고속에서 소음을 발생시킬 수 있다.

④ 차체와 웨더스트립이 만나는 밀봉(sealing) 부위를 점검한다. 웨더스트립과의 밀착을 방해할 수 있는, 부푼 표면이나 틈새 또는 들어간 부분이 있는지 확인한다.

(3) 가압 점검 및 검사(pressurization check and inspection)

육안검사 후 차량 실내를 가압하여 공기 누출이 없는지 점검한다. 이를 위해서;

① 트렁크 및 도어의 모든 차량 압력 릴리프밸브를 테이프로 밀봉하고 모든 창문을 닫고, 선루프 패널을 닫는다.

② 시동을 걸고 "순환(RECIRC)" 스위치를 "외기(FRESH)"로 설정하여 외기가 차량 실내로 들어올 수 있도록 한다.

③ 에어컨 블로어 모터 속도를 최고속도로 설정한다.

④ 차량에서 나와 문을 닫는다. 차량 실내의 기압이 상승할 때까지 기다린다.

⑤ 손에 물을 약간 묻혀서 차량 내부로부터 누설되는 공기가 감지되도록 하고 천천히 창문과 문 개구부 주위로 손을 움직여 공기의 누출을 점검한다.

⑥ 습기가 있는 손으로는 감지할 수 없는 작은 공기누설을 찾으려면, 직경이 작은 호스를 청진기로 사용하고 호스를 창 및 도어 씰 주위를 따라 옮기면서 누설소음을 청취한다.

⑦ 때에 따라서는 전용 측정기를 사용하여 누설소음을 청취할 수도 있다.

▐ 그림12-12 ▐ 가압된 실내로부터의 공기누설 점검

마스킹 테이프로 웨더스트립에서 공기가 누설되거나 누설소음이 들리는 위치를 표시한다.

(4) 분필 검사(chalk inspection)

공기 누출을 확인할 수 있는, 또 다른 방법은 분필검사이다.

① 도어를 열고 도어 웨더 스트립의 실링(sealing) 표면과 도어 프레임의 실링(sealing) 표면을 깨끗하게 닦는다. 그래야만 분필을 적용한 후에 양호한 접촉이 보장된다.

② 부드러운 비영구적인 분필을 사용하여, 웨더스트립의 실링 표면에 분필가루를 도포한다.

③ 외부 도어 손잡이를 잡은 상태에서 천천히 문을 닫는다. 문을 급격하게 닫거나 빠르게 열면, 쇄도하는 공기(rush air)로 인해 웨더스트립으로부터 분필가루가 날아가게 된다. 문을 천천히 닫았다가, 천천히 열어 도어 문설주와 웨더스트립에 남

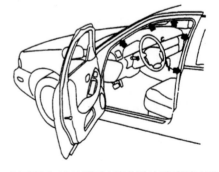

▐ 그림12-13 ▐ 웨더스트립 검사 영역(일부분)

은 분필 흔적을 확인한다.

④ 분필 흔적을 만드는 데 문제가 있으면, 웨더스트립 접촉면에 차체 왁스를 얇게 바른다. 그대로 왁스를 건조한다. 왁스 유막이 분필 흔적을 더 쉽게 유지할 수 있다.

⑤ 천천히 문을 열고 분필 흔적을 검사한다. 분필 흔적은 전체 둘레에 걸쳐 일관되어야 한다. 간극(gap)이 있거나 일부 영역의 흔적이 엷으면 웨더스트립이 완전히 접촉하지 않음을 의미한다. 오른쪽 그림은 검사해야 할 일반적인 영역을 나타내고 있다.

(5) 분말 검사(powder inspection)

분말 검사 방법을 사용하여 공기누설을 확인할 수 있다. 좌석, 카펫 및 계기판을 덮어 비산되는 분말로부터 보호한다. 점검 순서는 다음과 같다.

① 모든 창문과 문을 완전히 닫는다.

② 활석 분말 또는 베이비 파우더를 작은 고무 벌브(bulb) 주사기에 채운다.

③ 자동차의 외부에서 따라가면서 분말을 분사한다.

④ 분말을 문 가장자리의 전체 둘레에 분사한 후에, 천천히 문을 열고 분말의 흔적을 검사한다. 분말

▌그림12-14 ▌ 분말을 이용한 누설 검사

이 실내로 유입된 부분은, 웨더 스트립의 접촉이 불량하다는 것을 나타낸다.

⑤ 도어 문설주와 웨더 스트립에서 모든 분말 잔유물을 완전히 청소한다. 필요한 경우, 차량 실내를 진공청소기로 청소한다.

(6) 종이 또는 지폐를 이용한 검사(paper or dollar bill inspection)

이 시험은 신문 용지나 흔히 사용하는 지폐와 같은 유연한 종이를 이용할 수 있다.

① 문 주위의 다양한 웨더 스트립을 철저히 조사하고 각각의 목적을 확인한다. 웨더스트립이 빗물받이 영역에서 물의 방향을 바꾸는가? 아니면 내부를 밀봉하는가? 빗물받이 영역을 점검하고 밀봉에 문제가 있다고 생각하면, 잘못된 결과를 얻을 수도 있다.

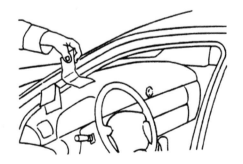

▌그림12-15 ▌ 종잇조각을 이용한 누설검사

② 도어 프레임 위에 용지를 놓고 문을 천천히 닫는다. 문을 세게 닫으면 씰이 눌려 뭉그러질 수 있으며, 이 점검은 소용이 없게 된다. 천천히 종잇조각을 잡아당겨 빼낸다. 얼마나 쉽게 빼낼 수 있는지가 관건이다. 종잇조각을 빼내는데 적당한 힘이 들어야 한다. 의심되는 영역이나 문틀 주변 전체에 걸쳐서 점검한다. 용지가 쉽게 빠져나오는 영역은 접촉이 불충분함을 의미하며, 누설 지점일 수 있다.

③ 이 시험은 문틀 또는 채널에 대한 창유리의 밀폐능력을 확인하는 데도 적용할 수 있다. 유리와 문 사이에 종이를 놓아 동일한 시험을 반복한다. 문틀 또는 채널에 용지를 넣은 다음, 창유리를 올려 닫는다. 이전의 시험에서와 같이, 용지를 빼내는데 적당한 힘을 느껴야 한다. 용지가 쉽게 빠져나오면, 창 유리를 조정하거나 창유리 동작 채널을 교체해야 한다.

(7) 비눗물 또는 유리 세정제(soapy water or glass cleanser)를 이용한 점검

공기누설을 검사하는 마지막 방법은 비눗물 또는 유리 세정제와 같은 압축 공기 용액을 사용하는 방법이다. 시험순서는 다음과 같다:

① 모든 창문과 선루프를 닫는다.

② 비눗물을 소음이 발생하는 곳으로 의심되는 위치의 차량 외부에 바른다.

③ 차량 내부에서 의심되는 누설 부위에 약한 공기 압력을 가한다. 공기누설이 있으면 차량 외부에

∥그림12-16∥ 비눗물을 이용한 누설검사

기포가 발생한다. 한 곳만 시험한 후에 중단하지 않는다. 한 곳 이상에 누설이 있을 수 있으므로 웨더스트립의 전체 둘레에 걸쳐 밀봉상태를 검사한다.

④ 시험 후, 모든 비눗물을 깨끗하게 제거한다.

3. 웨더스트립 수리(weatherstrip repair)

소음 종류 및 발생 위치의 확인은 4단계 수리과정의 처음 두 단계에 지나지 않는다. 위치가 확인된 후, 웨더스트립 씰링 표면을 통해 누설되는 공기로 인한 바람소음을 제거하는 데 사용할 수 있는 기술은 다양하다.

문제 영역에서 웨더스트립을 육안으로 검사한다. 웨더스트립의 설치 상태가 불량하면, 다시 설치한다. 다른 문제에 대해서는 다음의 수리절차를 따른다.

(1) 히트 건(heat gun)을 이용하여 왜곡(distortion) 수정하기

웨더 스트립이 약간 비틀리거나 주름이 진 경우, 히트 건을 사용하여 웨더스트립의 변형을 수정할 수 있다.

① 왜곡된 부분이 부드럽고 유연해질 때까지 가열한다. 단, 과열해서는 안 된다.

② 웨더스트립이 냉각되면, 왜곡이나 주름을 편다.

③ 냉각될 때까지 형태를 유지한다.

　이 절차는 웨더스트립이 원래 모양을 되찾을 때까지 여러 번 반복해야 할 수도 있다.

(2) 접착제 사용(uses of adhesive)

장착 클립이 부러지거나 탈락되거나, 또는 웨더스트립 자체가 손상되면, 웨더스트립이 느슨해질 수 있다. 문제가 작은 영역으로 제한되면, 웨더스트립을 접착제로 차체에 접착시킬 수 있다. 차체 세정제로 차체 표면을 깨끗하게 닦는다.

① 웨더스트립의 뒷면에 소량의 RTV 실리콘 접착제/밀봉제를 바른다.

② 실리콘 접착제/밀봉제가 경화될 때까지 테이프로 고정한다.

(3) 차체 립 손상(body lip damage) 수리

일부 유형의 웨더스트립은 차체 박판의 돌출된 립(lip)에 설치된다. 이 형식의 립(lip)은 변형되어, 웨더스트립의 밀폐기능을 침해할 수 있다. 이러한 유형의 손상은 다음과 같은 순서로 수리한다.

① 조심스럽게 변형된 립(lip)에서 웨더스트립을 당겨 빼낸다.

② 적합한 공구를 사용하여 립(lip)을 바르게 편다.

③ 웨더 트립을 다시 설치하고 정렬상태를 점검한다.

(4) 밀폐압력을 높이기 위한 심(shim to increase sealing pressure)의 사용

공기누설이 적으면서, 웨더스트립의 짧은 부분에서만 발생할 때는 플라스틱 심으로 문제를 해결할 수 있다.

① 웨더스트립 안쪽에 작은 심이나 밀폐-셀(closed-cell) 스폰지 씰링을 부착한다.

② 웨더스트립을 제자리에 누른다. 이렇게 하면, 웨더스트립 씰링 표면에 추가 압력을 가하고 차체의 씰링 표면을 따라 밀봉능력을 개선한다.

(5) 차체 수리(body repair)

웨더스트립 씰이 왜곡된 차체 표면은 수리해야 한다. 확인단계에서 차체에서 볼록하거나 오목한 부분이 확인된 경우에는 먼저 차체를 수리하고, 웨더스트립을 다시 설치해야 한다. 이러한 수리는 정비지침서에 명시된 수리절차에 따라 작업하는 것을 원칙으로 한다.

① 들어간 부분은 플라스틱 필러, 코킹(caulking) 또는 실러(sealer)로 채운 다음, 다시 도장한다.

② 볼록한 부분은 반드시 갈아내고 다시 도장해야 한다. 변형이 큰 경우에는 차체수리공장에 수리를 의뢰한다.

③ 창유리와 밀봉표면 사이의 간격은 유리를 조정하여 수정할 수 있다.

④ 웨더스트립의 밀봉상태가 불량한 경우, 문짝을 조정하여 공기누설이나 물 누설을 제거할 수도 있다.

⑤ 조정으로 외부 난기류 현상도 제거할 수 있다.

⑥ 선루프 패널을 재정렬하여 공기와 물의 누설을 제거할 수 있다.

(6) 기타 수리 및 조정

필요한 경우, 창유리(window), 도어(door), 선루프(sunroof) 등을 조정한다.

4. 재점검(recheck) ›))

마지막 단계로, 완료한 수리상태를 다시 확인, 점검한다. 재점검 절차는 4단계 수리과정의 최종 단계로서, 고객 만족을 위한 필수 단계이다. 고객과 함께 주행시험하면서 점검한다.

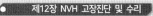

BSR 관련 소음

Buzz, Squeak, & Rattle-related Noises

12-6

1. BSR(Buzz, Squeak, & Rattle) 개요))))

BSR(Buzz, Squeak, Rattle)은 감성품질의 대표적인 항목으로, 부품 조립 간극, 체결부 또는 마찰부분에서 빈번하게 발생하는 작은, 그러나 성가신 소음들이다. 특히 차량 실내에서 발생하는 BSR 소음은 고객에게는 매우 현실적인 문제로서, "단순하게 성가시다"는 것 이상의 불만 사항이다. BSR은 고객이 생각하는 차량의 전체적인 품질평가에 직접 반영되는 항목으로서, 그 중요성이 부각되고 있다.

(1) BSR의 발생기구

① 버즈(buzz)

아주 높은 주파수의 래틀(rattle)을 버즈(buzz)라고 한다. 버즈(buzz)는 일반적으로 자체 공명(self resonance) 현상이나 표면의 근접 조정으로 인해 발생한다. 즉, 부품 A(또는 B)의 주파수에 의해 부품 B(또는 A)의 임의의 부분이 공진할 때, 발생하는 소음이다.

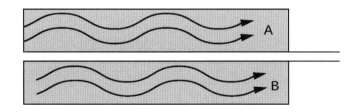

‖그림12-17‖ 버즈(buzz) 소음 원리

② 스퀵(squeak)

차량 내장(trim)에서 발생하는 스퀵 소음은 대부분 점착-미끄럼(stick-slip) 현상으로부터 유발된, 상대적인 수평 마찰운동으로 인해 발생한다. 점착-미끄럼(stick-slip) 현상의 근본적인 조건은 두 접촉면 간의 마찰력 감소와 미끄럼 속도 증가이다. 특히, 온도와 습도에 의해 표면

마찰력(또는 결합력) 특성이 변하기 때문에 진단 시에도 이를 고려해야 한다.

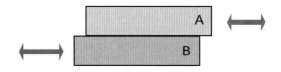

▌그림12-18 ▌ 스퀵(squeak) 소음 원리

③ 래틀 (Rattle)

외부로부터 유입된 진동이나, 가진력에 의해 인접한 부품 간에 충돌이 발생하고, 충격 에너지가 공기로 방출되어 발생하는 소음이다.

외부로부터의 물리적인 힘, 또는 노면 진동이나 기관 진동으로, 부품 A나 B가 운동할 때, 운동거리가 두 부품 간의 이격거리(gap)보다 커지면, 두 부품이 충돌하게 된다. 충돌은 연속적으로 불규칙하게 발생하는 경우가 대부분이다. 두 부품의 표면 경도가 충분히 크고, 탄성계수가 작으면, 부품 표면에서 발생하는 충격에너지가 공기 중으로 많이 방출되어 소음으로 나타난다. 처음에 큰 충격이 발생하며, 이후 잔여 진동으로 인한 잔여 소음 신호가 나타나는 특징을 가지고 있다.

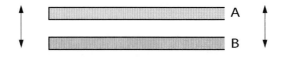

▌그림12-19 ▌ 래틀(rattle) 소음 원리

자동차 내장부품에서 발생하는 현상으로 부품 간의 조립 공차가 원인인 경우가 많다. 공차가 과도하게 설정된 경우, 부품이 체결된 상태에서도, 공차만큼 미세하게 운동할 수 있는데, 이것이 주행 중에 인접한 부품과 충격하여 소음을 발생시킨다.

④ 분리 소음(separation noise)

분리 소음은 래틀(rattle)과 비슷한 물리적 운동을 하지만, 두 점이 충돌이 아닌, 점착 후 분리될 때 발생 되는 소음이다. 부품 A와 B의 표면 경도가 충분히 크지 않고, 표면이 끈적거리는 (tacky) 성질을 가지고 있다면, 두 부품이 서로 접촉하게 될 때, 접촉점에서는 결합에너지에 의한 점착력이 발생하게 된다. 외적 요인에 의해 이러한 결합이 분리될 때, 방출되는 소음 현상이다. 미세한 진동과 변위에서도 큰 소음이 발생하는 특징이 있다. 주로 충분하게 경화되지 않은 도료, 씰러(sealer), 접착제 등에서 발생한다.

(2) BSR 용어 설명 – 고객 상담을 위한

① 버즈(buzz)

꿀벌이 윙윙거리는 소리와 같은 소음

- 고주파수 래틀(rattle) 소음
- 단단한 접촉

② 스퀵(squeak)

테니스화를 신고 깨끗한 마룻바닥을 걸을 때 나는 소리와 같은 소음

- 가벼운 접촉
- 빠른 움직임
- 도로 조건에서 발생
- 딱딱한 표면에서는 높은 피치 소음
- 부드러운 표면에서는 낮은 피치 소음
- 찍찍, 짹짹(chirping)거리는 소음

③ 래틀(rattle)

장난감 딸랑이를 흔들 때 나는 소리, 또는 창문이 달그락거리는 소리와 같은 소음

- 빠르고, 반복적인 접촉
- 진동 또는 이와 유사한 운동
- 느슨한 부품 간의 반복적인 접촉
- 클립 또는 죔쇠(fastener)의 탈락
- 부정확한 이격거리(gap)

④ 크리크(creak)

오래된 나무 마룻바닥에 걸을 때 나는 소리와 같은 소음

- 단단한 접촉
- 느린 움직임
- 회전운동에 의해 뒤틀림
- 피치는 재료에 따라 다름
- 종종 활발한 움직임에 의해 발생

⑤ 노크(knock)

문 노크는 가장 일반적인 "노크" 소음이다.

- 비어있는 속이 울리는 소리
- 때로는 반복됨
- 종종 운전자의 행동 때문에 발생

⑥ 틱(tick)

벽시계 작동음과 같은 소음

- 가벼운 물체의 가벼운 접촉
- 느슨해진 구성부품
- 운전자 행동이나 도로 상태에 의해 발생할 수도 있다.

⑦ 섬프(thump)

무겁고 둔탁한 노크 소리와 같은 소음, 탁, 쿵, 쿵쾅거리는 소리

- 무거운 노크 소음
- 종종 활발한 움직임으로 인해 둔탁한 소리가 난다.

2. BSR의 진단

BSR 진단지를 활용하여, 고객과 함께 진단하는 것이 좋다.

(1) BSR 종류 재현/확인하기

① 조건을 재현한다. (발진, 정지, 선회, 가속, 감속, 제동 등)
② 거친 도로에서 주행한다.
③ 누르거나 가볍게 두들겨서 재현한다.
④ 차량을 좌/우로 흔든다(jounce), 상/하로 흔든다(bounce)
⑤ 바닥 잭을 사용하여 차량의 "뒤틀림"을 재현한다.

(2) 소음원의 위치 확인하기

① 구성부품의 조임상태를 점검한다.
② 소음원을 노출하기 위해 부품을 제거한다.

③ 소음을 정지시키기 위해 의심되는 부품을 누른다.

④ 느슨해진(풀린) 구성부품을 찾는다.

⑤ 접촉 흔적을 찾는다.

⑥ 청진기나 측정기를 이용한다.

3. BSR 수리

BSR은 다수의 구성부품과 다양한 조건에 의해 발생할 수 있다. 따라서 BSR을 수정할 때는 적합한 재료 또는 수리 절차가 중요하다.

자동차회사들은 자체적으로 BSR 수리 키트를 개발, 시판하고 있다. 두 부품 간의 접촉을 제거하거나, 간극을 재조정하거나, 절연(insulate) 또는 윤활하는 방법으로 수리한다.

자동차 내장부품은 대부분 하나씩 분해할 수 없는, 일체로 설계된다. 따라서 소음 증상을 수리할 때, 주의해야 한다. 수리 중에 많은 클립이 손상되거나 손실되어 새로운 소음이 발생한다.

익숙하지 않은 구성부품을 제거할 때는 다음 전략을 사용한다.

① 정비지침서의 클립 및 고정 장치 정보를 사용하여 적절한 클립 제거 절차를 확인한다.

　각 패스너(fastner)는 기호 또는 숫자로 식별할 수 있다.

② 전자정보 시스템을 활용하여, 최신 정보를 찾는다.

③ 먼저 모든 스크루, 너트 및 볼트를 확인하고 제거한다.

④ 해당 공구를 사용하여 구성부품을 천천히 지레의 힘으로 들어 올려 모든 클립 및 기타 잠금 장치를 제거한다. 움직이지 않는 경우, 다른 각도에서 제거를 시도한다. 힘을 너무 많이 사용하지 않는다.

⑤ 부품을 제거할 때 기존의 방음재료를 기록한다. 부적절한 설치 또는 노후화로 인해 재료가 효과적이지 않을 수 있다. 최신 방음재를 기존의 소재 위에 적용하여 많은 문제를 해결할 수 있다.

⑥ 방음재를 너무 많이 사용하지 않는다. 수리가 완료된 후에도 구성부품이 정상적으로 작동해야 한다.

(1) 계기판(instrument panel)

계기판과 게이지 클러스터는 삐걱거리거나(squeak), 달그락거리는(rattle) 소음의 주요 영역이다. 소음은 대부분 다음과 같은 부품 간의 접촉 및 움직임으로 인해 발생한다.

   ① 클러스터 커버와 대쉬

   ② 아크릴 렌즈와 게이지 클러스터

   ③ "A"필러 가니쉬(garnish)와 대시 패드

   ④ 윈드 실드와 대시 패드

   ⑤ 대시 마운팅 핀

   ⑥ 게이지 클러스터 뒤의 배선 묶음

   ⑦ 에어컨 디프로스터 덕트와 덕트 조인트

이러한 고장은 대부분은 접근하기 어렵다는 특징을 가지고 있다. 부직포 천이나 실리콘 스프레이를 사용하여 수리할 수 있다. 우레탄 패드는 배선 묶음을 절연하는 데 사용할 수 있다.

(2) 센터 콘솔(center console)

센터 콘솔도 BSR 소음이 많은 또 다른 부분이다.

   ① 피니셔와 변속레버 어셈블리 커버

   ② 에어컨 컨트롤 패널 및 라디오 커버

   ③ 라디오 및 에어컨 컨트롤 패널 뒤의 배선 묶음

센터콘솔 소음은 일반적으로 구성부품을 가볍게 두드리거나 움직여 보거나, 운전 중에 구성뿌품을 눌러 소음을 차단하여, 소음원의 위치를 확인할 수 있다.

이러한 고장도 대부분 접근하기 어렵다는 특징을 가지고 있다. 부직포 천이나 실리콘 스프레이를 사용하여 수리할 수 있다. 우레탄 패드는 배선 묶음을 절연하는 데 사용할 수 있다.

   [주의] BSR 소음의 위치를 확인하는 데 실리콘 스프레이를 사용해서는 안 된다. 실리콘으로 포화되면, 수리상태를 다시 점검할 수 없게 된다.

(3) 도어(door)

도어와 도어 패널 또한 BSR 소음원이다.

   ① 피니셔와 이너 패널이 만드는 슬랩핑(slapping) 소음

   ② 도어 핸들 에스쿠천과 피니셔 간의 스퀵(squeak) 소음

   ③ 배선 묶음의 탭핑(tapping) 소음

   ④ 도어 스트라이커의 정렬 불량으로 발진 및 정지 시 파핑(popping) 소음

주행시험 중 구성부품을 가볍게 두드리거나, 움직이거나, 눌러서 조건을 재현하여, 고장의 발생위치를 확인할 수 있다. 일반적으로 BSR 수리 키트(repair kit)의 부직포 테이프 또는 절연체 폼 블록을 사용하여 소음 발생원을 수리할 수 있다.

(4) 트렁크

트렁크 소음은 느슨한 상태의 잭(jack)이나 소유자가 트렁크에 적재한 물건으로 인해 발생하는 경우가 많다. 그러나 다음과 같은 원인도 예상할 수 있다.

① 데크 리드 범퍼 조정 불량
② 래치 스트라이커 조정 불량
③ 데크 리드 토션바 함께 노킹
④ 느슨해진 번호판 또는 브래킷

이러한 증상은 대부분 소음을 일으키는 물건이나 구성부품을 고정하거나 절연시켜 수리할 수 있다.

(5) 선루프 / 헤드라이너(sunroof/headliner)

선루프 / 헤드라이너 영역의 소음은 종종 다음 중 하나로 추적할 수 있다.
① 래틀(rattle) 소음 또는 가벼운 노킹음을 발생시키는 선루프 리드, 레일, 링케지 또는 씰
② 선바이져 샤프트가 홀더에서 흔들림
③ 앞 또는 뒤 윈드쉴드와 접촉하는 헤드라이너 간의 스퀵(squeak) 소음

다시 조건을 재현하는 동안, 소음을 차단하기 위해 구성부품을 누르면, 대부분의 소음 발생 위치를 확인할 수 있다. 수리는 일반적으로 부직포 테이프로 소음원을 절연한다.

(6) 좌석(seat)

좌석 소음의 발생 위치를 확인할 때, 소음이 발생할 때 해당 좌석에 가해진 하중과 발생위치를 기록하는 것이 중요하다. 이 조건을 재현하여 소음의 원인을 특정할 할 수 있다.

좌석 소음의 원인은 다음과 같다.
① 머리 받침대 로드와 로드 홀더에서 발생하는 래틀(rattle) 소음
② 시트 패드 쿠션과 프레임 사이의 스퀵(squeak) 소음
③ 뒷좌석 등받이 잠금장치와 브래킷에서의 래틀(rattle) 소음

이러한 소음은 소음이 발생하는 조건을 재현하면서, 의심되는 구성부품을 움직이거나 눌러서 발생위치를 특정할 수 있다.

(7) 언더 플로어(underfloor)

바닥 소음의 가장 일반적인 원인은 배기장치와 현가장치이다.

① 배기관로(pipe) 또는 소음기 브래킷이 부러지거나 정렬 불량

② 기타 구부러진 배기장치 부품

③ 느슨해지거나 손상된 단열판

④ 현가장치 고장

바닥 소음은 다른 구성부품으로 전달될 수 있으므로, 발생위치를 특정하기가 어렵다. 따라서 주의를 기울여야 한다. 섀시장치 전용 측정기를 사용하는 방법이 권장된다.

(8) 기관실(under hood)에서 발생하는 BSR 소음

일부 실내 소음은 실제로 후드 아래 또는 기관실 안의 부품에서 발생하여 실내로 전달된다. 예를 들면, 다음과 같다.

① 기관 벽에 설치된 모든 구성부품

② 방화벽을 통과하는 구성부품

③ 방화벽 마운트 및 커넥터

④ 느슨해진 라디에이터 장착 핀

⑤ 후드 범퍼 조정 불량

⑥ 후드 스트라이커 조정 불량

이 품목들은 차량 실내에서 접근할 수 없으므로, 발생 위치를 특정하기가 까다로울 수 있다. 최상의 확인 전략은 한 번에 하나의 구성 요소를 조이거나, 움직이거나, 절연하고 차량을 시운전하는 방법이다. 또한, 기관 회전속도 또는 부하를 변경하여 소음의 종류와 발생 위치를 특정할 수 있다. 수리는 일반적으로 소음을 발생시키는 구성부품을 이동, 고정 또는 절연시켜서 수행할 수 있다.

BSR 진단지(BSR DIAGNOSTIC WORKSHEET)

저희는 귀하의 차량에 대한 귀하의 만족도에 많은 관심을 가지고 있습니다. 때때로 BSR 수리는 매우 까다로울 수 있습니다. 잠시 시간을 내시어, BSR이 어느 부분에서 발생하는지, 또 어떤 조건에서 발생하는지 확인하여 주시면, BSR 수리에 큰 도움이 될 것입니다. 귀하가 말씀하시는 소음을 확인하기 위해 서비스 상담자 또는 기술자가 시운전을 요청할 수도 있습니다. 협조해 주시기를 부탁드립니다. 감사합니다.

고객 정보(CUSTOMER DATA)

성명 ; _____   입고일자 : _____

전화번호 ; _____   핸드폰 번호 : _____

차량 정보(VEHICLE DATA)

모델/년식; _____   주행거리; ——— km

차량번호; _____

**** 귀하가 이 차량의 주 운전자입니까?   ○ 예,   ○ 아니오 _____

Ⅰ. 소음은 어느 부분에서 발생하는 것 같은가요? (뒷면의 그림에 표시하여 주시기 바랍니다)

Ⅱ. 소음은 어떤 소리처럼 들려요?
- ○ 스퀵(squeak) – (깨끗한 마룻바닥을 테니스화를 신고 걸을 때 나는 소리와 같은)
- ○ 크리크(creak) – (오래된 나무 마루를 걸을 때 나는 소리와 같은)
- ○ 래틀(rattle) – (아기용 딸랑이 장난감을 흔들 때 나는 소리와 같은)
- ○ 노크(knock) – (문을 똑똑 두들겼을 때 나는 소리와 같은)
- ○ 틱(tick) – (벽시계의 초침 소리와 같은)
- ○ 섬프(thump) – (묵직하고, 둔탁한 노크 소리 같은)
- ○ 버즈(buzz) – (꿀벌들이 윙윙거리는 소리와 같은)

Ⅲ. 소음은 어느 때 발생합니까?
- ○ 아무 때나   ○ 아침에   ○ 기온이 낮을 때만   ○ 기온이 높을 때만
- ○ 비 맞은 후에   ○ 비 오는 날   ○ 건조한 또는 먼지가 많은 날
- ○ 기타 _____

Ⅳ. 어떻게 주행할 때 소음이 발생해요?
- ○ 발진할 때   ○ 가속할 때   ○ 감속 때   ○ 제동할 때   ○ 정차할 때
- ○ 아스팔트 도로에서   ○ 비포장 도로에서   ○ 요철을 통과할 때
- ○ 과속 방지턱을 통과할 때 ○ 선회시 (좌회전/ 우회전/ 기타(원 운동)
- ○ 사람이 많이 탔을 때   ○ 적재량이 많을 때   ○ 공차상태에서
- ○ 기타_____
- ○ _____ km 주행후, 또는 _____ 분 주행 후에

주행시험자 의견: _____

주 운전자와 함께 주행시험하고 진단했습니까?	○ 예	○ 아니오	작업자 _____
주행시험 시에 소음을 확인했습니까?	○ 예	○ 아니오	작업자 _____
소음의 위치를 확인하고 수리를 완료했습니까?	○ 예	○ 아니오	작업자 _____
수리후 수리상태를 확인했습니까?	○ 예	○ 아니오	작업자 _____

최종 확인, 고객에게 인도자; 성명 _____ 직명 _____

소음이 들리는 위치를 표시하여 주시기 바랍니다.

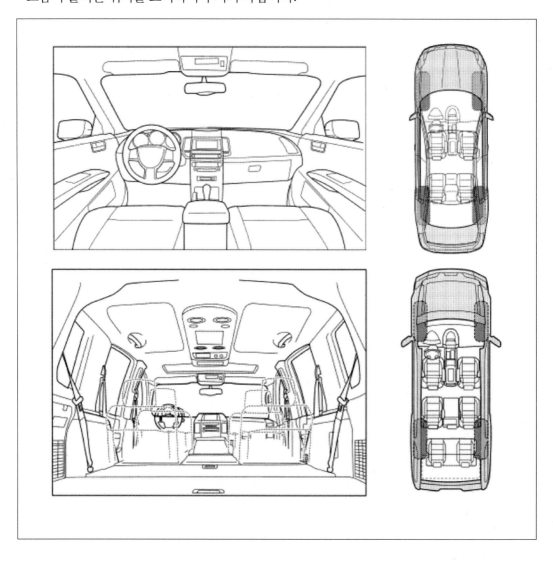

참고문헌 | References

[1] Singiresu S. Rao; Mechanical Vibrations, Fifth Edition, University of Miami, Pearson Education, Inc., 2011

[2] Hugo Fastl; Eberhard Zwicker; Psycho-Acoustic, Facts & Models, 3rd Edition, Springer, 2007

[3] Warren F. Rogers; Physics of Music, Science and Art, Westmont College, Santa Barbara CA., 2013

[4] Mitschke, M.; Wallentowitz, H.: Dynamik der Kraftfahrzeuge, Springer Berlin, 4. Auflage, 2004

[5] Peter Zeller (Hrsg.); Handbuch fahrzeugakustik, 2. Auflage, Vieweg+Teubner I Springer fachmedien Wiesbaden GmbH 2012

[6] Klaus Genuit(Hrsg.); Sound-Engineering im Automobilbereich, Springer-verlag Berlin Heidelberg 2010

[7] Hucho, W. H.; Aerodynamik des Automobiles, Vieweg Verlag, 5. Auflage, 2005

[8] Bosch Handbuch "Kraftfahr-technisches Teschenbuch, 28. Auflage, Robert Bosch GmbH, 2014

[9] James K. Thompson; brake NHV, testing and Measurements, SAE International 2011

[10] C. Hagelueken; Abgaskatalysatoren -Grundlage, Herstellung, Entwicklung, recycling, Oekologie, 3. Auflage, Expert Verlag, 2012

[11] H. Hiereth; P. Prenninger: Aufladung der Verbrennungskraftmaschinen, Springer Verlag, 2003

[12] L. Flueckiger; S. Tafel; P. Spring: Hochaufladung mit Druckwellenlader fuer Ottomotoren, MTZ 12/2006

[13] Commission Directive 2007/34/EC of 14 June 2007 amending, for the purposes of its adaptation to technical progress, Council Directive 70/157/EEC concerning the permissible sound level and the exhaust system of motor vehicles.

[14] Regulation (EC) No 661/2009 of the European Parliament and of the Council of 13 July 2009

[15] ISO 10884 : 2011: Acoustics-Specification of test tracks for measuring noise emitted by road vehicles and their tyres

[16] Hofmann P. : Hybridfahrzeuge, 2. Auflage, Springer, Wien 2014

[17] Michael Trzesniowski: Handbuch Rennwagentechnik, Antreib, Springer Vieweg, 2017

[18] Guiggiani M.: The Science of Vehicle Dynamics, Handling, Braking, and Ride of Road and Race Cars, 2. Aufl., Springer, Dordrecht, 2018

[19] Isermann (Hrsg.); Fahrdynamikregelung – Modellbildung, Fahrerassistenzsysyeme, Mechatronik, Vieweg Verlag, Wiesbaden, 2006

[20] Stoffels, H.; Borrmann D.: Einzelaspekte der Aggregateakustik eines GDI-Downsizing-Motors – vom Brennverlauf zur fahrzeuginstallation, ATZ/MTZ-Konferenz -Akustik, Magdenburg 2007

[21] Aures, W.: Berechnungsverfahren fuer den sensorischen Wohlklang beliebiger Schallsignale In. Akustica. Vol. 59, 1985

[22] Freymann, R.: Srukturdynamische Auslegung von Fahrzeug-Karosserien, VDI-Berichte Nr. 968, S. 143- 158, 1992

[23] Knoblauch, J.; Wölfel, H,; Buck, B.: Ein Schwingungsdummy des sitzenden Menschen, ATZ, 97, 10, 668-671, 1995

[24] Spickenreuther, M.: Funktionsmodell der Karosserie zur Auslegung des Schwingungskomforts im Gesamtfahrzeug, VDI-Fortschritt- Berichte, Reihe 12, Nr. 619, VDI-Verlag, Düsseldorf, 2006

[25] Schmidke, H.: Handbuch der Ergonomie; Carl Hanser Verlag, 1989

[26] van Basshuysen/Schaefer (Hrsg.); Lexikon Motorentechnik, 1st Auflage, Friedr. Vieweg & Sohn verlag/GWV fachverlage GmbH, Wiesbaden 2004

[27] van Basshuysen/Schaefer (Hrsg.); Handbuch verbrennungsmotor, 3rd Auflage, Friedr. Vieweg & Sohn verlag/GWV fachverlage GmbH, Wiesbaden 2005

[28] Braess/Seiffert (Hrsg.); Handbuch Kraftfahrzeugtechnik, 3rd Auflage, Friedr. Vieweg & Sohn verlag/GWV fachverlage GmbH, Wiesbaden 2003

[29] Peter Mueller; Skript zur Vorlesung, Experimentalphysik 2 fuer Maschinenwesen, Technische Universitaet Muenchen, Sommersemester, 2008

[30] T. Kamiński, M. Wendeker, K. Urbanowicz, and G. Litak, Combustion process in a spark ignition engine: Dynamics and noise level estimation, Chaos 14, 461, 2004

[31] Alfredson, R.; 'The partial coherence technique for source identification on a Diesel engine', Journal of Sound and Vibration 55(4), 487 – 494, 1997

[32] Albright, M.; 'Conditioned source analysis, a technique for multiple input system identification with application to combustion energy separation in piston engines', S.A.E. Technical paper series(951376), 1995

[33] Hayward, M.; Bolton, S. & Davies, P.; Connecting the singular values of an input cross-spectral density matrix to noise sources in a diesel engine, in 'proceedings of Inter Noise 2012'

[34] Antoni, J., Daniere, J., Guillet, F., Effective vibration analysis of IC engines using cyclostationarity. Part I - A methodology for condition monitoring, Journal of Sound and Vibration 257 (5), pp. 815-837, 2002

[35] S. Delvecchio, G. D'Elia, G. Dalpiaz, Comparing Wigner Ville Distribution and Wavelet Transform for the vibration diagnosis of assembly faults in diesel engines, in Proceedings of the 21th International Congress & Exhibition on Condition Monitoring and Diagnostic Engineering Management, pp. 125-134, Prague, Czech Republic, 6. 2008

[36] Thomas Beckenbauer; Physik der Reifen-Fahrbahn-Geraeusch, 4. Informationstage, Mueller-BBM, June 2008

[37] Kiran Govindswamy et all; Aspects of Vehicle-Focused Powertrain NVH Development, Automotive Testing Expo North America 2014

[38] Laurent Gagliardini; Vehicle NVH design, DRD/DAPF/ACV, PSA PEUGEOT CITROEN, 2014

[39] Jianmin Guan; An Innovative Solution for True Full Vehicle NVH Simulation, May 15, 2012

[40] Kurt Heutschi, Lecture Note on Acoustics 1, Swiss Federal Institute of Technology, ETH, 2016

[41] Anand Pitchaikani et al; Powertrain Torsional Vibration System Model Development in Modelica for NVH Studies, *Proceedings 7th Modelica Conference, Como, Italy, Sep. 20-22, 2009*

[42] Klaus Genuit; The Sound quality of vehicle interior noise; a challenge for the NVH-engineers, *Int. J. Vehicle noise and vibration, Vol. 1 Nos. 1/2, 2004*

[43] Brüel & Kjær, Measuring Vibration, Denmark, 1982

[44] Brüel & Kjær, Human Vibration, Denmark, 2002

[45] Jared Cox; Drumming Noise Improvement using Hybrid Approach for Shared Platform vehicles, MSC Software VPD Conference, July 2006

[46] Alan Hedge, **Human Vibration**, Cornell University, August 2013

[47] Weiming Liu & Jerome L. Pfeifer; Introduction to Brake Noise & Vibration, Honeywell Friction Materials, 2017

[48] Gabriella Cerrato; Automotive Sound Quality -Accessories, BSR, and Brakes, Sound Answers Inc., Troy, Michigan, 2009

[49] Cremers L. et al; Full vehicle early-phase concept optimization for premium NVH comfort at BMW, 2013 Regional User Conference, *May 7-8, 2013*

[50] Lech J. Sitnik et al; VEHICLE VIBRATION IN HUMAN HEALTH, *Journal of KONES Powertrain and Transport, Vol. 20, No. 4 2013*

[51] SAE J 670E, Vehicle Dynamic Terminology, Vehicle Dynamic Standard Committee, Revised Jul. 76. SAE

[52] Fuelbar, K.P.; Systemansatz zur Untersuchung und Beurteilung des Abrollkomfort von KFZ bei der Ueberfahrt von Einzelhindernissen, Fakultaet fuer Maschinenwesen, RWTU, Aachen, 2001

[53] Hessing, B., Ersoy, M., Fahrwerkhandbuch, Grundlagen, Fahrdynamik, Komponenten, Systeme, Mechatronik, Perspektiven, Frieder Vieweg & Sohn Verlag / GWV fachverlag GmbH, Wiesbaden, 2007

[54] Dixon, J. C., Tire, Suspension handling, SAE, Warendale, Pa., USA. 1998

[55] Volkswagen of America, Inc., Noise, Vibration and harshness, self study program, course Number 861503, U.S.A., 2005

[56] Shaobo Young; Vehicle development process and technology, the 21st International Congress on Sound & Vibration, 13-17 July 2014.

[57] Schwenger, A.: Aktive Daempfung von Treibstrangschwingungen, Disseration Universitaet, Hanover, 2005

[58] Albers, A., Herbst, D.: Rupfen - Ursachen und Abhilfen, 6. Luk-Kolloquium, 1998

[59] Deulgaonkal, V. R., et al.: Review and Diagnostics of noise & vibrations in Automobiles, International Journal of Modern Engineering Research(IJMER), Vol. 1, No.2, pp242-246.

[60] van Basshuysen (Hrsg): Ottomotoren mit Direkteinspritzung, Vieweg-Verlag, 2007

[61] Flotho, A. und Spessert, B.: Geraeuschminderung an direkteinspritzenden Dieselmotoren, Automobilindustrie Nr. 3 und 5, 1988

[62] Atsushi Watanabe at al; Noise Reduction in Gasoline DI Engines by Isolating the Fuel System, PROCEEDINGS OF ISMA 2010 INCLUDING USD 2010, pp4414-4422.

[63] Fechler J, Pfleger E, Quiring S, Pilath C, Platen S; FVV-Forschungsvorhaben 747 "Akustische Untersuchungen im Gesammtsystem Verbrennungsmotor-Getriebe" FVV-Heft Nr. 739, 2002.

[64] Jebasinski, R.; Leng, S.; Rose T.: „Investigations on whistle noise in automotive exhaust system mufflers", SAE 2005-01-2361.

[65] Krüger, J.; Castor, F.; Jebasinski, R.: Active Exhaust Silencers - Current Perspectives and Challenges - SAE 2007-01-2204.

[66] Letens, U.; Krüger, J.; Jess, M.: „Vari-X" - ein Werkzeug zur Beeinflussung von

PKW-Abgasmündungsgeräuschen im Fahrbetrieb. Fortschritte der Akustik – DAGA 2007. S. 435-436.

[67] Genuit, K.: Advanced Binaural Transfer Path Analyse – New Theoretical Approaches and their Benefits in Practical Applications. 4th Styrian Noise, Vibration & harschness Congress 2006.

[68] Hohenberger, T.; Duerr, R.; Matner, O.; Hobelsberger, J.: Enhanced time domain synthesis by applying cross talk correction: Using TPA for sound quality analysis and prediction. 4th Styrian NVH Congress 2006

[69] Genuit, K.; Garcia, P.; Fuhrmann, B.; Strassner, H. J.: Aspekte der Geraeuschqualitaet von Abgasanlagen: Stoergeraeusche und Klangcharakter. Haus der Technik Essen 11/1998

[70] Zintel, G.; Unbehaum, M.: Sound Design of exhaust system. 3rd Styrian Noise, Vibration & Harshness Congress 2005

[71] Heil, B.; Enderle, C.; Bachschmid, G.: Variable Gestaltung des Abgasmuendungsgeraeusches am Beispiel eines V6-Motors. MTZ 10/2001. S. 787-797.

[72] Krueger, J.; Caster, F.; Mueller, A.: Psychoacoustic investigation on sport sound of automotive tailpipe noise. Fortschritte der Akustik-DAGA 2004.S 233-234.

[73] Schmidt, H.(continental AG): Bericht der Bundesanstalt fuer Strassenwesen Strassenbau. Verbundprojekt, Leiserstrassenverkehr 2. "Grundlagen-untersuchungen und Optimierung von LKW-Reifen". Heft S74, 2012.

[74] Nelson, P. M.; Phillips, S. M.: Quieter Road Surface, TRL Annual Review, 1997

[75] Bschorr, O.: Reduktion von Reifenlarm, Automobil-Industrie 6/86, pp. 721728.

[76] Van KEULEN; Inventory study of basic knowledge on tyre/road noise, W03, dW. 10. r. 61, 2003

[77] Hayden, R. E.: Roadside Noise from the interaction of a rolling tire with the road surface, Purdue Noise control Conference, 1971.

[78] Ejsmont, J.; Sardberg, J. U.; Taryma, S.: Influence of Tread pattern on Tyre/Road Noise, SAE paper 841234, 1984.

[79] Shaobo Young: Vehicle NVH development process and technologies. ICSV 21, Beijing. 13-17 July 2014.

[80] He Jin X.; Wang W.,;Jiangfeng H.; Xiaoxing J.; Wanying W., Analysis of tire tread pattern's impact on interior vibration and noise based on wavelet transform. Applied Mechanics and Materials, Vol. 66, Issues 668-3, 2011, p. 1755-1761.

[81] UN-ECE Regulation No 117: Uniform provisions concerning the approval of tyres with regard to rolling sound emissions and to adhesion on wet, 2007.

[82] Meyer, E., Kummer, H. W. : Die Kraftuebertragung zwischen Reifen und Fahrbahn. ATZ 9/1964.

[83] Wright S. E. : Spectral trends in rotor noise Generation, ALAA Paper, No. 73-1033

[84] Adam, T.: Untersuchung von Steifigkeitseinflüssen auf das Geräuschübertragungsverhalten von PKW-Karosserien, Dissertation am Institut für Kraftfahrwesen RWTH Aachen, Aachen, 2000

[85] Spickenreuther, M.: Funktionsmodell der Karosserie zur Auslegung des Schwingungskomforts im Gesamtfahrzeug, Fortschritt-Berichte VDI Nr. 619, 2005

[86] Patsouras D.: Technologien zur funktionellen Integration von Akustik , Aerodynamik und Waermemanagement; ATZ/MTZ –Konferenz Akustik, Magdeburg, 2007.

[87] Volkswagen of America, Inc.; Noise, Vibration and harshness, Service Training "Course Number 861503", 2005

[88] Nissan North America, Inc.; Service technician Workbook, "Noise, Vibration, & harshness Diagnosis and repair", 2011

[89] Chrysler Inc.; Technical Training "Noise, Vibration and Harshness, NVH, 81-699-11054", 2011

[90] **TOYOTA** Lexus Technical Training, "Fundamental of NVH", 2012

[91] Vikram T. Pawar; Automotive Buzz, Squeak & Rattle(BSR) Detection and Prevention, VJER-Vishwakarma Journal of Engineering Research, Vol. 1 Issue 3, 2017

[92] Siemens AG / Simcenter; Vibro-acoustic engineering challenges in (hybrid and) electric vehicles, 2017

[93] Dejan V. Matijević; Vladimir M. Popović; Overview of Modern Contributions in Vehicle Noise and Vibration Refinement with Special Emphasis on Diagnostics, FME Transactions VOL. 45, No 3, 2017

[94] Steering Diagnostics Service manual, TRW Automotive Inc. 2012

[95] VDI 3833: Schwingungsdaempfer und Schwingungstilger, Blatt 1 und Blatt2

[96] KSR ISO 4130; 2014: 도로차량 – 3차원 기준 좌표계 및 기준점 – 정의

[97] KSC IEC 61672-1; 2017: 전기음향 – 사운드레벨미터(소음계) – 제1부: 규격

[98] KSI ISO 5130; 2018: 음향 – 정지차량의 방사소음 측정

[99] KSI ISO 362; 2014: 음향 – 가속차량의 방사소음 측정- 공학적 방법

[100] KSI ISO 5128 : 2014 ; 음향 – 자동차 내부 소음의 측정

[101] KSB ISO 8041 : 2013 : 진동에 대한 인체의 반응-측정기기

[102] KSB ISO 2631-1; 2015: 기계적 진동과 충격 – 전신진동에 대한 인체노출 평가 – 제1부; 일반요구사항

[103] KSB ISO 2954 : 2014 : 회전 및 왕복동기계의 진동 – 진동심각도 측정기에 관한 요구 사항

[104] KSB ISO 10816-6; 2014: 기계적 진동 – 비회전부의 측정에 의한 기계적 진동의 평가 – 제6부: 출력 100 kW 초과 왕복동 기계

[105] 김재휘; 자동차 가솔린기관(오토기관) (주)골든벨, 2015

[106] 김재휘; 자동차 디젤기관, (주)골든벨, 2015

[107] 김재휘; 자동차 섀시, (주)골든벨, 2015

[108] 김재휘; 자동차 전기 전자, (주)골든벨, 2015

[109] 김재휘; 전자제어 연료분사장치, (주)골든벨, 2015

[110] 김재휘; 하이브리드 전기자동차, (주)골든벨, 2015

[111] 김재휘; 카 에어컨디셔닝, (주)골든벨, 2015

■ 저자(Author)

공학박사 **김 재 휘**(Kim, Chae-Hwi)

ex-Prof. Dr. - Ing. Kim, Chae-Hwi
Incheon College KOREA POLYTECHNIC Ⅱ. Dept. of Automobile Technique
E-mail : chkim11@gmail.com

자동차 소음·진동

초 판 발 행 | 2019년 9월 23일
초판2쇄발행 | 2023년 1월 15일

지 은 이 | 김 재 휘
발 행 인 | 김 길 현
발 행 처 | (주)골든벨
등   록 | 제 3—132호(87. 12. 11)
I S B N | 978-11-5806-399-3
가   격 | 35,000원

이 책을 만든 사람들
디   자   인 | 조경미, 엄해정, 남동우   제 작 진 행 | 최병석
웹 매 니 지 먼 트 | 안재명, 서수진, 김경희   오 프 마 케 팅 | 우병춘, 이대권, 이강연
공 급 관 리 | 오민석, 정복순, 김봉식   회 계 관 리 | 김경아

⍟04316 서울특별시 용산구 원효로 245(원효로1가 53-1) 골든벨빌딩 5~6F
● TEL : 도서 주문 및 발송 02-713-4135 / 회계 경리 02-713-4137
          내용 관련 문의 02-713-7452 / 해외 오퍼 및 광고 02-713-7453
● FAX : 02-718-5510   ● http : // www.gbbook.co.kr   ● E-mail : 7134135@ naver.com